四川省"十四五"职业教育省级规划立项建设教材

高等数学
（第三版）

GAODENG SHUXUE

主　编　易　林　黄　冉　唐　俊
副主编　王小林　陈朝晖　徐　彬
参　编　陈　康　樊雲瑞　夏　星

新形态教材

中国教育出版传媒集团
高等教育出版社·北京

内容提要

本书是四川省"十四五"职业教育省级规划立项建设教材,是在第二版的基础上,根据高等职业院校的专业特点,参照教育部制定的有关高等职业教育专科数学课程标准,按照"以应用为目的,以必需、够用为度"的原则修订而成的。

本书主要内容包括:极限与连续、导数与微分、导数的应用、不定积分、定积分及其应用、微分方程、级数、空间解析几何与向量代数、多元函数微分学、多元函数积分学等。此外,书末还附有 Mathematica 使用简介、简易积分表、初等数学常用公式。

本书是新形态一体化教材,配套丰富的数字化资源,助力提高教学质量和教学效率。

本书可作为高等职业院校数学课程的教材,也可作为高等数学的自学参考书。

图书在版编目(CIP)数据

高等数学 / 易林,黄冉,唐俊主编. -- 3 版.

北京:高等教育出版社,2024.10. -- ISBN 978-7-04-062502-8

Ⅰ. O13

中国国家版本馆 CIP 数据核字第 2024290RZ2 号

| 策划编辑 | 谢永铭 | 责任编辑 | 谢永铭 田一彤 | 封面设计 | 张文豪 | 责任印制 | 高忠富 |

出版发行	高等教育出版社	网 址	http://www.hep.edu.cn
社 址	北京市西城区德外大街 4 号		http://www.hep.com.cn
邮政编码	100120	网上订购	http://www.hepmall.com.cn
印 刷	上海叶大印务发展有限公司		http://www.hepmall.com
开 本	787mm×1092 mm 1/16		http://www.hepmall.cn
印 张	22.25	版 次	2014 年 8 月第 1 版
字 数	583 千字		2024 年 10 月第 3 版
购书热线	010-58581118	印 次	2024 年 10 月第 1 次印刷
咨询电话	400-810-0598	定 价	49.00 元

本书如有缺页、倒页、脱页等质量问题,请到所购图书销售部门联系调换

版权所有 侵权必究

物 料 号 62502-00

配套学习资源及教学服务指南

 ## 二维码链接资源

本书配套数学思想、释疑解难、知识讲解、参考答案和数学家小传等学习资源,在书中以二维码链接形式呈现。使用手机扫描书中的二维码即可查看,随时随地获取学习内容,享受学习新体验。

打开书中附有二维码的页面　　　扫描二维码　　　查看相应资源

 ## 教师教学资源索取

本书配有与课程相关的教学资源,例如:教学课件、习题及参考答案、应用案例等。选用教材的教师,可扫描以下二维码,关注微信公众号"高职智能制造教学研究",点击"教学服务"中的"资源下载",或在电脑端访问地址(101.35.126.6),注册认证后下载相关资源。

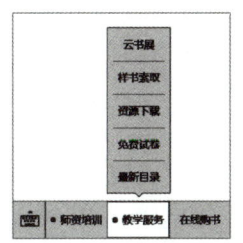

★ 如您有任何问题,可加入职业教育数学教师交流QQ群:820859236。

本书二维码资源列表

章	页码	类型	说明
第一章	001	数学思想	极限与连续中的哲学观
	002	释疑解难	周期函数
	005	释疑解难	初等函数
	007	数学家小传	刘徽
	008	释疑解难	数列极限
	008	知识讲解	数列极限的定义
	009	释疑解难	数列极限存在准则
	010	知识讲解	函数极限的定义（一）
	012	知识讲解	函数极限的定义（二）
	013	释疑解难	左、右极限
	014	释疑解难	无穷小的性质
	016	释疑解难	极限运算法则
	019	释疑解难	无穷小量阶的比较
	021	释疑解难	等价无穷小代换
	025	释疑解难	初等函数的连续性
	026	释疑解难	间断点
	028	知识讲解	闭区间连续函数的性质
	030	参考答案	第一章习题与复习题
第二章	031	数学思想	导数与微分中的哲学观
	031	数学家小传	牛顿
	037	知识讲解	曲线的切线
	039	释疑解难	导数概念
	053	释疑解难	参数方程确定的函数的求导法
	056	知识讲解	微分的几何意义
	061	参考答案	第二章习题与复习题
第三章	062	数学思想	导数的应用中的哲学观
	062	知识讲解	拉格朗日中值定理
	063	知识讲解	柯西中值定理
	063	数学家小传	洛必达

(续表)

章	页码	类型	说明
第三章	064	释疑解难	洛必达法则
	067	知识讲解	函数单调性的几何分析
	068	释疑解难	函数单调性与单调区间的判定
	069	知识讲解	函数的极值
	069	释疑解难	极值点的必要条件
	070	释疑解难	极值的概念
	076	知识讲解	曲线的凹凸性
	079	知识讲解	渐近线
	083	知识讲解	曲线弯曲程度的两个要素
	086	知识讲解	曲率圆
	091	参考答案	第三章习题与复习题
第四章	092	数学思想	不定积分中的哲学观
	093	数学家小传	莱布尼茨
	094	知识讲解	不定积分的几何意义
	112	参考答案	第四章习题与复习题
第五章	113	数学思想	定积分中的哲学观
	113	知识讲解	曲边梯形
	114	知识讲解	求曲边梯形面积
	115	数学家小传	黎曼
	117	知识讲解	定积分的几何意义
	120	释疑解难	定积分的性质
	120	知识讲解	定积分的性质
	123	释疑解难	牛顿-莱布尼茨公式
	126	释疑解难	定积分换元积分法
	137	知识讲解	直角坐标系下求旋转体体积
	138	知识讲解	平面曲线的弧长
	146	参考答案	第五章习题与复习题
第六章	147	数学思想	微分方程中的哲学观
	148	数学家小传	欧拉
	148	释疑解难	微分方程的概念和术语
	150	释疑解难	分离变量法
	155	释疑解难	一阶线性微分方程(一)
	157	释疑解难	一阶线性微分方程(二)

(续表)

章	页码	类型	说明
第六章	161	释疑解难	高阶可降阶微分方程的解法
	171	释疑解难	待定系数法（一）
	172	释疑解难	待定系数法（二）
	174	参考答案	第六章习题与复习题
第七章	175	数学思想	级数中的哲学观
	178	释疑解难	级数的性质
	180	释疑解难	比较审敛法
	181	释疑解难	比值审敛法
	182	释疑解难	交错级数的审敛法
	182	释疑解难	级数的敛散性
	183	数学家小传	李善兰
	185	释疑解难	幂级数的收敛半径
	188	释疑解难	幂级数的收敛域
	188	释疑解难	幂级数的运算
	200	释疑解难	傅里叶正弦级数
	210	参考答案	第七章习题与复习题
第八章	211	数学思想	几何与代数中的哲学观
	211	知识讲解	八个卦限
	215	数学家小传	吉布斯
	216	释疑解难	向量的加法
	217	知识讲解	向量在轴上的投影
	218	释疑解难	向量的投影
	224	知识讲解	平面的法线向量
	228	释疑解难	平面和空间直线
	229	释疑解难	异面直线的距离
	230	释疑解难	一般曲面方程与图形
	231	知识讲解	旋转曲面
	232	知识讲解	柱面
	233	知识讲解	椭圆柱面
	233	知识讲解	抛物柱面
	233	知识讲解	双曲柱面
	233	知识讲解	椭球面
	234	知识讲解	椭圆抛物面

(续表)

章	页码	类型	说明
第八章	234	知识讲解	双曲抛物面
	234	知识讲解	单叶双曲面
	234	知识讲解	双叶双曲面
	235	释疑解难	空间曲线的投影
	237	参考答案	第八章习题与复习题
第九章	238	数学思想	多元微分学中的哲学观
	238	知识讲解	邻域
	238	知识讲解	二元函数的几何意义
	244	知识讲解	二元函数偏导数的几何意义
	245	释疑解难	混合偏导数相等的充分条件
	248	释疑解难	全微分概念与计算
	251	释疑解难	多元复合函数的求导法则
	254	数学家小传	柯西
	257	知识讲解	曲面的切平面与法线
	258	释疑解难	极值必要条件和充分条件
	263	参考答案	第九章习题与复习题
第十章	264	数学思想	多元积分学中的哲学观
	264	知识讲解	曲顶柱体
	267	知识讲解	二重积分性质
	269	知识讲解	直角坐标系下计算二重积分(X型域)
	270	知识讲解	直角坐标系下计算二重积分(Y型域)
	272	释疑解难	二重积分在直角坐标系下的计算
	273	知识讲解	利用极坐标系计算二重积分
	275	释疑解难	二重积分在极坐标系下的计算
	282	知识讲解	利用直角坐标计算三重积分
	283	知识讲解	利用柱面坐标计算三重积分
	283	释疑解难	三重积分在柱面坐标系下的计算
	284	知识讲解	利用球面坐标计算三重积分
	285	释疑解难	三重积分在球面坐标系下的计算
	294	释疑解难	对坐标的曲线积分的计算
	304	释疑解难	对坐标面的曲面积分的计算
	307	数学家小传	高斯
	310	参考答案	第十章习题与复习题

前　　言

本书是四川省"十四五"职业教育省级规划立项建设教材。

本书是根据高等职业院校"高等数学"课程的教学改革现状,参照教育部制定的有关高等职业教育专科数学课程标准,结合编者多年的教学实践,在第二版的基础上修订而成的。

本次修订的基本原则是:在保持教材原有风格和体例的基础上,保证内容科学准确,加强信息技术的应用,以突出职业教育的特征,提升教材的普适性。同时,通过有机融入课程思政内容,全面贯彻党的二十大精神,坚持为党育人、为国育才,落实立德树人根本任务。

本次重点修订了以下内容:

1. 增加并调整部分内容,以适应各类专业教学的不同需求。

2. 增加了数学家小传、数学思想等阅读材料,通过数学化资源将课程思政贯穿在教学过程中,形成协同育人效应。

3. 调整、修改、补充了教材的部分练习题,拓展了习题的难易度和区分度。

4. 为适应不同层次学生的不同需求,增加了一些标有" * "号或使用楷体字的内容,供有继续学习能力和愿望的学生使用。

本书的参考学时数为 80～112(含数学实验),各专业可根据实际情况灵活选择教学内容。

衷心感谢对本书提出修订建议的教师,对于本书存在的不足,恳请使用本书的广大教师和读者提出宝贵的意见和建议。

编　者

目 录

第一章 极限与连续 ·· 001
  §1-1 初等函数 ·· 001
  §1-2 函数的极限 ·· 007
  §1-3 无穷小与无穷大 ·· 013
  §1-4 函数极限的运算 ·· 016
  §1-5 函数的连续性 ·· 023
  复习题一 ·· 029

第二章 导数与微分 ·· 031
  §2-1 导数的概念 ·· 031
  §2-2 导数的几何意义 函数可导性与连续性的关系 ································ 037
  §2-3 函数和、差、积、商的导数 ·· 040
  §2-4 复合函数的导数 反函数的导数 ·· 043
  §2-5 隐函数的导数和由参数方程所确定的函数的导数 ·························· 048
  §2-6 高阶导数 ·· 052
  §2-7 微分及其在近似计算中的应用 ·· 054
  复习题二 ·· 061

第三章 导数的应用 ·· 062
  §3-1 微分中值定理 洛必达法则 ·· 062
  §3-2 函数单调性的判定 函数的极值 ·· 066
  §3-3 函数的最大值和最小值 ·· 071
  §3-4 曲线的凹凸性和拐点 ·· 075
  §3-5 函数的作图 ·· 079
  *§3-6 曲线的曲率 ·· 082
  *§3-7 方程的近似解 ·· 087
  复习题三 ·· 090

第四章 不定积分 ·· 092
  §4-1 不定积分的概念 ·· 092
  §4-2 不定积分的基本公式和运算法则 直接积分法 ································ 095
  §4-3 换元积分法 ·· 099
  §4-4 分部积分法 ·· 106
  §4-5 积分表的使用 ·· 109
  复习题四 ·· 111

第五章　定积分及其应用 ······ 113

§ 5-1　定积分的概念 ······ 113
§ 5-2　定积分的性质 ······ 119
§ 5-3　牛顿-莱布尼茨公式 ······ 121
§ 5-4　定积分的换元法、分部积分法 ······ 124
* § 5-5　定积分的近似计算 ······ 127
* § 5-6　广义积分 ······ 130
§ 5-7　定积分在几何上的应用 ······ 134
§ 5-8　定积分在物理上的应用 ······ 140
复习题五 ······ 146

第六章　微分方程 ······ 147

§ 6-1　微分方程的基本概念 ······ 147
§ 6-2　可分离变量的微分方程 ······ 150
§ 6-3　一阶线性微分方程 ······ 154
* § 6-4　几种可降阶的二阶微分方程 ······ 159
* § 6-5　二阶常系数线性齐次微分方程 ······ 162
* § 6-6　二阶常系数非齐次线性微分方程 ······ 167
复习题六 ······ 174

第七章　级数 ······ 175

§ 7-1　级数的概念及基本性质 ······ 175
§ 7-2　数项级数的审敛法 ······ 179
§ 7-3　幂级数 ······ 183
§ 7-4　函数的幂级数展开式 ······ 189
§ 7-5　傅里叶级数 ······ 195
§ 7-6　周期为 $2l$ 的函数的傅里叶级数和定义在有限区间上的函数的傅里叶级数 ······ 202
§ 7-7　傅里叶级数的复数形式 ······ 206
复习题七 ······ 209

第八章　空间解析几何与向量代数 ······ 211

§ 8-1　空间直角坐标系 ······ 211
§ 8-2　向量代数 ······ 215
§ 8-3　向量的数量积和向量积 ······ 220
§ 8-4　平面和空间直线 ······ 224
§ 8-5　二次曲面和空间曲线 ······ 230
复习题八 ······ 236

第九章　多元函数微分学 ······ 238

§ 9-1　多元函数的概念及其极限与连续 ······ 238
§ 9-2　偏导数 ······ 242

§9-3　全微分 ··· 245

§9-4　多元复合函数的求导法则 ··· 249

§9-5　方向导数与梯度 ··· 252

§9-6　偏导数的应用 ··· 255

　　复习题九 ·· 261

第十章　多元函数积分学 ··· 264

§10-1　二重积分的概念和性质 ··· 264

§10-2　二重积分的计算 ··· 268

§10-3　二重积分的应用 ··· 276

*§10-4　三重积分 ·· 279

*§10-5　对弧长的曲线积分 ··· 286

*§10-6　对坐标的曲线积分 ··· 289

*§10-7　格林公式及其应用 ··· 295

*§10-8　曲面积分 ·· 300

　　复习题十 ·· 308

附录一　Mathematica 使用简介 ··· 311

附录二　简易积分表 ·· 329

附录三　初等数学常用公式 ·· 336

第一章

极 限 与 连 续

极限是学习微积分的理论基础. 连续函数是微积分研究的主要对象. 本章讨论函数的极限与函数的连续性.

§ 1-1 初 等 函 数

一、基本初等函数

设 D 是一个数集,如果对属于 D 的每一个数 x,按照某个对应法则 f,y 都有唯一确定的值和它对应,则 y 就称为定义在数集 D 上的 x 的**函数**,记为 $y=f(x)$,x 称为**自变量**,数集 D 称为函数的**定义域**.

在函数 $y=f(x)$ 中,x 在定义域 D 中取定某一个数值 x_0 时,与之对应的 y 的数值 $y_0=f(x_0)$ 称为 $y=f(x)$ 在 $x=x_0$ 时的函数值. 当 x 取遍 D 中的一切实数值时,与它对应的函数值的集合 M 称为函数的**值域**.

幂函数、指数函数、对数函数、三角函数和反三角函数这 5 类函数统称为**基本初等函数**(basic elementary function). 它们的图像和主要性质见表 1-1 到表 1-4.

表 1-1 幂函数的图像和主要性质

函数	幂 函 数 $y=x^\mu$			
	$\mu=1,3$	$\mu=2$	$\mu=\dfrac{1}{2}$	$\mu=-1$
图像				
定义域	$(-\infty,+\infty)$	$(-\infty,+\infty)$	$[0,+\infty)$	$(-\infty,0)\cup(0,+\infty)$
值域	$(-\infty,+\infty)$	$[0,+\infty)$	$[0,+\infty)$	$(-\infty,0)\cup(0,+\infty)$
奇偶性	奇函数	偶函数	非奇非偶	奇函数
单调性	单调递增	在 $(-\infty,0]$ 内单调递减 在 $[0,+\infty)$ 内单调递增	单调递增	在 $(-\infty,0),(0,+\infty)$ 内分别单调递减

表 1-2　指数函数、对数函数的图像和主要性质

函数	指数函数 $y=a^x$ $(a>0, a\neq 1)$		对数函数 $y=\log_a x$ $(a>0, a\neq 1)$	
	$a>1$	$0<a<1$	$a>1$	$0<a<1$
图像	(图)	(图)	(图)	(图)
定义域	$(-\infty, +\infty)$	$(-\infty, +\infty)$	$(0, +\infty)$	$(0, +\infty)$
值域	$(0, +\infty)$	$(0, +\infty)$	$(-\infty, +\infty)$	$(-\infty, +\infty)$
单调性	单调递增	单调递减	单调递增	单调递减

表 1-3　三角函数的图像和主要性质

函数	正弦函数 $y=\sin x$	余弦函数 $y=\cos x$	正切函数 $y=\tan x$	余切函数 $y=\cot x$
图像	(图)	(图)	(图)	(图)
定义域	$(-\infty, +\infty)$	$(-\infty, +\infty)$	$\left\{x \mid x\neq k\pi+\dfrac{\pi}{2}, k\in \mathbf{Z}\right\}$	$\{x \mid x\neq k\pi, k\in \mathbf{Z}\}$
值域	$[-1, 1]$	$[-1, 1]$	$(-\infty, +\infty)$	$(-\infty, +\infty)$
奇偶性	奇函数	偶函数	奇函数	奇函数
周期性	$T=2\pi$	$T=2\pi$	$T=\pi$	$T=\pi$
单调性	单调递增区间: $\left\{x \mid -\dfrac{\pi}{2}+2k\pi < x < \dfrac{\pi}{2}+2k\pi, k\in \mathbf{Z}\right\}$ 单调递减区间: $\left\{x \mid \dfrac{\pi}{2}+2k\pi < x < \dfrac{3}{2}\pi+2k\pi, k\in \mathbf{Z}\right\}$	单调递增区间: $\{x \mid -\pi+2k\pi < x < 2k\pi, k\in \mathbf{Z}\}$ 单调递减区间: $\{x \mid 2k\pi < x < \pi+2k\pi, k\in \mathbf{Z}\}$	单调递增区间: $\left\{x \mid -\dfrac{\pi}{2}+k\pi < x < \dfrac{\pi}{2}+k\pi, k\in \mathbf{Z}\right\}$	单调递减区间: $\{x \mid k\pi < x < (k+1)\pi, k\in \mathbf{Z}\}$

注:除以上 4 个函数外,三角函数还有正割函数 $y=\sec x$,余割函数 $y=\csc x$.

周期函数

表 1-4 反三角函数的图像和主要性质

函数	反正弦函数 $y=\arcsin x$	反余弦函数 $y=\arccos x$	反正切函数 $y=\arctan x$	反余切函数 $y=\text{arccot}\, x$
图像				
定义域	$[-1, 1]$	$[-1, 1]$	$(-\infty, +\infty)$	$(-\infty, +\infty)$
值域	$\left[-\dfrac{\pi}{2}, \dfrac{\pi}{2}\right]$	$[0, \pi]$	$\left(-\dfrac{\pi}{2}, \dfrac{\pi}{2}\right)$	$(0, \pi)$
单调性	单调递增	单调递减	单调递增	单调递减
$f(-x)$	$\arcsin(-x)$ $=-\arcsin x$	$\arccos(-x)$ $=\pi-\arccos x$	$\arctan(-x)$ $=-\arctan x$	$\text{arccot}(-x)$ $=\pi-\text{arccot}\, x$

表示函数通常用表格、图像和解析式 3 种方法. 不仅要会从函数的解析式出发,列表、描点绘制函数图像,要会从解析式、数表观察函数值的变化,也要会从图像认识函数的变化规律,提高识图的能力.

例 1 图 1-1 是钢材从热轧机下来后的温度曲线. T_1 是钢材热轧时温度, T_0 是周围环境温度,请说明钢材热轧后温度的变化.

解 由牛顿冷却定律可知,热轧后钢材温度与周围环境温度相差较大,因此开始时钢材迅速冷却,冷却到与周围环境温度相差较小后,就缓慢冷却,逐渐接近周围环境温度.

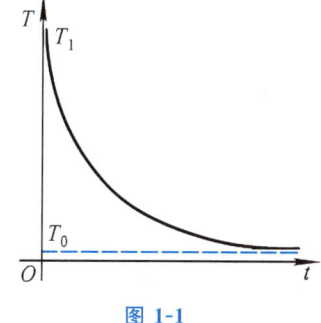

图 1-1

二、复合函数

在实际问题中,我们常常遇到由多个简单的函数构成一个较复杂函数的问题. 例如,设有质量为 m 的物体,以初速度 v_0 竖直上抛,在不考虑空气阻力的前提下,求动能 E_k 与时间 t 的函数关系.

由物理学可知,如果物体的运动速度为 v,则其动能 E_k 与速度 v 之间的函数关系为

$$E_k = \frac{1}{2} m v^2, \tag{1-1}$$

而竖直上抛时,物体的运动速度 v 与时间 t 之间的函数关系为

$$v = v_0 - gt, \tag{1-2}$$

其中,g 为重力加速度. 将式(1-2)代入式(1-1),得

$$E_k = \frac{1}{2} m (v_0 - gt)^2, \quad t \in \left[0, \frac{v_0}{g}\right]. \tag{1-3}$$

式(1-3)为动能 E_k 与时间 t 的函数关系,即动能 E_k 为时间 t 的函数. 下面将对这类函数进行讨论.

定义 1 设函数 $y=f(u)$，而 u 是 x 的函数，满足 $u=\varphi(x)$。若 $\varphi(x)$ 的函数值全部或部分在 $f(u)$ 的定义域内，通过 u 的联系使得 y 也是 x 的函数，称此函数为由函数 $y=f(u)$ 和 $u=\varphi(x)$ 复合而成的函数，简称**复合函数**(composite function)，记为 $y=f[\varphi(x)]$，其中 u 称为**中间变量**(intermediate variable)。

例 2 将下列函数 y 表示成 x 的复合函数：

(1) $y=e^u$，$u=\sin v$，$v=3+x$；   (2) $y=\ln u$，$u=2+v^2$，$v=\sec x$.

解 (1) $y=e^u=e^{\sin v}=e^{\sin(3+x)}$，即 $y=e^{\sin(3+x)}$.

(2) $y=\ln u=\ln(2+v^2)=\ln(2+\sec^2 x)$，即 $y=\ln(2+\sec^2 x)$.

例 3 指出下列函数的复合过程，并求其定义域：

(1) $y=\left(\arcsin\dfrac{1}{x}\right)^2$；   (2) $y=\sqrt{x^2-3x+2}$；

(3) $y=\lg(2+\tan^2 x)$；   (4) $y=\ln\left(\dfrac{1-2\sin x}{3+2\cos x}\right)$.

解 (1) $y=\left(\arcsin\dfrac{1}{x}\right)^2$ 是由 $y=u^2$，$u=\arcsin v$，$v=\dfrac{1}{x}$ 三个函数复合而成的. 要使 $y=\left(\arcsin\dfrac{1}{x}\right)^2$ 有意义，只须 $\arcsin\dfrac{1}{x}$ 有意义，这就要求 $\left|\dfrac{1}{x}\right|\leqslant 1$，即 $|x|\geqslant 1$. 因此 $y=\left(\arcsin\dfrac{1}{x}\right)^2$ 的定义域为 $(-\infty,-1]\cup[1,+\infty)$.

(2) $y=\sqrt{x^2-3x+2}$ 是由 $y=\sqrt{u}$，$u=x^2-3x+2$ 两个函数复合而成的. 要使 $y=\sqrt{x^2-3x+2}$ 有意义，只须 $x^2-3x+2\geqslant 0$. 解此不等式，得 $y=\sqrt{x^2-3x+2}$ 的定义域为 $(-\infty,1]\cup[2,+\infty)$.

(3) $y=\lg(2+\tan^2 x)$ 是由 $y=\lg u$，$u=2+v^2$，$v=\tan x$ 这三个函数复合而成的. 当 $x=k\pi+\dfrac{\pi}{2}(k\in\mathbf{Z})$ 时，$\tan x$ 不存在；当 $x\neq k\pi+\dfrac{\pi}{2}$ 时，$2+\tan^2 x>0$，因此 $y=\lg(2+\tan^2 x)$ 的定义域为

$$\left\{x\,\Big|\,x\neq k\pi+\dfrac{\pi}{2},k\in\mathbf{Z}\right\}.$$

(4) $y=\ln\left(\dfrac{1-2\sin x}{3+2\cos x}\right)$ 是由 $y=\ln u$，$u=\dfrac{1-2\sin x}{3+2\cos x}$ 两个函数复合而成的. 由于 $3+2\cos x>0$，要使函数 y 有意义，只须 $1-2\sin x>0$，即 $\sin x<\dfrac{1}{2}$，因此，函数 $y=\ln\left(\dfrac{1-2\sin x}{3+2\cos x}\right)$ 的定义域为

$$\left\{x\,\Big|\,x\in\left(2k\pi-\dfrac{7\pi}{6},2k\pi+\dfrac{\pi}{6}\right),k\in\mathbf{Z}\right\}.$$

应当指出：(1) 并不是任何两个函数都可以复合成一个函数. 例如：$y=\arcsin u$ 与 $u=2+x^2$ 就不能复合成一个函数，因为 u 的值域为 $[2,+\infty)$，它与 $y=\arcsin u$ 的定义域 $[-1,1]$ 的交集为空集，即 $u=2+x^2$ 的任何函数值都超出了 y 的定义域.

(2) 从例 3 可见，分析一个复合函数的复合过程时，每个层次都应是基本初等函数 [例 3(1)] 或常数与基本初等函数的四则运算 [例 3(2)、(3)、(4)]；当分解到常数与基本初等函数的四则运

算(称为**简单函数**)时,就不再分解了.

三、初等函数

定义 2 由基本初等函数和常数经过有限次四则运算和有限次复合所构成的函数称为**初等函数**(elementary function).

由于基本初等函数都是用一个式子表示的,所以由基本初等函数与常数经过有限次四则运算和有限次复合所得的初等函数能用一个式子表示.

初等函数

例如:函数 $y=3\sin(x^2-1)$,$y=\mathrm{e}^{2x}\ln x$,$y=\sqrt{x}+\tan 3x$,$y=5\arctan 3x^2-\ln 3$,$y=a\cos^3 x\sqrt{\mathrm{e}^{2x}}$ 等都是初等函数. 初等函数是最常见的函数;它是微积分研究的主要对象.

分段函数 $y=\begin{cases} x, & x\geqslant 0, \\ -x, & x<0, \end{cases}$ 即 $y=\sqrt{x^2}=|x|$,它是由 $y=\sqrt{u}$ 与 $u=x^2$ 复合而成的,因此它是一个初等函数.

而分段函数 $y=\begin{cases} 2x+1, & x<0, \\ 0, & x=0, \\ 1-x^3, & x>0 \end{cases}$ 不能用一个式子表示,因此它不是初等函数(图 1-2).

下面,我们简单介绍工程应用中常见的双曲函数.

双曲正弦 $\mathrm{sh}\, x=\dfrac{\mathrm{e}^x-\mathrm{e}^{-x}}{2}$, **双曲余弦** $\mathrm{ch}\, x=\dfrac{\mathrm{e}^x+\mathrm{e}^{-x}}{2}$, **双曲正切** $\mathrm{th}\, x=\dfrac{\mathrm{sh}\, x}{\mathrm{ch}\, x}=\dfrac{\mathrm{e}^x-\mathrm{e}^{-x}}{\mathrm{e}^x+\mathrm{e}^{-x}}$.

它们的定义域均为 $(-\infty,+\infty)$,其图像如图 1-3 和图 1-4 所示,可以证明:双曲正弦和双曲正切为奇函数,双曲余弦为偶函数.

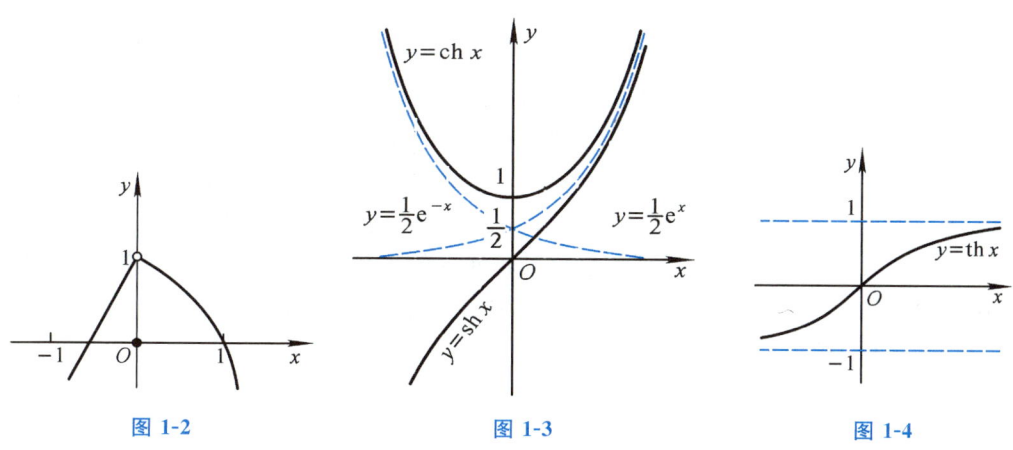

图 1-2   图 1-3   图 1-4

四、建立函数关系举例

运用数学工具解决实际问题时,往往需要先把变量之间的函数关系表示出来,才方便进行计算和分析.

例 4 某罐头厂要生产容积为 V 的圆柱形罐头盒,请将罐头盒的表面积表示成底面半径的函数,并确定函数的定义域.

解 设圆柱的底面半径为 r,高为 h,表面积为 S.

因为 $V = \pi r^2 h$,于是 $h = \dfrac{V}{\pi r^2}$,根据圆柱体表面积公式可知 $S = 2\pi r^2 + 2\pi rh$,代入 h 所以有 $S = 2\pi r^2 + \dfrac{2V}{r}$. 函数的定义域为 $(0, +\infty)$(考虑底面半径的实际情况,定义域应为 $(0, a]$,$a > 0$).

例 5 如图 1-5 所示,电源的电动势为 E,内阻为 r,负载电阻为 R,试建立输出功率 P 与负载电阻 R 的函数关系.

解 设电路中的电流为 I,由电学可知 $P = I^2 R$,根据闭合电路的欧姆定律可得 $I = \dfrac{E}{R+r}$,代入上式得 P 与 R 的函数关系为

$$P = \left(\dfrac{E}{R+r}\right)^2 R \quad (R > 0).$$

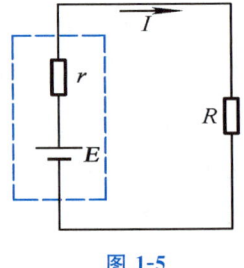

图 1-5

例 6 某运输公司规定 1 t 货物的运价为:里程在 a(单位:km)内,运价为 k(单位:元/km);超过 a,运价为 $\dfrac{4}{5}k$. 试写出 1 t 货物的运费 y 和里程 s 之间的函数关系.

解 当里程 s 在 a 内 $(0 \leqslant s \leqslant a)$ 时,运费 $y = ks$;当里程 s 超过 $a(s > a)$ 时,则超过的里程为 $(s-a)$,此时运费为

$$y = ka + \dfrac{4}{5}k(s-a),$$

于是

$$y = \begin{cases} ks, & 0 \leqslant s \leqslant a, \\ ka + \dfrac{4}{5}k(s-a), & s > a. \end{cases}$$

这里,y 与 s 的函数关系是用分段函数表示的,函数的定义域为 $[0, +\infty)$.

建立实际问题的函数关系前,首先应理解题意,分析问题中的量,找出常量、变量并选定自变量,根据所给问题的几何特性、物理规律或其他信息建立变量间的等量关系,整理化简得函数关系. 有时还要根据给定条件确定函数关系中的常数,然后根据题意,写出函数定义域.

确定实际问题的函数关系,就是建立实际问题的数学模型,并采用函数方法解决该实际问题. 一般地,先对问题的实际背景进行深入了解,摸清楚问题的规律,再用数字、图表、公式等表示出来,得到数学模型. 数学模型只是对现实事物某种属性的一种模拟,需不断验证修改,才能使其与实际情况拟合得更好. 根据数学模型,就可对所讨论问题进行分析. 数学模型是多种多样的,而函数关系只是数学模型的一种.

习 题 1-1

1. 判断题:

(1) $y = 2\sin x$ 是基本初等函数. ( )

(2) $y = a^{2x}$ 不是基本初等函数. ( )

(3) $y = \arccos u, u = 1 + 2^x$ 的复合函数是 $y = \arccos(1 + 2^x)$. ( )

(4) 分段函数都是初等函数. ( )

2. 求下列函数的定义域:

(1) $y = \dfrac{x-3}{x+5}$; (2) $y = \sqrt{4-2x}$; (3) $y = \dfrac{x-3}{\sqrt{x+1}}$;

(4) $y = \log_2(3x+1) + \sqrt{\dfrac{1}{x-2}}$; (5) $y = \begin{cases} 2x+1, & -1 \leqslant x \leqslant 1, \\ 0, & 1 < x < 2, \\ -x, & x > 2; \end{cases}$ (6) $y = \sqrt{\dfrac{3-x}{2+x}}$.

3. 判定下列函数的奇偶性:

(1) $y = x^2 - 3\cos 2x$; (2) $y = x(x-1)(x+1)$; (3) $y = 2^x + 1$;

(4) $y = \ln(x + \sqrt{x^2+1})$.

4. 已知 $f(x) = \dfrac{x-1}{x+1}$, 求 $f(0), f(5), f(-x), f\left(\dfrac{1}{x}\right), f(a+1), f[f(x)]$ 的值.

5. 将下列 y 表示为 x 的函数:

(1) $y = \sqrt{u}$, $u = x^3 - 1$; (2) $y = \lg u$, $u = \sin v$, $v = x + \dfrac{\pi}{3}$;

(3) $y = e^u$, $u = v^2$, $v = \cot x$; (4) $y = \arccos u$, $u = \sqrt{v}$, $v = \dfrac{x-a}{b-a}$.

6. 分析下列函数的复合过程:

(1) $y = \sin x^3$; (2) $y = (1+x)^5$; (3) $y = \tan\left(2x + \dfrac{\pi}{4}\right)$;

(4) $y = \dfrac{1}{(1-x^2)^3}$; (5) $y = 3^{2\cos^2 x}$; (6) $y = (1 + \arctan x^2)^3$.

§ 1-2 函数的极限

极限概念是学习微积分的基础, 必须掌握好. 本节首先讨论数列(整标函数) $x_n = f(n)$, $n \in \mathbf{Z}^+$ 的极限, 然后讨论函数 $y = f(x)$ (当 $x \to \infty$ 或 $x \to x_0$ 时)的极限.

一、数列 $x_n = f(n)$ 的极限

数学家小传

刘徽

考察几个数列, 当 n 无限增大时, x_n 的变化趋势:

(1) $1, -\dfrac{1}{2}, \dfrac{1}{3}, -\dfrac{1}{4}, \cdots, (-1)^{n-1}\dfrac{1}{n}, \cdots$;

(2) $\dfrac{1}{2}, \dfrac{2}{3}, \dfrac{3}{4}, \dfrac{4}{5}, \cdots, \dfrac{n}{n+1}, \cdots$;

(3) $1, -1, 1, -1, \cdots, (-1)^{n+1}, \cdots$;

(4) $1, 2, 4, 8, \cdots, 2^{n-1}, \cdots$.

为清楚起见, 我们把这 4 个数列的前 4 项分别在数轴上表示出来, 如图 1-6 所示.

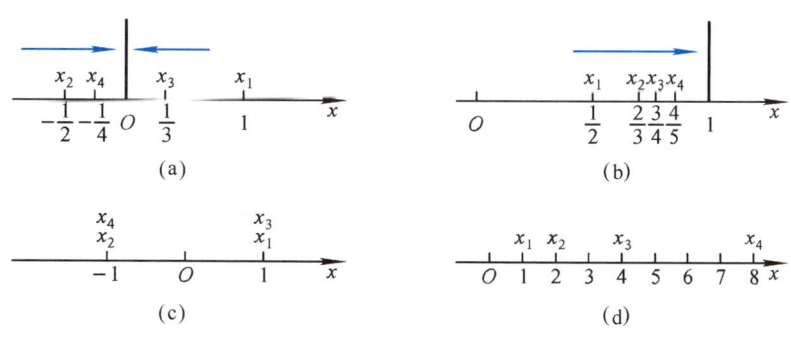

图 1-6

4个数列反映出的数列变化趋势,大体分为两类:当 n 无限增大时,一类 x_n 的数值无限接近于某一个常数;另一类则不能保持与某个常数无限接近.数列 a、b 属于前一类,如图 1-6 所示,当 n 无限增大时,数列 $x_n=(-1)^{n-1}\dfrac{1}{n}$ 无限地靠近点 $x=0$;数列 $x_n=\dfrac{n}{n+1}$ 无限地靠近点 $x=1$.数列 c、d 则属于后一类,当 n 无限增大时,数列 c 的数值在 $x=1$ 与 $x=-1$ 来回跳动;数列 d 的数值则无限增大,它们都不能保持与某个常数无限接近.本节主要讨论前一类,对此有如下定义.

定义 1　如果当 n 无限增大时(记为 $n\to\infty$),数列 x_n 无限接近于一个确定的常数 A,则称 A 为**数列 x_n 的极限**(limit of the number sequence x_n),记为

$$\lim_{n\to\infty}x_n=A \quad \text{或} \quad x_n\to A\text{（当 }n\to\infty\text{ 时）}.$$

由定义 1 及图 1-6a、b 知,当 $n\to\infty$ 时,数列 $x_n=(-1)^{n-1}\dfrac{1}{n}$ 的极限为 0,$x_n=\dfrac{n}{n+1}$ 的极限为 1.它们可分别记为

$$\lim_{n\to\infty}(-1)^{n-1}\dfrac{1}{n}=0 \quad \text{与} \quad \lim_{n\to\infty}\dfrac{n}{n+1}=1.$$

● 释疑解难

数列极限 ●

如果 $n\to\infty$ 时,x_n 无限接近的常数 A 不存在,则称 x_n 的极限不存在.例如:$\lim\limits_{n\to\infty}(-1)^n$ 不存在.

应当指出,"数列 x_n 无限接近于一个确定的常数 A"是指 x_n 与 A 的距离 $|x_n-A|$ 可以无限变小到任意小的程度.

已知数列 $x_n=\dfrac{n-1}{n+1}$,问 n 为何值时有:(1) $|x_n-1|<\dfrac{1}{10\,000}$;(2) $|x_n-1|<\varepsilon$?

因为 $|x_n-1|=\left|\dfrac{n-1}{n+1}-1\right|=\dfrac{2}{n+1}$,于是

(1) 要使 $|x_n-1|<\dfrac{1}{10\,000}$,则须 $\dfrac{2}{n+1}<\dfrac{1}{10\,000}$,即 $n+1>20\,000$,得 $n>19\,999$.

(2) 要使 $|x_n-1|<\varepsilon$,则须 $\dfrac{2}{n+1}<\varepsilon$,即 $n+1>\dfrac{2}{\varepsilon}$,得 $n>\dfrac{2}{\varepsilon}-1$.用 $\left[\dfrac{2}{\varepsilon}-1\right]$ 表示 $\dfrac{2}{\varepsilon}-1$ 的整数部分(例如:$[198.9]=198$),令 $N=\left[\dfrac{2}{\varepsilon}-1\right]$,只要 $n>N$,就有 $|x_n-1|<\varepsilon$.

由此可以得到数列 x_n 以常数 A 为极限的"ε-N"定义:

定义 1′　对于任意小的正数 ε,如果存在一个正整数 N,当 $n>N$ 时,$|x_n-A|<\varepsilon$ 都成立,则称常数 A 为当 $n\to\infty$ 时,数列 x_n 的极限,记为 $\lim\limits_{n\to\infty}x_n=A$.

● 知识讲解

例如:(1)中的 N 就是 19 999;(2)中的 N 就是 $\left[\dfrac{2}{\varepsilon}-1\right]$.

例 1　考察下列数列的变化趋势并求其极限:

(1) $x_n=2+\dfrac{(-1)^n}{n}$;　　　　　　(2) $x_n=-\dfrac{1}{2^{n-1}}$.

数列极限的定义 ●

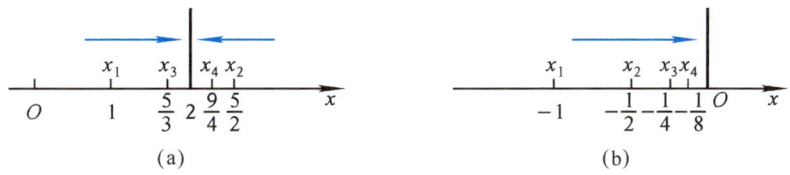

图 1-7

解 (1) 当 $n=1,2,3,4,\cdots$ 时,数列 $x_n=2+\dfrac{(-1)^n}{n}$ 的各项依次为 $1,\dfrac{5}{2},\dfrac{5}{3},\dfrac{9}{4},\cdots$,若把它们表示在数轴上,如图 1-7a 所示. 由图像及该数列的特点可知,当 n 无限增大时, $x_n=2+\dfrac{(-1)^n}{n}$ 无限接近于 2,所以由数列极限的定义,得

$$\lim_{n\to\infty}\left[2+\dfrac{(-1)^n}{n}\right]=2.$$

(2) 当 $n=1,2,3,4,\cdots$ 时, $x_n=-\dfrac{1}{2^{n-1}}$ 的各项依次为 $-1,-\dfrac{1}{2},-\dfrac{1}{4},-\dfrac{1}{8},\cdots$,若把它们表示在数轴上,如图 1-7b 所示. 由图像及该数列的特点可知,当 n 无限增大时, $x_n=-\dfrac{1}{2^{n-1}}$ 无限接近于 0,所以由数列极限的定义,得

$$\lim_{n\to\infty}\left(-\dfrac{1}{2^{n-1}}\right)=0.$$

例 2 (1) 0 是不是数列 $x_n=q^n(|q|<1)$ 的极限?

(2) -2 是不是常数数列 $x_n=-2$ 的极限?

(3) 数列 $x_n=2^{n-1}$ 是否有极限?

数列极限存在准则

解 (1) 由于 $|q^n-0|=|q|^n$,显然 $1>|q|^n>|q|^{n+1}$. 当 n 无限增大时, $|q|^n$ 可以小到任意小的程度,即 $x_n=q^n$ 与 0 无限接近[类似例1(2)]. 因此,0 是数列 x_n 的极限,即

$$\lim_{n\to\infty}q^n=0 \quad (|q|<1).$$

(2) 由于 $x_n=-2$,即不论项数 n 为何值,数列 x_n 都恒等于 -2,所以当 $n\to\infty$ 时, -2 与 x_n 完全相等,因此 $\lim\limits_{n\to\infty}(-2)=-2$.

一般地,任何常数数列的极限都是这个常数本身,即

$$\lim_{n\to\infty}C=C \quad (C\text{ 为常数}).$$

(3) 根据图 1-6d 及数列 $x_n=2^{n-1}$ 的特点可知,当 $n\to\infty$ 时, x_n 也无限增大,且不趋于某个确定的常数,因此数列 $x_n=2^{n-1}$ 没有极限.

二、函数 $y=f(x)$ 的极限

以上讨论了数列的极限. 数列 $x_n=f(n),n\in\mathbf{N}^*$ 是函数 $y=f(x)$ 的特例. 事实上,由于 $y=f(x)$ 的定义域各式各样,因此自变量 x 的变化范围很复杂. 下面仅就自变量 x 的两类变化过程讨论**函数的极限**(limit of a function).

1. 当 $x\to\infty$ 时,函数 $f(x)$ 的极限

$x\to\infty$ 表示自变量 x 的绝对值无限增大. 为了区别起见,我们把 $x>0$ 且无限增大,记为 $x\to+\infty$; $x<0$ 且无限增大,记为 $x\to-\infty$.

下面讨论当 $x \to \infty$ 时,函数 $y = \dfrac{1}{x}$ 的变化趋势.

如图 1-8 所示,当 $x \to +\infty$ 时,函数 $y = \dfrac{1}{x}$ 的值无限趋近于 0;同样地,当 $x \to -\infty$ 时,函数 $y = \dfrac{1}{x}$ 的值也无限趋近于 0. 因此当 $x \to \infty$ 时,函数 $y = \dfrac{1}{x}$ 无限接近于 0. 对 $x \to \infty$ 时函数 $f(x)$ 的变化趋势,有如下定义.

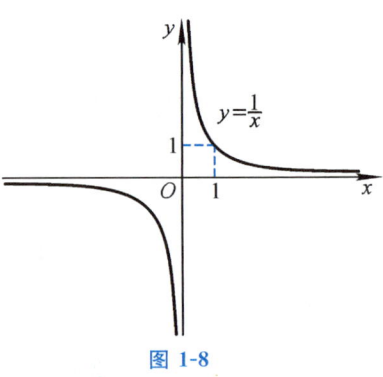

图 1-8

定义 2 设函数 $y = f(x)$ 在 $(-\infty, a) \cup (b, +\infty)$ 内有定义,如果当 x 的绝对值无限增大(即 $x \to \infty$)时,函数 $f(x)$ 的值无限接近于一个确定的常数 A,则称 A 为**当 $x \to \infty$ 时函数 $f(x)$ 的极限**,记为

$$\lim_{x \to \infty} f(x) = A \quad \text{或} \quad f(x) \to A (\text{当 } x \to \infty \text{ 时}).$$

由定义 2 可知,当 $x \to \infty$ 时,函数 $y = \dfrac{1}{x}$ 的极限为 0,可记为

$$\lim_{x \to \infty} \dfrac{1}{x} = 0 \quad \text{或} \quad \dfrac{1}{x} \to 0(\text{当 } x \to \infty \text{ 时}).$$

应当指出,"函数 $f(x)$ 的值无限接近于一个确定的常数 A"是指 $f(x)$ 与 A 的距离 $|f(x) - A|$ 可以无限变小到任意小的程度. 例如:已知 $f(x) = \dfrac{x+2}{x}$,问 x 分别为何值时,满足(1) $|f(x) - 1| < \dfrac{1}{100\,000}$;(2) $|f(x) - 1| < \varepsilon$?

由于 $|f(x) - 1| = \left|\dfrac{x+2}{x} - 1\right| = \dfrac{2}{|x|}$,于是

(1) 要使 $|f(x) - 1| < \dfrac{1}{100\,000}$,则须 $\dfrac{2}{|x|} < \dfrac{1}{100\,000}$,即 $|x| > 200\,000$,因此当 $|x| > 200\,000$ 时,就有 $|f(x) - 1| < \dfrac{1}{100\,000}$.

(2) 要使 $|f(x) - 1| < \varepsilon$,则须 $\dfrac{2}{|x|} < \varepsilon$,即 $|x| > \dfrac{2}{\varepsilon}$. 取 $X = \dfrac{2}{\varepsilon}$,因此当 $|x| > X$ 时,就有 $|f(x) - 1| < \varepsilon$.

由此给出当 $x \to \infty$ 时,函数 $f(x)$ 以常数 A 为极限的"ε-X"定义:

定义 2′ 对于任意小的正数 $\varepsilon > 0$,如果存在一个正数 X,当 $|x| > X$ 时,$|f(x) - A| < \varepsilon$ 都成立,则称常数 A 为当 $x \to \infty$ 时,函数 $f(x)$ 的极限,记为 $\lim\limits_{x \to \infty} f(x) = A$.

例 3 讨论极限: $\lim\limits_{x \to \infty} \dfrac{1}{1 + x^2}$.

解 如图 1-9 所示,当 $x \to \infty$ 时,函数 $f(x) = \dfrac{1}{1 + x^2}$ 的值无限接近于 0,即

$$\lim_{x \to \infty} \dfrac{1}{1 + x^2} = 0.$$

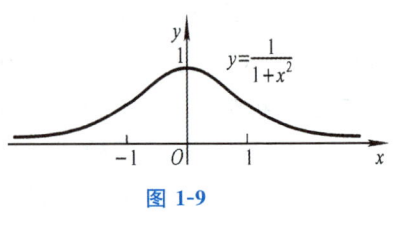

图 1-9

"$x \to \infty$"包含"$x \to +\infty$"与"$x \to -\infty$",有时只需要考虑 $x \to +\infty$(或 $x \to -\infty$)时,函数的变化趋势,此时有如下定义.

定义 3 设函数 $y = f(x)$ 在 $(a, +\infty)$ 或 $(-\infty, b)$ 内有定义,如果当 $x \to +\infty$(或 $x \to -\infty$)时,函数 $f(x)$ 的值无限接近于一个确定的常数 A,则称 A 为**当 $x \to +\infty$(或 $x \to -\infty$)时的函数 $f(x)$ 极限**,记为

$$\lim_{\substack{x \to +\infty \\ (x \to -\infty)}} f(x) = A \quad \text{或} \quad f(x) \to A (\text{当} x \to \pm\infty \text{时}).$$

由图 1-8 可以看出,对于函数 $y = \dfrac{1}{x}$,有 $\lim\limits_{x \to +\infty} \dfrac{1}{x} = 0$ 及 $\lim\limits_{x \to -\infty} \dfrac{1}{x} = 0$.

一般地,如果 $\lim\limits_{x \to \infty} f(x) = A$,则 $\lim\limits_{x \to +\infty} f(x) = \lim\limits_{x \to -\infty} f(x) = A$;反之,如果 $\lim\limits_{x \to +\infty} f(x) = \lim\limits_{x \to -\infty} f(x) = A$,则 $\lim\limits_{x \to \infty} f(x) = A$.

例 4 讨论当 $x \to \infty$ 时,函数 $y = \operatorname{arccot} x$ 的极限.

解 如图 1-10 所示,有 $\lim\limits_{x \to +\infty} \operatorname{arccot} x = 0$ 和 $\lim\limits_{x \to -\infty} \operatorname{arccot} x = \pi$,虽然 $\lim\limits_{x \to +\infty} \operatorname{arccot} x$ 和 $\lim\limits_{x \to -\infty} \operatorname{arccot} x$ 都存在,但它们不相等,所以 $\lim\limits_{x \to \infty} \operatorname{arccot} x$ 不存在.

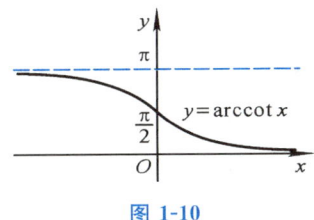

图 1-10

例 5 讨论当 $x \to \infty$ 时,函数 $y = \sin x$ 的极限.

解 当 $x \to \infty$ 时,观察函数 $y = \sin x$ 的变化趋势,例如:令 $x = 2k\pi + \dfrac{\pi}{2}, k \in \mathbf{Z}$,当 $k \to \infty$ 时有 $x \to \infty$,此时 $\sin x \to 1$;同理,令 $x = 2k\pi - \dfrac{\pi}{2}, k \in \mathbf{Z}$,当 $k \to \infty$ 时有 $x \to \infty$,此时 $\sin x \to -1$;令 $x = 2k\pi, k \in \mathbf{Z}$,当 $k \to \infty$ 时有 $x \to \infty$,此时 $\sin x \to 0$.所以当 $x \to \infty$ 时,$y = \sin x$ 不趋近于某一固定常数,因此 $\lim\limits_{x \to \infty} \sin x$ 不存在.

同理可证 $\lim\limits_{x \to \infty} \cos x$ 不存在.

2. 当 $x \to x_0$ 时,函数 $f(x)$ 的极限

$x \to x_0$ 表示 x 以任何方式从 x_0 的左、右两侧无限趋近于 x_0.如图 1-11 所示,当 x 无限趋近于 1 时,函数 $f(x) = \dfrac{x^2 - 1}{x - 1}$ 的值无限趋近于 2,对于这种变化趋势有如下定义.

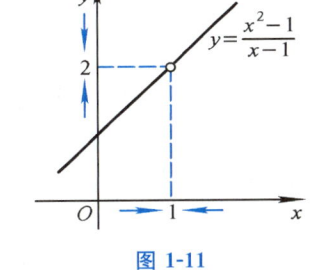

图 1-11

定义 4 设函数 $y = f(x)$ 在点 x_0 的左、右近旁有定义[在点 x_0 处,函数 $f(x)$ 可以没有定义],如果当 x 无限趋近于 x_0 时,对应的函数 $y = f(x)$ 的值无限接近于一个确定的常数 A,则称 A 为**当 $x \to x_0$ 时函数 $y = f(x)$ 的极限**,记为

$$\lim_{x \to x_0} f(x) = A \quad \text{或} \quad f(x) \to A \quad (\text{当} x \to x_0 \text{时}).$$

由定义 4 可得

$$\lim_{x \to 1} \dfrac{x^2 - 1}{x - 1} = 2 \quad \text{或} \quad \dfrac{x^2 - 1}{x - 1} \to 2 (\text{当} x \to 1 \text{时}).$$

设 $f(x) = \dfrac{x^2 - 1}{x - 1}$,问 x 为何值时,有:(1) $|f(x) - 2| < \dfrac{1}{10\,000}$;(2) $|f(x) - 2| < \varepsilon$?

由于 $|f(x) - 2| = \left|\dfrac{x^2 - 1}{x - 1} - 2\right| = |x + 1 - 2| = |x - 1|$,于是

(1) 要使 $|f(x)-2|<\dfrac{1}{10\,000}$，则须 $|x-1|<\dfrac{1}{10\,000}$，因此当 $0<|x-1|<\dfrac{1}{10\,000}$ 时，就有

$$|f(x)-2|<\dfrac{1}{10\,000}.$$

(2) 要使 $|f(x)-2|<\varepsilon$，则须 $|x-1|<\varepsilon$，取 $\delta=\varepsilon$，因此当 $0<|x-1|<\delta$ 时，就有

$$|f(x)-2|<\varepsilon.$$

知识讲解

函数极限的定义（二）

由此给出 $\lim\limits_{x\to x_0}f(x)=A$ 的"ε-δ"定义：

定义 4' 设 $f(x)$ 在点 x_0 的左、右近旁有定义 [在点 x_0 处 $f(x)$ 可以没有定义]，对于任意小的正数 ε，如果存在一个正数 δ，使得当 $0<|x-x_0|<\delta$ 时，就有 $|f(x)-A|<\varepsilon$ 成立，则称 A 为当 $x\to x_0$ 时函数 $f(x)$ 的极限，记为 $\lim\limits_{x\to x_0}f(x)=A$.

极限 $\lim\limits_{x\to x_0}f(x)$ 刻画了函数 $f(x)$ 在 x 趋于点 x_0 时的变化趋势，而不是在点 x_0 处的性态.

例 6 讨论函数 $f(x)=x^2\,(x\geqslant 0)$ 在 $x\to 2$ 时的极限.

解 如图 1-12 所示，当 $x\to 2$ 时，函数 $f(x)=x^2$ 的值无限接近于 4，所以

$$\lim\limits_{x\to 2}x^2=4.$$

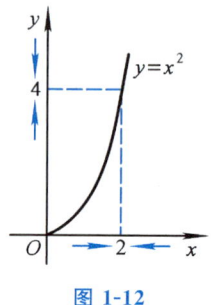

图 1-12

根据极限的定义和函数的图像，可以确定一些常见函数的极限：

$\lim\limits_{\substack{x\to x_0\\(x\to\infty)}}C=C$（$C$ 为常数）； $\lim\limits_{x\to x_0}x=x_0$； $\lim\limits_{x\to\frac{\pi}{2}}\cos x=0$；

$\lim\limits_{x\to 0}\sin x=0$； $\lim\limits_{x\to 0}\cos x=1$； $\lim\limits_{x\to\frac{\pi}{2}}\sin x=1$.

3. 当 $x\to x_0$ 时，$f(x)$ 的左极限与右极限

在 $x\to x_0$，$f(x)\to A$ 的极限定义中，x 既从 x_0 的左侧无限趋近于 x_0（记为 $x\to x_0-0$ 或 $x\to x_0^-$），同时也从 x_0 的右侧无限趋近于 x_0（记为 $x\to x_0+0$ 或 $x\to x_0^+$）. 在实际问题中，有时只需要考虑 x 从 x_0 的一侧向 x_0 无限趋近时，函数 $f(x)$ 的变化趋势.

定义 5 如果 $f(x)$ 在 (a,x_0) 内有定义，并且当 $x\to x_0-0$ 时，函数 $f(x)$ 的值无限接近于一个确定的常数 A，则称 A 为**当 $x\to x_0$ 时函数 $f(x)$ 的左极限**（left limit），记为

$$\lim\limits_{x\to x_0^-}f(x)=A \quad \text{或} \quad f(x_0-0)=A.$$

如果 $f(x)$ 在 (x_0,b) 内有定义，并且当 $x\to x_0+0$ 时，函数 $f(x)$ 的值无限接近于一个确定的常数 B，则称 B 为**当 $x\to x_0$ 时函数 $f(x)$ 的右极限**（right limit），记为

$$\lim\limits_{x\to x_0^+}f(x)=B \quad \text{或} \quad f(x_0+0)=B.$$

左极限和右极限统称为**单侧极限**.

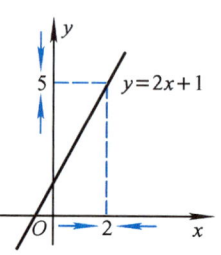

图 1-13

如图 1-13 所示，结合函数特性可知 $\lim\limits_{x\to 2}(2x+1)=5$.

同时我们注意到当 $x\to 2$ 时，函数 $f(x)=2x+1$ 的左、右极限：

左极限 $f(2-0) = \lim\limits_{x \to 2^-}(2x+1) = 5$,

右极限 $f(2+0) = \lim\limits_{x \to 2^+}(2x+1) = 5$.

一般地,如果当 $x \to x_0$ 时,函数 $f(x)$ 的极限存在,则当 $x \to x_0$ 时, $f(x)$ 的左、右极限存在且相等;反之,结论也成立.

例 7 讨论函数 $f(x) = \begin{cases} x, & x \geqslant 0, \\ -1, & x < 0 \end{cases}$ 当 $x \to 0$ 时的极限.

解 如图 1-14 所示,有 $f(0+0) = \lim\limits_{x \to 0^+} x = 0$, $f(0-0) = \lim\limits_{x \to 0^-}(-1) = -1$,因为 $f(0+0) \neq f(0-0)$,所以 $\lim\limits_{x \to 0} f(x)$ 不存在.

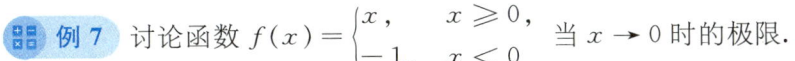

图 1-14

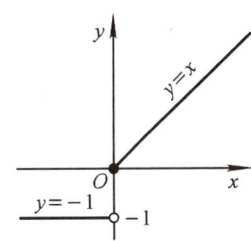

释疑解难

左、右极限

习 题 1-2

1. 判断题:

(1) 数列 a^n 的极限存在. ( )

(2) 当 $x \to 0^+$ 时, $\ln x$ 的极限不存在. ( )

(3) 若 $f(x)$ 在点 x_0 无定义,则 $\lim\limits_{x \to x_0} f(x)$ 不存在. ( )

(4) 当 $x \to \left(\dfrac{\pi}{2}\right)^+$ 时, $\tan x$ 的极限不存在. ( )

2. 观察下列数列当 $n \to \infty$ 时的变化趋势,若极限存在,则写出其极限:

(1) $x_n = \dfrac{1}{n} + 4$; (2) $x_n = (-1)^n \dfrac{1}{n}$; (3) $x_n = \dfrac{3n}{n+1}$; (4) $x_n = \dfrac{n+1}{n-1}$;

(5) $x_n = \dfrac{1}{2^n}$; (6) $x_n = 2 - \dfrac{1}{n^2}$; (7) $x_n = n$; (8) $x_n = \cos n\pi$.

3. 利用函数图像,考察函数变化趋势,并写出其极限:

(1) $\lim\limits_{x \to 2}(4x - 5)$; (2) $\lim\limits_{x \to 2}(x^2 + 1)$; (3) $\lim\limits_{x \to 2} \dfrac{x^2 - 4}{x - 2}$;

(4) $\lim\limits_{x \to 1} \lg x$; (5) $\lim\limits_{x \to \frac{\pi}{2}} \sin x$; (6) $\lim\limits_{x \to +\infty} \arctan x$.

4. 设 $f(x) = \begin{cases} x+1, & x \geqslant 0, \\ 1, & x < 0, \end{cases}$ 作出函数图像,求当 $x \to 0$ 时, $f(x)$ 的左、右极限,并判别当 $x \to 0$ 时, $f(x)$ 的极限是否存在.

§ 1-3 无穷小与无穷大

一、无穷小

在实际问题中,经常遇到极限为 0 的变量. 例如:单摆离开竖直位置摆动时,由于摩擦力的作用,它的振幅随着时间的增加而逐渐减小并趋于 0. 对于这样的变量,有定义如下.

定义 1 如果当 $x \to x_0 (x \to \infty)$ 时,函数 $f(x)$ 的极限为 0,即 $\lim\limits_{x \to x_0} f(x) = 0 [\lim\limits_{x \to \infty} f(x) = 0]$,或 $f(x) \to 0$ [当 $x \to x_0 (x \to \infty)$ 时],则称 $f(x)$ 为当 $x \to x_0 (x \to \infty)$ 时的**无穷小**(infinitesimal).

例如:由于 $\lim\limits_{x \to 3}(x-3) = 0$,因此函数 $f(x) = x - 3$ 为当 $x \to 3$ 时的无穷小,但当 $x \to 2$ 时,函

数 $f(x)=x-3$ 就不是无穷小. 又如:由于 $\lim\limits_{x\to\infty}\dfrac{1}{x}=0$,因此函数 $g(x)=\dfrac{1}{x}$ 为当 $x\to\infty$ 时的无穷小,但当 $x\to5$ 时,函数 $g(x)=\dfrac{1}{x}$ 就不是无穷小. 所以,描述一个函数 $f(x)$ 是无穷小时,必须指明自变量 x 变化的趋向.

应当指出,常量"0"是无穷小,除此之外,任何常量都不是无穷小.

无穷小有下列性质(证略):

性质 1　有限个无穷小的代数和为无穷小;

性质 2　有界函数与无穷小的积为无穷小;

性质 3　有限个无穷小的积为无穷小.

无穷小的性质

例 1　求 $\lim\limits_{x\to\infty}\dfrac{\arctan x}{x}$.

解　因为 $\lim\limits_{x\to\infty}\dfrac{1}{x}=0$,且 $|\arctan x|<\dfrac{\pi}{2}$,由性质 2 得 $\lim\limits_{x\to\infty}\dfrac{\arctan x}{x}=0$.

例 2　(1) 已知 $\lim\limits_{x\to1}(3x-1)=2$,求 $\lim\limits_{x\to1}(3x-3)$; (2) 已知 $\lim\limits_{x\to1}(3x-3)=0$,求 $\lim\limits_{x\to1}(3x-1)$.

解　(1) 因为 $\lim\limits_{x\to1}(3x-1)=2$,由极限的定义,当 $x\to1$ 时,函数 $f(x)=3x-1$ 与常数 2 无限接近,即 $f(x)-2=3x-3$ 与 0 无限接近,因此,$\lim\limits_{x\to1}[f(x)-2]=\lim\limits_{x\to1}(3x-3)=0$.

(2) 因为 $\lim\limits_{x\to1}(3x-3)=0$,由极限的定义知,当 $x\to1$ 时,函数 $g(x)=3x-3$ 与常数 0 无限接近,而 $g(x)=(3x-1)-2=f(x)-2$,即当 $x\to1$ 时,函数 $f(x)=3x-1$ 与常数 2 无限接近,因此

$$\lim\limits_{x\to1}f(x)=\lim\limits_{x\to1}(3x-1)=2.$$

从例 2 可以看出,如果 $\lim\limits_{x\to1}(3x-1)=2$,则函数 $f(x)-2=3x-3$ 为当 $x\to1$ 时的无穷小;反之,若 $f(x)-2=(3x-1)-2$ 为当 $x\to1$ 时的无穷小,则 $\lim\limits_{x\to1}f(x)=\lim\limits_{x\to1}(3x-1)=2$.

一般地,函数、函数的极限与无穷小有如下关系.

定理 1　如果 $\lim f(x)=A$,则 $f(x)=A+\alpha$(其中,$\lim\alpha=0$);反之,如果 $f(x)=A+\alpha$,且 $\lim\alpha=0$,则 $\lim f(x)=A$ (证略).

其中,$\lim$ 是 $\lim\limits_{x\to x_0}$ 或 $\lim\limits_{x\to\infty}$ 等的略写,表示变量在同一变化趋向下的极限过程,即如果 $\lim\limits_{x\to x_0}f(x)=A[\lim\limits_{x\to\infty}f(x)=A]$,则相应地,$\lim\limits_{x\to x_0}\alpha=0(\lim\limits_{x\to\infty}\alpha=0)$. 需注意,这个符号不能滥用.

二、无穷大

观察函数 $f(x)=\dfrac{1}{x}$ 的图像(图 1-8). 不难发现,当 $x\to0$ 时,函数 $f(x)$ 的绝对值无限增大. 对于这种变化趋势,有定义如下.

定义 2　如果当 $x\to x_0(x\to\infty)$ 时,函数 $f(x)$ 的绝对值无限增大,则称函数 $f(x)$ 为当 $x\to x_0(x\to\infty)$ 时的**无穷大**(infinity).

如果函数 $f(x)$ 当 $x\to x_0$(或 $x\to\infty$)时为无穷大,按通常的意义来说,极限是不存在的,但为了便于描述函数的这一性态,也说"函数的极限是无穷大",记为

$$\lim_{x \to x_0} f(x) = \infty \quad [\text{或} \lim_{x \to \infty} f(x) = \infty].$$

如果在无穷大的定义中,对于 x_0 左、右近旁的 x(或 $|x|$ 充分大),例如:$x \in (a, x_0) \cup (x_0, b)$ [或 $x \in (-\infty, a) \cup (b, +\infty)$] 时,对应的函数值都是正的或都是负的,分别记为

$$\lim_{\substack{x \to x_0 \\ (x \to \infty)}} f(x) = +\infty, \quad \lim_{\substack{x \to x_0 \\ (x \to \infty)}} f(x) = -\infty.$$

例如:当 $a > 1$ 时,

$$\lim_{x \to 0^+} \log_a x = -\infty, \quad \lim_{x \to +\infty} a^x = +\infty, \quad \lim_{x \to +\infty} x^\mu = +\infty \ (\mu > 0).$$

应当指出,说一个函数是无穷大时,必须指明自变量变化的趋向;不论多么大的常数,都不是无穷大.

三、无穷大与无穷小的关系

我们知道,当 $x \to 3$ 时,函数 $f(x) = \dfrac{1}{x-3}$ 是无穷大,$\dfrac{1}{f(x)} = x - 3$ 是无穷小;当 $x \to \infty$ 时,函数 $g(x) = \dfrac{1}{x+1}$ 是无穷小,$\dfrac{1}{g(x)} = x + 1$ 是无穷大.一般地,有如下定理.

定理 2 如果 $\lim f(x) = \infty$,则 $\lim \dfrac{1}{f(x)} = 0$;反之,如果 $\lim f(x) = 0$ 且 $f(x) \neq 0$,则 $\lim \dfrac{1}{f(x)} = \infty$.

例 3 讨论极限 $\lim\limits_{x \to \infty} \dfrac{1}{3 + x^2}$.

解 容易看出,当 $x \to \infty$ 时函数 $f(x) = 3 + x^2$ 为无穷大,由定理 2 得 $\lim\limits_{x \to \infty} \dfrac{1}{3 + x^2} = 0$.

习 题 1-3

1. 判断题:
   (1) 无穷小是越来越接近于 0 的量. ( )
   (2) 越来越接近于 0 的量是无穷小. ( )
   (3) 无穷大与有界变量之积是无穷大. ( )
   (4) 无穷小的倒数是无穷大. ( )

2. 当 $n \to \infty$ 时,下列数列是否为无穷小?为什么?
   (1) $y_n = \dfrac{1 + (-1)^n}{2}$; (2) $y_n = (-1)^{n+1} \dfrac{1}{2^n}$; (3) $y_n = \dfrac{1}{\sqrt{n+1}}$; (4) $y_n = \dfrac{2}{n^2 + 3}$.

3. 当 $x \to 0$ 时,下列函数哪些是无穷小,哪些是无穷大?
   (1) $1\,000 x^2$; (2) $\dfrac{1}{2} x - x$; (3) $\dfrac{2}{x}$; (4) $\dfrac{x}{0.01}$;
   (5) $\dfrac{x}{x^2}$; (6) $\dfrac{x^2}{x}$; (7) $x^2 + 0.1x$; (8) $\ln x \ (x > 0)$.

4. 求下列极限:
   (1) $\lim\limits_{x \to \infty} \dfrac{\sin x}{x^2}$; (2) $\lim\limits_{x \to 0} x \cos \dfrac{1}{x}$; *(3) $\lim\limits_{x \to \infty} \dfrac{\arcsin \dfrac{1}{x}}{x}$.

§1-4 函数极限的运算

本节讨论函数极限的四则运算法则与两个重要极限.

一、函数极限的四则运算法则

设 $\lim f(x)=A$，$\lim g(x)=B$.

法则 1 两个具有极限的函数的代数和的极限，等于这两个函数的极限的代数和，即

$$\lim[f(x)\pm g(x)]=\lim f(x)\pm\lim g(x)=A\pm B.$$

法则 2 两个具有极限的函数的积的极限等于这两个函数的极限的积，即

$$\lim[f(x)g(x)]=\lim f(x)\lim g(x)=AB.$$

特别地，若 $g(x)=f(x)$，则

$$\lim[f(x)g(x)]=\lim[f(x)]^2=[\lim f(x)]^2=A^2.$$

若 $g(x)=C$（常数），则

$$\lim[f(x)g(x)]=\lim[Cf(x)]=\lim C\lim f(x)=C\lim f(x).$$

即常数因子可以提到极限符号外面.

法则 3 当分母的极限不为 0 时，两个具有极限的函数的商的极限，等于这两个函数的极限的商，即

$$\lim\frac{f(x)}{g(x)}=\frac{\lim f(x)}{\lim g(x)}=\frac{A}{B}\ (B\neq 0).$$

法则 1 和法则 2 可以推广到具有极限的有限个函数的情形. 当 n 为正整数时，则

$$\lim[f(x)]^n=[\lim f(x)]^n=A^n,\qquad n\in\mathbf{N}^*.$$

下面对法则 2 进行证明，法则 1 与法则 3 的证明类似.

证 因为 $\lim f(x)=A$，$\lim g(x)=B$，由 §1-3 节中的定理 1，有

$$f(x)=A+\alpha,\qquad g(x)=B+\beta,$$

其中，α、β 为无穷小. 于是

$$f(x)g(x)=(A+\alpha)(B+\beta)=AB+(A\beta+B\alpha+\alpha\beta).$$

由无穷小的性质知，$A\beta+B\alpha+\alpha\beta$ 为无穷小，因此

$$\lim f(x)g(x)=AB=\lim f(x)\lim g(x),$$

即法则 2 得证.

下面用四则运算法则来求函数的极限.

例 1 求 $\lim\limits_{x\to 2}(2x^2-x+7)$.

解
$$\lim_{x\to 2}(2x^2-x+7)=\lim_{x\to 2}2x^2-\lim_{x\to 2}x+\lim_{x\to 2}7$$
$$=2(\lim_{x\to 2}x)^2-\lim_{x\to 2}x+7=2\times 2^2-2+7=13.$$

由例 1 可知,如果函数 $f(x)$ 为多项式,则有 $\lim\limits_{x \to x_0} f(x) = f(x_0)$,即多项式函数当 $x \to x_0$ 时的极限等于此多项式函数在点 x_0 的函数值.

例 2 求 $\lim\limits_{x \to 0} \dfrac{2x^2+3}{4-2x}$.

解 由于
$$\lim_{x \to 0}(4-2x) = \lim_{x \to 0} 4 - 2\lim_{x \to 0} x = 4 - 0 = 4 \neq 0,$$
$$\lim_{x \to 0}(2x^2+3) = 2(\lim_{x \to 0} x)^2 + \lim_{x \to 0} 3 = 3,$$

因此
$$\lim_{x \to 0} \frac{2x^2+3}{4-2x} = \frac{3}{4}.$$

从例 2 可以看出,如果 $\dfrac{f(x)}{g(x)}$ 为有理分式函数,且 $g(x_0) \neq 0$ 时,则有 $\lim\limits_{x \to x_0} \dfrac{f(x)}{g(x)} = \dfrac{f(x_0)}{g(x_0)}$,即如果有理分式函数的分母在点 x_0 处不为 0,则此有理分式函数当 $x \to x_0$ 时的极限等于此有理分式函数在点 x_0 的函数值.

例 3 求 $\lim\limits_{x \to 3} \dfrac{x-3}{x^2-9}$.

解 由于 $\lim\limits_{x \to 3}(x^2-9) = 0$,因此不能直接用法则 3,又 $\lim\limits_{x \to 3}(x-3) = 0$,在 $x \to 3$ 的过程中,需要 $x \neq 3$.因此求此分式的极限时,应首先约去非零公因子 $x-3$.于是
$$\lim_{x \to 3} \frac{x-3}{x^2-9} = \lim_{x \to 3} \frac{1}{x+3} = \frac{1}{6}.$$

例 4 求 $\lim\limits_{x \to 2} \dfrac{3x^2+5}{x^2-4}$.

解 由于 $\lim\limits_{x \to 2}(x^2-4) = 0$,$\lim\limits_{x \to 2}(3x^2+5) = 17$,因此既不能用法则 3,也不能用分子分母约去非零公因子.此时可先考察函数倒数的极限,由于 $\lim\limits_{x \to 2} \dfrac{x^2-4}{3x^2+5} = \dfrac{0}{17} = 0$,根据无穷小与无穷大的关系,可得 $\lim\limits_{x \to 2} \dfrac{3x^2+5}{x^2-4} = \infty$.

例 5 求 $\lim\limits_{x \to \infty} \dfrac{3x^3+5x+3}{x^3+4x-8}$.

解 由于当 $x \to \infty$ 时,分子和分母都是无穷大因而极限不存在,不能直接用法则 3.此时,可以用分子、分母中自变量的最高次幂 x^3 同除原式中的分子和分母,再用法则 3 求极限,即
$$\lim_{x \to \infty} \frac{3x^3+5x+3}{x^3+4x-8} = \lim_{x \to \infty} \frac{3+\dfrac{5}{x^2}+\dfrac{3}{x^3}}{1+\dfrac{4}{x^2}-\dfrac{8}{x^3}}.$$

因为
$$\lim_{x \to \infty}\left(3+\frac{5}{x^2}+\frac{3}{x^3}\right) = 3 + 5\left(\lim_{x \to \infty}\frac{1}{x}\right)^2 + 3\left(\lim_{x \to \infty}\frac{1}{x}\right)^3 = 3,$$
$$\lim_{x \to \infty}\left(1+\frac{4}{x^2}-\frac{8}{x^3}\right) = 1 + 4\left(\lim_{x \to \infty}\frac{1}{x}\right)^2 - 8\left(\lim_{x \to \infty}\frac{1}{x}\right)^3 = 1.$$

所以
$$\lim_{x \to \infty} \frac{3x^3+5x+3}{x^3+4x-8} = \frac{3}{1} = 3.$$

例 5 所用的方法,称为**无穷小分出法**. 一般地,当 $x\to\infty$ 时,如果一个分式函数分子和分母都是无穷大,求此分式函数的极限时,都应用分子、分母中自变量最高次幂去同时除分子、分母,以分出无穷小,然后再求其极限.

例 6 求 $\lim\limits_{x\to\infty}\dfrac{3x^2+2x+1}{2x^3+5}$.

解 将分子、分母同除以 x^3,得

$$\lim_{x\to\infty}\frac{3x^2+2x+1}{2x^3+5}=\lim_{x\to\infty}\frac{\dfrac{3}{x}+\dfrac{2}{x^2}+\dfrac{1}{x^3}}{2+\dfrac{5}{x^3}}=\frac{0}{2}=0.$$

显然

$$\lim_{x\to\infty}\frac{2x^3+5}{3x^2+2x+1}=\infty.$$

从例 5、例 6 可以看出,求有理函数在 $x\to\infty$ 时的极限,当 $a_0\neq 0$,$b_0\neq 0$ 时,有如下结果:

$$\lim_{x\to\infty}\frac{a_0x^n+a_1x^{n-1}+\cdots+a_n}{b_0x^m+b_1x^{m-1}+\cdots+b_m}=\begin{cases}0, & \text{若 } m>n,\\ \dfrac{a_0}{b_0}, & \text{若 } m=n,\\ \infty, & \text{若 } m<n.\end{cases}$$

例 7 求 $\lim\limits_{x\to 3}\dfrac{x-3}{\sqrt{x+1}-2}$.

解 由于 $\lim\limits_{x\to 3}(\sqrt{x+1}-2)=0$,因此不能直接用法则 3,求此分式函数的极限时,可先将分子、分母同乘 $\sqrt{x+1}+2$,进行分母有理化,再约去非零公因子,即

$$\lim_{x\to 3}\frac{x-3}{\sqrt{x+1}-2}=\lim_{x\to 3}\frac{(x-3)(\sqrt{x+1}+2)}{(\sqrt{x+1}-2)(\sqrt{x+1}+2)}=\lim_{x\to 3}\frac{(x-3)(\sqrt{x+1}+2)}{x-3}$$
$$=\lim_{x\to 3}(\sqrt{x+1}+2)=4.$$

例 8 某企业获投资 50 万元,这家企业将该投资作为抵押品向银行贷款,得到相当于抵押品价值 0.75 倍的贷款. 该企业将此贷款再次进行投资,并将再投资作为抵押品又向银行贷款,仍得到相当于抵押品价值 0.75 倍的贷款,企业又将此贷款再进行投资. 通过这种贷款—投资—再贷款—再投资……反复进行扩大再生产的方式,该企业共计可获投资多少万元?

解 设 S 表示投资与再投资的总和,a_n 表示每次投资或再投资(贷款),于是得到一数列:

$$a_1=50,\quad a_2=50\times 0.75,\quad a_3=50\times 0.75^2,\quad \cdots,\quad a_n=50\times 0.75^{n-1},\quad \cdots$$

此数列为一等比数列,且公比 $q=0.75$,于是

$$S_n=\frac{a_1(1-q^n)}{1-q}=\frac{50(1-0.75^n)}{1-0.75}=200(1-0.75^n).$$

由 §1-2 知,当 $|q|<1$ 时,有 $\lim\limits_{n\to\infty}q^n=0$,可得 $\lim\limits_{n\to\infty}0.75^n=0$,因此

$$S=\lim_{n\to\infty}S_n=200\lim_{n\to\infty}(1-0.75^n)=200(万元).$$

一般地,称公比 q 满足条件 $|q|<1$ 的无穷等比数列:$a_1,a_1q,a_1q^2,\cdots,a_1q^{n-1},\cdots$ 为**无穷递缩等比数列**. 设无穷递缩等比数列 $\{a_n=a_1q^{n-1}\}$ 的前 n 项和为 S_n,S 为 S_n 当 $n\to\infty$ 时的极

限,则由§1-2的例2,得

$$S = \lim_{n \to \infty} S_n = \lim_{n \to \infty} \frac{a_1(1-q^n)}{1-q} = \frac{a_1}{1-q} \lim_{n \to \infty} (1-q^n) = \frac{a_1}{1-q},$$

即

$$S = \frac{a_1}{1-q}.$$

这就是**无穷递缩等比数列求和公式**.

*二、无穷小的比较

当 $x \to 0$ 时,x,$3x$,x^2 等都是无穷小,但其趋近于 0 的快慢程度却不同,现列表如下.

x	$\pm 10^{-1}$	$\pm 10^{-2}$	$\pm 10^{-3}$	$\pm 10^{-6}$	...	$\to 0$
$3x$	$\pm 3 \times 10^{-1}$	$\pm 3 \times 10^{-2}$	$\pm 3 \times 10^{-3}$	$\pm 3 \times 10^{-6}$	...	$\to 0$
x^2	10^{-2}	10^{-4}	10^{-6}	10^{-12}	...	$\to 0$

可以看出,当 $x \to 0$ 时,x^2 比 x 和 $3x$ 趋于 0 的速度快,x 与 $3x$ 趋于 0 的速度相仿.这些情况可以用两个无穷小的比的极限来刻画.因为 $\lim\limits_{x \to 0} \frac{x^2}{x} = 0$,$\lim\limits_{x \to 0} \frac{x}{3x} = \frac{1}{3}$,$\lim\limits_{x \to 0} \frac{3x}{x^2} = \infty$,所以可用比的极限来反映 x,$3x$,x^2 趋于 0 的速度差异.

一般地,对两个无穷小的比有如下定义.

定义 设 α 和 β 都是 $x \to x_0$(或 $x \to \infty$)时的无穷小.

(1) 如果 $\lim \frac{\beta}{\alpha} = 0$,则称 β 是比 α **高阶**的无穷小;

(2) 如果 $\lim \frac{\beta}{\alpha} = \infty$,则称 β 是比 α **低阶**的无穷小;

(3) 如果 $\lim \frac{\beta}{\alpha} = C$($C$ 是不为 0 的常数),则称 β 与 α 是**同阶无穷小**;特别地,当 $C = 1$ 时,则称 β 与 α 为**等价无穷小**,记作 $\alpha \sim \beta$.

于是,当 $x \to 0$ 时,x^2 是比 x 高阶的无穷小,$3x$ 是比 x^2 低阶的无穷小,而 x 与 $3x$ 是同阶无穷小.

例9 当 $x \to 1$ 时,比较无穷小 $1-x$ 与 $\frac{1}{2}(1-x^2)$ 的阶.

解 由于 $\lim\limits_{x \to 1}(1-x) = 0$,$\lim\limits_{x \to 1} \frac{1}{2}(1-x^2) = 0$,且 $\lim\limits_{x \to 1} \frac{1-x}{\frac{1}{2}(1-x^2)} = 1$,所以当 $x \to 1$ 时,$1-x$ 与 $\frac{1}{2}(1-x^2)$ 是等价无穷小,即 $1-x \sim \frac{1}{2}(1-x^2)$.

释疑解难

无穷小量阶的比较

定理1 若 $\alpha \sim \alpha'$,$\beta \sim \beta'$,且 $\lim \frac{\beta'}{\alpha'}$ 存在,则 $\lim \frac{\beta}{\alpha} = \lim \frac{\beta'}{\alpha'}$.

定理1是等价无穷小的一个重要性质,它是用等价无穷小代换求极限的重要理论根据.

三、两个重要极限

在计算函数极限时,我们常常要用到形如

$$\lim_{x\to 0}\frac{\sin x}{x} \quad \text{和} \quad \lim_{x\to\infty}\left(1+\frac{1}{x}\right)^x$$

的极限,下面我们来介绍这两个极限.首先是极限存在的两个准则(证略).

定理 2(夹逼准则) 如果函数 $f(x), g(x), h(x)$ 满足

$$g(x) \leqslant f(x) \leqslant h(x), \quad \text{且} \quad \lim g(x) = \lim h(x) = A,$$

则
$$\lim f(x) = A.$$

定理 3(单调有界准则) 单调有界数列必有极限.

如果数列 $\{a_n\}$ 单调递增且有上界,则 $\lim\limits_{n\to\infty} a_n$ 存在;如果数列 $\{a_n\}$ 单调递减且有下界,则 $\lim\limits_{n\to\infty} a_n$ 存在.

利用定理 2,可以得到两个重要极限.

1. $\lim\limits_{x\to 0}\dfrac{\sin x}{x} = 1$

取 x 的一系列趋于 0 的数,相应地得到 $\dfrac{\sin x}{x}$ 的一系列值,现列表如下.

x	$\pm\dfrac{\pi}{8}$	$\pm\dfrac{\pi}{16}$	$\pm\dfrac{\pi}{32}$	$\pm\dfrac{\pi}{64}$	$\pm\dfrac{\pi}{128}$	$\pm\dfrac{\pi}{512}$	...	$\to 0$
$\dfrac{\sin x}{x}$	0.974 50	0.993 59	0.998 39	0.999 60	0.999 90	0.999 99	...	$\to 1$

从表中可以看出,当 x 越来越接近于 0 时,$\dfrac{\sin x}{x}$ 的值越来越接近于 1,即 $\lim\limits_{x\to 0}\dfrac{\sin x}{x}=1$(证明从略).

例 10 求极限:$\lim\limits_{t\to 0}\dfrac{\sin 3t}{t}$.

解 令 $x=3t$,由 $\dfrac{\sin 3t}{t}=\dfrac{\sin x}{\dfrac{x}{3}}=3\dfrac{\sin x}{x}$,当 $t\to 0$ 时,$x\to 0$.由上面的重要极限,得

$$\lim_{t\to 0}\frac{\sin 3t}{t}=\lim_{x\to 0}3\frac{\sin x}{x}=3\lim_{x\to 0}\frac{\sin x}{x}=3\times 1=3.$$

例 11 求极限:$\lim\limits_{x\to 0}\dfrac{\tan x}{x}$.

解 $\lim\limits_{x\to 0}\dfrac{\tan x}{x}=\lim\limits_{x\to 0}\left(\dfrac{\sin x}{x}\cdot\dfrac{1}{\cos x}\right)=\lim\limits_{x\to 0}\dfrac{\sin x}{x}\lim\limits_{x\to 0}\dfrac{1}{\cos x}=1\times 1=1.$

例 12 求极限:$\lim\limits_{x\to 0}\dfrac{1-\cos x}{x^2}$.

解 $\lim\limits_{x\to 0}\dfrac{1-\cos x}{x^2}=\lim\limits_{x\to 0}\dfrac{2\sin^2\dfrac{x}{2}}{x^2}=\dfrac{1}{2}\lim\limits_{x\to 0}\left(\dfrac{\sin\dfrac{x}{2}}{\dfrac{x}{2}}\right)^2=\dfrac{1}{2}\left(\lim\limits_{x\to 0}\dfrac{\sin\dfrac{x}{2}}{\dfrac{x}{2}}\right)^2=\dfrac{1}{2}.$

由于 $\lim\limits_{x\to 0}\dfrac{\sin x}{x}=1,\lim\limits_{x\to 0}\dfrac{\tan x}{x}=1,\lim\limits_{x\to 0}\dfrac{1-\cos x}{\dfrac{x^2}{2}}=1$,因此当 $x\to 0$ 时,有

$$\sin x \sim x, \quad \tan x \sim x, \quad 1-\cos x \sim \frac{x^2}{2}.$$

若 $a \neq 0$,当 $x \to 0$ 时,亦有 $ax \to 0$,类似可得

$$\sin ax \sim ax, \quad \tan ax \sim ax, \quad 1-\cos ax \sim \frac{(ax)^2}{2}.$$

利用等价无穷小代换求极限,有时会给解题带来极大方便,例如:

$$\lim_{x \to 0} \frac{x \tan x}{1-\cos x} = \lim_{x \to 0} \frac{x^2}{\frac{x^2}{2}} = 2.$$

例 13 求 $\lim\limits_{x \to 0} \dfrac{\sin x - \dfrac{1}{2}\sin 2x}{x^3}$.

解 $\lim\limits_{x \to 0} \dfrac{\sin x - \dfrac{1}{2}\sin 2x}{x^3} = \lim\limits_{x \to 0} \dfrac{\sin x(1-\cos x)}{x^3} = \lim\limits_{x \to 0} \dfrac{x \cdot \dfrac{1}{2}x^2}{x^3} = \dfrac{1}{2}.$

例 14 求 $\lim\limits_{x \to 0} \dfrac{\arctan x}{x}$.

解 令 $\arctan x = t$,则 $x = \tan t$,当 $x \to 0$ 时有 $t \to 0$,于是

$$\lim_{x \to 0} \frac{\arctan x}{x} = \lim_{t \to 0} \frac{t}{\tan t} = \lim_{t \to 0} \frac{t}{t} = 1.$$

•释疑解难

等价无穷小代换

2. $\lim\limits_{x \to \infty} \left(1+\dfrac{1}{x}\right)^x = \mathrm{e}$

在研究一些实际问题时,如物体的冷却、细胞的繁殖、放射性物质的衰变,需要用到当 $x \to \infty$ 时函数 $\left(1+\dfrac{1}{x}\right)^x$ 的极限.

列表观察当 $x \to \infty$ 时函数 $\left(1+\dfrac{1}{x}\right)^x$ 的变化趋势.

x	10^2	10^3	10^4	10^5	10^6	…	$\to +\infty$
$\left(1+\dfrac{1}{x}\right)^x$	2.704 81	2.716 92	2.718 15	2.718 27	2.718 28	…	$\to \mathrm{e}$
x	-10^2	-10^3	-10^4	-10^5	-10^6	…	$\to -\infty$
$\left(1+\dfrac{1}{x}\right)^x$	2.732 00	2.719 64	2.718 42	2.718 30	2.718 28	…	$\to \mathrm{e}$

从表可以看出,$|x|$ 越大,$\left(1+\dfrac{1}{x}\right)^x$ 的值就越接近于常数 $\mathrm{e}(\mathrm{e}=2.718\ 281\ 8\cdots$,它是一个无理数),即

$$\lim_{x \to \infty} \left(1+\frac{1}{x}\right)^x = \mathrm{e} \quad (证明从略).$$

若令 $\dfrac{1}{x} = y$,则 $x \to \infty$ 时有 $y \to 0$.因此

$$\lim_{x \to \infty} \left(1+\frac{1}{x}\right)^x = \lim_{y \to 0} (1+y)^{\frac{1}{y}} = \mathrm{e},$$

于是得极限的另一常用形式

$$\lim_{y \to 0}(1+y)^{\frac{1}{y}} = e.$$

例 15 求极限：$\lim\limits_{x \to \infty}\left(1 + \dfrac{3}{x}\right)^x$.

解 先将 $1 + \dfrac{3}{x}$ 改写成 $1 + \dfrac{3}{x} = 1 + \dfrac{1}{\dfrac{x}{3}}$，再令 $t = \dfrac{x}{3}$，由于当 $x \to \infty$ 时有 $t \to \infty$，从而

$$\lim_{x \to \infty}\left(1+\frac{3}{x}\right)^x = \lim_{t \to \infty}\left[\left(1+\frac{1}{t}\right)^t\right]^3 = \left[\lim_{t \to \infty}\left(1+\frac{1}{t}\right)^t\right]^3 = e^3.$$

例 16 求极限：$\lim\limits_{x \to 0}(1-x)^{\frac{1}{x}}$.

解 $\lim\limits_{x \to 0}(1-x)^{\frac{1}{x}} = \lim\limits_{x \to 0}[1+(-x)]^{\frac{1}{x}} = \lim\limits_{x \to 0}\{[1+(-x)]^{\frac{1}{-x}}\}^{-1}$

$$= \lim_{x \to 0}\frac{1}{[1+(-x)]^{\frac{1}{-x}}} = \frac{1}{\lim\limits_{x \to 0}[1+(-x)]^{\frac{1}{-x}}} = \frac{1}{e} = e^{-1}.$$

例 17 求极限：$\lim\limits_{x \to \infty}\left(\dfrac{2x-1}{2x+1}\right)^{x+\frac{5}{2}}$.

解 因为 $\left(\dfrac{2x-1}{2x+1}\right)^{x+\frac{5}{2}} = \left(1 - \dfrac{2}{2x+1}\right)^{x+\frac{5}{2}}$. 令 $t = -\dfrac{2}{2x+1}$，则 $x = -\dfrac{1}{2} - \dfrac{1}{t}$，当 $x \to \infty$ 时，$t \to 0$，从而

$$\lim_{x \to \infty}\left(\frac{2x-1}{2x+1}\right)^{x+\frac{5}{2}} = \lim_{t \to 0}(1+t)^{2-\frac{1}{t}} = \lim_{t \to 0}\left[(1+t)^2(1+t)^{-\frac{1}{t}}\right]$$

$$= \frac{[\lim\limits_{t \to 0}(1+t)]^2}{\lim\limits_{t \to 0}(1+t)^{\frac{1}{t}}} = \frac{1}{e}.$$

习 题 1-4

1. 判断题：
   (1) 两个函数的和的极限等于两个函数的极限的和． ( )
   (2) 两个有极限函数的积的极限等于这两个函数极限的积． ( )
   (3) 两个无穷小趋于 0 的速度差不多． ( )
   (4) 求极限时，一个无穷小可用与其等价的无穷小代替． ( )

2. 设 $f(x) = \dfrac{x^2 - 4}{2 - x}$，求 $\lim\limits_{x \to 0} f(x)$，$\lim\limits_{x \to 2} f(x)$，$\lim\limits_{x \to \infty} f(x)$.

3. 求下列极限：

   (1) $\lim\limits_{x \to -2}(3x^2 - 5x + 2)$；
   (2) $\lim\limits_{x \to 0}\left(1 - \dfrac{2}{x-3}\right)$；
   (3) $\lim\limits_{x \to 1}\dfrac{x^2-1}{x-3}$；
   (4) $\lim\limits_{x \to 1}\dfrac{6x^2+5}{(x-1)^2}$；

   (5) $\lim\limits_{x \to 2}\dfrac{x-2}{x^2-x-2}$；
   (6) $\lim\limits_{x \to 1}\dfrac{x-1}{\sqrt{x}-1}$；
   (7) $\lim\limits_{x \to 4}\dfrac{\sqrt{x}-2}{x-4}$；
   (8) $\lim\limits_{t \to \infty}\left(2 - \dfrac{1}{t} + \dfrac{1}{t^2}\right)$；

   (9) $\lim\limits_{x \to \infty}\dfrac{2x^2+3x+1}{6x^2-2x+5}$；
   (10) $\lim\limits_{n \to \infty}\dfrac{n^3+2n+8}{3n^4+6n+7}$；
   (11) $\lim\limits_{n \to \infty}\dfrac{e^n-1}{e^{2n}+1}$；
   (12) $\lim\limits_{x \to -\infty}\dfrac{e^x-e^{-x}}{e^x+e^{-x}}$.

4. 求下列极限:

(1) $\lim\limits_{x\to 0}\dfrac{\tan 3x}{5x}$; (2) $\lim\limits_{x\to 0}\dfrac{1-\cos x}{x\sin x}$; (3) $\lim\limits_{x\to 0}\dfrac{\arcsin x}{x}$; (4) $\lim\limits_{x\to 0}\dfrac{\sin x^2}{(\sin x)^3}$;

(5) $\lim\limits_{x\to\infty}\dfrac{\sin x}{x}$; (6) $\lim\limits_{x\to\infty}\left(1-\dfrac{3}{x}\right)^x$; (7) $\lim\limits_{x\to 0}(1+3x)^{\frac{1}{x}}$; *(8) $\lim\limits_{n\to\infty}\left(\dfrac{n+2}{n+1}\right)^{n+3}$.

5. 用等价无穷小代换,求下列极限:

(1) $\lim\limits_{x\to 0}\dfrac{7x}{\sin 2x}$; (2) $\lim\limits_{x\to 0}\dfrac{1-\cos 4x}{x^2}$; (3) $\lim\limits_{x\to 0}\dfrac{\sin 3x}{\tan 2x}$; (4) $\lim\limits_{x\to 0}\dfrac{\tan 2x^2}{1-\cos x}$.

§1-5 函数的连续性

自然界中有许多现象,如气温的变化、河水的流动、植物的生长,都是随着时间连续不断地变化的. 这些现象在数学中的表达就是函数的"连续性". 本节讨论函数的连续性.

一、函数的连续性

1. 函数 $y=f(x)$ 在点 x_0 处的连续性

定义 1 设函数 $y=f(x)$ 在 (a,b) 内或 $[a,b]$ 上有定义,当自变量 x 由 x_1 变化到 x_2 时,称 x_2-x_1 为**自变量的增量**,记为 $\Delta x=x_2-x_1$(显然 $x_2=x_1+\Delta x$). 相应地,$f(x_2)-f(x_1)$ 称为**函数的增量**,记为

$$\Delta y=f(x_2)-f(x_1) \text{ 或 } \Delta y=f(x_1+\Delta x)-f(x_1),$$

增量比 $\dfrac{\Delta y}{\Delta x}$ 称为函数 $y=f(x)$ 的**平均变化率**.

注意:(1)增量 Δx(或 Δy) 并不表示某个量 Δ 与变量 x(或 y) 的乘积,Δx(或 Δy) 是不可分割的整体记号;(2)增量 Δx(或 Δy) 可以是正数也可以是负数.

例 1 设 $y=f(x)=3x^2-1$,在下列条件下求自变量 x 的增量和函数 y 的增量以及函数的平均变化率:

(1) 当 x 从 1 变到 1.5 时; (2) 当 x 从 1 变到 0.5 时; (3) 当 x 从 x_0 变到 x_1 时.

解 (1) $\Delta x=1.5-1=0.5$,$\Delta y=f(1.5)-f(1)=5.75-2=3.75$,$\dfrac{\Delta y}{\Delta x}=\dfrac{3.75}{0.5}=7.5$;

(2) $\Delta x=0.5-1=-0.5$,$\Delta y=f(0.5)-f(1)=-0.25-2=-2.25$,$\dfrac{\Delta y}{\Delta x}=\dfrac{-2.25}{-0.5}=4.5$;

(3) $\Delta x=x_1-x_0$,

$$\Delta y=f(x_1)-f(x_0)=f(x_0+\Delta x)-f(x_0)$$
$$=[3(x_0+\Delta x)^2-1]-(3x_0^2-1)=3\Delta x(2x_0+\Delta x),$$

所以 $\dfrac{\Delta y}{\Delta x}=\dfrac{3\Delta x(2x_0+\Delta x)}{\Delta x}=3(2x_0+\Delta x)$.

从函数的图像来考察在给定点 x_0 处及其近旁函数的变化情况. 如图 1-15 所示,曲线在点 x_0 处没有断开,可以用函数增量 Δx 来刻画. 当 x_0 保持不变,而让 Δx 趋近于 0 时,曲线上的点 M 沿着曲线趋近于点 N,这时 Δy 也趋近于 0. 下面给出函数在点 x_0 处连续的定义.

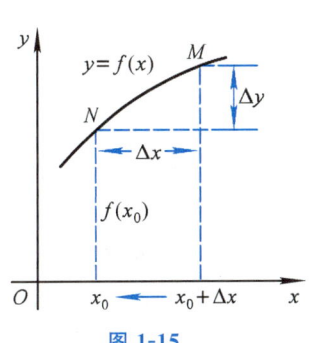

图 1-15

定义 2 设函数 $y=f(x)$ 在点 x_0 处及其左、右近旁有定义. 当自变量 x 在点 x_0 的增量 Δx 趋近于 0 时,函数 $y=f(x)$ 相应的增量 $\Delta y=f(x_0+\Delta x)-f(x_0)$ 也趋近于 0,即 $\lim\limits_{\Delta x \to 0}\Delta y=0$,则称函数 $y=f(x)$ **在点 x_0 处连续**(continuity).

例 2 证明函数 $y=\sin x$ 在点 $x=x_0$ 处连续.

证 设自变量在点 $x=x_0$ 处有增量 Δx,则函数相应增量为

$$\Delta y=\sin(x_0+\Delta x)-\sin x_0=2\cos\left(x_0+\frac{\Delta x}{2}\right)\sin\frac{\Delta x}{2},$$

于是

$$\lim_{\Delta x \to 0}\Delta y=\lim_{\Delta x \to 0}2\cos\left(x_0+\frac{\Delta x}{2}\right)\sin\frac{\Delta x}{2}.$$

由于当 $\Delta x \to 0$ 时,$\sin\frac{\Delta x}{2}\sim\frac{\Delta x}{2}$,$\left|\cos\left(x_0+\frac{\Delta x}{2}\right)\right|\leqslant 1$,所以由无穷小的性质 2 知,$\lim\limits_{\Delta x \to 0}\Delta y=0$,因此函数 $y=\sin x$ 在点 x_0 处连续.

在定义 2 中,如果把 Δx 改写为 $x-x_0$,即 $x=x_0+\Delta x$,于是 $\Delta y=f(x_0+\Delta x)-f(x_0)=f(x)-f(x_0)$,当 $\Delta x \to 0$,就是 $x \to x_0$;而 $\Delta y \to 0$,就是 $f(x) \to f(x_0)$,因此在点 x_0 处函数连续的定义又可叙述为:

定义 3 设函数 $y=f(x)$ 在点 x_0 处及其左、右近旁有定义,如果当 $x \to x_0$ 时,$f(x)$ 的极限存在,且等于它在点 x_0 处的函数值,即 $\lim\limits_{x \to x_0}f(x)=f(x_0)$,则称函数 $f(x)$ **在点 x_0 处连续**.

定义 3 表明了函数 $f(x)$ 在点 x_0 处连续必须满足以下三个条件:(1)函数 $f(x)$ 在点 x_0 处及其近旁有定义;(2)极限 $\lim\limits_{x \to x_0}f(x)$ 存在;(3)函数 $f(x)$ 在 $x \to x_0$ 时的极限值等于在点 x_0 处的函数值.

例 3 证明函数 $f(x)=2x^2+1$ 在点 $x=2$ 处连续.

证 因为 $f(x)$ 的定义域为 **R**,故 $f(x)$ 在点 $x=2$ 处及其近旁有定义,又因为

$$\lim_{x \to 2}f(x)=\lim_{x \to 2}(2x^2+1)=9,\text{且 }f(2)=2\times 2^2+1=9,$$

所以,$f(x)=2x^2+1$ 在点 $x=2$ 处连续.

例 4 作出函数 $f(x)=\begin{cases}1, & x>1,\\ x, & -1\leqslant x\leqslant 1\end{cases}$ 的图像,并讨论函数 $f(x)$ 在点 $x=1$ 处的连续性.

解 函数 $f(x)$ 在 $[-1,+\infty)$ 内有定义,$f(x)$ 的图像如图 1-16 所示.因为

$f(1-0)=\lim\limits_{x \to 1-0}f(x)=\lim\limits_{x \to 1-0}x=1,$

$f(1+0)=\lim\limits_{x \to 1+0}f(x)=\lim\limits_{x \to 1+0}1=1,$

于是有 $\lim\limits_{x \to 1}f(x)=1$,又 $f(1)=1$,所以函数 $f(x)$ 在点 $x=1$ 处连续.

2. 函数 $y=f(x)$ 在区间 (a,b) 内的连续性

定义 4 如果函数 $f(x)$ 在区间 (a,b) 内每一点都是连续的,则称 **$f(x)$ 在区间 (a,b) 内连续**,区间 (a,b) 称为函数 $y=f(x)$ 的**连续区间**.

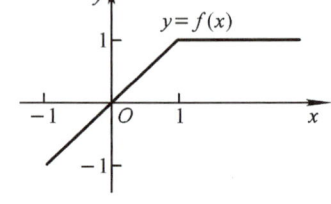

图 1-16

连续函数在连续区间内的图像是一条连绵不断的曲线.

例 5 证明幂函数 $f(x)=x^n(n\in \mathbf{Z}^+)$ 是 $(-\infty,+\infty)$ 内的连续函数.

证 因为函数 $f(x)=x^n$ 的定义域为 $(-\infty,+\infty)$,设 x_0 为 $(-\infty,+\infty)$ 内任意一点. 于是 $\lim\limits_{x\to x_0} f(x)=(\lim\limits_{x\to x_0} x)^n=x_0^n$,且 $f(x_0)=x_0^n$,因此 $\lim\limits_{x\to x_0} f(x)=f(x_0)$,这就证明了 $f(x)$ 在点 x_0 处连续. 由 x_0 的任意性知,$f(x)=x^n$ 是区间 $(-\infty,+\infty)$ 内的连续函数.

可以证明:**基本初等函数在其定义域内都是连续的**.

定理 1 设函数 $f(x)$ 和 $g(x)$ 在点 x_0 处连续,则函数

$$f(x)\pm g(x),\ f(x)g(x),\ \frac{f(x)}{g(x)}\quad [g(x_0)\neq 0]$$

在点 x_0 处连续(证明从略).

定理 2 设函数 $u=\varphi(x)$ 在点 x_0 处连续且 $\varphi(x_0)=u_0$,函数 $y=f(u)$ 在点 u_0 处连续,则复合函数 $y=f[\varphi(x)]$ 在点 x_0 处连续(证明从略).

由初等函数定义和定理 1、定理 2 可以证明:**一切初等函数在其定义区间内都是连续的**. 这个结论很重要,因为今后讨论的主要是初等函数,而初等函数的连续区间就是定义域内的区间.

3. 用函数的连续性求极限

如果函数 $f(x)$ 是初等函数,且 x_0 是它的定义区间内的点,则 $f(x)$ 在 x_0 点处连续,即有 $\lim\limits_{x\to x_0} f(x)=f(x_0)$,因此在求 $f(x)$ 当 $x\to x_0$ 时的极限时,只需计算 $f(x_0)$ 的值.

初等函数的连续性

当函数 $f(x)$ 在 x_0 处连续时,有 $\lim\limits_{x\to x_0} f(x)=f(x_0)=f(\lim\limits_{x\to x_0} x)$,这个等式说明了函数 $f(x)$ 在 x_0 处连续的前提下,极限符号 $\lim\limits_{x\to x_0}$ 与函数符号 f 可以互相交换运算顺序,这一结论为求函数的极限带来很大的便利.

例 6 求下列极限:

(1) $\lim\limits_{x\to \frac{\pi}{2}} \ln\sin x$; (2) $\lim\limits_{x\to 0} \dfrac{\ln(1+x^2)}{\cos x}$; (3) $\lim\limits_{x\to 4} \dfrac{\sqrt{x+5}-3}{x-4}$.

解 (1) 函数 $f(x)=\ln\sin x$ 的定义域为 $\{x\mid x\in(2k\pi,(2k+1)\pi),k\in \mathbf{Z}\}$,而 $\dfrac{\pi}{2}\in(0,\pi)$,因此

$$\lim\limits_{x\to \frac{\pi}{2}} \ln\sin x=\ln\sin\frac{\pi}{2}=\ln 1=0,$$

或

$$\lim\limits_{x\to \frac{\pi}{2}} \ln\sin x=\ln(\lim\limits_{x\to \frac{\pi}{2}}\sin x)=\ln\sin(\lim\limits_{x\to \frac{\pi}{2}} x)=\ln\sin\frac{\pi}{2}=\ln 1=0.$$

(2) 函数 $f(x)=\dfrac{\ln(1+x^2)}{\cos x}$ 的定义域为 $\left\{x\mid x\in\left(k\pi-\dfrac{\pi}{2},k\pi+\dfrac{\pi}{2}\right),k\in \mathbf{Z}\right\}$,而 $0\in\left(-\dfrac{\pi}{2},\dfrac{\pi}{2}\right)$,因此

$$\lim\limits_{x\to 0} \frac{\ln(1+x^2)}{\cos x}=\frac{\ln(1+0)}{\cos 0}=0.$$

(3) 虽然 $x=4$ 不是 $f(x)=\dfrac{\sqrt{x+5}-3}{x-4}$ 定义区间内的点,不能用函数连续性将 $x=4$ 代入函数计算. 但当 $x\neq 4$ 时,可将 $f(x)$ 变形为连续函数后,再用函数连续性求极限,即

$$\lim_{x\to 4}\frac{\sqrt{x+5}-3}{x-4}=\lim_{x\to 4}\frac{(\sqrt{x+5}-3)(\sqrt{x+5}+3)}{(x-4)(\sqrt{x+5}+3)}$$
$$=\lim_{x\to 4}\frac{1}{\sqrt{x+5}+3}=\frac{1}{\sqrt{4+5}+3}=\frac{1}{6}.$$

定理 3 如果函数 $u=\varphi(x)$ 在 $x\to x_0$ 时极限存在且等于 a,即 $\lim\limits_{x\to x_0}\varphi(x)=a$,而 $y=f(u)$ 在点 $u=a$ 处连续,则当 $x\to x_0$ 时复合函数 $y=f[\varphi(x)]$ 的极限存在且等于 $f(a)$,即

$$\lim_{x\to x_0}f[\varphi(x)]=f\Big[\lim_{x\to x_0}\varphi(x)\Big]=f(a).$$

例 7 求 $\lim\limits_{x\to 0}\dfrac{\log_a(1+x)}{x}$.

解 $\lim\limits_{x\to 0}\dfrac{\log_a(1+x)}{x}=\lim\limits_{x\to 0}\log_a(1+x)^{\frac{1}{x}}=\log_a\Big[\lim\limits_{x\to 0}(1+x)^{\frac{1}{x}}\Big]=\log_a e=\dfrac{1}{\ln a}.$

特别地,当 $a=e$ 时,有 $\lim\limits_{x\to 0}\dfrac{\ln(1+x)}{x}=1.$

例 8 证明:(1) $\lim\limits_{x\to 0}\dfrac{e^x-1}{x}=1$; (2) $\lim\limits_{x\to 0}\dfrac{(1+x)^\mu-1}{x}=\mu.$

证 (1) 令 $e^x-1=t$,则 $x=\ln(1+t)$,且当 $x\to 0$ 时, $t\to 0$. 由例 7,得

$$\lim_{x\to 0}\frac{e^x-1}{x}=\lim_{t\to 0}\frac{t}{\ln(1+t)}=\lim_{t\to 0}\frac{1}{\dfrac{\ln(1+t)}{t}}=1.$$

(2) 令 $1+x=e^t$,则 $x=e^t-1$, $t=\ln(1+x)$,当 $x\to 0$ 时, $t\to 0$. 于是

$$\lim_{x\to 0}\frac{(1+x)^\mu-1}{x}=\lim_{t\to 0}\frac{e^{\mu t}-1}{e^t-1}=\lim_{t\to 0}\frac{\dfrac{e^{\mu t}-1}{\mu t}\cdot \mu}{\dfrac{e^t-1}{t}}\xlongequal{\text{由(1)得}}\mu.$$

由例 7、例 8 可得,当 $x\to 0$ 时,有 $\ln(1+x)\sim x$, $e^x-1\sim x$, $(1+x)^\mu-1\sim \mu x$.

二、函数的间断点

函数在一点连续的定义其实已经体现出在该点不连续的特征,但为了对不连续的情况有更清晰的认知,不妨重申,如果函数 $f(x)$ 在点 x_0 有下列三种情形之一:

(1) 在 $x=x_0$ 没有定义;

(2) 虽在 $x=x_0$ 有定义,但 $\lim\limits_{x\to x_0}f(x)$ 不存在;

(3) 虽在 $x=x_0$ 有定义,且 $\lim\limits_{x\to x_0}f(x)$ 存在,但 $\lim\limits_{x\to x_0}f(x)\neq f(x_0)$,

则称函数 $f(x)$ 在点 x_0 处**不连续**,而点 x_0 称为函数 $f(x)$ 的**间断点**或**不连续点**.

例 9 考察下列函数在指定点的连续性,求其连续区间:

(1) $f(x) = \dfrac{x^2-1}{x-1}$ 在点 $x=1$ 处;　　(2) $\varphi(x) = \begin{cases} x-1, & x<0, \\ 0, & x=0, \\ x+1, & x>0 \end{cases}$ 在点 $x=0$ 处;

(3) $g(x) = \begin{cases} x, & x \neq 1, \\ \dfrac{1}{2}, & x=1 \end{cases}$ 在点 $x=1$ 处;　　(4) $h(x) = \begin{cases} \dfrac{1}{x}, & x \neq 0, \\ 1, & x=0 \end{cases}$ 在点 $x=0$ 处.

解 （1）函数 $f(x)$ 的定义域为 $(-\infty,1) \cup (1,+\infty)$, 因为它在点 $x=1$ 处无定义, 所以点 $x=1$ 为函数 $f(x) = \dfrac{x^2-1}{x-1}$ 的间断点.

又因为 $f(x)$ 在 $(-\infty,1) \cup (1,+\infty)$ 内为初等函数, 所以它的连续区间即为其定义域, 如图 1-17a 所示.

（2）函数 $\varphi(x)$ 的定义域为 $(-\infty,+\infty)$. 因为
$$\varphi(0-0) = \lim_{x \to 0^-}(x-1) = -1, \ \varphi(0+0) = \lim_{x \to 0^+}(x+1) = 1, \ \varphi(0-0) \neq \varphi(0+0),$$
所以 $\lim\limits_{x \to 0}\varphi(x)$ 不存在, 故 $\varphi(x)$ 在点 $x=0$ 处不连续. $\varphi(x)$ 的连续区间为 $(-\infty,0) \cup (0,+\infty)$, 如图 1-17b 所示.

（3）函数 $g(x)$ 的定义域为 $(-\infty,+\infty)$. 因为 $\lim\limits_{x \to 1}g(x) = \lim\limits_{x \to 1}x = 1$, 但 $g(1) = \dfrac{1}{2}$, 即 $\lim\limits_{x \to 1}g(x) \neq g(1)$, 所以 $g(x)$ 在点 $x=1$ 处不连续. $g(x)$ 的连续区间为 $(-\infty,1) \cup (1,+\infty)$, 如图 1-17c 所示.

（4）$h(x)$ 的定义域为 $(-\infty,+\infty)$. 因为
$$h(0-0) = \lim_{x \to 0^-}\dfrac{1}{x} = -\infty, \ h(0+0) = \lim_{x \to 0^+}\dfrac{1}{x} = +\infty,$$
所以 $\lim\limits_{x \to 0}h(x)$ 不存在, $h(x)$ 在点 $x=0$ 处不连续. $h(x)$ 的连续区间为 $(-\infty,0) \cup (0,+\infty)$, 如图 1-17d 所示.

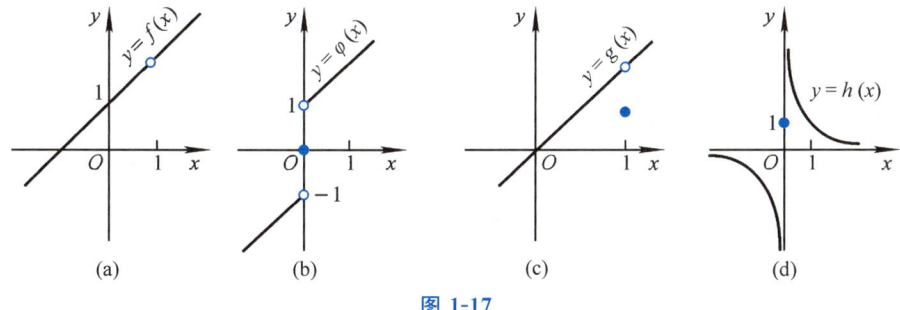

图 1-17

间断点通常分为两类: 如果点 x_0 为函数 $f(x)$ 当 $x \to x_0$ 时的左、右极限都存在的间断点, 则称 x_0 为函数 $f(x)$ 的**第一类间断点**; 不是第一类间断点的所有间断点统称为**第二类间断点**.

例 9 中（1）（2）（3）中的间断点都是第一类间断点,（4）中的间断点是第二类间断点.

三、闭区间上连续函数的性质

定义 5　如果函数 $f(x)$ 在闭区间 $[a,b]$ 上有定义, $f(x)$ 在开区间 (a,b) 内连续, 且

$\lim_{x \to a^+} f(x) = f(a)$ [称 $f(x)$ 在 $x=a$ **右连续**], $\lim_{x \to b^-} f(x) = f(b)$ [称 $f(x)$ 在 $x=b$ **左连续**], 则称函数 $f(x)$ **在闭区间** $[a,b]$ **上连续**.

下面介绍闭区间上连续函数的两个基本性质,并说明其几何意义.

定理 4(最大值最小值定理) 如果函数 $f(x)$ 在闭区间 $[a,b]$ 上连续,则 $f(x)$ 在 $[a,b]$ 上有最大值与最小值(证明从略).

如图 1-18 所示,函数 $y=f(x)$ 在 $[a,b]$ 上连续,在 $x=\xi_1$ 处取得最大值 $f(\xi_1)=M$,在 $x=\xi_2$ 处取得最小值 $f(\xi_2)=m$.

注意:(1)如果不是闭区间而是开区间,定理结论就不一定正确;(2)如果函数在闭区间上有间断点,定理结论也不一定正确.

定理 5(介值定理) 如果函数 $y=f(x)$ 在闭区间 $[a,b]$ 上连续,且在这区间的端点取不同的函数值 $f(a)=A$,$f(b)=B$,C 是 A 与 B 之间的一个实数,则在开区间 (a,b) 内至少有一点 $x=\xi$,使得 $f(\xi)=C$ $(a<\xi<b)$(证明从略).

定理 5 的几何意义:如图 1-19 所示,$y=f(x)$ 在闭区间 $[a,b]$ 上连续,曲线与水平直线 $y=C(A<C<B)$ 至少相交于一点,交点坐标为 $(\xi,f(\xi))$,其中 $f(\xi)=C$.

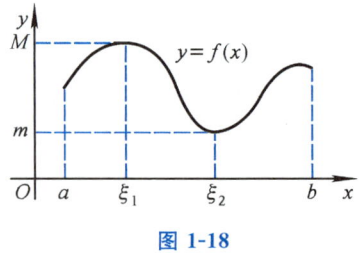
闭区间连续函数的性质

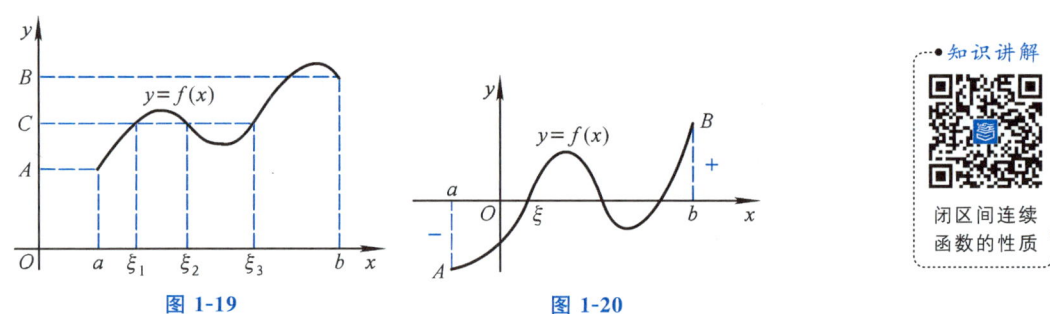

图 1-18

图 1-19   图 1-20

推论(根的存在定理) 如果 $f(x)$ 在闭区间 $[a,b]$ 上连续,且 $f(a)$ 与 $f(b)$ 异号,则在 (a,b) 内至少有一点 ξ,使得 $f(\xi)=0$,即方程 $f(x)=0$ 在 (a,b) 内至少存在一个实根 ξ.

推论的几何意义:如图 1-20 所示,如果点 A 与点 B 分别在 x 轴上下两侧,则连接 A、B 的曲线 $y=f(x)$ 至少与 x 轴有一个交点.

例 10 证明三次代数方程 $x^3-4x^2+1=0$ 在区间 $(0,1)$ 内至少有一实根.

证 令 $f(x)=x^3-4x^2+1$. 因为 $f(x)=x^3-4x^2+1$ 是初等函数,它在 $[0,1]$ 上连续,且 $f(0)=1>0$,$f(1)=-2<0$,由定理 5 的推论可知,在 $(0,1)$ 内至少有一点 ξ,使得 $f(\xi)=0$,即有 $\xi^3-4\xi^2+1=0(0<\xi<1)$,可以证明方程 $x^3-4x^2+1=0$ 在 $(0,1)$ 内至少有一个实根 ξ.

习 题 1-5

1. 判断题:
   (1) 若 $f(x_0-0)=f(x_0+0)$,则 $f(x)$ 在点 x_0 处连续. ( )
   (2) 初等函数在定义区间内连续. ( )
   (3) 若 x_0 是函数 $f(x)$ 左、右极限都存在的间断点,则 x_0 是第一类间断点. ( )

2. 作函数 $f(x)=\begin{cases}1, & x\leqslant 2,\\ x+3, & x>2\end{cases}$ 的图像,并讨论函数在 $x=2$ 处的连续性.

3. 求下列极限：

(1) $\lim\limits_{x \to 0} \sqrt{x^2 - 3x + 2}$ ；

(2) $\lim\limits_{x \to -2} \dfrac{e^{2x} - 1}{x}$ ；

(3) $\lim\limits_{x \to \frac{\pi}{4}} (\sin 4x)^3$ ；

(4) $\lim\limits_{x \to 0} \dfrac{x}{\sqrt{x+4} - 2}$ ；

(5) $\lim\limits_{x \to 5} \dfrac{\sqrt{x-1} - 2}{x - 5}$ ；

*(6) $\lim\limits_{x \to 0} \dfrac{\ln(1+x)}{x}$.

4. 讨论下列函数在指定点的连续性，若为间断点，判定其类别：

(1) $f(x) = \dfrac{1}{(3-x)^2}$ 在 $x = 3$ 处；

(2) $f(x) = \dfrac{x^2 - 4}{x^2 + 5x + 6}$ 在 $x = -3$ 和 $x = -2$ 处.

复 习 题 一

A 组

1. 判定下列语句所述函数的奇偶性：
(1) 偶函数加上偶函数； (2) 偶函数乘以奇函数； (3) 奇函数乘以奇函数.

2. 判断题：
(1) 初等函数是由基本初等函数和常数经过四则运算和有限次复合而构成的函数.　　　( )
(2) 分段函数一定不是初等函数.　　　( )
(3) 如果 $\lim\limits_{x \to x_0} f(x) = A$，则 $f(x)$ 在 x_0 点一定有定义.　　　( )
(4) 任何常数都不是无穷小.　　　( )
(5) 无穷小的和必为无穷小.　　　( )
(6) 如果 $f(x)$ 在点 x_0 的左、右近旁有定义，且 $\lim\limits_{x \to x_0} f(x) = A$，则 $f(x)$ 在点 x_0 处连续.　　　( )

3. 选择题：

(1) $\lim\limits_{x \to \frac{\pi}{2}} \dfrac{\sin x}{x} = ($ 　　$)$.

A. 1　　　　　　　B. 0　　　　　　　C. π　　　　　　　D. $\dfrac{2}{\pi}$

(2) $\lim\limits_{x \to \infty} \dfrac{1}{x} \sin \dfrac{1}{x} = ($ 　　$)$.

A. 1　　　　　　　B. 0　　　　　　　C. ∞　　　　　　　D. $-\infty$

4. 分解下列函数的复合过程：
(1) $y = (a + bx)^5$ ；
(2) $y = (\arcsin \sqrt{1 - x^2})^3$.

5. 求下列极限：

(1) $\lim\limits_{x \to 0^+} \dfrac{x}{\sqrt{1 - \cos x}}$ ；

(2) $\lim\limits_{x \to 2} \dfrac{x^2 - 4}{\sqrt{x-1} - 1}$ ；

(3) $\lim\limits_{x \to 3} \dfrac{\sqrt{1+5x} - 4}{\sqrt{x} - \sqrt{3}}$ ；

(4) $\lim\limits_{x \to 1} \dfrac{e^{-x^2} + \cos(x^2 - 1)}{2x - 1}$ ；

(5) $\lim\limits_{x \to +\infty} \dfrac{\sqrt{x^2 + 1}}{2x + 1}$ ；

(6) $\lim\limits_{n \to \infty} \dfrac{(n-1)^3}{n^4 + 1}$ ；

(7) $\lim\limits_{\Delta x \to 0} \dfrac{\sqrt{x + \Delta x} - \sqrt{x}}{\Delta x}$ ；

(8) $\lim\limits_{n \to \infty} \dfrac{\cos \dfrac{n\pi}{2}}{n}$.

B 组

1. 选择题：

(1) $\lim\limits_{n \to \infty} \sqrt{n} \left(\sqrt{n+1} - \sqrt{n-1} \right) = ($ 　　$)$.

A. 0　　　　　　　B. 1　　　　　　　C. 2　　　　　　　D. 不存在

2. 分解下列函数的复合过程：

(1) $y = \cos \dfrac{1}{\sqrt[5]{x^3 + 1}}$ ；

(2) $y = e^{\frac{1}{2} \ln(ax + b)}$.

3. 求下列极限：

(1) $\lim\limits_{x \to 1} \dfrac{x + \ln(2-x)}{4\arctan x}$；

(2) $\lim\limits_{u \to 1} \dfrac{u^3 - 1}{u^2 - 1}$；

(3) $\lim\limits_{x \to 0} \dfrac{x}{\ln(1+x)}$；

(4) $\lim\limits_{x \to 1} \dfrac{\sin(1-x)}{1-x^2}$；

(5) $\lim\limits_{x \to +\infty} x(\sqrt{x^2+1} - x)$；

(6) $\lim\limits_{x \to 1} \left(\dfrac{1}{1-x} - \dfrac{3}{1-x^3} \right)$；

*(7) $\lim\limits_{n \to \infty} \left[\dfrac{1}{1 \times 2} + \dfrac{1}{2 \times 3} + \cdots + \dfrac{1}{n(n+1)} \right]$ $\left(\text{提示：} \dfrac{1}{n(n+1)} = \dfrac{1}{n} - \dfrac{1}{n+1} \right)$.

第一章习题与复习题

第二章

导数与微分

导数和微分以及它们的应用统称为**微分学**. 本章讨论导数与微分的概念、计算方法和微分的简单应用.

§ 2-1 导数的概念

一、变化率问题的实例

1. 变速直线运动的瞬时速度

设一质点做直线运动. 从一定点 O 算起,经过时间 t,质点离点 O 的距离等于 s,即 s 是 t 的函数 $s=s(t)$. 在一个给定的时刻 t,就有一个确定的对应的距离 s. 若给 t 一个改变量 Δt,在新的时刻 $t+\Delta t$ 时,距离是 $s+\Delta s$ (图 2-1). $\dfrac{\Delta s}{\Delta t}$ 的比值就是该质点在这一段时间 $[t,t+\Delta t]$ 的平均速度.

在等速运动中,$\dfrac{\Delta s}{\Delta t}$ 是常数,$\dfrac{\Delta s}{\Delta t}$ 的比值就是做直线运动的质点在时刻 t 的速度. 但是在变速运动中,$\dfrac{\Delta s}{\Delta t}$ 的比值随时间 Δt 的不同取值而变化. 因此,对于变速运动速度的计算,就不能用计算等速运动的方法,例如下面的实例.

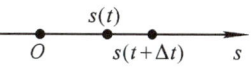

图 2-1

汽车在一段笔直的公路上行驶,它在最初 1 min 内所行驶的路程 s(单位为 m)是时间 t(单位为 s)的函数:$s=s(t)=0.3t^2$. 我们来研究 5 s 后不同的时间间隔内的平均速度.

牛顿

(1) 从时刻 $t=5$ s 到 $t=6$ s,$\Delta t=6$ s -5 s $=1$ s,

$$\Delta s = s(6)-s(5)=0.3\times 6^2 \text{ m}-0.3\times 5^2 \text{ m}=3.3 \text{ m},$$

得平均速度

$$\frac{\Delta s}{\Delta t}=\frac{3.3}{1}\text{ m/s}=3.3\text{ m/s};$$

(2) 从时刻 $t=5$ s 到 $t=5.1$ s 的平均速度

$$\frac{\Delta s}{\Delta t}=\frac{s(5.1)-s(5)}{5.1\text{ s}-5\text{ s}}=3.03\text{ m/s};$$

(3) 从时刻 $t=5$ s 到 $t=5.01$ s 的平均速度

$$\frac{\Delta s}{\Delta t}=\frac{s(5.01)-s(5)}{5.01\text{ s}-5\text{ s}}=3.003\text{ m/s}.$$

依此类推.

从以上计算可以看出,某段时间内的平均速度是随着 Δt 变化的,且 Δt 越短,平均速度越能表示时刻 $t=5$ s 时的运动状态.因此很自然地会想到:当 $\Delta t\to 0$ 时,平均速度的极限值(如果这个极限存在)就是时刻 $t=5$ s 时的瞬时速度.事实上这个极限不仅存在,而且可以计算出来.

$$\lim_{\Delta t\to 0}\frac{\Delta s}{\Delta t}=\lim_{\Delta t\to 0}\frac{0.3\times(5+\Delta t)^2-0.3\times 5^2}{(5+\Delta t)-5}=\lim_{\Delta t\to 0}(3+0.3\Delta t)=3(\text{m/s}).$$

显然,一般情况下,质点做变速直线运动,其运动方程 $s=s(t)$,即路程 s 是时间 t 的函数.当时间由 t_0 变到 $t_0+\Delta t$ 时,质点经过的路程为 $\Delta s=s(t_0+\Delta t)-s(t_0)$.质点在 Δt 这段时间的平均速度为

$$\bar{v}=\frac{\Delta s}{\Delta t}=\frac{s(t_0+\Delta t)-s(t_0)}{\Delta t},$$

而质点在时刻 t_0 的瞬时速度

$$v(t_0)=\lim_{\Delta t\to 0}\bar{v}=\lim_{\Delta t\to 0}\frac{\Delta s}{\Delta t}=\lim_{\Delta t\to 0}\frac{s(t_0+\Delta t)-s(t_0)}{\Delta t}.$$

2. 电流 I

由电学知识,恒定电流的值是单位时间内通过导体横截面的电量 Q,即 $I=\frac{Q}{t}$,非恒定电流的电流则不能按这个公式计算.

设通过导体的电量 Q 是时间 t 的函数,即 $Q=Q(t)$.当时间由 t_0 变到 $t_0+\Delta t$ 时,通过导体的电量由 $Q(t_0)$ 变到 $Q(t_0+\Delta t)$,即函数 $Q(t)$ 的增量为 $\Delta Q=Q(t_0+\Delta t)-Q(t_0)$.于是在此时间间隔 $[t_0,t_0+\Delta t]$ 内的平均电流 $\bar{I}=\frac{\Delta Q}{\Delta t}=\frac{Q(t_0+\Delta t)-Q(t_0)}{\Delta t}$,在时刻 t_0 的电流为

$$I(t_0)=\lim_{\Delta t\to 0}\bar{I}=\lim_{\Delta t\to 0}\frac{\Delta Q}{\Delta t}=\lim_{\Delta t\to 0}\frac{Q(t_0+\Delta t)-Q(t_0)}{\Delta t}.$$

二、导数的定义

虽然以上 2 个实例所研究的问题内容不同,但数学模型却是一样的,即当函数 $y=f(x)$ 在自变量 x 由 x_0 变到 $x_0+\Delta x$ 时,对应的函数 y 由 $f(x_0)$ 变到 $f(x_0+\Delta x)$,且当 $\Delta x\to 0$ 时,求 $\frac{\Delta y}{\Delta x}$ 比值的极限.如果这个极限存在,就称这个极限值是函数 $f(x)$ 在 x_0 处的变化率.函数变化率在数学上被称为导数,它在科学研究与经营管理中有着广泛的应用,下面给出导数的定义.

定义 设函数 $y=f(x)$ 在点 x_0 及其近旁有定义,当自变量 x 在 x_0 有增量 Δx 时,函数有相应的增量 $\Delta y=f(x_0+\Delta x)-f(x_0)$.当 $\Delta x\to 0$ 时,若 $\frac{\Delta y}{\Delta x}$ 的极限存在,这个极限值就称为函数 $y=f(x)$ 在点 x_0 的**导数**(derivative),并称函数 $f(x)$ 在点 x_0 **可导**(或**有导数**),记为 $y'|_{x=x_0}$,即

$$y'|_{x=x_0} = \lim_{\Delta x \to 0} \frac{\Delta y}{\Delta x} = \lim_{\Delta x \to 0} \frac{f(x_0 + \Delta x) - f(x_0)}{\Delta x}, \quad (2\text{-}1)$$

也记为 $f'(x_0)$, $\dfrac{\mathrm{d}y}{\mathrm{d}x}\bigg|_{x=x_0}$ 或 $\dfrac{\mathrm{d}f(x)}{\mathrm{d}x}\bigg|_{x=x_0}$.

$\dfrac{\Delta y}{\Delta x}$ 是函数 $y = f(x)$ 在区间 $[x_0, x_0+\Delta x]$ 或 $[x_0+\Delta x, x_0]$ 上的**平均变化率**;而 $y'|_{x=x_0}$ 则是函数 $f(x)$ 在点 x_0 的**变化率**(rate of change),它反映了函数随自变量变化的快慢程度.

如果式(2-1)极限不存在,则称函数 $y=f(x)$ 在点 x_0 **不可导**;如果不可导的原因是当 $\Delta x \to 0$ 时,$\dfrac{\Delta y}{\Delta x} \to \infty$ 所引起的,则称函数 $f(x)$ 在点 x_0 的导数为**无穷大**.

如果函数 $y=f(x)$ 在区间 (a,b) 内的每一点都可导,则称函数 $y=f(x)$ **在区间(a,b)内可导**.这时对 (a,b) 内每一个确定的 x,都有唯一的导数 $f'(x)$ 与之对应,即

$$f'(x) = \lim_{\Delta x \to 0} \frac{f(x+\Delta x) - f(x)}{\Delta x}.$$

这样,就得到自变量 x 的一个新的函数 $y' = f'(x)$,我们称它是函数 $y=f(x)$ 的**导函数**,记为 y', $f'(x)$, $\dfrac{\mathrm{d}y}{\mathrm{d}x}$ 或 $\dfrac{\mathrm{d}f(x)}{\mathrm{d}x}$ 等.

而函数 $y=f(x)$ 在点 x_0 的导数 $f'(x_0)$ 就是导函数 $f'(x)$ 在点 x_0 的函数值,即

$$f'(x_0) = f'(x)|_{x=x_0}.$$

在不引起混淆的情况下,**导函数**也简称**导数**.通常所说的求导数,就是指求函数的导函数.求一个函数的导数的运算称为**微分法**.

根据导数的定义,前面讨论的 2 个实例可作如下叙述:

(1) 变速直线运动的速度 $v(t)$ 是路程 $s(t)$ 对时间 t 的导数,即 $v(t) = s'(t) = \dfrac{\mathrm{d}s}{\mathrm{d}t}$;

(2) 电流 $I(t)$ 是电量 $Q(t)$ 对时间 t 的导数,即 $I(t) = Q'(t) = \dfrac{\mathrm{d}Q}{\mathrm{d}t}$.

在经营管理中,成本函数 $C(x)$ 对产量 x 的导数 $\dfrac{\mathrm{d}C}{\mathrm{d}x}$,称为**边际成本**.收益函数 $R(x)$ 对产量(或销量)x 的导数 $\dfrac{\mathrm{d}R}{\mathrm{d}x}$ 称为**边际收益**,利润函数 $L(x)$ 对产量 x 的导数 $\dfrac{\mathrm{d}L}{\mathrm{d}x}$ 称为**边际利润**等.

三、求导数举例

根据导数的定义,求函数 $y = f(x)$ 的导数可以分为 3 个步骤:

(1) 求函数的增量:$\Delta y = f(x+\Delta x) - f(x)$;

(2) 算比值:$\dfrac{\Delta y}{\Delta x} = \dfrac{f(x+\Delta x) - f(x)}{\Delta x}$;

(3) 取极限:$y' = \lim\limits_{\Delta x \to 0} \dfrac{\Delta y}{\Delta x}$.

例 1 已知 $y = 2\sqrt{x} + 3$,求 y',$y'|_{x=2}$.

解 (1) 求函数的增量:

$$\Delta y = f(x+\Delta x) - f(x) = (2\sqrt{x+\Delta x}+3) - (2\sqrt{x}+3) = 2(\sqrt{x+\Delta x}-\sqrt{x});$$

(2) 算比值:

$$\frac{\Delta y}{\Delta x} = \frac{2(\sqrt{x+\Delta x}-\sqrt{x})}{\Delta x};$$

(3) 取极限:

$$y' = \lim_{\Delta x \to 0}\frac{\Delta y}{\Delta x} = \lim_{\Delta x \to 0}\frac{2(\sqrt{x+\Delta x}-\sqrt{x})}{\Delta x} = \lim_{\Delta x \to 0}\frac{2(x+\Delta x-x)}{\Delta x(\sqrt{x+\Delta x}+\sqrt{x})}$$

$$= \lim_{\Delta x \to 0}\frac{2}{\sqrt{x+\Delta x}+\sqrt{x}} = \frac{1}{\sqrt{x}},$$

即 $y' = \dfrac{1}{\sqrt{x}}$. 因此 $y'|_{x=2} = \dfrac{1}{\sqrt{2}}$.

例 2 求函数 $y=C$ (C 是常数)的导数.

解 (1) 求函数的增量: $\Delta y = f(x+\Delta x) - f(x) = C - C = 0$;

(2) 算比值: $\dfrac{\Delta y}{\Delta x} = 0$;

(3) 取极限: $y' = \lim\limits_{\Delta x \to 0}\dfrac{\Delta y}{\Delta x} = \lim\limits_{\Delta x \to 0} 0 = 0$, 即 $(C)' = 0$.

由推导可得,常数的导数等于 0.

例如:若 $y=8$,则 $y'=0$;若 $y=\sqrt{2}+3$,则 $y'=0$.

例 3 求幂函数 $y=x^\mu$ 的导数(μ 为任意实数).

解 (1) 求函数的增量:

$$\Delta y = f(x+\Delta x) - f(x) = (x+\Delta x)^\mu - x^\mu$$

$$= x^\mu\left[\frac{(x+\Delta x)^\mu}{x^\mu}-1\right] = x^\mu\left[\left(1+\frac{\Delta x}{x}\right)^\mu - 1\right];$$

(2) 算比值:

$$\frac{\Delta y}{\Delta x} = \frac{x^\mu\left[\left(1+\frac{\Delta x}{x}\right)^\mu - 1\right]}{\Delta x} = x^{\mu-1}\frac{\left(1+\frac{\Delta x}{x}\right)^\mu - 1}{\frac{\Delta x}{x}};$$

(3) 取极限:

$$\lim_{\Delta x \to 0}\frac{\Delta y}{\Delta x} = \lim_{\Delta x \to 0}\frac{x^{\mu-1}\left[\left(1+\frac{\Delta x}{x}\right)^\mu - 1\right]}{\frac{\Delta x}{x}},$$

此处将 $x^{\mu-1}$ 移到极限号外,然后令 $t=\dfrac{\Delta x}{x}$, 当 $\Delta x \to 0$ 时,$t \to 0$. 由 §1-5 例 8,得

$$y' = \lim_{\Delta x \to 0}\frac{\Delta y}{\Delta x} = x^{\mu-1}\lim_{t \to 0}\frac{(1+t)^\mu - 1}{t} = \mu x^{\mu-1},$$

即

$$(x^\mu)' = \mu x^{\mu-1}.$$

例如:若 $y=x^3$,则 $y'=3x^2$;若 $y=x^{\frac{2}{5}}$,则 $y'=\frac{2}{5}x^{\frac{2}{5}-1}=\frac{2}{5}x^{-\frac{3}{5}}$;若 $y=\frac{x^2}{\sqrt[3]{x}}$,则 $y'=(x^{\frac{5}{3}})'=\frac{5}{3}x^{\frac{2}{3}}$.

例 4 求指数函数 $y=a^x(a>0,a\neq 1)$ 的导数.

解 (1) 求函数的增量:
$$\Delta y=f(x+\Delta x)-f(x)=a^{x+\Delta x}-a^x=a^x(a^{\Delta x}-1);$$

(2) 算比值:
$$\frac{\Delta y}{\Delta x}=\frac{a^x(a^{\Delta x}-1)}{\Delta x}=a^x\frac{a^{\Delta x}-1}{\Delta x};$$

(3) 取极限:令 $a^{\Delta x}-1=t$,于是 $a^{\Delta x}=1+t$,$\Delta x=\log_a(1+t)$,并且当 $\Delta x\to 0$ 时,有 $t\to 0$. 因此
$$y'=\lim_{\Delta x\to 0}\frac{\Delta y}{\Delta x}=a^x\lim_{\Delta x\to 0}\frac{a^{\Delta x}-1}{\Delta x}=a^x\lim_{t\to 0}\frac{t}{\log_a(1+t)}=a^x\lim_{t\to 0}\frac{1}{\frac{\log_a(1+t)}{t}}.$$

由 §1-5 例 7,得 $y'=a^x\ln a$,即 $(a^x)'=a^x\ln a$.

特别地,当 $a=\mathrm{e}$ 时,有 $(\mathrm{e}^x)'=\mathrm{e}^x$.

例如:若 $y=2^x$,则 $y'=(2^x)'=2^x\ln 2$;

若 $y=\left(\frac{1}{3}\right)^x$,则 $y'=\left[\left(\frac{1}{3}\right)^x\right]'=\left(\frac{1}{3}\right)^x\ln\frac{1}{3}$;

若 $y=2^x\cdot 3^x$,则 $y'=[(2\times 3)^x]'=(6^x)'=6^x\ln 6$.

例 5 求对数函数 $y=\log_a x(a>0,a\neq 1)$ 的导数.

解 (1) 求函数的增量:
$$\Delta y=f(x+\Delta x)-f(x)=\log_a(x+\Delta x)-\log_a x=\log_a\left(\frac{x+\Delta x}{x}\right)=\log_a\left(1+\frac{\Delta x}{x}\right);$$

(2) 算比值:
$$\frac{\Delta y}{\Delta x}=\frac{\log_a\left(1+\frac{\Delta x}{x}\right)}{\Delta x}=\frac{1}{x}\frac{\log_a\left(1+\frac{\Delta x}{x}\right)}{\frac{\Delta x}{x}};$$

(3) 取极限:由 §1-5 例 7,得
$$y'=\lim_{\Delta x\to 0}\frac{\Delta y}{\Delta x}=\frac{1}{x}\lim_{\Delta x\to 0}\frac{\log_a\left(1+\frac{\Delta x}{x}\right)}{\frac{\Delta x}{x}}=\frac{1}{x\ln a},$$

即
$$(\log_a x)'=\frac{1}{x\ln a}.$$

特别地,当 $a=\mathrm{e}$ 时,有 $(\ln x)'=\frac{1}{x}$.

例如:若 $y=\log_2 x$,则 $y'=(\log_2 x)'=\frac{1}{x\ln 2}$;若 $y=\log_5 x$,则 $y'=(\log_5 x)'=\frac{1}{x\ln 5}$.

例 6 求正弦函数 $y=\sin x$ 的导数.

解 （1）求函数的增量：

$$\Delta y = \sin(x+\Delta x) - \sin x = \sin x \cos \Delta x + \cos x \sin \Delta x - \sin x$$
$$= \cos x \sin \Delta x - \sin x(1-\cos \Delta x);$$

（2）算比值：

$$\frac{\Delta y}{\Delta x} = \cos x \frac{\sin \Delta x}{\Delta x} - \sin x \frac{1-\cos \Delta x}{\Delta x};$$

（3）取极限：

$$y' = \lim_{\Delta x \to 0} \frac{\Delta y}{\Delta x} = \lim_{\Delta x \to 0} \left[\cos x \frac{\sin \Delta x}{\Delta x} - \sin x \frac{1-\cos \Delta x}{\Delta x}\right]$$

$$= \cos x \lim_{\Delta x \to 0} \frac{\sin \Delta x}{\Delta x} - \sin x \lim_{\Delta x \to 0} \frac{1-\cos \Delta x}{\Delta x}$$

$$= \cos x \cdot 1 - \sin x \lim_{\Delta x \to 0} \frac{\frac{1}{2}(\Delta x)^2}{\Delta x} = \cos x,$$

即

$$(\sin x)' = \cos x.$$

类似地，得

$$(\cos x)' = -\sin x.$$

例 7 某厂发现销售某产品 x（单位：t）的利润 $L(x) = 0.0002x^3 + 10x$（单位：万元），求销售该产品 50 t 时的边际利润．

解 因为利润函数的变化率就是边际利润，对函数 $L(x)$ 求导得

$$L'(x) = 0.0006x^2 + 10,$$

于是销售该产品 50 t 时的边际利润为

$$L'(50) = 0.0006 \times 50^2 + 10 = 11.5(万元).$$

习 题 2-1

1. 判断题：

(1) 函数在 x_0 处的瞬时变化率就是函数在该点的导数． （　）

(2) $\left(\sin \frac{\pi}{3}\right)' = \cos \frac{\pi}{3}$． （　）

(3) $(x^\mu)' = \mu x^{\mu-1}$． （　）

(4) $(\mu^x)' = x\mu^{x-1}$ （μ 为常数）． （　）

2. 物体做直线运动的方程为 $s(t) = t^2 + 3$，求：

(1) 物体在 2 s 到 $2+\Delta t$(s) 这段时间的平均速度； (2) 物体在 2 s 末的速度．

3. 根据导数定义，求函数 $y = x^2 - 1$ 在 $x = 1$ 和 $x = \frac{1}{2}$ 处的导数．

4. 求下列函数的导数：

(1) $y = x^2$； (2) $y = \sqrt[4]{x^3}$； (3) $y = \left(\frac{1}{5}\right)^x$； (4) $y = \log_3 x$．

*5. 生产某产品 x 单位时的成本为 $C(x) = k_0 + k_1\sqrt{x}$，其中 k_0 和 k_1 为常数，求生产 x_0 单位时的边际成本．

§2-2 导数的几何意义　函数可导性与连续性的关系

一、导数的几何意义

在初等数学中,圆的切线定义为"与圆只有一个公共点的直线",这一定义具有特殊性.因为,如果在抛物线 $y=x^2$ 上套用此定义,那么在原点 O 处两个坐标轴都是它的切线了.事实上,只有 x 轴才是抛物线 $y=x^2$ 在原点 O 处的切线.

现在给出曲线在一点处切线的定义:在已知曲线 C 上取一定点 P_0,并在曲线 C 上点 P_0 附近另取一点 P,作割线 P_0P,当点 P 沿着曲线 C 趋近于 P_0 时,割线 P_0P 趋于某一极限位置 P_0T,则称割线 P_0P 的极限位置 P_0T 为曲线 C 在点 P_0 的**切线**.
点 P_0 称为**切点**,过切点 P_0 且与切线 P_0T 垂直的直线 P_0S 称为曲线 C 在点 P_0 的**法线**(图 2-2).

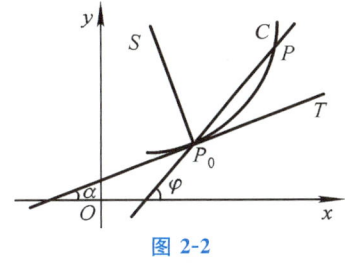

图 2-2

由此可以说明导数的几何意义,如图 2-3 所示,设曲线方程为 $y=f(x)$,$P_0(x_0,f(x_0))$ 为定点,$P(x,f(x))$ 为动点,则割线 P_0P 的斜率为

$$\tan\varphi=\frac{f(x)-f(x_0)}{x-x_0}=\frac{f(x_0+\Delta x)-f(x_0)}{\Delta x}=\frac{\Delta y}{\Delta x},$$

当点 P 沿曲线趋近于点 P_0,即 $\Delta x \to 0$ 时,$\dfrac{\Delta y}{\Delta x}$ 比值的极限值(如果此极限存在)就是切线 P_0T 的**斜率**,即

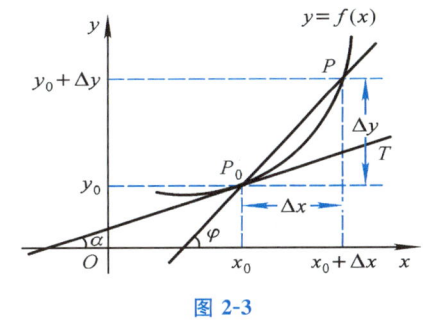

图 2-3

$$\tan\alpha=\lim_{\varphi\to\alpha}\tan\varphi=\lim_{\Delta x\to 0}\frac{\Delta y}{\Delta x}=f'(x_0) \quad \left(\alpha\neq\frac{\pi}{2}\right).$$

因此,函数 $y=f(x)$ 在点 x_0 的导数 $f'(x_0)$ 的**几何意义**是:曲线 $y=f(x)$ 在点 $P_0(x_0,f(x_0))$ 处的切线的斜率,即 $k=f'(x_0)=\tan\alpha$,其中 α 是切线的倾斜角.

曲线的切线

如果函数 $y=f(x)$ 在点 x_0 的导数为无穷大,即 $\tan\alpha$ 不存在,这时曲线 $y=f(x)$ 在点 $P_0(x_0,f(x_0))$ 处的切线垂直于 x 轴;如果函数 $y=f(x)$ 在点 x_0 的导数为 0,这时曲线 $y=f(x)$ 在点 $P(x_0,f(x_0))$ 处的切线平行于 x 轴.

如果函数 $y=f(x)$ 在点 x_0 的导数大于 0 或小于 0 时,请思考曲线 $y=f(x)$ 在点 $P(x_0,f(x_0))$ 处的切线会处于怎样的位置.

根据导数的几何意义及直线的点斜式方程,可得曲线 $y=f(x)$ 在定点 $P_0(x_0,f(x_0))$ 处的切线方程为

$$y-y_0=f'(x_0)(x-x_0), \tag{2-2}$$

法线方程为

$$y-y_0=-\frac{1}{f'(x_0)}(x-x_0) \quad (f'(x_0)\neq 0). \tag{2-3}$$

例1 求曲线 $y=2^x$ 在点 $(1,2)$ 处的切线方程和法线方程.

解 因为 $y'=2^x\ln 2$，所以 $y'|_{x=1}=2\ln 2$，即曲线 $y=2^x$ 在点 $(1,2)$ 处的切线的斜率为 $2\ln 2$. 由式(2-2)得曲线 $y=2^x$ 在点 $(1,2)$ 处的切线方程：

$$y-2=2\ln 2\cdot(x-1), \quad 即\ 2\ln 2\cdot x-y+2-2\ln 2=0.$$

由式(2-3)得曲线在点 $(1,2)$ 处的法线方程：

$$y-2=-\frac{1}{2\ln 2}(x-1), \quad 即\ x+2\ln 2\cdot y-4\ln 2-1=0.$$

例2 求曲线 $y=\ln x$ 上一点，使过该点的切线与直线 $x-2y+2=0$ 平行.

解 设曲线 $y=\ln x$ 上点 $P(x,y)$ 的切线与直线 $x-2y+2=0$ 平行. 由导数的几何意义，得所求切线的斜率为 $k=(\ln x)'=\frac{1}{x}$. 而直线 $x-2y+2=0$ 的斜率为 $k=\frac{1}{2}$，根据两直线平行的条件，有 $\frac{1}{x}=\frac{1}{2}$，即 $x=2$.

将 $x=2$ 代入曲线 $y=\ln x$，得 $y=\ln 2$，所以曲线 $y=\ln x$ 在点 $(2,\ln 2)$ 的切线与直线 $x-2y+2=0$ 平行.

二、函数可导性与连续性的关系

定理 如果函数 $y=f(x)$ 在点 x_0 处可导，则它一定在点 x_0 处连续.

证 因为 $f'(x_0)=\lim\limits_{\Delta x\to 0}\frac{\Delta y}{\Delta x}$，由 §1-3 定理1 得

$$\frac{\Delta y}{\Delta x}=f'(x_0)+\alpha, \quad \lim\limits_{\Delta x\to 0}\alpha=0,$$

于是 $\Delta y=f'(x_0)\Delta x+\alpha\Delta x, \quad \lim\limits_{\Delta x\to 0}\Delta y=f'(x_0)\lim\limits_{\Delta x\to 0}\Delta x+\lim\limits_{\Delta x\to 0}\alpha\lim\limits_{\Delta x\to 0}\Delta x=0.$

由函数连续的定义知，函数 $y=f(x)$ 在点 x_0 连续.

应当指出，一个函数在某点处连续，但在该点处的函数却不一定可导，请看下面的例子.

例3 证明连续函数 $y=|x|$ 在点 $x=0$ 不可导.

证
$$y=f(x)=|x|=\begin{cases}x, & x\geqslant 0,\\-x, & x<0.\end{cases}$$

自变量 x 在 $x=0$ 处取得增量 Δx 时，相应地，函数 $y=|x|$ 也取得增量

$$\Delta y=f(0+\Delta x)-f(0)=f(\Delta x)-f(0)=|\Delta x|=\begin{cases}\Delta x, & \Delta x>0,\\-\Delta x, & \Delta x<0.\end{cases}$$

因为

$$\lim\limits_{\Delta x\to 0^-}\frac{\Delta y}{\Delta x}=\lim\limits_{x\to 0^-}\frac{-\Delta x}{\Delta x}=-1, \quad \lim\limits_{\Delta x\to 0^+}\frac{\Delta y}{\Delta x}=\lim\limits_{\Delta x\to 0^+}\frac{\Delta x}{\Delta x}=1,$$

所以 $\lim\limits_{\Delta x\to 0}\frac{\Delta y}{\Delta x}$ 不存在，即函数 $y=|x|$ 在 $x=0$ 处不可导. 如图2-4所示，曲线 $y=|x|$ 在原点没

有切线.

图 2-4　　　　　　　　　　　图 2-5

例 4 证明 $f(x)=\sqrt[3]{x^2}$ 在点 $x=0$ 连续,但 $f(x)$ 在该点处不可导.

证 因为 $f(x)$ 的定义域为 $(-\infty,+\infty)$,而 $f(x)=\sqrt[3]{x^2}$ 是基本初等函数,所以 $f(x)$ 在 $x=0$ 连续. 又因为

$$f(0+\Delta x)-f(0)=f(\Delta x)-f(0)=(\Delta x)^{\frac{2}{3}},$$

$$\frac{f(0+\Delta x)-f(0)}{\Delta x}=\frac{(\Delta x)^{\frac{2}{3}}}{\Delta x}=\frac{1}{\sqrt[3]{\Delta x}},$$

$$\lim_{\Delta x \to 0^-}\frac{f(0+\Delta x)-f(0)}{\Delta x}=\lim_{\Delta x \to 0^-}\frac{1}{\sqrt[3]{\Delta x}}=-\infty,$$

$$\lim_{\Delta x \to 0^+}\frac{f(0+\Delta x)-f(0)}{\Delta x}=\lim_{\Delta x \to 0^+}\frac{1}{\sqrt[3]{\Delta x}}=+\infty.$$

所以,$f(x)=\sqrt[3]{x^2}$ 在 $x=0$ 处不可导. 但如图 2-5 所示,$f(x)=\sqrt[3]{x^2}$ 在 $x=0$ 处切线存在,y 轴就是该切线.

在例 3 和例 4 的解题过程中,我们实际上用到了左(右)导数的概念,一般情况下,如果下面的极限存在,则

$$\lim_{\Delta x \to 0^-}\frac{f(x_0+\Delta x)-f(x_0)}{\Delta x} \quad \text{和} \quad \lim_{\Delta x \to 0^+}\frac{f(x_0+\Delta x)-f(x_0)}{\Delta x}$$

分别称为函数 $f(x)$ 在点 x_0 的**左、右导数**,分别记为 $f'_-(x_0)$、$f'_+(x_0)$,由极限的性质易知,函数 $f(x)$ 在点 x_0 可导,则 $f(x)$ 在点 x_0 的左、右导数存在并且相等;反之,结论也成立.

•释疑解难
导数概念

习　题　2-2

1. 判断题:
(1) 函数 $y=f(x)$ 在点 x_0 可导,则在点 x_0 处的切线存在. 　　　　　　　　(　)
(2) 函数 $y=f(x)$ 在一点不可导,则函数曲线在这点的切线不存在. 　　　　(　)
(3) 连续函数的导数存在. 　　　　　　　　　　　　　　　　　　　　　　(　)
(4) 函数在一点不连续,则在这点不可导. 　　　　　　　　　　　　　　　(　)

2. 画出图中所示函数的导函数的图像.

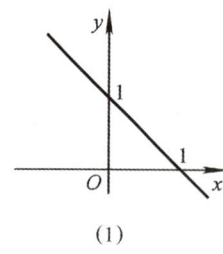
(1)

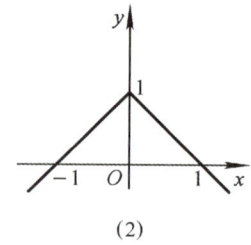
(2)

(第 2 题)

3. 求下列曲线在指定点的切线与法线的斜率:

(1) $y = x^3 \cdot \sqrt[4]{x^3}$, $x = 1$; (2) $y = \dfrac{x^6}{\sqrt[3]{x}}$, $x = -1$; (3) $y = 4^x \mathrm{e}^x$, $x = 1$; (4) $y = \dfrac{\mathrm{e}^x}{3^x}$, $x = 0$.

4. 求曲线 $y = x^2$ 在点 $(1, 1)$ 的切线方程和法线方程.

5. 讨论函数 $y = \begin{cases} x\sin\dfrac{1}{x}, & x \neq 0, \\ 0, & x = 0 \end{cases}$ 在 $x = 0$ 处的可导性和连续性.

§2-3 函数和、差、积、商的导数

用导数的定义求函数的导数是很烦琐的. 本节开始, 我们讨论导数的运算法则, 并推导一些基本初等函数导数的公式.

一、函数和(或差)的导数

法则 1　如果 $u = u(x), v = v(x)$ 都是 x 的可导函数, 则 $y = u \pm v$ 也是 x 的可导函数, 并且
$$y' = (u \pm v)' = u' \pm v'.$$

证　当 x 取得增量 Δx 时, 函数 $u = u(x)$、$v = v(x)$ 和 $y = u(x) \pm v(x)$ 分别取得增量 Δu、Δv 和 Δy. 由于
$$\Delta u = u(x + \Delta x) - u(x), \quad \Delta v = v(x + \Delta x) - v(x),$$

因此
$$u(x + \Delta x) = u(x) + \Delta u, \quad v(x + \Delta x) = v(x) + \Delta v,$$

简记为
$$u(x + \Delta x) = u + \Delta u, \quad v(x + \Delta x) = v + \Delta v,$$

因此
$$\Delta y = [u(x + \Delta x) \pm v(x + \Delta x)] - [u(x) \pm v(x)]$$
$$= [(u + \Delta u) \pm (v + \Delta v)] - (u \pm v) = \Delta u \pm \Delta v.$$

$$\frac{\Delta y}{\Delta x} = \frac{\Delta u}{\Delta x} \pm \frac{\Delta v}{\Delta x},$$

所以
$$y' = \lim_{\Delta x \to 0} \frac{\Delta y}{\Delta x} = \lim_{\Delta x \to 0} \left(\frac{\Delta u}{\Delta x} \pm \frac{\Delta v}{\Delta x} \right) = \lim_{\Delta x \to 0} \frac{\Delta u}{\Delta x} \pm \lim_{\Delta x \to 0} \frac{\Delta v}{\Delta x} = u' \pm v',$$

即
$$(u \pm v)' = u' \pm v'.$$

这个法则可以推广到有限个可导函数的和(或差)的情形, 即
$$(u_1 \pm u_2 \pm \cdots \pm u_n)' = u_1' \pm u_2' \pm \cdots \pm u_n'.$$

例 1 求函数 $y = 2^x - \dfrac{1}{x} + \sin x + 3$ 的导数.

解 $y' = \left(2^x - \dfrac{1}{x} + \sin x + 3\right)' = (2^x)' - \left(\dfrac{1}{x}\right)' + (\sin x)' + 3'$

$= 2^x \ln 2 + \dfrac{1}{x^2} + \cos x.$

二、函数积的导数

法则 2 如果 $u = u(x), v = v(x)$ 都是 x 的可导函数,则 $y = uv$ 也是 x 的可导函数,并且
$$y' = (uv)' = u'v + uv'.$$

证 当 x 取得增量 Δx 时,函数 u、v 和 y 分别取得增量 Δu、Δv 和 Δy. 易知
$$\Delta y = (u + \Delta u)(v + \Delta v) - uv = u\Delta v + v\Delta u + \Delta u \Delta v,$$

因而
$$\dfrac{\Delta y}{\Delta x} = u\dfrac{\Delta v}{\Delta x} + v\dfrac{\Delta u}{\Delta x} + \dfrac{\Delta u}{\Delta x}\Delta v.$$

因为当 $\Delta x \to 0$ 时,u、v 的值并不改变,又因为函数 v 可导,因而 v 连续,所以 $\lim\limits_{\Delta x \to 0} \Delta v = 0$. 于是

$$y' = \lim_{\Delta x \to 0} \dfrac{\Delta y}{\Delta x} = \lim_{\Delta x \to 0}\left(u\dfrac{\Delta v}{\Delta x} + v\dfrac{\Delta u}{\Delta x} + \dfrac{\Delta u}{\Delta x}\Delta v\right)$$

$$= u\lim_{\Delta x \to 0}\dfrac{\Delta v}{\Delta x} + v\lim_{\Delta x \to 0}\dfrac{\Delta u}{\Delta x} + \lim_{\Delta x \to 0}\dfrac{\Delta u}{\Delta x}\lim_{\Delta x \to 0}\Delta v$$

$$= uv' + u'v + u' \cdot 0 = u'v + uv',$$

即
$$(uv)' = u'v + uv'.$$

特别地,若 $u = C$(C 为常数)则
$$y' = (Cv)' = Cv',$$

即**常数因子可以从导数记号里提出来**.

这个法则也可以推广到有限个可导函数积的情形,例如:
$$(uvw)' = u'vw + uv'w + uvw'.$$

例 2 求函数 $y = 2(x + 3)(\log_2 x - 1)$ 的导数.

解 $y' = [2(x + 3)(\log_2 x - 1)]' = 2[(x + 3)(\log_2 x - 1)]'$

$= 2[(x + 3)'(\log_2 x - 1) + (x + 3)(\log_2 x - 1)']$

$= 2\left(\log_2 x - 1 + \dfrac{x + 3}{x \ln 2}\right).$

例 3 求函数 $y = (1 - 2x^2)\sin x$ 的导数.

解 $y' = [(1 - 2x^2)\sin x]' = (1 - 2x^2)'\sin x + (1 - 2x^2)(\sin x)'$

$= (-4x)\sin x + (1 - 2x^2)\cos x = (1 - 2x^2)\cos x - 4x \sin x.$

例 4 求函数 $y = \cos 2x$ 的导数.

解 $y' = (2\cos^2 x - 1)' = 2(\cos x)'\cos x + 2\cos x(\cos x)' - 1'$

$= -2\sin x \cos x - 2\cos x \sin x = -2\sin 2x.$

例5 设 $f(x)=(1+x^2)\left(1-\dfrac{1}{x^2}\right)$，求 $f'(1), f'(-1)$.

解 因为 $f'(x)=(1+x^2)'\left(1-\dfrac{1}{x^2}\right)+(1+x^2)\left(1-\dfrac{1}{x^2}\right)'$

$$=2x\left(1-\dfrac{1}{x^2}\right)+(1+x^2)\dfrac{2}{x^3}=2x-\dfrac{2}{x}+\dfrac{2}{x}+\dfrac{2}{x^3}=2x+\dfrac{2}{x^3},$$

所以 $\qquad\qquad\qquad\qquad f'(1)=4,\quad f'(-1)=-4.$

三、函数商的导数

法则3 如果 $u=u(x), v=v(x)$ 都是 x 的可导函数，且 $v\ne 0$，则函数 $y=\dfrac{u}{v}$ 也是 x 的可导函数，并且

$$y'=\left(\dfrac{u}{v}\right)'=\dfrac{u'v-uv'}{v^2}\text{（证明从略）}.$$

例6 求函数 $y=\dfrac{a-x}{a+x}$ 的导数.

解 $y'=\dfrac{(a-x)'(a+x)-(a-x)(a+x)'}{(a+x)^2}$

$$=\dfrac{-(a+x)-(a-x)}{(a+x)^2}=-\dfrac{2a}{(a+x)^2}.$$

例7 求函数 $y=\tan x$ 的导数.

解 $y'=(\tan x)'=\left(\dfrac{\sin x}{\cos x}\right)'=\dfrac{(\sin x)'\cos x-\sin x(\cos x)'}{\cos^2 x}$

$$=\dfrac{\cos^2 x+\sin^2 x}{\cos^2 x}=\dfrac{1}{\cos^2 x}=\sec^2 x,$$

即 $\qquad\qquad\qquad\qquad (\tan x)'=\sec^2 x.$

同理，得 $\qquad\qquad\qquad (\cot x)'=-\csc^2 x.$

例8 求函数 $y=\sec x$ 的导数.

解 由法则3，得

$$y'=(\sec x)'=\left(\dfrac{1}{\cos x}\right)'=\dfrac{0-(\cos x)'}{\cos^2 x}=\dfrac{\sin x}{\cos^2 x}=\sec x\tan x,$$

即 $\qquad\qquad\qquad\qquad (\sec x)'=\sec x\tan x.$

同理，得 $\qquad\qquad\qquad (\csc x)'=-\csc x\cot x.$

例9 求曲线 $y=\dfrac{x^2-3x+1}{x^2}$ 在点 $(1,-1)$ 处的切线方程和法线方程.

解 因为 $y=\dfrac{x^2-3x+1}{x^2}=1-\dfrac{3}{x}+\dfrac{1}{x^2}$,

所以

$$y'=1'-\left(\dfrac{3}{x}\right)'+\left(\dfrac{1}{x^2}\right)'=0-\left(-\dfrac{3}{x^2}\right)-\dfrac{2}{x^3}=\dfrac{3}{x^2}-\dfrac{2}{x^3},\quad y'|_{x=1}=1,$$

于是，曲线在点 $(1,-1)$ 的切线方程为

$$y-(-1)=1\times(x-1), \quad 即\ x-y-2=0;$$

曲线在点 $(1,-1)$ 的法线方程为

$$y-(-1)=(-1)(x-1), \quad 即\ x+y=0.$$

习 题 2-3

1. 判断题：
(1) 函数积的导数等于函数导数的积． ( )
(2) 函数商的导数等于函数导数的商． ( )
(3) $\left(\dfrac{\cos x}{x}\right)'=-\dfrac{\cos x+x\sin x}{x^2}$. ( )

2. 求下列函数的导数：

(1) $y=2x^3+3x+2$；

(2) $y=3x^{\frac{2}{3}}+\dfrac{2}{x}+\dfrac{4}{x^5}-5$；

(3) $y=x\sin x+1$；

(4) $y=e^x\cos x-5$；

(5) $s=(t^2+2)^2$；

(6) $y=(5+3x^2)\cos^2 x$；

(7) $y=\dfrac{3x^2+2x-\sqrt{x}+1}{\sqrt{x}}$；

(8) $y=\dfrac{2x^2}{\sin x}$.

3. 设 $f(x)=x^2+\cos^2 x+3$，求 $f'(0)$ 及 $f'\left(\dfrac{\pi}{2}\right)$.

§2-4　复合函数的导数　反函数的导数

本节讨论复合函数的求导法则与反函数的求导法则．

一、复合函数的导数

对函数 $y=\cos 2x$，能否用导数公式 $(\cos x)'=-\sin x$ 直接得出 $(\cos 2x)'=-\sin 2x$ 呢？由 §2-3 的例 4 已经得出 $(\cos 2x)'=-2\sin 2x$，可见不能用公式 $(\cos x)'=-\sin x$ 直接得出 $(\cos 2x)'=-\sin 2x$，其原因在于：$y=\cos 2x$ 不是基本初等函数，而是 x 的复合函数．

法则　如果函数 $u=\varphi(x)$ 在点 x 处可导，函数 $y=f(u)$ 在对应点 $u=\varphi(x)$ 可导，则复合函数 $y=f[\varphi(x)]$ 在点 x 可导，且

$$y'=\{[f[\varphi(x)]\}'=f'(u)\varphi'(x).$$

*证　当自变量 x 有一增量 Δx 时，相应地，$u=\varphi(x)$ 取得增量 Δu，从而函数 $y=f(u)$ 也相应地取得一增量 Δy.

由于函数 $y=f(u)$ 在点 u 可导，所以 $\lim\limits_{\Delta x\to 0}\dfrac{\Delta y}{\Delta u}=f'(u)$ 存在，由函数、函数的极限与无穷小的关系，得

$$\dfrac{\Delta y}{\Delta u}=f'(u)+\alpha,$$

其中 α 是 $\Delta u\to 0$ 时的无穷小．当 $\Delta u\neq 0$ 时，上式两边同时乘以 Δu，得

$$\Delta y = f'(u)\Delta u + \alpha \Delta u.$$

易见,当 $\Delta u = 0$ 时,上式也成立.两边同时除以 Δx,得

$$\frac{\Delta y}{\Delta x} = f'(u)\frac{\Delta u}{\Delta x} + \alpha \frac{\Delta u}{\Delta x}.$$

又函数 $u = \varphi(x)$ 在点 x 处可导,故 $u = \varphi(x)$ 在点 x 连续,从而得

$$\lim_{\Delta x \to 0} \frac{\Delta u}{\Delta x} = \varphi'(x), \quad \lim_{\Delta x \to 0} \alpha = \lim_{\Delta u \to 0} \alpha = 0.$$

因此
$$\lim_{\Delta x \to 0} \frac{\Delta y}{\Delta x} = f'(u) \lim_{\Delta x \to 0} \frac{\Delta u}{\Delta x} + \lim_{\Delta x \to 0} \alpha \lim_{\Delta x \to 0} \frac{\Delta u}{\Delta x} = f'(u)\varphi'(x),$$

即
$$y' = f'(u)\varphi'(x).$$

故该法则可写成
$$y'_x = y'_u \cdot u'_x \quad \text{或} \quad \frac{\mathrm{d}y}{\mathrm{d}x} = \frac{\mathrm{d}y}{\mathrm{d}u} \cdot \frac{\mathrm{d}u}{\mathrm{d}x}.$$

复合函数的求导法则又称为**连锁法则**,它可以推广到多个函数复合的情形.

例 1 求函数 $y = (x^2 + 2)^3$ 的导数.

解 函数 $y = (x^2 + 2)^3$ 可以看成是由 $y = u^3$ 和 $u = x^2 + 2$ 复合而成的,因此

$$\frac{\mathrm{d}y}{\mathrm{d}x} = \frac{\mathrm{d}y}{\mathrm{d}u} \cdot \frac{\mathrm{d}u}{\mathrm{d}x} = (u^3)'(x^2+2)' = 3u^2 \cdot 2x = 6x(x^2+2)^2.$$

例 2 求下列函数的导数:

(1) $y = \cos nx$;   (2) $y = \sqrt{a^2 - x^2}$;   (3) $y = 3^{\sin x^2}$;   (4) $y = \tan(\ln x + 2)$.

解 (1) 函数 $y = \cos nx$ 可分解为 $y = \cos u, u = nx$,因此

$$y' = (\cos u)'(nx)' = -\sin u \cdot n = -n\sin nx.$$

(2) 函数 $y = \sqrt{a^2 - x^2}$ 可分解为 $y = u^{\frac{1}{2}}, u = a^2 - x^2$,因此

$$\frac{\mathrm{d}y}{\mathrm{d}x} = \frac{\mathrm{d}y}{\mathrm{d}u} \cdot \frac{\mathrm{d}u}{\mathrm{d}x} = \frac{\mathrm{d}(u^{\frac{1}{2}})}{\mathrm{d}u} \cdot \frac{\mathrm{d}(a^2-x^2)}{\mathrm{d}x} = \frac{1}{2\sqrt{u}}(-2x) = \frac{-x}{\sqrt{a^2-x^2}}.$$

(3) 函数 $y = 3^{\sin x^2}$ 可分解为 $y = 3^u, u = \sin v, v = x^2$,因此

$$y' = y'_u \cdot u'_v \cdot v'_x = 3^u \ln 3 \cdot \cos v \cdot 2x = 2\ln 3 \cdot 3^{\sin x^2} x \cos x^2.$$

(4) 函数 $y = \tan(\ln x + 2)$ 可分解为 $y = \tan u, u = \ln x + 2$,因此

$$y' = y'_u \cdot u'_x = \sec^2 u \cdot \frac{1}{x} = \frac{\sec^2(\ln x + 2)}{x}.$$

从这些例题可看出:求复合函数的导数,首先要分析清楚函数的复合结构,求出每一层函数的导数,再用连锁法则,就得到复合函数的导数了.

当运算熟练后,在求复合函数的导数时,可不必写出中间变量.

例 3 求下列函数的导数:

(1) $y = \ln \cos x$;   (2) $y = \left(\dfrac{x}{2x+1}\right)^n$;   (3) $y = \sin^3(2x+1)$;

(4) $y=\ln(x+\sqrt{a^2+x^2})$; (5) $y=\ln|x|$.

解 (1) $y'=(\ln\cos x)'=\dfrac{1}{\cos x}(\cos x)'=\dfrac{-\sin x}{\cos x}=-\tan x$.

(2) $y'=\left[\left(\dfrac{x}{2x+1}\right)^n\right]'=n\left(\dfrac{x}{2x+1}\right)^{n-1}\left(\dfrac{x}{2x+1}\right)'$

$=n\left(\dfrac{x}{2x+1}\right)^{n-1}\dfrac{2x+1-2x}{(2x+1)^2}=\dfrac{nx^{n-1}}{(2x+1)^{n+1}}$.

(3) $y'=[\sin^3(2x+1)]'=3\sin^2(2x+1)(\sin(2x+1))'$

$=3\sin^2(2x+1)\cos(2x+1)(2x+1)'=6\sin^2(2x+1)\cos(2x+1)$

$=3\sin(2x+1)\sin(4x+2)$.

(4) $y'=[\ln(x+\sqrt{a^2+x^2})]'=\dfrac{1}{x+\sqrt{a^2+x^2}}(x+\sqrt{a^2+x^2})'$

$=\dfrac{1}{x+\sqrt{a^2+x^2}}\left(1+\dfrac{2x}{2\sqrt{a^2+x^2}}\right)=\dfrac{1}{\sqrt{a^2+x^2}}$.

(5) 因为 $y=\ln|x|=\begin{cases}\ln x, & x>0,\\ \ln(-x), & x<0,\end{cases}$ 所以

$y'=\begin{cases}\dfrac{1}{x}, & x>0,\\ \dfrac{1}{-x}(-x)'=\dfrac{1}{x}, & x<0,\end{cases}$ 即 $y'=(\ln|x|)'=\dfrac{1}{x}$.

该导数也可以这样来求:

因为 $y=\ln|x|=\ln\sqrt{x^2}$, 所以 $y'=\dfrac{1}{\sqrt{x^2}}\cdot\dfrac{1}{2\sqrt{x^2}}\cdot 2x=\dfrac{1}{x}$ ($x\neq 0$).

例 4 求下列导数:

(1) $y=\dfrac{1}{x+\sqrt{x^2+1}}$; (2) $y=\ln\dfrac{3^x}{\sqrt{x+\sqrt{1+x^2}}}$; (3) $y=\dfrac{1-\tan^4 x}{\sec^2 x}$.

解 (1) 先有理化分母,得

$$y=\dfrac{x-\sqrt{x^2+1}}{(x+\sqrt{x^2+1})(x-\sqrt{x^2+1})}=\sqrt{x^2+1}-x.$$

然后求导数,得

$$y'=(\sqrt{1+x^2}-x)'=\dfrac{2x}{2\sqrt{1+x^2}}-1=\dfrac{x}{\sqrt{1+x^2}}-1.$$

(2) 先用对数性质展开,得

$$y=x\ln 3-\dfrac{1}{2}\ln(x+\sqrt{1+x^2}).$$

然后求导数,得

$$y'=\ln 3-\dfrac{1}{2(x+\sqrt{1+x^2})}(x+\sqrt{1+x^2})'$$

$$= \ln 3 - \frac{1}{2(x+\sqrt{1+x^2})}\left(1 + \frac{x}{\sqrt{1+x^2}}\right)$$

$$= \ln 3 - \frac{1}{2\sqrt{1+x^2}}.$$

(3) 先化简,得

$$y = \frac{(1+\tan^2 x)(1-\tan^2 x)}{1+\tan^2 x} = 1 - \tan^2 x.$$

然后再求导数,得

$$y' = -2\tan x(\tan x)' = -2\tan x \sec^2 x.$$

由例 4 可知:在求一个函数的导数时,要先看原来的函数是否可以化简,然后再求导,以便降低解题的难度和提高解题的速度.

例 5 已知在交流电路中,通过的电量 Q 是时间 t 的函数 $Q = Q_m \sin(\omega t + \varphi_0)$(其中 Q_m, φ_0, ω 均为常数),求电流.

解 由电学知识和导数定义,电流 I 是电量 Q 对时间 t 的导数,所以

$$I = \frac{\mathrm{d}Q}{\mathrm{d}t} = [Q_m \sin(\omega t + \varphi_0)]'$$

$$= Q_m \cos(\omega t + \varphi_0)(\omega t + \varphi_0)' = Q_m \omega \cos(\omega t + \varphi_0).$$

*二、反函数的导数

定理 若单调函数 $x = \varphi(y)$ 在 (a, b) 内可导,且 $\varphi'(y) \neq 0$,则它的反函数 $y = f(x)$ 在对应的区间内也可导,且 $f'(x) = \frac{1}{\varphi'(y)}$ 或 $y'_x = \frac{1}{x'_y}$(证明从略).

例 6 求 $y = \arcsin x$ $(-1 < x < 1)$ 的导数.

解 因为 $y = \arcsin x$ 的反函数是 $x = \sin y \left(-\frac{\pi}{2} < y < \frac{\pi}{2}\right)$,且 $\frac{\mathrm{d}x}{\mathrm{d}y} = \cos y > 0$,所以

$$\frac{\mathrm{d}y}{\mathrm{d}x} = \frac{1}{\frac{\mathrm{d}x}{\mathrm{d}y}} = \frac{1}{\cos y} = \frac{1}{\sqrt{1-\sin^2 y}} = \frac{1}{\sqrt{1-x^2}},$$

即

$$(\arcsin x)' = \frac{1}{\sqrt{1-x^2}}.$$

同理,得

$$(\arccos x)' = -\frac{1}{\sqrt{1-x^2}}.$$

例 7 求函数 $y = \arctan x$ $(-\infty < x < +\infty)$ 的导数.

解 因为 $y = \arctan x$ 的反函数是 $x = \tan y \left(-\frac{\pi}{2} < y < \frac{\pi}{2}\right)$,且

$$\frac{\mathrm{d}x}{\mathrm{d}y} = \sec^2 y = \frac{1}{\cos^2 y} = 1 + \tan^2 y > 0,$$

所以
$$\frac{\mathrm{d}y}{\mathrm{d}x} = \frac{1}{\frac{\mathrm{d}x}{\mathrm{d}y}} = \frac{1}{1+\tan^2 y} = \frac{1}{1+x^2},$$

即
$$(\arctan x)' = \frac{1}{1+x^2}.$$

同理,得
$$(\mathrm{arccot}\, x)' = -\frac{1}{1+x^2}.$$

例 8 求下列函数的导数:

(1) $y = \arcsin\sqrt{1-x^2}$;   (2) $y = \mathrm{arccot}(1+\sin x)$.

解 (1) 函数 y 的定义域为 $[-1, 1]$,所以

$$y' = \frac{1}{\sqrt{1-(1-x^2)}}(\sqrt{1-x^2})' = \frac{1}{|x|} \cdot \frac{-2x}{2\sqrt{1-x^2}}$$

$$= \begin{cases} -\dfrac{1}{\sqrt{1-x^2}}, & 0 < x < 1, \\ \dfrac{1}{\sqrt{1-x^2}}, & -1 < x < 0. \end{cases}$$

(2) $y' = -\dfrac{1}{1+(1+\sin x)^2}(1+\sin x)' = -\dfrac{\cos x}{1+(1+\sin x)^2}.$

三、初等函数的导数

从导数的定义出发,可以导出基本初等函数的求导公式,函数的和、差、积、商以及复合函数的求导法则,从而解决了初等函数的求导问题.为了便于查阅,下面列出基本初等函数的导数公式和求导法则.

1. 基本初等函数的导数公式

(1) $C' = 0$;   (2) $(x^\mu)' = \mu x^{\mu-1}$;   (3) $(\log_a x)' = \dfrac{1}{x\ln a}$;

(4) $(\ln x)' = \dfrac{1}{x}$;   (5) $(a^x)' = a^x \ln a$;   (6) $(\mathrm{e}^x)' = \mathrm{e}^x$;

(7) $(\sin x)' = \cos x$;   (8) $(\cos x)' = -\sin x$;   (9) $(\tan x)' = \sec^2 x$;

(10) $(\cot x)' = -\csc^2 x$;   (11) $(\sec x)' = \sec x \tan x$;   (12) $(\csc x)' = -\csc x \cot x$;

(13) $(\arcsin x)' = \dfrac{1}{\sqrt{1-x^2}}$;   (14) $(\arccos x)' = -\dfrac{1}{\sqrt{1-x^2}}$;

(15) $(\arctan x)' = \dfrac{1}{1+x^2}$;   (16) $(\mathrm{arccot}\, x)' = -\dfrac{1}{1+x^2}.$

2. 函数和、差、积、商的求导法则

(1) $(u \pm v)' = u' \pm v'$;   (2) $(uv)' = u'v + uv'$;

(3) $(Cv)' = Cv'$ (C 为常数);   (4) $\left(\dfrac{u}{v}\right)' = \dfrac{u'v - uv'}{v^2}$ ($v \neq 0$);

3. 复合函数的求导法则

设 $y=f(u), u=\varphi(x)$，则复合函数 $y=f[\varphi(x)]$ 的导数

$$\frac{\mathrm{d}y}{\mathrm{d}x}=\frac{\mathrm{d}y}{\mathrm{d}u}\cdot\frac{\mathrm{d}u}{\mathrm{d}x} \quad \text{或} \quad y'_x=y'_u\cdot u'_x.$$

习 题 2-4

1. 判断题：

(1) $\dfrac{\mathrm{d}(\mathrm{e}^{\sin x})}{\mathrm{d}x}=(\mathrm{e}^{\sin x})'\cdot(\sin x)'$.   ( )

(2) $(\ln\cos x)'=\tan x$.   ( )

(3) $(\arctan\sqrt{x})'=\dfrac{1}{2(1+x)\sqrt{x}}$.   ( )

2. 求下列函数的导数：

(1) $y=a^{3x}$； (2) $y=\sin nx$； (3) $y=(x^2-2x+1)^{\frac{5}{2}}$；

(4) $y=\cos(3x+2)$； (5) $y=\sqrt{1-x^2}$； (6) $y=\ln(\ln x)$；

(7) $y=\mathrm{e}^{4x}-\mathrm{e}^{-x^2}$； (8) $y=\ln\dfrac{1+x}{1-x}$； (9) $y=\mathrm{e}^{-x}\cos 3x$；

(10) $y=(\arcsin x)^2$； (11) $y=\dfrac{\mathrm{e}^x-\mathrm{e}^{-x}}{\mathrm{e}^x+\mathrm{e}^{-x}}$； *(12) $y=\ln\sqrt{\dfrac{1+\sin x}{1-\sin x}}$.

3. 求下列函数在给定点的导数：

(1) $y=\ln\tan x$ 在 $x=\dfrac{\pi}{12}$； (2) $y=\sqrt{1+\ln^2 x}$ 在 $x=\mathrm{e}$.

§2-5 隐函数的导数和由参数方程所确定的函数的导数

*一、隐函数的导数

前面讨论的函数，如 $y=x^2+3x+\mathrm{e}^{x+1}$，$y=\ln x+3\sin x-5$ 等，函数 y 与自变量 x 的关系是用 $y=f(x)$ 表示的，这种函数称为**显函数**(explicit function)。但是，有时会遇到另一类函数，如 $\mathrm{e}^{x+y}=xy$，$x^2+y^2=r^2$，$x^2+y^2+2x=0$ 等，函数是由一个方程 $F(x,y)=0$ 所确定的，这种由含 x 和 y 的方程 $F(x,y)=0$ 所确定的且不能变换为 $y=f(x)$ 形式的函数称为**隐函数**(implicit function)。下面讨论隐函数的求导法则。

为了求隐函数 $y=y(x)$ 的导数 y'_x（或 y'），只须将方程 $F(x,y)=0$ 两边对 x 求导，遇到 y 时，就视 y 为 x 的函数；遇到 y 的函数时，就看成是 x 的复合函数，y 作为中间变量，然后从所得的等式中解出 y'_x，即可求得隐函数的导数

例 1 求隐函数 $xy^2-x^2y+y^4+1=0$ 的导数.

解 两边对 x 求导，得

$$y^2+2xyy'-2xy-x^2y'+4y^3y'=0.$$

解出 y'，得

$$y'=\dfrac{y(2x-y)}{2xy-x^2+4y^3}.$$

可见,隐函数的导数 y' 是含 x 与 y 的一个表达式.

例 2 求由方程 $e^{xy}+\sqrt{x+y}=5$ 确定的函数 y 的导数.

解 两边对 x 求导,得

$$e^{xy}(y+xy')+\frac{1}{2\sqrt{x+y}}(1+y')=0,$$

即

$$y'\left(xe^{xy}+\frac{1}{2\sqrt{x+y}}\right)=-\left(ye^{xy}+\frac{1}{2\sqrt{x+y}}\right),$$

因此

$$y'=-\frac{ye^{xy}+\dfrac{1}{2\sqrt{x+y}}}{xe^{xy}+\dfrac{1}{2\sqrt{x+y}}}=-\frac{2ye^{xy}\sqrt{x+y}+1}{2xe^{xy}\sqrt{x+y}+1}.$$

例 3 求椭圆 $\dfrac{x^2}{4}+\dfrac{y^2}{9}=1$ 在点 $A\left(\sqrt{2},\dfrac{3\sqrt{2}}{2}\right)$、$B(2,0)$ 处的切线方程和法线方程.

解 两边对 x 求导,得

$$\frac{1}{4}\cdot 2x+\frac{1}{9}\cdot 2y\frac{dy}{dx}=0, \qquad \frac{dy}{dx}=-\frac{9x}{4y}.$$

在点 $A\left(\sqrt{2},\dfrac{3\sqrt{2}}{2}\right)$ 处,$\left.\dfrac{dy}{dx}\right|_{\substack{x=\sqrt{2}\\y=\frac{3\sqrt{2}}{2}}}=-\dfrac{3}{2}$,因此所求的切线方程为

$$y-\frac{3\sqrt{2}}{2}=-\frac{3}{2}(x-\sqrt{2}), \quad 即\ 3x+2y-6\sqrt{2}=0.$$

法线方程为

$$y-\frac{3\sqrt{2}}{2}=\frac{2}{3}(x-\sqrt{2}), \quad 即\ 4x-6y+5\sqrt{2}=0.$$

在点 $B(2,0)$ 处,易见 $\dfrac{dy}{dx}$ 不存在,但切线存在,其方程为 $x=2$. 法线也存在,其方程为 $y=0$.

如果对幂指函数 $y=u^v$(其中 u,v 都是 x 的函数),或者由多次乘除运算和乘方、开方运算所得的函数求导数,应先对等式两边取对数,然后用隐函数的求导方法求其导数,这种方法称为**对数求导法**.

例 4 求函数 $y=x^x\ (x>0)$ 的导数.

解 对 $y=x^x$ 两边取自然对数,得

$$\ln y=x\ln x.$$

两边对 x 求导,得

$$\frac{1}{y}y'=\ln x+x\frac{1}{x}.$$

因此

$$y'=y(1+\ln x)=x^x(1+\ln x).$$

$y=x^x$ 也可以变形为 $y=e^{x\ln x}$ 后再求导.

例 5 求函数 $y=\sqrt{\dfrac{(x-1)(x-2)}{(x-3)(x-4)}}$ 的导数.

解 对函数两边取自然对数,得

$$\ln y = \frac{1}{2}[\ln(x-1) + \ln(x-2) - \ln(x-3) - \ln(x-4)].$$

两边对 x 求导,得

$$\frac{y'}{y} = \frac{1}{2}\left(\frac{1}{x-1} + \frac{1}{x-2} - \frac{1}{x-3} - \frac{1}{x-4}\right),$$

所以

$$y' = y \cdot \frac{1}{2}\left(\frac{1}{x-1} + \frac{1}{x-2} - \frac{1}{x-3} - \frac{1}{x-4}\right)$$

$$= \frac{1}{2}\sqrt{\frac{(x-1)(x-2)}{(x-3)(x-4)}}\left(\frac{1}{x-1} + \frac{1}{x-2} - \frac{1}{x-3} - \frac{1}{x-4}\right).$$

因为 $(\ln|x|)' = \frac{1}{x}$,在用对数求导法时,只要视函数 $y > 0$,函数的各因子都大于 0 就行了.

*二、由参数方程所确定函数的导数

一般说来,参数方程

$$\begin{cases} x = \varphi(t), \\ y = \psi(t), \end{cases} \quad \alpha \leqslant t \leqslant \beta \tag{2-4}$$

确定了 y 是 x 的函数,有时需要计算由参数方程(2-4)所确定的函数 y 对 x 的导数 $\frac{dy}{dx}$,但从参数方程(2-4)中消去参数 t 有时会很困难,因此有必要寻求一种能直接由参数方程(2-4)来计算函数导数的方法.

在参数方程(2-4)中,如果函数 $x = \varphi(t)$ 具有单调连续反函数 $t = \varphi^{-1}(x)$,则由参数方程(2-4)所确定的函数 y 可以看成是由 $y = \psi(t)$ 和 $t = \varphi^{-1}(x)$ 复合而成的函数 $y = \psi[\varphi^{-1}(x)]$. 假定 $x = \varphi(t)$,$y = \psi(t)$ 都可导,且 $\varphi'(t) \neq 0$,则由复合函数的求导法则和反函数的求导法则得

$$\frac{dy}{dx} = \frac{dy}{dt}\frac{dt}{dx} = \frac{dy}{dt}\frac{1}{\frac{dx}{dt}} = \frac{\frac{dy}{dt}}{\frac{dx}{dt}},$$

即

$$\frac{dy}{dx} = \frac{\frac{dy}{dt}}{\frac{dx}{dt}} \quad \text{或} \quad \frac{dy}{dx} = \frac{\psi'(t)}{\varphi'(t)}.$$

例 6 求由参数方程 $\begin{cases} x = a\cos^3 t, \\ y = b\sin^3 t \end{cases}$ 所确定函数的导数.

解 因为

$$\frac{dx}{dt} = a(3\cos^2 t)(\cos t)' = -3a\sin t\cos^2 t,$$

$$\frac{dy}{dt} = b(3\sin^2 t)(\sin t)' = 3b\sin^2 t\cos t,$$

所以

$$\frac{\mathrm{d}y}{\mathrm{d}x}=\frac{\mathrm{d}y}{\mathrm{d}t}\Big/\frac{\mathrm{d}x}{\mathrm{d}t}=\frac{3b\sin^2 t\cos t}{-3a\sin t\cos^2 t}=-\frac{b}{a}\tan t.$$

例 7 求旋轮线 $\begin{cases} x=a(\theta-\sin\theta), \\ y=a(1-\cos\theta) \end{cases}$ 在 $\theta=\dfrac{\pi}{4}$ 处的切线斜率.

解 因为

$$\frac{\mathrm{d}x}{\mathrm{d}\theta}=a(1-\cos\theta),\quad \frac{\mathrm{d}y}{\mathrm{d}\theta}=a\sin\theta,$$

所以

$$\frac{\mathrm{d}y}{\mathrm{d}x}=\frac{a\sin\theta}{a(1-\cos\theta)}=\frac{\sin\theta}{1-\cos\theta}.$$

于是所求斜率

$$k=\frac{\mathrm{d}y}{\mathrm{d}x}\bigg|_{\theta=\frac{\pi}{4}}=\frac{\sin\dfrac{\pi}{4}}{1-\cos\dfrac{\pi}{4}}=\frac{\dfrac{\sqrt{2}}{2}}{1-\dfrac{\sqrt{2}}{2}}=\frac{\sqrt{2}}{2-\sqrt{2}}=1+\sqrt{2}.$$

例 8 求椭圆 $\begin{cases} x=a\cos t, \\ y=b\sin t \end{cases}$ 在 $t=\dfrac{\pi}{4}$ 处的切线方程和法线方程.

解 因为 $\dfrac{\mathrm{d}x}{\mathrm{d}t}=-a\sin t$,$\dfrac{\mathrm{d}y}{\mathrm{d}t}=b\cos t$,所以

$$\frac{\mathrm{d}y}{\mathrm{d}x}=\frac{b\cos t}{-a\sin t}=-\frac{b}{a}\cot t,\quad \frac{\mathrm{d}y}{\mathrm{d}x}\bigg|_{t=\frac{\pi}{4}}=-\frac{b}{a}\cot\frac{\pi}{4}=-\frac{b}{a}.$$

又当 $t=\dfrac{\pi}{4}$ 时,$x=\dfrac{\sqrt{2}}{2}a$,$y=\dfrac{\sqrt{2}}{2}b$,于是在椭圆上点 $\left(\dfrac{\sqrt{2}}{2}a,\dfrac{\sqrt{2}}{2}b\right)$ 处的切线方程为

$$y-\frac{\sqrt{2}}{2}b=-\frac{b}{a}\left(x-\frac{\sqrt{2}}{2}a\right),\text{即 } bx+ay-\sqrt{2}ab=0;$$

法线方程为

$$y-\frac{\sqrt{2}}{2}b=\frac{a}{b}\left(x-\frac{\sqrt{2}}{2}a\right),\text{即 } ax-by-\frac{\sqrt{2}}{2}(a^2-b^2)=0.$$

习 题 2-5

1. 判断题:

(1) 隐函数 $y=1-x\mathrm{e}^y$ 的导数为 $y'=-\dfrac{\mathrm{e}^y}{1+x\mathrm{e}^y}$. ( )

(2) 由参数方程 $\begin{cases} x=1-t, \\ y=t-t^2 \end{cases}$ 确定的函数 y 对 x 的导数为 $\dfrac{\mathrm{d}y}{\mathrm{d}x}=2t-1$. ( )

2. 求由下列方程所确定的隐函数 y 对 x 的导数:

(1) $x^3+6xy+3y^2=5$;   (2) $x\cos y=\sin(x+y)$;   (3) $y\mathrm{e}^x+\ln y=10$.

3. 求由下列方程所确定隐函数 y 在指定点的导数:

(1) $e^y - y\sin x = e$, 在点 $(0,1)$;

(2) $\dfrac{y^2}{x+y} = y^2 - x^2$, 在点 $(0,1)$.

*4. 用对数求导法求下列函数的导数:

(1) $y = \left(\dfrac{x}{1+x}\right)^x$ $(x>0)$;

(2) $y = (\sin x)^{\tan x}$.

5. 求曲线 $\begin{cases} x = 1+2t-t^2, \\ y = 2t^2 \end{cases}$ 在点 $(1,8)$ 处的切线方程和法线方程.

§2-6 高阶导数

一、高阶导数的概念

一般地,函数 $y=f(x)$ 的导数 $y'=f'(x)$ 仍是 x 的函数,如果 $f'(x)$ 仍可求导,则称 $y'=f'(x)$ 的导数 $(y')' = [f'(x)]'$ 是函数 $y=f(x)$ 的**二阶导数**,记为

$$y'', \quad f''(x), \quad \frac{d^2 y}{dx^2} \text{ 或 } \frac{d^2 f(x)}{dx^2},$$

即

$$y'' = (y')', \quad f''(x) = [f'(x)]', \quad \frac{d^2 y}{dx^2} = \frac{d}{dx}\left(\frac{dy}{dx}\right).$$

相应地,把 $y=f(x)$ 的导数 $f'(x)$ 称为函数 $y=f(x)$ 的**一阶导数**.

类似地,如果 $y''=f''(x)$ 的导数存在,则称这个导数为 $y=f(x)$ 的**三阶导数**.

一般地,$y=f(x)$ 的 $(n-1)$ 阶导数的导数如果存在,则称之为 $y=f(x)$ 的 **n 阶导数**,它们分别记为

$$y''', y^{(4)}, \cdots, y^{(n)}, \text{ 或 } f'''(x), f^{(4)}(x), \cdots, f^{(n)}(x), \text{ 或 } \frac{d^3 y}{dx^3}, \frac{d^4 y}{dx^4}, \cdots, \frac{d^n y}{dx^n}.$$

二阶及二阶以上的导数统称为**高阶导数**.

根据高阶导数的意义,求高阶导数时仍用前述的求导方法.

例 1 求下列函数的二阶导数:

(1) $y = e^x + \ln x + 2$;

(2) $y = x^2 \sin 3x$.

解 (1) $y' = e^x + \dfrac{1}{x}$, $\quad y'' = e^x - \dfrac{1}{x^2}$.

(2) $y' = 2x\sin 3x + 3x^2 \cos 3x$,

$y'' = 2\sin 3x + 6x\cos 3x + 6x\cos 3x - 9x^2 \sin 3x$

$= (2-9x^2)\sin 3x + 12x\cos 3x$.

*例 2 求由方程 $x^2+y^2=a^2$ 确定的隐函数的二阶导数.

解 $2x + 2yy' = 0$, $y' = -\dfrac{x}{y}$,

$$y'' = (y')' = \left(-\frac{x}{y}\right)' = -\frac{y-xy'}{y^2} = -\frac{y-x\left(-\frac{x}{y}\right)}{y^2} = -\frac{y^2+x^2}{y^3} = -\frac{a^2}{y^3}.$$

例 3 在简谐运动中,$s = a\sin\omega t$(a,ω 是常数),验证 s 满足关系式 $s'' + \omega^2 s = 0$.

证 因为 $s' = a\omega\cos\omega t$,$s'' = -a\omega^2\sin\omega t$. 所以

$$s'' + \omega^2 s = -a\omega^2\sin\omega t + \omega^2 a\sin\omega t = 0.$$

例 4 设参数方程 $\begin{cases} x = a(\theta - \sin\theta), \\ y = a(1 - \cos\theta), \end{cases}$ 求 $\dfrac{d^2 y}{dx^2}$.

解 因为 $\dfrac{dy}{dx} = \dfrac{\sin\theta}{1 - \cos\theta} = \cot\dfrac{\theta}{2}$,所以

$$\frac{d^2 y}{dx^2} = \frac{d}{dx}\left(\frac{dy}{dx}\right) = \frac{d\left(\frac{dy}{dx}\right)}{d\theta} \cdot \frac{d\theta}{dx} = \frac{d\left(\frac{dy}{dx}\right)}{d\theta} \cdot \frac{1}{\frac{dx}{d\theta}} = \left(\cot\frac{\theta}{2}\right)' \frac{1}{a(\theta - \sin\theta)'}$$

$$= -\frac{1}{2}\csc^2\frac{\theta}{2} \cdot \frac{1}{a(1 - \cos\theta)} = -\frac{1}{4a\sin^4\dfrac{\theta}{2}}.$$

例 5 求函数 $y = \ln x$ 的 n 阶导数.

解 $y' = \dfrac{1}{x} = (-1)^0 \dfrac{1}{x}$, $y'' = -\dfrac{1}{x^2} = (-1)\dfrac{1}{x^2}$,

$y''' = \dfrac{2}{x^3} = (-1)^2 \dfrac{2!}{x^3}$, $y^{(4)} = (-1)^3 \dfrac{3!}{x^4}$, …

所以

$$y^{(n)} = (-1)^{n-1}\frac{(n-1)!}{x^n}.$$

注意:$n! = n \cdot (n-1) \cdot \cdots \cdot 2 \cdot 1$,读作 n 的阶乘.

例 6 求函数 $y = \sin x$ 的 n 阶导数.

解 $y' = \cos x = \sin\left(x + \dfrac{\pi}{2}\right)$, $y'' = -\sin x = \sin\left(x + 2 \cdot \dfrac{\pi}{2}\right)$,

$y''' = -\cos x = \sin\left(x + 3 \cdot \dfrac{\pi}{2}\right)$, $y^{(4)} = \sin x = \sin\left(x + 4 \cdot \dfrac{\pi}{2}\right)$, …

所以

$$y^{(n)} = \sin\left(x + n \cdot \frac{\pi}{2}\right).$$

同理,函数 $y = \cos x$ 的 n 阶导数为

$$y^{(n)} = \cos\left(x + n \cdot \frac{\pi}{2}\right).$$

> **释疑解难**
> 参数方程确定的函数的求导法

二、二阶导数的力学意义

设物体做变速直线运动,其运动方程 $s = s(t)$. 由于物体运动的速度是路程 s 对时间 t 的导数,则

$$v = s'(t).$$

此时,若速度 v 仍是时间 t 的函数,可求速度 v 对时间 t 的导数,并用 a 表示,即

$$a = s''(t).$$

在力学中，a 被称为物体运动的加速度，也就是说，物体运动的加速度 a 是**路程 s 对时间 t 的二阶导数**。

例 7 已知做直线运动物体的运动方程为 $s(t)=A\cos(\omega t+\varphi)$（$A,\omega,\varphi$ 是常数），求物体运动的加速度.

解 因为 $s(t)=A\cos(\omega t+\varphi)$，所以 $v=s'(t)=-A\omega\sin(\omega t+\varphi)$，$a=s''(t)=-A\omega^2\cos(\omega t+\varphi)$.

习 题 2-6

1. 判断题：
(1) 函数 $f(x)$ 的导函数再求一次导数就是 $f(x)$ 的二阶导数. （　）
(2) 速度对时间的导数是物体运动的加速度. （　）
(3) $f(x)=e^{2x}$ 的二阶导数 $f''(x)=e^{2x}$. （　）
(4) $y=\sin x$ 的二阶导数 $y''=-\sin x$. （　）

2. 求下列函数的二阶导数：
(1) $y=x^5-3x^4+6x-2$；　　(2) $y=\ln x$；　　(3) $y=\sin 5x$；
(4) $y=(x^3+1)^2$；　　(5) $y=\cot x+\csc x$；　　(6) $y=e^{3x-2}$.

3. 求由下列参数方程所确定的函数 y 对 x 的二阶导数：

(1) $\begin{cases} x=a\cos t, \\ y=b\sin t \end{cases}$ （a,b 为常数）；　　(2) $\begin{cases} x=\sqrt{1+t}, \\ y=\sqrt{1-t}. \end{cases}$

§ 2-7　微分及其在近似计算中的应用

一、微分的概念

在实际问题中，常常要计算当自变量有一微小改变量时，相应的函数有多大变化的问题.

例如，一块正方形的金属薄片受温度变化的影响，其边长由 x_0 变到 $x_0+\Delta x$ 时（图 2-6），薄片的面积改变了多少？

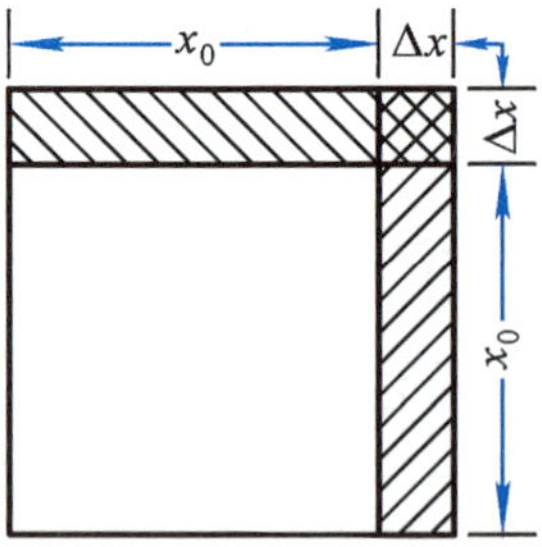

设正方形的边长为 x，面积为 y，则 $y=f(x)=x^2$. 此时薄片受温度变化的影响时面积的改变量，可看作是当自变量 x 在 x_0 取得增量 Δx 时，函数 y 相应的改变量 Δy，即

$$\Delta y=(x_0+\Delta x)^2-x_0^2=2x_0\Delta x+(\Delta x)^2.$$

如图 2-6 所示，阴影部分表示 Δy，它由两部分所组成. 第一部分 $2x_0\Delta x$，它是 Δx 的线性函数，当 $\Delta x\to 0$ 时，它是 Δx 的同阶无穷小，是 Δy 的主要部分；第二部分 $(\Delta x)^2$，当 $\Delta x\to 0$ 时它是较 Δx 高阶的无穷小. 很明显，当 $|\Delta x|$ 很小时，$(\Delta x)^2$ 在 Δy 中所起的作用很微小，可以忽略. 因此

$$\Delta y\approx 2x_0\Delta x,$$

而 $2x_0=f'(x_0)$，因此上式可改写为

$$\Delta y\approx f'(x_0)\Delta x.$$

图 2-6

下面说明此处得到的关系，对一般可导函数也是成立的.

设函数 $y=f(x)$ 在点 x_0 处可导，即

$$\lim_{\Delta x \to 0} \frac{\Delta y}{\Delta x} = f'(x_0),$$

根据函数、函数极限与无穷小的关系有

$$\frac{\Delta y}{\Delta x} = f'(x_0) + \alpha,$$

其中，当 $\Delta x \to 0$ 时，$\alpha \to 0$. 由此得

$$\Delta y = f'(x_0)\Delta x + \alpha \Delta x.$$

这表明，函数的改变量 Δy 是由 $f'(x_0)\Delta x$ 和 $\alpha \Delta x$ 两项所组成. 当 $f'(x_0) \neq 0$ 时，由

$$\lim_{\Delta x \to 0} \frac{\alpha \Delta x}{\Delta x} = \lim_{\Delta x \to 0} \alpha = 0, \quad \lim_{\Delta x \to 0} \frac{f'(x_0)\Delta x}{\Delta x} = f'(x_0) \neq 0$$

知，$f'(x_0)\Delta x$ 是 Δx 的同阶无穷小，$\alpha \Delta x$ 是较 Δx 高阶的无穷小.

由此可见，当 $f'(x) \neq 0$ 时，在函数的改变量 Δy 中起主要作用的是 $f'(x_0)\Delta x$，它与 Δy 的差是一个较 Δx 高阶的无穷小. 因此 $f'(x_0)\Delta x$ 是 Δy 的主要部分；又由于 $f'(x_0)\Delta x$ 是 Δx 的线性关系式，所以通常称 $f'(x_0)\Delta x$ 为 Δy 的**线性主部**(linear principal part).

当 $|\Delta x|$ 很小时，可用函数改变量的线性主部来近似地代替函数的改变量，即

$$\Delta y \approx f'(x_0)\Delta x.$$

定义 设函数 $y=f(x)$ 在点 x_0 处可导，则称 $f'(x_0)\Delta x$ 为函数 $f(x)$ 在点 x_0 的**微分**(differential)，记为 $dy|_{x=x_0}$ 或 $df(x)|_{x=x_0}$，即 $dy|_{x=x_0} = f'(x_0)\Delta x$ 或 $df(x)|_{x=x_0} = f'(x_0)\Delta x$.

若不特别指明函数在哪一点的微分，一般就记为

$$dy = f'(x)\Delta x \quad 或 \quad df(x) = f'(x)\Delta x.$$

若令 $y=x$，则 $dy = dx = x'\Delta x = \Delta x$，即

$$dx = \Delta x.$$

这就是说，自变量 x 的微分 dx 就是它的改变量 Δx，因此微分表达式中可用 dx 代替 Δx，即

$$dy = f'(x)dx.$$

由此可见，$f'(x) = \dfrac{dy}{dx}$，即函数 $y=f(x)$ 的导数等于函数的微分 dy 与自变量的微分 dx 的商，因此导数又称**微商**.

例1 求函数 $y=x^2$ 在 $x=3$，$\Delta x = 0.01$ 时的 dy 和 Δy.

解 因为 $dy = 2x dx$，所以当 $x=3$，$\Delta x = 0.01$ 时，$dy = 2 \times 3 \times 0.01 = 0.06$. 而

$$\Delta y = (x+\Delta x)^2 - x^2 = 2x\Delta x + (\Delta x)^2 = 2 \times 3 \times 0.01 + (0.01)^2 = 0.0601.$$

例2 求下列微分：

(1) $y = \ln \sin x$； \qquad (2) $y = x \sin x$.

解 (1) $dy = d(\ln \sin x) = (\ln \sin x)' dx = \cot x \, dx$;

(2) $dy = d(x \sin x) = (x \sin x)' dx = (\sin x + x \cos x) dx$.

二、微分的几何意义

如图 2-7 所示,在曲线 $y = f(x)$ 上取一点 $A(x, y)$,过点 A 作曲线的切线,切线的斜率 $f'(x) = \tan \alpha$.

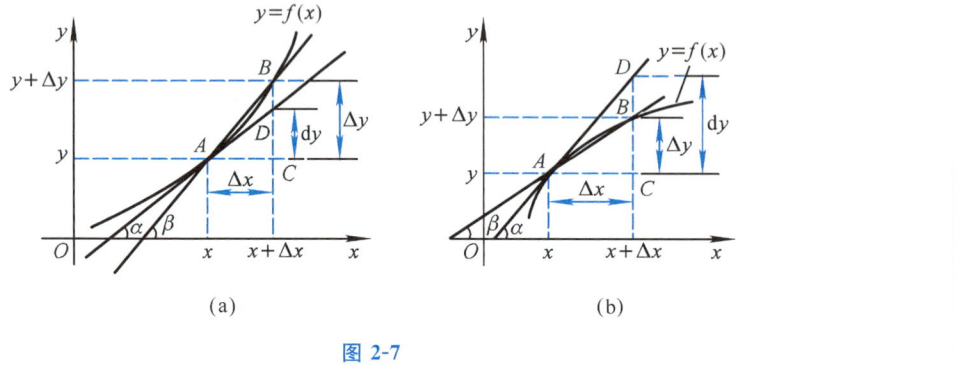

图 2-7

当自变量在 x 处取得改变量 Δx 时,可以得到曲线上另一点 $B(x + \Delta x, y + \Delta y)$. 由图 2-7 可知

$$AC = \Delta x, \quad CB = \Delta y, \quad CD = AC \tan \alpha = f'(x) \Delta x = dy.$$

这就是说,函数 $y = f(x)$ 的微分 dy,等于曲线 $y = f(x)$ 在点 $A(x, y)$ 的切线 AD 的纵坐标对应于 Δx 的改变量,这就是微分的**几何意义**. 又因 $|DB| = |CB - CD| = |\Delta y - dy|$. 当 $\Delta x \to 0$ 时,DB 是关于 Δx 的高阶无穷小,即当 $|\Delta x|$ 很小时,$|\Delta y - dy|$ 比 $|\Delta x|$ 小得多. 因而曲线弧 $\overset{\frown}{AB}$ 与切线段 AD 将十分接近,所以在点 A 邻近,我们可用切线段 AD 来近似地代替曲线弧 $\overset{\frown}{AB}$. 在这种条件下,以直代曲是微积分常用的方法.

三、微分的基本公式与运算法则

由函数微分的定义

$$dy = f'(x) dx$$

可知,要计算函数的微分,只须求出函数的导数,再乘以自变量的微分即可. 因此,微分的基本公式和运算法则可由导数的基本公式和运算法则直接推出.

1. 微分的基本公式

(1) $dC = 0$;   (2) $d(x^{\mu}) = \mu x^{\mu-1} dx$;   (3) $d(a^x) = a^x \ln a \, dx$;

(4) $d(e^x) = e^x dx$;   (5) $d(\log_a x) = \dfrac{1}{x \ln a} dx$;   (6) $d(\ln x) = \dfrac{1}{x} dx$;

(7) $d(\sin x) = \cos x \, dx$; (8) $d(\cos x) = -\sin x \, dx$; (9) $d(\tan x) = \sec^2 x \, dx$;

(10) $d(\cot x) = -\csc^2 x \, dx$;   (11) $d(\sec x) = \sec x \tan x \, dx$;

(12) $d(\csc x) = -\csc x \cot x \, dx$;   (13) $d(\arcsin x) = \dfrac{1}{\sqrt{1-x^2}} dx$;

(14) $d(\arccos x) = -\dfrac{1}{\sqrt{1-x^2}}dx$; (15) $d(\arctan x) = \dfrac{1}{1+x^2}dx$;

(16) $d(\text{arccot } x) = -\dfrac{1}{1+x^2}dx$.

2. 函数和、差、积、商的微分法则

设 u 和 v 都是可导函数，C 为常数，则

(1) $d(u \pm v) = du \pm dv$; (2) $d(uv) = v du + u dv$;

(3) $d(Cv) = C dv$; (4) $d\left(\dfrac{u}{v}\right) = \dfrac{v du - u dv}{v^2}$ $(v \neq 0)$.

3. 复合函数的微分法则

由函数 $y = f(u)$，$u = \varphi(x)$ 复合而成的函数 $y = f[\varphi(x)]$ 的微分为

$$dy = \{f[\varphi(x)]\}' dx = f'(u)\varphi'(x) dx.$$

由于 $\varphi'(x) dx = du$，因此复合函数 $y = f[\varphi(x)]$ 的微分公式也可写为

$$dy = f'(u) du \quad \text{或} \quad dy = y'_u du.$$

这个公式与 $dy = f'(x) dx$ 在形式上完全一样，所含的内容却广泛得多，无论 u 是中间变量或是自变量，$y = f(u)$ 的微分都可用 $f'(u) du$ 表示，这个性质称为**微分形式的不变性**.

例 3 求 $y = 3x^2 + 7 \cot x + 5$ 的微分.

解 $dy = y' dx = (6x - 7 \csc^2 x) dx$.

例 4 用微分形式的不变性，求下列函数的微分：

(1) $y = \sin(3x^2 + 2)$; (2) $f(x) = e^{ax+bx^2}$.

解 (1) $dy = \cos(3x^2 + 2) d(3x^2 + 2) = 6x \cos(3x^2 + 2) dx$.

(2) $df(x) = e^{ax+bx^2} d(ax + bx^2) = (a + 2bx) e^{ax+bx^2} dx$.

例 5 $y = e^{-ax} \sin(x^2 + 1)$，求 dy.

解 $dy = d[e^{-ax} \sin(x^2 + 1)] = \sin(x^2 + 1) d(e^{-ax}) + e^{-ax} d[\sin(x^2 + 1)]$
$= \sin(x^2 + 1) e^{-ax} d(-ax) + e^{-ax} \cos(x^2 + 1) d(x^2 + 1)$
$= -a e^{-ax} \sin(x^2 + 1) dx + 2x e^{-ax} \cos(x^2 + 1) dx$
$= e^{-ax} [2x \cos(x^2 + 1) - a \sin(x^2 + 1)] dx$.

例 6 在等式左端的括号中填入适当的函数，使等式成立：

(1) $d(\quad) = x dx$; (2) $d(\quad) = \sin \omega t dt$.

解 (1) 因为 $d(x^2) = 2x dx$，于是 $x dx = \dfrac{1}{2} d(x^2) = d\left(\dfrac{x^2}{2}\right)$，即 $d\left(\dfrac{x^2}{2}\right) = x dx$.

一般地，$d\left(\dfrac{x^2}{2} + C\right) = x dx$（$C$ 为任意常数）.

(2) 因为 $d(\cos \omega t) = -\omega \sin \omega t dt$，于是 $\sin \omega t dt = -\dfrac{1}{\omega} d(\cos \omega t) = d\left(-\dfrac{1}{\omega} \cos \omega t\right)$，即

$$d\left(-\dfrac{1}{\omega} \cos \omega t\right) = \sin \omega t dt.$$

一般地，$d\left(-\dfrac{1}{\omega} \cos \omega t + C\right) = \sin \omega t dt$（$C$ 为任意常数）.

四、微分在近似计算中的应用

由前面的讨论中知道,当$|\Delta x|$很小时,函数$y=f(x)$在点x_0处的改变量Δy可用函数的微分dy来代替,即$\Delta y=f(x_0+\Delta x)-f(x_0)\approx f'(x_0)\Delta x$,于是得近似公式

$$\Delta y\approx f'(x_0)\Delta x, \tag{2-5}$$

$$f(x_0+\Delta x)\approx f(x_0)+f'(x_0)\Delta x. \tag{2-6}$$

式(2-5)常用来计算**函数改变量的近似值**,而式(2-6)常用来计算函数$y=f(x)$在点x_0**附近函数值的近似值**.

例7 球壳外径为20 cm,厚度为2 mm,求球壳体积的近似值.

解 球的体积为$V=\dfrac{4}{3}\pi r^3$,由题设$r_0=10$,$\Delta r=-0.2$,于是

$$dV=V'(r_0)\Delta r=4\pi r_0^2\Delta r.$$

将r_0,Δr的值代入,得球壳体积的近似值

$$|\Delta V|\approx|4\times 3.14\times 10^2\times(-0.2)|\text{ cm}^3=251.2\text{ cm}^3.$$

例8 计算$\tan 45°30'$的近似值.

解 设$f(x)=\tan x$,则$f'(x)=\sec^2 x$. 由于$45°30'=\dfrac{\pi}{4}+\dfrac{\pi}{360}$,此处应取$x_0=\dfrac{\pi}{4}$,$\Delta x=\dfrac{\pi}{360}$. 因为$\dfrac{\pi}{360}$比较小,将这些数据代入式(2-6),得

$$\tan 45°30'=\tan\left(\dfrac{\pi}{4}+\dfrac{\pi}{360}\right)\approx\tan\dfrac{\pi}{4}+\sec^2\dfrac{\pi}{4}\cdot\dfrac{\pi}{360}=1+2\times\dfrac{\pi}{360}\approx 1.0174,$$

即
$$\tan 45°30'\approx 1.0174.$$

在式(2-6)中,当$x_0=0$,$\Delta x=x$时,得

$$f(x)\approx f(0)+f'(0)x. \tag{2-7}$$

当$|x|$很小时,可用式(2-6)求函数$f(x)$在$x=0$**附近函数值的近似值**.

当$|x|$很小时,由式(2-6)可得工程上常用的近似公式:

(1) $e^x\approx 1+x$;   (2) $\ln(1+x)\approx x$;   (3) $\sin x\approx x$;

(4) $\tan x\approx x$;   (5) $\sqrt[n]{1+x}\approx 1+\dfrac{x}{n}$;   (6) $\arcsin x\approx x$.

此处仅证明公式$\arcsin x\approx x$,其余留作练习.

证 设$f(x)=\arcsin x$,则$f(0)=\arcsin 0=0$,$f'(0)=\dfrac{1}{\sqrt{1-x^2}}\Big|_{x=0}=1$,由$f(x)\approx f(0)+f'(0)x$,得$\arcsin x\approx x$.

例9 车工加工锥形工件(图2-8)时,常用近似公式

$$\alpha\approx 28.6°\times\dfrac{D-d}{L}\quad(0<\alpha<5°)$$

来计算倾斜角,其中D和d分别是工件大、小头的直径,L是工件的长度,试推导这个近似公式.

解 如图 2-8 所示,得

$$\tan \alpha = \frac{\frac{D-d}{2}}{L} = \frac{D-d}{2L}.$$

由于角 α 很小,由近似公式 $\tan x \approx x$,得 $\alpha \approx \frac{D-d}{2L}$(弧度).

而 1 弧度 $= \frac{180°}{\pi} \approx 57.296°$,所以

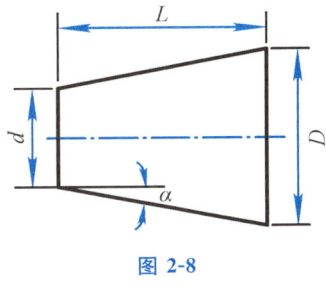

图 2-8

$$\alpha \approx 57.296° \times \frac{D-d}{2L} \approx 28.6° \times \frac{D-d}{L}.$$

*五、微分在误差估计中的应用

在生产实践中,经常要通过测量得出各种数据.由于测量仪器的精度、测量的条件和方法等各种因素的影响,测得的数据往往带有误差,而根据带有误差的数据所计算出的结果自然也会存在误差.下面我们介绍绝对误差和相对误差的概念.

如果某个量的精确值为 A,它的近似值为 a,则称 $|A-a|$ 为 a 的**绝对误差**(absolute error),称 $\frac{|A-a|}{|a|}$ 为 a 的**相对误差**(relative error).

在实际工作中,某个量的精确值往往是无法知道的,于是绝对误差和相对误差也就无法得到.但考虑测量仪器的精度等因素,有时能够确定误差在某一范围内.例如:一直尺的最小刻度为 1 mm,测得的长度误差一般不超过 0.5 mm.一般地,如果某个量的精确值是 A,测得的近似值为 a,又知道它们之间的误差不超过 δ_A,即 $|A-a| \leqslant \delta_A$,则称 δ_A 为测量 A 的**绝对误差界**,$\frac{\delta_A}{|a|}$ 称为测量 A 的**相对误差界**.

例 10 用卡尺测得圆钢的直径 $D = 60.04$ mm,测量 D 的绝对误差界 $\delta_D = 0.005$ mm.试估计计算圆钢截面面积 A 时所产生的误差.

解 将测量 D 时所产生的误差当作自变量 D 的增量 ΔD,由公式 $A = \frac{\pi D^2}{4}$ 计算 A 时所产生的误差就是函数 A 的增量 ΔA,当 $|\Delta D|$ 很小时,可用微分 $\mathrm{d}A$ 近似地代替增量 ΔA,即

$$\Delta A \approx \mathrm{d}A = A' \Delta D = \frac{\pi D}{2} \Delta D.$$

由于测量 D 的绝对误差界 $\delta_D = 0.005$ mm,所以 $|\Delta D| \leqslant \delta_D = 0.005$ mm.而

$$|\Delta A| \approx |\mathrm{d}A| = \frac{\pi D}{2} |\Delta D| \leqslant \frac{\pi D}{2} \delta_D,$$

因此 A 的绝对误差界约为

$$\delta_A = \frac{\pi D}{2} \delta_D \approx \frac{1}{2} \times 3.142 \times 60.04 \times 0.005 \text{ mm}^2 \approx 0.471\,6 \text{ mm}^2;$$

A 的相对误差界约为

$$\frac{\delta_A}{A} = \frac{\frac{\pi D}{2}\delta_D}{\frac{\pi D^2}{4}} = \frac{2\delta_D}{D} = \frac{2\times 0.005}{60.04} \approx 0.017\%.$$

一般根据直接测量 x 的值,用函数 $y=f(x)$ 计算 y 的值时,如果测量 x 的绝对误差界是 δ_x,即 $|\Delta x|\leqslant \delta_x$,则当 $y'\neq 0$ 时,y 的绝对误差

$$|\Delta y|\approx|\mathrm{d}y|=|y'|\cdot|\Delta x|\leqslant|y'|\delta_x,$$

得 y 的**绝对误差界**约为

$$\delta_y=|y'|\delta_x,$$

而 y 的**相对误差界**约为

$$\frac{\delta_y}{|y|}=\left|\frac{y'}{y}\right|\delta_x.$$

一般将上面的"约为"两字去掉,并把绝对误差界与相对误差界简称为**绝对误差**与**相对误差**。

例 11 计算球的体积时,要求相对误差不超过 1%,则测得的直径的相对误差不能超过多少?

解 设球的直径为 D,体积为 V,由 $V=\frac{\pi D^3}{6}$,得 $V'=\frac{\pi D^2}{2}$,从而体积 V 的相对误差为

$$\frac{\delta_V}{|V|}=\left|\frac{V'}{V}\right|\delta_D=\frac{3\delta_D}{D}.$$

由题意要求

$$\frac{\delta_V}{|V|}=\frac{3\delta_D}{D}\leqslant\frac{1}{100},\text{得}\frac{\delta_D}{D}\leqslant\frac{1}{300}.$$

因此,只要测量的直径的相对误差小于 $\frac{1}{300}$ 时,就能保证计算球的体积的相对误差不超过 1%.

习 题 2-7

1. 判断题:
(1) 函数的微分小于函数增量. ( )
(2) 函数的微分是可导函数在一点处改变量的线性主部. ( )
(3) 函数在一点的导数大于 0,则在该点的微分也大于 0. ( )

2. 求下列函数在给定条件下的增量和微分:
(1) $y=2x+5$,x 从 0 变到 0.02; (2) $y=x^2+2x+1$,x 从 2 变到 1.99.

3. 求下列函数在指定点的微分:
(1) $y=\arcsin\sqrt{x}$,在 $x=\frac{1}{4}$; (2) $y=\frac{x}{1+x^2}$,在 $x=0$ 和 $x=1$.

4. 求下列微分:
(1) $y=(x^3-3x+3)^2$; (2) $y=1+x+\frac{1}{x}$; (3) $y=xe^x$;
(4) $y=e^{\sin 3x}$; (5) $y=\ln\sqrt{1-x^2}$; *(6) $y=(e^x+e^{-x})^2\cos 3x$.

5. 将适当的函数填入括号内,使等式成立:
(1) $\mathrm{d}(\quad)=3x\,\mathrm{d}x$; (2) $\mathrm{d}(\quad)=\cos t\,\mathrm{d}t$; (3) $\mathrm{d}(\quad)=\frac{1}{1+x^2}\mathrm{d}x$;

(4) $d(\quad) = e^{-t}dt$; (5) $d(\quad) = \dfrac{1}{\sqrt{x}}dx$; *(6) $d(\quad) = -\dfrac{1}{\sqrt{1-x^2}}dx$.

6. 利用微分近似计算公式计算下列近似值：

(1) $\sqrt{1.02}$; (2) $\ln 0.995$.

复习题二

A 组

1. 判断题：

(1) $f'(x_0) = [f(x_0)]'$. ( )

(2) 若极限 $\lim\limits_{x \to x_0} \dfrac{f(x) - f(x_0)}{x - x_0}$ 存在，则它不等于 $f'(x_0)$. ( )

(3) 函数 $y = f(x)$ 在点 x_0 处连续，则 $f(x)$ 在点 x_0 处可导. ( )

(4) 函数 $y = f(x)$ 在点 x_0 处可微，则 $f(x)$ 在点 x_0 处连续. ( )

2. 填空题：

(1) $d(x\sqrt{x^2+1}) = \underline{\quad\quad}$;

(2) $y = e^{\sin x}$，则 $y'|_{x=0} = \underline{\quad\quad}$.

3. 将适当的函数填入括号内，使等式成立：

(1) $d(\quad) = x^2 dx$; (2) $d(\quad) = e^{kx} dx$; (3) $d(\quad) = \dfrac{1}{1+x^2} dx$.

4. 求下列导数：

(1) $y = \dfrac{1 + \sin^2 x}{\cos x}$; (2) $y = \dfrac{1}{x} + \dfrac{1}{x^2} + \dfrac{1}{\sqrt[3]{x^2}}$;

(3) $y = e^x(x^2 - 2x + 2)$; (4) $y = \dfrac{1}{2}\cot^2 x + \ln \sin x$.

5. 求下列导数值：

(1) 设 $y = 2 + x - x^2$，求 $y'(0)$，$y'\left(\dfrac{1}{2}\right)$，$y'(1)$，$y'(-10)$;

(2) 设 $f(x) = \dfrac{x^3}{3} + \dfrac{x^2}{2} - 2x$，求 $f'(0)$，$f'(1)$，$f'(-2)$，$f'(2)$.

B 组

1. 求下列函数的导数：

(1) $y = \sqrt{x + \sqrt{x}}$; (2) $y = \ln[\ln(\ln^3 x)]$;

(3) $y = a^x + x^a$ (a 为常数); (4) $y = x\arctan \dfrac{x}{a} - \dfrac{a}{2}\ln(x^2 + a^2)$.

2. 一质点做直线运动的运动方程是 $s(t) = 10 + 20t - 5t^2$，式中 s 的单位为 m，t 的单位为 s. 求 $t = 2$ s 时的速度与加速度.

*3. 已知 $\dfrac{x}{y} - \ln x = 1$，求 $\dfrac{dy}{dx}\bigg|_{\substack{x=c \\ y=\frac{e}{2}}}$.

第三章

导数的应用

本章用导数研究函数(或曲线)的特性,并用这些特性解决一些实际问题;用导数去描绘函数的图像;最后讨论曲线的曲率.

§3-1 微分中值定理 洛必达法则

一、微分中值定理

定理 1[拉格朗日(Lagrange)中值定理] 如果函数 $y=f(x)$ 在闭区间 $[a,b]$ 上连续,在开区间 (a,b) 内可导,则在 (a,b) 内至少存在一点 $\xi(a<\xi<b)$,使得

$$f'(\xi)=\frac{f(b)-f(a)}{b-a} \text{ (证略).}$$

这个定理的几何意义是十分明显的,如图 3-1 所示,满足定理条件的曲线 $y=f(x)$ 是 $[a,b]$ 上的一条连续曲线,在 $\overset{\frown}{AB}$ 除端点外的每一点都有不垂直于 x 轴的切线,则弧上除端点外至少存在一点 P,在这点处曲线的切线 l 平行于弦 AB.若点 P 的横坐标为 ξ,则切线 l 的斜率为 $f'(\xi)$.因为 $l \parallel AB$,而 AB 的斜率为 $\frac{f(b)-f(a)}{b-a}$,所以

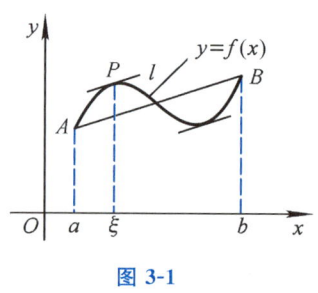

图 3-1

$$f'(\xi)=\frac{f(b)-f(a)}{b-a} \quad (a<\xi<b)$$

成立.这个等式也写成 $f(b)-f(a)=f'(\xi)(b-a)$.

拉格朗日中值定理是微积分学重要定理之一,它准确地表达了函数在一个闭区间上的平均变化率(或改变量)和函数在该区间内某点处导数之间的关系,它是用函数的局部性来研究函数的整体性的工具,应用十分广泛.

例 1 若函数 $y=f(x)$ 在 $[a,b]$ 上连续,在 (a,b) 内可导,且 $f(a)=f(b)$.求证:在 (a,b) 内至少存在一点 ξ,使 $f'(\xi)=0$.

证 由于 $y=f(x)$ 在 $[a,b]$ 上连续,在 (a,b) 内可导,所以它满足拉格朗日中值定理的条件,故在 (a,b) 内至少存在一点 ξ,使得

$$f'(\xi) = \frac{f(b)-f(a)}{b-a}.$$

由于 $f(a)=f(b)$,所以 $f'(\xi)=\frac{f(b)-f(a)}{b-a}=0$.

例 1 是拉格朗日中值定理的特殊情况,称为**罗尔(Rolle)定理**.

例 2 对函数 $f(x)=\frac{1}{3}x^3-x$ 在区间 $[-\sqrt{3},\sqrt{3}]$ 上验证拉格朗日中值定理的正确性.

解 函数 $f(x)=\frac{1}{3}x^3-x$ 在闭区间 $[-\sqrt{3},\sqrt{3}]$ 上连续,在开区间 $(-\sqrt{3},\sqrt{3})$ 内可导,并且

$$\frac{f(\sqrt{3})-f(-\sqrt{3})}{\sqrt{3}-(-\sqrt{3})}=\frac{0-0}{2\sqrt{3}}=0.$$

由 $f'(x)=x^2-1$,故 $x^2-1=0$.解方程,得 $x=\pm 1$,取 $\xi=\pm 1$,这说明在 $(-\sqrt{3},\sqrt{3})$ 内有 $\xi=\pm 1$,使 $f'(\xi)=0$.

注意:拉格朗日中值定理的条件是充分的,不是必要的.如图 3-2 所示,函数 $f(x)$ 在 $[a,b]$ 内的 c 点处虽不连续,但在 (a,b) 内仍存在一点 ξ,使得 $f'(\xi)=\frac{f(b)-f(a)}{b-a}$, $\xi\in(a,b)$.

定理 2（柯西中值定理） 如果函数 $f(x)$ 和 $g(x)$ 都在闭区间 $[a,b]$ 上连续,在开区间 (a,b) 内可导,且 $g'(x)\neq 0$,则至少存在一点 $\xi\in(a,b)$,使得

$$\frac{f(b)-f(a)}{g(b)-g(a)}=\frac{f'(\xi)}{g'(\xi)}.$$

易见拉格朗日中值定理是柯西中值定理的特殊情形.

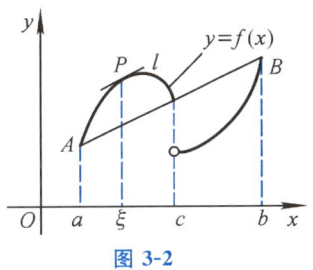

图 3-2

*二、洛必达法则

当 $x\to x_0$（或 $x\to\infty$）时,若函数 $f(x)$,$\varphi(x)$ 都趋于 0 或为无穷大,其极限 $\lim\limits_{\substack{x\to x_0\\(x\to\infty)}}\frac{f(x)}{\varphi(x)}$ 可能存在也可能不存在.因此通常把这种极限称为**不定式**,并分别简记为 $\frac{0}{0}$ 型和 $\frac{\infty}{\infty}$ 型.对于不定式,即使它的极限存在,也不能用"商的极限等于极限的商"这一法则来求解.为此,引入一种求不定式极限的重要方法,就是**洛必达 (L'Hospital)法则**.

柯西中值定理

洛必达

1. $\frac{0}{0}$ 型不定式

定理 3（洛必达法则 1） 设 $f(x)$、$\varphi(x)$ 在点 x_0 的左、右近旁有定义,若有:

(1) $\lim\limits_{x\to x_0}f(x)=\lim\limits_{x\to x_0}\varphi(x)=0$;

(2) $f(x)$、$\varphi(x)$ 在点 x_0 的左、右近旁可导,且 $\varphi'(x)\neq 0$;

(3) $\lim\limits_{x\to x_0}\frac{f'(x)}{\varphi'(x)}=A$（或无穷大）,

则

$$\lim_{x\to x_0}\frac{f(x)}{\varphi(x)}=\lim_{x\to x_0}\frac{f'(x)}{\varphi'(x)}=A\ （或无穷大）（证略）.$$

定理3中 $x \to x_0$ 换为 $x \to \infty$ 时,结论也成立.

例3 求 $\lim\limits_{x \to 0} \dfrac{(1+x)^{\mu} - 1}{x}$.

解 这是 $\dfrac{0}{0}$ 型不定式.应用洛必达法则,得

$$\lim_{x \to 0} \frac{(1+x)^{\mu} - 1}{x} = \lim_{x \to 0} \frac{\mu(1+x)^{\mu-1}}{1} = \mu.$$

例4 求 $\lim\limits_{x \to +\infty} \dfrac{\pi - 2\arctan x}{\ln\left(1 + \dfrac{1}{x}\right)}$.

解 这是 $\dfrac{0}{0}$ 型不定式,应用洛必达法则,得

$$\lim_{x \to +\infty} \frac{\pi - 2\arctan x}{\ln\left(1 + \dfrac{1}{x}\right)} = \lim_{x \to +\infty} \frac{-\dfrac{2}{1+x^2}}{-\dfrac{1}{x^2+x}} = \lim_{x \to +\infty} \frac{2x^2 + 2x}{x^2 + 1} = 2.$$

2. $\dfrac{\infty}{\infty}$ 型不定式

定理4(洛必达法则2) 设 $f(x), \varphi(x)$ 在点 x_0 的左、右近旁有定义,若有:

(1) $\lim\limits_{x \to x_0} f(x) = \infty$, $\lim\limits_{x \to x_0} \varphi(x) = \infty$;

(2) $f(x), \varphi(x)$ 在点 x_0 的左、右近旁可导,且 $\varphi'(x) \neq 0$;

(3) $\lim\limits_{x \to x_0} \dfrac{f'(x)}{\varphi'(x)} = A$(或无穷大),

则 $\lim\limits_{x \to x_0} \dfrac{f(x)}{\varphi(x)} = \lim\limits_{x \to x_0} \dfrac{f'(x)}{\varphi'(x)} = A$(或无穷大)(证略).

定理4中 $x \to x_0$ 换为 $x \to \infty$ 时,结论也成立.

例5 求 $\lim\limits_{x \to \frac{\pi}{2}} \dfrac{\tan x}{\tan 3x}$.

解 $\lim\limits_{x \to \frac{\pi}{2}} \dfrac{\tan x}{\tan 3x} \xlongequal{\left(\frac{\infty}{\infty}\right)} \lim\limits_{x \to \frac{\pi}{2}} \dfrac{\sec^2 x}{3\sec^2 3x} = \lim\limits_{x \to \frac{\pi}{2}} \dfrac{\cos^2 3x}{3\cos^2 x} \xlongequal{\left(\frac{0}{0}\right)} \lim\limits_{x \to \frac{\pi}{2}} \dfrac{2\cos 3x(-3\sin 3x)}{6\cos x(-\sin x)}$

$= \lim\limits_{x \to \frac{\pi}{2}} \dfrac{\sin 6x}{\sin 2x} \xlongequal{\left(\frac{0}{0}\right)} \lim\limits_{x \to \frac{\pi}{2}} \dfrac{6\cos 6x}{2\cos 2x} = 3.$

例5表明,在求不定式极限的过程中,只要分子分母满足洛必达法则条件,就可以多次重复使用法则.

例6 $\lim\limits_{x \to +\infty} \dfrac{x^n}{e^x}$.

解 $\lim\limits_{x \to +\infty} \dfrac{x^n}{e^x} \xlongequal{\left(\frac{\infty}{\infty}\right)} \lim\limits_{x \to +\infty} \dfrac{nx^{n-1}}{e^x} \xlongequal{\left(\frac{\infty}{\infty}\right)} \lim\limits_{x \to +\infty} \dfrac{n(n-1)x^{n-2}}{e^x} \xlongequal{\left(\frac{\infty}{\infty}\right)} \cdots$

$= \lim\limits_{x \to +\infty} \dfrac{n!}{e^x} = 0.$

洛必达法则

3. 其他类型的不定式

不定式除 $\dfrac{0}{0}$ 和 $\dfrac{\infty}{\infty}$ 型外，还有 $0 \cdot \infty$，$\infty - \infty$，1^{∞}，∞^{0}，0^{0} 等类型. 一般地，对这些类型的不定式，通过变形总可以化为 $\dfrac{0}{0}$ 或 $\dfrac{\infty}{\infty}$ 型的不定式，再用洛必达法则求极限.

例 7 求 $\lim\limits_{x \to +\infty} x \mathrm{e}^{-x}$.

解 $\lim\limits_{x \to +\infty} x \mathrm{e}^{-x} \xlongequal{(0 \cdot \infty)} \lim\limits_{x \to +\infty} \dfrac{x}{\mathrm{e}^x} \xlongequal{\left(\frac{\infty}{\infty}\right)} \lim\limits_{x \to +\infty} \dfrac{1}{\mathrm{e}^x} = 0.$

例 8 求 $\lim\limits_{x \to 0}\left(\dfrac{1}{\sin x} - \dfrac{1}{x}\right)$.

解 $\lim\limits_{x \to 0}\left(\dfrac{1}{\sin x} - \dfrac{1}{x}\right) \xlongequal{(\infty - \infty)} \lim\limits_{x \to 0} \dfrac{x - \sin x}{x \sin x} \xlongequal{\left(\frac{0}{0}\right)} \lim\limits_{x \to 0} \dfrac{1 - \cos x}{\sin x + x \cos x}$
$\xlongequal{\left(\frac{0}{0}\right)} \lim\limits_{x \to 0} \dfrac{\sin x}{2 \cos x - x \sin x} = 0.$

例 9 求 $\lim\limits_{x \to 0}(1-x)^{\frac{1}{x}}$.

解 $\lim\limits_{x \to 0}(1-x)^{\frac{1}{x}} \xlongequal{(1^{\infty})} \lim\limits_{x \to 0} \mathrm{e}^{\ln(1-x)^{\frac{1}{x}}} = \lim\limits_{x \to 0} \mathrm{e}^{\frac{\ln(1-x)}{x}}$
$= \mathrm{e}^{\lim\limits_{x \to 0}\frac{\ln(1-x)}{x}} \xlongequal{\left(\frac{0}{0}\right)} \mathrm{e}^{\lim\limits_{x \to 0}\frac{-1}{1-x}} = \mathrm{e}^{\lim\limits_{x \to 0}\frac{1}{x-1}} = \mathrm{e}^{-1}.$

为了书写和排版方便，我们引入以 e 为底的指数函数的记号 $\exp(x) = \mathrm{e}^x$. 这个记号在科技书中非常常见，例如：$\exp(\ln x) = \mathrm{e}^{\ln x} = x$.

例 10 求 $\lim\limits_{x \to +\infty}(\ln x)^{\frac{1}{x}}$.

解 $\lim\limits_{x \to +\infty}(\ln x)^{\frac{1}{x}} \xlongequal{(\infty^0)} \lim\limits_{x \to +\infty} \exp\left[\ln(\ln x)^{\frac{1}{x}}\right] = \lim\limits_{x \to +\infty} \exp\left[\dfrac{\ln(\ln x)}{x}\right]$
$= \exp\left[\lim\limits_{x \to +\infty} \dfrac{\ln(\ln x)}{x}\right] \xlongequal{\left(\frac{\infty}{\infty}\right)} \exp\left(\lim\limits_{x \to +\infty} \dfrac{1}{x \ln x}\right) = \exp(0) = \mathrm{e}^0 = 1.$

例 11 求 $\lim\limits_{x \to 0^+} x^{\sin 2x}$.

解 $\lim\limits_{x \to 0^+} x^{\sin 2x} \xlongequal{(0^0)} \lim\limits_{x \to 0^+} \exp(\ln x^{\sin 2x}) = \lim\limits_{x \to 0^+} \exp(\sin 2x \ln x) = \exp\left(\lim\limits_{x \to 0^+} \sin 2x \ln x\right)$
$\xlongequal{(0 \cdot \infty)} \exp\left(\lim\limits_{x \to 0^+} \dfrac{\ln x}{\csc 2x}\right) \xlongequal{\left(\frac{\infty}{\infty}\right)} \exp\left(\lim\limits_{x \to 0^+} \dfrac{\frac{1}{x}}{-2 \csc 2x \cot 2x}\right)$
$= \exp\left(\lim\limits_{x \to 0^+} \dfrac{\sin 2x \cdot \sin 2x}{-2x \cos 2x}\right) \quad \left(\text{由} \lim\limits_{x \to 0} \dfrac{\sin 2x}{2x} = 1, \text{得}\right)$
$= \exp\left[\lim\limits_{x \to 0^+}(-\tan 2x)\right] = \exp(0) = 1.$

必须注意，对一个分式极限式使用洛必达法则，其极限式必须是 $\dfrac{0}{0}$ 或 $\dfrac{\infty}{\infty}$ 型不定式. 例如：极限 $\lim\limits_{x \to 0} \dfrac{ax}{\mathrm{e}^x} = 0$，若不加考虑就应用洛必达法则，得 $\lim\limits_{x \to 0} \dfrac{ax}{\mathrm{e}^x} = \lim\limits_{x \to 0} \dfrac{(ax)'}{(\mathrm{e}^x)'} = \lim\limits_{x \to 0} \dfrac{a}{\mathrm{e}^x} = a$. 这显然是错误的，其原因在于 $\lim\limits_{x \to 0} \dfrac{ax}{\mathrm{e}^x}$ 不是不定式. 另外，有些极限式虽然是上述两种不定式，但它不满足洛必达法则的条件，这时仍不能用洛必达法则.

例 12 求 $\lim\limits_{x\to\infty}\dfrac{x-\cos x}{x+\cos x}$.

解 这是 $\dfrac{\infty}{\infty}$ 型不定式,但因 $\lim\limits_{x\to\infty}\dfrac{(x-\cos x)'}{(x+\cos x)'}=\lim\limits_{x\to\infty}\dfrac{1+\sin x}{1-\sin x}$ 不存在,故不能用洛必达法则求解极限,但此极限是存在的.

$$\lim_{x\to\infty}\frac{x-\cos x}{x+\cos x}=\lim_{x\to\infty}\frac{1-\dfrac{\cos x}{x}}{1+\dfrac{\cos x}{x}}=1.$$

可见,使用洛必达法则,要先确认式子是不是不定式,再检查是否满足使用定理的条件,以此确定能不能用法则.

习题 3-1

*1. 用洛必达法则求下列极限:

(1) $\lim\limits_{x\to 1}\dfrac{x^5-1}{x-1}$; (2) $\lim\limits_{x\to 2}\dfrac{x^3-9x+10}{x^2-3x+2}$; (3) $\lim\limits_{x\to 0}\dfrac{e^x+x-1}{x^2+2x}$; (4) $\lim\limits_{x\to 0}\dfrac{\sin 2x-2x}{x^3}$;

(5) $\lim\limits_{x\to 2}\dfrac{\ln(x^2-3)}{x^2-3x+2}$; (6) $\lim\limits_{x\to +\infty}\dfrac{\ln x}{x}$; (7) $\lim\limits_{x\to +\infty}\dfrac{\dfrac{\pi}{2}-\arctan x}{\dfrac{1}{x}}$; (8) $\lim\limits_{x\to 0^+}\dfrac{\ln x}{\ln\sin x}$.

*2. 验证下列函数是否满足拉格朗日定理的条件,如果满足,求出符合定理的 ξ 值:

(1) $f(x)=x^3-5x^2+x-2,\ x\in[0,1]$; (2) $f(x)=\ln x,\ x\in[1,e]$;

(3) $f(x)=\sqrt[3]{x^2},\ x\in[-1,2]$.

§3-2 函数单调性的判定 函数的极值

一、函数单调性的判定

用导数来研究函数的单调性,如图 3-3 所示,当函数单调递增时,曲线的切线的倾斜角 α 都是锐角,斜率 $\tan\alpha>0$,即 $f'(x)>0$;当函数单调递减时,曲线的切线的倾斜角 α 都是钝角,斜率 $\tan\alpha<0$,即 $f'(x)<0$. 因此,函数的单调性与函数导数的符号有密切的联系.反之,能否用函数导数的符号来判定函数的单调性呢?定理 1 解决了这个问题.

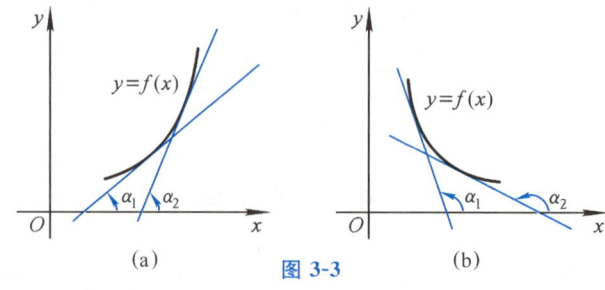

图 3-3

定理 1 设函数 $f(x)$ 在 $[a,b]$ 上连续,在 (a,b) 内可导.

(1) 若 $x\in(a,b)$ 时,$f'(x)>0$,则 $f(x)$ 在 $[a,b]$ 上单调递增;

(2) 若 $x\in(a,b)$ 时,$f'(x)<0$,则 $f(x)$ 在 $[a,b]$ 上单调递减;

(3) 若 $x \in (a, b)$ 时，$f'(x) = 0$，则 $f(x)$ 在 $[a, b]$ 上为常数.

证 (1) 在 $[a, b]$ 上任取两点 x_1, x_2，且 $x_1 < x_2$，由于 $f(x)$ 在 (a, b) 内可导，从而 $f(x)$ 在 $[x_1, x_2]$ 上连续，在 (x_1, x_2) 内可导，由拉格朗日中值定理得

$$f(x_2) - f(x_1) = f'(\xi)(x_2 - x_1) \quad (x_1 < \xi < x_2).$$

由已知条件，得 $f'(\xi) > 0$，$x_2 - x_1 > 0$，因此

$$f(x_2) - f(x_1) > 0, \quad 故 \ f(x_1) < f(x_2).$$

即 $f(x)$ 在 $[a, b]$ 上单调递增.

类似证明(1)的方法，可证(2)(3).

定理 1 中的闭区间改为其他各种区间结论也成立.

函数单调性的几何分析

例 1 判定函数 $y = \dfrac{1}{x}$ 的单调性.

解 $y = \dfrac{1}{x}$ 的定义域为 $(-\infty, 0) \cup (0, +\infty)$. 由于 $y' = -\dfrac{1}{x^2}$，在 $(-\infty, 0) \cup (0, +\infty)$ 内，有 $y' < 0$. 因此 $y = \dfrac{1}{x}$ 在其定义域内单调递减.

例 2 求函数 $f(x) = x^3 - 6x^2 + 9x - 5$ 的单调区间.

解 $f(x)$ 的定义域为 $(-\infty, +\infty)$. 计算可得 $f'(x) = 3x^2 - 12x + 9 = 3(x-1)(x-3)$. 令 $f'(x) = 0$. 解方程，得 $x_1 = 1, x_2 = 3$.

x_1 和 x_2 把 $(-\infty, +\infty)$ 分成三个部分区间: $(-\infty, 1]$, $[1, 3]$, $[3, +\infty)$.

在区间 $(-\infty, 1)$ 内，$f'(x) > 0$，因此，$f(x)$ 在区间 $(-\infty, 1]$ 单调递增；

在区间 $(1, 3)$ 内，$f'(x) < 0$，因此，$f(x)$ 在区间 $[1, 3]$ 上单调递减；

在区间 $(3, +\infty)$ 内，$f'(x) > 0$，因此，$f(x)$ 在 $[3, +\infty)$ 内单调递增.

在把定义域分成几个部分区间后，函数单调性也可列表讨论(表中"↗""↘"分别表示函数在相应区间内是单调递增、单调递减).

x	$(-\infty, 1)$	1	$(1, 3)$	3	$(3, +\infty)$
$f'(x)$	+	0	−	0	+
$f(x)$	↗		↘		↗

从例 2 可以看出，有些函数在它的定义区间上不是单调的，对于在定义区间有连续导数的函数，当我们用导数等于 0 的点(称为**驻点**)来划分它的定义区间以后，就可以使函数在每个部分区间具有单调性. 如果函数在某些点处不可导，则划分定义区间的分点还应包括这种导数不存在的点.

因此，求函数 $f(x)$ 的单调区间的一般步骤是：

(1) 确定函数 $f(x)$ 的定义域；

(2) 求出 $f(x)$ 的全部驻点(即求出 $f'(x) = 0$ 的实根)和导数 $f'(x)$ 不存在的点，并用这些点把定义区间分成若干个部分区间；

(3) 列表讨论函数在各个部分区间的单调性.

例 3 求函数 $f(x) = \sqrt[3]{(x-1)^2}$ 的单调区间.

解 $f(x)$ 的定义域为 $(-\infty, +\infty)$,由 $f'(x) = \dfrac{2}{3\sqrt[3]{x-1}}$ 可知,当 $x=1$ 时,$f'(x)$ 不存在. 列表讨论.

x	$(-\infty, 1)$	1	$(1, +\infty)$
$f'(x)$	$-$	不存在	$+$
$f(x)$	↘		↗

因此,函数 $f(x)$ 的单调递减区间为 $(-\infty, 1]$,单调递增区间为 $[1, +\infty)$.

应当指出,定理 1 是判定一个函数在某一区间单调的充分条件,但不是必要条件,即若满足了定理 1 的条件,则定理 1 的结论成立,但其逆命题不成立. 例如:函数 $f(x) = x^3$ 在 $(-\infty, +\infty)$ 内单调递增,但 $f'(0) = 0$,即当 $x \in (-\infty, +\infty)$ 时,不总有 $f'(x) > 0$.

释疑解难

函数单调性与单调区间的判定

例 4 证明:当 $x > 1$ 时,$e^x > ex$.

证 设 $f(x) = e^x - ex$,则 $f(x)$ 在 $[1, +\infty)$ 内连续,且 $f(1) = 0$.
在 $(1, +\infty)$ 内,$f'(x) = e^x - e > 0$. 由定理知 $f(x)$ 在 $[1, +\infty)$ 单调递增.
故 $x > 1$ 时,$f(x) > f(1)$,即 $e^x - ex > 0$,从而 $e^x > ex$.

函数单调性在经营管理中也有重要应用.

例 5 某项目的利润有两个方案可供选择,它们的关系式为 $L_1(t) = \dfrac{3t}{t+1}$ 与 $L_2(t) = \dfrac{t^2}{t+1} + 1$,其中 t 为时间. 问 $t=1$ 时,两个方案哪个更优?

解 当 $t = 1$ 时,$L_1(1) = L_2(1) = \dfrac{3}{2}$. 两个方案利润相同,下面考察 $t=1$ 时两个方案的利润变化率(即利润增长率).

$$L_1'(t)\big|_{t=1} = \dfrac{3}{(t+1)^2}\bigg|_{t=1} = \dfrac{3}{4}, \quad L_2'(t)\big|_{t=1} = \dfrac{t^2+2t}{(t+1)^2}\bigg|_{t=1} = \dfrac{3}{4}.$$

这表明当 $t=1$ 时,两个方案的利润增长率也相等.

接下来考察两个方案的利润增长率的变化率.

$$\dfrac{d^2 L_1(t)}{dt^2}\bigg|_{t=1} = -\dfrac{6}{(t+1)^3}\bigg|_{t=1} = -\dfrac{3}{4} < 0, \quad \dfrac{d^2 L_2(t)}{dt^2}\bigg|_{t=1} = \dfrac{2}{(t+1)^3}\bigg|_{t=1} = \dfrac{1}{4} > 0.$$

这说明在 $t=1$ 附近,第一方案的利润增长率呈下降趋势,第二方案的利润增长率呈上升趋势,因此方案 $L_2(t)$ 优于方案 $L_1(t)$.

由此案例可见,在决策分析中,不仅要考虑利润及利润的增长率,还要考虑利润增长率的变化率,因为这涉及企业发展的后劲问题,决策者应从总体上研究比较方案的优劣.

二、函数的极值

定义 设函数 $y = f(x)$ 在点 x_0 及其附近的点有定义,若对点 x_0 附近任一点 x $(x \neq x_0)$,均有

(1) $f(x) < f(x_0)$,则称 $f(x_0)$ 为 $f(x)$ 的**极大值**(maximum value),称点 x_0 为 $f(x)$ 的**极**

大点(maximum point);

(2) $f(x) > f(x_0)$,则称 $f(x_0)$ 为 $f(x)$ 的**极小值**(minimum value),称点 x_0 为 $f(x)$ 的**极小点**(minimum point).

函数的极大值与极小值统称函数的**极值**(extremum value),极大点和极小点统称函数的**极值点**(extreme point).

如图 3-4 所示,x_1 和 x_3 是 $f(x)$ 的极大点,$f(x_1)$ 和 $f(x_3)$ 为 $f(x)$ 的极大值;x_2 和 x_4 是 $f(x)$ 的极小点,$f(x_2)$ 和 $f(x_4)$ 为 $f(x)$ 的极小值.应当注意,极值是一个局部性概念,而不是整体性概念,因而可能出现函数的某一极大值小于另一极小值的情形,如图 3-4 中极大值 $f(x_1)$ 小于极小值 $f(x_4)$.

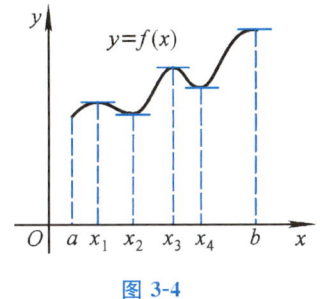

图 3-4

如图 3-4 所示,可导函数 $f(x)$ 在极值点处的切线,总是与 x 轴平行的,因此在极值点处曲线的切线斜率为 0,即 $f'(x) = 0$. 另外,函数在不可导点处也可能有极值,例如:$f(x) = \sqrt[3]{x^2}$ 在 $x=0$ 处不可导,而 $x=0$ 是 $f(x) = \sqrt[3]{x^2}$ 的极小点.

定理 2(极值存在的必要条件) 如果函数 $f(x)$ 在点 x_0 处有极值,则 $f(x)$ 在 x_0 处有 $f'(x_0) = 0$ 或不可导.

$f'(x_0) = 0$ 只是可导函数 $f(x)$ 在点 x_0 处有极值的必要条件,而不是充分条件,即虽然有 $f'(x_0) = 0$,但 x_0 不一定是极值点. 例如:当 $f(x) = x^3$ 时,有 $f'(0) = 0$,但 $x=0$ 不是 $f(x)$ 的极值点.

由定理 2 知,驻点和导数不存在的点都可能是函数的极值点,简称**可能极值点**.

但什么样的驻点和导数不存在的点才是极值点呢?为此介绍两个充分条件.

定理 3(第一充分条件) 设函数 $f(x)$ 在点 x_0 处连续,在点 x_0 的附近可导(点 x_0 除外).

(1) 如果在点 x_0 的左侧附近,$f'(x) > 0$;在 x_0 的右侧附近,$f'(x) < 0$,则 $f(x_0)$ 是 $f(x)$ 的极大值.

(2) 如果在点 x_0 的左侧附近,$f'(x) < 0$;在 x_0 的右侧附近,$f'(x) > 0$,则 $f(x_0)$ 是 $f(x)$ 的极小值.

(3) 如果在点 x_0 的左、右两侧附近 $f'(x)$ 同号(点 x_0 除外),则 $f(x)$ 在 x_0 处没有极值(证略).

例 6 求函数 $f(x) = \dfrac{1}{3}x^3 - x^2 - 3x - 3$ 的极值点和极值.

解 函数 $f(x)$ 的定义域为 $(-\infty, +\infty)$. 计算可得 $f'(x) = x^2 - 2x - 3 = (x+1)(x-3)$,令 $f'(x) = 0$,得驻点 $x_1 = -1$,$x_2 = 3$. 考察驻点两侧 $f'(x)$ 的符号,列表讨论.

x	$(-\infty, -1)$	-1	$(-1, 3)$	3	$(3, +\infty)$
$f'(x)$	$+$	0	$-$	0	$+$
$f(x)$	↗	极大值 $-\dfrac{4}{3}$	↘	极小值 -12	↗

因此,极大点为 $x=-1$,极大值为 $f(-1)=-\dfrac{4}{3}$;极小点为 $x=3$,极小值为 $f(3)=-12$.

例 7 求函数 $f(x)=x-\dfrac{3}{2}\sqrt[3]{x^2}$ 的单调区间和极值.

解 $f(x)$ 的定义域为 $(-\infty,+\infty)$.

$$f'(x)=1-x^{-\frac{1}{3}}=\dfrac{\sqrt[3]{x}-1}{\sqrt[3]{x}},$$

令 $f'(x)=0$ 得驻点 $x=1$,又当 $x=0$ 时,$f'(x)$ 不存在. 列表讨论.

x	$(-\infty,0)$	0	$(0,1)$	1	$(1,+\infty)$
$f'(x)$	$+$	不存在	$-$	0	$+$
$f(x)$	↗	极大值 0	↘	极小值 $-\dfrac{1}{2}$	↗

因此,$(-\infty,0]$ 和 $[1,+\infty)$ 是 $f(x)$ 的单调递增区间,$[0,1]$ 是单调递减区间;$f(x)$ 的极大值为 $f(0)=0$,极小值为 $f(1)=-\dfrac{1}{2}$.

定理 4(第二充分条件) 设函数 $f(x)$ 在点 x_0 处有一、二阶导数,且 $f'(x_0)=0$,$f''(x_0)\neq 0$.
(1) 如果 $f''(x_0)>0$,则 $f(x)$ 在 x_0 处有极小值 $f(x_0)$;
(2) 如果 $f''(x_0)<0$,则 $f(x)$ 在 x_0 处有极大值 $f(x_0)$(证略).

例 8 求函数 $f(x)=\dfrac{1}{3}x^3-x$ 的极值.

解 函数 $f(x)$ 的定义域为 $(-\infty,+\infty)$. 计算可得 $f'(x)=x^2-1$,令 $f'(x)=0$,得驻点 $x=\pm 1$. 计算可得 $f''(x)=2x$. 由于 $f'(-1)=0$ 且 $f''(-1)=-2<0$,因此 $f(x)$ 在 $x=-1$ 处取得极大值 $f(-1)=\dfrac{2}{3}$. 由于 $f'(1)=0$ 且 $f''(1)=2>0$,因此 $f(x)$ 在 $x=1$ 处取得极小值 $f(1)=-\dfrac{2}{3}$.

例 9 求函数 $f(x)=x^4$ 的极值.

解 $f(x)$ 的定义域为 $(-\infty,+\infty)$. 计算可得 $f'(x)=4x^3$. 令 $f'(x)=0$,得驻点 $x=0$. 计算可得 $f''(x)=12x^2$,$f''(0)=0$. 因此,用第二充分条件无法判定 $f(x)$ 在 $x=0$ 处有无极值,只能用第一充分条件去判定. 显然 $f(x)=x^4$,在点 $x=0$ 的左侧为减函数,右侧为增函数,即 $f(x)$ 在 $x=0$ 处取得极小值 0. 这说明第二充分条件不如第一充分条件应用广泛.

现将**求函数 $f(x)$ 的极值的一般步骤**归纳如下:
(1) 确定函数 $f(x)$ 的定义域;
(2) 求函数的导数,确定驻点和导数不存在的点;
(3) 用极值的第一充分条件或第二充分条件确定极值点;
(4) 把极值点代入 $f(x)$,求出极值并指明是极大值还是极小值.

极值的概念

习 题 3-2

1. 判断题：
(1) 如果函数 $f(x)$ 在 (a,b) 内单调递增，则函数 $-f(x)$ 在 (a,b) 内单调递减． （　　）
(2) 如果 $f'(x_0)=0$，则 $x=x_0$ 为函数 $f(x)$ 的极值点． （　　）
(3) 若 $x=x_0$ 为函数 $f(x)$ 的极值点，并且曲线 $y=f(x)$ 在 x_0 处有切线，则此切线是水平的． （　　）
(4) 极大值总比极小值大． （　　）

2. 填空题：
(1) 函数 $y=(x-2)^4$ 的单调递增区间是 ＿＿＿＿＿＿；
(2) 函数 $y=x^2 e^x$ 在 $x=$ ＿＿＿＿＿ 处取得极小值，在 $x=$ ＿＿＿＿＿ 处取得极大值；
(3) 函数 $y=\dfrac{1}{x^2-2x+2}$ 的极大值是 ＿＿＿＿＿＿．

3. 求下列函数的单调区间：
(1) $f(x)=\ln x$；　　(2) $f(x)=2x^3-6x^2-18x-7$；　　(3) $f(x)=x-2\sin x$ $(0\leqslant x\leqslant 2\pi)$．

4. 求下列函数的极值：
(1) $f(x)=4x^3-3x^2-6x+2$；　　(2) $f(x)=\dfrac{x}{\ln x}$．

5. 求下列函数的单调区间和极值：
(1) $f(x)=(x-1)^2(x+1)^3$；　　(2) $f(x)=5-2(x+1)^{\frac{1}{3}}$．

*6. 一种商品的成本与收益满足以下函数关系：当 $0\leqslant x\leqslant 6\,000$ 时，$C(x)=2.4x-0.000\,2x^2$ 与 $R(x)=7.2x-0.001x^2$，求利润函数 $L(x)$ 的单调递增区间．

§ 3-3　函数的最大值和最小值

在工农业生产、科学技术研究、企业经营管理中，常常要求解决在一定条件下"产量最多""用料最省""效率最高"以及"成本最低"等最优化问题，这些问题从数学的角度就是求函数的最值问题．

一、函数的最值

定义　在区间 $[a,b]$ 上的连续函数 $f(x)$，如果在点 x_0 处的函数值 $f(x_0)$ 与区间上其余各点的函数值 $f(x)$ $(x\neq x_0)$ 相比较，都有

(1) $f(x)\leqslant f(x_0)$ 成立，则称 $f(x_0)$ 为 $f(x)$ 在 $[a,b]$ 上的**最大值**(greatest value)，称点 x_0 为 $f(x)$ 在 $[a,b]$ 上的**最大点**(greatest point)；

(2) $f(x)\geqslant f(x_0)$ 成立，则称 $f(x_0)$ 为 $f(x)$ 在 $[a,b]$ 上的**最小值**(least value)，称点 x_0 为 $f(x)$ 在 $[a,b]$ 上的**最小点**(least point)．

最大值和最小值统称**最值**．

由极值与最值的定义可知，极值是局部性概念，而最值是整体性概念，因此如果函数 $f(x)$ 在 (a,b) 内的某点 x_0 处达到最值，那么这个最值一定是极值，点 x_0 一定是 $f(x)$ 的极值点．

因为在闭区间 $[a,b]$ 上的连续函数 $f(x)$ 必有最大值与最小值，如图 3-5 所示，$f(x)$ 的最大值是 $f(b)$，最小值是 $f(x_2)$，它说明函数的最值可能在区间 (a,b) 内取得，也可能在区间的端点取得．

求函数 $f(x)$ 在 $[a,b]$ 上的最值的一般步骤为：

(1) 求出 $f(x)$ 在 (a,b) 内的所有极值,或求出 $f(x)$ 在 (a,b) 内的所有可能极值点处的函数值,可以不判定是不是极值；

(2) 求出函数值 $f(a)$, $f(b)$；

(3) 比较 $f(a)$, $f(b)$ 和所有极值(或所有可能极值点处的函数值)的大小,其中最大者为最大值,最小者为最小值.

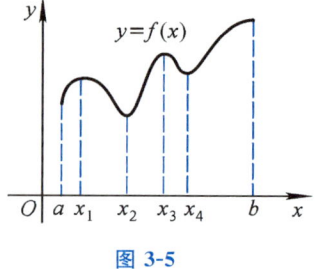

图 3-5

例 1 求函数 $f(x)=x^4-2x^2-5$ 在区间 $[-2,2]$ 上的最值.

解 计算可得 $f'(x)=4x^3-4x=4x(x^2-1)$,令 $f'(x)=0$,得驻点 $x_1=-1$, $x_2=0$, $x_3=1$. 驻点处的函数值为 $f(-1)=f(1)=-6$, $f(0)=-5$. 端点处的函数值为 $f(-2)=f(2)=3$. 因此,在区间 $[-2,2]$ 上函数的最大值为 $f(\pm 2)=3$,最小值为 $f(\pm 1)=-6$.

若是如下两种情形,求函数的最值会更为简捷.

1. 如果连续函数 $f(x)$ 在 $[a,b]$ 上单调递增,则 $f(x)$ 的最大值与最小值分别为 $f(b)$, $f(a)$；如果连续函数 $f(x)$ 在 $[a,b]$ 上单调递减,则 $f(x)$ 的最大值和最小值分别为 $f(a)$, $f(b)$.

2. 如果函数 $f(x)$ 在一个区间(有限或无限、开或闭)内可导且只有一个驻点 x_0,并且该驻点 x_0 为 $f(x)$ 的极值点,当 $f(x_0)$ 是极大值时,则 $f(x_0)$ 为 $f(x)$ 在该区间上的最大值,如图 3-6a 所示；当 $f(x_0)$ 是极小值时,则 $f(x_0)$ 为 $f(x)$ 在该区间上的最小值,如图 3-6b 所示.

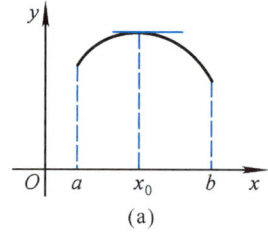 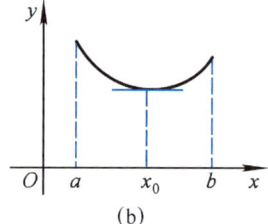

图 3-6

例 2 分别求函数 $f(x)=e^{-x^2}$ 在下列区间的最值.

(1) $[1,\sqrt{5}]$； (2) $(-\infty,+\infty)$.

解 (1) 由 $f'(x)=-2xe^{-x^2}<0$,因此 $f(x)$ 在区间 $[1,\sqrt{5}]$ 上单调递减,所以 $f(x)$ 在 $[1,\sqrt{5}]$ 上的最大值为 $f(1)=e^{-1}$,最小值为 $f(\sqrt{5})=e^{-5}$.

(2) 由 $f'(x)=-2xe^{-x^2}=0$,得驻点 $x=0$. 又 $f''(x)=2(2x^2-1)e^{-x^2}$, $f''(0)<0$,因此, $f(x)$ 在 $x=0$ 处取得极大值 $f(0)=1$,所以 $f(x)$ 在 $(-\infty,+\infty)$ 的最大值为 $f(0)=1$,且 $f(x)$ 无最小值.

二、函数最值应用举例

在用导数研究应用问题的最值时,如果所建立的函数 $f(x)$ 在区间 (a,b) 内是可导的,并且 $f(x)$ 在 (a,b) 内只有一个驻点 x_0,又根据问题本身的实际意义,可判定在 (a,b) 内必有最大(小)值,则 $f(x_0)$ 就是所求的最大(小)值,不必再进行数学判断.

例 3 用边长为 48 cm 的正方形铁皮做一个无盖的铁盒,在铁皮的四周各截去面积相等的小正方形(图 3-7),然后把四周折起,焊成铁盒. 问:在四周截去多大的正方形,才能使所做的铁盒容积最大?

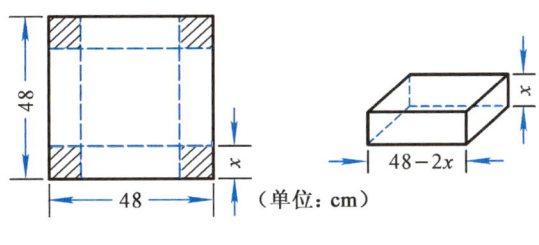

图 3-7

解 设截去的小正方形的边长为 x cm,铁盒容积为 V cm³. 根据题意得

$$V = x(48-2x)^2, \quad x \in (0, 24).$$

问题归结为求 x 为何值时,函数在区间 $(0, 24)$ 内取得最大值. 计算可得

$$V' = (48-2x)^2 + 2x(48-2x)(-2) = 12(24-x)(8-x).$$

令 $V'=0$,求得在 $(0, 24)$ 内的驻点 $x=8$. 由于函数在 $(0, 24)$ 内只有一个驻点,因此当 $x=8$ 时,V 取最大值,即当截去的正方形边长为 8 cm 时,铁盒容积最大.

例 4 某工厂需将一长 12 m,宽 6 m,高 2 m 的铁制水箱吊起平放在 6 m 高的柱子上,但厂里只有一台臂长 15 m 的吊车,吊车底座高 1.5 m,问:能否将水箱吊到柱子上?

解 根据经验,吊车把水箱吊起的高度取决于吊臂的张角 φ,如图 3-8c 所示.

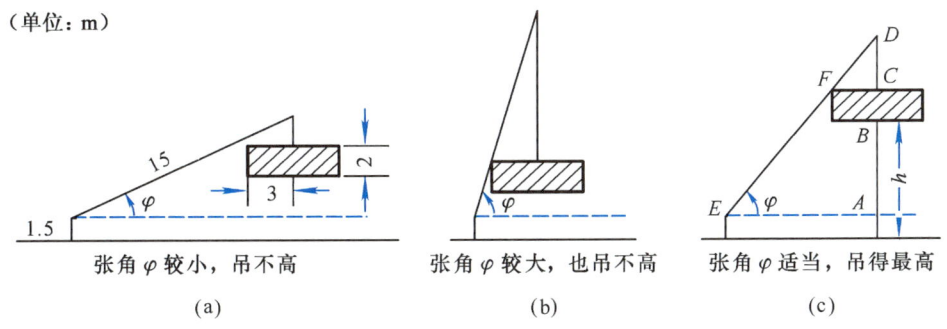

图 3-8

$$h = 1.5 + |AB| = 1.5 + |AD| - |BC| - |CD| = 1.5 + |ED|\sin\varphi - 2 - |CF|\tan\varphi$$
$$= 15\sin\varphi - 3\tan\varphi - 0.5, \quad \varphi \in \left(0, \frac{\pi}{2}\right).$$

$$h' = 15\cos\varphi - 3\sec^2\varphi = \frac{3(5\cos^3\varphi - 1)}{\cos^2\varphi}.$$

令 $h'=0$,得 $\cos\varphi = \frac{1}{\sqrt[3]{5}} \approx 0.5848$. 查表得 $\left(0, \frac{\pi}{2}\right)$ 内唯一驻点:$\varphi \approx 0.9462$ rad $\approx 54°13'$.

所以,当 $\varphi \approx 54°13'$ 时,h 就取得最大值.

$$h \approx 15\sin 54°13' - 3\tan 54°13' - 0.5 \approx 7.5 \text{ m}.$$

因此,吊车能将水箱吊到 6 m 高的柱子上.

例5（电阻匹配问题） 如图3-9所示,已知电源电动势为E,内电阻为r,问:负载电阻R多大时,输出功率最大?

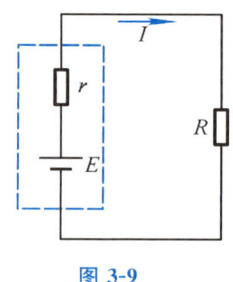

图 3-9

解 根据电学知识,消耗在负载电阻上的功率$P=I^2R$,其中I为回路中的电流. 又由欧姆定律$I=\dfrac{E}{r+R}$,代入功率P得

$$P=\left(\dfrac{E}{r+R}\right)^2 R=\dfrac{E^2 R}{(r+R)^2},\quad R\in(0,+\infty).$$

$$P'=E^2\cdot\dfrac{r-R}{(r+R)^3}.$$

令$P'=0$,得唯一驻点$R=r$. 所以当$R=r$时,输出功率P最大.

例6 生产一种产品,每件成本200元. 如果每件以250元出售,则每月可卖出3 600件;如果每件加价1元,则每月少卖出240件;如果每件少卖1元,则每月可多卖出240件. 售价变化超过1元的卖出量变化也依此类推. 问:每件售价多少元,可使每月获利最大?

分析

每件售价/元	每件利润/元	每月卖出/件	每月获利/元
250	50	3 600	$50\times 3\,600=180\,000$
251	51	$3\,600-240$	$51(3\,600-240)=171\,360$
249	49	$3\,600+240$	$49(3\,600+240)=188\,160$

由此可见,薄利多销可能提高经济效益.

解 设每件售价x元时,每月获利润y元,则

$$每月利润=每件利润\times每月卖出件数.$$

每件利润$=x-200$,每月卖出件数$=3\,600+240(250-x)$,所以

$$y=(x-200)[3\,600+240(250-x)],$$

即

$$y=(x-200)(63\,600-240x),\quad x\in[200,265].$$

$$y'=63\,600-240x-240(x-200)=111\,600-480x,$$

令$y'=0$,得唯一驻点 $x=\dfrac{111\,600}{480}=232.50$元.

即当每件售价232.50元时,每月获利润最大. 最大利润为

$$y_{最大}=(232.5-200)(63\,600-240\times 232.5)=253\,500\text{元}.$$

例7 某公司在市场上推出一产品时发现需求量由方程$x=\dfrac{2\,500}{p^2}$确定,收益方程为$R=xp$,且生产x单位的成本方程为$C=0.5x+500$(图3-10),求获得最大利润的单位价格p.

解 因为利润$L=R-C$, 即$L=xp-(0.5x+500)$.

由$x=\dfrac{2\,500}{p^2}$,得$p=\dfrac{50}{\sqrt{x}}$,因此有

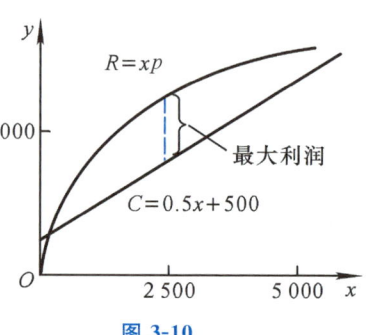

图 3-10

$$L(x) = 50\sqrt{x} - 0.5x - 500,$$

则 $L'(x) = \dfrac{25}{\sqrt{x}} - 0.5$. 令 $L'(x) = 0$, 得 $x = 2\,500$, 于是获得最大利润的价格

$$p = \dfrac{50}{\sqrt{2\,500}} = 1.$$

这里求最大利润时是对关系式 $L = R - C$ 求导数, 然后令 $L'(x) = 0$, 即 $R'(x) - C'(x) = 0$ 求解 x, 可见最大利润发生在边际收益等于边际成本时.

习 题 3-3

1. 判断题:

(1) 函数 $y = \arcsin(2x - 1)$ 的最大值是 $\dfrac{\pi}{2}$. ( )

(2) 函数 $y = \dfrac{1}{x}$ 在定义域内既无最大值又无最小值. ( )

(3) 点 $(0, 2)$ 与曲线 $y = 4 - x^2$ 的最近距离是 2. ( )

2. 求下列函数的最值:

(1) $y = x^3 - 6x^2 + 40$, $x \in [-1, 7]$;   (2) $y = x + 2\sqrt{x}$, $x \in [0, 4]$;

(3) $y = \arctan \dfrac{1-x}{1+x}$, $x \in [0, 1]$;   (4) $y = x^2 + \dfrac{16}{x}$, $x \in [1, 3]$.

3. 某企业生产某种产品 x 单位的总成本 $C(x) = 3 + x$ (单位:万元), 得到的总收入 $R(x) = 6x - x^2$ (单位:万元), 为了提高经济效益, 每批生产多少个单位产品时, 才能使总利润最大?

§3-4 曲线的凹凸性和拐点

研究函数的增减性和极值, 可以知道函数变化的大概情况, 但要描出函数较准确的图像, 还必须进一步研究曲线的弯曲方向. 如图 3-11 所示, 两条曲线弧和一直线段虽同在区间 (a, b) 内单向递增, 但三条线却显著不同, 即它们的凹凸性不同.

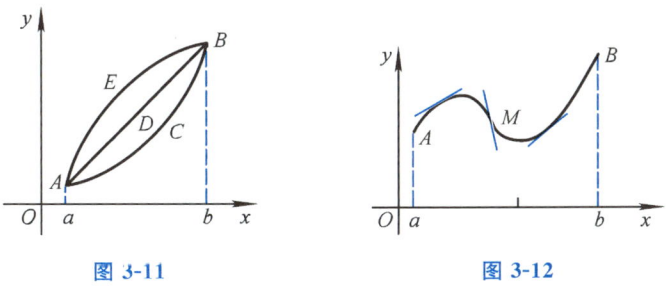

图 3-11   图 3-12

如图 3-12 所示, 若沿着连续曲线上各点作切线, 就会发现: 有时曲线总在切线上方; 有时曲线总在切线下方; 有时切线穿过曲线. 这些现象的实质, 就是曲线的凹凸性.

定义 设曲线在开区间 (a, b) 内各点都有切线.

(1) 若曲线弧都在切线的下方, 则称曲线在区间 (a, b) 内是**凸的**, 区间 (a, b) 为**凸区间**;

(2) 若曲线弧都在切线的上方, 则称曲线在区间 (a, b) 内是**凹的**, 区间 (a, b) 为**凹区间**;

(3) 曲线上凹与凸 (或凸与凹) 两段弧的分界点, 称为曲线的**拐点**.

如何用导数去判断曲线的凹凸性呢？如图 3-13 所示：随着 x 的增大，在凸弧上各点的切线的倾斜角逐渐变小，即 $f'(x)$ 是减函数，从而有 $f''(x)<0$；类似地在凹弧上，$f'(x)$ 是增函数，从而有 $f''(x)>0$。因此函数曲线在某个区间的凹凸性，是与函数在这个区间内的二阶导数的符号有关的。

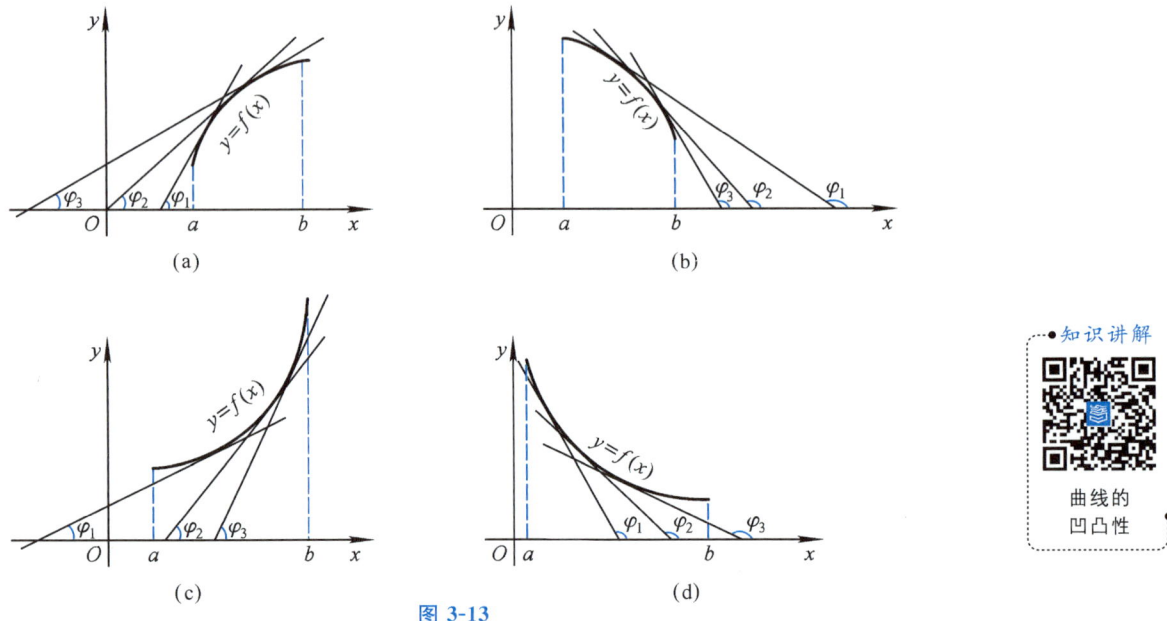

图 3-13

定理 设函数 $f(x)$ 在开区间 (a,b) 内有二阶导数。
(1) 若在 (a,b) 内，$f''(x)>0$，则曲线 $f(x)$ 在 (a,b) 内是凹的；
(2) 若在 (a,b) 内，$f''(x)<0$，则曲线 $f(x)$ 在 (a,b) 内是凸的。(证明从略。)
由二阶导数的力学意义知运动方程曲线的凹凸性也表明了运动物体加速度的方向。

例 1 讨论曲线 $f(x)=\cos x$ 在 $(0,2\pi)$ 内的凹凸性。

解 $f'(x)=-\sin x$，$f''(x)=-\cos x$。

为了讨论 $f''(x)$ 在 $(0,2\pi)$ 内的符号，可令 $f''(x)=0$，即 $-\cos x=0$，在开区间 $(0,2\pi)$ 内解得两个实根：$x=\dfrac{\pi}{2},\dfrac{3\pi}{2}$。这两个实根将区间 $(0,2\pi)$ 分成了三个部分区间：$\left(0,\dfrac{\pi}{2}\right)$，$\left(\dfrac{\pi}{2},\dfrac{3\pi}{2}\right)$，$\left(\dfrac{3\pi}{2},2\pi\right)$。显然二阶导数 $f''(x)$ 在各部分区间内的符号不变，现列表讨论（表中"∩""∪"分别表示曲线是凸的、凹的）。

x	$\left(0,\dfrac{\pi}{2}\right)$	$\dfrac{\pi}{2}$	$\left(\dfrac{\pi}{2},\dfrac{3\pi}{2}\right)$	$\dfrac{3\pi}{2}$	$\left(\dfrac{3\pi}{2},2\pi\right)$
$f''(x)$	$-$	0	$+$	0	$-$
$f(x)$	∩	0	∪	0	∩

因此，曲线 $f(x)=\cos x$ 在区间 $\left(0,\dfrac{\pi}{2}\right)$ 与 $\left(\dfrac{3\pi}{2},2\pi\right)$ 内是凸的；在区间 $\left(\dfrac{\pi}{2},\dfrac{3\pi}{2}\right)$ 内是凹的。点 $\left(\dfrac{\pi}{2},0\right)$ 与 $\left(\dfrac{3\pi}{2},0\right)$ 是拐点（图 3-14）。

若 $y=f(x)$ 在点 x_0 的二阶导数 $f''(x_0)$ 存在,且点 $(x_0, f(x_0))$ 为曲线 $y=f(x)$ 的拐点,必有 $f''(x_0)=0$.

思考:若 $f''(x_0)=0$,是否点 $(x_0,f(x_0))$ 必为曲线 $y=f(x)$ 的拐点? 试考察曲线 $y=x^4$ 有无拐点.

例 2 求曲线 $f(x)=(x-1)^2+\dfrac{2}{x-1}$ 的凹凸区间及拐点.

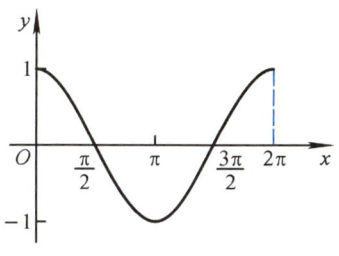

图 3-14

解 函数的定义域为 $(-\infty,1)\cup(1,+\infty)$.

$$f'(x)=2(x-1)-\frac{2}{(x-1)^2},$$

$$f''(x)=2+\frac{4}{(x-1)^3}=2\cdot\frac{(x-1)^3+2}{(x-1)^3}.$$

令 $f''(x)=0$,得实根:$x=1-\sqrt[3]{2}$. 列表讨论.

x	$(-\infty, 1-\sqrt[3]{2})$	$1-\sqrt[3]{2}$	$(1-\sqrt[3]{2}, 1)$	$(1, +\infty)$
$f''(x)$	+	0	−	+
$f(x)$	∪	0	∩	∪

因此,曲线的凹区间为 $(-\infty, 1-\sqrt[3]{2})$ 与 $(1, +\infty)$,凸区间为 $(1-\sqrt[3]{2}, 1)$. 点 $(1-\sqrt[3]{2}, 0)$ 为拐点.

例 3 讨论曲线 $y=\sqrt[3]{x}$ 的凹凸性及拐点.

解 函数 $y=\sqrt[3]{x}$ 的定义域为 $(-\infty, +\infty)$. 当 $x\neq 0$ 时,

$$y'=\frac{1}{3\sqrt[3]{x^2}}, \qquad y''=-\frac{2}{9x\sqrt[3]{x^2}}.$$

易见当 $x=0$ 时,y',y'' 都不存在. 故二阶导数在 $(-\infty, +\infty)$ 内不连续且没有零点,但 $x=0$ 是 y'' 不存在的点,它把 $(-\infty, +\infty)$ 分成两个区间:$(-\infty, 0)$,$(0, +\infty)$. 列表讨论.

x	$(-\infty, 0)$	0	$(0, +\infty)$
$f''(x)$	+	不存在	−
$f(x)$	∪	0	∩

因此,曲线的凹区间为 $(-\infty, 0)$,凸区间为 $(0, +\infty)$. 点 $(0,0)$ 为拐点.

例 3 说明 $f''(x)$ 不存在的点也可能是拐点.

例 4 试确定 a,b,c 的值,使三次曲线 $y=ax^3+bx^2+cx$ 有拐点 $(1,2)$,并且在该点处切线的斜率为 1.

解 $y'=3ax^2+2bx+c$, $y''=6ax+2b$. 依题意,得

$$\begin{cases} 2=a+b+c, \\ 1=3a+2b+c, \\ 0=6a+2b. \end{cases}$$

解方程组,得 $a=1, b=-3, c=4$,于是 $y''=6x-6=6(x-1)$.

易见 $(-\infty, 1]$ 为凸区间,$[1, +\infty)$ 为凹区间,因此所求的 a, b, c 的值分别为

$$a=1, b=-3, c=4.$$

例 5 一粒子沿一直线运动,若它相对于某个固定点的右侧的距离 s 如图 3-15 所示:

(1) 粒子什么时候向左运动?什么时候向右运动?

(2) 粒子什么时候作加速运动?什么时候作减速运动?

解 粒子对于固定点右侧距离 s 大表明粒子距固定点远,s 小表明粒子距固定点近;当 s 由小变大时表明粒子向右运动,而 s 由大变小时表明粒子向左运动. 如图 3-15 所示,当 $t \in [0, 1] \cup (2, +\infty)$ 时,粒子向右运动;当 $t \in [1, 2]$ 时,粒子向左运动.

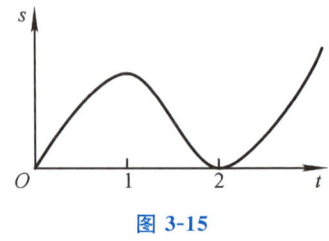

图 3-15

曲线的凹凸性反映曲线函数二阶导数的符号,而函数二阶导数的符号表明了粒子运动加速度的方向,即粒子是作加速运动还是作减速运动. 曲线凹时其二阶导数为正,此时粒子作加速运动;曲线凸时,其二阶导数为负,此时粒子作减速运动. 当 $t \in \left[0, \dfrac{3}{2}\right]$ 时,曲线是凸的,这时粒子作减速运动;在 $t > \dfrac{3}{2}$ 时,曲线是凹的,这时粒子作加速运动.

例 6 在一个有限的环境中,人口 P 的增长通常遵循于如图 3-16 所示的 S 形曲线,它描述了人口增长率是怎样随时间变化的,试解释 t_0 与 L 的实际意义.

解 曲线始终是单调增加的表明人口始终是增长的,起初曲线是凹的,后来 $(t > t_0)$ 曲线是凸的,t_0 处是曲线的拐点,即起初 $\dfrac{d^2 P}{dt^2} > 0$,表明人口增长率 $\dfrac{dP}{dt}$ 的变化率是递增

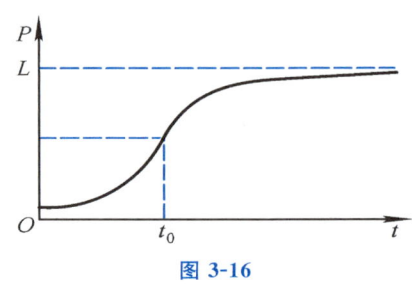

图 3-16

的;后来 $\dfrac{d^2 P}{dt^2} < 0$,表明人口增长率 $\dfrac{dP}{dt}$ 的变化率是递减的;在 t_0 处,人口增长率达到最大,就是 t_0 时人口增长得最快.

量值 L 代表当时间无限增大时,人口量所能达到的极限值,称 L 为这个环境下的**载容量**,即环境所能支撑的人口的最大值.

习　题　3-4

1. 判断题:

(1) 极值点必是拐点. ( )

(2) 若点 $(x_0, f(x_0))$ 是拐点,且函数 $y=f(x)$ 的二阶导数存在,则有 $f''(x_0)=0$. ( )

(3) 若 $f'(x_0)=0$,$f''(x_0)<0$,则点 $x=x_0$ 为函数 $f(x)$ 的极大点. ( )

(4) 若 $f''(x_0)$ 不存在,则点 $(x_0, f(x_0))$ 不是拐点. ( )

2. 填空题:

(1) 曲线 $y=x^3-12x$ 的凹区间是_____,凸区间是_____;

(2) 若 $(0, 1)$ 是曲线 $y=x^3+bx^2+c$ 的拐点,则 $b=$_____,$c=$_____;

(3) 曲线 $y=xe^x$ 的凹区间是_____,凸区间是_____,拐点是_____;

3. 求下列函数的凹凸区间和拐点：

(1) $y = x^4 + 2x^2 - 5$；　　　　(2) $y = \ln(1+x^2)$；　　　　(3) $y = x\sqrt[3]{x^2}$.

4. 已知曲线 $y = x^3 + ax^2 - 9x + 4$ 在 $x = 1$ 处有拐点，确定系数 a，并且求出曲线的拐点和凹、凸区间.

5. a，b 为何值时，点 $(1, 3)$ 为曲线 $y = ax^3 + bx^2$ 的拐点？

§3-5　函数的作图

以函数曲线直观地反映函数的性态是科学技术中常用的手段，本节先讨论曲线渐近线，然后学习利用导数来作函数的图像.

一、曲线的渐近线

如果一条曲线在它无限延伸的过程中，无限接近于一条直线，则称这条直线为该曲线的**渐近线**(asymptote). 渐近线分水平渐近线、垂直渐近线和斜渐近线.

定义　(1) 如果函数 $f(x)$ 的定义域是无穷区间，且

$$\lim_{\substack{x \to +\infty \\ (x \to -\infty)}} f(x) = b,$$

则称直线 $y = b$ 为曲线 $y = f(x)$ 的**水平渐近线**(horizontal asymptote)；

(2) 如果函数 $f(x)$ 在 $x = x_0$ 处间断，且

$$\lim_{x \to x_0} f(x) = \infty \quad 或 \quad \lim_{\substack{x \to x_0^- \\ (x \to x_0^+)}} f(x) = +\infty(-\infty),$$

则称直线 $x = x_0$ 为曲线 $y = f(x)$ 的**垂直渐近线**(vertical asymptote)；

*(3) 如果函数 $f(x)$ 的定义域是无穷区间，且

$$\lim_{\substack{x \to +\infty \\ (x \to -\infty)}} [f(x) - (kx+b)] = 0,$$

则称直线 $y = kx + b \,(k \neq 0)$ 为曲线 $y = f(x)$ 的**斜渐近线**(oblique asymptote). 其中，

$$k = \lim_{\substack{x \to +\infty \\ (x \to -\infty)}} \frac{f(x)}{x} \neq 0, \quad b = \lim_{\substack{x \to +\infty \\ (x \to -\infty)}} [f(x) - kx].$$

例1　求下列曲线的渐近线：

(1) $y = e^{-x^2}$；　　　(2) $y = \dfrac{4(x+1)}{x^2} - 2$；　　　(3) $y = x - \dfrac{x}{1+x}$.

渐近线

解　(1) 由于函数 $y = e^{-x^2}$ 的定义域为 $(-\infty, +\infty)$，且 $\lim\limits_{x \to +\infty} e^{-x^2} = \lim\limits_{x \to -\infty} e^{-x^2} = 0$，因此直线 $y = 0$ 为曲线 $y = e^{-x^2}$ 的水平渐近线.

(2) 由于函数 $y = \dfrac{4(x+1)}{x^2} - 2$ 的定义域为 $(-\infty, 0) \cup (0, +\infty)$，且

$$\lim_{x \to 0} \left[\frac{4(x+1)}{x^2} - 2\right] = +\infty, \quad \lim_{x \to \infty} \left[\frac{4(x+1)}{x^2} - 2\right] = -2,$$

因此直线 $x=0$ 和 $y=-2$ 分别为曲线 $y=\dfrac{4(x+1)}{x^2}-2$ 的垂直渐近线和水平渐近线.

（3）由于函数 $y=x-\dfrac{x}{1+x}$ 的定义域为 $(-\infty,-1)\cup(-1,+\infty)$，且 $\lim\limits_{x\to-1}\left(x-\dfrac{x}{1+x}\right)=\infty$.

$$k=\lim_{x\to\infty}\dfrac{f(x)}{x}=\lim_{x\to+\infty}\left(1-\dfrac{1}{1+x}\right)=1,\ b=\lim_{x\to\infty}[f(x)-kx]=\lim_{x\to\infty}\left(x-\dfrac{x}{1+x}-x\right)=-1,$$

所以直线 $x=-1$ 和 $y=x-1$ 分别是曲线 $y=x-\dfrac{x}{1+x}$ 的垂直渐近线和斜渐近线.

二、函数图像的描绘

当清楚了函数的单调性、极值、凹凸性、拐点和渐近线等曲线性态，再结合函数的定义域、值域、奇偶性和周期性等函数特性，就可以较好地描绘函数的图像.

作函数 $y=f(x)$ 图像的一般步骤如下：
① 确定函数 $y=f(x)$ 的定义域、值域；
② 讨论函数的奇偶性、周期性；
③ 求使 $f'(x)=0$ 及 $f'(x)$ 不存在的点，确定函数的单调区间和极值；
④ 求使 $f''(x)=0$ 及 $f''(x)$ 不存在的点，确定曲线的凹凸区间和拐点；
⑤ 曲线有渐近线时求出其渐近线；
⑥ 必要时补充一些满足 $y=f(x)$ 的辅助点，如曲线与坐标轴的交点及曲线的控制点等.

根据以上讨论，先准确地描出已求出的点，若有渐近线，需先用虚线作出来，再按曲线性态，细心地作出函数的图像.

例 2 作函数 $y=\dfrac{1}{3}x^3-x$ 的图像.

解 ① 函数的定义域为 $(-\infty,+\infty)$.
② 函数是奇函数，它的图像关于原点对称.
③ $y'=x^2-1$. 由 $y'=0$，得驻点 $x_1=-1,\ x_2=1$.
④ $y''=2x$. 由 $y''=0$，得 $x=0$.
⑤ 列表讨论如下.

x	$(-\infty,-1)$	-1	$(-1,0)$	0	$(0,1)$	1	$(1,+\infty)$
y'	$+$	0	$-$	-1	$-$	0	$+$
y''	$-$	-2	$-$	0	$+$	2	$+$
y	↗	极大值 $\dfrac{2}{3}$	↘	拐点 $(0,0)$	↘	极小值 $-\dfrac{2}{3}$	↗

⑥ 补充辅助点：$\left(-2,-\dfrac{2}{3}\right),\ (-\sqrt{3},0),\ (\sqrt{3},0),\ \left(2,\dfrac{2}{3}\right)$.

根据以上讨论，作出函数图像，如图 3-17 所示.

点 $\left(-2, -\frac{2}{3}\right)$ 与 $\left(2, \frac{2}{3}\right)$ 就是控制曲线向左下, 向右上伸展的控制点.

例 3 作函数 $y = e^{-x^2}$ 的图像.

解 ① 函数的定义域为 $(-\infty, +\infty)$.
② $f(x)$ 是偶函数, 它的图像关于 y 轴对称.
③ $y' = -2x e^{-x^2}$. 由 $y' = 0$, 得驻点 $x = 0$.
④ $y'' = 2e^{-x^2}(2x^2 - 1)$. 由 $y'' = 0$, 得 $x = \pm\frac{\sqrt{2}}{2}$.
⑤ 列表讨论如下.

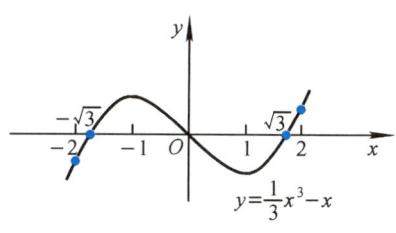

图 3-17

x	$\left(-\infty, -\frac{\sqrt{2}}{2}\right)$	$-\frac{\sqrt{2}}{2}$	$\left(-\frac{\sqrt{2}}{2}, 0\right)$	0	$\left(0, \frac{\sqrt{2}}{2}\right)$	$\frac{\sqrt{2}}{2}$	$\left(\frac{\sqrt{2}}{2}, +\infty\right)$
y'	+	+	+	0	−	−	−
y''	+	0	−	−	−	0	+
y	↗	拐点 $\left(-\frac{\sqrt{2}}{2}, e^{-\frac{1}{2}}\right)$	↗	极大值 1	↘	拐点 $\left(\frac{\sqrt{2}}{2}, e^{-\frac{1}{2}}\right)$	↘

⑥ 由例 1(1) 知, $y = 0$ (即 x 轴) 为曲线的水平渐近线, 且曲线在 x 轴上方. 根据以上讨论, 作出函数图像, 如图 3-18 所示.

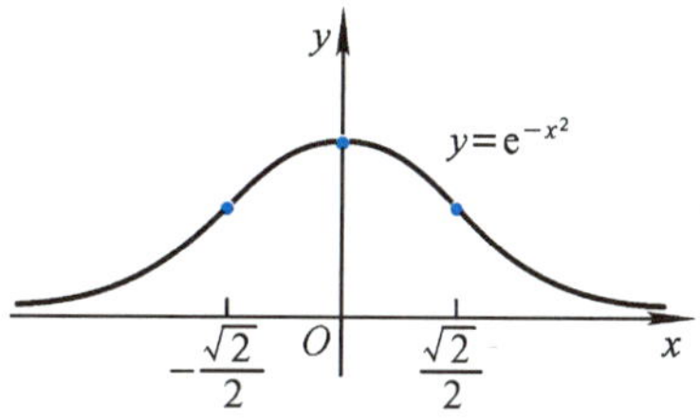

例 4 作函数 $y = \frac{4(x+1)}{x^2} - 2$ 的图像.

解 ① 函数定义域为 $(-\infty, 0) \cup (0, +\infty)$.
② $y' = -\frac{4(x+2)}{x^3}$. 令 $y' = 0$, 得驻点 $x = -2$.
③ $y'' = \frac{8(x+3)}{x^4}$. 令 $y'' = 0$, 得 $x = -3$.
④ 列表讨论如下.

图 3-18

x	$(-\infty, -3)$	-3	$(-3, -2)$	-2	$(-2, 0)$	0	$(0, +\infty)$
y'	−	−	−	0	+	不存在	−
y''	−	0	+	+	+	不存在	+
y	↘	拐点 $\left(-3, -\frac{26}{9}\right)$	↘	极小值 -3	↗	间断	↘

⑤ 由例 1(2) 知, $y = -2$ 为水平渐近线, $x = 0$ 为垂直渐近线.
⑥ 补充辅助点: $M_1(1-\sqrt{3}, 0)$, $M_2(1+\sqrt{3}, 0)$, $M_3(1, 6)$, $M_4\left(4, -\frac{3}{4}\right)$.

根据以上讨论,作出函数图像,如图 3-19 所示.

坐标平面本是无限的,函数曲线往往也是无限的.作函数图像就是在有限的区域内作出函数曲线在无限平面上的几何形状,这样就可直观地展示函数的特性,也便于数形结合,对函数进行研究.

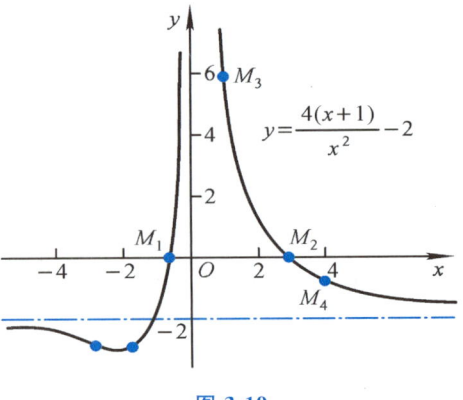

图 3-19

例 5 作函数 $y = x - \dfrac{x}{1+x}$ 的图像.

解 ① 函数的定义域为 $(-\infty, -1) \cup (-1, +\infty)$.

② $y' = \dfrac{x^2 + 2x}{(1+x)^2}$. 由 $y' = 0$,得驻点 $x_1 = -2$, $x_2 = 0$.

③ $y'' = \dfrac{2}{(1+x)^3}$. 当 $x = -1$ 时, y'' 不存在,虽在 $x = -1$ 的两侧 y'' 异号,但 $f(x) = x - \dfrac{x}{1+x}$ 在 $x = -1$ 处无定义,所以此曲线无拐点.

④ 渐近线:由例 1(3) 知, $x = -1$ 是垂直渐近线, $y = x - 1$ 是斜渐近线.

⑤ 列表讨论如下.

x	$(-\infty, -2)$	-2	$(-2, -1)$	-1	$(-1, 0)$	0	$(0, +\infty)$
y'	$+$	0	$-$	不存在	$-$	0	$+$
y''	$-$	-2	$-$	不存在	$+$	2	$+$
y	↗	-4	↘	间断	↘	0	↗

⑥ 补充辅助点: $\left(-\dfrac{1}{2}, \dfrac{1}{2}\right)$, $\left(2, \dfrac{4}{3}\right)$, $\left(-\dfrac{3}{2}, -\dfrac{9}{2}\right)$, $\left(-3, -\dfrac{9}{2}\right)$.

根据以上讨论,作出函数图像,如图 3-20 所示.

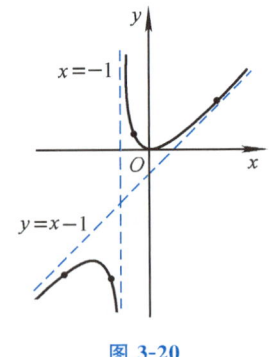

图 3-20

习 题 3-5

1. 求下列曲线的渐近线:

(1) $y = \dfrac{1}{x+2}$;   (2) $y = \dfrac{4x+5}{x-1}$;   (3) $y = \dfrac{2x^2 + 3x + 2}{x+1}$;

(4) $y = \dfrac{1}{x^2 - 4x - 5}$;   (5) $y = c + \dfrac{a^3}{(x-b)^2}$;   (6) $y = e^{\frac{1}{x}} - 1$.

*2. 作函数 $y = (x+1)(x-2)^2$ 的图像.

*§3-6 曲线的曲率

在工程技术中,有时需要考虑曲线的弯曲程度.例如:设计铁路线路时,如果弯曲程度不合适,很容易造成火车脱轨等事故;又如:车床的主轴由于所受荷载与它本身的重量,总会产生弯曲变形,如果弯曲程度过大,就会影响车床的正常运转和精度.为了刻画曲线的弯曲程度,本节讨论曲线的曲率.

* 一、曲率

先从几何图形直观地分析曲线的弯曲程度是由哪些量来确定的.

当动点沿曲线由点 M 移动到点 N 时,动点处的切线也相应地跟着转动,切线转过的角称为**转角**,用 α 表示.

(1) 如果两曲线的长度相等,那么转角大的,曲线的弯曲程度也大;转角小的,曲线的弯曲程度也小,如图 3-21a 所示.

(2) 如果两曲线的切线转角相等,那么曲线较长的,弯曲程度反而小;弧较短的,弯曲程度反而大,如图 3-21b 所示.

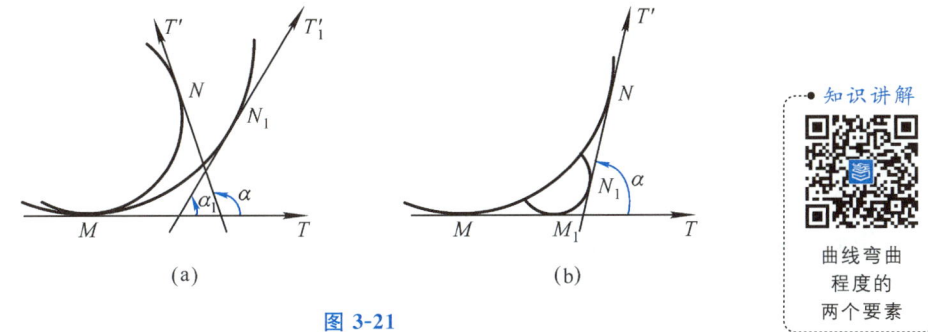

图 3-21

综上分析可知:曲线的弯曲程度可用曲线两端切线的转角与曲线长度之比的绝对值 $\left|\dfrac{\alpha}{\overset{\frown}{MN}}\right|$ 来描述,这个值越大,曲线的弯曲程度就越大,这个值越小,曲线的弯曲程度就越小.

我们把曲线两端切线的转角与曲线长度之比的绝对值,称为这段曲线的**平均曲率**,记为 $\overline{K}$,即

$$\overline{K}=\left|\dfrac{\alpha}{\overset{\frown}{MN}}\right|.$$

一般地,曲线的弯曲程度随点而异,所以曲线的平均曲率,只能表示整段曲线的平均弯曲程度.显然,当曲线越短时,平均曲率就越能近似地表示曲线上某一点附近的弯曲程度.下面给出曲线在一点处曲率的定义.

定义 当点 N 沿曲线趋近于点 M 时,$\overset{\frown}{MN}$ 的平均曲率的极限,称为曲线在点 M 的**曲率**(curvature),记为 K,即 $K=\lim\limits_{\overset{\frown}{MN}\to 0}\left|\dfrac{\alpha}{\overset{\frown}{MN}}\right|$.

注意:因为只考虑曲线弯曲程度的大小,所以曲率 K 只取非负值.

例 1 已知圆的半径为 R,求圆上:
(1) 任一段圆弧的平均曲率;(2) 任一点处的曲率.

解 (1) 如图 3-22 所示,在圆上任取一段 $\overset{\frown}{AB}$,由平面几何的知识,圆弧两端切线 AP 与 BP 的转角 α 等于圆心角,即 $\alpha=\angle AOB$,于是 $\overset{\frown}{AB}=R\alpha$,因此,$\overset{\frown}{AB}$ 的平均曲率为

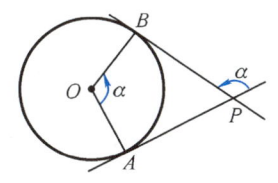

图 3-22

$$\overline{K} = \left| \frac{\alpha}{\widehat{AB}} \right| = \frac{\alpha}{R\alpha} = \frac{1}{R}.$$

（2）圆上任一点的曲率

$$K = \lim_{\widehat{AB} \to 0} \left| \frac{\alpha}{\widehat{AB}} \right| = \lim_{\widehat{AB} \to 0} \frac{1}{R} = \frac{1}{R}.$$

这就是说，圆上任一段圆弧的平均曲率及圆上任一点的曲率都相等，而且等于半径 R 的倒数 $\frac{1}{R}$，即圆的弯曲程度处处一样，半径越小，曲率越大，弯曲得越厉害。

以下我们给出曲线 $y = f(x)$ 上任意点处的曲率计算公式。

设函数 $y = f(x)$ 具有二阶导数，则曲线 $y = f(x)$ 在任意点 $M(x, y)$ 的曲率计算公式为

$$K = \frac{|y''|}{(1 + y'^2)^{\frac{3}{2}}} \tag{3-1}$$

由式(3-1)可知，在使函数 $y = f(x)$ 的二阶导数等于 0 的点处，曲率等于 0。所以直线上每点处的曲率为 0；二阶可导函数曲线上拐点处的曲率也为 0。

如果 $|y'|$ 比 1 小得多，记作 $|y'| \ll 1$，于是 $1 < 1 + y'^2 \ll 2$，因此 $(1 + y'^2)^{\frac{3}{2}} \approx 1$，由式(3-1)，得

$$K \approx |y''|. \tag{3-2}$$

上面的近似公式在工程技术中常用到。

例 2 求曲线 $y = ax^3 (a > 0, x \geq 0)$ 的曲率 K 及 $K|_{x=0}$。

解 由 $y = ax^3$，得 $y' = 3ax^2$，$y'' = 6ax$。代入式(3-1)，得

$$K = \frac{6ax}{(1 + 9a^2 x^4)^{\frac{3}{2}}}, \qquad K|_{x=0} = 0.$$

例 3 求曲线 $y = 2\ln\left(1 - \frac{x^2}{4}\right)$ 上曲率最大的点及最大曲率。

解 函数的定义域为 $(-2, 2)$。将 $y' = -\frac{4x}{4 - x^2}$，$y'' = -\frac{4(4 + x^2)}{(4 - x^2)^2}$，代入式(3-1)，得

$$K = \frac{\left| -\frac{4(4 + x^2)}{(4 - x^2)^2} \right|}{\left[1 + \left(-\frac{4x}{4 - x^2} \right)^2 \right]^{\frac{3}{2}}} = \frac{\frac{4(4 + x^2)}{(4 - x^2)^2}}{\left[\frac{(4 + x^2)^2}{(4 - x^2)^2} \right]^{\frac{3}{2}}} = \frac{4(4 - x^2)}{(4 + x^2)^2} \quad (-2 < x < 2).$$

求导数，得 $K' = 4 \cdot \frac{-2x(4 + x^2)^2 - (4 - x^2) \cdot 2(4 + x^2) \cdot 2x}{(4 + x^2)^4} = -\frac{8x(12 - x^2)}{(4 + x^2)^3}.$

令 $K' = 0$，得 $x = 0$，$x = \pm 2\sqrt{3}$（含去）。

由于曲率 K 的最大值存在，而现在函数在 $(-2, 2)$ 内只有一个驻点，因此当 $x = 0$ 时，函数 K 取得最大值。因为 $x = 0$ 时，有 $y = 0$，所以在点 $(0, 0)$ 处，曲线 $y = 2\ln\left(1 - \frac{x^2}{4}\right)$ 的曲率最大，最大曲率为 1。

这里求曲率最大点也可以不用求导法. 在 $K=\dfrac{4(4-x^2)}{(4+x^2)^2}$ 中,显然当 $x=0$ 时,分子最大而分母最小,因而这时 K 最大.

由曲率计算公式和初等函数的连续性知,如果一阶、二阶导数 y',y'' 都连续,则曲率 K 也连续.如图 3-23 所示的曲线轨道 BAM(其中,$\overset{\frown}{AM}$ 是一段圆弧,直线 BA 与 $\overset{\frown}{AM}$ 相切于点 A),在点 A 处的曲率是不连续的(因直线上各点处的曲率为 0;而圆弧上各点处的曲率为 $\dfrac{1}{R}$),当火车行驶在曲率不连续的点 A 时,就会产生一个冲动.所以在铁路线路设计时,要用一条缓和曲线(曲率连续变化的曲线)来连接直线段与曲线段,使其在与直线轨道连接处的曲率为 0,而在与曲线轨道连接处,曲率应等于曲线轨道在该点处的曲率,通常选用三次抛物线作为过渡曲线.

图 3-23　　　　　　图 3-24

例 4 如图 3-24 所示,BO 为直线铁路轨道,$\overset{\frown}{AM}$ 为半径为 R 的圆弧铁路线路,试选定适当的参数 $a(a>0)$,使曲线 $y=ax^3$ 的弧段 $\overset{\frown}{OA}$(其长为 L)可作为连接这两段线路的过渡曲线线路.

解 由例 2 知,$K=\dfrac{6ax}{(1+9a^2x^4)^{\frac{3}{2}}}$,且在 $O(0,0)$ 处,$K_0=0$.

$$K'=\dfrac{6a(1-45a^2x^4)}{(1+9a^2x^4)^{\frac{5}{2}}}. \text{令 } K'=0, \text{得 } x_1=\sqrt[4]{\dfrac{1}{45a^2}}.$$

要使曲线 $\overset{\frown}{OA}$ 成为连接直线线路 BO 与圆弧线路 $\overset{\frown}{AM}$ 的过渡曲线,应满足 $K_A=\dfrac{1}{R}$.通过选定适当的参数,使 $x_0\in[0,x_1]$,这样在区间 $[0,x_0]$ 上,曲率 K 从 0 连续单调递增到 $\dfrac{1}{R}$.当 $|y'|\ll 1$ 时,由式(3-2)及例 2,得

$$K_A\approx 6ax_0=\dfrac{1}{R}, \text{ 于是 } a=\dfrac{1}{6Rx_0}.$$

注意到 $|y'|\ll 1$,此时有

$$|y'|_{x=x_0}|=3ax_0^2=\dfrac{3x_0^2}{6Rx_0}=\dfrac{1}{2}\cdot\dfrac{x_0}{R}\ll 1, \text{即} \dfrac{x_0}{R}\ll 1.$$

又当 $\overset{\frown}{OA}$ 的长 L 不大时,有 $x_0\approx L$,因此 $\dfrac{L}{R}\ll 1$,$a=\dfrac{1}{6RL}$.

所以,当 $\dfrac{L}{R}\ll 1$ 时,曲线 $y=\dfrac{x^3}{6RL}$ 可作为连接 BO,$\overset{\frown}{AM}$ 两线路的过渡曲线.

*二、曲率圆和曲率半径

用曲率的计算公式,可以求出曲线 $y=f(x)$ 在任一点的曲率.为了使曲率直观形象,也可以用图形来表示曲率.

如果曲线 $L: y=f(x)$ 在某点 $M(x,y)$ 的曲率 K 不等于 0，由例 1 可知，曲线在点 M 的曲率，与半径为 $\dfrac{1}{K}$ 的圆的曲率相等，因此我们把曲率 K 的倒数

$$R=\frac{1}{K}=\frac{(1+y'^2)^{\frac{3}{2}}}{|y''|}$$

称为曲线 L 在点 M 的**曲率半径**(radius of curvature).

作曲线 L 在点 M 的切线与法线，在法线上曲线的凹侧取点 C，使 MC 的长等于曲线在点 M 的曲率半径 R，即 $|MC|=R$. 点 C 称为曲线 L 在点 M 的**曲率中心**(center of curvature). 以点 C 为圆心，以 R 为半径的圆称为曲线 L 在点 M 的**曲率圆**(circle of curvature)(图 3-25). 设曲线 $y=f(x)$ 在点 $M(x,y)$ 处的曲率中心为 $C(\alpha,\beta)$，则

$$\alpha=x-y'(1+y'^2)/y'', \qquad \beta=y+(1+y'^2)/y''.$$

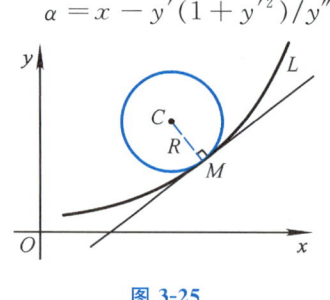

图 3-25

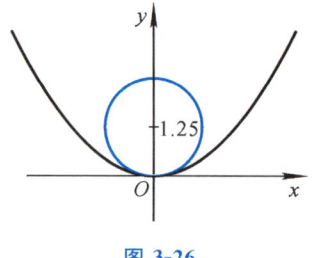

图 3-26

知识讲解

曲率圆

曲线 L 与曲率圆 C 不但在点 M 相切，而且有相同的曲率与凹向. 因此在点 M 附近，曲线与该点处的曲率圆的圆弧非常接近，当需要讨论曲线在点 M 的曲率半径和凹向等有关问题时，往往可用曲率圆去代替曲线，使问题得到简化.

例 5 设工件内表面的截线为抛物线 $y=0.4x^2$ (图 3-26)，现在要用砂轮磨削其内表面，需要用直径多大的砂轮，并求出抛物线在点 $(1,0.4)$ 处的曲率中心.

解 显然，我们选用的砂轮的半径，应小于或等于工件的内表面截线上各点处的曲率半径的最小值，否则就会磨掉工件不应磨去的部分. 因此我们先求曲率半径的最小值. 由于

$$y'=0.8x, \quad y''=0.8,$$

所以，工件内表面截线 $y=0.4x^2$ 上任意一点的曲率半径为

$$R=\frac{(1+0.64x^2)^{\frac{3}{2}}}{|0.8|}=\frac{(1+0.64x^2)^{\frac{3}{2}}}{0.8}.$$

容易看出，当 $x=0$ 时，即在抛物线 $y=0.4x^2$ 的顶点处，R 的值最小，这个最小值为 $R_{\min}=1.25$，因此，我们应选用直径等于或略小于 2.5 单位的砂轮磨削工件内表面才比较合适.

由于在点 $(1,0.4)$ 处，$y'|_{x=1}=0.8$，$y''|_{x=1}=0.8$，所以

$$\alpha=1-0.8(1+0.64)/0.8=-0.64,$$
$$\beta=0.4+(1+0.64)/0.8=2.45.$$

因此，抛物线在点 $(1,0.4)$ 处的曲率中心为 $(-0.64,2.45)$.

习 题 3-6

1. 判断题：

(1) 在曲线的拐点处，曲率为 0. （ ）

(2) 曲率为 0 的点必为曲线的拐点. ( )
(3) 曲线的极值点处的曲率等于二阶导数在该点的数值. ( )
(4) 若函数 $f(x)$ 的二阶导数存在,则曲线在驻点的曲率最大. ( )

2. 填空题:

(1) 曲线 $y = 4x - x^2$ 在顶点处的曲率 $K = $ _____;

(2) 曲线 $y = \sin x$ 在点 $\left(\dfrac{\pi}{2}, 1\right)$ 处的曲率 $K = $ _____;

(3) 在 $x = \dfrac{1}{\sqrt{2}}$ 处,曲线 $y = \ln x$ 的曲率半径 $R = $ _____;

(4) $y = \cos x$ 在 $x = 0$ 处的曲率半径 $R = $ _____.

3. 求下列曲线在给定点处的曲率:

(1) $y = 4x - x^2$,在其顶点; (2) $y = x \cos x$,在原点.

4. 求下列曲线在给定点处的曲率半径:

(1) $xy = 4$,在点 $(2, 2)$; (2) $y = \tan x$,在点 $\left(\dfrac{\pi}{4}, 1\right)$.

*§ 3-7　方程的近似解

实际问题中,常常需要求方程

$$f(x) = 0 \tag{3-3}$$

的实根. 但是通常方程 $f(x) = 0$ 的实根是不易求得的,因此就引入了求方程实根近似值的问题. 我们用导数符号与函数图像间的关系,介绍两种求方程近似根的方法——弦位法和切线法.

方程 $f(x) = 0$ 的实根,就是曲线 $y = f(x)$ 与 x 轴交点的横坐标. 现设方程左端的函数 $f(x)$ 满足以下 2 个条件:

(1) $f(x)$ 在闭区间 $[a, b]$ 上连续,且 $f(a)$ 与 $f(b)$ 异号;

(2) $f'(x)$,$f''(x)$ 在区间 $[a, b]$ 上都不变号.

由条件(1)知,$f(x)$ 在 (a, b) 内至少有一个实根;又由 $f'(x)$ 不变号知,$f(x)$ 在 (a, b) 内单调. 因此,方程(3-3)在 (a, b) 内就只有一个实根. 至于假设 $f''(x)$ 不变号(即曲线在 (a, b) 内凹凸性不变)是为了保证切线法能顺利应用.

函数满足以上 2 个条件,其图像不外乎有图 3-27 中 4 种情况,都说明方程(3-3)在 (a, b) 内只有一个实根 ξ,此时 a 与 b 都可视为未知实根 ξ 的近似值.

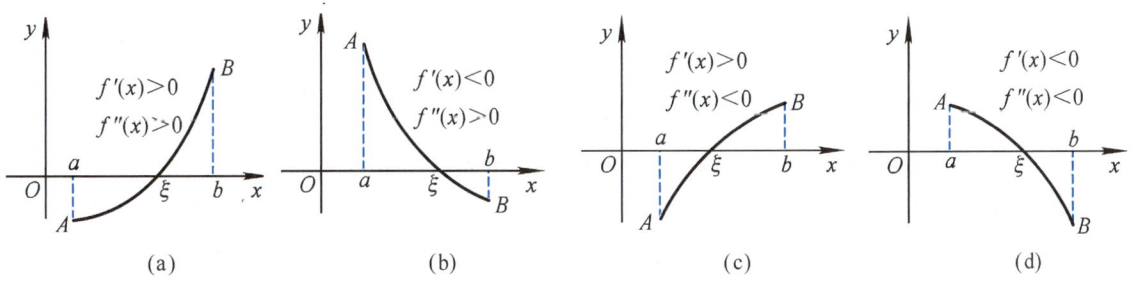

图 3-27

*一、弦位法

弦位法的基本思想是：用弦与 x 轴交点的横坐标，逐次逼近曲线与 x 轴交点的横坐标.

如图 3-28 所示，连接 $A(a, f(a))$，$B(b, f(b))$，得弦 AB，其方程为

$$y - f(a) = \frac{f(b) - f(a)}{b - a}(x - a).$$

令 $y = 0$，得弦 AB 与 x 轴交点的横坐标 x_1，

$$x_1 = a - \frac{b - a}{f(b) - f(a)} f(a).$$

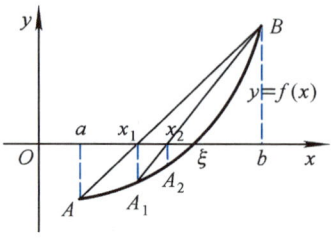

图 3-28

显然，x_1 比 a 更接近于方程(3-3)的实根 ξ. 如果 x_1 的精确度不能满足要求，便把 x_1 作为 ξ 的第一个近似值，再继续用弦位法.

连接 $A_1(x_1, f(x_1))$，$B(b, f(b))$，得弦 A_1B，其方程为

$$y - f(x_1) = \frac{f(b) - f(x_1)}{b - x_1}(x - x_1).$$

令 $y = 0$，得弦 A_1B 与 x 轴交点的横坐标 x_2，

$$x_2 = x_1 - \frac{b - x_1}{f(b) - f(x_1)} f(x_1).$$

显然，x_2 比 x_1 更接近于方程(3-3)的实根 ξ. 如果 x_2 的精确度还不能满足要求，便把 x_2 作为 ξ 的第二个近似值，继续用弦位法.

依此类推，可得 ξ 的第 n 次近似值 x_n 的计算公式

$$x_n = x_{n-1} - \frac{b - x_{n-1}}{f(b) - f(x_{n-1})} f(x_{n-1}), \quad n \in \mathbf{Z}^+. \tag{3-4}$$

随着 n 的增大，x_n 越来越接近于方程(3-3)的实根的准确值 ξ，这种用 ξ 的第 $n-1$ 次近似值求 ξ 的第 n 次近似值的重复计算方法称为**迭代法**(method of iteration)（图 3-28）.

容易看出，公式(3-4)对于图 3-27d 也是适用的.

如图 3-27b、c 所示，x_1 将比 b 更接近于方程(3-3)的实根 ξ，利用迭代法同样可得 ξ 的第 n 次近似值 x_n 的计算公式

$$x_n = x_{n-1} - \frac{x_{n-1} - a}{f(x_{n-1}) - f(a)} f(x_{n-1}), \quad n \in \mathbf{Z}^+.$$

这种方法的本质是用弦代替曲线弧，所以称为**弦位法**(method of chord).

例 1 求方程 $x^3 + 1.1x^2 + 0.9x - 1.4 = 0$ 在 $(0, 1)$ 内的根的近似值（误差不超过 0.001）.

解 设 $f(x) = x^3 + 1.1x^2 + 0.9x - 1.4$，则

(1) $f(x)$ 在 $[0, 1]$ 上连续，$f(0) = -1.4 < 0$，$f(1) = 1.6 > 0$，即 $f(0)$ 与 $f(1)$ 异号.

(2) 在 $(0, 1)$ 内，有 $f'(x) = 3x^2 + 2.2x + 0.9 > 0$，$f''(x) = 6x + 2.2 > 0$. 所以，方程在 $(0, 1)$ 内有唯一的实根. 取 $a = 0$，$b = 1$，由式(3-4)可得方程根的第一个近似值 x_1：

$$x_1 = 0 - \frac{1-0}{f(1)-f(0)}f(0) \approx 0.467.$$

又因 $f(0.467) < 0$ 与 $f(1)$ 异号,所以可判断方程在 $(0.467, 1)$ 内有唯一的实根. 再重复用式(3-4)可得方程根的第二个近似值 x_2:

$$x_2 = 0.467 - \frac{1-0.467}{f(1)-f(0.467)}f(0.467) \approx 0.619.$$

显然,x_2 比 x_1 更接近于方程的根 ξ,如此继续下去,依次得到根的近似值:

$$x_3 \approx 0.658, \quad x_4 \approx 0.668, \quad x_5 \approx 0.670, \quad x_6 \approx 0.670.$$

由于 x_5,x_6 的小数点后三位数字同,这表明已达到近似根的精确度要求. 为了验证这一点,先用数值 0.671 试一下,由于

$$f(0.671) \approx 0.001\,3 > 0, \text{ 而 } f(0.670) \approx -0.002\,4 < 0,$$

因此,根应在 $(0.670, 0.671)$ 内,所以取 0.670 为根的近似值,误差不会超过 0.001.

*二、切线法

切线法的基本思想是:在端点纵坐标与 $f''(x)$ 同号的一端处引切线,用切线与 x 轴交点的横坐标,逐次逼近曲线与 x 轴交点的横坐标.

如图 3-29 所示,由于在 (a, b) 内:$f''(x) > 0$,且 $f(b) > 0$,因此,过端点 B 引曲线 $f(x)$ 的切线,其方程为

$$y - f(b) = f'(b)(x-b).$$

令 $y = 0$,得 $x_1 = b - \dfrac{f(b)}{f'(b)}.$

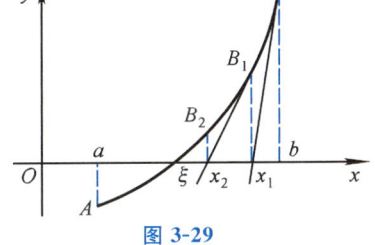

图 3-29

这就是方程(3-3)的实根 ξ 的第一次近似值. 依次类推,用迭代法可得 ξ 的第 n 次近似值 x_n 的计算公式

$$x_n = x_{n-1} - \frac{f(x_{n-1})}{f'(x_{n-1})}, \; n \in \mathbf{Z}^+. \tag{3-5}$$

这种方法的本质是用切线代替曲线弧,所以称为**切线法**(method of tangent).

例 2 用切线法解例 1.

解 因为在 $(0, 1)$ 内有 $f''(x) > 0$,$f(b) = f(1) = 1.6 > 0$,因此,令 $b = 1$,由式(3-5),得方程根的第一次近似值

$$x_1 = 1 - \frac{f(1)}{f'(1)} \approx 0.738.$$

又因为 $f(0.738) \approx 0.265\,3 > 0$,在 $(0, 0.738)$ 内,$f''(x)$ 与 $f(0.738)$ 同号,所以令 $b = 0.738$,再用式(3-5),得方程根的第二次近似值

$$x_2 = 0.738 - \frac{f(0.738)}{f'(0.738)} \approx 0.674.$$

如此继续下去,依次得方程根 ξ 的近似值:

$$x_3 = 0.674 - \frac{f(0.674)}{f'(0.674)} \approx 0.671, \quad x_4 = 0.671 - \frac{f(0.671)}{f'(0.671)} \approx 0.671.$$

由例 1 知：$f(0.671) > 0$，$f(0.670) < 0$，所以取 0.671 为根 ξ 的近似值，其误差也不会超过 0.001.

由以上两种解法可看出：用切线法求得同样精确度的近似值，比用弦位法要快些.

例 3 用切线法求方程 $x \lg x = 1$ 的实根的近似值(误差不超过 0.01).

解 将方程变形为 $x \lg x - 1 = 0$. 设 $f(x) = x \lg x - 1$.

因为 $f(1) = -1 < 0$，$f(2) \approx -0.398 < 0$，$f(3) \approx 0.431 > 0$，所以在 $(2, 3)$ 内，方程至少有一个实根. 又在 $[2, 3]$ 上，$f'(x) = \lg x + \lg e > 0$，$f''(x) = \dfrac{\lg e}{x} > 0$. 所以在 $(2, 3)$ 内，方程只有唯一的实根. 又因 $f(3)$ 与 $f''(x)$ 同号，所以取 $b = 3$，由式(3-5)，得

$$x_1 = 3 - \frac{f(3)}{f'(3)} \approx 2.527, \quad x_2 = 2.527 - \frac{f(2.527)}{f'(2.527)} \approx 2.5062.$$

试一下，$f(2.5060) = 2.506 \lg 2.506 - 1 \approx -0.00015 < 0$，$f(2.5062) \approx 0.000013 > 0$. 所以，方程的根必在 $(2.5060, 2.5062)$ 内，取 2.5061 作为根的近似值，其误差就不超过 0.01（因为 $\dfrac{2.5062 - 2.5060}{2} = 0.0001 < 0.01$).

以上介绍的弦位法、切线法的基本做法都是用直线与 x 轴交点逐次逼近曲线与 x 轴的交点. 这种"以直代曲"的思维方法，是我们学习微积分的基本思维方法，今后在学习中还会经常用到.

习 题 3-7

1. 判断下列方程在给定区间内是否有解：

(1) $2x^2 + x + 1 = 0$ 在区间 $(-1, 0)$； (2) $x^3 - 3x^2 + 6x - 1 = 0$ 在区间 $\left(0, \dfrac{1}{4}\right)$；

(3) $x - 0.1 \sin x = 2$ 在区间 $(2, 3)$.

2. 求下列方程的近似解：

(1) 方程 $x^3 - 8x + 1 = 0$ 有一根在区间 $(0, 1)$ 内，用弦位法求此根的近似值(误差不超过 0.001)；

(2) 求方程 $\sin x = 1 - x$ 的实根的近似值(误差不超过 0.0001).

复 习 题 三

A 组

1. 填空题：

(1) 函数 $y = \dfrac{\ln x}{x}$ 在区间_____单调递增，在区间_____单调递减，在区间_____是凹的，在区间_____是凸的；

(2) 函数 $y = \dfrac{\ln x}{x}$ 的极值点是_____，拐点为_____，渐近线为_____；

2. 选择题：

(1) 设函数 $y = (x^2 - 4)^2$，则在区间 $(-2, 0)$ 和 $(2, +\infty)$ 内 y 分别为(   ).

A. 单调递增，单调递增   B. 单调递增，单调递减   C. 单调递减，单调递增   D. 单调递减，单调递减

(2) 在区间 $(0, 1)$ 内为减函数的是(   ).

A. $f(x) = x^3 - x^2$ B. $f(x) = x + 2 \cos x$ C. $f(x) = e^x - x$ D. $f(x) = \ln x + \dfrac{1}{x}$

(3) 设曲线 $y = 2x - 2x^3 + x^4$,则在区间 $(1, 2)$ 和 $(2, 4)$ 内,曲线分别为( ).

A. 凸的,凸的   B. 凸的,凹的   C. 凹的,凸的   D. 凹的,凹的

3. 求下列函数的增减区间:

(1) $y = 2(x-1)^{\frac{2}{3}} + 4$;

(2) $y = x^2 e^{-x}$.

4. 求下列函数的极值:

(1) $f(x) = \dfrac{x}{x^3 + 4}$;

(2) $f(x) = x^2 + \dfrac{1}{x^2}$.

B 组

1. 求函数 $f(x) = 3 - 2(x+1)^{\frac{2}{3}}$ 的极值.

2. 求下列函数的最值:

*(1) $f(x) = \dfrac{1 - x + x^2}{1 + x - x^2}$, $x \in [0, 1]$;

(2) $f(x) = 2\tan x - \tan^2 x$, $x \in \left[0, \dfrac{\pi}{3}\right]$.

3. 求下列函数的凹凸区间和拐点:

(1) $y = x^3 - 3x^2 + 1$;

(2) $y = x^4(12\ln x - 7)$.

第三章习题与复习题

第四章

不定积分

在科学应用中,常常需要研究与求已知函数导数相反的问题,即已知某函数的导数求这个函数.针对这个问题,本章主要研究不定积分的概念、性质与几种基本积分法.

§4-1 不定积分的概念

一、原函数的概念

先看两个实例.

1. 如果某曲线的方程为 $y=f(x)$,则曲线在点 (x,y) 处的切线斜率为 y 对 x 的导数.反过来,如果已知曲线在点 (x,y) 处的切线的斜率为 $y'=f'(x)$,求该曲线的方程.显然,这是一个与微分学中求导运算相反的问题.

2. 如果某个做直线运动物体的路程 s 是时间 t 的函数:$s=s(t)$,则该物体在任意时刻 t 的运动速度 v 为 s 对 t 的导数.反过来,如果已知某物体在任意时刻 t 的运动速度 $v=s'(t)$,求该物体的路程 $s=s(t)$. 这也是一个与求导运算相反的问题.

以上两个问题,如果抽掉其几何意义和物理意义,都归结为已知某函数的导数(或微分),求这个函数,即已知 $F'(x)=f(x)$,求 $F(x)$.

定义 1 设 $f(x)$ 是定义在某一区间内的已知函数,如果存在函数 $F(x)$,使得在该区间内的任一点 x,都有

$$F'(x)=f(x) \quad \text{或} \quad dF(x)=f(x)dx,$$

则称函数 $F(x)$ 是函数 $f(x)$ 的一个**原函数**(antiderivative).

例如,在 $(-\infty,+\infty)$ 内,由于 $(x^3)'=3x^2$ 或 $d(x^3)=3x^2 dx$,因此函数 x^3 是函数 $3x^2$ 的一个原函数.同理,$x^3+\dfrac{1}{4}$,$x^3-\sqrt{3}$,x^3+C(C 为任意常数)等,都是 $3x^2$ 的原函数.

可以看出,$3x^2$ 的原函数有无限多个,并且其中任意两个原函数之间只差一个常数.任何函数的原函数,是否都这样呢?

定理 1(原函数族定理) 如果函数 $f(x)$ 在某一区间内有一个原函数,则它就有无限多个原函数,并且其中任意两个原函数的差都是常数.

证 (1) 先证 $f(x)$ 有一个原函数,则它的原函数有无限多个.

设函数 $f(x)$ 的一个原函数为 $F(x)$,即 $F'(x)=f(x)$,并设 C 为任意常数,由于

$$[F(x)+C]' = F'(x) = f(x),$$

所以，$F(x)+C$ 也是 $f(x)$ 的原函数. 又因为 C 为任意常数，即 C 可以取无限多个值，因此 $f(x)$ 有无限多个原函数.

(2) 再证 $f(x)$ 的任意两个原函数的差是常数.

设 $F(x)$ 和 $G(x)$ 都是 $f(x)$ 的原函数，根据原函数定义则有

$$F'(x) = f(x), \quad G'(x) = f(x).$$

令 $H(x) = G(x) - F(x)$，于是有

$$H'(x) = [F(x) - G(x)]' = G'(x) - F'(x) = f(x) - f(x) \equiv 0.$$

根据§3-2 中的定理 1(3) 可知，导数恒为 0 的函数必为常数，所以 $H(x) = C$ (C 为常数)，即

$$G(x) - F(x) = C, \quad G(x) = F(x) + C.$$

从定理 1 知，如果已知函数 $f(x)$ 的一个原函数为 $F(x)$，则 $f(x)$ 的所有原函数[称为**原函数族**(family of antiderivatives)]可表示为 $F(x) + C$，C 为任意常数.

定理 2（原函数存在定理） 如果函数 $f(x)$ 在闭区间 $[a,b]$ 上连续，则函数 $f(x)$ 在该区间上必存在原函数（请参见§5-3 中的定理 1）.

由于初等函数在其定义区间上都是连续的，所以初等函数在其定义区间上都有原函数.

二、不定积分

定义 2 如果函数 $F(x)$ 是函数 $f(x)$ 的一个原函数，则 $f(x)$ 的全体原函数 $F(x) + C$（C 为任意常数）称为 $f(x)$ 的**不定积分**(indefinite integral)，记为 $\int f(x)\mathrm{d}x$，即

$$\int f(x)\mathrm{d}x = F(x) + C.$$

莱布尼茨

其中，"$\int$" 称为**积分号**(integral sign)，$f(x)$ 称为**被积函数**(integrand)，$f(x)\mathrm{d}x$ 称为**被积表达式**(integral expression)，x 称为**积分变量**(integral variable)，任意常数 C 称为**积分常数**(integral constant).

由定义 2 可知，求已知函数 $f(x)$ 的不定积分，只需求出 $f(x)$ 的一个原函数，然后再加上任意常数 C 即可.

例如：由于 $(\sin x)' = \cos x$，所以 $\int \cos x \mathrm{d}x = \sin x + C$.

不定积分简称**积分**；求已知函数的不定积分的运算称为对这个函数进行**积分运算**(integral operation)；所用的方法称为**积分法**(integration).

例 1 求下列不定积分：

(1) $\int x^2 \mathrm{d}x$；　　　　　　　　(2) $\int \mathrm{e}^x \mathrm{d}x$.

解 (1) 由于 $\left(\dfrac{1}{3}x^3\right)' = x^2$，即 $\dfrac{1}{3}x^3$ 是 x^2 的一个原函数，所以 $\int x^2 \mathrm{d}x = \dfrac{1}{3}x^3 + C$.

(2) 由于 $(\mathrm{e}^x)' = \mathrm{e}^x$，即 e^x 是 e^x 的一个原函数，所以 $\int \mathrm{e}^x \mathrm{d}x = \mathrm{e}^x + C$.

三、不定积分的性质

由不定积分的定义,容易推出下列性质:

(1) $\left[\int f(x)\mathrm{d}x\right]' = f(x)$ 或 $\mathrm{d}\int f(x)\mathrm{d}x = f(x)\mathrm{d}x$;

(2) $\int F'(x)\mathrm{d}x = F(x) + C$ 或 $\int \mathrm{d}F(x) = F(x) + C$.

性质表明,先求积分后求微分,则两者的作用互相抵消;反过来,先求微分后求积分,则在两者作用抵消后,加上任意常数 C,该性质表明了**积分与微分在运算上的互逆关系**.

四、不定积分的几何意义

例 2 若已知函数的曲线在 (x, y) 处的切线斜率为 $2x$,且曲线经过点 $(2, 5)$,求这条曲线的方程.

解 设经过点 (x, y) 的曲线方程为 $y = f(x)$,则 $k = y' = 2x$. 由题意,得

$$y = \int 2x \, \mathrm{d}x.$$

因为 $(x^2)' = 2x$,所以 $y = \int 2x \, \mathrm{d}x = x^2 + C$.

又因为曲线过点 $(2, 5)$,代入上式,得 $5 = 2^2 + C$,即 $C = 1$.

因此,所求曲线为 $y = x^2 + 1$.

从几何上看,$y = x^2 + C$ 表示一族抛物线(图 4-1),而所求的曲线 $y = x^2 + 1$ 是过点 $(2, 5)$ 的那一条.

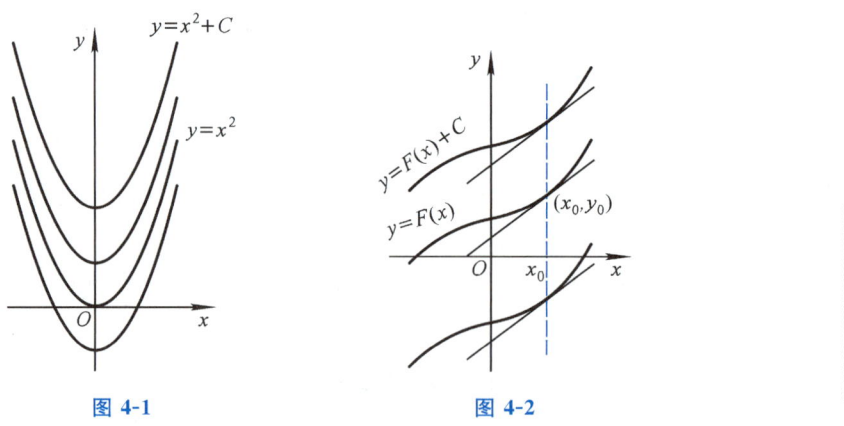

图 4-1   图 4-2

一般地,若 $F(x)$ 是 $f(x)$ 的一个原函数,那么 $y = F(x)$ 所表示的曲线称为 $f(x)$ 的一条**积分曲线**(integral curve).由于 $f(x)$ 的不定积分 $\int f(x)\mathrm{d}x$ 所表示的原函数是无穷多个,因此不定积分表示为一族曲线 $y = F(x) + C$,即 $f(x)$ 的积分曲线族.这就是**不定积分的几何意义**,如图 4-2 所示,这族曲线可以由其中任何一条经过上、下平移而得到,且在横坐标相同的点(例如:$x = x_0$)处,它们的切线彼此平行.

习 题 4-1

1. 在括号内填入适当的函数:

(1) (　　)′ = x^4;　　　　(2) (　　)′ = e^x;　　　　(3) (　　)′ = 2;

(4) (　　)′ = $\csc^2 x$;　　(5) (　　)′ = $\sin x + 1$;　(6) (　　)′ = $\dfrac{4}{x} + x^2$ $(x>0)$.

2. 判断题:

(1) 函数 $f(x)$ 的不定积分是其全体原函数. （　　）

(2) 函数 $f(x)$ 的原函数加上常数就是不定积分. （　　）

(3) 函数 $y = e^x$ 经过点 $(1,e)$ 的积分曲线为 $y = e^x$. （　　）

(4) $y = \ln ax (a > 0)$ 与 $y = \ln x$ 不是同一函数的原函数. （　　）

3. 根据不定积分的定义,验证下列等式:

(1) $\int (3x^2 + 2x + 2) dx = x^3 + x^2 + 2x + C$;　　(2) $\int \sin(3x + 2) dx = -\dfrac{1}{3}\cos(3x+2) + C$.

4. 已知曲线经过点 $(-1, -5)$,且曲线上任一点处的切线的斜率 $k = 1 - 2x$,求此曲线方程.

5. 一物体以速度 $v(t) = 3t^2 + 4t$(v 的单位为 m/s, t 的单位为 s) 做直线运动,且当 $t = 2$ s 时,物体经过的路程 $s = 16$ m,试求该物体的运动方程.

§4-2　不定积分的基本公式和运算法则直接积分法

一、不定积分的基本公式

由于积分运算与微分运算互逆,根据不定积分的性质(2),如果 $F'(x) = f(x)$,则

$$\int f(x) dx = F(x) + C.$$

这样,由基本初等函数的导数公式,得到相应的不定积分的基本公式,现将它们列表(表 4-1)对照如下.

表 4-1　基本初等函数的导数公式与不定积分的基本公式对照表

基本初等函数的导数公式	不定积分的基本公式
(1) $C' = 0$	(1) $\int 0 \cdot dx = C$
(2) $\left(\dfrac{x^{\mu+1}}{\mu+1}\right)' = x^\mu$ $(\mu \neq -1)$	(2) $\int x^\mu dx = \dfrac{x^{\mu+1}}{\mu+1} + C$ $(\mu \neq -1)$
(3) $(x)' = 1$	(3) $\int dx = x + C$
(4) $\left(\dfrac{a^x}{\ln a}\right)' = a^x$	(4) $\int a^x dx = \dfrac{a^x}{\ln a} + C$
(5) $(e^x)' = e^x$	(5) $\int e^x dx = e^x + C$
(6) $(\ln x)' = \dfrac{1}{x}, x > 0$ $[\ln(-x)]' = \dfrac{1}{x}, x < 0$	(6) $\int \dfrac{1}{x} dx = \ln|x| + C$ $(x \neq 0)$
(7) $(\sin x)' = \cos x$	(7) $\int \cos x dx = \sin x + C$

续 表

基本初等函数的导数公式	不定积分的基本公式
(8) $(-\cos x)' = \sin x$	(8) $\int \sin x \, dx = -\cos x + C$
(9) $(\tan x)' = \sec^2 x$	(9) $\int \sec^2 x \, dx = \tan x + C$
(10) $(-\cot x)' = \csc^2 x$	(10) $\int \csc^2 x \, dx = -\cot x + C$
(11) $(\sec x)' = \sec x \tan x$	(11) $\int \sec x \tan x \, dx = \sec x + C$
(12) $(-\csc x)' = \csc x \cot x$	(12) $\int \csc x \cot x \, dx = -\csc x + C$
(13) $(\arcsin x)' = \dfrac{1}{\sqrt{1-x^2}}$	(13) $\int \dfrac{dx}{\sqrt{1-x^2}} = \arcsin x + C$
(14) $(\arctan x)' = \dfrac{1}{1+x^2}$	(14) $\int \dfrac{dx}{1+x^2} = \arctan x + C$

不定积分基本公式是求不定积分的基础，必须熟记．

例 1 求 $\int x^2 \sqrt{x} \, dx$．

解 根据不定积分的基本公式(2)，得

$$\int x^2 \sqrt{x} \, dx = \int x^{\frac{5}{2}} \, dx = \frac{1}{\frac{5}{2}+1} x^{\frac{5}{2}+1} + C = \frac{2}{7} x^{\frac{7}{2}} + C = \frac{2}{7} x^3 \sqrt{x} + C.$$

例 2 求 $\int 2^x e^x \, dx$．

解 因为 $2^x e^x = (2e)^x$，根据不定积分的基本公式(4)，得

$$\int 2^x e^x \, dx = \int (2e)^x \, dx = \frac{(2e)^x}{\ln(2e)} + C = \frac{2^x e^x}{1+\ln 2} + C.$$

二、不定积分的基本运算法则

法则 1 两个函数的代数和的不定积分等于这两个函数的不定积分的代数和，即

$$\int [f(x) \pm g(x)] \, dx = \int f(x) \, dx \pm \int g(x) \, dx.$$

证 将等式右端对 x 求导，得

$$\left[\int f(x) \, dx \pm \int g(x) \, dx \right]' = \left[\int f(x) \, dx \right]' \pm \left[\int g(x) \, dx \right]' = f(x) \pm g(x).$$

这说明 $\int f(x) \, dx \pm \int g(x) \, dx$ 是 $f(x) \pm g(x)$ 的原函数，又因为 $\int f(x) \, dx \pm \int g(x) \, dx$ 含有任意常数，由不定积分的定义，得

$$\int [f(x) \pm g(x)] dx = \int f(x) dx \pm \int g(x) dx.$$

该法则可推广到有限个函数的代数和的积分,即

$$\int [f_1(x) \pm f_2(x) \pm \cdots \pm f_n(x)] dx = \int f_1(x) dx \pm \int f_2(x) dx \pm \cdots \pm \int f_n(x) dx.$$

类似地,可以证明不定积分的运算法则 2.

法则 2 被积函数中不为 0 的常数因子可以提到积分号前面,即

$$\int kf(x) dx = k \int f(x) dx \quad (k \text{ 是常数且 } k \neq 0).$$

例 3 求 $\int (2x^3 + 1 - \cos x) dx$.

解 $\int (2x^3 + 1 - \cos x) dx = 2\int x^3 dx + \int dx - \int \cos x dx = \frac{1}{2}x^4 + x - \sin x + C.$

注意:(1)在各项积分运算后,每一项的不定积分都含有一个积分常数,但是几个积分常数的代数和仍然是常数,所以最后只要写一个积分常数 C 就行了.(2)检验积分是否正确,只需把积分结果求导或求微分,看它是否等于被积函数(或被积式)即可.如例 3,积分结果含积分常数 C,又由于

$$\left(\frac{1}{2}x^4 + x - \sin x + C\right)' = 2x^3 + 1 - \cos x,$$

所以,积分是正确的.

三、直接积分法

求积分时,如果直接用求积分的两个运算法则和基本公式就能求出结果,或对被积函数进行简单的恒等变形(包括代数和三角的恒等变形),再用求不定积分的两个运算法则及基本公式就能求出结果,这种求不定积分的方法称为**直接积分法**(immediate integration).

例 4 求 $\int \sqrt{x}(x^2 - 5) dx$.

解 $\int \sqrt{x}(x^2 - 5) dx = \int (x^{\frac{5}{2}} - 5x^{\frac{1}{2}}) dx = \int x^{\frac{5}{2}} dx - 5\int x^{\frac{1}{2}} dx$

$$= \frac{2}{7}x^{\frac{7}{2}} - 5 \times \frac{2}{3}x^{\frac{3}{2}} + C = \frac{2}{7}x^3\sqrt{x} - \frac{10}{3}x\sqrt{x} + C.$$

例 5 求 $\int \frac{x^3 - 3x^2 + 2x + 4}{x^2} dx$.

解 $\int \frac{x^3 - 3x^2 + 2x + 4}{x^2} dx = \int \left(x - 3 + \frac{2}{x} + \frac{4}{x^2}\right) dx$

$$= \int x dx - 3\int dx + 2\int \frac{1}{x} dx + 4\int x^{-2} dx$$

$$= \frac{1}{2}x^2 - 3x + 2\ln|x| - \frac{4}{x} + C.$$

例 6 求 $\int \left(\cos x - 4e^x + \frac{1}{\cos^2 x}\right) dx$.

解 $\int \left(\cos x - 4e^x + \dfrac{1}{\cos^2 x}\right) dx = \int \cos x \, dx - 4\int e^x \, dx + \int \dfrac{1}{\cos^2 x} dx$
$= \sin x - 4e^x + \tan x + C.$

例 7 求 $\int \dfrac{2x^2+1}{x^2(x^2+1)} dx$.

解 分子 $2x^2+1$ 写成 $(x^2+1)+x^2$，将分式拆成两个分式的和，然后求积分：

$$\int \dfrac{2x^2+1}{x^2(x^2+1)} dx = \int \dfrac{(x^2+1)+x^2}{x^2(x^2+1)} dx$$
$$= \int \dfrac{x^2+1}{x^2(x^2+1)} dx + \int \dfrac{x^2}{x^2(x^2+1)} dx$$
$$= \int \dfrac{dx}{x^2} + \int \dfrac{dx}{x^2+1} = -\dfrac{1}{x} + \arctan x + C.$$

例 8 求 $\int \dfrac{x^4}{x^2+1} dx$.

解 将分子减 1、加 1 变形后求积分：

$$\int \dfrac{x^4}{x^2+1} dx = \int \dfrac{x^4-1+1}{x^2+1} dx = \int \dfrac{(x^2+1)(x^2-1)}{x^2+1} dx + \int \dfrac{1}{x^2+1} dx$$
$$= \int (x^2-1) dx + \int \dfrac{1}{1+x^2} dx = \dfrac{x^3}{3} - x + \arctan x + C.$$

例 9 求 $\int \tan^2 x \, dx$.

解 用三角公式变形后求积分：

$$\int \tan^2 x \, dx = \int (\sec^2 x - 1) dx = \int \sec^2 x \, dx - \int dx = \tan x - x + C.$$

例 10 求 $\int \dfrac{\cos 2x}{\cos x - \sin x} dx$.

解 $\int \dfrac{\cos 2x}{\cos x - \sin x} dx = \int \dfrac{\cos^2 x - \sin^2 x}{\cos x - \sin x} dx = \int (\cos x + \sin x) dx$
$= \sin x - \cos x + C.$

例 11 已知物体以速度 $v(t) = 2t^2 + 1$（v 的单位为 m/s，t 的单位为 s）沿 Os 轴做直线运动，当 $t = 1$ s 时，物体经过的路程为 3 m，求物体的运动方程.

解 设所求的运动方程为 $s = s(t)$，于是有 $s'(t) = v(t) = 2t^2 + 1$.

积分，得 $$s(t) = \int (2t^2+1) dt = \dfrac{2}{3} t^3 + t + C.$$

将条件 $t = 1$ s 时，$s = 3$ m 代入，得 $3 = \dfrac{2}{3} + 1 + C$，即 $C = \dfrac{4}{3}$.

所以，物体的运动方程为 $$s(t) = \dfrac{2}{3} t^3 + t + \dfrac{4}{3}.$$

*例 12 已知某产品的边际成本为 5 元/件，生产该产品的固定成本为 200 元，边际收入 $R'(x) = 10 - 0.02x$（R' 的单位为元/件，x 的单位为件），求生产该产品 x 件时的利润函数.

解 设利润函数为 $L(x)$,成本函数为 $C(x)$,因利润、收入及成本的关系为

$$L(x)=R(x)-C(x),$$

由边际成本与总成本的关系知 $C(x)=\int C'(x)\mathrm{d}x=\int 5\mathrm{d}x=5x+C_1$,因固定成本为 200 元,即 $C(0)=5 \cdot 0+C_1=200$,$C_1=200$,由此得成本函数 $C(x)=5x+200$.

再由边际收入与收入的关系得

$$R(x)=\int R'(x)\mathrm{d}x=\int (10-0.02x)\mathrm{d}x=10x-0.01x^2+C_2,$$

显然 $R(0)=0$,故 $C_2=0$,从而总收入函数为 $R(x)=10x-0.01x^2$,于是得利润函数

$$L(x)=5x-0.01x^2-200.$$

习 题 4-2

1. 判断题:

(1) $\int \dfrac{2}{x}\mathrm{d}x = \ln 2 \mid x \mid + C.$ ( )

(2) $\int a^x \mathrm{d}x = a^x \ln a + C.$ ( )

(3) $\int x^5 \mathrm{d}x = 6x^6 + C.$ ( )

(4) $\int \mathrm{e}^x \mathrm{d}x = \mathrm{e}^x + \ln C.$ ( )

(5) $\int \sin x \mathrm{d}x = \cos x + C.$ ( )

2. 求下列不定积分:

(1) $\int 5\mathrm{d}x$;
(2) $\int x^5 \mathrm{d}x$;
(3) $\int 5^x \mathrm{d}x$;
(4) $\int 2x^4 \mathrm{d}x$;
(5) $\int (7^x+1)\mathrm{d}x$;
(6) $\int (3\mathrm{e}^x+5)\mathrm{d}x$;
(7) $\int a^x \mathrm{e}^x \mathrm{d}x$;
(8) $\int (ax^2+bx+c)\mathrm{d}x$;
(9) $\int \dfrac{1+x}{x^2}\mathrm{d}x$;
(10) $\int \dfrac{\sqrt{3}}{x^3\sqrt{x}}\mathrm{d}x$;
(11) $\int (\cot^2 x+2x)\mathrm{d}x$;
(12) $\int \dfrac{5x^3-3x^2+2x-4}{x^3}\mathrm{d}x.$

§4-3 换元积分法

用直接积分法所能计算的不定积分是十分有限的,为此引入了由微分形式的不变性得到的**换元积分法**(integration by substitution).

一、第一类换元积分法

在基本积分公式中,有 $\int \cos x \mathrm{d}x = \sin x + C$. 若把这里的 x 换成 u 或 $3x$,是否仍有

$$\int \cos u \mathrm{d}u = \sin u + C \quad \text{或} \quad \int \cos 3x \mathrm{d}(3x) = \sin 3x + C$$

呢？答案是肯定的．

一般地，由 $\int f(x)\mathrm{d}x = F(x) + C$，可得 $\mathrm{d}F(x) = f(x)\mathrm{d}x$，根据微分形式的不变性，当 $u = \varphi(x)$ 可导时，有 $\mathrm{d}F(u) = f(u)\mathrm{d}u$．由不定积分定义，得

$$\int f(u)\mathrm{d}u = F(u) + C, \tag{4-1}$$

这样就扩大了基本积分公式的使用范围．

注意，对于积分 $\int \cos 3x \mathrm{d}x$，还须作适当变形，即把 $\mathrm{d}x$ "凑成" $\frac{1}{3}\mathrm{d}(3x)$ 才能用式(4-1)．因此，

$$\int \cos 3x \mathrm{d}x = \frac{1}{3} \int \cos 3x \mathrm{d}(3x) = \frac{1}{3} \sin 3x + C.$$

例 1 求 $\int (2x+1)^8 \mathrm{d}x$．

解 因为 $\mathrm{d}x = \frac{1}{2}\mathrm{d}(2x+1)$，所以

$$\int (2x+1)^8 \mathrm{d}x = \int (2x+1)^8 \cdot \frac{1}{2}\mathrm{d}(2x+1) = \frac{1}{2}\int (2x+1)^8 \mathrm{d}(2x+1)$$

$$\xrightarrow{\diamondsuit 2x+1=u} \frac{1}{2}\int u^8 \mathrm{d}u = \frac{1}{18} u^9 + C \xrightarrow{\text{回代} u=2x+1} \frac{1}{18}(2x+1)^9 + C.$$

一般地，如果积分 $\int g(x)\mathrm{d}x$ 可以"凑成"形如：

$$\int f[\varphi(x)]\varphi'(x)\mathrm{d}x \quad \text{或} \quad \int f[\varphi(x)]\mathrm{d}\varphi(x),$$

则令 $\varphi(x) = u$，当积分 $\int f(u)\mathrm{d}u = F(u) + C$ 容易求得时，可按下述方法计算不定积分：

$$\int g(x)\mathrm{d}x \xrightarrow{\text{变 形}} \int f[\varphi(x)]\varphi'(x)\mathrm{d}x \xrightarrow{\text{凑微分}} \int f[\varphi(x)]\mathrm{d}\varphi(x)$$

$$\xrightarrow[\diamondsuit \varphi(x)=u]{\text{换 元}} \int f(u)\mathrm{d}u = F(u) + C \xrightarrow[u=\varphi(x)]{\text{回 代}} F[\varphi(x)] + C.$$

这种求不定积分的方法称为**第一类换元法**，又称**凑微分法**．

例 2 求 $\int \frac{1}{ax+b}\mathrm{d}x$ （a, b 为实数，且 $a \neq 0$）．

解 因为 $\mathrm{d}x = \frac{1}{a}\mathrm{d}(ax+b)$，所以

$$\int \frac{1}{ax+b}\mathrm{d}x \xrightarrow{\text{凑微分}} \frac{1}{a}\int \frac{1}{ax+b}\mathrm{d}(ax+b) \xrightarrow[\diamondsuit ax+b=u]{\text{换 元}} \frac{1}{a}\int \frac{1}{u}\mathrm{d}u$$

$$= \frac{1}{a}\ln|u| + C \xrightarrow[u=ax+b]{\text{回 代}} \frac{1}{a}\ln|ax+b| + C.$$

例 3 求 $\int x\sqrt{x^2-3}\mathrm{d}x$．

解 因为 $x\mathrm{d}x = \frac{1}{2}\mathrm{d}(x^2-3)$，所以

$$\int x\sqrt{x^2-3}\,\mathrm{d}x \xlongequal{\text{凑微分}} \frac{1}{2}\int \sqrt{x^2-3}\,\mathrm{d}(x^2-3) \xlongequal{\text{令 } x^2-3=u} \frac{1}{2}\int \sqrt{u}\,\mathrm{d}u$$

$$=\frac{1}{2}\cdot\frac{2}{3}u^{\frac{3}{2}}+C \xlongequal[u=x^2-3]{\text{回 代}} \frac{1}{3}(x^2-3)^{\frac{3}{2}}+C.$$

归纳起来,用凑微分法求不定积分的步骤是:"凑、换元、积分、回代"这四步,其关键是"凑"这一步.在运算比较熟练后,可以省略换元和回代这两步.

凑微分时,常用下列微分式,熟悉这些微分式有助于求积分:

$$\mathrm{d}x=\frac{1}{a}\mathrm{d}(ax+b),a\neq 0; \qquad x\mathrm{d}x=\frac{1}{2}\mathrm{d}(x^2); \qquad \frac{1}{x}\mathrm{d}x=\mathrm{d}(\ln|x|);$$

$$\frac{1}{\sqrt{x}}\mathrm{d}x=2\mathrm{d}(\sqrt{x}); \qquad \frac{1}{x^2}\mathrm{d}x=-\mathrm{d}\left(\frac{1}{x}\right); \qquad \frac{1}{1+x^2}\mathrm{d}x=\mathrm{d}(\arctan x);$$

$$\frac{1}{\sqrt{1-x^2}}\mathrm{d}x=\mathrm{d}(\arcsin x); \qquad \mathrm{e}^x\mathrm{d}x=\mathrm{d}(\mathrm{e}^x); \qquad \sin x\,\mathrm{d}x=-\mathrm{d}(\cos x);$$

$$\cos x\,\mathrm{d}x=\mathrm{d}(\sin x); \qquad \sec^2 x\,\mathrm{d}x=\mathrm{d}(\tan x); \qquad \csc^2 x\,\mathrm{d}x=-\mathrm{d}(\cot x);$$

$$\sec x\tan x\,\mathrm{d}x=\mathrm{d}(\sec x); \qquad \csc x\cot x\,\mathrm{d}x=-\mathrm{d}(\csc x).$$

例 4 求 $\int \dfrac{\ln x}{x}\mathrm{d}x$.

解 在 $\ln x$ 中, $x>0$, 因而 $\dfrac{1}{x}\mathrm{d}x=\mathrm{d}(\ln x)$, 所以

$$\int \frac{\ln x}{x}\mathrm{d}x = \int \ln x\,\mathrm{d}(\ln x) = \frac{1}{2}\ln^2 x + C.$$

例 5 求 $\int \dfrac{\sin(\sqrt{x}+1)}{\sqrt{x}}\mathrm{d}x$.

解
$$\int \frac{\sin(\sqrt{x}+1)}{\sqrt{x}}\mathrm{d}x = 2\int \sin(\sqrt{x}+1)\mathrm{d}(\sqrt{x}) = 2\int \sin(\sqrt{x}+1)\mathrm{d}(\sqrt{x}+1)$$
$$=-2\cos(\sqrt{x}+1)+C.$$

例 6 求 $\int \dfrac{\mathrm{e}^x}{1+\mathrm{e}^x}\mathrm{d}x$.

解 $\int \dfrac{\mathrm{e}^x}{1+\mathrm{e}^x}\mathrm{d}x = \int \dfrac{1}{1+\mathrm{e}^x}\mathrm{d}(1+\mathrm{e}^x) = \ln(1+\mathrm{e}^x)+C.$

例 7 求 $\int \dfrac{1}{a^2+x^2}\mathrm{d}x \quad (a\neq 0).$

解 $\int \dfrac{1}{a^2+x^2}\mathrm{d}x = \dfrac{1}{a^2}\int \dfrac{\mathrm{d}x}{1+\left(\dfrac{x}{a}\right)^2} = \dfrac{1}{a}\int \dfrac{\mathrm{d}\left(\dfrac{x}{a}\right)}{1+\left(\dfrac{x}{a}\right)^2} = \dfrac{1}{a}\arctan \dfrac{x}{a}+C.$

类似地,得 $\int \dfrac{\mathrm{d}x}{\sqrt{a^2-x^2}}=\arcsin \dfrac{x}{a}+C \quad (a>0).$

例 8 求 $\int \dfrac{x+1}{x^2+2x-3}\mathrm{d}x$.

解 因为 $(x^2+2x-3)'=2x+2=2(x+1)$, 所以 $(x+1)\mathrm{d}x=\dfrac{1}{2}\mathrm{d}(x^2+2x-3)$, 于是

$$\int \frac{x+1}{x^2+2x-3}dx = \frac{1}{2}\int \frac{d(x^2+2x-3)}{x^2+2x-3} = \frac{1}{2}\ln|x^2+2x-3|+C.$$

计算不定积分时,有时需要用代数或三角公式先对被积函数作适当变形,再用凑微分法进行计算.

例 9 求 $\int \frac{1}{(x-\alpha)(x-\beta)}dx$.

解 因为 $\frac{1}{(x-\alpha)(x-\beta)} = \frac{1}{\alpha-\beta}\left(\frac{1}{x-\alpha} - \frac{1}{x-\beta}\right),$

所以
$$\int \frac{1}{(x-\alpha)(x-\beta)}dx = \frac{1}{\alpha-\beta}\int\left(\frac{1}{x-\alpha} - \frac{1}{x-\beta}\right)dx$$
$$= \frac{1}{\alpha-\beta}(\ln|x-\alpha| - \ln|x-\beta|) + C$$
$$= \frac{1}{\alpha-\beta}\ln\left|\frac{x-\alpha}{x-\beta}\right| + C.$$

特别地,当 $\alpha = a$, $\beta = -a$ 时,有 $\int \frac{dx}{x^2-a^2} = \frac{1}{2a}\ln\left|\frac{x-a}{x+a}\right| + C$.

例 10 求 $\int \frac{2x-5}{x^2+3}dx$.

解 $\int \frac{2x-5}{x^2+3}dx = \int \frac{2x}{x^2+3}dx - \int \frac{5dx}{x^2+3} = \int \frac{d(x^2+3)}{x^2+3} - 5\int \frac{dx}{3+x^2}$ (根据例 7 的结果)

$$= \ln(x^2+3) - \frac{5}{\sqrt{3}}\arctan\frac{x}{\sqrt{3}} + C.$$

例 11 求 $\int \cos^2 x \, dx$.

解 因为 $\cos^2 x = \frac{1+\cos 2x}{2}$, 所以

$$\int \cos^2 x \, dx = \frac{1}{2}\int (1+\cos 2x)dx = \frac{1}{2}\int dx + \frac{1}{4}\int \cos 2x \, d(2x)$$
$$= \frac{1}{2}x + \frac{1}{4}\sin 2x + C.$$

类似地,得 $\int \sin^2 x \, dx = \frac{1}{2}x - \frac{1}{4}\sin 2x + C.$

例 12 求 $\int \tan x \, dx$.

解 $\int \tan x \, dx = \int \frac{\sin x}{\cos x}dx = -\int \frac{d(\cos x)}{\cos x} = -\ln|\cos x| + C.$

类似地,得 $\int \cot x \, dx = \ln|\sin x| + C.$

例 13 求 $\int \csc x \, dx$.

解 $\int \csc x \, dx = \int \frac{1}{\sin x}dx = \int \frac{\sin^2 \frac{x}{2} + \cos^2 \frac{x}{2}}{2\sin \frac{x}{2}\cos \frac{x}{2}}dx$

$$= \int\left(\tan \frac{x}{2} + \cot \frac{x}{2}\right)d\left(\frac{x}{2}\right) \qquad \text{(根据例 12 的结果)}$$

$$= -\ln\left|\cos\frac{x}{2}\right| + \ln\left|\sin\frac{x}{2}\right| + C = \ln\left|\tan\frac{x}{2}\right| + C.$$

把三角等式 $\tan\dfrac{x}{2} = \dfrac{1-\cos x}{\sin x} = \csc x - \cot x$ 代入上式,得

$$\int \csc x \, \mathrm{d}x = \ln|\csc x - \cot x| + C.$$

例 14 求 $\int \sec x \, \mathrm{d}x$.

解 因为 $\cos x = \sin\left(\dfrac{\pi}{2} + x\right)$,所以

$$\int \sec x \, \mathrm{d}x = \int \frac{\mathrm{d}x}{\cos x} = \int \frac{\mathrm{d}\left(\dfrac{\pi}{2} + x\right)}{\sin\left(\dfrac{\pi}{2} + x\right)}$$

$$= \ln\left|\csc\left(\frac{\pi}{2} + x\right) - \cot\left(\frac{\pi}{2} + x\right)\right| + C$$

$$= \ln|\sec x + \tan x| + C.$$

例 15 求 $\int \cos 2x \sin x \, \mathrm{d}x$.

解 1 由余弦的二倍角公式,得

$$\cos 2x \sin x = (2\cos^2 x - 1)\sin x = 2\cos^2 x \sin x - \sin x,$$

$$\int \cos 2x \sin x \, \mathrm{d}x = \int (2\cos^2 x \sin x - \sin x) \, \mathrm{d}x = -2\int \cos^2 x \, \mathrm{d}\cos x - \int \sin x \, \mathrm{d}x$$

$$= -\frac{2}{3}\cos^3 x + \cos x + C.$$

解 2 用积化和差公式,得

$$\cos 2x \sin x = \frac{1}{2}(\sin 3x - \sin x),$$

$$\int \cos 2x \sin x \, \mathrm{d}x = \frac{1}{2}\int (\sin 3x - \sin x) \, \mathrm{d}x = -\frac{1}{6}\cos 3x + \frac{1}{2}\cos x + C.$$

由上例看出,同一函数的不定积分,由于解法不同,其结果可能在形式上不同,可以验证它们实际上彼此只相差一个常数. 如果运算正确无误,那么它们只是形式上的不同,实质上表示的是同一函数族.

二、第二类换元积分法

第一类换元法是通过选择新积分变量 u,用 $\varphi(x) = u$ 进行换元,从而使原积分便于求出,但对有些积分,如 $\int \dfrac{\sqrt{x}}{1+\sqrt[3]{x}} \mathrm{d}x$,$\int \sqrt{a^2 - x^2} \, \mathrm{d}x$ 等,需要作相反方向的换元,才能比较顺利地求出结果.

例 16 求 $\int \dfrac{\sqrt{x}}{1+\sqrt[3]{x}} \mathrm{d}x$.

解 为了去掉根式,令 $\sqrt[6]{x} = t$,则 $x = t^6 (t > 0)$,$\mathrm{d}x = 6t^5 \mathrm{d}t$,于是

$$\begin{aligned}\int\frac{\sqrt{x}}{1+\sqrt[3]{x}}\mathrm{d}x&=\int\frac{t^3}{1+t^2}6t^5\,\mathrm{d}t=6\int\frac{t^8}{1+t^2}\mathrm{d}t\\&=6\int\left(t^6-t^4+t^2-1+\frac{1}{1+t^2}\right)\mathrm{d}t\\&=\frac{6}{7}t^7-\frac{6}{5}t^5+2t^3-6t+6\arctan t+C\\&\xlongequal[t=\sqrt[6]{x}]{\text{回代}}\frac{6}{7}x\sqrt[6]{x}-\frac{6}{5}\sqrt[6]{x^5}+2\sqrt{x}-6\sqrt[6]{x}+6\arctan\sqrt[6]{x}+C.\end{aligned}$$

从例 16 看出,如果计算积分 $\int f(x)\mathrm{d}x$ 有困难,可作变量代换 $x=\psi(t)$,当 $x=\psi(t)$ 是单调、可导的函数,且 $\psi'(t)\neq 0$ 时,则有 $\mathrm{d}x=\psi'(t)\mathrm{d}t$,从而将 $\int f(x)\mathrm{d}x$ 化为积分 $\int f[\psi(t)]\psi'(t)\mathrm{d}t$. 若这个积分容易求出,就可按下述方法计算不定积分:

$$\int f(x)\mathrm{d}x\xlongequal[\text{令 }x=\psi(t)]{\text{换　元}}\int f[\psi(t)]\psi'(t)\mathrm{d}t=F(t)+C\xlongequal[t=\psi^{-1}(x)]{\text{回　代}}F[\psi^{-1}(x)]+C,$$

其中,$t=\psi^{-1}(x)$ 是代换 $x=\psi(t)$ 的反函数,这种求不定积分的方法称为**第二类换元法**.

例 17 求 $\int\sqrt{a^2-x^2}\,\mathrm{d}x\quad(a>0)$.

解 用三角公式可以消去根式. 令 $x=a\sin t\left(-\frac{\pi}{2}<t<\frac{\pi}{2}\right)$,则

$$\sqrt{a^2-x^2}=\sqrt{a^2-a^2\sin^2 t}=a\cos t,\ \mathrm{d}x=a\cos t\,\mathrm{d}t.$$

于是

$$\begin{aligned}\int\sqrt{a^2-x^2}\,\mathrm{d}x&=\int a\cos t\cdot a\cos t\,\mathrm{d}t=a^2\int\cos^2 t\,\mathrm{d}t\\&=\frac{a^2}{2}\int(1+\cos 2t)\mathrm{d}t=\frac{a^2}{2}\left(t+\frac{1}{2}\sin 2t\right)+C.\end{aligned}$$

由于 $x=a\sin t$,所以 $t=\arcsin\frac{x}{a}$,由图 4-3 的辅助三角形知

$$\cos t=\frac{\sqrt{a^2-x^2}}{a},$$

$$\sin 2t=2\sin t\cos t=2\,\frac{x}{a}\cdot\frac{\sqrt{a^2-x^2}}{a}=\frac{2x}{a^2}\sqrt{a^2-x^2},$$

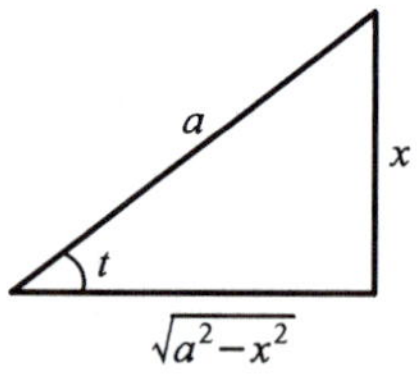

图 4-3

因此,
$$\int\sqrt{a^2-x^2}\,\mathrm{d}x=\frac{a^2}{2}\arcsin\frac{x}{a}+\frac{x}{2}\sqrt{a^2-x^2}+C.$$

例 18 求 $\int\frac{\mathrm{d}x}{\sqrt{x^2+a^2}}\quad(a>0)$.

解 为了去掉根式,令 $x=a\tan t\quad\left(-\frac{\pi}{2}<t<\frac{\pi}{2}\right)$,则

$$\sqrt{x^2+a^2}=\sqrt{a^2\tan^2 t+a^2}=a\sec t,\ \mathrm{d}x=a\sec^2 t\,\mathrm{d}t,$$

于是
$$\int\frac{\mathrm{d}x}{\sqrt{x^2+a^2}}=\int\frac{a\sec^2 t}{a\sec t}\mathrm{d}t=\int\sec t\,\mathrm{d}t.$$

用例 14 的结果,得 $\int \dfrac{\mathrm{d}x}{\sqrt{x^2+a^2}} = \ln|\sec t + \tan t| + C_1$,

由 $\tan t = \dfrac{x}{a}$,作辅助三角形(图 4-4),于是 $\sec t = \dfrac{\sqrt{x^2+a^2}}{a}$,所以

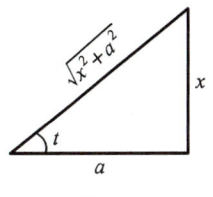

图 4-4

$$\int \dfrac{\mathrm{d}x}{\sqrt{x^2+a^2}} = \ln\left|\dfrac{\sqrt{x^2+a^2}}{a} + \dfrac{x}{a}\right| + C_1 = \ln|x+\sqrt{x^2+a^2}| + C,$$

其中 $C = C_1 - \ln a$.

类似地,令 $x = a\sec t$,可求得

$$\int \dfrac{\mathrm{d}x}{\sqrt{x^2-a^2}} = \ln|x+\sqrt{x^2-a^2}| + C.$$

一般地,如果被积函数含有根式 $\sqrt{a^2-x^2}$ 或 $\sqrt{x^2\pm a^2}$ 时,可作如下变换:

(1) 含有 $\sqrt{a^2-x^2}$ 时,令 $x = a\sin t$;

(2) 含有 $\sqrt{x^2+a^2}$ 时,令 $x = a\tan t$;

(3) 含有 $\sqrt{x^2-a^2}$ 时,令 $x = a\sec t$.

这三种变换称为**三角代换**.

在具体应用时,还需根据被积函数的具体情况,尽可能选取简捷的代换.

例 19 求 $\int \dfrac{x}{\sqrt{x-3}}\mathrm{d}x$.

解 1 用第二类换元法. 令 $\sqrt{x-3} = t$,则 $x = t^2+3$, $\mathrm{d}x = 2t\,\mathrm{d}t$.

$$\int \dfrac{x\,\mathrm{d}x}{\sqrt{x-3}} = \int \dfrac{t^2+3}{t}\cdot 2t\,\mathrm{d}t = 2\int(t^2+3)\mathrm{d}t = 2\left(\dfrac{t^3}{3}+3t\right)+C$$

$$= 2\left(\dfrac{\sqrt{(x-3)^3}}{3}+3\sqrt{x-3}\right)+C.$$

解 2 用第一类换元法,得

$$\int \dfrac{x\,\mathrm{d}x}{\sqrt{x-3}} = \int \dfrac{(x-3)+3}{\sqrt{x-3}}\mathrm{d}x$$

$$= \int\left(\sqrt{x-3}+\dfrac{3}{\sqrt{x-3}}\right)\mathrm{d}(x-3)$$

$$= \dfrac{2}{3}(x-3)^{\frac{3}{2}}+6(x-3)^{\frac{1}{2}}+C$$

$$= \dfrac{2}{3}\sqrt{(x-3)^3}+6\sqrt{x-3}+C.$$

与本节部分例题的结果相关的不定积分的基本公式:

(15) $\int \tan x\,\mathrm{d}x = -\ln|\cos x| + C$;   (16) $\int \cot x\,\mathrm{d}x = \ln|\sin x| + C$;

(17) $\int \sec x\,\mathrm{d}x = \ln|\sec x + \tan x| + C$;   (18) $\int \csc x\,\mathrm{d}x = \ln|\csc x - \cot x| + C$;

(19) $\int \dfrac{\mathrm{d}x}{a^2+x^2} = \dfrac{1}{a}\arctan \dfrac{x}{a} + C$; (20) $\int \dfrac{\mathrm{d}x}{x^2-a^2} = \dfrac{1}{2a}\ln\left|\dfrac{x-a}{x+a}\right| + C$;

(21) $\int \dfrac{\mathrm{d}x}{\sqrt{a^2-x^2}} = \arcsin \dfrac{x}{a} + C \quad (a>0)$;

(22) $\int \dfrac{\mathrm{d}x}{\sqrt{x^2 \pm a^2}} = \ln|x+\sqrt{x^2 \pm a^2}| + C \quad (a>0)$.

习　题　4-3

1. 在括号内填入适当的常数,使等式成立:

(1) $\mathrm{d}x = (\quad)\mathrm{d}(ax+b) \quad (a \neq 0)$;　　(2) $x\,\mathrm{d}x = (\quad)\mathrm{d}(x^2+b)$;

(3) $\dfrac{1}{x}\mathrm{d}x = (\quad)\mathrm{d}(a\ln x+b) \quad (a \neq 0)$;　　(4) $\mathrm{e}^{ax}\mathrm{d}x = (\quad)\mathrm{d}(\mathrm{e}^{ax}+b) \quad (a \neq 0)$.

2. 判断题:

(1) $\int \mathrm{e}^{2x}\mathrm{d}x = \int \mathrm{e}^{2x}\mathrm{d}(2x)$.　　　　　　　　　　　　　　　　　　　(　)

(2) $\int \cos x \sin x\,\mathrm{d}x = \int \sin x\,\mathrm{d}\sin x$.　　　　　　　　　　　　　　　(　)

(3) $\int \dfrac{1}{1-x}\mathrm{d}x = \ln|x-1| + C$.　　　　　　　　　　　　　　　　(　)

(4) 若 $\int f(x)\mathrm{d}x = \int g(x)\mathrm{d}x$,则 $f(x) = g(x)$.　　　　　　　　　　(　)

3. 求下列不定积分:

(1) $\int \cos \dfrac{x}{3}\mathrm{d}x$;　　(2) $\int \mathrm{e}^{-5t}\mathrm{d}t$;　　(3) $\int (2x-3)^{-\frac{5}{2}}\mathrm{d}x$;

(4) $\int x\sqrt{1-x^2}\,\mathrm{d}x$;　　(5) $\int \dfrac{\sin x}{\cos^3 x}\mathrm{d}x$;　　(6) $\int \dfrac{x^2}{\sqrt{a^2-x^3}}\mathrm{d}x$;

(7) $\int x\mathrm{e}^{-x^2}\mathrm{d}x$;　　*(8) $\int \dfrac{\mathrm{d}x}{\sqrt{9-4x^2}}$.

4. 求下列不定积分:

(1) $\int \dfrac{\mathrm{d}x}{1+\sqrt[3]{x}}$;　　　　　　　　　(2) $\int \dfrac{\mathrm{d}x}{x\sqrt{x+1}}$;

(3) $\int \dfrac{\mathrm{d}x}{\sqrt{1+\mathrm{e}^x}}$;　　　　　　　　　*(4) $\int \dfrac{x^2}{\sqrt{9-x^2}}\mathrm{d}x$.

§4-4　分部积分法

换元积分法应用范围虽然很广,但它却不能解决形如 $\int x\cos x\,\mathrm{d}x$,$\int x^2 \mathrm{e}^x\,\mathrm{d}x$,$\int \mathrm{e}^x \cos x\,\mathrm{d}x$ 等的积分. 为此,本节用函数乘积的微分公式,导出另一基本的积分法——**分部积分法**(integration by parts).

设函数 $u = u(x)$,$v = v(x)$ 具有连续的导数. 由函数乘积的微分法则,得

$$\mathrm{d}(uv) = u\,\mathrm{d}v + v\,\mathrm{d}u,$$

移项,得

$$u\,\mathrm{d}v = \mathrm{d}(uv) - v\,\mathrm{d}u,$$

两边积分,得 $\int u\,dv = uv - \int v\,du$ 或 $\int uv'\,dx = uv - \int vu'\,dx$,

这就是不定积分的**分部积分公式**.

如果求 $\int u\,dv$ 有困难,而 $\int v\,du$ 容易计算时,用这个公式就可起到化难为易的作用.应用这个公式求不定积分的方法称为**分部积分法**.

例 1 求 $\int x e^x\,dx$.

解 设 $u = x$, $dv = e^x\,dx = d(e^x)$,则 $du = dx$, $v = e^x$.代入分部积分公式,得

$$\int x e^x\,dx = x e^x - \int e^x\,dx = x e^x - e^x + C = e^x(x-1) + C.$$

假如,改设 $u = e^x$, $dv = x\,dx = d\left(\dfrac{x^2}{2}\right)$,则 $du = e^x\,dx$, $v = \dfrac{x^2}{2}$.

由分部积分公式,得

$$\int x e^x\,dx = \dfrac{x^2}{2} e^x - \dfrac{1}{2}\int x^2 e^x\,dx.$$

这时,右端的积分比左端的积分更难求了.由此可见,正确使用分部积分法的关键是恰当地选择 u 和 dv,选择时一般要考虑两点:

(1) v 要容易求出;

(2) $\int v\,du$ 比 $\int u\,dv$ 易积分.

例 2 求 $\int x \sin x\,dx$.

解 令 $u = x$, $dv = \sin x\,dx = d(-\cos x)$,则 $du = dx$, $v = -\cos x$.

由分部积分公式,得 $\int x \sin x\,dx = -x \cos x + \int \cos x\,dx = -x \cos x + \sin x + C.$

例 3 求 $\int x^2 \cos x\,dx$.

解 令 $u = x^2$, $dv = \cos x\,dx = d(\sin x)$,则 $du = 2x\,dx$, $v = \sin x$,

于是 $$\int x^2 \cos x\,dx = x^2 \sin x - 2\int x \sin x\,dx,$$

对 $\int x \sin x\,dx$ 再次使用分部积分法(见例 2),得

$$\int x^2 \cos x\,dx = (x^2 - 2)\sin x + 2x \cos x + C.$$

从上述三个例题可以看出:如果被积函数是幂函数 $x^n (n \in \mathbf{Z}^+)$ 与指数函数或正(余)弦函数的乘积,可用分部积分法求积分,此时应把幂函数选作 u,这样用一次分部积分法就可使幂函数的幂指数降低一次.

例 4 求 $\int x^3 \ln x\,dx$.

解 设 $u = \ln x$, $dv = x^3\,dx = d\left(\dfrac{x^4}{4}\right)$,则 $du = \dfrac{1}{x}\,dx$, $v = \dfrac{1}{4}x^4$,

于是 $\int x^3 \ln x \, dx = \frac{1}{4}x^4 \ln x - \int \frac{x^4}{4} \cdot \frac{1}{x} dx = \frac{1}{4}x^4 \ln x - \frac{1}{4}\int x^3 dx$

$$= \frac{1}{4}x^4 \ln x - \frac{1}{16}x^4 + C.$$

在解题比较熟练后可不写出 u 和 dv.

*例 5 求 $\int x \arctan x \, dx$.

解 $\int x \arctan x \, dx = \int \arctan x \, d\left(\frac{x^2}{2}\right) = \frac{x^2}{2}\arctan x - \int \frac{x^2}{2} \cdot \frac{dx}{1+x^2}$

$$= \frac{x^2}{2}\arctan x - \frac{1}{2}\int \frac{x^2+1-1}{1+x^2}dx$$

$$= \frac{x^2}{2}\arctan x - \frac{1}{2}(x - \arctan x) + C$$

$$= \frac{1}{2}(x^2+1)\arctan x - \frac{x}{2} + C.$$

*例 6 求 $\int \arccos x \, dx$.

解 $\int \arccos x \, dx = x \arccos x - \int x \cdot \frac{-1}{\sqrt{1-x^2}}dx = x \arccos x - \frac{1}{2}\int \frac{d(1-x^2)}{\sqrt{1-x^2}}$

$$= x \arccos x - \sqrt{1-x^2} + C.$$

从上述 3 道例题可以看出:如果被积函数是幂函数 x^m (m 为非负整数)与对数函数或反三角函数的乘积,可用分部积分法. 此时,应把对数函数或反三角函数选作 u.

例 7 求 $\int e^x \sin 3x \, dx$.

解 $\int e^x \sin 3x \, dx = e^x \sin 3x - 3\int e^x \cos 3x \, dx = e^x \sin 3x - 3(e^x \cos 3x + 3\int e^x \sin 3x \, dx)$

$$= e^x(\sin 3x - 3\cos 3x) - 9\int e^x \sin 3x \, dx.$$

移项,得 $\int e^x \sin x \, dx = \frac{1}{10}e^x(\sin 3x - 3\cos x) + C.$

对于 $\int e^{ax}\sin bx \, dx$, $\int e^{ax}\cos bx \, dx$ 型的积分,通常用例 7 的方法,即两次运用分部积分法,将它转化成原来的积分形式,就可得到关于原来积分的方程,求解该方程便可求出结果.

§4-3 节例 19 的积分 $\int \frac{x}{\sqrt{x-3}}dx$,除可用第一、第二类换元法求积分外,还可用分部积分法来解.

$$\int \frac{x}{\sqrt{x-3}}dx = \int x \, d(2\sqrt{x-3}) = x \cdot 2\sqrt{x-3} - 2\int \sqrt{x-3} \, dx$$

$$= 2x\sqrt{x-3} - \frac{4}{3}\sqrt{(x-3)^3} + C$$

$$= 2x\sqrt{x-3} - \frac{4}{3}(x-3)\sqrt{x-3} + C.$$

由此看出,某些不定积分可以一题多解. 因此,应注意选用较为简便的方法,而有时换元法与分部积分法要结合使用.

习题 4-4

求下列不定积分：

(1) $\int x \sin 2x \, dx$;

(2) $\int x \cos \dfrac{x}{2} \, dx$;

(3) $\int x e^{-x} \, dx$;

(4) $\int x^2 \ln x \, dx$;

(5) $\int \dfrac{\ln x}{\sqrt{x}} \, dx$;

(6) $\int \ln(1+x^2) \, dx$;

(7) $\int (\ln x)^2 \, dx$;

(8) $\int e^{-x} \sin 2x \, dx$.

§4-5 积分表的使用

积分运算比微分运算灵活复杂，为了使用方便，人们将一些常用函数的不定积分计算出来，并按被积函数的特点分类汇编成表，这就是**积分表**(integral table)(见附录二). 下面举例说明积分表的用法.

例1 查表求 $\int \dfrac{dx}{x^2(5+4x)}$.

解 被积函数含有 $a+bx$，属于表中(一)类的积分，根据公式 6，得

$$\int \dfrac{dx}{x^2(a+bx)} = -\dfrac{1}{ax} + \dfrac{b}{a^2} \ln \left| \dfrac{a+bx}{x} \right| + C.$$

当 $a=5$，$b=4$ 时，可得 $\int \dfrac{dx}{x^2(5+4x)} = -\dfrac{1}{5x} + \dfrac{4}{25} \ln \left| \dfrac{5+4x}{x} \right| + C.$

例2 查表求 $\int \dfrac{dx}{x\sqrt{7+5x}}$.

解 被积函数含有 $\sqrt{a+bx}$，属于表中(二)类的积分，根据公式 16，当 $a=7$，$b=5$ 时，得

$$\int \dfrac{dx}{x\sqrt{7+5x}} = \dfrac{1}{\sqrt{7}} \ln \left| \dfrac{\sqrt{7+5x}-\sqrt{7}}{\sqrt{7+5x}+\sqrt{7}} \right| + C.$$

例3 查表求 $\int \dfrac{dx}{2x^2-4x+3}$.

解 被积函数含有 $a+bx+cx^2$，由表中(七)类的积分，根据公式 59，当 $a=3$，$b=-4$，$c=2$ 时，有 $b^2 < 4ac$，于是

$$\int \dfrac{dx}{2x^2-4x+3} = \dfrac{2}{\sqrt{4 \cdot 3 \cdot 2-(-4)^2}} \arctan \dfrac{2 \cdot 2x-4}{\sqrt{4 \cdot 3 \cdot 2-(-4)^2}} + C$$

$$= \dfrac{2}{\sqrt{8}} \arctan \dfrac{4x-4}{\sqrt{8}} + C = \dfrac{\sqrt{2}}{2} \arctan \sqrt{2}(x-1) + C.$$

例4 查表求 $\int \dfrac{dx}{2+3\cos x}$.

解 这是属于表中(十)类含有 $a+b\cos x$ 的积分，根据公式 91，当 $a=2$，$b=3$ 时，有 $a^2 < b^2$，于是

$$\int \frac{\mathrm{d}x}{2+3\cos x} = \frac{1}{\sqrt{3^2-2^2}} \ln \left| \frac{\tan \frac{x}{2} + \sqrt{\frac{3+2}{3-2}}}{\tan \frac{x}{2} - \sqrt{\frac{3+2}{3-2}}} \right| + C = \frac{1}{\sqrt{5}} \ln \left| \frac{\tan \frac{x}{2} + \sqrt{5}}{\tan \frac{x}{2} - \sqrt{5}} \right| + C.$$

例 5 查表求 $\int \sqrt{4x^2-9}\,\mathrm{d}x$.

解 题目中的积分形式表中不能直接查到，但表中有 $\int \sqrt{x^2-a^2}\,\mathrm{d}x$ 的公式，若令 $2x = u$，则 $\mathrm{d}x = \frac{1}{2}\mathrm{d}u$，

于是 $\int \sqrt{4x^2-9}\,\mathrm{d}x = \frac{1}{2} \int \sqrt{u^2-3^2}\,\mathrm{d}u$，根据公式 30，得

$$\int \sqrt{4x^2-9}\,\mathrm{d}x = \frac{1}{2} \int \sqrt{u^2-3^2}\,\mathrm{d}u$$

$$= \frac{1}{2}\left(\frac{u}{2}\sqrt{u^2-3^2} - \frac{3^2}{2}\ln|u+\sqrt{u^2-3^2}|\right) + C$$

$$= \frac{1}{2}\left(\frac{2x}{2}\sqrt{4x^2-9} - \frac{9}{2}\ln|2x+\sqrt{4x^2-9}|\right) + C$$

$$= \frac{x}{2}\sqrt{4x^2-9} - \frac{9}{4}\ln|2x+\sqrt{4x^2-9}| + C.$$

例 6 查表求 $\int \sqrt{4-x^2}\,\mathrm{d}x$.

解 被积函数含有 $\sqrt{a^2-x^2}$，属于表中(六)类的积分，根据公式 50，当 $a=2$ 时，得

$$\int \sqrt{4-x^2}\,\mathrm{d}x = \frac{x}{2}\sqrt{4-x^2} + 2\arcsin\frac{x}{2} + C.$$

例 7 查表求 $\int x^3 \ln^2 x\,\mathrm{d}x$.

解 由表中(十三)类的公式 124，查得

$$\int x^m \ln^n x\,\mathrm{d}x = \frac{x^{m+1}}{m+1}\ln^n x - \frac{n}{m+1}\int x^m \ln^{n-1} x\,\mathrm{d}x.$$

当 $m=3$，$n=2$ 时，得 $\int x^3 \ln^2 x\,\mathrm{d}x = \frac{x^4}{4}\ln^2 x - \frac{1}{2}\int x^3 \ln x\,\mathrm{d}x$.

再次运用公式 124，得

$$\int x^3 \ln^2 x\,\mathrm{d}x = \frac{x^4}{4}\ln^2 x - \frac{1}{2}\left(\frac{x^4}{4}\ln x - \frac{1}{4}\int x^3 \mathrm{d}x\right) = \frac{x^4}{4}\ln^2 x - \frac{1}{2}\left(\frac{x^4}{4}\ln x - \frac{x^4}{16}\right) + C$$

$$= \frac{x^4}{32}(8\ln^2 x - 4\ln x + 1) + C.$$

像例 7 这样，使用一次公式不能求出最后结果，但可使 $\ln x$ 的幂指数减少 1. 需要重复使用这个公式，才可以求出最后结果，这种类型的公式称为**递推公式**.

例 8 查表求 $\int \frac{\cos x\,\mathrm{d}x}{(5+4\sin^2 x)^2}$.

解 先作变量代换，令 $2\sin x = u$，则 $\cos x\,\mathrm{d}x = \frac{1}{2}\mathrm{d}u$，根据公式 20 和公式 19，于是

$$\int \frac{\cos x \, \mathrm{d}x}{(5+4\sin^2 x)^2} = \frac{1}{2}\int \frac{\mathrm{d}u}{(5+u^2)^2} = \frac{1}{2}\left[\frac{u}{10(5+u^2)} + \frac{1}{10}\int \frac{\mathrm{d}u}{5+u^2}\right]$$

$$= \frac{1}{2}\left[\frac{u}{10(5+u^2)} + \frac{1}{10\sqrt{5}}\arctan\frac{u}{\sqrt{5}}\right] + C$$

$$\xrightarrow[u=2\sin x]{\text{回 代}} \frac{\sin x}{10(5+4\sin^2 x)} + \frac{1}{20\sqrt{5}}\arctan\left(\frac{2\sin x}{\sqrt{5}}\right) + C.$$

还应注意,虽然初等函数在其定义区间内,它的原函数一定存在,但有些原函数不一定能用初等函数的形式表示出来,例如:

$$\int e^{-x^2}\mathrm{d}x, \quad \int \frac{\sin x}{x}\mathrm{d}x, \quad \int \frac{\mathrm{d}x}{\sqrt{1+x^3}}, \quad \int \sin x^2 \, \mathrm{d}x, \quad \int \frac{\mathrm{d}x}{\ln x}, \quad \int \sqrt{1-k^2\cos^2 x}\,\mathrm{d}x \quad (0 < k < 1) \text{ 等},$$

我们常说这些积分是"积不出来"的,因此,它们在积分表中也查不到.

习 题 4-5

用积分表求下列不定积分:

(1) $\int \frac{\mathrm{d}x}{x^2(x+2)}$; (2) $\int \sqrt{2x^2+9}\,\mathrm{d}x$; (3) $\int \frac{\mathrm{d}x}{x^2+3x-5}$;

(4) $\int \frac{5\mathrm{d}x}{x(3+x)^2}$; (5) $\int \frac{\mathrm{d}x}{5+3\sin x}$; (6) $\int \frac{\sqrt{x-1}}{x}\mathrm{d}x$.

复 习 题 四

A 组

1. 判断题:

(1) 如果 $F'(x) = f(x)$,则 $F(x)$ 必为 $f(x)$ 的原函数. ( )

(2) $\int [F(x_0)]'\mathrm{d}x = F(x_0) + C$. ( )

(3) $\left[\int f(x)\mathrm{d}x\right]' = f(x) + C$. ( )

(4) 函数的原函数就是其不定积分. ( )

2. 填空题:

(1) $\int \left(\frac{\cos^2 x}{1+\sin^2 x}\right)'\mathrm{d}x = $ _____; (2) $\int x^2\sqrt{x}\,\mathrm{d}x = $ _____;

(3) $\int 2^x e^x \mathrm{d}x = $ _____; (4) $\int \frac{x}{\sqrt{x^2+3}}\mathrm{d}x = $ _____.

3. 选择题:

(1) 解答中正确的是( ).

A. $\int \arctan x \, \mathrm{d}x = \frac{1}{1+x^2} + C$ B. $\int \sin(-x)\mathrm{d}x = -\cos(-x) + C$

C. $\int \frac{1}{\sqrt{1-x^2}}\mathrm{d}x = -\arccos x + C$ D. $\int x\,\mathrm{d}x = \frac{x^2}{2}$

(2) 解答中正确的是( ).

A. $\int x^\alpha \mathrm{d}x = \frac{1}{\alpha+1}x^{\alpha+1} + C$ B. $\int \cos x \, \mathrm{d}x = \sin x + C$

C. $\int \tan x \, dx = \dfrac{1}{1+x^2} + C$ 　　　　　　D. $\int a^x \, dx = a^x \ln a + C$

(3) $\int \ln x \, dx = ($ 　　$).$

A. $\ln x + C$ 　　B. $\dfrac{1}{2}\ln^2 x + C$ 　　C. $x \ln x - x + C$ 　　D. $x \ln x + x + C$

4. 求下列不定积分：

(1) $\int \dfrac{e^x}{1+e^{2x}} dx$; 　　(2) $\int \dfrac{\tan \sqrt{x}}{\sqrt{x}} dx$; 　　(3) $\int x\sqrt{3x^2-1} \, dx$; 　　(4) $\int \dfrac{(\ln x)^7}{x} dx.$

B 组

1. 选择题：

(1) $\int \dfrac{1}{e^x + e^{-x}} dx = ($ 　　$).$

A. $\arctan e^x + C$ 　　B. $\arctan e^{-x} + C$ 　　C. $e^x - e^{-x} + C$ 　　D. $\ln(e^x + e^{-x}) + C$

(2) $\int \sin^2 x \, dx = ($ 　　$).$

A. $\dfrac{1}{3}\sin^3 x + C$ 　　B. $\dfrac{1}{3}\sin^3 x \csc x + C$ 　　C. $\dfrac{1}{2}x - \dfrac{1}{4}\sin 2x + C$ 　　D. $\dfrac{1}{2}\sin^2 x \cos x + C$

2. 求下列不定积分：

(1) $\int \dfrac{\cos x}{\sqrt{1+\sin x}} dx$;

(2) $\int \sec x (\sec x + \tan x) \, dx$;

(3) $\int x\sqrt{2x+1} \, dx$;

(4) $\int \dfrac{\ln x}{\sqrt{x}} dx.$

*3. 某商品的需求量 D（单位：件）为价格 P（单位：元）的函数，该商品的最大需求为 $1\,000$（即 $P=0$ 时，有 $D=1\,000$），已知需求量变化率为 $D'(P) = -1\,000 \ln 3 \cdot \left(\dfrac{1}{3}\right)^P$，求该商品的需求函数。

第四章习题与复习题

第五章

定积分及其应用

本章讨论积分学中的另一个问题——定积分.我们从几何与力学问题出发,引出定积分的概念,然后讨论定积分的性质与计算方法,并用定积分去解决一些简单的几何、物理问题,此外还讨论广义积分.

§5-1 定积分的概念

一、两个实例

1. 曲边梯形的面积

在生产实际和科学技术中,经常遇到各种平面图形的面积计算.对于三角形、四边形及多边形和圆的面积,可以用初等的方法计算.但由任一曲线围成图形的面积就很难计算.例如:求船体的排水量就需要计算船体水平截面的面积,测量河流的流量就需要计算河床横断面的面积等.下面讨论由连续曲线围成的平面图形的面积计算法.

为了解决求曲线围成图形的面积问题,我们先介绍最简单的曲线图形——曲边梯形.所谓**曲边梯形**(curvilinear trapezoid)是指这样的图形,它有三条边是直线段,其中两条互相平行,第三条边与这两条平行边垂直,称为**底边**,第四条边是一条连续曲线段,称为**曲边**,它与任意垂直于底边的直线最多有一个交点.如图 5-1 所示的曲边梯形就是由直线 $x=a$,$x=b$,$y=0$ 与连续曲线 $y=f(x)[f(x)>0]$ 所围成的图形.

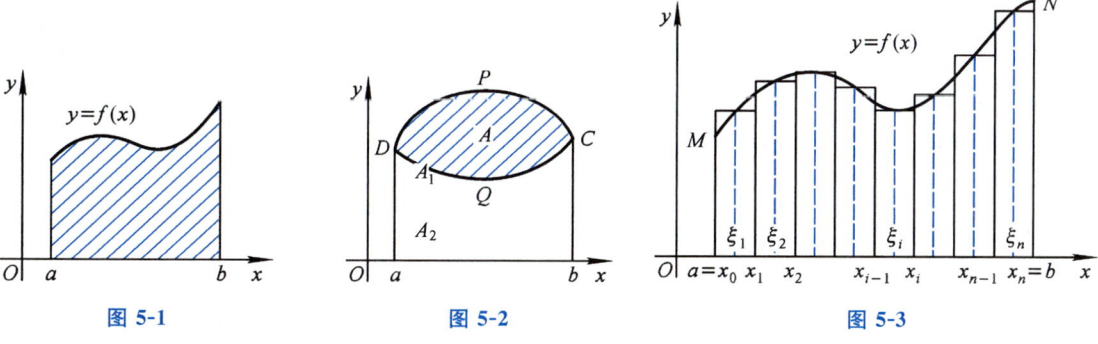

图 5-1　　　　　图 5-2　　　　　图 5-3

如图 5-2 所示,由曲线所围图形的面积 A,可以化为曲边梯形 $abCPD$ 的面积 A_1 与曲边梯

形 $abCQD$ 的面积 A_2 的差,即 $A=A_1-A_2$. 这样计算曲线图形 $CPDQ$ 的面积 A 就归结为计算曲边梯形的面积.

我们讨论如图 5-3 所示曲边梯形的面积 A 的计算问题.

(1) 问题分析

矩形面积的计算公式是: 面积＝底×高.

若把曲边梯形与矩形进行比较,差异在于矩形的四边是"直"的,曲边梯形则有一边是"曲"的,矩形的高"不变",曲边梯形的高则"变". 这里有"直"与"曲"的矛盾,高度"变"与"不变"的矛盾. 为了解决上述矛盾,设想用矩形近似代替曲边梯形,为了减少误差,把曲边梯形分割成许多小曲边梯形,并用小矩形的面积近似地代替小曲边梯形的面积. 分割得越细,所得到的近似值越接近准确值. 通过求小矩形面积之和的极限,近似值就转化为准确值了.

(2) 计算步骤

第一步 分割. 把曲边梯形分割成若干个小曲边梯形. 任取分点:
$$a=x_0<x_1<\cdots<x_{i-1}<x_i<\cdots<x_{n-1}<x_n=b,$$
把区间 $[a,b]$ 分成 n 个小区间: $[x_0,x_1]$,$[x_1,x_2]$,$\cdots$,$[x_{i-1},x_i]$,$\cdots$,$[x_{n-1},x_n]$. 相应地,曲边梯形被分成 n 个小曲边梯形,它们的面积分别记为: ΔA_1,ΔA_2,$\cdots$,ΔA_i,$\cdots$,ΔA_n.

第二步 近似代替. 在每一个小区间 $[x_{i-1},x_i]$ 上任取一点 $\xi_i(i=1,2,\cdots,n)$,用以 $f(\xi_i)$ 为高、Δx_i(其中 $\Delta x_i=x_i-x_{i-1}$) 为底的小矩形的面积,作为同底的小曲边梯形面积的近似,即
$$\Delta A_i \approx f(\xi_i)\Delta x_i \quad (i=1,2,\cdots,n).$$

第三步 求和. 用 n 个小矩形面积的和近似代替整个曲边梯形的面积 A,即
$$A=\sum_{i=1}^{n}\Delta A_i \approx f(\xi_1)\Delta x_1+f(\xi_2)\Delta x_2+\cdots+f(\xi_n)\Delta x_n=\sum_{i=1}^{n}f(\xi_i)\Delta x_i.$$

第四步 取极限. 记 $\|\Delta x\|=\max\limits_{1\leqslant i\leqslant n}\{\Delta x_i\}$,当 $\|\Delta x\|$ 越来越小(同时,小曲边梯形的个数 n 越来越大)时,每个小矩形的面积就越来越接近相应的小曲边梯形的面积,从而和式 $\sum_{i=1}^{n}f(\xi_i)\Delta x_i$ 就越来越接近曲边梯形的面积 A. 当 $\|\Delta x\|\to 0(n\to\infty)$ 时,和式的极限就是所求曲边梯形的面积,即
$$A=\lim_{\substack{\|\Delta x\|\to 0 \\ (n\to\infty)}}\sum_{i=1}^{n}f(\xi_i)\Delta x_i.$$

求曲边梯形面积

2. 变速直线运动的路程

设一物体做直线运动,已知速度 $v=v(t)$ 是时间间隔 $[T_0,T]$ 上 t 的连续函数,且 $v(t)\geqslant 0$,求该物体在这段时间内所经过的路程 s.

(1) 问题分析

对于匀速直线运动有公式:路程＝速度×时间.

现在速度是变量,因此所求路程 s 不能按匀速直线运动路程公式计算,必须解决速度"变"与"不变"的矛盾. 为了解决这个矛盾,设想把时间间隔 $[T_0,T]$ 分成若干个小的时间间隔,当时间间隔很短时,以"不变"的速度代替"变"的速度,即在每个小的时间间隔内,用匀速直线运动的路程近似

表示这段时间内变速直线运动的路程. 然后把所得到的每一个时间间隔路程的近似值加起来, 就得到整个时间间隔 $[T_0, T]$ 上路程的近似值, 再通过对近似值取极限, 从而得到路程的准确值.

（2）计算步骤

第一步 分割. 任取分点:
$$T_0 = t_0 < t_1 < t_2 < \cdots < t_{i-1} < t_i < \cdots < t_{n-1} < t_n = T,$$
把时间间隔 $[T_0, T]$ 分成 n 个小区间: $[t_0, t_1], [t_1, t_2], \cdots, [t_{i-1}, t_i], \cdots, [t_{n-1}, t_n]$. 第 i 个小区间 $[t_{i-1}, t_i]$ 的长度记为 $\Delta t_i = t_i - t_{i-1}(i=1, 2, \cdots, n)$, 物体在第 i 段时间 $[t_{i-1}, t_i]$ 内所经过的路程为 $\Delta s_i (i=1, 2, \cdots, n)$.

第二步 近似代替. 在每个小时间区间 $[t_{i-1}, t_i]$ 上用其中任一时刻 ξ_i 的速度 $v(\xi_i)(t_{i-1} \leqslant \xi_i \leqslant t_i)$ 来近似代替这个小的时间区间上变化的速度 $v(t)$, 从而得到 Δs_i 的近似值
$$\Delta s_i \approx v(\xi_i) \Delta t_i \quad (i=1, 2, \cdots, n).$$

第三步 求和. 把 n 段时间上的路程近似值相加, 就得到总路程 s 的近似值.
$$s = \sum_{i=1}^{n} \Delta s_i \approx \sum_{i=1}^{n} v(\xi_i) \Delta t_i.$$

第四步 取极限. 记 $\|\Delta t\| = \max_{1 \leqslant i \leqslant n} \{\Delta t_i\}$, 当 $\|\Delta t\| \to 0 (n \to \infty)$ 时, 则得到路程 s 的准确值
$$s = \lim_{\substack{\|\Delta t\| \to 0 \\ (n \to \infty)}} \sum_{i=1}^{n} v(\xi_i) \Delta t_i.$$

此即为做变速直线运动的物体, 从时间 T_0 到 T 时所经过的路程 s 的准确值.

二、定积分的定义

在两个实例中, 虽然要计算的量具有不同的实际意义（前者是几何量, 后者是物理量）, 但计算这些量的思想方法和步骤都是相同的, 它们都是在小范围内"以不变代变", 按"分割取近似, 求和取极限"的方法, 将所求的量归结为一个和式的极限. 即

$$\text{面积 } A = \lim_{\substack{\|\Delta x\| \to 0 \\ (n \to \infty)}} \sum_{i=1}^{n} f(\xi_i) \Delta x_i, \qquad \text{路程 } s = \lim_{\substack{\|\Delta t\| \to 0 \\ (n \to \infty)}} \sum_{i=1}^{n} v(\xi_i) \Delta t_i.$$

剥离这些问题的具体意义, 抓住特殊的和式极限这个数学模型的本质给出如下定义.

定义 设函数 $y = f(x)$ 在区间 $[a, b]$ 上有定义, 用任一组分点: $a = x_0 < x_1 < \cdots < x_i < \cdots < x_n = b$, 把区间 $[a, b]$ 分成 n 个小区间: $[x_{i-1}, x_i](i=1, 2, \cdots, n)$. 在每个小区间 $[x_{i-1}, x_i]$ 上任意取一点 $\xi_i (x_{i-1} \leqslant \xi_i \leqslant x_i)$, 用函数值 $f(\xi_i)$ 与该区间的长度 $\Delta x_i = x_i - x_{i-1}$ 相乘, 作和式 $\sum_{i=1}^{n} f(\xi_i) \Delta x_i$. 如果无论对区间 $[a, b]$ 采用何种分法及 ξ_i 如何选取, 当 $\|\Delta x\| \to 0 (\|\Delta x\| = \max_{1 \leqslant i \leqslant n} \{\Delta x_i\})$ 时, 和式的极限存在, 则称函数 $f(x)$ 在 $[a, b]$ 上**可积**, 此极限称为函数 $f(x)$ 在区间 $[a, b]$ 上的**定积分**（definite integral）（简称**积分**）, 记为 $\int_a^b f(x) \mathrm{d}x$, 即

·数学家小传

黎曼

$$\int_a^b f(x) \mathrm{d}x = \lim_{\substack{\|\Delta x\| \to 0 \\ (n \to \infty)}} \sum_{i=1}^{n} f(\xi_i) \Delta x_i.$$

其中，$f(x)$ 称为**被积函数**，$f(x)dx$ 称为**被积表达式**，变量 x 称为**积分变量**，a 称为**积分下限**，b 称为**积分上限**，区间 $[a,b]$ 称为**积分区间**，并把 $\int_a^b f(x)dx$ 读作"$f(x)$ **从** a **到** b **的定积分**".

显然前面的两个实例可表示成定积分.

(1) 曲边梯形的面积 A 是曲线 $y=f(x)(f(x)\geqslant 0)$ 在闭区间 $[a,b]$ 上的定积分，即

$$A = \int_a^b f(x)dx.$$

(2) 做变速直线运动的物体所经过的路程 s 等于其速度 $v=v(t)$ 在区间 $[T_0,T]$ 上的定积分，即

$$s = \int_{T_0}^T v(t)dt.$$

定积分是一个特殊的和式的极限值，因此，**它是一个常量，它只与被积函数 $f(x)$、积分区间 $[a,b]$ 有关，而与积分变量用什么字母表示无关**，具体来说，如果既不改变被积函数 $f(x)$，也不改变积分区间 $[a,b]$，而只把积分变量 x 改写成其他字母，例如：t 或 u，则定积分的值不变，即

$$\int_a^b f(x)dx = \int_a^b f(t)dt = \int_a^b f(u)du.$$

三、定积分的几何意义

当 $f(x)$ 在 $[a,b]$ 上连续时，其定积分 $\int_a^b f(x)dx$ 可分为三种情形：

1. 若在 $[a,b]$ 上，$f(x)\geqslant 0$，则定积分 $\int_a^b f(x)dx$ 表示由曲线 $y=f(x)$，直线 $x=a$，$x=b$，$y=0$（即 x 轴）所围成的曲边梯形的面积 A（图 5-4），即 $\int_a^b f(x)dx =$ 曲边梯形面积 $=A$.

2. 若在 $[a,b]$ 上，$f(x)\leqslant 0$，则定积分 $\int_a^b f(x)dx$ 表示由曲线 $y=f(x)$，直线 $x=a$，$x=b$，$y=0$，所围成的曲边梯形的面积 A 的相反数（图 5-5），即 $\int_a^b f(x)dx = -$（曲边梯形面积）$=-A$.

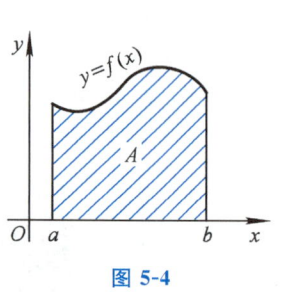
图 5-4

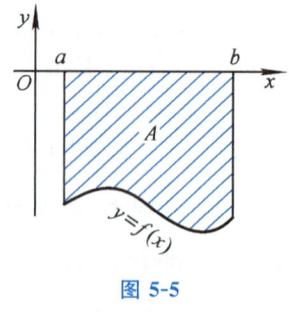
图 5-5

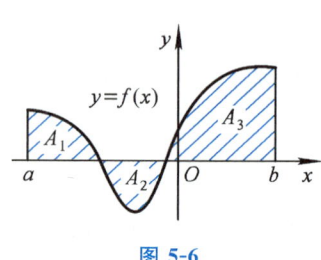
图 5-6

3. 若在 $[a,b]$ 上 $f(x)$ 有正也有负，即 $f(x)$ 的图形某些部分在 x 轴上方，某些部分在 x 轴下方，这时定积分 $\int_a^b f(x)dx$ 表示 x 轴上方图形的面积与 x 轴下方图形的面积之差，如图 5-6 所示，即 $\int_a^b f(x)dx = A_1 - A_2 + A_3$.

上述讨论表明,尽管定积分 $\int_a^b f(x)\mathrm{d}x$ 在各种实际问题中的意义各不相同,但它的值在几何上都可以用曲边梯形的面积来表示.

例 1 用定积分表示如图 5-7 所示的阴影部分的面积.

解 (1) 如图 5-7a 所示,被积函数 $y=x^2$ 在 $[a,b]$ 上连续,且有 $f(x)\geqslant 0$,由定积分的几何意义可得阴影部分的面积

$$A=\int_a^b x^2\mathrm{d}x.$$

定积分的几何意义

(2) 如图 5-7b 所示,被积函数 $f(x)=(x-1)^2-1$ 在 $[-1,2]$ 上连续,且在 $[-1,0]$ 上 $f(x)\geqslant 0$,在 $[0,2]$ 上 $f(x)\leqslant 0$,由定积分的几何意义可得阴影部分面积

$$A=\int_{-1}^0 [(x-1)^2-1]\mathrm{d}x-\int_0^2 [(x-1)^2-1]\mathrm{d}x.$$

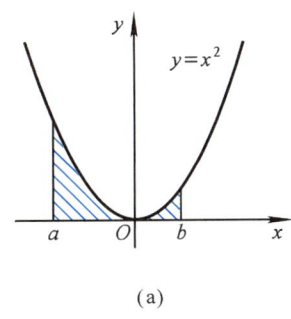 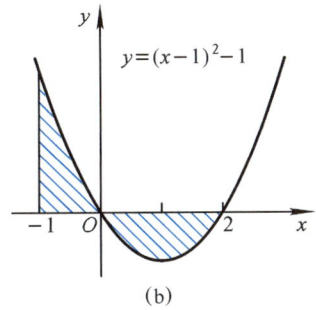

(a)   (b)

图 5-7

四、定积分存在定理

定理 如果函数 $f(x)$ 在区间 $[a,b]$ 上连续,则 $f(x)$ 在 $[a,b]$ 上的定积分必定存在(即可积)(证明略).

定理表明:连续函数是可积的.如果函数在区间 $[a,b]$ 上连续,则无论用哪一种方法把区间 $[a,b]$ 分成 n 个小区间,也无论在各个小区间上取哪一个 x 值作为 ξ_i,当所有的 $\Delta x_i \to 0$ 时,和式 $\sum_{i=1}^n f(\xi_i)\Delta x_i$ 的极限必定存在.

例 2 用定积分的定义计算 $\int_0^1 x^2 \mathrm{d}x$.

解 被积函数 $y=x^2$ 在 $[0,1]$ 区间上连续,故定积分存在,如图 5-8 所示,用分点

$$0<\frac{1}{n}<\frac{2}{n}<\cdots<\frac{i-1}{n}<\frac{i}{n}<\cdots<\frac{n-1}{n}<1$$

把区间 $[0,1]$ 分成 n 个小区间:$\left[0,\dfrac{1}{n}\right]$,$\left[\dfrac{1}{n},\dfrac{2}{n}\right]$,$\cdots$,$\left[\dfrac{i-1}{n},\dfrac{i}{n}\right]$,$\cdots$,$\left[\dfrac{n-1}{n},1\right]$,则 $\Delta x_i=\dfrac{1}{n}(i=1,2,\cdots,n)$.

为了计算方便,不妨取区间 $\left[\dfrac{i-1}{n},\dfrac{i}{n}\right]$ 的右端点作为 ξ_i,即

$\xi_1=\dfrac{1}{n}$,$\xi_2=\dfrac{2}{n}$,$\cdots$,$\xi_i=\dfrac{i}{n}$,$\cdots$,$\xi_n=\dfrac{n}{n}=1$. 于是

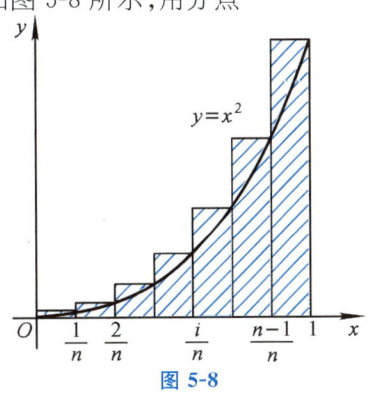

图 5-8

$$\sum_{i=1}^{n} f(\xi_i)\Delta x_i = \sum_{i=1}^{n} \xi_i^2 \Delta x_i = \sum_{i=1}^{n} \left(\frac{i}{n}\right)^2 \cdot \frac{1}{n} = \frac{1}{n^3}\sum_{i=1}^{n} i^2$$
$$= \frac{1}{n^3} \cdot \frac{n(n+1)(2n+1)}{6}$$
$$= \frac{(n+1)(2n+1)}{6n^2}.$$

故 $$\lim_{n\to\infty}\sum_{i=1}^{n} f(\xi_i)\Delta x_i = \lim_{n\to\infty}\frac{(n+1)(2n+1)}{6n^2} = \frac{1}{3},$$

即 $$A = \int_0^1 x^2 \mathrm{d}x = \frac{1}{3} \quad (A\text{ 为曲边梯形面积}).$$

例 3 用定积分的几何意义，判断下列定积分的正负：

(1) $\int_0^2 \mathrm{e}^x \mathrm{d}x$；　　　　　　　　(2) $\int_{-\frac{\pi}{2}}^0 \sin x \mathrm{d}x$.

解 (1) 由于 $x \in [0,2]$ 时，$\mathrm{e}^x > 0$，因此以 $y = \mathrm{e}^x$ 为曲边的曲边梯形在 Ox 轴上方. 从而

$$\int_0^2 \mathrm{e}^x \mathrm{d}x > 0.$$

(2) 由于 $x \in \left[-\frac{\pi}{2}, 0\right]$ 时，$\sin x \leqslant 0$，因此 $\int_{-\frac{\pi}{2}}^0 \sin x \mathrm{d}x < 0$.

习　题　5-1

1. 判断题：

(1) 定积分 $\int_a^b f(x)\mathrm{d}x$ 由被积函数 $f(x)$ 与积分区间 $[a,b]$ 确定.　　　　　　　　(　)

(2) 定积分 $\int_a^b f(x)\mathrm{d}x$ 是 x 的函数.　　　　　　　　(　)

(3) 若 $\int_a^b f(x)\mathrm{d}x = 0$，则 $f(x) = 0$.　　　　　　　　(　)

(4) 定积分 $\int_a^b f(x)\mathrm{d}x$ 在几何上表示相应曲边梯形面积的代数和.　　　　　　　　(　)

2. 选择题（根据右图写出答案）：

(1) $\int_0^b f(x)\mathrm{d}x = ($ 　 $)$.

A. $A_1 + A_2$　　　　　　　B. $A_1 - A_2$

C. $A_2 + A_1$　　　　　　　D. $A_1 + A_3 - A_2$

(2) $\int_c^d f(x)\mathrm{d}x = ($ 　 $)$.

A. $A_2 + A_3$　　　　　　　B. $A_2 - A_3$

C. $A_3 - A_2$　　　　　　　D. $A_3 + A_1 - A_2$

(第 2 题)

(3) $\int_0^d f(x)\mathrm{d}x = ($ 　 $)$.

A. $A_1 + A_2 + A_3$　　　B. $A_1 + A_2 - A_3$　　　C. $A_1 - A_2 + A_3$　　　D. $A_3 - A_1 + A_2$

3. 用定积分表示由曲线 $y = x^2 + 1$ 与直线 $x = 1$，$x = 3$ 及 x 轴所围成的曲边梯形的面积.

4. 用定积分的几何意义，判断下列定积分的正负：

(1) $\int_0^{\frac{\pi}{2}} \sin x \mathrm{d}x$；　　　(2) $\int_{-\frac{\pi}{2}}^0 \sin x \mathrm{d}x$；　　　(3) $\int_{-1}^2 x^2 \mathrm{d}x$；　　　(4) $\int_{\frac{\pi}{2}}^{\pi} \cos x \mathrm{d}x$.

§5-2 定积分的性质

设各性质中的定积分都存在.

性质 1 若在区间 $[a,b]$ 上恒有 $f(x)=1$,则 $\int_a^b 1 \cdot dx = \int_a^b dx = b-a$.

性质 2 若积分的上下限对换,则积分变号,即 $\int_a^b f(x)dx = -\int_b^a f(x)dx$.

性质 1 和性质 2 可由定积分定义直接推出.

当 $a=b$ 时,由性质 2,得 $\int_a^a f(x)dx = -\int_a^a f(x)dx$,因此 $2\int_a^a f(x)dx = 0$,即

$$\int_a^a f(x)dx = 0.$$

性质 3 常数因子可提到积分号外,即若 k 为常数,则 $\int_a^b kf(x)dx = k\int_a^b f(x)dx$.

证 $\int_a^b kf(x)dx = \lim_{\|\Delta x\|\to 0}\sum_{i=1}^n kf(\xi_i)\Delta x_i = k\lim_{\|\Delta x\|\to 0}\sum_{i=1}^n f(\xi_i)\Delta x_i = k\int_a^b f(x)dx.$

性质 4 两个函数的代数和的积分等于它们的积分的代数和,即

$$\int_a^b [f_1(x) \pm f_2(x)]dx = \int_a^b f_1(x)dx \pm \int_a^b f_2(x)dx.$$

证 $\int_a^b [f_1(x) \pm f_2(x)]dx = \lim_{\|\Delta x\|\to 0}\sum_{i=1}^n [f_1(\xi_i) \pm f_2(\xi_i)]\Delta x_i$

$= \lim_{\|\Delta x\|\to 0}\left[\sum_{i=1}^n f_1(\xi_i)\Delta x_i \pm \sum_{i=1}^n f_2(\xi_i)\Delta x_i\right]$

$= \lim_{\|\Delta x\|\to 0}\sum_{i=1}^n f_1(\xi_i)\Delta x_i \pm \lim_{\|\Delta x\|\to 0}\sum_{i=1}^n f_2(\xi_i)\Delta x_i$

$= \int_a^b f_1(x)dx \pm \int_a^b f_2(x)dx.$

推论 1 有限个函数的代数和的积分等于各个函数积分的代数和,即

$$\int_a^b [f_1(x) \pm \cdots \pm f_n(x)]dx = \int_a^b f_1(x)dx \pm \int_a^b f_2(x)dx \pm \cdots \pm \int_a^b f_n(x)dx.$$

性质 5 如果将区间 $[a,b]$ 分成两个区间 $[a,c]$ 及 $[c,b]$ $(a \leqslant c \leqslant b)$,则

$$\int_a^b f(x)dx = \int_a^c f(x)dx + \int_c^b f(x)dx.$$

性质 5 用几何图形说明:如图 5-9a 所示,曲边梯形 $S_{AabB} = S_{AacC} + S_{CcbB}$.

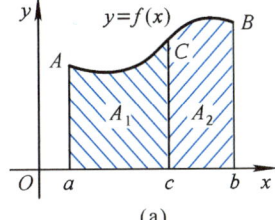
(a)

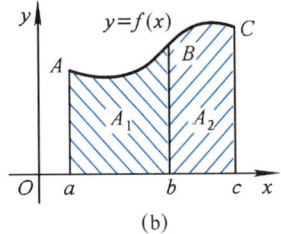
(b)

图 5-9

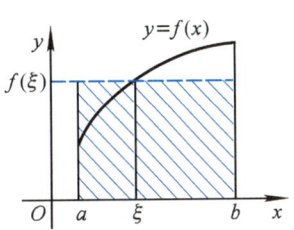

图 5-10

推论 2 对于任意三个数 a，b，c（图 5-9），有

$$\int_a^b f(x)\,dx = \int_a^c f(x)\,dx + \int_c^b f(x)\,dx.$$

定积分的性质

性质 6（积分中值定理） 如果函数 $f(x)$ 在闭区间 $[a,b]$ 上连续，则在区间 $[a,b]$ 上至少存在一点 ξ，使 $\int_a^b f(x)\,dx = f(\xi)(b-a)$ 成立.

性质 6 从几何上解释：如图 5-10 所示，在区间 $[a,b]$ 上至少存在一点 $\xi \in [a,b]$，使得以 $f(\xi)$ 为高、$(b-a)$ 为底的矩形面积，恰好等于以区间 $[a,b]$ 为底边、以曲线 $y=f(x)$ 为曲边的曲边梯形的面积，即 $\int_a^b f(x)\,dx = f(\xi)(b-a)$. 此时，$f(\xi) = \dfrac{1}{b-a}\int_a^b f(x)\,dx$.

$f(\xi)$ 是曲线 $y=f(x)$ 在区间 $[a,b]$ 上的**平均高度**（average height），又称为**函数 $f(x)$ 在 $[a,b]$ 上的平均值**（average value），记为 $\bar{y}$，即

$$\bar{y} = \frac{1}{b-a}\int_a^b f(x)\,dx.$$

知识讲解

定积分的性质

例 1 用定积分的几何意义及性质说明 $\int_0^2 (1-x)\,dx = 0$.

解 如图 5-11 所示：

$$\int_0^1 (1-x)\,dx = \frac{1}{2}, \quad \int_1^2 (1-x)\,dx = -\frac{1}{2},$$

因此
$$\int_0^2 (1-x)\,dx = \int_0^1 (1-x)\,dx + \int_1^2 (1-x)\,dx$$
$$= \frac{1}{2} + \left(-\frac{1}{2}\right) = 0.$$

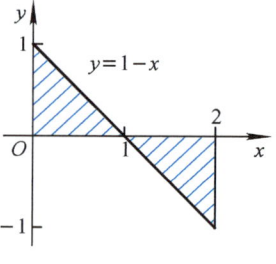

图 5-11

例 2 计算函数 $y = \sqrt{1-x^2}$ 在 $[0,1]$ 上的平均值.

解 记平均值为 $\bar{y}$，则 $\bar{y} = \dfrac{1}{1-0}\int_0^1 \sqrt{1-x^2}\,dx = \int_0^1 \sqrt{1-x^2}\,dx$.

由于在 $[0,1]$ 上以 $y = \sqrt{1-x^2}$ 为曲边的曲边梯形（也称为曲边三角形）就是单位圆在第一象限的部分. 因此 $\int_0^1 \sqrt{1-x^2}\,dx = \dfrac{\pi \cdot 1^2}{4} = \dfrac{\pi}{4}$，从而 $\bar{y} = \dfrac{\pi}{4}$.

习 题 5-2

1. 判断题：

(1) $\int_1^2 f(x)\,dx = \int_2^1 f(x)\,dx$. （　　）

(2) $\int_a^b kf(x)\,dx = k\int_a^b f(x)\,dx$ 只对非零常数 k 成立. （　　）

(3) $\int_a^b [k_1 f_1(x) \pm k_2 f_2(x)]\,dx = k_1 \int_a^b f_1(x)\,dx \pm k_2 \int_a^b f_2(x)\,dx$. （　　）

(4) $\int_{-\pi}^{2\pi} \sin^9 x\,dx = \int_{3\pi}^{2\pi} \sin^9 x\,dx + \int_{-\pi}^{3\pi} \sin^9 x\,dx$. （　　）

2. 已知 $\int_0^1 x^3 \mathrm{d}x = \frac{1}{4}$, $\int_0^1 x^2 \mathrm{d}x = \frac{1}{3}$, $\int_0^1 x \mathrm{d}x = \frac{1}{2}$, $\int_0^{\frac{\pi}{2}} \cos x \mathrm{d}x = 1$, $\int_0^{\frac{\pi}{2}} \sin x \mathrm{d}x = 1$, 求下列定积分：

(1) $\int_0^1 (4x^3 + 2x + 1) \mathrm{d}x$;

(2) $\int_0^1 (x+2)^2 \mathrm{d}x$;

(3) $\int_0^1 \left(3x + \frac{1}{3}\right) \mathrm{d}x$;

(4) $\int_0^1 (x+1)^3 \mathrm{d}x$;

(5) $\int_0^{\frac{\pi}{2}} \sin^2 \frac{x}{2} \mathrm{d}x$;

(6) $\int_0^{\frac{\pi}{2}} (a\sin x + b\cos x) \mathrm{d}x$.

§5-3 牛顿–莱布尼茨公式

定积分是一个重要的概念，如果计算定积分直接用定义

$$\int_a^b f(x) \mathrm{d}x = \lim_{\|\Delta x\| \to 0} \sum_{i=1}^n f(\xi_i) \Delta x_i$$

会导致在各种实际问题中得到的计算结果形式复杂，往往不易甚至求出极限，所以我们必须寻求计算定积分的简便方法，找出定积分的计算公式．

一、积分上限函数

设函数 $f(x)$ 在区间 $[a,b]$ 上连续，于是定积分 $\int_a^x f(x)\mathrm{d}x$ 存在．并且，当 x 在 $[a,b]$ 上变化时，积分 $\int_a^x f(x)\mathrm{d}x$ 也跟着变化，当 x 在 $[a,b]$ 上每取一个确定的值，定积分 $\int_a^x f(x)\mathrm{d}x$ 就有唯一确定的值与之对应，因此，积分 $\int_a^x f(x)\mathrm{d}x$ 是上限为 x 的函数，称为**积分上限函数**(function of the upper limit for definite integral)．如果将这个函数用 $\Phi(x)$ 表示，则有

$$\Phi(x) = \int_a^x f(x)\mathrm{d}x.$$

这里，字母 x 一方面表示积分变量，另一方面又表示积分的上限，为避免混淆，积分变量改用字母 t．于是

$$\Phi(x) = \int_a^x f(t)\mathrm{d}t.$$

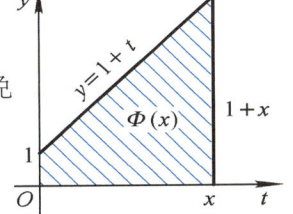

图 5-12

例如：设 $f(t) = 1 + t$（图 5-12），根据定积分的几何意义及梯形的面积公式，积分上限函数

$$\Phi(x) = \int_0^x (1+t)\mathrm{d}t = \frac{1+(1+x)}{2} \cdot x = \frac{1}{2}(2x + x^2),$$

我们还发现

$$\Phi'(x) = \left[\frac{1}{2}(2x + x^2)\right]' = 1 + x = f(x),$$

即 $\Phi(x)$ 是 $f(x)$ 的一个原函数．

一般地，有如下定理．

定理 1（原函数存在定理） 如果函数 $f(x)$ 在区间 $[a,b]$ 上连续，则积分上限函数

$$\Phi(x) = \int_a^x f(t)\mathrm{d}t$$

是 $f(x)$ 在 $[a,b]$ 上的一个原函数,即 $\Phi'(x) = f(x)$, $x \in [a,b]$(证明从略).

原函数与定积分是两个完全不同的概念,从表面上看,它们之间没有什么联系. 而原函数存在定理揭示了定积分与不定积分的联系,同时肯定了连续函数的原函数一定存在,因此定理 1 具有重要的理论价值.

例 1 求 $\dfrac{\mathrm{d}}{\mathrm{d}x}\left(\int_0^x \sin^2 t\, \mathrm{d}t\right)$.

解 由定理 1,得 $\dfrac{\mathrm{d}}{\mathrm{d}x}\left(\int_0^x \sin^2 t\, \mathrm{d}t\right) = \sin^2 x$.

二、微积分学基本定理

定理 2（牛顿-莱布尼茨公式） 如果函数 $F(x)$ 是连续函数 $f(x)$ 在区间 $[a,b]$ 上的任一原函数,则 $\int_a^b f(x)\mathrm{d}x = F(b) - F(a)$.

*****证** 已知 $F(x)$ 是 $f(x)$ 的任一原函数,由定理 1 知,$\Phi(x) = \int_a^x f(t)\mathrm{d}t$ 也是 $f(x)$ 的一个原函数,因此两个原函数只相差一个常数,即 $\Phi(x) = F(x) + C$.

令 $x = a$,得 $\Phi(a) = F(a) + C$.

由性质 1,知 $\Phi(a) = \int_a^a f(t)\mathrm{d}t = 0$,于是 $C = -F(a)$,故

$$\Phi(x) = \int_a^x f(t)\mathrm{d}t = F(x) - F(a).$$

令 $x = b$,得 $\int_a^b f(t)\mathrm{d}t = F(b) - F(a)$,即 $\int_a^b f(x)\mathrm{d}x = F(b) - F(a)$.

为方便起见,通常将 $F(b) - F(a)$ 写成 $F(x)\Big|_a^b$(或 $[F(x)]_a^b$),因此上式还可以写成

$$\int_a^b f(x)\mathrm{d}x = F(x)\Big|_a^b = F(b) - F(a).$$

公式表明求定积分 $\int_a^b f(x)\mathrm{d}x$ 分两步:

(1) 先求 $f(x)$ 的一个原函数 $F(x)$,这就是求不定积分问题;

(2) 求这个原函数在积分区间上的增量 $F(b) - F(a)$.

这个公式称为**牛顿(Newton)-莱布尼茨(Leibniz)公式**,也称为**微积分学基本定理**,它进一步指出了定积分与不定积分(或原函数)之间的关系,使我们可以借助于求原函数来计算定积分,从而提供了计算定积分的一个有效而简便的方法.

例 2 计算 $\int_0^1 x^2 \mathrm{d}x$.

解 $\int_0^1 x^2 \mathrm{d}x = \dfrac{1}{3}x^3 \Big|_0^1 = \dfrac{1}{3} \times 1^3 - \dfrac{1}{3} \times 0^3 = \dfrac{1}{3}$.

例 3 计算 $\int_{-1}^1 \dfrac{\mathrm{d}x}{1+x^2}$.

解 $\int_{-1}^{1} \dfrac{\mathrm{d}x}{1+x^2} = \arctan x \Big|_{-1}^{1} = \dfrac{\pi}{4} - \left(-\dfrac{\pi}{4}\right) = \dfrac{\pi}{2}.$

例 4 求由曲线 $y = \sin x$，直线 $x = 0$，$x = \pi$ 及 $y = 0$ 所围成图形的面积 A（图 5-13）.

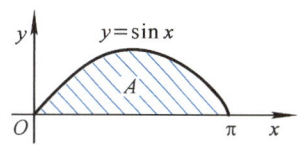

图 5-13

解 $A = \int_0^{\pi} \sin x \, \mathrm{d}x = -\cos x \Big|_0^{\pi} = -\cos \pi + \cos 0 = 2.$

例 5 计算 $\int_1^2 \left(2x^3 + \dfrac{1}{x}\right) \mathrm{d}x.$

解 $\int_1^2 \left(2x^3 + \dfrac{1}{x}\right) \mathrm{d}x = \int_1^2 2x^3 \mathrm{d}x + \int_1^2 \dfrac{1}{x} \mathrm{d}x = 2\int_1^2 x^3 \mathrm{d}x + [\ln x]_1^2$

$= \dfrac{1}{2} x^4 \Big|_1^2 + \ln 2 = 7\dfrac{1}{2} + \ln 2.$

例 6 设 $f(x) = \begin{cases} x+1, & x \leqslant 1, \\ 2x^2, & x > 1, \end{cases}$ 求 $\int_0^2 f(x) \mathrm{d}x.$

牛顿–莱布尼茨公式

解 $f(x)$ 在 $(-\infty, +\infty)$ 连续，故 $f(x)$ 在 $[0, 2]$ 连续，因此

$\int_0^2 f(x) \mathrm{d}x = \int_0^1 f(x) \mathrm{d}x + \int_1^2 f(x) \mathrm{d}x = \int_0^1 (x+1) \mathrm{d}x + \int_1^2 2x^2 \mathrm{d}x$

$= \left[\dfrac{x^2}{2} + x\right]_0^1 + \left[\dfrac{2}{3} x^3\right]_1^2 = \dfrac{37}{6}.$

*例 7 已知生产某种商品 x 件的收益函数的变化率为 $R'(x) = 1\,000 - \dfrac{x}{2}$，试求生产此种商品 $1\,000$ 件时的收益与产量从 $1\,000$ 件到 $2\,000$ 件所增加的收益.

解 产量为 $1\,000$ 件时的收益为

$$R(1\,000) = \int_0^{1\,000} R'(x) \mathrm{d}x = \int_0^{1\,000} \left(1\,000 - \dfrac{x}{2}\right) \mathrm{d}x = \left(1\,000x - \dfrac{x^2}{4}\right) \Big|_0^{1\,000}$$

$$= 1\,000\,000 - 250\,000 = 750\,000,$$

产量从 $1\,000$ 件到 $2\,000$ 件所增加的收益为

$$R(2\,000) - R(1\,000) = \int_{1\,000}^{2\,000} \left(1\,000 - \dfrac{x}{2}\right) \mathrm{d}x = \left(1\,000x - \dfrac{x^2}{4}\right) \Big|_{1\,000}^{2\,000} = 250\,000.$$

习 题 5-3

1. 判断题：

(1) 对任意函数 $f(x)$ 有 $\int_a^b f(x) \mathrm{d}x = F(b) - F(a)$. （　　）

(2) $\int_0^{2\pi} \sin kx \, \mathrm{d}x = 0.$ （　　）

2. 计算下列定积分：

(1) $\int_1^2 x^3 \mathrm{d}x$；

(2) $\int_0^3 (x^3 + 2x) \mathrm{d}x$；

(3) $\int_1^{\mathrm{e}} \dfrac{1}{x} \mathrm{d}x$；

(4) $\int_1^2 \left(x^2 + \dfrac{1}{x^4}\right) \mathrm{d}x$；

(5) $\int_4^9 \sqrt{x}(1 + \sqrt{x}) \mathrm{d}x$；

(6) $\int_{\frac{1}{\sqrt{3}}}^{\sqrt{3}} \dfrac{\mathrm{d}x}{1+x^2}$；

(7) $\int_0^\pi (2\sin x + 3\cos x)\mathrm{d}x$; (8) $\int_1^2 \dfrac{3x^2 + 2x + 1}{\sqrt{x}}\mathrm{d}x$.

§5-4 定积分的换元法、分部积分法

一、定积分的换元法

先讨论椭圆 $\dfrac{x^2}{a^2} + \dfrac{y^2}{b^2} = 1(a > b > 0)$ 面积 A 的计算.

解 如图 5-14 所示,椭圆面积 A 等于其第一象限部分的面积的 4 倍,即

$$A = 4\int_0^a \dfrac{b}{a}\sqrt{a^2 - x^2}\mathrm{d}x = \dfrac{4b}{a}\int_0^a \sqrt{a^2 - x^2}\mathrm{d}x.$$

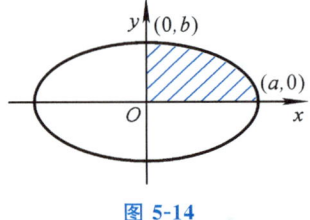

图 5-14

用不定积分换元法 $x = a\sin u$,则

$$\int \sqrt{a^2 - x^2}\mathrm{d}x = \int a\cos u \cdot a\cos u\, \mathrm{d}u = a^2\int \cos^2 u\, \mathrm{d}u$$

$$= a^2\int \dfrac{1 + \cos 2u}{2}\mathrm{d}u = \dfrac{a^2}{2}\left(u + \dfrac{1}{2}\sin 2u\right) + C$$

$$= \dfrac{a^2}{2}\arcsin \dfrac{x}{a} + \dfrac{1}{2}x\sqrt{a^2 - x^2} + C.$$

代回定积分,可得 $A = \pi ab$. 这样做虽然可以求出这个定积分的值,但比较麻烦,现在我们在定积分中直接运用换元法,使用代换 $x = a\sin u$,于是被积式 $\sqrt{a^2 - x^2}\mathrm{d}x$ 变为 $a^2\cos^2 u\,\mathrm{d}u$,此时还须注意,应该相应地改变积分的上、下限. 由于当 $x = 0$ 时,相应地 $u = 0$;而当 $x = a$ 时,相应地 $u = \dfrac{\pi}{2}$. 因此,对 x 而言,积分区间是 $[0, a]$,经过代换后,对新变量 u 而言,积分区间则应该是 $\left[0, \dfrac{\pi}{2}\right]$. 于是有

$$A = \dfrac{4b}{a}\int_0^a \sqrt{a^2 - x^2}\mathrm{d}x \xrightarrow{\text{令}\, x = a\sin u} \dfrac{4b}{a}\int_0^{\frac{\pi}{2}} a^2\cos^2 u\,\mathrm{d}u = 4ab\int_0^{\frac{\pi}{2}} \dfrac{1 + \cos 2u}{2}\mathrm{d}u$$

$$= 2ab\left[u + \dfrac{\sin 2u}{2}\right]_0^{\frac{\pi}{2}} = 2ab\left(\dfrac{\pi}{2} - 0\right) = \pi ab.$$

比较上述两种方法,可见后一种方法要简单些,因为中间省去把新变量 u 换回到原变量 x 的步骤.

求定积分时,若函数 $f(x)$ 在 $[a, b]$ 上连续,函数 $x = \varphi(t)$ 满足下列条件:
(1) $\varphi'(t)$ 在 $[\alpha, \beta]$ 上连续;
(2) 当 $t \in [\alpha, \beta]$ 时,$\varphi(t) \in [a, b]$,且 $\varphi(\alpha) = a, \varphi(\beta) = b$,则

$$\int_a^b f(x)\mathrm{d}x = \int_\alpha^\beta f[\varphi(t)]\varphi'(t)\mathrm{d}t.$$

这就是**定积分换元积分公式**.

例 1 求 $\int_0^{\frac{\pi}{2}} \cos^3 x \sin x \, dx$.

解 设 $u = \cos x$，则 $du = -\sin x \, dx$，当 $x = 0$ 时，$u = 1$；当 $x = \frac{\pi}{2}$ 时，$u = 0$. 于是

$$\int_0^{\frac{\pi}{2}} \cos^3 x \sin x \, dx = -\int_1^0 u^3 \, du = \int_0^1 u^3 \, du = \frac{u^4}{4} \Big|_0^1 = \frac{1}{4}.$$

例 2 求 $\int_0^4 \frac{(x+2)}{\sqrt{2x+1}} \, dx$.

解 令 $u = \sqrt{2x+1}$，则 $x = \frac{u^2 - 1}{2}$，$dx = u \, du$，当 x 从 0 变到 4 时，u 相应地从 1 变到 3.

于是

$$\int_0^4 \frac{x+2}{\sqrt{2x+1}} \, dx = \int_1^3 \frac{\frac{1}{2}(u^2 - 1) + 2}{u} u \, du = \int_1^3 \frac{u^2 + 3}{2} \, du$$

$$= \left[\frac{u^3}{6} + \frac{3}{2} u \right]_1^3 = \left(\frac{27}{6} + \frac{9}{2} \right) - \left(\frac{1}{6} + \frac{3}{2} \right) = \frac{22}{3}.$$

例 3 求 $\int_{\frac{\sqrt{3}}{3}a}^{a} \frac{dx}{x^2 \sqrt{x^2 + a^2}} \ (a > 0)$.

解 令 $x = a \tan u$，则 $dx = a \sec^2 u \, du$. 当 x 从 $\frac{\sqrt{3}}{3} a$ 变到 a 时，$u = \arctan \frac{x}{a}$ 则由 $\frac{\pi}{6}$ 变到 $\frac{\pi}{4}$，于是

$$\int_{\frac{\sqrt{3}}{3}a}^{a} \frac{dx}{x^2 \sqrt{x^2 + a^2}} = \frac{1}{a^2} \int_{\frac{\pi}{6}}^{\frac{\pi}{4}} \frac{\sec u}{\tan^2 u} \, du = \frac{1}{a^2} \int_{\frac{\pi}{6}}^{\frac{\pi}{4}} \frac{\cos u}{\sin^2 u} \, du = \frac{1}{a^2} \int_{\frac{\pi}{6}}^{\frac{\pi}{4}} \frac{1}{\sin^2 u} \, d(\sin u)$$

$$= \frac{1}{a^2} \left[-\frac{1}{\sin u} \right]_{\frac{\pi}{6}}^{\frac{\pi}{4}} = \frac{1}{a^2} \left(-\frac{2}{\sqrt{2}} + 2 \right) = \frac{2 - \sqrt{2}}{a^2}.$$

在定积分换元法中，换元时的积分限也要换．如果用凑微分法来计算定积分时，不作变量代换，则积分限就不需要换了．例如：例 1 用凑微分法就简便些．

例 4 求下列定积分：

(1) $\int_{-\frac{\pi}{2}}^{\frac{\pi}{2}} \cos x \, dx$；　　　　(2) $\int_{-\frac{\pi}{2}}^{\frac{\pi}{2}} \sin x \, dx$.

解 (1) $\int_{-\frac{\pi}{2}}^{\frac{\pi}{2}} \cos x \, dx = \sin x \Big|_{-\frac{\pi}{2}}^{\frac{\pi}{2}} = 2$.

(2) $\int_{-\frac{\pi}{2}}^{\frac{\pi}{2}} \sin x \, dx = -\cos x \Big|_{-\frac{\pi}{2}}^{\frac{\pi}{2}} = 0$.

这里，$\sin x$ 是对称区间 $\left[-\frac{\pi}{2}, \frac{\pi}{2} \right]$ 上的奇函数，而 $\cos x$ 是对称区间 $\left[-\frac{\pi}{2}, \frac{\pi}{2} \right]$ 上的偶函数．

一般地，若 $f(x)$ 为奇函数，即 $f(-x) = -f(x)$，则 $\int_{-a}^{a} f(x) \, dx = 0$，即**奇函数在对称区间上的定积分为 0**.

若 $f(x)$ 为偶函数，即 $f(-x) = f(x)$，则 $\int_{-a}^{a} f(x) \, dx = 2 \int_0^a f(x) \, dx$，即**偶函数在对称区间**

上的定积分为其一半区间上定积分的 **2 倍**.

奇函数、偶函数在对称区间上的积分的几何意义如图 5-15 所示.

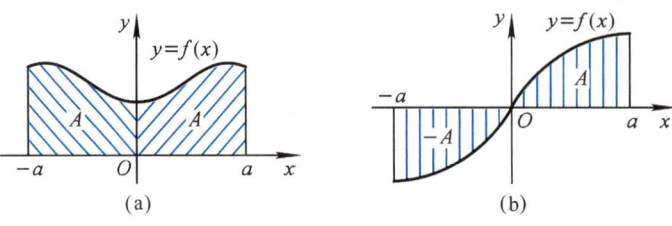

图 5-15

下面我们仅对奇函数的情形加以证明,偶函数的情形留作练习.

由于 $\int_{-a}^{a} f(x)dx = \int_{-a}^{0} f(x)dx + \int_{0}^{a} f(x)dx$,对积分 $\int_{-a}^{0} f(x)dx$ 作代换 $x = -t$,则

$$\int_{-a}^{0} f(x)dx = -\int_{a}^{0} f(-t)dt = \int_{0}^{a} f(-t)dt = -\int_{0}^{a} f(t)dt = -\int_{0}^{a} f(x)dx.$$

于是 $\int_{-a}^{a} f(x)dx = \int_{-a}^{0} f(x)dx + \int_{0}^{a} f(x)dx = -\int_{0}^{a} f(x)dx + \int_{0}^{a} f(x)dx = 0,$

即 $\int_{-a}^{a} f(x)dx = 0.$

例 5 求 $\int_{-2}^{2} (x^7 - \sin^7 x + \cos x)dx$.

解 $\int_{-2}^{2} (x^7 - \sin^7 x + \cos x)dx = \int_{-2}^{2} (x^7 - \sin^7 x)dx + \int_{-2}^{2} \cos x\, dx$
$= 0 + 2\int_{0}^{2} \cos x\, dx = 2\sin 2.$

定积分换元积分法

二、定积分的分部积分法

如果函数 $u(x)$ 和 $v(x)$ 在区间 $[a,b]$ 上具有连续导数 $u'(x)$ 和 $v'(x)$,则

$$(uv)' = u'v + uv'.$$

对等式两端分别在区间 $[a,b]$ 上求定积分,用牛顿-莱布尼茨公式,得

$$\int_{a}^{b} (uv)'dx = \int_{a}^{b} u'v\, dx + \int_{a}^{b} uv'\, dx,$$

因此有 $[uv]_{a}^{b} = \int_{a}^{b} vu'\, dx + \int_{a}^{b} uv'\, dx,$

移项,得 $\int_{a}^{b} uv'\, dx = uv\Big|_{a}^{b} - \int_{a}^{b} vu'\, dx,$

或 $\int_{a}^{b} u\, dv = uv\Big|_{a}^{b} - \int_{a}^{b} v\, du.$

这就是**定积分的分部积分公式**.

例 6 求 $\int_{0}^{\pi} x\cos x\, dx$.

解 设 $u = x$,$dv = \cos x\, dx$,则 $du = dx$,$v = \sin x$.代入公式,得

$$\int_0^\pi x\cos x\,dx = x\sin x\Big|_0^\pi - \int_0^\pi \sin x\,dx = 0 - \int_0^\pi \sin x\,dx = \cos x\Big|_0^\pi = -2.$$

例 7 求 $\int_0^{e-1} \ln(1+x)\,dx$.

解
$$\int_0^{e-1} \ln(1+x)\,dx = x\ln(1+x)\Big|_0^{e-1} - \int_0^{e-1} x\,d[\ln(1+x)]$$
$$= (e-1) - \int_0^{e-1}\left(1 - \frac{1}{1+x}\right)dx$$
$$= (e-1) - [x - \ln(1+x)]\Big|_0^{e-1} = 1.$$

例 8 求 $\int_0^{2\pi} e^x \cos x\,dx$.

解 设 $I = \int_0^{2\pi} e^x \cos x\,dx$, 则
$$I = \int_0^{2\pi} e^x\,d(\sin x) = [e^x \sin x]_0^{2\pi} - \int_0^{2\pi} \sin x\,d(e^x) = -\int_0^{2\pi} e^x \sin x\,dx$$
$$= \int_0^{2\pi} e^x\,d(\cos x) = e^x \cos x\Big|_0^{2\pi} - \int_0^{2\pi} e^x \cos x\,dx = (e^{2\pi} - 1) - I,$$

于是 $I = \frac{1}{2}(e^{2\pi} - 1)$, 即

$$\int_0^{2\pi} e^x \cos x\,dx = \frac{1}{2}(e^{2\pi} - 1).$$

习 题 5-4

1. 判断题：
(1) 定积分换元时要交换上下限.　　　　　　　　　　　　　　　　　　　　　　　( )
(2) $\int_{-\frac{\pi}{2}}^{\frac{\pi}{2}} \frac{x^{11}}{(x^2+1)(\cos^3 x + 2)}dx = 0$.　　　　　　　　　　　　　( )
(3) $\int_0^2 \sqrt{4-x^2}\,dx \xrightarrow{\text{令 } x = 2\sin u} \int_0^{\frac{\pi}{2}} 4\cos^2 u\,du$.　　　　　　( )

2. 计算下列定积分：
(1) $\int_0^1 \frac{x^3}{1+x^4}dx$;　　　(2) $\int_1^{e^3} \frac{dx}{x\sqrt{1+\ln x}}$;　　　(3) $\int_0^{\frac{\pi}{2}} \sin^3 x \cos x\,dx$.

3. 计算下列定积分：
(1) $\int_0^1 xe^{-x}dx$;　　　(2) $\int_0^\pi t\sin t\,dt$;　　　(3) $\int_0^1 x\arctan x\,dx$.

*§5-5　定积分的近似计算

在实际问题中,有些定积分未给出被积函数的解析表达式,而只给出被积函数的图像或表格;有些定积分问题虽给出了解析表达式,但其原函数不能用初等函数表示,或者求原函数的步骤过于复杂.这种情况不宜或不能用牛顿-莱布尼茨公式来计算定积分.因此有必要考虑定积分的近似计算问题.从定积分的几何意义出发,只要近似地算出相应的曲边梯形的面积,也就得到所求定积分的近似值.

下面介绍近似计算定积分的矩形法、梯形法和抛物线法.

*一、矩形法

把区间$[a,b]$分成n等分,$\Delta x = \dfrac{b-a}{n}$,曲边梯形的面积可用$n$个小矩形的面积之和近似代替(图 5-16),这种近似计算方法称为**矩形法**(rectanglar method).

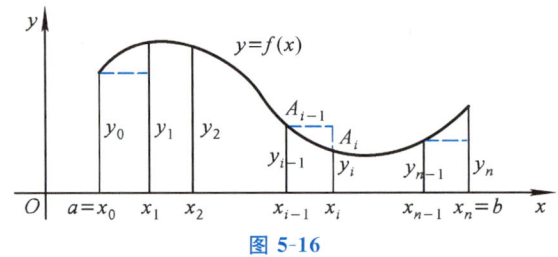

图 5-16

如果用$y_0, y_1, \cdots, y_{n-1}$表示$f(x)$在各分点的函数值,并作为小矩形的高,则

$$\int_a^b f(x) dx \approx y_0 \Delta x + y_1 \Delta x + \cdots + y_{n-1} \Delta x = \dfrac{b-a}{n}(y_0 + y_1 + \cdots + y_{n-1})$$

$$= \dfrac{b-a}{n} \sum_{i=0}^{n-1} y_i,$$

或

$$\int_a^b f(x) dx \approx \dfrac{b-a}{n}(y_1 + y_2 + \cdots + y_n) = \dfrac{b-a}{n} \sum_{i=1}^{n} y_i.$$

矩形法的实质就是把弧段$\widehat{A_{i-1}A_i}$用平行于x轴的线段$A_{i-1}A_i$代替,其中$\Delta x = \dfrac{b-a}{n}$称为**步长**(step size).

*二、梯形法

与矩形法相似(图 5-17),如果用弦$A_{i-1}A_i$代替弧段$\widehat{A_{i-1}A_i}$,在一般情形下结果会更好些. 这种方法称为**梯形法**(trapezoidal method). 以弦去替代弧段,把曲边梯形变成n个直角梯形,取这n个直角梯形面积的和作为所求定积分的近似值. 这时有

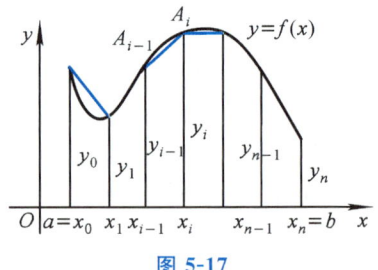

图 5-17

$$\int_a^b f(x) dx \approx \Delta x \left(\dfrac{y_0 + y_1}{2} + \dfrac{y_1 + y_2}{2} + \cdots + \dfrac{y_{n-1} + y_n}{2} \right)$$

$$= \dfrac{b-a}{n} \left(\dfrac{y_0 + y_n}{2} + y_1 + y_2 + \cdots + y_{n-1} \right)$$

$$= \dfrac{b-a}{n} \left(\dfrac{y_0 + y_n}{2} + \sum_{i=1}^{n-1} y_i \right).$$

这个公式称为**梯形公式**(trapezoidal formula),$\Delta x = \dfrac{b-a}{n}$称为**步长**.

*三、抛物线法

矩形法和梯形法都是在小范围内用直线段代替曲线段,从而用计算矩形或梯形的面积的方法来计算定积分的近似值,有时它们不能达到理想的精确度. 为提高精确度,我们在小范围内用

抛物线弧代替曲线弧 $y=f(x)$，这种计算定积分的近似方法称为**抛物线法**（parabolic method）.

如图 5-18 所示，将曲边梯形的底 $[a,b]$ 分成 $2n$ 等分，过曲线 $y=f(x)$ 上 3 个点 M_0，M_1，M_2 作对称轴平行于 y 轴的抛物线，以 $[x_0,x_2]$ 为底，过 M_0，M_1，M_2 3 个点的抛物线弧为曲边的曲边梯形的面积为 $\dfrac{b-a}{6n}(y_0+4y_1+y_2)$（证略）.

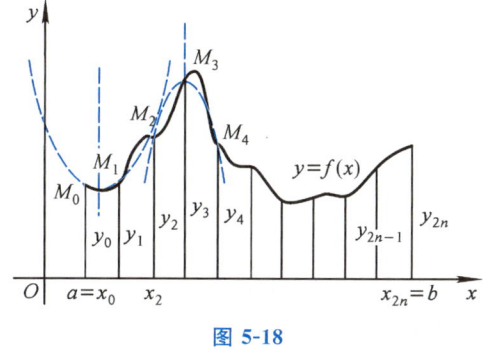

图 5-18

类似地，可以推出以 $[x_{2k-2},x_{2k}]$ 为底，过 M_{2k-2}、M_{2k-1}、M_{2k} ($k=1,2,\cdots,n$) 3 个点的抛物线弧为曲边的曲边梯形的面积为 $\dfrac{b-a}{6n}(y_{2k-2}+4y_{2k-1}+y_{2k})$ ($k=1,2,\cdots,n$)（证略）. 于是

$$\int_a^b f(x)\,\mathrm{d}x \approx \dfrac{b-a}{6n}[(y_0+y_{2n})+2(y_2+y_4+\cdots+y_{2n-2})+4(y_1+y_3+\cdots+y_{2n-1})].$$

这就是定积分近似计算的**抛物线法公式**，又称**辛普森**（Simpson）**公式**.

例 用上述三种方法计算 $\int_0^1 \mathrm{e}^{-x^2}\,\mathrm{d}x$.

解 取 $n=10$，分点为：$x_0=0$，$x_1=0.1$，$x_2=0.2$，$\cdots$，$x_9=0.9$，$x_{10}=1$，且 $\Delta x=\dfrac{1-0}{10}=\dfrac{1}{10}$，将分点值代入被积函数 $y=\mathrm{e}^{-x^2}$ 中，求出相应函数值，列表如下.

i	x_i	y_i		
0	0.0	1.000 00		
1	0.1		0.990 05	
2	0.2			0.960 79
3	0.3		0.913 93	
4	0.4			0.852 14
5	0.5		0.778 80	
6	0.6			0.697 68
7	0.7		0.612 63	
8	0.8			0.527 29
9	0.9		0.444 86	
10	1.0	0.367 88		
求 和		1.367 88	3.740 27	3.037 90

用矩形法，得 $\int_0^1 \mathrm{e}^{-x^2}\,\mathrm{d}x \approx \dfrac{1}{10}(3.740\ 27+3.037\ 90+0.367\ 88)$

$$=\dfrac{1}{10}\times 7.146\ 05=0.714\ 605.$$

用梯形法，得 $\int_0^1 \mathrm{e}^{-x^2}\,\mathrm{d}x \approx \dfrac{1}{10}\left(\dfrac{1}{2}\times 1.367\ 88+3.740\ 27+3.037\ 90\right)$

$$=\dfrac{1}{10}\times 7.462\ 11=0.746\ 211.$$

用抛物线法,得 $\int_0^1 e^{-x^2} dx \approx \dfrac{1}{30}(1.36788 + 2\times 3.03790 + 4\times 3.74027)$

$= \dfrac{1}{30} \times 22.40476 = 0.746825.$

习 题 5-5

1. 某河床的横断面如图所示,为了计算最大排洪量,需要计算它的横断面的面积. 试根据图示的测量数据(单位:m)用梯形法计算其横断面的面积.

2. 用矩形法、梯形法与抛物线法近似计算定积分 $\int_1^2 \dfrac{dx}{x}$,以求 $\ln 2$ 的近似值(取 $n=10$,被积函数值取四位小数).

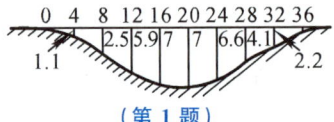

(第 1 题)

§5-6 广 义 积 分

在定积分中,积分区间 $[a,b]$ 是有限的,且被积函数 $f(x)$ 在区间 $[a,b]$ 上是连续的,即被积函数是区间 $[a,b]$ 上的有界函数,这种积分称为通常意义下的积分,简称**常义积分**(proper integral). 但在实际问题中,还会遇到积分区间为无限的,或者积分区间虽有限,而被积函数在积分区间出现了无穷间断点的情况,它们都不属于常义积分的范围,这两类积分称为**广义积分**(improper integral).

*一、无穷区间上的广义积分

先看一个例子,求由曲线 $y=\dfrac{1}{x^2}$, x 轴及直线 $x=1$ 所围成的"开口曲边梯形"的面积(图 5-19).

由于此图形在 x 轴的正方向是开口的,不是封闭的曲边梯形,不能用定积分来计算它的面积.

我们任取大于 1 的数 b,于是在区间 $[1,b]$ 上由曲线 $y=\dfrac{1}{x^2}$ 所围成曲边梯形的面积 $A(b)=\int_1^b \dfrac{dx}{x^2} = -\dfrac{1}{x}\Big|_1^b = 1-\dfrac{1}{b}.$

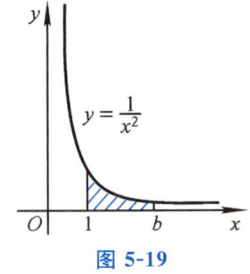

图 5-19

易见,当 b 改变时,曲边梯形的面积 $A(b)$ 也随之而改变,且当 $b\to +\infty$ 时,有

$$\lim_{b\to +\infty} A(b) = \lim_{b\to +\infty}\int_1^b \dfrac{1}{x^2} dx = \lim_{b\to +\infty}\left(1-\dfrac{1}{b}\right) = 1.$$

把极限 $\lim\limits_{b\to +\infty} A(b)$ 理解为这个开口曲边梯形的面积,一般地,对无穷区间上的广义积分有如下定义.

定义 1 设函数 $f(x)$ 在区间 $[a,+\infty)$ 上连续,取 $b>a$,如果极限 $\lim\limits_{b\to\infty}\int_a^b f(x)dx$ 存在,就称函数 $f(x)$ 在区间 $[a,+\infty)$ 上的广义积分**存在**或**收敛**(convergent),并称这个极限值为**广义积分的值**. 如果上述极限不存在,就称函数 $f(x)$ 在区间 $[a,+\infty)$ 上的广义积分**不存在**或**发散**(divergent). 无论收敛或发散,都用 $\int_a^{+\infty} f(x)dx$ 表示函数 $f(x)$ 在区间 $[a,+\infty)$ 上的广义积

分，即
$$\int_a^{+\infty} f(x)\,dx = \lim_{b\to+\infty}\int_a^b f(x)\,dx.$$

类似地，可以定义在区间 $(-\infty, b]$ 上的连续函数 $f(x)$ 的广义积分
$$\int_{-\infty}^b f(x)\,dx = \lim_{a\to-\infty}\int_a^b f(x)\,dx.$$

当上式右端的极限存在时，称广义积分**收敛**，否则称广义积分**发散**。

对于在 $(-\infty, +\infty)$ 内的连续函数 $f(x)$ 的广义积分，定义为
$$\int_{-\infty}^{+\infty} f(x)\,dx = \int_{-\infty}^c f(x)\,dx + \int_c^{+\infty} f(x)\,dx$$
$$= \lim_{a\to-\infty}\int_a^c f(x)\,dx + \lim_{b\to+\infty}\int_c^b f(x)\,dx.$$

其中，c 为任意实数，且仅当右端两个极限都存在时，广义积分才**收敛**，否则是**发散**的。

例1 计算 $\int_0^{+\infty} e^{-x}\,dx$.

解 $\int_0^{+\infty} e^{-x}\,dx = \lim_{b\to+\infty}\int_0^b e^{-x}\,dx = \lim_{b\to+\infty}(-e^{-x})\Big|_0^b = \lim_{b\to+\infty}(-e^{-b}+1) = 1.$

例2 计算 $\int_{-\infty}^{+\infty} \dfrac{1}{1+x^2}\,dx$.

解 $\int_{-\infty}^{+\infty} \dfrac{1}{1+x^2}\,dx = \lim_{a\to-\infty}\int_a^0 \dfrac{dx}{1+x^2} + \lim_{b\to+\infty}\int_0^b \dfrac{dx}{1+x^2} = \lim_{a\to-\infty}\arctan x\Big|_a^0 + \lim_{b\to+\infty}\arctan x\Big|_0^b$
$$= -\lim_{a\to-\infty}\arctan a + \lim_{b\to+\infty}\arctan b = -\left(-\dfrac{\pi}{2}\right) + \dfrac{\pi}{2} = \pi.$$

例3 证明：$\int_1^{+\infty} \dfrac{dx}{x^p}$ 当 $p>1$ 时收敛，当 $p\leqslant 1$ 时发散。

证 当 $p=1$ 时，$\lim_{b\to+\infty}\int_1^b \dfrac{dx}{x} = \lim_{b\to+\infty}\ln x\Big|_1^b$，即 $\int_1^{+\infty}\dfrac{dx}{x} = \lim_{b\to+\infty}\ln b = +\infty.$

当 $p\neq 1$ 时，$\int_1^{+\infty}\dfrac{dx}{x^p} = \lim_{b\to+\infty}\int_1^b \dfrac{dx}{x^p} = \dfrac{1}{1-p}\lim_{b\to+\infty}x^{1-p}\Big|_1^b$
$$= \dfrac{1}{1-p}(\lim_{b\to+\infty}b^{1-p}-1) = \begin{cases} +\infty, & p<1, \\ \dfrac{1}{p-1}, & p>1. \end{cases}$$

所以，当 $p>1$ 时，该广义积分收敛，其值为 $\dfrac{1}{p-1}$；当 $p\leqslant 1$ 时，该广义积分发散。

例4 一个氢原子由一个质子和一个电子组成，它们带有 $1.6\times 10^{-19}\text{C}$ 的异种电荷，求使氢原子激发（即使电子从其轨道移动到离质子无穷远处）的能量，设电子和质子之间的初始距离为玻尔半径 $R_B = 5.3\times 10^{-11}\,\text{m}$.

解 设质子和电子的电荷量分别为 q_1 和 q_2，电子从初始距离 R_B 被移动到无穷远处的能量用广义积分表示为
$$E = \int_{R_B}^{+\infty} k\dfrac{q_1 q_2}{r^2}\,dr = kq_1 q_2 \lim_{b\to+\infty}\int_{R_B}^b \dfrac{1}{r^2}\,dr = kq_1 q_2 \lim_{b\to+\infty}\left(-\dfrac{1}{r}\Big|_{R_B}^b\right)$$

$$= kq_1q_2 \lim_{b \to +\infty}\left(-\frac{1}{b}+\frac{1}{R_B}\right)=\frac{kq_1q_2}{R_B},$$

代入数值,得

$$E=\frac{9\times 10^9 \times (1.6\times 10^{-19})^2}{5.3\times 10^{-11}}\text{J}\approx 4.35\times 10^{-18}\text{ J}.$$

这是移动一个微尘粒离开地面 0.000 000 01 cm 所需能量的数值.

*二、无界函数的广义积分

先考虑下面的例子.

试求由曲线 $y=\dfrac{1}{\sqrt{x}}$,直线 $x=0$,$x=1$ 与 x 轴所围成的开口曲边梯形的面积(图 5-20).

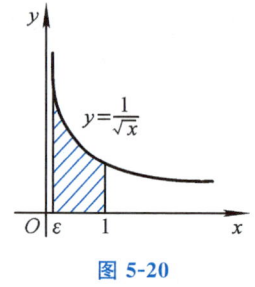

图 5-20

由于当 $x\to 0$ 时,$\dfrac{1}{\sqrt{x}}\to +\infty$,故函数 $y=\dfrac{1}{\sqrt{x}}$ 在 $x=0$ 处无界(无穷型间断点).

我们任取一个数 ε,满足 $0<\varepsilon<1$,于是在区间 $[\varepsilon,1]$ 上由曲线 $y=\dfrac{1}{\sqrt{x}}$ 所围成的曲边梯形面积

$$A(\varepsilon)=\int_\varepsilon^1 \frac{\mathrm{d}x}{\sqrt{x}}=2\sqrt{x}\Big|_\varepsilon^1=2-2\sqrt{\varepsilon}.$$

易见,当 ε 变化时,上述曲边梯形的面积 $A(\varepsilon)$ 也随之而变化,当 $\varepsilon\to 0^+$ 时,得

$$\lim_{\varepsilon\to 0^+}A(\varepsilon)=\lim_{\varepsilon\to 0^+}\int_\varepsilon^1 \frac{\mathrm{d}x}{\sqrt{x}}=\lim_{\varepsilon\to 0^+}(2-2\sqrt{\varepsilon})=2.$$

把 $\lim\limits_{\varepsilon\to 0^+}A(\varepsilon)$ 理解为这个开口曲边梯形的面积,一般对于被积函数是无界的情形有如下定义.

定义 2 设函数 $f(x)$ 在 $(a,b]$ 连续,且 $\lim\limits_{x\to a^+}f(x)=\infty$(即左端点为无穷间断点),如果极限 $\lim\limits_{\varepsilon\to 0^+}\int_{a+\varepsilon}^b f(x)\mathrm{d}x$ 存在,则称无界函数 $f(x)$ 在 $(a,b]$ 的广义积分**存在**或**收敛**,并称这个极限值为广义积分的**值**;如上述极限不存在,则称无界函数 $f(x)$ 在 $(a,b]$ 的广义积分**不存在**或**发散**. 无论收敛或发散,都用 $\int_a^b f(x)\mathrm{d}x$ 表示这个广义积分,即

$$\int_a^b f(x)\mathrm{d}x=\lim_{\varepsilon\to 0^+}\int_{a+\varepsilon}^b f(x)\mathrm{d}x.$$

类似地,可定义在 $x=b$ 附近无界函数(右端点为无穷间断点)$f(x)$ 的广义积分

$$\int_a^b f(x)\mathrm{d}x=\lim_{\varepsilon\to 0^+}\int_a^{b-\varepsilon} f(x)\mathrm{d}x.$$

对于在 $[a,b]$ 内某点 $x=c(a<c<b)$ 附近无界函数(无穷间断点在区间内)$f(x)$ 的广义积分,定义为

$$\int_a^b f(x)\mathrm{d}x=\lim_{\varepsilon\to 0^+}\int_a^{c-\varepsilon} f(x)\mathrm{d}x+\lim_{\eta\to 0^+}\int_{c+\eta}^b f(x)\mathrm{d}x,$$

其中 ε、η 各自独立地趋向于 0. 仅当右端两个极限都存在时，广义积分才**收敛**，否则是**发散**的. 被积函数有无穷间断点的广义积分称为**瑕积分**.

例 5 计算 $\int_0^a \dfrac{\mathrm{d}x}{\sqrt{a^2-x^2}}$ $(a>0)$.

解 因为 $\lim\limits_{x \to a^-} \dfrac{1}{\sqrt{a^2-x^2}} = +\infty$，所以积分是广义积分，于是

$$\int_0^a \frac{\mathrm{d}x}{\sqrt{a^2-x^2}} = \lim_{\varepsilon \to 0^+} \int_0^{a-\varepsilon} \frac{\mathrm{d}x}{\sqrt{a^2-x^2}} = \lim_{\varepsilon \to 0^+} \arcsin\frac{x}{a}\bigg|_0^{a-\varepsilon}$$

$$= \lim_{\varepsilon \to 0^+} \left(\arcsin\frac{a-\varepsilon}{a} - 0\right) = \frac{\pi}{2}.$$

例 6 讨论 $\int_{-1}^1 \dfrac{\mathrm{d}x}{x^2}$ 的收敛性.

解 因为 $\lim\limits_{x \to 0} \dfrac{1}{x^2} = +\infty$，所以该积分为广义积分，于是

$$\int_{-1}^1 \frac{\mathrm{d}x}{x^2} = \lim_{\varepsilon \to 0^+} \int_{-1}^{0-\varepsilon} \frac{\mathrm{d}x}{x^2} + \lim_{\eta \to 0^+} \int_{0+\eta}^1 \frac{\mathrm{d}x}{x^2} = \lim_{\varepsilon \to 0^+} \left(-\frac{1}{x}\right)\bigg|_{-1}^{0-\varepsilon} + \lim_{\eta \to 0^+} \left(-\frac{1}{x}\right)\bigg|_{0+\eta}^1$$

$$= \lim_{\varepsilon \to 0^+} \left(\frac{1}{\varepsilon} - 1\right) + \lim_{\eta \to 0^+} \left(-1 + \frac{1}{\eta}\right).$$

因为 $\lim\limits_{\varepsilon \to 0^+}\left(\dfrac{1}{\varepsilon}-1\right) = +\infty$，所以广义积分 $\int_{-1}^1 \dfrac{\mathrm{d}x}{x^2}$ 是发散的.

如果不注意被积函数 $\dfrac{1}{x^2}$ 在 $x=0$ 处的情况，按定积分计算，就会得出错误结果：

$$\int_{-1}^1 \frac{\mathrm{d}x}{x^2} = -\frac{1}{x}\bigg|_{-1}^1 = -2.$$

例 7 计算 $\int_0^2 \dfrac{\mathrm{d}x}{\sqrt{|x-1|}}$.

解 因为 $\lim\limits_{x \to 1} \dfrac{1}{\sqrt{|x-1|}} = +\infty$，所以该积分为广义积分，于是

$$\int_0^2 \frac{\mathrm{d}x}{\sqrt{|x-1|}} = \int_0^1 \frac{\mathrm{d}x}{\sqrt{1-x}} + \int_1^2 \frac{\mathrm{d}x}{\sqrt{x-1}}$$

$$= \lim_{\varepsilon \to 0^+} \int_0^{1-\varepsilon} \frac{\mathrm{d}x}{\sqrt{1-x}} + \lim_{\eta \to 0^+} \int_{1+\eta}^2 \frac{\mathrm{d}x}{\sqrt{x-1}}$$

$$= -\lim_{\varepsilon \to 0^+} 2(1-x)^{\frac{1}{2}}\bigg|_0^{1-\varepsilon} + \lim_{\eta \to 0^+} 2(x-1)^{\frac{1}{2}}\bigg|_{1+\eta}^2 = 4.$$

习 题 5-6

1. 计算下列广义积分：

(1) $\int_1^{+\infty} \dfrac{\mathrm{d}x}{x^4}$；　　(2) $\int_0^{+\infty} \mathrm{e}^{-ax}\mathrm{d}x$ $(a>0)$；　　(3) $\int_a^{+\infty} \dfrac{\ln x}{x}\mathrm{d}x$ $(a>0)$；　　*(4) $\int_0^1 \dfrac{x\,\mathrm{d}x}{\sqrt{1-x^2}}$.

§5-7 定积分在几何上的应用

一、定积分的元素法

为讨论定积分的应用,先介绍利用定积分解决实际问题的元素法.

在定积分定义中,我们先对整体量进行分割;然后在局部范围内"以直代曲",求出整体量在局部范围内的近似值;再把所有近似值加起来,得到整体量的近似值;最后当分割无限密集时取极限得定积分(即整体量). 在这四个步骤中,关键的是第二步局部量取近似. 事实上,许多几何量与物理量都可以用这种方法计算. 为了应用方便,我们把计算在区间 $[a,b]$ 上的某个量 Q 的定积分的方法简化成两步:

(1) 求微分,找量 Q 在任一具有代表性的小区间 $[x, x+\mathrm{d}x]$ 上改变量 ΔQ 的近似值 $\mathrm{d}Q$ [称为量 Q 的**微元**(element)], $\mathrm{d}Q = f(x)\mathrm{d}x$.

(2) 求积分,量 Q 就是 $\mathrm{d}Q$ 在区间 $[a,b]$ 上的定积分, $Q = \int_a^b f(x)\mathrm{d}x$.

这种方法称为定积分**元素法**或**微元法**,下面用元素法讨论定积分在几何上的应用.

二、平面图形的面积

1. 平面直角坐标系中图形的面积

(1) 平面图形由连续曲线 $y = f_1(x)$, $y = f_2(x)$ $[f_1(x) \geqslant f_2(x)]$ 与直线 $x=a$, $x=b$ $(a<b)$ 所围成,如图 5-21 所示.

取 x 为积分变量,积分区间为 $[a,b]$,在 $[a,b]$ 上任取一小区间 $[x, x+\mathrm{d}x]$,如果 $f_1(x) \geqslant f_2(x)$,则以 $f_1(x) - f_2(x)$ 为高、$\mathrm{d}x$ 为底的小矩形的面积就是面积元素

$$\mathrm{d}A = [f_1(x) - f_2(x)]\mathrm{d}x.$$

于是平面图形的面积为
$$A = \int_a^b [f_1(x) - f_2(x)]\mathrm{d}x.$$

(2) 平面图形是由连续曲线 $x = \varphi_1(y)$, $x = \varphi_2(y)$ $[\varphi_1(y) \geqslant \varphi_2(y)]$ 及直线 $y = c$, $y = d (c < d)$ 所围成,如图 5-22 所示.

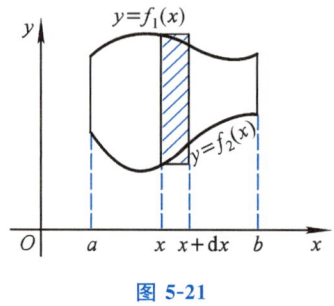

图 5-21　　　　　图 5-22

类似地,取 y 为积分变量,积分区间为 $[c,d]$,可得其面积

$$A = \int_c^d [\varphi_1(y) - \varphi_2(y)]\mathrm{d}y.$$

例1 计算由两条抛物线 $y^2=x$，$y=x^2$ 所围成图形的面积.

解 (1) 如图 5-23 所示，为了确定图形所在的范围，先求出两条抛物线的交点，解方程组 $\begin{cases} y=x^2, \\ y^2=x, \end{cases}$ 得 $x_1=0$，$y_1=0$；$x_2=1$，$y_2=1$，故两交点为 $(0,0)$ 及 $(1,1)$. 取 x 为积分变量，从而知图形在直线 $x=0$，$x=1$ 之间，即积分区间为 $[0,1]$.

(2) 在区间 $[0,1]$ 上任取一小区间 $[x, x+dx]$，对应的窄条面积近似于以 $(\sqrt{x}-x^2)$ 为高、dx 为底的小矩形的面积，从而得面积元素 $dA=(\sqrt{x}-x^2)dx$.

(3) 所求面积为 $A=\int_0^1(\sqrt{x}-x^2)dx=\left[\dfrac{2}{3}x^{\frac{3}{2}}-\dfrac{1}{3}x^3\right]_0^1=\dfrac{1}{3}$.

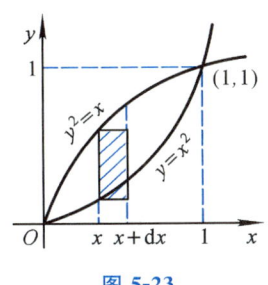

图 5-23

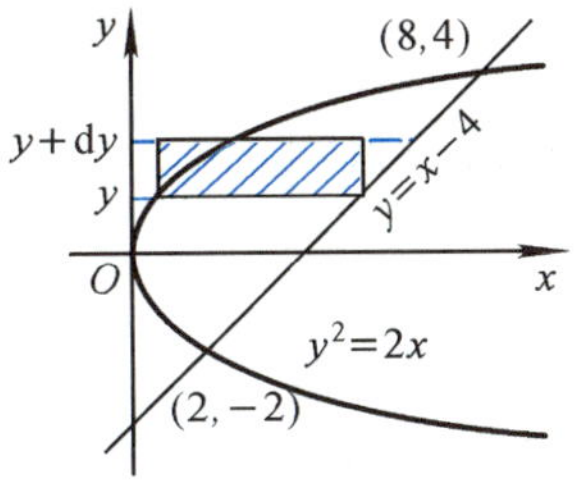

图 5-24

例2 计算抛物线 $y^2=2x$ 与直线 $y=x-4$ 所围成图形的面积.

解 (1) 如图 5-24 所示，先求出抛物线与直线的交点，确定图形所在范围. 解方程组

$$\begin{cases} y^2=2x, \\ y=x-4, \end{cases}$$

得交点 $(2,-2)$ 及 $(8,4)$. 取 y 作为积分变量，它的变化区间为 $[-2,4]$.

(2) 在 $[-2,4]$ 上任取一小区间 $[y, y+dy]$，对应的窄条面积近似于以 $\left[(y+4)-\dfrac{1}{2}y^2\right]$ 为高、dy 为底的小矩形面积，从而得面积元素

$$dA=\left(y+4-\dfrac{1}{2}y^2\right)dy.$$

(3) 所求图形的面积为

$$A=\int_{-2}^4\left(y+4-\dfrac{1}{2}y^2\right)dy=\left[\dfrac{1}{2}y^2+4y-\dfrac{1}{6}y^3\right]_{-2}^4=18.$$

如果取 x 为积分变量，计算就比较复杂，所以积分变量应选择得恰当.

通过上述两例，可以归纳出**求平面图形面积的步骤**：

(1) 作出曲线的图形，确定积分变量及积分区间；

(2) 求面积元素；

(3) 计算定积分.

上面归纳的平面图形面积的计算步骤，不仅适用于平面直角坐标系，同样也适用于极坐标系.

*2. 曲边扇形的面积

在极坐标系中由曲线 $\rho=\rho(\theta)$ 及射线 $\theta=\alpha,\theta=\beta$ 所围成的图形,称为**曲边扇形**(图 5-25).

用积分元素法,取极角 θ 为积分变量,积分区间为 $[\alpha,\beta]$. 在任意小区间 $[\theta,\theta+\mathrm{d}\theta]$ 上,曲边扇形面积的部分量可用 θ 处的极径 $\rho(\theta)$ 为半径,以 $\mathrm{d}\theta$ 为圆心角的圆扇形来近似代替,即面积元素 $\mathrm{d}A=\dfrac{1}{2}[\rho(\theta)]^2\mathrm{d}\theta$. 在 $[\alpha,\beta]$ 上积分,得曲边扇形面积

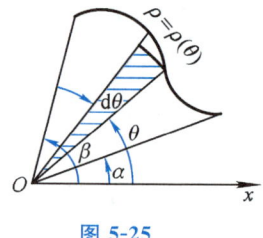

图 5-25

$$A=\int_\alpha^\beta \frac{1}{2}[\rho(\theta)]^2\mathrm{d}\theta.$$

例 3 计算阿基米德螺线(spiral)$\rho=a\theta(a>0)$ 上,当 θ 从 $0\sim 2\pi$ 变化产生的一段弧,与极轴所围成图形的面积(图 5-26).

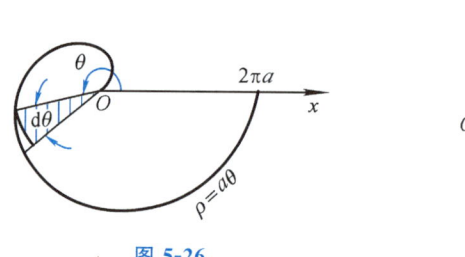

图 5-26

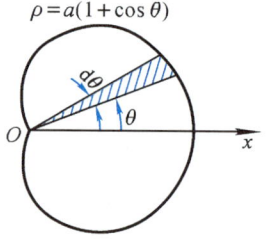

图 5-27

解 由上述公式,所求面积 $A=\displaystyle\int_0^{2\pi}\frac{1}{2}(a\theta)^2\mathrm{d}\theta=\frac{a^2}{2}\left[\frac{1}{3}\theta^3\right]_0^{2\pi}=\frac{4}{3}a^2\pi^3.$

例 4 计算心脏线(cardioid)$\rho=a(1+\cos\theta)$ $(a>0)$ 所围成的面积(图 5-27).

解 由于图形对称于极轴,只要算出极轴上方部分的面积 A_1,再乘以 2,即得所求面积 A. 由公式,所求面积

$$\begin{aligned}A_1&=\int_0^\pi \frac{1}{2}a^2(1+\cos\theta)^2\mathrm{d}\theta=\frac{a^2}{2}\int_0^\pi(1+2\cos\theta+\cos^2\theta)\mathrm{d}\theta\\&=\frac{a^2}{2}\int_0^\pi\left(\frac{3}{2}+2\cos\theta+\frac{\cos 2\theta}{2}\right)\mathrm{d}\theta=\frac{a^2}{2}\left[\frac{3}{2}\theta+2\sin\theta+\frac{\sin 2\theta}{4}\right]_0^\pi\\&=\frac{3}{4}\pi a^2.\end{aligned}$$

故所求的面积 $A=2A_1=\dfrac{3}{2}\pi a^2.$

三、旋转体的体积

一平面图形绕平面内一直线旋转一周而成的几何体称为**旋转体**(solid of revolution),这条直线称为**旋转轴**(axis of revolution).

现在求由曲线 $y=f(x)$,直线 $x=a$,$x=b$ 及 x 轴所围成的曲边梯形,绕 x 轴旋转一周而成旋转体的体积(图 5-28). 这个旋转体可看成区间 $[a,b]$ 上各小区间上对应的窄曲边梯形绕 x 轴

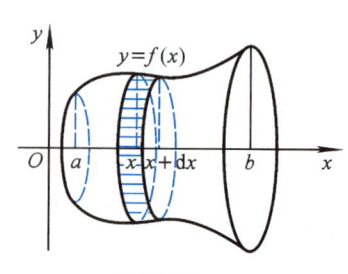

图 5-28

旋转的小旋转体之和. 取 x 为积分变量,积分区间为 $[a,b]$,在任取小区间 $[x, x+dx]$ 上,其小薄片旋转体体积近似于以 $f(x)$ 为底半径、dx 为高的小圆柱体体积. 于是得体积元

$$dV = \pi[f(x)]^2 dx,$$

因此,所求旋转体的体积为

$$V = \int_a^b \pi[f(x)]^2 dx.$$

直角坐标系下求旋转体体积

用类似的方法,可求得由曲线 $x = \varphi(y)$,直线 $y = c$,$y = d(c < d)$ 及 y 轴所围成的曲边梯形绕 y 轴旋转一周而成的旋转体的体积(图 5-29)

$$V = \int_c^d \pi[\varphi(y)]^2 dy.$$

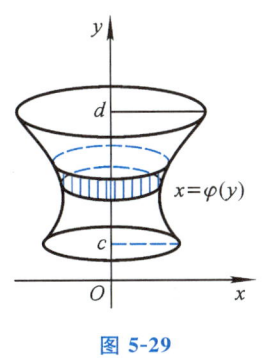

图 5-29   图 5-30

例 5 连接坐标原点及点 $P(h,r)$ 的直线、直线 $x = h$ 及 x 轴围成一个直角三角形,将它绕 x 轴旋转,计算这个旋转体的体积(图 5-30).

解 先建立直线 OP 的方程,由点斜式得方程 $y = \dfrac{r}{h}x$,取 x 为积分变量,积分区间为 $[0,h]$. 体积元为 $dV = \pi y^2 dx = \pi\left(\dfrac{r}{h}x\right)^2 dx$,于是所求旋转体的体积

$$V = \int_0^h \pi\left(\frac{r}{h}x\right)^2 dx = \frac{\pi r^2}{h^2} \cdot \frac{1}{3}x^3 \Big|_0^h = \frac{1}{3}\pi r^2 h.$$

例 6 求由 $x^2 + y^2 = 2$ 和 $y = x^2$ 所围成的图形,绕 x 轴旋转所得的旋转体的体积(图 5-31).

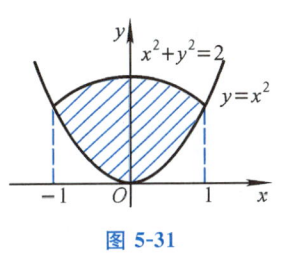

图 5-31

解 求两曲线的交点以确定图形所在范围,解方程组 $\begin{cases} x^2 + y^2 = 2, \\ y = x^2, \end{cases}$ 得交点 $(-1, 1)$ 和 $(1, 1)$. 取 x 为积分变量,则积分区间为 $[-1, 1]$. 在 $[-1, 1]$ 上任取一小区间 $[x, x+dx]$,与它对应的薄片体积可看成是一个高为 dx、底半径为 $y = \sqrt{2-x^2}$ 的较大圆柱中挖去底半径为 $y = x^2$ 的较小圆柱而得到的,即这体积近似等于 $[\pi(2-x^2)dx - \pi x^4 dx]$,从而得体积元

$$dV = \pi[(2-x^2) - x^4]dx = \pi(2 - x^2 - x^4)dx,$$

因此,所求旋转体的体积

$$V = \int_{-1}^{1} \pi(2-x^2-x^4)dx = \pi\left[2x - \frac{1}{3}x^3 - \frac{1}{5}x^5\right]_{-1}^{1} = \frac{44}{15}\pi.$$

*四、平面曲线的弧长

$f'(x)$ 连续的曲线 $y=f(x)$ 称为**光滑曲线**，现在计算平面光滑曲线 $y=f(x)$ 上从 $x=a$ 到 $x=b$ 一段**弧的长度**[称为弧长(arc-lenth of a curve)]。

在 $[a,b]$ 上任取一小区间 $[x, x+dx]$，曲线对应于小区间 $[x, x+dx]$ 上一小段 $\overset{\frown}{AB}$（图 5-32）。由微分的几何意义知，$\overset{\frown}{AB}$ 的长度 Δs 可以用曲线在点 $(x, f(x))$ 处的切线上相应的一小段 AC 的长度来近似代替，即

$$\Delta s \approx AC = \sqrt{(dx)^2 + (dy)^2},$$

于是得弧长元素
$$ds = \sqrt{(dx)^2 + (dy)^2} = \sqrt{1+y'^2}dx.$$

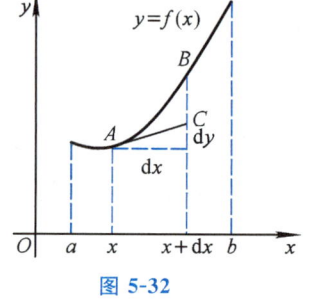

图 5-32

在 $[a,b]$ 上求积分，就得到所求的**弧长**

$$s = \int_a^b \sqrt{1+y'^2}dx = \int_a^b \sqrt{1+[f'(x)]^2}dx.$$

如果曲线是由参数方程 $x=\varphi(t), y=\psi(t) (\alpha \leqslant t \leqslant \beta)$ 给出，则弧长元素

$$ds = \sqrt{(dx)^2 + (dy)^2} = \sqrt{\left(\frac{dx}{dt}\right)^2 + \left(\frac{dy}{dt}\right)^2}dt = \sqrt{[\varphi'(t)]^2 + [\psi'(t)]^2}dt,$$

于是，得曲线用参数方程表示的弧长公式

$$s = \int_\alpha^\beta \sqrt{\varphi'^2(t) + \psi'^2(t)}dt.$$

如果曲线是极坐标方程 $\rho = \rho(\theta)$ ($\alpha \leqslant \theta \leqslant \beta$) 给出，则弧长元素

$$ds = \sqrt{\rho^2(\theta) + \rho'^2(\theta)}d\theta,$$

从而得曲线用极坐标方程表示的弧长公式

$$s = \int_\alpha^\beta \sqrt{\rho^2(\theta) + \rho'^2(\theta)}d\theta.$$

平面曲线的弧长

例 7 在抛物线 $y=x^2$ 上取一段弧，其一端点为顶点 $(0,0)$，另一端点的横坐标为 x，求这段弧的长 s（图 5-33）。

解 $y'=2x$，因此弧长元素 $ds = \sqrt{1+4x^2}dx$。所以，弧长

$$s = \int_0^x \sqrt{1+4x^2}dx$$

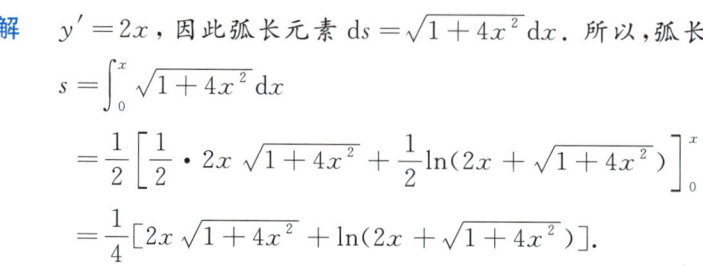

图 5-33

例 8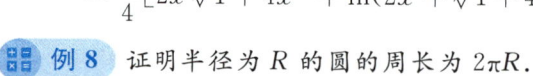

解 设圆心在原点,则半径为 R 的圆方程是 $x^2 + y^2 = R^2$,由于对称性,整个圆周长等于第一象限的一段圆弧长的 4 倍.此时 $y = \sqrt{R^2 - x^2}$,$y' = -\dfrac{x}{\sqrt{R^2 - x^2}}$,则

$$ds = \sqrt{1 + y'^2}\,dx = \sqrt{1 + \left(\dfrac{-x}{\sqrt{R^2 - x^2}}\right)^2}\,dx = \dfrac{R}{\sqrt{R^2 - x^2}}\,dx,$$

所以,圆周长 $s = 4\displaystyle\int_0^R \dfrac{R}{\sqrt{R^2 - x^2}}\,dx = 4R\left[\arcsin\dfrac{x}{R}\right]_0^R = 2\pi R.$

例 9 求摆线 $x = a(t - \sin t)$,$y = a(1 - \cos t)$ 的第一拱的弧长(图 5-34).

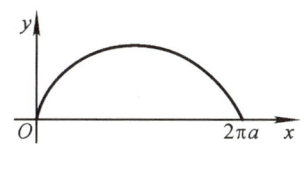

图 5-34

解 $x' = a(1 - \cos t)$,$y' = a\sin t$,弧长元素

$$ds = \sqrt{x'^2(t) + y'^2(t)}\,dt = a\sqrt{(1 - \cos t)^2 + \sin^2 t}\,dt$$
$$= a\sqrt{2 - 2\cos t}\,dt = 2a\left|\sin\dfrac{t}{2}\right|dt.$$

由于在积分区间 $[0, 2\pi]$ 上,$\sin\dfrac{t}{2} \geqslant 0$,故摆线第一拱的弧长

$$s = \int_0^{2\pi}\sqrt{x'^2(t) + y'^2(t)}\,dt = \int_0^{2\pi} 2a\sin\dfrac{t}{2}\,dt$$
$$= 2a\left[-2\cos\dfrac{t}{2}\right]_0^{2\pi} = 8a.$$

习 题 5-7

1. 判断题:

(1) 微元 $dA = f(x)dx$ 是所求量 A 在任意微小区间 $[x, x + dx]$ 上部分量 ΔA 的近似值. ( )

(2) 由曲线 $y = x^2$ 与 $y = x^3$ 围成图形面积为 $A = \displaystyle\int_0^1 (x^3 - x^2)\,dx.$ ( )

2. 如图,将阴影部分的面积用定积分表示出来:

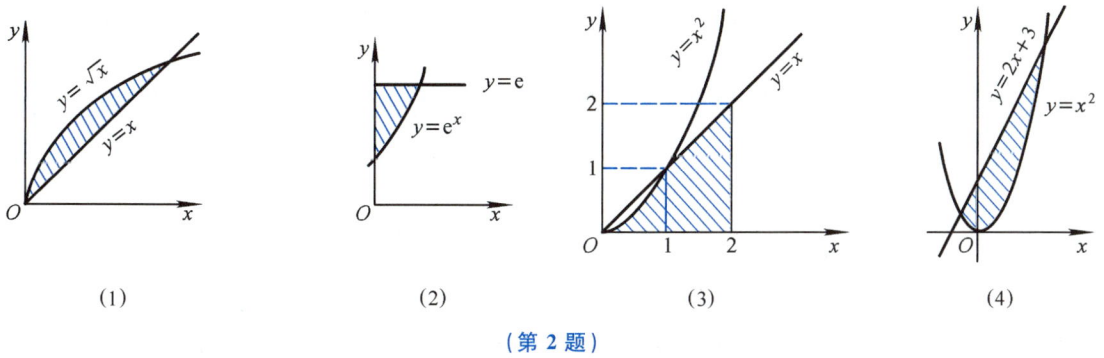

(第 2 题)

3. 求由下列曲线围成图形的面积:

(1) $y = \dfrac{1}{x}$ 与直线 $y = x$ 及 $x = 2$;

(2) $y = e^x$,$y = e^{-x}$ 与直线 $x = 1$;

*(3) $y = \ln x$, $y = \ln 2$, $y = \ln 7$, $x = 0$;　　　(4) $y^2 = 2x$, $x + y = 4$.

§5-8　定积分在物理上的应用

一、变力沿直线所做的功

从物理学知,在恒力 F 的作用下,如果物体沿力的方向做直线运动,当物体移动一段距离 s 时,f 所做的**功**(work)为 $W = Fs$.

在实际问题中,经常遇到移动物体的力是变力,需要计算变力所做的功. 设变力 $f(x)$ 的方向与 x 轴方向相同,物体在变力 $f(x)$ 的作用下,由点 $x = a$ 移动到点 $x = b$,且 $f(x)$ 在区间 $[a, b]$ 上连续,求变力 $f(x)$ 所做的功.

由于变力的方向不变,只是大小改变,可以用定积分元素法求变力所做的功.

取 x 为积分变量,积分区间为 $[a, b]$,任取一小区间 $[x, x + dx]$,在这一小段上,用恒力做功近似代替变力做功,得**元功**(elementary work)

$$dW = f(x)dx.$$

从 a 到 b 求定积分,得所求的功

$$W = \int_a^b f(x)dx.$$

例 1　如图 5-35 所示,把一个带 $+q$ 电荷的点电荷放置在 r 轴上的坐标原点 O 处,它的周围产生一个电场,这个电场对周围的电荷有作用力(电场力). 今有一单位正电荷被从点 $r = a$ 沿 r 轴移到点 $r = b (a < b)$,求电场力 F 所做的功 W.

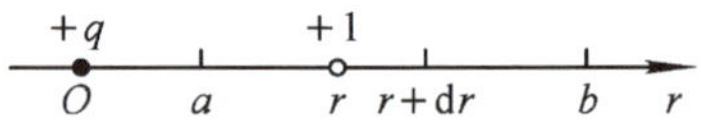

图 5-35

解　根据静电学,如果有一单位正电荷放在这个电场中距离原点 O 为 r 的地方,那么电场对它的作用力

$$F = k\frac{q}{r^2} \text{ (}k\text{ 为常数)}.$$

当单位正电荷从 $r = a$ 移到 $r = b$ 时,距离 r 不断变化,因而电场对此单位正电荷的作用力 F 是一个变力. 因此,所求的功是变力做功.

取 r 为积分变量,积分区间为 $[a, b]$,任取一小区间 $[r, r + dr]$,在这一小段距离上,单位正电荷从 r 移动到 $r + dr$ 时,电场力对它所做的功近似于 $k\frac{q}{r^2}dr$,即元功 $dW = k\frac{q}{r^2}dr$,故所求功

$$W = \int_a^b k\frac{q}{r^2}dr = kq\left[-\frac{1}{r}\right]_a^b = kq\left(\frac{1}{a} - \frac{1}{b}\right).$$

*例 2　计算第二宇宙速度.

解　使宇宙飞船脱离地球引力的速度叫作第二宇宙速度,为此先计算发射宇宙飞船时,克服地球引力所做的功. 与例 1 计算电场力做功类似,克服地球引力把飞船从地面发射到距地心为 b 处需做的功 $W_b = GMm\left(\frac{1}{R} - \frac{1}{b}\right)$,式中 G 为引力常数,M 为地球质量,m 为飞船质量,R 为地

球半径.

使飞船脱离地球引力场,即相当于把飞船发射到无穷远处,令 $b\to +\infty$ 得到做功总量

$$W = \lim_{b\to +\infty} GMm\left(\frac{1}{R} - \frac{1}{b}\right) = \frac{GMm}{R},$$

在地球表面地球对物体的引力 F 就是重力,所以 $mg = \dfrac{GMm}{R^2}$,则有 $mgR = \dfrac{GMm}{R}$,因而 $W = mgR$.

由能量守恒定律可知,发射宇宙飞船所做的功等于飞船飞行时所具有的动能 $\dfrac{1}{2}mv^2$,即 $mgR = \dfrac{1}{2}mv^2$. 于是得

$$v = \sqrt{2gR} = \sqrt{2\times 9.8\times 6\,371\times 10^3}\ \text{km/s} \approx 11.2\ \text{km/s}.$$

这就是第二宇宙速度.

例 3 设有一高为 30 m、底半径为 10 m、水深为 27 m 的圆柱形水池,问将水全部抽尽,需做多少功?

解 这个问题虽然不是变力做功,但是抽出不同高度的同样多的水所做的功是不同的,也要用定积分来计算.

由物理学知,如果把一桶质量为 m 的水提到 h 高的地方,由于克服重力做功,则功

$$W = mgh. \tag{5-1}$$

但现在水是连续不断地被抽出,水池中从上层到下层的水被抽出的高度是一个变量,因而求抽尽水所做的功不能直接用式(5-1)计算,而要用积分元素法计算.

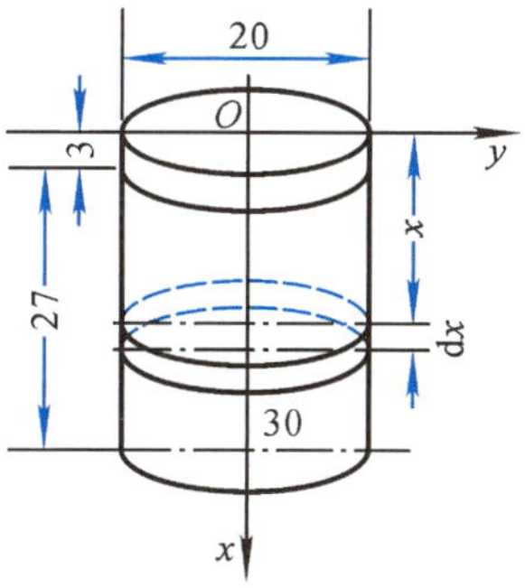

如图 5-36 所示,建立平面直角坐标系,取 x 为积分变量,积分区间为 $[3,30]$,任取小区间 $[x, x+\mathrm{d}x]$,这一薄层水的重量为 $\rho g\pi\cdot 10^2\mathrm{d}x$,$g$ 为重力加速度,水的密度 $\rho = 10^3\ \text{kg/m}^3$. 将这一薄层水距水面的高度近似看成不变,即看作高度为 x,则根据式 (5-1) 求得抽出这薄层水需做功的近似值——即元功为

$$\mathrm{d}W = 10^5\pi gx\,\mathrm{d}x\ (\text{J}),$$

故抽尽全部的水所做的功

$$W = \int_3^{30} 10^5\pi gx\,\mathrm{d}x = 10^5\pi g\int_3^{30} x\,\mathrm{d}x = 10^5\pi g\cdot \frac{1}{2}x^2\bigg|_3^{30}$$

$$= 10^5\pi g\left(\frac{1}{2}\times 30^2 - \frac{1}{2}\times 3^2\right) = 445.5\pi g\times 10^5 \approx 1.37\times 10^9\ (\text{J}).$$

图 5-36

*二、液体静压力

由物理学知,在水深 h 处的压强 $p = \rho g h$(水的密度为 $\rho = 10^3\ \text{kg/m}^3$). 如有一面积为 A 的薄片,水平放置在水深 h 处,那么水对薄板一侧的压力为 $F = pA$. 如果该薄板垂直放置在水中,由于不同深度的压强不同,因此薄板一侧所受压力不能用上式来计算. 下面举例说明计算方法.

例 4 设水渠的闸门与水面垂直,水渠横截面是等腰梯形,下底长 4 m,上底长 6 m,高 6 m.当水渠灌满水时,求水对闸门的压力.

解 如图 5-37 所示,建立平面直角坐标系,先求闸门 AB 边的方程,由解析几何知,直线 AB 的方程为 $y-3=\dfrac{2-3}{6-0}x$,即 $y=-\dfrac{1}{6}x+3$.

取 x 为积分变量,积分区间为 $[0,6]$,任取一小区间 $[x,x+dx]$,这一小块薄片所受的压强近似看作不变,即看作水深 x(m)处的压强 $p=\rho g x$.根据对称性,阴影部分所受压力的近似值——即压力微元为

$$dF=2\rho g x\left(-\dfrac{1}{6}x+3\right)dx,$$

所以闸门所受压力

$$F=\int_0^6 2\rho g x\left(-\dfrac{1}{6}x+3\right)dx=2\rho g\left(\dfrac{3}{2}x^2-\dfrac{1}{18}x^3\right)\Big|_0^6$$
$$=84\rho g\approx 0.8232\times 10^6\ (\text{N}).$$

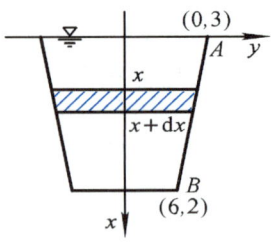

图 5-37

例 5 设一水管放置成水平位置,其断面是直径为 0.6 m 的圆,求当水半满时,水管一端的竖立闸门上所受的压力.

解 如图 5-38 所示,建立平面直角坐标系,则圆方程为

$$x^2+y^2=0.3^2,$$

于是,$\overset{\frown}{AB}$ 的方程

$$f(x)=y=\sqrt{0.09-x^2}.$$

取 x 为积分变量,积分区间为 $[0,0.3]$.在 $[0,0.3]$ 上任取一小区间 $[x,x+dx]$,压力微元为

$$dF=2\rho g x f(x)dx=2g\cdot 10^3 x\sqrt{0.09-x^2}dx,$$

于是,闸门 CAB 上所受压力

$$F=2\times 10^3 g\int_0^{0.3} x\sqrt{0.09-x^2}dx=-\dfrac{2\times 10^3 g}{3}\left[(0.09-x^2)^{\frac{3}{2}}\right]_0^{0.3}=18g\ (\text{N}).$$

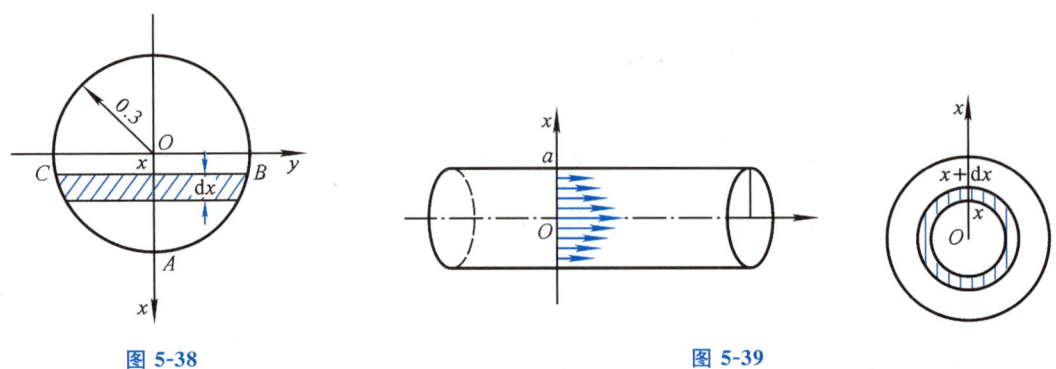

图 5-38　　　　图 5-39

例 6 油类通过油管时,中间流速大,越靠近管壁流速越小.经实验确定,某处的流速 v 与该处到管子中心距离 r 之间的关系为 $v=k(a^2-r^2)$.其中 k 为比例常数,a 为油管半径.求通

过油管的流量(流量＝流速×截面积).

解 如图 5-39 所示,建立平面直角坐标系,在 $x\in(0,a)$ 处任取 $\mathrm{d}x$ $[x+\mathrm{d}x\in(0,a)]$,以 $\mathrm{d}x$ 为宽,$2\pi x$ 为长的小矩形近似代替圆环的面积,即 $\mathrm{d}A=2\pi x\mathrm{d}x$,通过环的流量,即流量微元为

$$\mathrm{d}Q=v\mathrm{d}A=k(a^2-x^2)\cdot 2\pi x\mathrm{d}x=2k\pi x(a^2-x^2)\mathrm{d}x,$$

所以通过油管的流量

$$Q=\int_0^a 2k\pi x(a^2-x^2)\mathrm{d}x=2k\pi\int_0^a x(a^2-x^2)\mathrm{d}x=-k\pi\frac{(a^2-x^2)^2}{2}\bigg|_0^a=\frac{k\pi a^4}{2}.$$

三、非均匀直线细棒的质量和转动惯量

1. 非均匀直线细棒的质量

由物理学知,如果直线细棒是均匀的,即它的线密度是一个常数:$\rho(x)=k$,则它的**质量**(mass)为:$m=kl$,其中 l 为直线细棒的长度.

若直线细棒不是均匀的,就不能按照上面的方法来求其质量,设直线形细棒的线密度 $\rho=\rho(x),x\in[a,b]$,其中 a,b 分别为细棒的两个端点(图 5-40),在 $[a,b]$ 上任取一小区间 $[x,x+\mathrm{d}x]$,在这一小段上的线密度近似地看成常数,于是质量微元

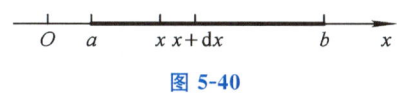

图 5-40

$$\mathrm{d}m=\rho(x)\mathrm{d}x.$$

从 a 到 b 求定积分,得到所求的直线细棒的质量 $m=\int_a^b\rho(x)\mathrm{d}x.$

2. 非均匀细棒的转动惯量

由物理学知,物体的转动惯量为 $\sum\Delta m_i r_i^2$,其中 r_i 为质量 Δm_i 的质点距转轴的垂直距离.

设非均匀细棒 AB 的方程为 $y=kx+b_0$(图 5-41),它的密度函数 $\rho=\rho(x)$,$x\in[a,b]$,求它绕 x 轴的转动惯量 I_x,在 $[a,b]$ 上任取一小区间 $[x,x+\mathrm{d}x]$,它对应的细棒段为 CD,我们把元素在 CD 段的密度视为 $\rho(x)$,则 CD 段的质量

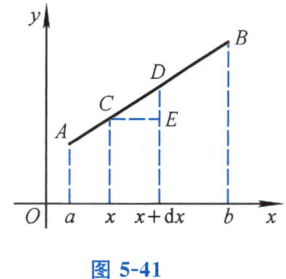

图 5-41

$$\mathrm{d}m=\rho(x)|CD|.$$

又 $\cos\angle DCE=\dfrac{CE}{CD}$,$CD=CE\cdot\sec\angle DCE=\sqrt{1+k^2}\mathrm{d}x$,即 $\mathrm{d}m=\sqrt{1+k^2}\rho(x)\mathrm{d}x$. 设 CD 段到 x 轴的距离视为 y,于是 CD 段绕 x 轴的**转动惯量**(moment of inertia)

$$\mathrm{d}I_x=y^2\sqrt{1+k^2}\rho(x)\mathrm{d}x=\sqrt{1+k^2}(kx+b_0)^2\rho(x)\mathrm{d}x.$$

因此,细棒 AB 绕 x 轴的转动惯量 $I_x=\sqrt{1+k^2}\int_a^b(kx+b_0)^2\rho(x)\mathrm{d}x.$

当 $k=0$ 时,细棒 AB 平行于 x 轴,A 到 x 轴的距离为 b_0,此时

$$I_x=b_0^2\int_a^b\rho(x)\mathrm{d}x.$$

当 $\rho(x) = \rho_0$ 时，则

$$I_x = b_0^2 \rho_0 (b-a) = Mb_0^2, \tag{5-2}$$

其中 $M = \rho_0(b-a)$ 为均匀细棒的质量.

均匀薄圆环绕轴转动时，薄圆环绕过圆环的圆心且垂直于圆环面的直线转动时，转动惯量公式与式(5-2)相同，这时 $b_0 = R$（R 为薄圆环的半径），$M = 2\pi R \rho_0 h$（h 为圆环面的高）(图 5-42a).

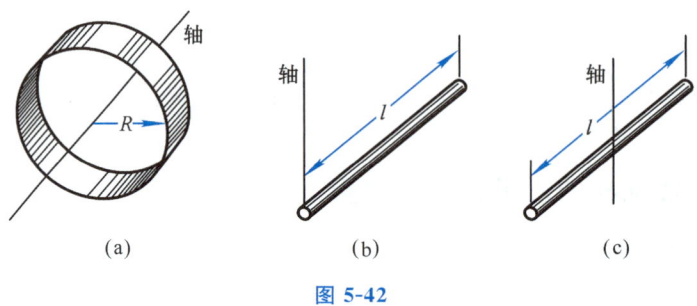

图 5-42

在图 5-41 中，如果设 AB 在 x 轴上，且 A, B 两端点在 x 轴上对应的坐标分别为 a, b，我们求 AB 绕 y 旋转的转动惯量 I_y. 在 $[a, b]$ 任取一小区间 $[x, x+\mathrm{d}x]$，此时 $[x, x+\mathrm{d}x]$ 段细棒的质量微元 $\mathrm{d}m = \rho(x)\mathrm{d}x$，我们视 $[x, x+\mathrm{d}x]$ 这一小段细棒到 y 轴的距离为 x，则绕 y 轴转动的转动惯量微元 $\mathrm{d}I_y = x^2 \rho(x)\mathrm{d}x$，由此得

$$I_y = \int_a^b x^2 \rho(x)\mathrm{d}x.$$

当 $\rho(x) = \rho_0$ 时，$$I_y = \frac{\rho_0(b^3-a^3)}{3} = \frac{(b^2+ab+a^2)M}{3},$$

其中 $M = \rho_0(b-a)$. 特别地，当 $a=0, b=l$（棒长）时，则 $I_y = \frac{Ml^2}{3}$（图 5-42b）.

当 $a=0, b=\frac{l}{2}$ 时，即 O 点位于棒的中点时，则 $I_y = \frac{Ml^2}{12}$（图 5-42c）.

例 7 如图 5-41 所示，设细棒 AB 的线密度 $\rho = \frac{1}{2}x^{\frac{2}{3}}$，$x \in [1, 8]$，且 AB 的方程 $y = \sqrt{3}x + 2$，求细棒 AB 绕 x 轴转动的转动惯量.

解 已知 $y = \sqrt{3}x + 2$，$\rho = \frac{1}{2}x^{\frac{2}{3}}$，由公式得

$$I_x = \frac{\sqrt{1+3}}{2}\int_1^8 (\sqrt{3}x+2)^2 x^{\frac{2}{3}} \mathrm{d}x = \int_1^8 (3x^{\frac{8}{3}} + 4\sqrt{3}x^{\frac{5}{3}} + 4x^{\frac{2}{3}})\mathrm{d}x$$

$$= \left[\frac{9}{11}x^{\frac{11}{3}} + \frac{3\sqrt{3}}{2}x^{\frac{8}{3}} + \frac{12}{5}x^{\frac{5}{3}}\right]_1^8 \approx 2\,412.$$

*四、函数的平均值

在实际问题中，常常用一组数据的算术平均值来描述这组数据的概貌，例如：用一个球队里各个队员的身高的算术平均值来描述该队的身高状况. 又例如：对某零件的长度进行 n 次测量，测得的值为 $y_1, y_2, y_3, \cdots, y_n$，这时用算术平均值 $\bar{y} = \dfrac{y_1 + y_2 + \cdots + y_n}{n}$ 作为这零件长度的

近似值.

除了需要计算一组数据的算术平均值,有时还需要计算一个连续函数在某一区间上的平均值.例如:求气温在一昼夜间的平均温度,求物体在某时间间隔内的平均速度等.由§5-2知,连续函数 $y=f(x)$ 在区间 $[a,b]$ 上的平均值

$$\bar{y}=\frac{1}{b-a}\int_a^b f(x)\mathrm{d}x.$$

这就是说,连续函数 $f(x)$ 在 $[a,b]$ 上的平均值,等于函数 $f(x)$ 在区间 $[a,b]$ 上的定积分除以区间 $[a,b]$ 的长度 $b-a$.

例 8 求函数 $f(x)=2x^2+3x+3$ 在区间 $[1,4]$ 上的平均值.

解 因 $f(x)=2x^2+3x+3$ 在 $[1,4]$ 上连续,所以平均值

$$\bar{y}=\frac{1}{4-1}\int_1^4(2x^2+3x+3)\mathrm{d}x=\frac{1}{3}\left[\frac{2}{3}x^3+\frac{3}{2}x^2+3x\right]_1^4$$

$$=\frac{1}{3}\left(\frac{2}{3}\times 64+\frac{3}{2}\times 16+3\times 4-\frac{2}{3}-\frac{3}{2}-3\right)$$

$$=\frac{1}{3}\times\frac{147}{2}=24.5.$$

例 9 图5-43为单相全波整流电路,交流电源电压经变压器及整流器供给负载(电阻)R 的电压 $U=U_\mathrm{m}|\sin\omega t|$,计算负载 R 上电压的平均值 $\bar{U}$.

解 负载 R 上电压平均值就是指电压在区间 $\left[0,\frac{2\pi}{\omega}\right]$ 上的平均值,于是

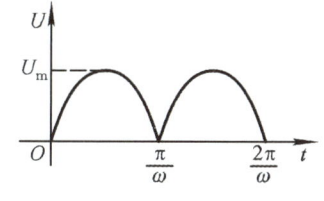

图 5-43

$$\bar{U}=\frac{1}{\frac{2\pi}{\omega}-0}\int_0^{\frac{2\pi}{\omega}}U_\mathrm{m}|\sin\omega t|\mathrm{d}t=\frac{\omega U_\mathrm{m}}{2\pi}\int_0^{\frac{2\pi}{\omega}}|\sin\omega t|\mathrm{d}t$$

$$=\frac{U_\mathrm{m}}{2\pi}\cdot 2\int_0^{\frac{\pi}{\omega}}\sin\omega t\mathrm{d}(\omega t)=-\frac{U_\mathrm{m}}{\pi}\cos\omega t\bigg|_0^{\frac{\pi}{\omega}}=\frac{2}{\pi}U_\mathrm{m}.$$

习 题 5-8

1. 判断题:

(1) 功微元 $\mathrm{d}W=f(x)\mathrm{d}x$ 中, $f(x)$ 是力, $\mathrm{d}x$ 是位移. ( )

*(2) $y=\sin x$ 在区间 $[0,\pi]$ 的平均值为 $\frac{1}{\pi}$. ( )

2. 由实验知道,弹簧在拉伸过程中,需要的力 F 与伸长量 s 成正比,即 $F=k_1 s$(k_1 是比例系数),如果把弹簧由原长拉伸 b,计算所做的功.

3. 一物体按规律 $x=ct^3$ 做直线运动,介质的阻力与速度的平方成正比,求物体由 $x=0$ 移至 $x=a$ 时,克服介质阻力所做的功.

复习题五

A 组

1. 判断题：

(1) 定积分 $\int_a^b f(x)dx$ 是一个特殊和式的极限. ( )

(2) 定积分 $\int_a^b f(x)dx$ 是曲边梯形的面积. ( )

(3) $f(x)$ 在 $[a,b]$ 上连续，则 $\int_a^b f(x)dx$ 一定存在. ( )

(4) 定积分 $\int_a^b f(x)dx$ 换元时不换积分限. ( )

2. 选择题：

(1) $\int_{\frac{1}{2}}^1 \dfrac{\sqrt{1-x^2}}{x^2}dx = ($).

A. $\dfrac{4-\pi}{4}$ B. $\dfrac{\pi-4}{4}$ C. $\cot\dfrac{\sqrt{2}}{2} - \cot 1 + \dfrac{1-\sqrt{2}}{\sqrt{2}}$ D. $\dfrac{\pi+4}{4}$

(2) $\int_0^{2\pi} x\cos^2 x \, dx = ($).

A. π^2 B. $2\pi^2$ C. π D. $-\pi^2$

3. 求下列定积分：

(1) $\int_3^4 \dfrac{x^2+x-6}{x+3}dx$； *(2) $\int_1^2 \dfrac{\sqrt{x^2-1}}{x}dx$； (3) $\int_1^e \ln^3 x \, dx$.

4. 求由曲线 $y=2x-x^2$，$y=-x$ 围成图形的面积.

B 组

*1. 求下列广义积分：

(1) $\int_{-1}^{+\infty} \dfrac{dx}{\sqrt[3]{x}}$； (2) $\int_1^{+\infty} \dfrac{dx}{x^2(x^2+1)}$； (3) $\int_0^{+\infty} x^3 e^{-x^2} dx$.

2. 求由 $y=x^2$，$y=\dfrac{x^2}{2}$ 和 $y=2x$ 围成图形的面积.

3. 求下列定积分：

(1) $\int_0^1 \dfrac{2x}{\sqrt{1+x^2}}dx$； (2) $\int_1^2 x e^{3x} dx$； (3) $\int_{\frac{4}{\pi}}^{\frac{2}{\pi}} \dfrac{1}{x^2}\sin\dfrac{1}{x}dx$.

第六章

微 分 方 程

在科技与管理领域,有时需要通过未知函数及其导数(或微分)所满足的等式求未知函数,这类包含导数或微分的等式被称为微分方程.本章将探讨微分方程的基本概念和几种常用的微分方程的解法.

§ 6-1 微分方程的基本概念

通过两个实例来说明微分方程的基本概念.

例 1 设做直线运动的物体的速度是 $v(t)=\cos t$(v 的单位为 m/s,t 的单位为 s),当 $t=\dfrac{\pi}{2}$ s 时,物体经过的路程为 $s=10$ m,求物体的运动方程.

解 设物体的运动方程为 $s=s(t)$,由导数的物理意义得

$$\frac{\mathrm{d}s}{\mathrm{d}t}=\cos t. \tag{6-1}$$

根据题意,函数 $s(t)$ 还应满足条件

$$s\left(\frac{\pi}{2}\right)=10. \tag{6-2}$$

将方程(6-1)变形为 $\mathrm{d}s=\cos t\,\mathrm{d}t$,两端积分后得

$$s=\sin t+C, \tag{6-3}$$

其中,C 是任意常数.把条件(6-2)代入式(6-3)得

$$10=\sin\frac{\pi}{2}+C,$$

即 $C=9$,于是得所求物体的运动方程为

$$s=\sin t+9. \tag{6-4}$$

例 2 一条曲线通过点 $(0,1)$,且该曲线上任一点 $M(x,y)$ 处的切线斜率为 $3x^2$,求这条曲线的方程.

解 设所求曲线为 $y=y(x)$,由导数的几何意义得

$$\frac{\mathrm{d}y}{\mathrm{d}x}=3x^2. \tag{6-5}$$

由于曲线过点(0,1),因此有
$$y(0)=1. \tag{6-6}$$
将方程(6-5)变形并两端积分,得
$$y=\int 3x^2 \mathrm{d}x = x^3 + C, \tag{6-7}$$
其中,C为任意常数.把条件(6-6)代入式(6-7)得
$$1=0+C,$$
即 $C=1$,于是得所求曲线的方程为
$$y=x^3+1. \tag{6-8}$$

两个实例中的方程(6-1)和方程(6-5)都含有未知函数的导数,对这样的方程有如下定义.

定义 1　凡含有自变量、自变量的未知函数以及未知函数的导数(或微分)的方程称为**微分方程**(differential equation).在微分方程中,如果未知函数只含有一个自变量,则称此方程为**常微分方程**(ordinary differential equation),如果未知函数含有两个或两个以上的自变量,则称此方程为**偏微分方程**(partial differential equation),本书只讨论常微分方程.

数学家小传

欧拉

必须指出:在微分方程中,未知函数的导数或微分必须出现.

微分方程中出现的未知函数的最高阶导数的阶数称为微分方程的**阶**(order).例如:方程(6-1)和方程(6-5)都是一阶微分方程.又如:方程 $y\dfrac{\mathrm{d}^4 y}{\mathrm{d}t^4}+t^2\dfrac{\mathrm{d}^2 y}{\mathrm{d}t^2}+ty\dfrac{\mathrm{d}y}{\mathrm{d}t}=3y\sin t$ 是四阶微分方程.

如果把函数 $y=y(x)$ 代入微分方程后能使方程成为恒等式,这个函数就称为该微分方程的**解**(solution).例如:函数(6-3)和函数(6-4)都是方程(6-1)的解;函数(6-7)和函数(6-8)都是方程(6-5)的解.求微分方程解的过程称为**解微分方程**.

如果微分方程的解中含有任意常数,且任意常数的个数正好与方程的阶数相同,这样的解称为**通解**(general solution).例如:式(6-3)是方程(6-1)的通解,式(6-7)是方程(6-5)的通解.

如果微分方程的解中不含有任意常数,则此解称为**特解**(particular solution).例如:式(6-4)是方程(6-1)的特解;式(6-8)是方程(6-5)的特解.特解通常可按问题所给条件从通解中确定任意常数的值而得到.用来确定特解的条件,称为**初始条件**(initial condition).例如:例1中的式(6-2)与例2中式(6-6)分别是例1和例2的初始条件.一般地,如果微分方程是一阶的,则初始条件为

释疑解难

微分方程的概念和术语

$$当\ x=x_0\ 时,有\ y=y_0,\quad 或写成\quad y|_{x=x_0}=y_0,$$
其中 x_0, y_0 都是给定的值.如果微分方程是二阶,则初始条件为
$$当\ x=x_0\ 时,有\ y=y_0\ 和\ y'(x_0)=y_0',\quad 或写成\ y|_{x=x_0}=y_0,\ y'|_{x=x_0}=y_0',$$
其中 x_0, y_0 及 y_0' 都是给定的值.

微分方程的通解在几何上是一族积分曲线,特解则是满足初始条件的一条积分曲线.

例 3　把质量为 m 的物体从地面以初速度 v_0 竖直上抛,设物体只受重力作用,求物体的运动方程.

解　如图 6-1 所示,建立平面直角坐标系,设物体的运动方程 $s=s(t)$.根据牛顿第二定律有 $F=m\dfrac{\mathrm{d}^2 s}{\mathrm{d}t^2}$,因物体只受重力作用,所以 $F=-mg$,其中负号是由于重力加速度 g 的方向与所建立坐标轴的正方向相反,因此得

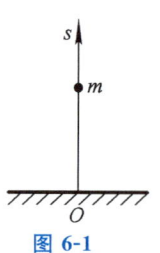

图 6-1

$$m \frac{d^2 s}{dt^2} = -mg,$$

即
$$\frac{d^2 s}{dt^2} = -g. \tag{6-9}$$

此外,根据题意,函数 $s(t)$ 还应满足两个条件

$$\begin{cases} s \mid_{t=0} = 0, \\ \dfrac{ds}{dt} \bigg|_{t=0} = v_0. \end{cases} \tag{6-10}$$

对式(6-9)两端积分一次得

$$\frac{ds}{dt} = -gt + C_1. \tag{6-11}$$

再积分一次得

$$s(t) = -\frac{1}{2}gt^2 + C_1 t + C_2, \tag{6-12}$$

其中 C_1, C_2 都是任意常数.

根据式(6-10),将条件 $\dfrac{ds}{dt}\bigg|_{t=0} = v_0$ 代入式(6-11),得 $C_1 = v_0$,将条件 $s\mid_{t=0} = 0$ 代入式(6-12),得 $C_2 = 0$. 把 C_1, C_2 的值代入式(6-12),得所求物体的运动方程 $s(t) = -\dfrac{1}{2}gt^2 + v_0 t$.

习 题 6-1

1. 选择题:

(1) ( )是微分方程.

A. $dy = (4x-1)dx$ B. $y = 2x+1$ C. $y^2 - 3y + 2 = 0$ D. $\int \sin x \, dx = 0$

(2) ( )不是微分方程.

A. $y' + 3y = 0$
B. $\dfrac{d^2 y}{dx^2} = 3x + \sin x$

C. $3y^2 - 2x + y = 0$
D. $(x^2 + y^2)dx + (x^2 - y^2)dy = 0$

(3) 微分方程 $(y')^2 + 3xy = 4\sin x$ 的阶数为( ).

A. 2 B. 3 C. 1 D. 0

(4) ( )是二阶微分方程.

A. $(x + \sin x)dx + (y - \cos y)dy = 0$
B. $(y')^2 + y' + xy = 0$

C. $3x\dfrac{dy}{dx} + 2y = 0$
D. $y'' + 3xy + 6\sin x = 0$

2. 判断函数是否为所给微分方程的解:

(1) $xy' = 2y$, $y = 5x^2$;

(2) $y'' = x^2 + y^2$, $y = \dfrac{1}{x}$;

(3) $y'' = 0$, $y = ax + b$, (a, b 为常数);

(4) $y'' + y = 0$, $y = \sin x + \cos x$.

§6-2 可分离变量的微分方程

一、可分离变量的微分方程

形如
$$\frac{dy}{dx} = f(x)g(y) \tag{6-13}$$

的微分方程称为**可分离变量的微分方程**(differential equation of separable variables).

将方程(6-13)分离变量得
$$\frac{dy}{g(y)} = f(x)dx,$$

两端分别积分
$$\int \frac{dy}{g(y)} = \int f(x)dx,$$

分离变量法

可得方程(6-13)的通解 $G(y) = F(x) + C$, 其中 $G(y)$, $F(x)$ 分别是 $\frac{1}{g(y)}$, $f(x)$ 的原函数.

例 1 求微分方程 $\frac{dy}{dx} = 2xy$ 的通解.

解 方程为可分离变量的微分方程,分离变量得
$$\frac{dy}{y} = 2x\,dx.$$

两端积分得
$$\int \frac{dy}{y} = \int 2x\,dx, \quad \ln|y| = x^2 + C_1.$$

从而
$$|y| = e^{x^2 + C_1} = e^{C_1} e^{x^2},$$

即
$$y = \pm e^{C_1} e^{x^2}.$$

由于 $\pm e^{C_1}$ 仍是任意常数,可记为 C, 于是方程的通解为 $y = Ce^{x^2}$. 以后为了运算方便起见,可把 $\ln|y|$ 写成 $\ln y$.

例 2 求微分方程 $\tan x \sin^2 y\,dx + \cos^2 x \cot y\,dy = 0$ 的通解.

解 方程为可分离变量的微分方程,分离变量得
$$-\frac{\cot y}{\sin^2 y}dy = \frac{\tan x}{\cos^2 x}dx.$$

两边积分
$$-\int \frac{\cot y}{\sin^2 y}dy = \int \frac{\tan x}{\cos^2 x}dx,$$

得
$$\frac{1}{2}\cot^2 y = \frac{1}{2}\tan^2 x + C_1,$$

即
$$\tan^2 x - \cot^2 y = -2C_1, 令 C = -2C_1,$$
则所求通解为
$$\tan^2 x - \cot^2 y = C.$$

例 3 设 RC 充电电路如图 6-2 所示,如果合闸前,电容器上电压 $U_C = 0$,求合闸后电压 U_C 的变化规律.

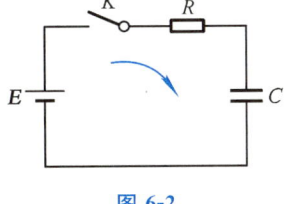

图 6-2

解 根据回路电压定律 $U_R + U_C = E$,因为
$$i = \frac{dq}{dt} = C\frac{dU_C}{dt} \quad (q = CU_C),$$
所以
$$U_R = iR = R\frac{dq}{dt}, U_R = RC\frac{dU_C}{dt}.$$
于是得微分方程
$$RC\frac{dU_C}{dt} + U_C = E.$$
又由题意得初始条件 $U_C|_{t=0} = 0$. 将微分方程分离变量得
$$\frac{dU_C}{E - U_C} = \frac{dt}{RC}.$$
两边积分得
$$-\ln(E - U_C) = \frac{1}{RC}t - \ln\lambda \quad (\lambda\ 为任意常数).$$
化简得微分方程的通解
$$U_C = E - \lambda e^{-\frac{1}{RC}t}.$$
把初始条件代入得 $0 = E - \lambda e^0$,即 $\lambda = E$,于是所求的充电电路的电压 U_C 的变化规律是
$$U_C = E(1 - e^{-\frac{1}{RC}t}).$$

*例 4 生物活体含有少量固定比的放射性^{14}C,其死亡时存在的^{14}C 量按与瞬时存量成比例的速率减少,其半衰期约为 5 730 a(年),在 1972 年初,长沙马王堆一号墓发掘时,若测得墓中木炭的^{14}C 含量为原量的 77.2%,试断定墓主人的死亡时间.

解 设墓中木炭的^{14}C 在 t 时含量为 $x(t)$,由题设有 $\frac{dx}{dt} = -kx(k > 0)$.分离变量得
$$\frac{dx}{x} = -k\,dt.$$
两边积分得
$$\ln x = \ln C - kt, 即 x = Ce^{-kt}.$$
记木炭中^{14}C 原含量为 x_0,代入方程通解,得 $C = x_0$,所以 $x = x_0 e^{-kt}$.
又由^{14}C 半衰期为 5 730 a,得
$$\frac{1}{2}x_0 = x_0 e^{-k \cdot 5\,730}.$$
解方程,得 $k = \frac{\ln 2}{5\,730}$,于是
$$x = x_0 e^{-\frac{\ln 2}{5\,730}t}.$$

解出 t, 得 $t = -\dfrac{5\,730}{\ln 2}\ln\dfrac{x}{x_0}$. 当 $\dfrac{x}{x_0} = 0.772$ 时, $t = -\dfrac{5\,730}{\ln 2}\ln 0.772 \approx 2\,139(\text{a})$.

这表明距 1972 年初马王堆一号墓发掘时,墓主人已死亡约 2 139 a, 由 2 139 − 1 971 = 168(年),即墓主人死亡时间约为公元前 168 年.

例 5 下述人口阻滞增长模型,是在马尔萨斯人口模型基础上修改得到的一个改良模型.

$$\begin{cases} \dfrac{\mathrm{d}x}{\mathrm{d}t} = r\left(1-\dfrac{x}{x_\mathrm{m}}\right)x, \\ x\big|_{t=0} = x_0, \end{cases}$$

其中,x 为 t 年的人口总数,x_m 为最大人口载容量,r 为生命系数,求人口总数函数.

解 这是可分离变量的微分方程,分离变量,得

$$\left(\dfrac{1}{x} + \dfrac{1}{x_\mathrm{m}-x}\right)\mathrm{d}x = r\,\mathrm{d}t.$$

两边积分得
$$\ln x - \ln(x_\mathrm{m}-x) = \ln C + rt.$$

整理得
$$\dfrac{x}{x_\mathrm{m}-x} = C\mathrm{e}^{rt}.$$

将 $x\big|_{t=0} = x_0$ 代入得 $C = \dfrac{x_0}{x_\mathrm{m}-x_0}$.

整理得人口总数函数为

$$x = \dfrac{x_\mathrm{m}}{1+\left(\dfrac{x_\mathrm{m}}{x_0}-1\right)\mathrm{e}^{-rt}}.$$

该函数的图像就是 §3-4 例 6 的 S 形曲线. 由此可知,当人口总数达到其载容量一半之前,人口增长较快;而人口总数超过其载容量一半时,人口增长变慢. 我国人口和全世界人口都早已超过载容量的一半,人口增长都已进入减速增长期. 人口数量是离散的自然数,这里的微分方程只是一个近似表达,但对大量的人口,却是一个有用的数学模型. 这个模型在生物数学预测中有广泛应用.

一般地,用微分方程求实际问题中未知函数的步骤是:

(1) 分析问题,建立微分方程,确定初始条件;

(2) 求出微分方程的通解;

(3) 由初始条件确定通解中任意常数,得方程相应特解,即为所求函数.

二、齐次微分方程

若一阶微分方程 $\dfrac{\mathrm{d}y}{\mathrm{d}x} = f(x, y)$ 中的函数 $f(x, y) = \varphi\left(\dfrac{y}{x}\right)$,这类方程称为**齐次微分方程**.

例如:

(1) $\dfrac{\mathrm{d}y}{\mathrm{d}x} = \dfrac{xy-y^2}{x^2-2xy}$, $f(x, y) = \dfrac{\dfrac{y}{x}-\dfrac{y^2}{x^2}}{1-2\dfrac{y}{x}} = \varphi\left(\dfrac{y}{x}\right)$;

(2) $\dfrac{dy}{dx} = \dfrac{y^2}{xy-x^2}$, $f(x,y) = \dfrac{\left(\dfrac{y}{x}\right)^2}{\dfrac{y}{x}-1} = \varphi\left(\dfrac{y}{x}\right)$；

(3) $x\dfrac{dy}{dx} + y = 2\sqrt{xy}$, $f(x,y) = \dfrac{dy}{dx} = -\dfrac{y}{x} + 2\dfrac{\sqrt{xy}}{x} = -\dfrac{y}{x} + 2\sqrt{\dfrac{y}{x}} = \varphi\left(\dfrac{y}{x}\right)$.

它们都是齐次微分方程.

现在我们来求齐次微分方程

$$\dfrac{dy}{dx} = \varphi\left(\dfrac{y}{x}\right) \tag{6-14}$$

的解.

设 $\dfrac{y}{x} = u$，则 $y = ux$. 两端对 x 求导得

$$\dfrac{dy}{dx} = u + x\dfrac{du}{dx}.$$

代入原方程(6-14)得 $u + x\dfrac{du}{dx} = \varphi(u)$，即 $x\dfrac{du}{dx} = \varphi(u) - u$.

分离变量得

$$\dfrac{du}{\varphi(u)-u} = \dfrac{dx}{x}.$$

两端积分，即得齐次微分方程的通解.

例 6 求方程 $(xy - y^2)dx - (x^2 - 2xy)dy = 0$ 的通解.

解 原方程可化为 $$\dfrac{dy}{dx} = \dfrac{xy-y^2}{x^2-2xy} = \dfrac{\dfrac{y}{x} - \left(\dfrac{y}{x}\right)^2}{1 - 2\dfrac{y}{x}}.$$

设 $\dfrac{y}{x} = u$，则 $y = ux$，$\dfrac{dy}{dx} = u + x\dfrac{du}{dx}$. 代入原方程得 $u + x\dfrac{du}{dx} = \dfrac{u-u^2}{1-2u}$，即

$$x\dfrac{du}{dx} = \dfrac{u^2}{1-2u}.$$

分离变量得 $$\dfrac{1-2u}{u^2}du = \dfrac{dx}{x}.$$

两边积分 $\int \dfrac{du}{u^2} - 2\int \dfrac{du}{u} = \int \dfrac{dx}{x}$，得 $-\dfrac{1}{u} - 2\ln u = \ln x + \ln C$，即

$$-\dfrac{1}{u} = \ln C xu^2, \qquad Cxu^2 = e^{-\tfrac{1}{u}}.$$

将 $u = \dfrac{y}{x}$ 代回得

$$Cx\left(\dfrac{y}{x}\right)^2 = e^{-\tfrac{x}{y}}, \quad y^2 = \dfrac{1}{C}x e^{-\tfrac{x}{y}}.$$

故原方程的通解为

$$y^2 = C_1 x e^{-\frac{x}{y}} \quad \left(C_1 = \frac{1}{C}\right).$$

例 7 求方程 $x\dfrac{\mathrm{d}y}{\mathrm{d}x} + y = 2\sqrt{xy}$ 的通解.

解 原方程可化为

$$\frac{\mathrm{d}y}{\mathrm{d}x} = 2\sqrt{\frac{y}{x}} - \frac{y}{x}.$$

设 $\dfrac{y}{x} = u$,则 $y = xu$, $\dfrac{\mathrm{d}y}{\mathrm{d}x} = u + x\dfrac{\mathrm{d}u}{\mathrm{d}x}$. 代入原方程得

$$u + x\frac{\mathrm{d}u}{\mathrm{d}x} = 2\sqrt{u} - u.$$

分离变量得

$$\frac{\mathrm{d}x}{x} = \frac{\mathrm{d}u}{2(\sqrt{u} - u)}.$$

两端积分

$$\int \frac{\mathrm{d}x}{x} = \frac{1}{2}\int \frac{\mathrm{d}u}{\sqrt{u} - u}.$$

令 $u = t^2 (t > 0)$,$\mathrm{d}u = 2t\,\mathrm{d}t$,得

$$\ln x = \frac{1}{2}\int \frac{2t\,\mathrm{d}t}{t - t^2} = \int \frac{\mathrm{d}t}{1 - t} = -\ln(1 - t) + \ln C = \ln \frac{C}{1 - t},$$

则 $x = \dfrac{C}{1 - t} = \dfrac{C}{1 - \sqrt{u}}$,即 $x\left(1 - \sqrt{\dfrac{y}{x}}\right) = C$,

所以原方程的通解为 $x - \sqrt{xy} = C$.

习 题 6-2

1. 判断下列方程是否为可分离变量微分方程:
  (1) $(x^2 + 1)\mathrm{d}x + (y^2 - 2)\mathrm{d}y = 0$;   (2) $(x^2 - y)\mathrm{d}x + (y^2 + x)\mathrm{d}y = 0$;
  (3) $(x^2 + y^2)y' = 2xy$;   (4) $2x^2 yy' + y^2 = 2$;   (5) $x^3(y' - x) = y^3$.
2. 解下列微分方程:
  (1) $\sqrt{1 - y^2}\,\mathrm{d}x - \sqrt{1 - x^2}\,\mathrm{d}y = 0$; (2) $y' = y\sin x$;   (3) $y' + e^x y = 0$;
  (4) $y' = \dfrac{x^3}{y^3}$,$y|_{x=1} = 0$; (5) $xy' - y = 0$, $y|_{x=1} = 2$; (6) $y' - xy^2 = 2xy$;
  *(7) $(xy^2 + x)\mathrm{d}x + (x^2 y - y)\mathrm{d}y = 0$, $y|_{x=0} = 1$.

§ 6-3 一阶线性微分方程

形如

$$\frac{\mathrm{d}y}{\mathrm{d}x} + P(x)y = Q(x) \tag{6-15}$$

的微分方程称为**一阶线性微分方程**(first order linear differential equation),若 $Q(x) \not\equiv 0$,则

方程(6-15)称为**一阶线性非齐次微分方程**(first order linear nonhomogeneous differential equation),若 $Q(x) \equiv 0$,即

$$\frac{\mathrm{d}y}{\mathrm{d}x} + P(x)y = 0. \tag{6-16}$$

方程(6-16)称为**一阶线性齐次微分方程**(first order linear homogeneous differential equation).

例如:方程

$$\frac{\mathrm{d}y}{\mathrm{d}x} + 3x^2 y = 3x^2 \sin x^3$$

就是一阶线性非齐次微分方程,与它对应的一阶线性齐次微分方程为

$$\frac{\mathrm{d}y}{\mathrm{d}x} + 3x^2 y = 0.$$

一、一阶线性齐次微分方程的解法

一阶线性齐次微分方程

$$\frac{\mathrm{d}y}{\mathrm{d}x} + P(x)y = 0$$

显然是可分离变量方程,分离变量得

$$\frac{\mathrm{d}y}{y} = -P(x)\mathrm{d}x.$$

两边积分得

$$\ln y = -\int P(x)\mathrm{d}x + \ln C.$$

化简得

$$y = C\mathrm{e}^{-\int P(x)\mathrm{d}x}. \tag{6-17}$$

式(6-17)即为一阶线性齐次微分方程(6-16)的通解公式.

例 1 求方程 $\dfrac{\mathrm{d}y}{\mathrm{d}x} + 3x^2 y = 0$ 的通解.

解 所给方程为一阶线性齐次微分方程,且 $P(x) = 3x^2$.
根据通解公式(6-17)得

$$y = C\mathrm{e}^{-\int 3x^2 \mathrm{d}x} = C\mathrm{e}^{-x^3},$$

即为所求方程的通解.

二、一阶线性非齐次微分方程的解法

设方程(6-15)的解为

$$y = C(x)\mathrm{e}^{-\int P(x)\mathrm{d}x}. \tag{6-18}$$

为了确定 $C(x)$,把式(6-18)及其导数

$$y' = C'(x)\mathrm{e}^{-\int P(x)\mathrm{d}x} + C(x)\mathrm{e}^{-\int P(x)\mathrm{d}x}[-P(x)]$$

$$= C'(x)e^{-\int P(x)dx} - P(x)y,$$

代入方程(6-15)并化简得
$$C'(x)e^{-\int P(x)dx} = Q(x),$$

即
$$C'(x) = Q(x)e^{\int P(x)dx}.$$

两边积分得
$$C(x) = \int Q(x)e^{\int P(x)dx}dx + C.$$

把 $C(x)$ 代入式(6-18),就得一阶线性非齐次微分方程(6-15)的通解

$$y = e^{-\int P(x)dx}\left[\int Q(x)e^{\int P(x)dx}dx + C\right] \tag{6-19}$$

或
$$y = Ce^{-\int P(x)dx} + e^{-\int P(x)dx}\int Q(x)e^{\int P(x)dx}dx. \tag{6-20}$$

可以看出,通解(6-20)中的第一项是对应的线性齐次微分方程(6-16)的通解,第二项是方程(6-15)的一个特解(可在通解中取 $C=0$ 得到)。由此可知,一阶线性非齐次微分方程的通解是对应齐次微分方程的通解与非齐次微分方程的一个特解之和。这种将对应的齐次微分方程(6-16)的通解中的常数变成函数 $C(x)$,从而得到非齐次方程(6-15)的通解的方法,称为**常数变易法**.

例 2 求方程 $\dfrac{dy}{dx} + 3x^2 y = 3x^5$ 的通解.

解 所给方程对应的齐次方程为 $\dfrac{dy}{dx} + 3x^2 y = 0$,根据例1知其通解为 $y = Ce^{-x^3}$. 设 $y = C(x)e^{-x^3}$ 为原方程的解,则 $\dfrac{dy}{dx} = C'(x)e^{-x^3} - 3x^2 C(x)e^{-x^3}$.

将 $\dfrac{dy}{dx}$ 和 y 代入原方程,整理得 $C'(x) = 3x^5 e^{x^3}$.

$$C(x) = \int 3x^5 e^{x^3} dx = \int x^3 e^{x^3} dx^3 \xrightarrow{\text{令 } x^3 = u} \int u e^u du$$
$$= u e^u - \int e^u du = (u-1)e^u + C = (x^3 - 1)e^{x^3} + C,$$

因此原方程的通解为
$$y = [(x^3 - 1)e^{x^3} + C]e^{-x^3} = (x^3 - 1) + Ce^{-x^3}.$$

此题还可直接用通解公式(6-19)求其通解.

例 3 求方程 $x\dfrac{dy}{dx} = x\sin x - y$ 的通解.

解 原方程可变形为 $\dfrac{dy}{dx} + \dfrac{1}{x}y = \sin x$. 所以

$$P(x) = \dfrac{1}{x}, \qquad Q(x) = \sin x.$$

根据公式(6-19)得通解

$$y = e^{-\int \frac{1}{x}dx}\left[\int \sin x \, e^{\int \frac{1}{x}dx} dx + C\right] = \frac{1}{x}\left(\int x \sin x \, dx + C\right)$$

$$= \frac{1}{x}\left(-x\cos x + \int \cos x \, dx + C\right) = \frac{1}{x}(\sin x - x\cos x + C).$$

例 4 求通过原点并且在点 (x, y) 处的切线斜率等于 $2x + y$ 的曲线方程.

一阶线性微分方程(二)

解 设所求曲线方程为 $y = y(x)$,由题意得

$$\frac{dy}{dx} = 2x + y,$$

即 $\frac{dy}{dx} - y = 2x$,且满足条件 $y\mid_{x=0} = 0$. 因为 $P(x) = -1$, $Q(x) = 2x$,代入公式(6-19)得

$$y = e^{\int dx}\left(\int 2x e^{-\int dx} dx + C\right) = e^x\left(\int 2x e^{-x} dx + C\right)$$

$$= e^x\left(-2x e^{-x} + 2\int e^{-x} dx + C\right) = e^x(-2x e^{-x} - 2e^{-x} + C),$$

所以原方程的通解为

$$y = -2(x+1) + Ce^x.$$

由 $y\mid_{x=0} = 0$ 得 $0 = -2 + C$,所以 $C = 2$.

因此所求曲线的方程为

$$y = 2(e^x - x - 1).$$

现将这几种一阶微分方程的解法进行总结,见表 6-1.

表 6-1 几种一阶微分方程的解法

类 型		方　　程	解　　法
可分离变量		$\frac{dy}{dx} = f(x)g(y)$	分离变量两边积分
一阶线性方程	齐次	$\frac{dy}{dx} + P(x)y = 0$	分离变量两边积分或 用公式 $y = Ce^{-\int P(x)dx}$
	非齐次	$\frac{dy}{dx} + P(x)y = Q(x)$	常数变易法或用公式 $y = e^{-\int P(x)dx} \cdot \left[\int Q(x)e^{\int P(x)dx}dx + C\right]$

例 5 求方程 $\frac{dy}{dx} + \frac{y}{x} = ay^2 \ln x$ 的通解.

解 此方程不是线性方程,但可化为一阶线性非齐次微分方程.
两端同除以 y^2 得

$$y^{-2}\frac{dy}{dx} + \frac{1}{x}y^{-1} = a\ln x.$$

设 $z = y^{-1}$, $\frac{dz}{dx} = -y^{-2}\frac{dy}{dx}$, 即 $\frac{dy}{dx} = -y^2\frac{dz}{dx}$.代入上式得

$$\frac{\mathrm{d}z}{\mathrm{d}x} - \frac{1}{x}z = -a\ln x \quad \text{(一阶线性非齐次微分方程).}$$

$$z = \mathrm{e}^{\int \frac{1}{x}\mathrm{d}x}\left[-\int a\ln x\,\mathrm{e}^{-\int \frac{1}{x}\mathrm{d}x}\mathrm{d}x + C\right] = x\left[-a\int \frac{\ln x}{x}\mathrm{d}x + C\right]$$

$$= x\left[-\frac{a}{2}\ln^2 x + C\right].$$

将 $z = y^{-1}$ 还原得原方程的通解为

$$Cxy - \frac{a}{2}xy\ln^2 x = 1.$$

例 6 一桶内盛有盐水 100 L，含盐 50 g. 今以浓度为 2 g/L 的盐水注入桶中，其流速为 3 L/min. 假使流入桶内的新盐水和原有盐水，假设盐水因搅拌能在顷刻间成为均匀的溶液，此溶液又以 2 L/min 的流速流出. 求注盐水 30 min 时，桶内所存的盐分.

解 (1) 建立微分方程. 设在 t(单位:min)时桶内存盐为 $y(t)$(单位:g)，只要能列出以 $y(t)$ 为未知函数的微分方程，并且解出 $y(t)$ 来，这样 30 min 时桶内所存的盐 $y\vert_{t=30}$ 也就能求出了.

因为流入速率为 3 L/min，且盐水浓度为 2 g/L，故任意时刻流入盐的速率

$$v_1(t) = 3 \times 2 \text{ g/min} = 6 \text{ g/min}.$$

又由于同时以 2 L/min 的速率流出溶液，故 t(单位:min)后溶液总量为 $100 + (3-2)t$(单位:L)，而每升含盐量为 $\frac{y}{100+t}$(单位:g)，因而排出盐的速率

$$v_2(t) = 2 \times \frac{y}{100+t} = \frac{2y}{100+t}(\text{g/min}).$$

从而桶内盐量的变化率

$$\frac{\mathrm{d}y}{\mathrm{d}t} = v_1(t) - v_2(t) = 6 - \frac{2y}{100+t},$$

即

$$\frac{\mathrm{d}y}{\mathrm{d}t} + \frac{2y}{100+t} = 6, \quad y(0) = 50.$$

(2) 求通解. 这是一阶线性方程，其中 $P(t) = \frac{2}{100+t}$，$Q(t) = 6$. 代入一阶线性微分方程的通解公式得

$$y = \mathrm{e}^{-\int \frac{2\mathrm{d}t}{100+t}}\left[\int 6\mathrm{e}^{\int \frac{2\mathrm{d}t}{100+t}}\mathrm{d}t + C\right] = \mathrm{e}^{-2\ln(100+t)}\left[6\int \mathrm{e}^{2\ln(100+t)}\mathrm{d}t + C\right]$$

$$= \frac{1}{(100+t)^2}\left[6\int (100+t)^2 \mathrm{d}t + C\right] = \frac{1}{(100+t)^2}\left[6 \times \frac{(100+t)^3}{3} + C\right]$$

$$= 2(100+t) + \frac{C}{(100+t)^2}.$$

(3) 求特解. 将初始条件 $y\vert_{t=0} = 50$ 代入通解，求得 $C = -100^2 \times 150$，于是得特解(桶内存盐

规律)
$$y = 2(100+t) - \frac{100^2 \times 150}{(100+t)^2}.$$

30 min 时,桶内存盐量为
$$y\mid_{t=30} = 260 - \frac{100^2 \times 150}{130^2} \approx 171(\text{g}).$$

习 题 6-3

1. 判断题：
(1) 方程 $xy' + e^x y = e^y$ 是一阶线性微分方程. ( )
(2) 方程 $y' + P(x)y = Q(x)$ 的通解是对应齐次线性方程的通解与该一阶线性方程的一个特解之和. ( )
(3) 函数 $y = \dfrac{c^2 - x^2}{2x}$ 是方程 $(x+y)dx + xdy = 0$ 的解. ( )
(4) 若 y_1, y_2 是方程 $y' + P(x)y = Q(x)$ 的两个解,则 $y = C_1 y_1 + C_2 y_2$ 是该方程的通解. ( )
(5) 方程 $xy' + 2y = x^2$ 是一阶线性微分方程. ( )
(6) $y = f(x)$ 是方程 $y' + f'(x)y = f(x)f'(x)$ 的解. ( )

2. 求下列微分方程的通解：
(1) $y' - 3xy = 3x$；   (2) $y' - 2y = x^2$；   (3) $y' - y = \cos x$.

3. 求下列微分方程满足初始条件的特解：
(1) $xy' + y = e^x$, $y(a) = b$；   (2) $y' + \dfrac{3}{x}y = \dfrac{2}{x^3}$, $y(1) = 1$；   (3) $y' - y\tan x = \sec x$, $y(0) = 0$.

4. 解下列微分方程：
(1) $y = x(y' - x\cos x)$；   (2) $y' = y\tan x + \cos x$；   (3) $2x(x^2 + y)dx = dy$.

*§ 6-4 几种可降阶的二阶微分方程

二阶微分方程的一般形式为
$$F(x, y, y', y'') = 0.$$
本节介绍几个简单的、经过适当变换可将二阶降为一阶的微分方程.

*一、最简单的二阶微分方程

形如
$$y'' = f(x) \tag{6-21}$$
的微分方程称为**最简单的二阶微分方程**(simplest second order differential equation). 这种方程的通解可经过两次积分而求得. 对式(6-21)两边积分一次得
$$y' = \int f(x)dx + C_1.$$
再对上式两边积分一次得

$$y = \int \left[\int f(x)\mathrm{d}x\right]\mathrm{d}x + C_1 x + C_2,$$

其中 C_1, C_2 为任意常数.

例 1 解微分方程：$y'' = x\mathrm{e}^x$.

解 积分一次得

$$y' = \int x\mathrm{e}^x \mathrm{d}x + C_1 = (x-1)\mathrm{e}^x + C_1.$$

再积分一次得

$$y = (x-2)\mathrm{e}^x + C_1 x + C_2.$$

*二、不显含未知函数 y 的二阶微分方程

形如

$$y'' = f(x, y') \tag{6-22}$$

的微分方程称为**不显含未知函数 y 的二阶微分方程**.

令 $y' = p$，则 $y'' = p'$，代入式(6-22)得

$$p' = f(x, p). \tag{6-23}$$

这是关于未知函数 p 的一阶微分方程，如能从中求出式(6-23)的通解 $p = \varphi(x, C_1)$，则式(6-22)的通解为

$$y = \int \varphi(x, C_1)\mathrm{d}x + C_2.$$

例 2 解微分方程：$y'' = \dfrac{1}{x}y' + x\mathrm{e}^x$.

解 令 $y' = p$，则 $y'' = p'$，于是

$$p' = \frac{1}{x}p + x\mathrm{e}^x,$$

改写为

$$p' - \frac{1}{x}p = x\mathrm{e}^x.$$

这是关于 p 的一阶线性微分方程，其中 $P(x) = -\dfrac{1}{x}$，$Q(x) = x\mathrm{e}^x$，于是

$$-\int P(x)\mathrm{d}x = \int \frac{1}{x}\mathrm{d}x = \ln x, \quad \mathrm{e}^{-\int P(x)\mathrm{d}x} = \mathrm{e}^{\ln x} = x,$$

$$\int Q(x)\mathrm{e}^{\int P(x)\mathrm{d}x}\mathrm{d}x = \int x\mathrm{e}^x \cdot \mathrm{e}^{-\ln x}\mathrm{d}x = \int \mathrm{e}^x \mathrm{d}x = \mathrm{e}^x.$$

所以由公式法得

$$y' = p = x(\mathrm{e}^x + C_1),$$

从而所给微分方程的通解为

$$y = (x-1)\mathrm{e}^x + \frac{C_1}{2}x^2 + C_2.$$

*三、不显含自变量 x 的二阶微分方程

形如

$$y'' = f(y, y') \tag{6-24}$$

的方程称为**不显含自变量 x 的二阶微分方程**.

如果将式(6-24)中的 y' 看作是 y 的函数 $y' = p(y)$, 则

$$y'' = \frac{\mathrm{d}p}{\mathrm{d}x} = \frac{\mathrm{d}p}{\mathrm{d}y} \cdot \frac{\mathrm{d}y}{\mathrm{d}x} = p \cdot \frac{\mathrm{d}p}{\mathrm{d}y},$$

于是式(6-24)化为

$$p \frac{\mathrm{d}p}{\mathrm{d}y} = f(y, p). \tag{6-25}$$

设式(6-25)的通解 $p = \varphi(y, C_1)$ 已求出, 则由 $\frac{\mathrm{d}y}{\mathrm{d}x} = p = \varphi(y, C_1)$, 可得式(6-24)的通解

$$\int \frac{\mathrm{d}y}{\varphi(y, C_1)} = x + C_2.$$

高阶可降阶微分方程的解法

例 3 求微分方程 $y'' = \frac{3}{2} y^2$, 满足初始条件 $y|_{x=3} = 1$, $y'|_{x=3} = 1$ 的特解.

解 令 $y' = p(y)$, $y'' = p \frac{\mathrm{d}p}{\mathrm{d}y}$, 代入原方程得

$$p \frac{\mathrm{d}p}{\mathrm{d}y} = \frac{3}{2} y^2 \quad \text{或} \quad 2p \, \mathrm{d}p = 3 y^2 \, \mathrm{d}y.$$

两边积分得

$$p^2 = y^3 + C_1.$$

由初始条件 $y|_{x=3} = 1$, $y'|_{x=3} = 1$, 得 $C_1 = 0$. 所以 $p^2 = y^3$ 或 $p = y^{\frac{3}{2}}$ (因 $y'|_{x=3} = 1 > 0$, 所以取正号), 即 $\frac{\mathrm{d}y}{\mathrm{d}x} = y^{\frac{3}{2}}$ 或 $y^{-\frac{3}{2}} \mathrm{d}y = \mathrm{d}x$. 两边积分得

$$-2 y^{-\frac{1}{2}} = x + C_2.$$

再由初始条件 $y|_{x=3} = 1$, 得 $C_2 = -5$. 代入整理得

$$y = \frac{4}{(x-5)^2},$$

上式即为方程满足初始条件的特解.

习 题 6-4

1. 求下列微分方程的通解:

(1) $\dfrac{\mathrm{d}^2 y}{\mathrm{d}x^2} = x^2$;

(2) $y'' = \mathrm{e}^{2x}$;

(3) $y'' - y' = x$;

(4) $x y'' + y' = 0$.

2. 求下列方程满足初始条件的特解:

(1) $y'' = 3\sqrt{y}$, $y|_{x=0} = 1$, $y'|_{x=0} = 2$;

(2) $y' y = y''$, $y|_{x=0} = 1$, $y'|_{x=0} = 1$.

*§6-5 二阶常系数线性齐次微分方程

*一、二阶常系数线性齐次微分方程解的性质

先看一个力学方面的例子.

例1 质量为 1 g 的质点受力作用沿直线离开中心点，作用力正比于质点到中心的距离（比例系数为 4），外界阻力与运动的速度成正比（比例系数为 3）. 运动开始时质点距中心 1 cm，速度为 0. 求质点的运动方程.

解 用 s 表示路程，t 表示时间，则速度 $s'=\dfrac{\mathrm{d}s}{\mathrm{d}t}$，加速度 $s''=\dfrac{\mathrm{d}^2 s}{\mathrm{d}t^2}$. 依题意，作用力为 $4s$，阻力为 $3s'$，因此质点所受的力 $F=4s-3s'$. 由牛顿第二定律 $F=ma$，得微分方程

$$s''+3s'-4s=0.$$

一般，形如

$$y''+py'+qy=0 \tag{6-26}$$

的方程（其中 p,q 为常数，y''，y'，y 的幂指数为一次）称为**二阶常系数线性齐次微分方程**（second order linear homogeneous differential equations with constant coefficients）.

在解此方程之前，我们先讨论解的性质.

定理 如果 y_1 与 y_2 是二阶常系数线性齐次微分方程 (6-26) 的两个特解，且满足

$$\dfrac{y_1}{y_2}\not\equiv C \quad (y_2\neq 0, C\text{ 为常数}),$$

则

$$y=C_1 y_1+C_2 y_2$$

就是方程 (6-26) 的通解（其中 C_1,C_2 是任意常数）.

事实上，在定理的条件中，有

$$y_1''+py_1'+qy_1=0, \tag{6-27}$$

$$y_2''+py_2'+qy_2=0. \tag{6-28}$$

令 $y=C_1 y_1+C_2 y_2$，从而 $y'=C_1 y_1'+C_2 y_2'$，$y''=C_1 y_1''+C_2 y_2''$. 把 y,y',y'' 代入方程 (6-26)，并由式 (6-27) 和式 (6-28) 可知，$y=C_1 y_1+C_2 y_2$ 是方程 (6-26) 的解，且是方程 (6-26) 的通解.

定理给出了求方程 (6-26) 通解的一种方法，例如：$\sin 2x$ 与 $\cos 2x$ 是二阶常系数齐次线性微分方程 $y''+4y=0$ 的两个特解，又因 $\dfrac{\sin 2x}{\cos 2x}=\tan 2x\not\equiv C$，所以 $y=C_1\sin 2x+C_2\cos 2x$ 是方程的通解.

用定理求方程 (6-26) 的通解时，应注意条件 $\dfrac{y_1}{y_2}\not\equiv C$，否则就会导致错误的结论. 例如：

$$y_1=\sin 2x \text{ 和 } y_2=3\sin 2x$$

虽然是方程 $y''+4y=0$ 的两个特解，但 $y=C_1 y_1+C_2 y_2$ 不是它的通解，这是因为

$$\frac{y_1}{y_2} = \frac{\sin 2x}{3\sin 2x} = \frac{1}{3},$$

所以有

$$y = C_1 y_1 + C_2 y_2 = C_1 y_1 + C_2 (3y_1) = (C_1 + 3C_2) y_1 = C y_1,$$

即在 y 的表达式中实际上只含有一个任意常数，这与通解概念矛盾．

*二、二阶常系数线性齐次微分方程的解法

下面讨论如何求方程(6-26)满足定理的两个特解．

一阶线性齐次微分方程为 $y' + py = 0$ 的通解为 $y = C\mathrm{e}^{-px}$．

它的特点是 y 和 y' 都是指数型函数的形式，由于指数型函数的各阶导数仍为指数型函数，联系到方程(6-26)的系数是常数的特点，因此，设方程(6-26)的特解为 $y = \mathrm{e}^{rx}$，其中 r 是待定常数．此时，

$$y' = r\mathrm{e}^{rx}, \quad y'' = r^2 \mathrm{e}^{rx}.$$

将 y, y', y'' 代入方程(6-26)得 $(r^2 + pr + q)\mathrm{e}^{rx} = 0$．

因为 $\mathrm{e}^{rx} \neq 0$，所以要使上式成立，必须

$$r^2 + pr + q = 0. \tag{6-29}$$

即是说，只要 r 满足方程(6-29)，函数 $y = \mathrm{e}^{rx}$ 就是微分方程(6-26)的解．于是微分方程(6-26)的求解问题，就转化为求代数方程(6-29)的根的问题．方程(6-29)称为微分方程(6-26)的**特征方程**(characteristic equation)．特征方程的根称为**微分方程(6-26)的特征根**(characteristic root)．

下面分别讨论方程(6-26)的特征根的三种情形．为此令 $\Delta = p^2 - 4q$．

1. 当 $\Delta > 0$ 时，特征方程有两个不相等的实根 r_1 及 r_2，于是 $y_1 = \mathrm{e}^{r_1 x}$ 及 $y_2 = \mathrm{e}^{r_2 x}$ 都是方程(6-26)的特解，且 $\dfrac{y_1}{y_2} = \mathrm{e}^{(r_1 - r_2)x} \not\equiv C$（$C$ 为常数），所以方程(6-26)的通解为

$$y = C_1 \mathrm{e}^{r_1 x} + C_2 \mathrm{e}^{r_2 x}.$$

例 2 求方程 $y'' - 5y' + 6y = 0$ 的通解．

解 方程为二阶常系数线性齐次微分方程，其特征方程 $r^2 - 5r + 6 = 0$．特征根 $r_1 = 2$，$r_2 = 3$．所以原方程的通解

$$y = C_1 \mathrm{e}^{2x} + C_2 \mathrm{e}^{3x}.$$

2. 当 $\Delta = 0$ 时，特征方程有两重根 $r_1 = r_2 = r$，于是只得到方程(6-26)的一个特解 $y_1 = \mathrm{e}^{rx}$．设微分方程(6-26)的另一个解为 $y_2 = u(x)\mathrm{e}^{rx}$，$u(x)$ 是 x 的待定函数．对 y_2 求导得

$$y_2' = \mathrm{e}^{rx}[u'(x) + ru(x)],$$
$$y_2'' = \mathrm{e}^{rx}[u''(x) + 2ru'(x) + r^2 u(x)].$$

将 y_2, y_2', y_2'' 代入方程(6-26)得

$$\mathrm{e}^{rx}[(u'' + 2ru' + r^2 u) + p(u' + ru) + qu] = 0,$$

即
$$e^{rx}[u'' + (2r+p)u' + (r^2+pr+q)u] = 0.$$

因为 $e^{rx} \neq 0$,所以
$$u'' + (2r+p)u' + (r^2+pr+q)u = 0.$$

因为 r 是特征方程的二重根,因此有 $r^2+pr+q=0$ 及 $2r+p=0$,于是得 $u''=0$.因为只需选取使 $u''(x)=0$ 的 $u(x)$ 即可,所以令 $u(x)=x$,得 $y_2 = xe^{rx}$,显然 $\dfrac{y_2}{y_1} = x \not\equiv C$,故微分方程 (6-26) 的通解为
$$y = (C_1 + C_2 x)e^{rx}.$$

例 3 求方程 $y'' + 6y' + 9y = 0$ 的通解.

解 方程为二阶常系数线性齐次微分方程,其特征方程为 $r^2+6r+9=0$.特征根 $r_1 = r_2 = -3$,则原方程的通解为
$$y = (C_1 + C_2 x)e^{-3x}.$$

3. **当 $\Delta < 0$ 时**,特征方程有一对共轭虚根 $r_1 = \alpha + i\beta$, $r_2 = \alpha - i\beta$.容易验证 $y_1 = e^{\alpha x}\sin\beta x$ 和 $y_2 = e^{\alpha x}\cos\beta x$ 是方程 (6-26) 的两个特解,又因为 $\dfrac{y_1}{y_2} = \tan\beta x \not\equiv C$ (C 为常数),所以微分方程 (6-26) 的通解为
$$y = e^{\alpha x}(C_1 \cos\beta x + C_2 \sin\beta x).$$

例 4 求方程 $y'' - y' + y = 0$ 的通解.

解 方程为二阶常系数线性齐次微分方程,其特征方程为
$$r^2 - r + 1 = 0.$$

它有一对共轭虚根 $r_1 = \dfrac{1}{2} + \dfrac{\sqrt{3}}{2}i$, $r_2 = \dfrac{1}{2} - \dfrac{\sqrt{3}}{2}i$,所以原方程的通解为
$$y = e^{\frac{x}{2}}\left(C_1 \cos\dfrac{\sqrt{3}}{2}x + C_2 \sin\dfrac{\sqrt{3}}{2}x\right).$$

综上所述,求二阶常系数线性齐次微分方程
$$y'' + py' + qy = 0$$
的通解步骤如下:

第一步,写出微分方程 (6-26) 的特征方程 $r^2 + pr + q = 0$;

第二步,求出特征方程 (6-29) 的两个根 r_1, r_2;

第三步,根据两个根的不同情况,按表 6-2 写出微分方程 (6-26) 的通解.

表 6-2 特征方程的根与微分方程的通解

特征方程 $r^2+pr+q=0$ 的两个根 r_1, r_2	微分方程 $y''+py'+qy=0$ 的通解
两个不相等的实根 r_1, r_2	$y = C_1 e^{r_1 x} + C_2 e^{r_2 x}$
两个相等的实根 $r_1 = r_2 = r$	$y = (C_1 + C_2 x)e^{rx}$
一对共轭虚根 $r_{1,2} = \alpha \pm i\beta$	$y = e^{\alpha x}(C_1 \cos\beta x + C_2 \sin\beta x)$

例 5 如图 6-3 所示,设质量为 m 的小球连接弹簧,放置于水平光滑的滑槽内,弹簧的另一端固定,设平衡位置在点 O,弹簧的质量忽略不计,将小球向右拉至 s_0,然后放开. 小球在点 O 附近作左右运动,在运动过程中阻力与速度成正比,求小球的运动方程.

解 取平衡点 O 为原点,s 轴的正向向右,设 t 时刻小球对原点的位移为 $s(t)$. 根据牛顿第二定律 $F=ma$(其中 $a=\dfrac{d^2 s}{dt^2}$)及

$$F = 阻力\ F_1 + 弹性恢复力\ F_2.$$

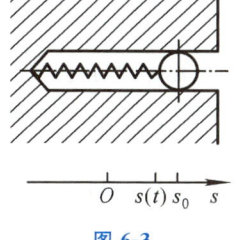

图 6-3

根据题意,阻力与速度成正比,设比例系数为 k_1[k_1 称为**阻尼系数**(damped coefficient)],而阻力总是与速度方向相反,因此有

$$F_1 = -k_1 \frac{ds}{dt} \quad (k_1 > 0).$$

又弹性恢复力与位移成正比,两者方向相反,设弹性系数为 k_2. 即

$$F_2 = -k_2 s \quad (k_2 > 0).$$

于是得微分方程

$$m \frac{d^2 s}{dt^2} = -k_1 \frac{ds}{dt} - k_2 s,$$

或

$$m \frac{d^2 s}{dt^2} + k_1 \frac{ds}{dt} + k_2 s = 0. \tag{6-30}$$

这是二阶常系数线性齐次微分方程,一般称为在有阻力的情况下,物体自由振动的方程,其初始条件为

$$s \big|_{t=0} = s_0, \quad \frac{ds}{dt}\bigg|_{t=0} = 0. \tag{6-31}$$

为了解题方便,可将方程(6-30)改写为

$$\frac{d^2 s}{dt^2} + 2\alpha \frac{ds}{dt} + \omega^2 s = 0. \tag{6-32}$$

其中 $2\alpha = \dfrac{k_1}{m}$, $\omega^2 = \dfrac{k_2}{m}$. 由于 m, k_1, k_2 都是正数,所以 $\alpha > 0$, $\omega > 0$.

方程(6-32)的特征方程为 $r^2 + 2\alpha r + \omega^2 = 0$.

根据其判别式 $4(\alpha^2 - \omega^2)$ 的不同情况分别讨论如下:

第一种情形:$\alpha^2 - \omega^2 > 0$(即 $\alpha > \omega$).

此时特征方程有两个不等实根,且均为负数,它们是

$$r_1 = -\alpha + \sqrt{\alpha^2 - \omega^2}, \quad r_2 = -\alpha - \sqrt{\alpha^2 - \omega^2},$$

所以方程(6-32)的通解为

$$s = C_1 e^{r_1 t} + C_2 e^{r_2 t}.$$

由初始条件(6-31),得特解为

$$s = \frac{s_0}{r_2 - r_1}(r_2 e^{r_1 t} - r_1 e^{r_2 t}).$$

由于 r_1, r_2 都是负数,所以当 $t \to +\infty$ 时,有 $s \to 0$,且 $s(t)$ 按指数函数规律迅速衰减,因而振动不会发生,物体由初始位置逐渐返回平衡位置. 这种运动称为**大阻尼运动**(large damped vibration). 函数 $s(t)$ 的图像大致如图 6-4 所示.

第二种情形:$\alpha^2 - \omega^2 = 0$(即 $\alpha = \omega$).

此时,特征方程有两个相等实根 $r_{1,2} = -\alpha$,方程(6-32)的通解为

$$s = e^{-\alpha t}(C_1 + C_2 t).$$

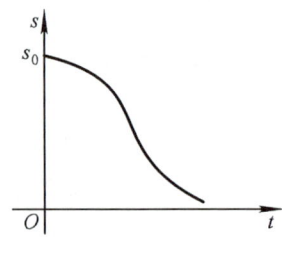

图 6-4

由初始条件(6-31),可以求得 $C_1 = s_0$,$C_2 = \alpha s_0$,故方程(6-32)的特解为

$$s = s_0(1 + \alpha t)e^{-\alpha t}.$$

由于 $-\alpha < 0$,所以当 $t \to +\infty$ 时,有 $s \to 0$,亦即 $s(t)$ 按指数函数规律做衰减运动. 这种运动称为**临界阻尼运动**(critical damped vibration),它的图像如图 6-5 所示.

第三种情形:$\alpha^2 - \omega^2 < 0$(即 $\alpha < \omega$).

令 $\alpha^2 - \omega^2 = -\beta^2$,此时特征方程有一对共轭虚根 $r_1 = -\alpha + \mathrm{i}\beta$, $r_2 = -\alpha - \mathrm{i}\beta$. 方程(6-32)的通解为

$$s = e^{-\alpha t}(C_1 \cos \beta t + C_2 \sin \beta t).$$

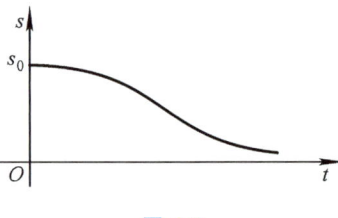

图 6-5

由初始条件(6-31),得 $C_1 = s_0$,$C_2 = \dfrac{\alpha s_0}{\beta}$. 这个式子还可改写为

$$s = e^{-\alpha t}\sqrt{C_1^2 + C_2^2}\left(\frac{C_1}{\sqrt{C_1^2 + C_2^2}}\cos\beta t + \frac{C_2}{\sqrt{C_1^2 + C_2^2}}\sin\beta t\right).$$

令 $\dfrac{C_1}{\sqrt{C_1^2 + C_2^2}} = \sin\varphi$,$\dfrac{C_2}{\sqrt{C_1^2 + C_2^2}} = \cos\varphi$,上式变为 $s = \sqrt{C_1^2 + C_2^2}\, e^{-\alpha t}\sin(\beta t + \varphi)$,或

$$s = A e^{-\alpha t} \sin(\beta t + \varphi).$$

由初始条件,得 $A = \sqrt{C_1^2 + C_2^2} = \dfrac{s_0}{\beta}\sqrt{\alpha^2 + \beta^2}$,$\varphi = \arctan\dfrac{C_1}{C_2} = \arctan\dfrac{\beta}{\alpha}$. 当 $t \to +\infty$ 时,仍有 $s \to 0$,但与前两种情形不同. 因为 $\sin(\beta t + \varphi)$ 是周期为 $\dfrac{2\pi}{\beta}$ 的函数,所以每隔时间 $\dfrac{2\pi}{\beta}$ 运动就往复一次,亦即物体在平衡位置两侧振动,但振幅 $A e^{-\alpha t}$ 越来越小,此振动称为**衰减振动或阻尼振动**(damped vibration)(图 6-6).

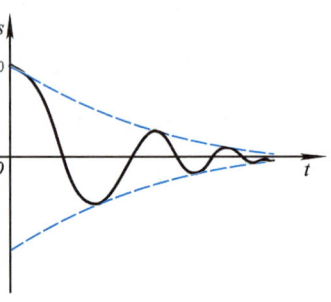

图 6-6

特殊情况:如果不计阻力,即 $\alpha = 0$ 时,方程(6-32)变为

$$\frac{d^2 s}{dt^2} + \omega^2 s = 0. \tag{6-33}$$

特征方程

$$r^2 + \omega^2 = 0$$

有共轭虚根 $r_1 = \omega i$, $r_2 = -\omega i$. 方程(6-33)的通解为

$$s = C_1 \cos \omega t + C_2 \sin \omega t.$$

把初始条件(6-31)代入通解及其导数,即可得 $C_1 = s_0$, $C_2 = 0$,于是得其特解

$$s = s_0 \cos \omega t.$$

当 t 增大时,运动是振幅不变且以 $\dfrac{2\pi}{\omega}$ 为周期的无阻尼运动,这种运动称为**简谐振动**.

习 题 6-5

1. 填空题:
(1) 微分方程 $y'' + 2y' - 3y = 0$ 的通解是_____;
(2) 微分方程 $y'' + 2y' + 5y = 0$ 的通解是_____;
(3) 微分方程 $y'' - 2y' + y = 0$ 的通解是_____;
(4) 微分方程 $y'' + 4y' - 5y = 0$ 的通解是_____.

2. 解下列微分方程:
(1) $y'' + 4y' + 3y = 0$;   (2) $2y'' - 5y' + 2y = 0$;   (3) $y'' - 2y' = 0$;   (4) $y'' - 4y' + 4y = 0$.

*§ 6-6 二阶常系数非齐次线性微分方程

*一、二阶常系数非齐次微分方程解的结构

先看下面的例子.

例 1 设有质量为 m 的物体挂在一弹簧上,其平衡位置在点 O,弹簧本身的质量忽略不计.今将物体向下拉开距离 s_0,然后放开,物体就在点 O 近旁作上下振动,在运动过程中,阻力与速度成正比,此外,物体还受外力 $f_3(t)$ 作用.建立物体运动方程满足的微分方程.

解 在平衡位置时,重力与弹性恢复力平衡.取 O 为原点,s 轴的正向向下,设在 t 时刻重物对原点的位移为 $s(t)$(图 6-7).

根据牛顿第二定律 $F = ma$(其中 $a = \dfrac{d^2 s}{dt^2}$)及

$$F = 阻力 + 弹性恢复力 + f_3(t),$$

仿 §6-5 例 5 的方法,得

$$\begin{cases} \dfrac{d^2 s}{dt^2} + 2\alpha \dfrac{ds}{dt} + \omega^2 s = f(t), \\ s\big|_{t=0} = s_0, \; \dfrac{ds}{dt}\bigg|_{t=0} = 0, \end{cases}$$

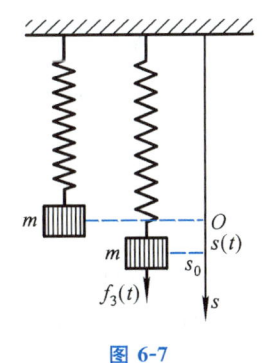

图 6-7

其中，$f(t) = \dfrac{1}{m} f_3(t)$.

一般形如
$$y'' + py' + qy = f(x) \tag{6-34}$$
的方程称为**二阶常系数非齐次线性微分方程**，其中 p，q 为常数. 它所对应的二阶常系数齐次线性微分方程为
$$y'' + py' + qy = 0. \tag{6-35}$$

方程(6-35)的通解的求法，上节已讨论了，下面讨论方程(6-34)的通解的求法.

由§6-3 知道，一阶非齐次线性微分方程的通解是由两部分组成，一部分是对应的齐次方程的通解，另一部分是非齐次方程的一个特解，即
$$y = C e^{-\int P(x) dx} + e^{-\int P(x) dx} \int Q(x) e^{\int P(x) dx} dx.$$

若令 $Y = C e^{-\int P(x) dx}$，$\bar{y} = e^{-\int P(x) dx} \int Q(x) e^{\int P(x) dx} dx$，于是 $y = Y + \bar{y}$，其中 Y 是一阶非齐次线性微分方程对应的齐次方程的通解，$\bar{y}$ 是非齐次方程的一个特解.

对于二阶非齐次线性微分方程 $y'' + P(x) y' + Q(x) y = f(x)$ 也有类似的结果. 我们只讨论二阶常系数非齐次线性微分方程.

定理 1 设 Y 是方程(6-35)的通解，$\bar{y}$ 是方程(6-34)的一个特解，则
$$y = Y + \bar{y} \tag{6-36}$$
就是方程(6-34)的通解.

证 因为 Y 是方程(6-35)的通解，故 $Y'' + pY' + qY = 0$. 又因为 $\bar{y}$ 是方程(6-34)的特解，故 $\bar{y}'' + p\bar{y}' + q\bar{y} = f(x)$. 将式(6-36)代入方程(6-34)的左端得

左边 $= (Y + \bar{y})'' + p(Y + \bar{y})' + q(Y + \bar{y}) = Y'' + \bar{y}'' + pY' + p\bar{y}' + qY + q\bar{y}$

$\qquad = (Y'' + pY' + qY) + (\bar{y}'' + p\bar{y}' + q\bar{y}) = 0 + f(x) =$ 右边，

即式(6-36)满足方程(6-34)，所以式(6-36)是方程(6-34)的解. 而 Y 中含有两个任意常数，故 $y = Y + \bar{y}$ 就是方程(6-34)的通解.

根据定理1，要求方程(6-34)的通解，必须求得方程(6-35)的通解和方程(6-34)的一个特解. 方程(6-35)的通解的求法已在上节讨论过了，因此，只需讨论如何求方程(6-34)的一个特解. 本章只对以下两种情形进行讨论.

*二、$f(x) = P_n(x) e^{\lambda x}$，其中 $P_n(x)$ 是 x 的一个 n 次多项式，λ 为常数

这时方程(6-34)变为
$$y'' + py' + qy = P_n(x) e^{\lambda x}. \tag{6-37}$$

因方程(6-37)的右端是一个 n 次多项式与一个指数型函数 $e^{\lambda x}$ 的乘积，根据多项式与指数型函数的积的导数仍为多项式与指数型函数的乘积形式，可以设想方程(6-37)的一个特解是某个 m 次多项式 $Q_m(x)$ 与指数型函数 $e^{\lambda x}$ 的乘积. 设

$$\bar{y} = Q_m(x) e^{\lambda x}$$

是方程(6-37)的一个特解. 将 $\bar{y}''$, $\bar{y}'$, $\bar{y}$ 代入方程(6-37)得

$$[Q_m''(x)e^{\lambda x} + 2\lambda Q_m'(x)e^{\lambda x} + \lambda^2 Q_m(x)e^{\lambda x}] + p[Q_m'(x)e^{\lambda x} + \lambda Q_m(x)e^{\lambda x}] + q Q_m(x)e^{\lambda x}$$
$$= P_n(x)e^{\lambda x},$$

整理得

$$Q_m''(x) + (2\lambda + p)Q_m'(x) + (\lambda^2 + p\lambda + q)Q_m(x) = P_n(x). \tag{6-38}$$

下面根据 λ 的不同情况和多项式相等的条件来确定 $Q_m(x)$ 的次数[$Q_m(x)$ 的系数可由式(6-38)通过比较等式两边同次幂的系数确定].

(1) 如果 λ 不是特征方程的根,必有 $\lambda^2 + p\lambda + q \neq 0$,由于式(6-38)右端是 n 次多项式,故 $Q_m(x)$ 也应是 n 次多项式,即 $m = n$. 可设 $\bar{y} = Q_n(x)e^{\lambda x}$.

(2) 如果 λ 是特征方程的单根,必有 $\lambda^2 + p\lambda + q = 0$ 且 $2\lambda + p \neq 0$,这时式(6-38)的左端出现的 $Q_m'(x)$ 必须是 n 次多项式,即 $Q_m(x)$ 必须是 $n+1$ 次多项式,即 $m = n+1$. 可设 $\bar{y} = xQ_n(x)e^{\lambda x}$.

(3) 如果 λ 是特征方程的重根,必有 $\lambda^2 + p\lambda + q = 0$ 且 $2\lambda + p = 0$,这时式(6-38)左端仅出现 $Q_m''(x)$,故 $Q_m''(x)$ 必须是 n 次多项式,即 $Q_m(x)$ 为 $n+2$ 次多项式,即 $m = n+2$. 可设 $\bar{y} = x^2 Q_n(x)e^{\lambda x}$.

综上讨论,方程(6-37)应具有如下形式的特解 $\bar{y} = x^k Q_n(x)e^{\lambda x}$,其中 $Q_n(x)$ 是一个与 $P_n(x)$ 有相同次数的多项式,k 是一个整数,k 按 λ 不是特征方程的根、是特征方程的单根或是特征方程的重根分别取 $0, 1, 2$.

例 2 求方程 $y'' + 2y' + 5y = 5x + 2$ 的一个特解.

解 因为 $\lambda = 0$ 不是特征方程 $r^2 + 2r + 5 = 0$ 的根,所以可设特解为 $\bar{y} = Ax + B$,则 $\bar{y}' = A$, $\bar{y}'' = 0$. 代入原方程得

$$2A + 5Ax + 5B = 5x + 2.$$

比较两端 x 的同次幂的系数得 $\begin{cases} 5A = 5, \\ 2A + 5B = 2. \end{cases}$

解方程组,得 $A = 1, B = 0$. 所求原方程的一个特解为 $\bar{y} = x$.

例 3 求方程 $y'' - 3y' + 2y = 3x e^{2x}$ 的通解.

解 方程对应的特征方程为 $r^2 - 3r + 2 = 0$,其根 $r_1 = 1, r_2 = 2$. 所以,原方程所对应的齐次方程 $y'' - 3y' + 2y = 0$ 的通解为

$$Y = C_1 e^x + C_2 e^{2x}.$$

因 $\lambda = 2$ 是特征方程的单根,于是原方程的一个特解可设为 $\bar{y} = x(Ax + B)e^{2x}$,则

$$\bar{y}' = e^{2x}[2Ax^2 + (2A + 2B)x + B],$$
$$\bar{y}'' = e^{2x}[4Ax^2 + (8A + 4B)x + (2A + 4B)].$$

将 $\bar{y}, \bar{y}', \bar{y}''$ 代入原方程得

$$2Ax + (2A + B) = 3x.$$

于是得 $\begin{cases} 2A = 3, \\ 2A + B = 0. \end{cases}$

解方程组,得 $\begin{cases} A = \dfrac{3}{2}, \\ B = -3. \end{cases}$ 则特解为

$$\bar{y} = x\left(\dfrac{3}{2}x - 3\right)e^{2x} = \left(\dfrac{3}{2}x^2 - 3x\right)e^{2x},$$

因此原方程的通解为

$$y = C_1 e^x + C_2 e^{2x} + \left(\dfrac{3}{2}x^2 - 3x\right)e^{2x}.$$

*三、$f(x) = e^{\alpha x}(a\cos\omega x + b\sin\omega x)$（其中 α，a，b，ω 均为常数）

这时方程(6-34)变为

$$y'' + py' + qy = e^{\alpha x}(a\cos\omega x + b\sin\omega x). \tag{6-39}$$

由于正、余弦型函数的导数为余、正弦型函数,所以方程(6-39)的特解也应属于正、余弦型函数。可以证明,方程(6-39)具有下列形式的特解

$$\bar{y} = x^k e^{\alpha x}(A\cos\omega x + B\sin\omega x),$$

其中 A 和 B 是待定常数,k 是一个整数,且

① 当 $\alpha \pm \omega i$ 不是特征方程的根时,$k = 0$;

② 当 $\alpha \pm \omega i$ 是特征方程的根时,$k = 1$.

例 4 求方程 $y'' + 3y = 2e^x \sin x$ 的一个特解.

解 因为 $\alpha = 1$，$\omega = 1$，且 $1 \pm \omega i = 1 \pm i$ 不是特征方程 $r^2 + 3 = 0$ 的根,所以设特解为

$$\bar{y} = e^x(A\cos x + B\sin x).$$

于是

$$\bar{y}'' = e^x(2B\cos x - 2A\sin x).$$

将 $\bar{y}$ 和 $\bar{y}''$ 代入原方程,整理得

$$(2B + 3A)\cos x + (3B - 2A)\sin x = 2\sin x.$$

比较两端 $\sin x$ 与 $\cos x$ 的系数得

$$\begin{cases} 2B + 3A = 0, \\ 3B - 2A = 2. \end{cases}$$

解方程组得

$$A = -\dfrac{4}{13}, \quad B = \dfrac{6}{13}.$$

所以原方程的一个特解为

$$\bar{y} = -\dfrac{e^x}{13}(4\cos x - 6\sin x).$$

例 5 求方程 $y'' + 4y = \sin 2x$ 的通解.

解 因为 $\alpha=0, \omega=2$,且 $\omega i=2i$ 是特征方程 $r^2+4=0$ 的根,则方程 $y''+4y=0$ 的通解
$$Y=C_1\cos 2x+C_2\sin 2x.$$
设方程 $y''+4y=\sin 2x$ 的一个特解为 $\bar{y}=x(A\cos 2x+B\sin 2x)$,于是
$$\bar{y}'=(A\cos 2x+B\sin 2x)+2x(-A\sin 2x+B\cos 2x),$$
$$\bar{y}''=4(-A\sin 2x+B\cos 2x)-4x(A\cos 2x+B\sin 2x).$$
将 $\bar{y},\bar{y}''$ 代入原方程,整理得
$$-4A\sin 2x+4B\cos 2x=\sin 2x.$$
比较两边系数得
$$\begin{cases}-4A=1,\\ 4B=0.\end{cases}$$
解方程组,得 $A=-\dfrac{1}{4}, B=0$,则
$$\bar{y}=-\dfrac{1}{4}x\cos 2x.$$
所以原方程的通解为
$$y=C_1\cos 2x+C_2\sin 2x-\dfrac{1}{4}x\cos 2x.$$
综上讨论,二阶常系数线性非齐次微分方程
$$y''+py'+qy=f(x)$$
的一个特解 $\bar{y}$ 的形式见表 6-3.

表 6-3 二阶常系数线性非齐次微分方程特解的形式

$f(x)$ 的形式	特解的形式	
$f(x)=P_n(x)e^{\lambda x}$ (λ 为实数)	λ 不是特征方程的根	$\bar{y}=Q_n(x)e^{\lambda x}$
	λ 是特征方程的单根	$\bar{y}=xQ_n(x)e^{\lambda x}$
	λ 是特征方程的重根	$\bar{y}=x^2 Q_n(x)e^{\lambda x}$
$f(x)=e^{\alpha x}(a\cos\omega x+b\sin\omega x)$ (a,b,ω 均为实数)	$\alpha\pm\omega i$ 不是特征方程的根	$\bar{y}=e^{\alpha x}(A\cos\omega x+B\sin\omega x)$
	$\alpha\pm\omega i$ 是特征方程的根	$\bar{y}=xe^{\alpha x}(A\cos\omega x+B\sin\omega x)$

定理 2 若 $\bar{y}_1$ 与 $\bar{y}_2$ 分别为方程
$$y''+py'+qy=f_1(x) \text{ 与 } y''+py'+qy=f_2(x)$$
的一个特解,则 $\bar{y}=\bar{y}_1+\bar{y}_2$ 为方程
$$y''+py'+qy=f_1(x)+f_2(x)$$
的一个特解.

证 由已知条件得

待定系数法(一)

$$\bar{y}''_1 + p\bar{y}'_1 + q\bar{y}_1 = f_1(x), \tag{6-40}$$
$$\bar{y}''_2 + p\bar{y}'_2 + q\bar{y}_2 = f_2(x). \tag{6-41}$$

将式(6-40)与式(6-41)相加得
$$(\bar{y}_1 + \bar{y}_2)'' + p(\bar{y}_1 + \bar{y}_2)' + q(\bar{y}_1 + \bar{y}_2) = f_1(x) + f_2(x),$$
故 $\bar{y} = \bar{y}_1 + \bar{y}_2$ 为 $y'' + py' + qy = f_1(x) + f_2(x)$ 的一个特解.

例 6 求方程 $y'' + y = \cos x \cos 2x$ 的通解.

解 原方程可化为 $y'' + y = \frac{1}{2}\cos 3x + \frac{1}{2}\cos x$.

原方程对应的齐次方程的特征方程为 $r^2 + 1 = 0$,其特征根为 $r = \pm i$,则齐次方程的通解
$$Y = C_1 \cos x + C_2 \sin x.$$

因为 $\alpha = 0, \omega = 3, 3i$ 不是 $y'' + y = \frac{1}{2}\cos 3x$ 的特征方程的根,可设 $\bar{y}_1 = A_1\cos 3x + B_1 \sin 3x$ 是方程 $y'' + y = \frac{1}{2}\cos 3x$ 的一个特解,于是得
$$\bar{y}'_1 = -3A_1 \sin 3x + 3B_1 \cos 3x, \quad \bar{y}''_1 = -9A_1 \cos 3x - 9B_1 \sin 3x.$$

代入得 $-8A_1 \cos 3x - 8B_1 \sin 3x = \frac{1}{2} \cos 3x$.

所以 $A_1 = -\frac{1}{16}, B_1 = 0$,故 $\bar{y}_1 = -\frac{1}{16}\cos 3x$.

又因为 i 是 $y'' + y = \frac{1}{2}\cos x$ 的特征方程的根,可设 $\bar{y}_2 = x(A_2\cos x + B_2\sin x)$ 为 $y'' + y = \frac{1}{2}\cos x$ 的一个特解,于是有
$$\bar{y}'_2 = (A_2 + B_2 x)\cos x + (B_2 - A_2 x)\sin x,$$
$$\bar{y}''_2 = (2B_2 - A_2 x)\cos x - (2A_2 + B_2 x)\sin x.$$

代入得 $2B_2 \cos x - 2A_2 \sin x = \frac{1}{2}\cos x$,所以 $A_2 = 0, B_2 = \frac{1}{4}$,故 $\bar{y}_2 = \frac{1}{4}x\sin x$.

于是原方程的一个特解为
$$\bar{y} = \frac{1}{4}x\sin x - \frac{1}{16}\cos 3x.$$

因此原方程的通解
$$y = \left(\frac{x}{4} + C_2\right)\sin x + C_1 \cos x - \frac{1}{16}\cos 3x.$$

待定系数法(二)

例 7 有一弹性系数为 200 dyn/cm 的弹簧,上挂 50 g 的物体,存在外力 $F(t) = 400\cos 4t$ dyn 作用在物体上.假定物体原来在平衡位置,有向上的初速度 2 cm/s.如果阻尼忽略不计,求物体在任一时刻 t(单位:s)的位移 $s(t)$(单位:cm).[注:1 dyn(达因) $= 10^{-5}$ N,现已不推荐使用.]

解 取平衡位置 O 为原点，s 轴的正向向下，由牛顿第二定律，物体的运动满足微分方程

$$\begin{cases} 50\dfrac{d^2 s}{dt^2} = -200s + 400\cos 4t, \\ s|_{t=0} = 0, \quad \dfrac{ds}{dt}\bigg|_{t=0} = -2. \end{cases}$$

即

$$\begin{cases} \dfrac{d^2 s}{dt^2} + 4s = 8\cos 4t, \\ s|_{t=0} = 0, \quad \dfrac{ds}{dt}\bigg|_{t=0} = -2. \end{cases}$$

可得对应齐次方程的通解为 $s = C_1 \cos 2t + C_2 \sin 2t$.

设方程 $s'' + 4s = 8\cos 4t$ 的一个特解 $\bar{s} = A\cos 4t + B\sin 4t$，则

$$\bar{s}' = -4A\sin 4t + 4B\cos 4t, \quad \bar{s}'' = -16A\cos 4t - 16B\sin 4t.$$

代入原方程，整理得

$$-12A\cos 4t - 12B\sin 4t = 8\cos 4t.$$

比较系数，得 $A = -\dfrac{2}{3}$，$B = 0$，从而得 $\bar{s} = -\dfrac{2}{3}\cos 4t$. 因此原方程的通解为

$$s = C_1 \cos 2t + C_2 \sin 2t - \dfrac{2}{3}\cos 4t.$$

为了确定积分常数 C_1，C_2，微分通解后得

$$s' = -2C_1 \sin 2t + 2C_2 \cos 2t + \dfrac{8}{3}\sin 4t.$$

将初始条件 $s|_{t=0} = 0$，$\dfrac{ds}{dt}\bigg|_{t=0} = -2$ 分别代入，求得 $C_1 = \dfrac{2}{3}$，$C_2 = -1$.

将 C_1，C_2 的值代入原方程的通解，得所求物体的运动方程为

$$s = \dfrac{2}{3}\cos 2t - \sin 2t - \dfrac{2}{3}\cos 4t.$$

习 题 6-6

1. 填空题：
(1) 方程 $y'' + y = \sin x$ 的特解形式为 $\bar{y} =$ _____；
(2) 方程 $y'' + y = x\cos x$ 的特解形式为 $\bar{y} =$ _____；
(3) 方程 $y'' - y = x\sin x$ 的特解形式为 $\bar{y} =$ _____.
2. 解下列微分方程：
(1) $y'' + y' - 2y = 3xe^x$；   (2) $y'' - 3y' + 2y = e^{2x}\sin x$；   (3) $y'' - 2y' - 3y = e^{4x}$.

复习题六

A 组

1. 填空题：

(1) 下列哪些是一阶微分方程、可分离变量微分方程、一阶线性微分方程？

(a) $(y')^2 + 2xy = 0$ 是 _____ ； (b) $y' - x\tan y + 2x = 0$ 是 _____ ；

(c) $y' + y = 2x$ 是 _____ ； (d) $y(y')^3 + 2y = x$ 是 _____ ；

(e) $xy\,dx + (1+x^2)\,dy = 0$ 是 _____ ； (f) $2y' - y^2 = 0$ 是 _____ ；

(g) $xy' + 2y = x$ 是 _____ ； (h) $y' + \cos y = e^x$ 是 _____ .

(2) 下列哪些是二阶常系数齐次方程、二阶常系数非齐次方程？

(a) $y'' + 3xy' + 5x = 0$ 是 _____ ； (b) $y'' + 3xy' + 4x = 1$ 是 _____ ；

(c) $y'' + 3\tan y + \cos x = 0$ 是 _____ ； (d) $y'' + y + \sin^2 x = 2$ 是 _____ ；

(e) $y'' + \sec x = 2$ 是 _____ ； (f) $y'' + y = 3e^x$ 是 _____ .

2. 求下列微分方程的通解：

(1) $e^{-s}\left(1 - \dfrac{ds}{dt}\right) = 1$； (2) $y' - y = \sin x$； (3) $y' - 6y = e^{3x}$；

(4) $y'' - y' - 2y = x^2$； (5) $y'' - 4y' + 4y = 2\cos x$； (6) $y'' - 2y' + 5y = e^x \sin 2x$.

3. 求下列微分方程的特解：

(1) $y'' - 6y' + 9y = x + e^{3x}$, $y\big|_{x=0} = \dfrac{29}{27}$, $y'\big|_{x=0} = \dfrac{10}{9}$；

(2) $y'' + 4y = 2\sin^2 x$, $y\big|_{x=0} = 1$, $y'\big|_{x=0} = 2$；

(3) $(1 + e^x)yy' = e^y$, $y\big|_{x=0} = 0$.

B 组

*1. 一种物质在一个大容器内的溶剂中溶解，其溶解速度与剩余物质的量成正比. 例如：将一块 $10\ cm^3$ 的方糖放入一壶水中，若 $1\ min$ 后方糖溶解后剩下 $7.5\ cm^3$，问何时方糖剩下 $5\ cm^3$？

*2. 设 Q 是体积为 V 的某湖泊在 t 时的污染物总量，假设污染源已排除. 当采取某治污措施后，污染物的减少率与污染物总量成正比，与湖泊体积成反比变化，设 k 为比例系数，且 $Q(0) = Q_0$，求该湖泊污染物的变化规律. 当 $\dfrac{k}{V} = 0.38$ 时，求 99％污染物被清除的时间.

第七章

级 数

级数是高等数学的一个重要组成部分,它在函数表达、函数性质探究以及数值计算等方面发挥着关键性作用,广泛应用于科学技术领域.本章从常数项级数入手,简明扼要地阐述级数的一些基本概念,并进一步研究如何将函数展开成幂级数和三角级数.

§7-1 级数的概念及基本性质

一、级数的概念

在生产活动和科学实验中,我们常会遇到无穷数列求和的问题.我国古代求圆面积 A 时,采用这样的方法:先作圆的内接正六边形(图 7-1),其面积记为 u_1,它是圆面积 A 的一个近似值;再以正六边形的六条边为底,作顶点在圆周上的 6 个等腰三角形,设它们面积之和为 u_2,那么 u_1+u_2(即圆内接正十二边形的面积)与 u_1 相比,它是圆面积 A 的一个精确度更高的近似值;同样地,以正十二边形的 12 条边为底,作顶点在圆周上的 12 个等腰三角形,并设它们的面积之和为 u_3,那么 $u_1+u_2+u_3$(即圆内接正二十四边形的面积)又是圆面积 A 的一个精确度更高的近似值;如此继续进行 n 次,圆的面积近似地等于圆内接正 3×2^n 边形的面积

图 7-1

$$u_1 + u_2 + u_3 + \cdots + u_n.$$

如果 n 越大,那么近似程度就越好.当 $n \to \infty$ 时,$u_1+u_2+u_3+\cdots+u_n$ 的极限就是这个圆的面积 A.也就是说,圆面积 A 是无穷多个数累加的和,即

$$A = u_1 + u_2 + u_3 + \cdots + u_n + \cdots.$$

对于这类无穷多个数的求和问题,我们给出下面的定义.

定义 1 设给定一个数列

$$u_1, u_2, u_3, \cdots, u_n, \cdots,$$

则表达式

$$u_1 + u_2 + u_3 + \cdots + u_n + \cdots$$

称为**无穷级数**,简称**级数**(series),记为 $\sum\limits_{n=1}^{\infty} u_n$,即

$$\sum_{n=1}^{\infty} u_n = u_1 + u_2 + u_3 + \cdots + u_n + \cdots.$$

其中，u_n 称为级数的**第 n 项**，也称为**一般项**(或**通项**)(general term). u_n 是常数的级数称为**常数项级数**(series with constant terms)，简称**数项级数**；u_n 是函数的级数称为**函数项级数**(series with function terms).

例如：

$$1 + \frac{1}{2} + \frac{1}{3} + \cdots + \frac{1}{n} + \cdots,$$

$$1 - 2 + 3 - \cdots + (-1)^{n-1} \cdot n + \cdots,$$

$$1 - 1 + 1 - 1 + \cdots + (-1)^{n-1} + \cdots$$

都是数项级数. 又如

$$1 - x + x^2 - x^3 + \cdots + (-1)^{n-1} x^{n-1} + \cdots,$$

$$\sin x + \sin 2x + \sin 3x + \cdots + \sin nx + \cdots$$

都是函数项级数. 本节只讨论数项级数.

无穷级数是无穷多个数的累加，因此不能直接把它们逐项相加. 但由前面计算圆面积的方法可知，可以先求有限项的和，然后运用极限的方法求解这个无穷多项的累加问题.

定义 2 无穷级数 $\sum_{n=1}^{\infty} u_n$ 的前 n 项之和

$$S_n = u_1 + u_2 + u_3 + \cdots + u_n$$

称为该级数的**部分和**. 如果当 $n \to \infty$ 时，S_n 极限存在，即 $\lim_{n \to \infty} S_n = S$，则称级数 $\sum_{n=1}^{\infty} u_n$ 是**收敛的**(convergent)，称 S 为该级数的**和**(sum of series)，即

$$S = u_1 + u_2 + u_3 + \cdots + u_n + \cdots.$$

若当 $n \to \infty$ 时，S_n 的极限不存在，则称此级数 $\sum_{n=1}^{\infty} u_n$ 是**发散的**(divergent)，发散的级数没有和.

例 1 级数 $\frac{1}{1 \times 2} + \frac{1}{2 \times 3} + \frac{1}{3 \times 4} + \cdots + \frac{1}{n(n+1)} + \cdots$ 是否收敛？若收敛，求它的和.

解 由于级数的一般项 $u_n = \frac{1}{n(n+1)} = \frac{1}{n} - \frac{1}{n+1}$，因此部分和为

$$S_n = \frac{1}{1 \times 2} + \frac{1}{2 \times 3} + \frac{1}{3 \times 4} + \cdots + \frac{1}{n(n+1)}$$

$$= \left(\frac{1}{1} - \frac{1}{2}\right) + \left(\frac{1}{2} - \frac{1}{3}\right) + \cdots + \left(\frac{1}{n} - \frac{1}{n+1}\right) = 1 - \frac{1}{n+1}.$$

又 $\lim_{n \to \infty} S_n = \lim_{n \to \infty} \left(1 - \frac{1}{n+1}\right) = 1$，所以此级数收敛，它的和为 1.

例 2 判断级数 $\ln \frac{2}{1} + \ln \frac{3}{2} + \ln \frac{4}{3} + \cdots + \ln \frac{n+1}{n} + \cdots$ 的敛散性.

解 由于部分和

$$S_n = \ln\frac{2}{1} + \ln\frac{3}{2} + \ln\frac{4}{3} + \cdots + \ln\frac{n+1}{n}$$
$$= \ln\left(\frac{2}{1} \times \frac{3}{2} \times \frac{4}{3} \times \cdots \times \frac{n+1}{n}\right) = \ln(n+1),$$

又因为 $\lim\limits_{n\to\infty} S_n = \lim\limits_{n\to\infty} \ln(n+1) = \infty$,所以该级数发散.

由例1、例2可知,利用定义判断级数的敛散性,必须先求出部分和 S_n,然后再求它的极限.

设给定一个首项为 a,公比为 q 的无穷等比数列 $a,aq,aq^2,\cdots,aq^{n-1},\cdots$,则称级数 $\sum\limits_{n=1}^{\infty} aq^{n-1}$ 为**等比级数**(series of equal ratios).

例 3 讨论等比级数 $\sum\limits_{n=1}^{\infty} aq^{n-1}$ 的敛散性.

解 (1) 若 $|q| \neq 1$,则部分和 $S_n = a + aq + aq^2 + \cdots + aq^{n-1} = \dfrac{a(1-q^n)}{1-q}$.

当 $|q| < 1$ 时,由于 $\lim\limits_{n\to\infty} q^n = 0$,$\lim\limits_{n\to\infty} S_n = \dfrac{a}{1-q}$,所以级数收敛,其和 $S = \dfrac{a}{1-q}$;

当 $|q| > 1$ 时,由于 $\lim\limits_{n\to\infty} q^n$ 不存在,因而 $n \to \infty$ 时,S_n 的极限不存在,这时级数发散.

(2) 若 $|q| = 1$,则当 $q = 1$ 时,由于 $\lim\limits_{n\to\infty} S_n = \lim\limits_{n\to\infty} na = \infty$,因而级数发散;

当 $q = -1$ 时,S_n 交替地取 a 和 0 两个数值,所以 $n \to \infty$ 时,S_n 的极限不存在,这时级数发散.

综上可得:对于等比级数 $\sum\limits_{n=1}^{\infty} aq^{n-1}$,若 $|q| < 1$,级数收敛;若 $|q| \geqslant 1$,级数发散.

例 4 判断下列级数的敛散性:

(1) $-\dfrac{8}{9} + \dfrac{8^2}{9^2} - \dfrac{8^3}{9^3} + \cdots$;

(2) $\sum\limits_{n=1}^{\infty} \ln^n 5$.

解 (1) 这是公比为 $-\dfrac{8}{9}$ 的等比级数,因 $\left|-\dfrac{8}{9}\right| < 1$,故级数收敛.

(2) 这是公比为 $\ln 5$ 的等比级数,因 $\ln 5 > 1$,故级数发散.

二、级数的性质

对于级数 $\sum\limits_{n=1}^{\infty} u_n$,它的一般项可表示为 $u_n = S_n - S_{n-1}$. 若级数 $\sum\limits_{n=1}^{\infty} u_n$ 收敛,显然 S_n 和 S_{n-1} 有相同的极限 S,则

$$\lim_{n\to\infty} u_n = \lim_{n\to\infty}(S_n - S_{n-1}) = \lim_{n\to\infty} S_n - \lim_{n\to\infty} S_{n-1} = S - S = 0.$$

于是就得到下面的结论:

性质 1 若级数 $\sum\limits_{n=1}^{\infty} u_n$ 收敛,则 $\lim\limits_{n\to\infty} u_n = 0$.

根据此性质,若 $\lim\limits_{n\to\infty} u_n = 0$ 不成立,则级数 $\sum\limits_{n=1}^{\infty} u_n$ 发散.

例如:级数 $\dfrac{1}{1} + \dfrac{2}{3} + \dfrac{3}{5} + \cdots + \dfrac{n}{2n-1} + \cdots$,因为 $\lim\limits_{n\to\infty} u_n = \lim\limits_{n\to\infty} \dfrac{n}{2n-1} = \dfrac{1}{2} \neq 0$,所以这个级

数是发散的.

还须注意:如果某级数有 $\lim\limits_{n\to\infty}u_n=0$,并不能说明该级数一定收敛.例如:从例 2 可以看出,尽管 $\lim\limits_{n\to\infty}u_n=\lim\limits_{n\to\infty}\ln\dfrac{n+1}{n}=0$,但是该级数是发散的.由此可知,一个级数的一般项趋于 0,并不能断定这个级数一定收敛.

性质 2 若级数 $\sum\limits_{n=1}^{\infty}u_n$ 收敛,其和为 S,则级数 $\sum\limits_{n=1}^{\infty}Cu_n$ 也收敛,其和为 CS.

证 设级数 $\sum\limits_{n=1}^{\infty}u_n$ 的部分和为 $S_n=\sum\limits_{i=1}^{n}u_i$,且 $\lim\limits_{n\to\infty}S_n=S$,则

$$w_n=\sum_{i=1}^{n}Cu_i=CS_n,$$

于是

$$\lim_{n\to\infty}w_n=C\lim_{n\to\infty}S_n=CS.$$

即级数 $\sum\limits_{n=1}^{\infty}Cu_n$ 也收敛,且收敛于 CS.

由于 $w_n=CS_n$,所以如果 S_n 没有极限,则 w_n 也没有极限.由此得到:级数的每一项乘以不等于 0 的常数后,其敛散性不变.

性质 3 若级数 $\sum\limits_{n=1}^{\infty}u_n$ 和 $\sum\limits_{n=1}^{\infty}v_n$ 都收敛,其和分别为 S_1 和 S_2,则级数 $\sum\limits_{n=1}^{\infty}(u_n\pm v_n)$ 也收敛,且其和为 $S_1\pm S_2$.

证 设 $S_n=\sum\limits_{i=1}^{n}u_i$,且 $\lim\limits_{n\to\infty}S_n=S_1$;$S'_n=\sum\limits_{i=1}^{n}v_i$,且 $\lim\limits_{n\to\infty}S'_n=S_2$,于是

$$\sum_{i=1}^{n}(u_i\pm v_i)=\sum_{i=1}^{n}u_i\pm\sum_{i=1}^{n}v_i=S_n\pm S'_n,$$

$$\lim_{n\to\infty}(S_n\pm S'_n)=\lim_{n\to\infty}S_n\pm\lim_{n\to\infty}S'_n=S_1\pm S_2,$$

即级数 $\sum\limits_{n=1}^{\infty}(u_n\pm v_n)$ 也收敛,且收敛于 $S_1\pm S_2$.

性质 4 一个级数增加或减少有限项,不改变级数的敛散性.

证 设两个级数

$$u_1+u_2+\cdots+u_k+u_{k+1}+u_{k+2}+\cdots+u_{k+m}+\cdots \tag{7-1}$$

及

$$u_{k+1}+u_{k+2}+\cdots+u_{k+m}+\cdots. \tag{7-2}$$

显然级数(7-1)是级数(7-2)的前面加上 k 项[或级数(7-2)是级数(7-1)去掉前面的 k 项],记

$$A=u_1+u_2+\cdots+u_k,\quad T_m=u_{k+1}+u_{k+1}+\cdots+u_{k+m},$$

则级数(7-1)的前 $k+m$ 项和

$$S_{k+m}=u_1+u_2+\cdots+u_k+u_{k+1}+u_{k+2}+\cdots+u_{k+m}=A+T_m.$$

释疑解难

级数的性质

当 $m \to \infty$ 时,则数列 S_{k+m} 与 T_m 有相同的敛散性,因此级数 $\sum\limits_{m=1}^{\infty} u_m$ 与级数 $\sum\limits_{m=1}^{\infty} u_{k+m}$ 同为收敛或同为发散.

一个级数增加或减少有限项后,虽然其敛散性不变,但在级数收敛的情况下,它的和是会改变的. 例如:等比级数 $1 + \dfrac{1}{2} + \dfrac{1}{4} + \dfrac{1}{8} + \cdots$ 是收敛的,去掉它的前两项得到的级数 $\dfrac{1}{4} + \dfrac{1}{8} + \dfrac{1}{16} + \cdots$ 仍是收敛的,其和分别为 2 和 $\dfrac{1}{2}$.

例 5 级数 $\sum\limits_{n=1}^{\infty} \dfrac{2 + (-1)^n}{e^n}$ 是否收敛?若收敛,求其和.

解 由例 3,得 $\sum\limits_{n=1}^{\infty} \dfrac{2}{e^n}$ 是公比 $q = \dfrac{1}{e}$ 的等比级数,它是收敛的,且其和为 $\dfrac{\frac{2}{e}}{1 - \frac{1}{e}} = \dfrac{2}{e-1}$.

又 $\sum\limits_{n=1}^{\infty} \dfrac{(-1)^n}{e^n}$ 是公比 $q = -\dfrac{1}{e}$ 的等比级数,它也是收敛的,且其和为 $\dfrac{-\frac{1}{e}}{1 - \left(-\frac{1}{e}\right)} = -\dfrac{1}{e+1}$,所以

由性质 3 可知级数 $\sum\limits_{n=1}^{\infty} \dfrac{2+(-1)^n}{e^n} = \sum\limits_{n=1}^{\infty} \left[\dfrac{2}{e^n} + \dfrac{(-1)^n}{e^n}\right]$ 收敛,其和为

$$\sum_{n=1}^{\infty} \dfrac{2+(-1)^n}{e^n} = \sum_{n=1}^{\infty} \dfrac{2}{e^n} + \sum_{n=1}^{\infty} \dfrac{(-1)^n}{e^n} = \dfrac{2}{e-1} + \dfrac{-1}{e+1} = \dfrac{e+3}{e^2-1}.$$

习 题 7-1

1. 判断题:
(1) 级数部分和的极限已求出,则级数收敛;若部分和的极限不存在,则级数发散. ( )
(2) 若级数 $\sum\limits_{n=1}^{\infty} (u_n \pm v_n)$ 收敛,则级数 $\sum\limits_{n=1}^{\infty} u_n$ 与级数 $\sum\limits_{n=1}^{\infty} v_n$ 都收敛. ( )
(3) 改变级数的有限项不会改变级数的和. ( )
(4) 当 $\lim\limits_{n \to \infty} u_n = 0$ 时,级数 $\sum\limits_{n=1}^{\infty} u_n$ 不一定收敛. ( )

2. 用级数的"$\sum$"形式填空:
(1) $1 - \dfrac{1}{3} + \dfrac{1}{5} - \dfrac{1}{7} + \cdots$,即 _____;   (2) $\dfrac{1}{\ln 2} + \dfrac{1}{2\ln 3} + \dfrac{1}{3\ln 4} + \cdots$,即 _____.

3. 判断下列各级数的敛散性,并求收敛级数的和:
(1) $\dfrac{4}{7} - \dfrac{4^2}{7^2} + \dfrac{4^3}{7^3} - \cdots$;   (2) $\ln^3 \pi + \ln^4 \pi + \ln^5 \pi + \cdots$;   (3) $\dfrac{1}{1 \times 3} + \dfrac{1}{3 \times 5} + \dfrac{1}{5 \times 7} + \cdots$.

4. 级数 $\sum\limits_{n=1}^{\infty} \left(\dfrac{1}{2^n} + \dfrac{1}{3^n}\right)$ 是否收敛?若收敛,求其和.

§7-2 数项级数的审敛法

用级数收敛和发散的定义以及级数的性质可以判断级数是否收敛,但求部分和及其极限并

非易事,因此需要建立级数敛散性的判别法. 本节将介绍几种常用的数项级数的审敛法.

一、正项级数的审敛法

在数项级数 $\sum_{n=1}^{\infty} u_n$ 中,若 $u_n \geq 0 (n=1,2,\cdots)$,则称该级数为**正项级数**.

1. 比较审敛法

设有正项级数 $\sum_{n=1}^{\infty} u_n$ 和 $\sum_{n=1}^{\infty} v_n$,且 $u_n \leq v_n (n=1,2,\cdots)$.

(1) 如果级数 $\sum_{n=1}^{\infty} v_n$ 收敛,则级数 $\sum_{n=1}^{\infty} u_n$ 也收敛;

(2) 如果级数 $\sum_{n=1}^{\infty} u_n$ 发散,则级数 $\sum_{n=1}^{\infty} v_n$ 也发散.

比较审敛法

例 1 判断级数 $1 + \frac{1}{2^2} + \frac{1}{3^2} + \cdots + \frac{1}{n^2} + \frac{1}{(n+1)^2} + \cdots$ 的敛散性.

解 因为 $\frac{1}{(n+1)^2} < \frac{1}{n(n+1)}$,由上一节例 1 知,级数 $\sum_{n=1}^{\infty} \frac{1}{n(n+1)}$ 是收敛的,根据比较审敛法,级数 $\sum_{n=1}^{\infty} \frac{1}{(n+1)^2} = \frac{1}{2^2} + \frac{1}{3^2} + \frac{1}{4^2} + \cdots$ 也是收敛的.

再根据级数的性质 4 可知级数 $\sum_{n=1}^{\infty} \frac{1}{n^2} = 1 + \frac{1}{2^2} + \frac{1}{3^2} + \frac{1}{4^2} + \cdots$ 是收敛的.

例 1 表明,使用比较审敛法需要有已知敛散性的级数作为比较对象. 而等比级数就是常用作比较对象的级数之一,下面再介绍一种常用的级数.

定义 1 当 $p > 0$ 时,级数

$$\sum_{n=1}^{\infty} \frac{1}{n^p} = 1 + \frac{1}{2^p} + \frac{1}{3^p} + \cdots$$

称为 p **级数**. 特别地,当 $p = 1$ 时,级数

$$\sum_{n=1}^{\infty} \frac{1}{n} = 1 + \frac{1}{2} + \frac{1}{3} + \cdots$$

称为**调和级数**(harmonic series).

定理 1 当 $p > 1$ 时,p 级数收敛;当 $p \leq 1$ 时,p 级数发散(证明从略).

例 2 判断下列级数的敛散性:

(1) $\sum_{n=1}^{\infty} \frac{1}{(n+2)\sqrt[3]{n}}$;

(2) $\sum_{n=1}^{\infty} \frac{\tan\left(\frac{\pi}{4} + \frac{\pi}{n+4}\right)}{n}$.

解 (1) 因为 $(n+2)\sqrt[3]{n} > n\sqrt[3]{n} (n=1,2,\cdots)$,所以 $\frac{1}{(n+2)\sqrt[3]{n}} < \frac{1}{n\sqrt[3]{n}} (n=1,2,\cdots)$,而级数 $\sum_{n=1}^{\infty} \frac{1}{n\sqrt[3]{n}}$ 是 $p = \frac{4}{3}$ 的 p 级数,它是收敛的. 由比较审敛法知,级数 $\sum_{n=1}^{\infty} \frac{1}{(n+2)\sqrt[3]{n}}$ 收敛.

(2) 因为 $\frac{\pi}{4} < \frac{\pi}{4} + \frac{\pi}{n+4} < \frac{\pi}{2} (n=1,2,\cdots)$,所以 $\tan\left(\frac{\pi}{4} + \frac{\pi}{n+4}\right) > 1$,即

$$\frac{\tan\left(\frac{\pi}{4}+\frac{\pi}{n+4}\right)}{n} > \frac{1}{n} \ (n=1, 2, \cdots).$$

因级数 $\sum_{n=1}^{\infty}\frac{1}{n}$ 发散,故级数 $\sum_{n=1}^{\infty}\frac{\tan\left(\frac{\pi}{4}+\frac{\pi}{n+4}\right)}{n}$ 发散.

这里进一步介绍比较审敛法的极限形式:

定理 2 已知正项级数 $\sum_{n=1}^{\infty}u_n$ 和 $\sum_{n=1}^{\infty}v_n$,如果 $\lim\limits_{n\to\infty}\frac{u_n}{v_n}=A\neq 0$,则 $\sum_{n=1}^{\infty}u_n$ 与 $\sum_{n=1}^{\infty}v_n$ 有相同的敛散性.

注意:当 $\lim\limits_{n\to\infty}\frac{u_n}{v_n}=0$ 时,由 $\sum_{n=1}^{\infty}v_n$ 的收敛可推知 $\sum_{n=1}^{\infty}u_n$ 收敛,但若此时 $\sum_{n=1}^{\infty}v_n$ 发散,却不能判定 $\sum_{n=1}^{\infty}u_n$ 发散;当 $\lim\limits_{n\to\infty}\frac{u_n}{v_n}=+\infty$ 时,若级数 $\sum_{n=1}^{\infty}v_n$ 发散,则 $\sum_{n=1}^{\infty}u_n$ 发散,但若此时 $\sum_{n=1}^{\infty}v_n$ 收敛,却不能判定 $\sum_{n=1}^{\infty}u_n$ 收敛.

2. 比值审敛法

设有正项级数 $\sum_{n=1}^{\infty}u_n$,如果 $\lim\limits_{n\to\infty}\frac{u_{n+1}}{u_n}=\rho$,则

(1) 当 $\rho < 1$ 时,级数收敛;

(2) 当 $\rho > 1$ 时,级数发散;

(3) 当 $\rho = 1$ 时,须用其他方法判别(证明从略).

例 3 判别下列级数的收敛性:

(1) $\sum_{n=1}^{\infty}\frac{n!}{5^n}$; (2) $\sum_{n=1}^{\infty}\frac{n^n}{(n!)^2}$.

比值审敛法

解 (1) 因为

$$\lim_{n\to\infty}\frac{u_{n+1}}{u_n}=\lim_{n\to\infty}\frac{(n+1)!}{5^{n+1}}\cdot\frac{5^n}{n!}=\lim_{n\to\infty}\frac{n+1}{5}=\infty,$$

由比值审敛法知,级数 $\sum_{n=1}^{\infty}\frac{n!}{5^n}$ 发散.

(2) 因为

$$\lim_{n\to\infty}\frac{u_{n+1}}{u_n}=\lim_{n\to\infty}\frac{(n+1)^{n+1}}{[(n+1)!]^2}\cdot\frac{(n!)^2}{n^n}=\lim_{n\to\infty}\left[\frac{n!}{(n+1)!}\right]^2\cdot\left(\frac{n+1}{n}\right)^n(n+1)$$

$$=\lim_{n\to\infty}\frac{1}{n+1}\cdot\left(1+\frac{1}{n}\right)^n=0,$$

由比值审敛法知,级数 $\sum_{n=1}^{\infty}\frac{n^n}{(n!)^2}$ 收敛.

应当指出,当 $\lim\limits_{n\to\infty}\frac{u_{n+1}}{u_n}=1$ 时,比值审敛法失效,它得不出级数是收敛或是发散的结论,必须另用其他方法判别敛散性.

例如:在 p 级数 $\sum_{n=1}^{\infty}\frac{1}{n^p}$ 中,$\lim\limits_{n\to\infty}\frac{u_{n+1}}{u_n}=\lim\limits_{n\to\infty}\left(\frac{n}{n+1}\right)^p=1$. 由定理 1 知,当 $p > 1$ 时,级数收敛,

当 $p \leqslant 1$ 时,级数发散.

二、交错级数的审敛法

定义 2 设 $u_n > 0$ $(n=1, 2, \cdots)$,形如
$$u_1 - u_2 + u_3 - \cdots + (-1)^{n-1} u_n + \cdots$$
的级数称为**交错级数**(alternating series).

交错级数审敛法 若交错级数 $\sum_{n=1}^{\infty}(-1)^{n-1} u_n$ 满足条件:
(1) $u_n \geqslant u_{n+1}(n=1, 2, \cdots)$;
(2) $\lim_{n \to \infty} u_n = 0$,

则级数 $\sum_{n=1}^{\infty}(-1)^{n-1} u_n$ 收敛,且其和 $S \leqslant u_1$(证明从略).

交错级数的审敛法

例 4 判断级数 $1 - \frac{1}{2} + \frac{1}{3} - \frac{1}{4} + \cdots + (-1)^{n-1}\frac{1}{n} + \cdots$ 的敛散性.

解 因为 $u_n = \frac{1}{n}$,所以 $u_{n+1} = \frac{1}{n+1} < \frac{1}{n} = u_n$,且有 $\lim_{n\to\infty} u_n = \lim_{n\to\infty} \frac{1}{n} = 0$,因此级数 $\sum_{n=1}^{\infty}(-1)^{n-1}\frac{1}{n}$ 收敛.

三、任意项级数的敛散性

若数项级数 $\sum_{n=1}^{\infty} u_n$ 中,$u_n (n=1, 2, \cdots)$ 为任意实数,则称这样的级数为**任意项级数**. 对任意项级数的每一项取绝对值便转化为正项级数 $\sum_{n=1}^{\infty}|u_n|$,关于任意项级数有下列定理:

定理 3 若级数 $\sum_{n=1}^{\infty}|u_n|$ 收敛,则级数 $\sum_{n=1}^{\infty} u_n$ 收敛. 此时称级数 $\sum_{n=1}^{\infty} u_n$ **绝对收敛**(absolutely convergent)(证明从略).

级数的敛散性

例 5 证明级数 $\sum_{n=1}^{\infty} \frac{\sin 2^n}{3^n}$ 绝对收敛.

证 因为 $\left|\frac{\sin 2^n}{3^n}\right| \leqslant \frac{1}{3^n}$ $(n=1, 2, \cdots)$,而级数 $\sum_{n=1}^{\infty} \frac{1}{3^n}$ 是收敛的等比级数,由正项级数的比较审敛法知,级数 $\sum_{n=1}^{\infty}\left|\frac{\sin 2^n}{3^n}\right|$ 收敛,因此原级数 $\sum_{n=1}^{\infty} \frac{\sin 2^n}{3^n}$ 绝对收敛.

值得注意的是,并不是每个收敛的级数都是绝对收敛的. 例如:由例 4 可知级数
$$1 - \frac{1}{2} + \frac{1}{3} - \frac{1}{4} + \cdots + (-1)^{n-1}\frac{1}{n} + \cdots$$
是收敛的,但是其各项取绝对值所成的级数
$$1 + \frac{1}{2} + \frac{1}{3} + \cdots + \frac{1}{n} + \cdots$$

是调和级数,它是发散的. 一般地,若级数 $\sum_{n=1}^{\infty} u_n$ 收敛,而 $\sum_{n=1}^{\infty} |u_n|$ 发散,则称此级数 $\sum_{n=1}^{\infty} u_n$ 为**条件收敛**(conditionally convergent). 例如:级数 $\sum_{n=1}^{\infty} (-1)^{n-1} \frac{1}{n}$ 是条件收敛的.

习　题　7-2

1. 用"收敛"或"发散"填空:

(1) $\sum_{n=1}^{\infty} \frac{1}{\sqrt[3]{n}}$ (　　);　　(2) $\sum_{n=1}^{\infty} \frac{\ln^2 2}{2^n}$ (　　);　　(3) $\sum_{n=1}^{\infty} n!$ (　　);　　(4) $\sum_{n=1}^{\infty} \frac{1}{n^{1.2}}$ (　　).

2. 判断下列正项级数的敛散性:

(1) $\sum_{n=1}^{\infty} \frac{1}{7^n + 1}$;　　(2) $\sum_{n=1}^{\infty} \frac{8}{n^2 + 5n + 6}$;　　(3) $\sum_{n=1}^{\infty} \frac{3}{2 + 5^n}$.

3. 判断下列级数是否收敛:

(1) $\sum_{n=1}^{\infty} (-1)^n \pi^{-n}$;　　(2) $\sum_{n=1}^{\infty} (-1)^{n-1} \frac{1}{\sqrt[3]{n}}$;　　(3) $\sum_{n=2}^{\infty} \left[1 + \frac{(-1)^n}{n^2} \right]$.

4. 判断下列级数的敛散性:

(1) $\sum_{n=1}^{\infty} \frac{n+1}{n(n+2)}$;　　(2) $\sum_{n=1}^{\infty} \left(\frac{n}{1+n} \right)^n$;　　(3) $\sum_{n=1}^{\infty} \frac{n}{2^n}$.

§7-3　幂　级　数

一、幂级数的概念

幂级数是函数项级数中较简单而又有广泛应用的一类级数. 形如

$$a_0 + a_1(x - x_0) + a_2(x - x_0)^2 + \cdots + a_n(x - x_0)^n + \cdots \qquad (7\text{-}3)$$

的级数称为**幂级数**(power series),其中 x_0 及 $a_0, a_1, a_2, \cdots, a_n, \cdots$ 都是常数, $a_0, a_1, a_2, \cdots$ 称为**幂级数的系数**. 当 $x_0 = 0$ 时,幂级数(7-3)成为

$$a_0 + a_1 x + a_2 x^2 + \cdots + a_n x^n + \cdots. \qquad (7\text{-}4)$$

本节主要讨论幂级数(7-4). 例如:

$$1 - x + x^2 - x^3 + \cdots + (-1)^n x^n + \cdots, \qquad (7\text{-}5)$$

$$1 + x + \frac{x^2}{2!} + \frac{x^3}{3!} + \cdots + \frac{x^n}{n!} + \cdots$$

都是幂级数.

数学家小传

李善兰

对于幂级数(7-5),如果取 $x = x_0$,那么就得到一个公比 $q = -x_0$ 的等比级数

$$1 - x_0 + x_0^2 - x_0^3 + \cdots + (-1)^n x_0^n + \cdots.$$

当 $|x_0| < 1$ 时,这个级数收敛,其和为 $\frac{1}{1 + x_0}$. 也就是说,当 x 在 $(-1, 1)$ 内取值时幂级数

(7-5)是收敛的.

一般地,幂级数(7-4)的每一项对于 x 任意取定的值都是有定义的.如果取 $x=x_0$ 代入幂级数(7-4),就得到一个常数项级数

$$\sum_{n=1}^{\infty} a_n x_0^n = a_0 + a_1 x_0 + a_2 x_0^2 + \cdots + a_n x_0^n + \cdots. \tag{7-6}$$

若常数项级数(7-6)是收敛的,则称 x_0 是幂级数(7-4)的**收敛点**,或称幂级数(7-4)在 x_0 **收敛**. 若常数项级数(7-6)是发散的,则称 x_0 是幂级数(7-4)的**发散点**,或称幂级数(7-4)在 x_0 **发散**. 幂级数(7-4)的所有收敛点组成的集合称为幂级数(7-4)的**收敛域**(cnvergence region).同样也把所有发散点组成的集合称为**发散域**.例如:幂级数(7-5)的收敛域是 $(-1, 1)$,发散域是 $(-\infty, -1] \cup [1, +\infty)$.

现在的问题是对于一个幂级数,如何去确定它的收敛域.

在级数(7-6)中,如果 $\lim\limits_{n\to\infty} \dfrac{|a_{n+1}|}{|a_n|} = \rho$ 存在,那么按正项级数的比值审敛法可知,当 $n \to \infty$ 时级数(7-6)的第 $n+1$ 项的绝对值与第 n 项的绝对值之比的极限为

$$\lim_{n\to\infty} \frac{|a_{n+1} x_0^{n+1}|}{|a_n x_0^n|} = \rho |x_0|.$$

因此,当 $\rho |x_0| < 1$ 时,级数(7-6)是绝对收敛的,即可得出,在级数(7-4)中,当 $\rho \neq 0$ 且 x 在 $\left(-\dfrac{1}{\rho}, \dfrac{1}{\rho}\right)$ 内取值时,级数(7-4)是收敛的.令 $R = \dfrac{1}{\rho}$,则 $\lim\limits_{n\to\infty} \dfrac{|a_n|}{|a_{n+1}|} = R$.

一般地,有下列定理(证明从略):

定理 1 设有幂级数 $\sum\limits_{n=0}^{\infty} a_n x^n$,它的相邻两项的系数满足 $\lim\limits_{n\to\infty} \left|\dfrac{a_n}{a_{n+1}}\right| = R$.

(1) 如果 $0 < R < +\infty$,则当 $|x| < R$ 时幂级数收敛,当 $|x| > R$ 时幂级数发散;

(2) 如果 $R = +\infty$,则幂级数在 $(-\infty, +\infty)$ 内收敛;

(3) 如果 $R = 0$,则幂级数仅在 $x = 0$ 处收敛.

这个定理告诉我们:当 $R = 0$ 时,幂级数的收敛域只含有 $x = 0$ 一个点,当 $R \neq 0$ 时,这个幂级数在区间 $(-R, R)$ 内收敛.但对于 $x = \pm R$ 时,从定理无法得出级数收敛还是发散的结论.这时可将 $x = R$ 或 $x = -R$ 代入幂级数,然后按常数项级数的审敛法来判定其敛散性.因此一个幂级数的收敛域可能是开区间,也可能是闭区间,或者是半开区间.将幂级数的收敛域统称为收敛区间,而把

$$R = \lim_{n\to\infty} \left|\frac{a_n}{a_{n+1}}\right|$$

称为幂级数的**收敛半径**(convergence radius).

例 1 求幂级数 $1 + x + \dfrac{x^2}{2!} + \dfrac{x^3}{3!} + \cdots + \dfrac{x^n}{n!} + \cdots$ 的收敛区间.

解 收敛半径

$$R = \lim_{n\to\infty} \left|\frac{a_n}{a_{n+1}}\right| = \lim_{n\to\infty} \left|\frac{\dfrac{1}{n!}}{\dfrac{1}{(n+1)!}}\right| = \lim_{n\to\infty} (n+1) = \infty,$$

所以级数 $\sum_{n=0}^{\infty} \dfrac{x^n}{n!}$ 的收敛区间为 $(-\infty, +\infty)$.

例 2 求幂级数 $1+2x+(3x)^2+\cdots+(nx)^{n-1}+\cdots$ 的收敛半径.

解 收敛半径

$$R = \lim_{n\to\infty}\left|\dfrac{a_n}{a_{n+1}}\right| = \lim_{n\to\infty}\left|\dfrac{n^{n-1}}{(n+1)^n}\right| = \lim_{n\to\infty}\dfrac{1}{n\left(1+\dfrac{1}{n}\right)^n} = 0,$$

即幂级数 $\sum_{n=1}^{\infty}(nx)^{n-1}$ 的收敛区间只含有 $x=0$ 一个点.

例 3 求幂级数 $x-\dfrac{x^2}{2}+\dfrac{x^3}{3}-\dfrac{x^4}{4}+\cdots+(-1)^{n-1}\dfrac{x^n}{n}+\cdots$ 的收敛区间.

解 收敛半径

$$R = \lim_{n\to\infty}\left|\dfrac{a_n}{a_{n+1}}\right| = \lim_{n\to\infty}\left|\dfrac{(-1)^{n-1}\dfrac{1}{n}}{(-1)^n\dfrac{1}{n+1}}\right| = \lim_{n\to\infty}\dfrac{n+1}{n} = 1,$$

因此幂级数在 $(-1, 1)$ 内收敛. 当 $x=1$ 时,幂级数成为

$$1-\dfrac{1}{2}+\dfrac{1}{3}-\dfrac{1}{4}+\cdots+(-1)^{n-1}\dfrac{1}{n}+\cdots,$$

它是一个收敛的交错级数. 当 $x=-1$ 时,幂级数成为

$$-1-\dfrac{1}{2}-\dfrac{1}{3}-\cdots-\dfrac{1}{n}-\cdots = -\left(1+\dfrac{1}{2}+\dfrac{1}{3}+\cdots+\dfrac{1}{n}+\cdots\right),$$

括号内是一个调和级数,因而是发散的. 所以级数 $\sum_{n=1}^{\infty}(-1)^{n-1}\dfrac{x^n}{n}$ 的收敛区间是 $(-1, 1]$.

幂级数的收敛半径

例 4 求幂级数 $1-\dfrac{x^2}{2!}+\dfrac{x^4}{4!}-\dfrac{x^6}{6!}+\cdots+(-1)^n\dfrac{x^{2n}}{(2n)!}+\cdots$ 的收敛区间.

解 因为在这个幂级数中 x 的奇次项不出现,即 $a_{2n-1}=0$,因而不能根据定理 1 直接求得其收敛半径. 如果设 $x^2=t$,那么所给的 x 的幂级数就成为 t 的幂级数

$$1-\dfrac{t}{2!}+\dfrac{t^2}{4!}-\dfrac{t^3}{6!}+\cdots+(-1)^n\dfrac{t^n}{(2n)!}+\cdots.$$

按定理 1,可求得其收敛半径

$$R' = \lim_{n\to\infty}\left|\dfrac{(-1)^n\dfrac{1}{(2n)!}}{(-1)^{n+1}\dfrac{1}{(2n+2)!}}\right| = \lim_{n\to\infty}(2n+2)(2n+1) = +\infty.$$

所以对于使 $|t|<R'=+\infty$ 成立的 t 值,上述级数收敛,即使得 $|x^2|=|t|<R'=+\infty$ 成立的 x,级数 $\sum_{n=1}^{\infty}(-1)^n\dfrac{x^{2n}}{(2n)!}$ 收敛. 因此所求的收敛区间是 $(-\infty, +\infty)$.

例 4 向我们展示了求只含有偶次项的幂级数的收敛半径的方法. 对于只含有奇次项的幂级数

$$a_1 x + a_3 x^3 + \cdots + a_{2n+1} x^{2n+1} + \cdots, \tag{7-7}$$

若 x_0 是它的一个收敛点, 因为

$$a_1 x_0^2 + a_3 x_0^4 + a_5 x_0^6 + \cdots + a_{2n+1} x_0^{2n+2} + \cdots$$
$$= x_0 (a_1 x_0 + a_3 x_0^3 + a_5 x_0^5 + \cdots + a_{2n+1} x_0^{2n+1} + \cdots).$$

根据级数基本性质 1, 可知级数

$$a_1 x_0^2 + a_3 x_0^4 + a_5 x_0^6 + \cdots + a_{2n+1} x_0^{2n+2} + \cdots$$

也是收敛的; 反之亦然. 由此可知级数(7-7)与级数

$$a_1 x^2 + a_3 x^4 + a_5 x^6 + \cdots + a_{2n+1} x^{2n+2} + \cdots$$

有相同的收敛区间, 因此对于只含有奇次项的幂级数也可以按照例 4 的方法求得其收敛半径.

例 5 求幂级数 $\dfrac{x}{2} - \dfrac{2x^3}{2^2} + \dfrac{3x^5}{2^3} - \dfrac{4x^7}{2^4} + \cdots + (-1)^{n-1} \dfrac{nx^{2n-1}}{2^n} + \cdots$ 的收敛区间.

解 设 $x^2 = t$, 得收敛半径 $R' = \lim\limits_{n \to \infty} \left| \dfrac{(-1)^{n-1} \dfrac{n}{2^n}}{(-1)^n \dfrac{n+1}{2^{n+1}}} \right| = \lim\limits_{n \to \infty} \dfrac{2n}{n+1} = 2.$

所以当 $x^2 < 2$ 时, 所给的幂级数收敛, 因此幂级数在区间 $(-\sqrt{2}, \sqrt{2})$ 内必收敛.

当 $x = \pm\sqrt{2}$ 时, 对应的常数项级数的一般项

$$u_n = \dfrac{(-1)^{n-1} n (\pm\sqrt{2})^{2n-1}}{2^n} = \pm \dfrac{(-1)^{n-1} n}{\sqrt{2}}.$$

当 $n \to \infty$ 时, u_n 不趋于 0, 因此当 $x = \pm\sqrt{2}$ 时所给的幂级数发散. 由此可知幂级数 $\sum\limits_{n=1}^{\infty} \dfrac{(-1)^{n-1} n x^{2n-1}}{2^n}$ 的收敛区间是 $(-\sqrt{2}, \sqrt{2})$.

例 6 求幂级数

$$(x-2) - \dfrac{(x-2)^2}{2} + \dfrac{(x-2)^3}{3} - \dfrac{(x-2)^4}{4} + \cdots + (-1)^{n-1} \dfrac{(x-2)^n}{n} + \cdots \tag{7-8}$$

的收敛区间.

解 令 $t = x - 2$, 则级数(7-8)成为

$$t - \dfrac{t^2}{2} + \dfrac{t^3}{3} - \dfrac{t^4}{4} + \cdots + (-1)^{n-1} \dfrac{t^n}{n} + \cdots. \tag{7-9}$$

由例 3 可知, 当 $t \in (-1, 1]$ 时级数(7-9)是收敛的, 即当 $-1 < x - 2 \leqslant 1$ 时, 级数(7-8)收敛, 所以级数(7-8)的收敛区间是 $(1, 3]$.

二、幂级数的运算

由于幂级数 $\sum\limits_{n=0}^{\infty} a_n x^n$ 在它的收敛区间 D 内, 当 x 每取定一个值 x_0 时, 都有一个确定的数

$\sum\limits_{n=0}^{\infty} a_n x_0^n$ 和它对应,因此这个幂级数在它的收敛区间 D 内就确定了一个函数 $f(x)$,即

$$f(x) = \sum_{n=0}^{\infty} a_n x^n, \ x \in D.$$

函数 $f(x)$ 称为幂级数 $\sum\limits_{n=0}^{\infty} a_n x^n$ 在它的收敛区间 D 内的和函数. 例如:$\dfrac{1}{1+x}$ 是幂级数

$$1 - x + x^2 - x^3 + \cdots + (-1)^{n-1} x^n + \cdots$$

在收敛区间 $(-1, 1)$ 内的和函数,即

$$\frac{1}{1+x} = 1 - x + x^2 - x^3 + \cdots + (-1)^{n-1} x^n + \cdots, \ x \in (-1, 1).$$

在用幂级数解决实际问题时,经常要对幂级数进行加、减、乘,以及求导数、求积分等运算,运算法则如下:

设 $$f(x) = \sum_{n=0}^{\infty} a_n x^n = a_0 + a_1 x + a_2 x^2 + \cdots + a_n x^n + \cdots, \ x \in D_1;$$

$$g(x) = \sum_{n=0}^{\infty} b_n x^n = b_0 + b_1 x + b_2 x^2 + \cdots + b_n x^n + \cdots, \ x \in D_2.$$

它们的收敛半径分别是 R_1 和 R_2;D_1 和 D_2 分别是它们的收敛区间;$f(x)$, $g(x)$ 分别是这两个幂级数在收敛区间内的和函数.

根据无穷级数的性质 3,两个幂级数可以在它们的收敛区间的公共部分 $D_1 \cap D_2$ 逐项相加或逐项相减,即

$$f(x) \pm g(x) = (a_0 + a_1 x + a_2 x^2 + \cdots + a_n x^n + \cdots) \pm (b_0 + b_1 x + b_2 x^2 + \cdots + b_n x^n + \cdots)$$
$$= (a_0 \pm b_0) + (a_1 \pm b_1) x + \cdots + (a_n \pm b_n) x^n + \cdots.$$

根据无穷级数的性质 2,一个幂级数可以在它的收敛区间内与一个常数相乘,即

$$Cf(x) = C \sum_{n=0}^{\infty} a_n x^n = \sum_{n=0}^{\infty} C a_n x^n, \ x \in D_1.$$

两个幂级数 $f(x)$, $g(x)$ 的乘积

$$f(x) g(x) = (a_0 + a_1 x + a_2 x^2 + \cdots + a_n x^n + \cdots)(b_0 + b_1 x + b_2 x^2 + \cdots + b_n x^n + \cdots)$$
$$= a_0 b_0 + (a_0 b_1 + a_1 b_0) x + (a_0 b_2 + a_1 b_1 + a_2 b_0) x^2 + \cdots + \sum_{i+j=n} a_i b_j x^n + \cdots$$
$$= \sum_{n=0}^{\infty} \sum_{i+j=n} a_i b_j x^n \quad (i, j \in \mathbf{N}).$$

可以证明 $f(x) g(x)$ 的收敛半径 R 一般为 R_1 与 R_2 中较小的一个,即 $R = \min\{R_1, R_2\}$;收敛区间是 $D_1 \cap D_2$.

同时,一个幂级数在 $(-R, R)$ 内可以对它逐项求导数或逐项求积分. 若

$$f(x) = a_0 + a_1 x + a_2 x^2 + \cdots + a_n x^n + \cdots,$$

则
$$f'(x) = a_1 + 2a_2 x + 3a_3 x^2 + \cdots + n a_n x^{n-1} + \cdots; \tag{7-10}$$

$$\int_0^x f(t)\,\mathrm{d}t = a_0 x + \frac{1}{2} a_1 x^2 + \frac{1}{3} a_2 x^3 + \cdots + \frac{1}{n+1} a_n x^{n+1} + \cdots. \tag{7-11}$$

级数(7-10)与级数(7-11)的收敛半径都仍为 R. 需要注意的是,一个幂级数逐项求导数或逐项求积分后,虽然收敛半径不变,但在收敛区间端点处的敛散性可能发生变化,要结合所给级数具体分析.

幂级数的收敛域

例 7 已知
$$f(x) = 1 + x + \frac{x^2}{2} + \frac{x^3}{3} + \cdots + \frac{x^n}{n} + \cdots,$$

$$g(x) = 1 - \frac{x}{2} + \frac{x^2}{2 \cdot 2^2} - \frac{x^3}{3 \cdot 2^3} + \cdots + (-1)^n \frac{x^n}{n \cdot 2^n} + \cdots,$$

求 $f(x) + g(x)$, $f(x)g(x)$ 及其收敛半径.

解 级数 $f(x)$ 和 $g(x)$ 的收敛半径分别为

$$R_1 = \lim_{n \to \infty} \left| \frac{\frac{1}{n}}{\frac{1}{n+1}} \right| = \lim_{n \to \infty} \frac{n+1}{n} = 1;$$

$$R_2 = \lim_{n \to \infty} \left| \frac{(-1)^n \frac{1}{n \cdot 2^n}}{(-1)^{n+1} \frac{1}{(n+1)2^{n+1}}} \right| = \lim_{n \to \infty} \frac{2(n+1)}{n} = 2.$$

$$f(x) + g(x) = 2 + \left(1 - \frac{1}{2}\right)x + \left(\frac{1}{2} + \frac{1}{2 \cdot 2^2}\right)x^2 + \cdots + \left[\frac{1}{n} + (-1)^n \frac{1}{n \cdot 2^n}\right]x^n + \cdots$$

$$= 2 + \frac{1}{2}x + \frac{1}{2}\left(1 + \frac{1}{2^2}\right)x^2 + \cdots + \frac{1}{n}\left[1 + (-1)^n \frac{1}{2^n}\right]x^n + \cdots,$$

$$f(x)g(x) = 1 + \left(-\frac{1}{2} + 1\right)x + \left(\frac{1}{2 \cdot 2^2} - \frac{1}{2} + \frac{1}{2}\right)x^2 + \left(-\frac{1}{3 \cdot 2^3} + \frac{1}{2 \cdot 2^2} - \frac{1}{4} + \frac{1}{3}\right)x^3 + \cdots$$

$$= 1 + \frac{1}{2}x + \frac{1}{8}x^2 + \frac{1}{6}x^3 + \cdots,$$

收敛半径 $R = \min\{1, 2\} = 1$.

例 8 用逐项求导数、逐项求积分的方法求下列幂级数的和函数:

(1) $f(x) = 1 - 2x + 3x^2 + \cdots + (-1)^n (n+1) x^n + \cdots$;

(2) $g(x) = x - \frac{x^3}{3} + \frac{x^5}{5} - \cdots + (-1)^{n-1} \frac{x^{2n-1}}{2n-1} + \cdots$.

幂级数的运算

解 (1) 因为
$$\int_0^x f(t)\,\mathrm{d}t = x - x^2 + x^3 + \cdots + (-1)^n x^{n+1} + \cdots = \frac{x}{1+x},$$

所以
$$f(x) = \left[\int_0^x f(t)\mathrm{d}t\right]' = \left(\frac{x}{1+x}\right)' = \frac{1}{(1+x)^2},$$

即
$$\frac{1}{(1+x)^2} = 1 - 2x + 3x^2 - \cdots + (-1)^n(n+1)x^n + \cdots, \tag{7-12}$$

它的收敛半径 $R=1$. 可以验证: 当 $x=\pm 1$ 时, 式(7-12)右端的级数是发散的, 因此所给级数的收敛区间为 $(-1, 1)$.

(2) 因为
$$g'(x) = 1 - x^2 + x^4 - \cdots + (-1)^{n-1}x^{2n-2} + \cdots = \frac{1}{1+x^2},$$

而 $\int_0^x g'(t)\mathrm{d}t = g(x) - g(0)$, 所以 $g(x) = g(0) + \int_0^x \frac{\mathrm{d}t}{1+t^2} = g(0) + \arctan x.$

由于 $g(0) = 0$, 故 $g(x) = \arctan x$, 即
$$\arctan x = x - \frac{x^3}{3} + \frac{x^5}{5} - \cdots + (-1)^{n-1}\frac{x^{2n-1}}{2n-1} + \cdots, \tag{7-13}$$

它的收敛半径 $R=1$. 可以验证: 当 $x=\pm 1$ 时, 式(7-13)右端的级数是收敛的, 因此所给级数的收敛区间为 $[-1, 1]$.

从例8(2)还可以看出, 当 $x=1$ 时, 有
$$\arctan 1 = 1 - \frac{1}{3} + \frac{1}{5} - \frac{1}{7} + \cdots + (-1)^{n-1}\frac{1}{2n-1} + \cdots,$$

即
$$1 - \frac{1}{3} + \frac{1}{5} - \frac{1}{7} + \cdots + (-1)^{n-1}\frac{1}{2n-1} + \cdots = \frac{\pi}{4}.$$

习　题　7-3

1. 求下列幂级数的收敛区间:

(1) $-x - \frac{x^2}{2} - \frac{x^3}{3} - \cdots - \frac{x^n}{n} - \cdots;$

(2) $\frac{x}{3} + \frac{2x^2}{3^2} + \frac{3x^3}{3^3} + \cdots + \frac{nx^n}{3^n} + \cdots;$

(3) $\frac{x}{3} + \frac{x^2}{2\cdot 3^2} + \frac{x^3}{3\cdot 3^3} + \frac{x^4}{4\cdot 3^4} + \cdots + \frac{x^n}{n\cdot 3^n} + \cdots;$

(4) $1 + x + 2^2 x^2 + 3^3 x^3 + \cdots + n^n x^n + \cdots.$

2. 利用逐项求导数或逐项求积分或逐项相乘的方法, 求下列级数在收敛区间上的和函数:

(1) $1 + 2x + 3x^2 + 4x^3 + \cdots;$

(2) $x + \frac{x^3}{3} + \frac{x^5}{5} + \frac{x^7}{7} + \cdots.$

§7-4　函数的幂级数展开式

一、麦克劳林级数

在微分应用中, 我们已经知道, 当 $|x|$ 很小时, 有如下的近似公式:

$$\sin x \approx x, \quad \mathrm{e}^x \approx 1 + x, \quad \ln(1+x) \approx x, \quad \sqrt[n]{1+x} \approx 1 + \frac{x}{n}.$$

它们的特点是用一次多项式近似表示一个函数,这为研究比较复杂的函数,进行数值计算提供了很大的便利,由于上述表达式只是 x 的一次式,所以精确度不高.

已知一些函数,例如:$f(x)=\dfrac{1}{(1+x)^2}$ 和 $g(x)=\arctan x$,分别在 $(-1, 1)$ 和 $[-1, 1]$ 内,即在一个包含 $x=0$ 的区间内,可以表示为一个 x 的幂级数.只要从这些幂级数中取足够多的项,就可以得到这些函数的具有足够高精度要求的近似表示式.现在我们讨论一般的情况:一个函数 $f(x)$ 在包含 $x=0$ 的一个区间内是否能表示为一个幂级数.如果

$$f(x)=a_0+a_1x+a_2x^2+\cdots+a_nx^n+\cdots, \tag{7-14}$$

那么有两个问题要讨论:

(1) 如何求出这个幂级数的系数?

(2) 按所求得的系数,这个幂级数在它的收敛区间内的和函数是否就是 $f(x)$?

先讨论第一个问题.为求得幂级数的系数 $a_0, a_1, \cdots, a_n, \cdots$,设 $f(x)$ 在包含 $x=0$ 的一个区间内各阶导数均存在.以 $x=0$ 代入式(7-14)的两边,得到 $a_0=f(0)$.

对式(7-14)两边求导,有

$$f'(x)=a_1+2a_2x+3a_3x^2+\cdots+na_nx^{n-1}+\cdots. \tag{7-15}$$

以 $x=0$ 代入式(7-15)的两边,得 $a_1=f'(0)$.

对式(7-15)两边求导,得

$$f''(x)=2a_2+3\cdot 2a_3x+\cdots+n(n-1)a_nx^{n-2}+\cdots. \tag{7-16}$$

以 $x=0$ 代入式(7-16)的两边,得 $a_2=\dfrac{1}{2!}f''(0)$.

如此继续下去,可以求得

$$a_n=\dfrac{1}{n!}f^{(n)}(0) \ (n=1, 2, \cdots), \tag{7-17}$$

把 $a_0, a_1, a_2, \cdots, a_n, \cdots$ 代入式(7-14)右边,得到幂级数

$$f(0)+f'(0)x+\dfrac{f''(0)}{2!}x^2+\cdots+\dfrac{f^{(n)}(0)}{n!}x^n+\cdots. \tag{7-18}$$

级数(7-18)称为函数 $f(x)$ 的**麦克劳林(Maclaurin)级数**.

至于第二个问题,我们可以证明,按式(7-17),即

$$a_n=\dfrac{1}{n!}f^{(n)}(0) \ (n=1, 2, \cdots)$$

求得系数的幂级数在它的收敛区间内的和函数就是 $f(x)$.

根据上述讨论,将一个函数 $f(x)$ 展开为 x 的幂级数的步骤如下.

第一步 求出 $f(x)$ 的各阶导数 $f'(x), f''(x), \cdots, f^{(n)}(x), \cdots$.

第二步 求出函数 $f(x)$ 以及它的各阶导数在 $x=0$ 处的值:

$$f(0), f'(0), f''(0), \cdots, f^{(n)}(0), \cdots.$$

第三步 写出幂级数

$$f(0)+f'(0)x+\frac{f''(0)}{2!}x^2+\cdots+\frac{f^{(n)}(0)}{n!}x^n+\cdots,$$

并求出其收敛半径(或收敛区间). 在收敛区间内写出的幂级数,就是函数 $f(x)$ 的幂级数展开式.

应该注意:如果在 $x=0$ 处的某一阶导数不存在,那么 $f(x)$ 就不能展开为麦克劳林级数. 例如:$f(x)=x^{\frac{5}{2}}$,它在 $x=0$ 处的三阶导数 $f'''(0)$ 不存在,所以它就不能展开为麦克劳林级数.

例 1 将 $f(x)=e^x$ 展开成幂级数.

解 函数 $f(x)=e^x$ 的各阶导数为 $f^{(n)}(x)=e^x$ ($n=1,2,3,\cdots$). 因此

$$f(0)=f'(0)=f''(0)=f'''(0)=\cdots=f^{(n)}(0)=\cdots=1,$$

于是按式(7-18)得到级数

$$1+x+\frac{x^2}{2!}+\cdots+\frac{x^n}{n!}+\cdots,$$

其收敛半径 $R=+\infty$. 因此得到函数 $f(x)=e^x$ 的幂级数展开式

$$e^x=1+x+\frac{x^2}{2!}+\cdots+\frac{x^n}{n!}+\cdots,\ x\in(-\infty,+\infty).$$

例 2 将 $f(x)=\sin x$ 展开成幂级数.

解 函数 $f(x)=\sin x$ 的各阶导数

$$f^{(n)}(x)=\sin\left(x+\frac{n\pi}{2}\right)\ (n=1,2,3,\cdots).$$

所以 $f(0)=0,\ f'(0)=1,\ f''(0)=0,\ f'''(0)=-1,\ f^{(4)}(0)=0,\cdots.$

于是按式(7-18),可得幂级数

$$x-\frac{x^3}{3!}+\frac{x^5}{5!}-\frac{x^7}{7!}+\cdots+(-1)^{n-1}\frac{x^{2n-1}}{(2n-1)!}+\cdots,$$

其收敛区间为 $(-\infty,+\infty)$. 因此 $\sin x$ 的幂级数展开式为

$$\sin x=x-\frac{x^3}{3!}+\frac{x^5}{5!}-\cdots+(-1)^{n-1}\frac{x^{2n-1}}{(2n-1)!}+\cdots,\ x\in(-\infty,+\infty).$$

例 3 将 $f(x)=(1+x)^m$ 展开为幂级数(m 为任一实数).

解 $f'(x)=m(1+x)^{m-1},\quad f''(x)=m(m-1)(1+x)^{m-2},\cdots,$
$$f^{(n)}(x)=m(m-1)\cdots(m-n+1)(1+x)^{m-n},\cdots.$$

所以 $f(0)=1,\quad f'(0)=m,\quad f''(0)=m(m-1),\cdots,$
$$f^{(n)}(0)=m(m-1)\cdots(m-n+1),\cdots.$$

于是得到级数

$$1+mx+\frac{1}{2!}m(m-1)x^2+\frac{1}{3!}m(m-1)(m-2)x^3+\cdots+\frac{1}{n!}m(m-1)\cdots(m-n+1)x^n+\cdots,$$

其收敛半径为

$$R = \lim_{n\to\infty}\left|\frac{\frac{1}{n!}m(m-1)\cdots(m-n+1)}{\frac{1}{(n+1)!}m(m-1)\cdots(m-n+1)(m-n)}\right| = \lim_{n\to\infty}\left|\frac{n+1}{m-n}\right| = 1.$$

因此,函数 $f(x) = (1+x)^m$ 在 $(-1, 1)$ 内有如下的展开式

$$(1+x)^m = 1 + mx + \frac{1}{2!}m(m-1)x^2 + \frac{1}{3!}m(m-1)(m-2)x^3$$

$$+ \cdots + \frac{1}{n!}m(m-1)\cdots(m-n+1)x^n + \cdots, \quad x \in (-1, 1). \qquad (7\text{-}19)$$

在区间 $(-1, 1)$ 的端点处,式(7-19)是否成立,要按 m 的具体数值讨论.

式(7-19)称为**二项展开式**(binomial expansion). 特别当 m 是自然数时,级数(7-19)是 x 的 m 次多项式,它包含有限项,就是已学过的二项式定理.

根据式(7-19)可导出对应于 $m = -1$, $m = \frac{1}{2}$, $m = -\frac{1}{2}$ 三个常用的二项展开式[其中级数在区间 $(-1, 1)$ 端点处的敛散性不作证明]:

$$\frac{1}{1+x} = 1 - x + x^2 - x^3 + \cdots + (-1)^n x^n + \cdots \quad (-1 < x < 1);$$

$$\sqrt{1+x} = 1 + \frac{1}{2}x - \frac{1}{2\times 4}x^2 + \frac{1\times 3}{2\times 4\times 6}x^3 - \frac{1\times 3\times 5}{2\times 4\times 6\times 8}x^4 + \cdots \quad (-1 \leqslant x \leqslant 1);$$

$$\frac{1}{\sqrt{1+x}} = 1 - \frac{1}{2}x + \frac{1\times 3}{2\times 4}x^2 - \frac{1\times 3\times 5}{2\times 4\times 6}x^3 + \frac{1\times 3\times 5\times 7}{2\times 4\times 6\times 8}x^4 + \cdots \quad (-1 < x \leqslant 1).$$

二、函数展开为幂级数的间接方法

以上方法在将函数展开为幂级数时要逐项计算系数. 现在我们介绍将函数展开为幂级数的间接方法,即用幂级数的运算法则和几个已知的函数的幂级数展开式去求另一些函数的幂级数展开式. 可以证明,这两种方法得到的幂级数是相同的.

例 4 将 $\cos x$ 展开为幂级数.

解 因为 $\cos x = (\sin x)'$,所以根据 $\sin x$ 的幂级数展开式,用逐项求导数的方法就得到了 $\cos x$ 的展开式

$$\cos x = (\sin x)' = \left[x - \frac{x^3}{3!} + \frac{x^5}{5!} - \cdots + (-1)^n \frac{x^{2n+1}}{(2n+1)!} + \cdots\right]'$$

$$= 1 - \frac{x^2}{2!} + \frac{x^4}{4!} - \frac{x^6}{6!} + \cdots + (-1)^n \frac{x^{2n}}{(2n)!} + \cdots, \quad x \in (-\infty, +\infty).$$

例 5 将 $\ln(1+x)$ 展开为幂级数.

解 因为 $\ln(1+x) = \int_0^x \frac{\mathrm{d}t}{1+t}$,所以

$$\ln(1+x) = \int_0^x [1 - t^1 + t^2 - \cdots + (-1)^n t^n + \cdots]\mathrm{d}t$$

$$= x - \frac{x^2}{2} + \frac{x^3}{3} - \cdots + (-1)^n \frac{x^{n+1}}{n+1} + \cdots, \ x \in (-1, 1].$$

为了便于查用,将常用的五个初等函数的幂级数展开式汇总如下:

$$e^x = 1 + x + \frac{x^2}{2!} + \cdots + \frac{x^n}{n!} + \cdots, \ x \in (-\infty, +\infty);$$

$$\sin x = x - \frac{x^3}{3!} + \frac{x^5}{5!} - \cdots + (-1)^n \frac{x^{2n+1}}{(2n+1)!} + \cdots, \ x \in (-\infty, +\infty);$$

$$\cos x = 1 - \frac{x^2}{2!} + \frac{x^4}{4!} - \cdots + (-1)^n \frac{x^{2n}}{(2n)!} + \cdots, \ x \in (-\infty, +\infty);$$

$$\ln(1+x) = x - \frac{x^2}{2} + \frac{x^3}{3} - \cdots + (-1)^n \frac{x^{n+1}}{n+1} + \cdots, \ x \in (-1, 1];$$

$$(1+x)^m = 1 + mx + \frac{m(m-1)}{2!}x^2 + \cdots + \frac{m(m-1)\cdots(m-n+1)}{n!}x^n$$
$$+ \cdots, \ x \in (-1, 1).$$

用这五个幂级数展开式及幂级数的运算,还可求得另一些函数的幂级数展开式.

例 6 将 $\dfrac{1}{1+x^2}$ 展开为幂级数.

解 设 $x^2 = t$,于是有 $\dfrac{1}{1+x^2} = \dfrac{1}{1+t}$,因为

$$\frac{1}{1+t} = 1 - t + t^2 - t^3 + \cdots + (-1)^n t^n + \cdots, \ t \in (0, 1),$$

所以 $\quad \dfrac{1}{1+x^2} = 1 - x^2 + x^4 - x^6 + \cdots + (-1)^n x^{2n} + \cdots, \ x \in (-1, 1).$

例 7 求 $\ln \dfrac{1+x}{1-x}$ 的幂级数展开式.

解 由例 5 得

$$\ln(1+x) = x - \frac{x^2}{2} + \frac{x^3}{3} - \cdots + \frac{(-1)^{n-1}x^n}{n} + \cdots, \ x \in (-1, 1],$$

$$\ln(1-x) = -x - \frac{x^2}{2} - \frac{x^3}{3} - \cdots - \frac{x^n}{n} - \cdots, \ x \in [-1, 1),$$

所以 $\quad \ln \dfrac{1+x}{1-x} = \ln(1+x) - \ln(1-x)$

$$= 2x + \frac{2}{3}x^3 + \frac{2}{5}x^5 + \cdots + \frac{2}{2n+1}x^{2n+1} + \cdots, \ x \in (-1, 1).$$

三、幂级数的应用举例

由前面得到的一些函数的幂级数展开式可以用来进行近似计算,下面举例说明.

例 8 计算 e 的近似值.

解 由 e^x 的幂级数展开式

$$e^x = 1 + x + \frac{x^2}{2!} + \cdots + \frac{x^n}{n!} + \cdots \quad (-\infty < x < +\infty),$$

令 $x = 1$ 得 $e = 1 + 1 + \frac{1}{2!} + \frac{1}{3!} + \cdots + \frac{1}{n!} + \cdots.$

取前 $n+1$ 项作 e 的近似值,则 $e \approx 1 + 1 + \frac{1}{2!} + \frac{1}{3!} + \cdots + \frac{1}{n!}.$

当 $n = 7$ 时,即取级数的前 8 项作近似值计算,则

$$e \approx 1 + 1 + \frac{1}{2!} + \frac{1}{3!} + \frac{1}{4!} + \frac{1}{5!} + \frac{1}{6!} + \frac{1}{7!},$$

此时, $e \approx 2.71825.$

例 9 求 $\sqrt[5]{245}$ 的近似值.

解 由 $245 = 3^5 + 2$ 得

$$\sqrt[5]{245} = \sqrt[5]{3^5 + 2} = \sqrt[5]{3^5\left(1 + \frac{2}{3^5}\right)} = 3\left(1 + \frac{2}{3^5}\right)^{\frac{1}{5}}.$$

令 $m = \frac{1}{5}$, $x = \frac{2}{3^5}$, 代入二项式展开式得

$$\sqrt[5]{245} = 3\left(1 + \frac{2}{3^5}\right)^{\frac{1}{5}} = 3\left[1 + \frac{1}{5} \times \frac{2}{3^5} + \frac{1}{5}\left(\frac{1}{5} - 1\right)\frac{1}{2!}\left(\frac{2}{3^5}\right)^2 + \cdots\right]$$

$$= 3\left[1 + \frac{1}{5} \times \frac{2}{3^5} - \frac{1}{5} \times \frac{4}{5} \times \frac{1}{2!} \times \frac{4}{3^{10}} + \cdots\right],$$

上式方括号中的级数从第二项起是交错级数,如取前 2 项作近似计算,则

$$\sqrt[5]{245} \approx 3\left(1 + \frac{1}{5} \times \frac{2}{3^5}\right) \approx 3.0049.$$

例 10 求积分 $\int_0^{0.2} e^{-x^2} dx$ 的近似值.

解 先求积分 $\int_0^{0.2} e^{-x^2} dx$ 的幂级数展开式.

由 e^x 的幂级数展开式得

$$e^{-x^2} = \sum_{n=0}^{\infty} \frac{(-x^2)^n}{n!} = \sum_{n=0}^{\infty} \frac{(-1)^n}{n!} x^{2n} \quad (-\infty < x < +\infty),$$

所以

$$\int_0^x e^{-t^2} dt = \int_0^x \left[\sum_{n=0}^{\infty} \frac{(-1)^n}{n!} t^{2n}\right] dt = \sum_{n=0}^{\infty} \frac{(-1)^n}{n!} \int_0^x t^{2n} dt = \sum_{n=0}^{\infty} \frac{(-1)^n}{(2n+1) \cdot n!} x^{2n+1}$$

$$= x - \frac{x^3}{3 \times 1!} + \frac{x^5}{5 \times 2!} - \frac{x^7}{7 \times 3!} + \cdots \quad (-\infty < t < +\infty).$$

在上式中,令 $x = 0.2$ 得

$$\int_0^{0.2} e^{-x^2} dx = 0.2 - \frac{(0.2)^3}{3} + \frac{(0.2)^5}{10} - \cdots \approx 0.2 - 0.00267 = 0.19733.$$

习 题 7-4

1. 将下列函数展开为 x 的幂级数，并指出其收敛区间：

(1) e^{2x}；　　　(2) a^x ($a > 0$, 且 $a \neq 1$)；　　　(3) $\sin \dfrac{x}{2}$；　　　(4) $\ln(a+x)$　($a > 0$).

2. 将下列函数展开为 x 的幂级数，并指出其收敛半径：

(1) $\sqrt{a^2 + x^2}$　($a > 0$)；　　　(2) $\arcsin x$；　　　(3) $\ln(x + \sqrt{1+x^2})$.

§7-5　傅里叶级数

一、三角级数

在物理学及其他一些学科中，常遇到周期函数，例如：讨论弹簧的振动、交流电的电流与电压的变化等一类周期运动的问题. 在周期函数中，正弦型函数 $y = A\sin(\omega t + \varphi)$ ($\omega > 0$) 是较为简单的一种，它的周期 $T = \dfrac{2\pi}{\omega}$. 当表示简谐振动时，t 表示时间，$|A|$ 是振幅，ω 是角频率，φ 是初相.

我们讨论将一个周期函数展开成由正弦与余弦函数组成的函数项级数. 具体来说，就是将一个周期为 $T = \dfrac{2\pi}{\omega}$ 的周期函数 $f(t)$ 用一系列正弦型函数

$$A_n \sin(n\omega t + \varphi_n)\ (n = 1, 2, \cdots)$$

之和来表示，记为

$$f(t) = A_0 + \sum_{n=1}^{\infty} A_n \sin(n\omega t + \varphi_n). \tag{7-20}$$

式中的 A_0, A_n, φ_n ($n = 1, 2, \cdots$) 都是常数.

为了讨论方便，设 $f(t)$ 是以 2π 为周期的函数，它的角频率 $\omega = 1$. 这时

$$A_n \sin(nt + \varphi_n) = A_n \sin \varphi_n \cos nt + A_n \cos \varphi_n \sin nt.$$

令 $A_n \sin \varphi_n = a_n$, $A_n \cos \varphi_n = b_n$, $A_0 = \dfrac{a_0}{2}$，于是式(7-20)的右端可写成

$$\frac{a_0}{2} + \sum_{n=1}^{\infty} (a_n \cos nt + b_n \sin nt). \tag{7-21}$$

上式称为**三角级数**(trigonometric series).

对于一个周期函数 $f(t)$ ($T = 2\pi$)，只要能求得 a_0, a_n, b_n，则 A_0, A_n, φ_n ($n = 1, 2, \cdots$) 也就随之确定，式(7-21)称为周期函数 $f(t)$ 的**三角级数展开式**(expansion in trigonometric series).

二、三角函数系的正交性

在三角级数式(7-21)中出现的函数

$$1, \cos x, \sin x, \cos 2x, \sin 2x, \cdots, \cos nx, \sin nx$$

构成了一个三角函数系,这个三角函数系有一个特性:在这些函数中任意两个不同的函数的乘积在$[-\pi, \pi]$上的积分值均为 0,即

$$\int_{-\pi}^{\pi} 1 \cdot \cos nx \, dx = 0 \ (n=1, 2, \cdots),$$

$$\int_{-\pi}^{\pi} 1 \cdot \sin nx \, dx = 0 \ (n=1, 2, \cdots),$$

$$\int_{-\pi}^{\pi} \sin kx \cos nx \, dx = 0 \ (k, n=1, 2, \cdots),$$

$$\int_{-\pi}^{\pi} \cos kx \cos nx \, dx = 0 \ (k, n=1, 2, \cdots, k \neq n),$$

$$\int_{-\pi}^{\pi} \sin kx \sin nx \, dx = 0 \ (k, n=1, 2, \cdots, k \neq n).$$

上述三角函数系的这一特性,称为**三角函数系的正交性**(orthogonality of trigonometric function system).上述各等式都可以直接通过积分来验证,以第四个等式为例:

由积化和差公式得

$$\cos kx \cos nx = \frac{1}{2}[\cos(k+n)x + \cos(k-n)x],$$

当 $k \neq n$ 时,有

$$\int_{-\pi}^{\pi} \cos kx \cos nx \, dx = \frac{1}{2} \int_{-\pi}^{\pi} [\cos(k+n)x + \cos(k-n)x] dx$$

$$= \frac{1}{2} \left[\frac{\sin(k+n)x}{k+n} + \frac{\sin(k-n)x}{k-n} \right]_{-\pi}^{\pi} = 0$$

$$(k, n=1, 2, \cdots, k \neq n).$$

在求 a_n, b_n 的过程中还要用到下面两个积分

$$\int_{-\pi}^{\pi} \sin^2 nx \, dx = \pi,$$

$$\int_{-\pi}^{\pi} \cos^2 nx \, dx = \pi.$$

它们同样可以通过积分进行验证.

三、周期为 2π 的函数展开为傅里叶级数

设 $f(x)$ 是一个以 2π 为周期的函数,且能展开成三角级数,即设

$$f(x) = \frac{a_0}{2} + \sum_{k=1}^{\infty} (a_k \cos kx + b_k \sin kx), \tag{7-22}$$

那么这个三角级数中的系数 a_0, a_n, b_n 与函数 $f(x)$ 有什么关系? 为了解决这个问题, 现假设三角级数(7-22)是可以逐项积分的.

先求 a_0, 对式(7-22)从 $-\pi$ 到 π 逐项积分得

$$\int_{-\pi}^{\pi} f(x) \mathrm{d}x = \frac{a_0}{2} \int_{-\pi}^{\pi} \mathrm{d}x + \sum_{k=1}^{\infty} \left(a_k \int_{-\pi}^{\pi} \cos kx \, \mathrm{d}x + b_k \int_{-\pi}^{\pi} \sin kx \, \mathrm{d}x \right).$$

根据三角函数系的正交性, 上式右端除第一项外, 其余各项均为 0, 所以

$$\int_{-\pi}^{\pi} f(x) \mathrm{d}x = \pi a_0, \quad 即 \quad a_0 = \frac{1}{\pi} \int_{-\pi}^{\pi} f(x) \mathrm{d}x.$$

其次求 a_n, 用 $\cos nx$ 乘式(7-22)的两边, 再从 $-\pi$ 到 π 逐项积分得

$$\int_{-\pi}^{\pi} f(x) \cos nx \, \mathrm{d}x = \frac{a_0}{2} \int_{-\pi}^{\pi} \cos nx \, \mathrm{d}x + \sum_{k=1}^{\infty} \left(a_k \int_{-\pi}^{\pi} \cos kx \cos nx \, \mathrm{d}x + b_k \int_{-\pi}^{\pi} \sin kx \cos nx \, \mathrm{d}x \right).$$

根据三角函数系的正交性, 上式右端除 $k=n$ 的这一项外, 其余各项均为 0, 所以

$$\int_{-\pi}^{\pi} f(x) \cos nx \, \mathrm{d}x = a_n \int_{-\pi}^{\pi} \cos nx \cos nx \, \mathrm{d}x,$$

由式(7-22)得

$$\int_{-\pi}^{\pi} f(x) \cos nx \, \mathrm{d}x = a_n \pi, \quad 即 \quad a_n = \frac{1}{\pi} \int_{-\pi}^{\pi} f(x) \cos nx \, \mathrm{d}x.$$

类似地, 用 $\sin nx$ 乘式(7-22)两边, 再从 $-\pi$ 到 π 逐项积分得

$$b_n = \frac{1}{\pi} \int_{-\pi}^{\pi} f(x) \sin nx \, \mathrm{d}x.$$

将讨论结果归纳如下:

设 $f(x) = \frac{a_0}{2} + \sum_{n=1}^{\infty} (a_n \cos nx + b_n \sin nx)$, 则

$$\begin{aligned} a_0 &= \frac{1}{\pi} \int_{-\pi}^{\pi} f(x) \mathrm{d}x, \\ a_n &= \frac{1}{\pi} \int_{-\pi}^{\pi} f(x) \cos nx \, \mathrm{d}x \quad (n=1, 2, \cdots), \\ b_n &= \frac{1}{\pi} \int_{-\pi}^{\pi} f(x) \sin nx \, \mathrm{d}x \quad (n=1, 2, \cdots). \end{aligned} \quad (7\text{-}23)$$

公式(7-23)称为**欧拉**(Euler)-**傅里叶**(Fourier)公式, 由公式得到的系数 a_0, a_n, b_n 称为函数 $f(x)$ 的**傅里叶系数**(Fourier coefficients). 以 a_0, a_n, b_n($n=1, 2, \cdots$)为系数作出的三角级数

$$\frac{a_0}{2} + \sum_{n=1}^{\infty} (a_n \cos nx + b_n \sin nx)$$

称为函数 $f(x)$ 的**傅里叶级数**(Fourier series), 简称**傅氏级数**.

接着要讨论的问题是: 一个周期函数 $f(x)$ 必须具备什么条件, 它的傅里叶级数才能收敛于

$f(x)$?

收敛定理 设函数 $f(x)$ 是以 2π 为周期的函数,若 $f(x)$ 在一个周期内满足如下条件:(1)连续或至多只有有限个左右极限存在的间断点;(2)至多只有有限个极值点,则函数 $f(x)$ 的傅里叶级数收敛,并且满足

(1) 当 x 是 $f(x)$ 的连续点时,级数收敛于 $f(x)$;

(2) 当 x 是 $f(x)$ 的间断点时,级数收敛于 $\dfrac{f(x-0)+f(x+0)}{2}$.

通常,实际应用中所遇到的周期函数一般都能满足收敛定理的条件.

将周期函数 $f(x)$ 展开为傅里叶级数,在电工学中称为**谐波分析**.其中常数项 $\dfrac{a_0}{2}$ 称为 $f(x)$ 的**直流分量**;$a_1\cos\omega x + b_1\sin\omega x$ 称为**一次谐波**(又称为**基波**);而 $a_2\cos 2\omega x + b_2\sin 2\omega x$,$a_3\cos 3\omega x + b_3\sin 3\omega x$,$\cdots$ 依次称为**二次谐波**、**三次谐波**,$\cdots\cdots$.

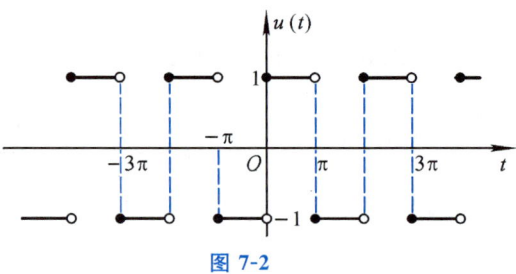

图 7-2

例 1 将周期为 2π,振幅为 1 的矩形波(图 7-2)展开为傅里叶级数.

解 这种矩形波在 $[-\pi,\pi)$ 上的函数表达式为

$$u(t)=\begin{cases}-1, & -\pi\leqslant t<0,\\ 1, & 0\leqslant t<\pi.\end{cases}$$

由傅里叶系数公式(7-23)得

$$a_0=\frac{1}{\pi}\int_{-\pi}^{\pi}u(t)\mathrm{d}t=\frac{1}{\pi}\left[\int_{-\pi}^{0}(-1)\mathrm{d}t+\int_{0}^{\pi}1\cdot\mathrm{d}t\right]=0,$$

$$a_n=\frac{1}{\pi}\int_{-\pi}^{\pi}u(t)\cos nt\,\mathrm{d}t=\frac{1}{\pi}\left[\int_{-\pi}^{0}(-1)\cdot\cos nt\,\mathrm{d}t+\int_{0}^{\pi}1\cdot\cos nt\,\mathrm{d}t\right]=0\ (n=1,2,\cdots),$$

$$b_n=\frac{1}{\pi}\int_{-\pi}^{\pi}u(t)\sin nt\,\mathrm{d}t=\frac{1}{\pi}\left[\int_{-\pi}^{0}(-1)\cdot\sin nt\,\mathrm{d}t+\int_{0}^{\pi}1\cdot\sin nt\,\mathrm{d}t\right]$$

$$=\frac{1}{\pi}\left[\frac{\cos nt}{n}\right]_{-\pi}^{0}+\frac{1}{\pi}\left[-\frac{\cos nt}{n}\right]_{0}^{\pi}=\frac{1}{n\pi}(1-\cos n\pi-\cos n\pi+1)$$

$$=\frac{2}{n\pi}[1-(-1)^n]=\begin{cases}0, & n=2m,\\ \dfrac{4}{n\pi}, & n=2m-1,\end{cases}\quad m\in\mathbf{Z}^+.$$

于是得矩形波的傅里叶级数为

$$\frac{4}{\pi}\left[\sin t+\frac{1}{3}\sin 3t+\cdots+\frac{1}{2k-1}\sin(2k-1)t+\cdots\right].$$

由于函数 $u(t)$ 满足收敛定理条件,所以上面的傅里叶级数在函数 $u(t)$ 的间断点 $t=k\pi(k\in\mathbf{Z})$ 处收敛于

$$\frac{u(k\pi-0)+u(k\pi+0)}{2}=\frac{1+(-1)}{2}=0.$$

在函数 $u(t)$ 的连续点 $t\neq k\pi(k\in\mathbf{Z})$ 处收敛于 $u(t)$,于是有

$$u(t) = \frac{4}{\pi}\left(\sin t + \frac{1}{3}\sin 3t + \frac{1}{5}\sin 5t + \cdots\right) \quad (-\infty < t < +\infty, \, t \neq k\pi, \, k \in \mathbf{Z}).$$

例 2 图 7-3 表示一个周期为 2π 的三角波,它在 $(-\pi, \pi]$ 上的函数表达式为

$$f(x) = \begin{cases} -x, & -\pi < x \leqslant 0, \\ x, & 0 < x \leqslant \pi, \end{cases}$$

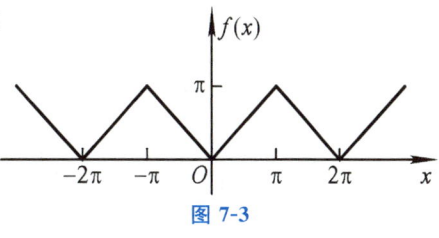

图 7-3

求函数 $f(x)$ 的傅里叶级数展开式.

解 由公式(7-23),计算傅里叶系数:

$$a_0 = \frac{1}{\pi}\int_{-\pi}^{\pi} f(x)\,\mathrm{d}x = \frac{1}{\pi}\left[\int_{-\pi}^{0}(-x)\,\mathrm{d}x + \int_{0}^{\pi} x\,\mathrm{d}x\right] = \pi,$$

$$a_n = \frac{1}{\pi}\int_{-\pi}^{\pi} f(x)\cos nx\,\mathrm{d}x = \frac{1}{\pi}\int_{-\pi}^{0}(-x)\cos nx\,\mathrm{d}x + \frac{1}{\pi}\int_{0}^{\pi} x\cos nx\,\mathrm{d}x$$

$$= -\frac{1}{\pi}\left[\frac{x\sin nx}{n} + \frac{\cos nx}{n^2}\right]_{-\pi}^{0} + \frac{1}{\pi}\left[\frac{x\sin nx}{n} + \frac{\cos nx}{n^2}\right]_{0}^{\pi}$$

$$= \frac{2}{n^2\pi}(\cos n\pi - 1) = \frac{2}{n^2\pi}[(-1)^n - 1]$$

$$= \begin{cases} 0, & n = 2m, \\ -\dfrac{4}{n^2\pi}, & n = 2m-1, \end{cases} m \in \mathbf{Z}^+,$$

$$b_n = \frac{1}{\pi}\int_{-\pi}^{\pi} f(x)\sin nx\,\mathrm{d}x = \frac{1}{\pi}\int_{-\pi}^{0}(-x)\sin nx\,\mathrm{d}x + \frac{1}{\pi}\int_{0}^{\pi} x\sin nx\,\mathrm{d}x$$

$$= -\frac{1}{\pi}\left[-\frac{x\cos nx}{n} + \frac{\sin nx}{n^2}\right]_{-\pi}^{0} + \frac{1}{\pi}\left[-\frac{x\cos nx}{n} + \frac{\sin nx}{n^2}\right]_{0}^{\pi} = 0 \,(n = 1, 2, \cdots).$$

由于这个三角波满足收敛定理的条件,且没有间断点,所以 $f(x)$ 的傅里叶级数展开式为

$$f(x) = \frac{\pi}{2} - \frac{4}{\pi}\left[\cos x + \frac{1}{3^2}\cos 3x + \cdots + \frac{1}{(2k-1)^2}\cos(2k-1)x + \cdots\right]$$

$$(-\infty < x < +\infty).$$

例 3 周期为 2π 的脉冲电压(或电流)函数 $f(t)$(图 7-4)在 $[-\pi, \pi)$ 的表示式为

$$f(t) = \begin{cases} 0, & -\pi \leqslant t < 0, \\ t, & 0 \leqslant t < \pi. \end{cases}$$

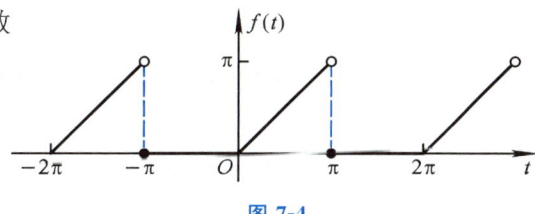

图 7-4

试将 $f(t)$ 展开为傅里叶级数.

解 计算傅里叶系数:

$$a_0 = \frac{1}{\pi}\int_{-\pi}^{\pi} f(t)\,\mathrm{d}t = \frac{1}{\pi}\int_{0}^{\pi} t\,\mathrm{d}t = \frac{1}{\pi}\left[\frac{t^2}{2}\right]_{0}^{\pi} = \frac{\pi}{2},$$

$$a_n = \frac{1}{\pi}\int_{-\pi}^{\pi} f(t)\cos nt\,\mathrm{d}t = \frac{1}{\pi}\int_{0}^{\pi} t\cos nt\,\mathrm{d}t = \frac{1}{\pi}\left[\frac{t\sin nt}{n} + \frac{\cos nt}{n^2}\right]_{0}^{\pi}$$

$$= \frac{1}{n^2\pi}(\cos n\pi - 1) = \frac{1}{n^2\pi}[(-1)^n - 1] = \begin{cases} 0, & n = 2m, \\ -\dfrac{2}{n^2\pi}, & n = 2m-1, \end{cases} m \in \mathbf{Z}^+,$$

$$b_n = \frac{1}{\pi}\int_{-\pi}^{\pi} f(t)\sin nt\, dt = \frac{1}{\pi}\int_0^\pi t\sin nt\, dt = \frac{1}{\pi}\left[-\frac{t\cos nt}{n} + \frac{\sin nt}{n^2}\right]_0^\pi$$

$$= \frac{1}{\pi}\left(-\frac{\pi\cos n\pi}{n}\right) = \frac{(-1)^{n+1}}{n} \quad (n = 1, 2, \cdots).$$

根据收敛定理,在间断点 $t = (2k-1)\pi\,(k \in \mathbf{Z})$ 处,级数收敛于

$$\frac{f[(2k-1)\pi - 0] + f[(2k-1)\pi + 0]}{2} = \frac{\pi + 0}{2} = \frac{\pi}{2}.$$

而在连续点 $[t \neq (2k-1)\pi,\ k \in \mathbf{Z}]$ 处,$f(t)$ 的傅里叶级数展开式为

$$f(t) = \frac{\pi}{4} + \left(-\frac{2}{\pi}\cos t + \sin t\right) + \left(0 - \frac{1}{2}\sin 2t\right) + \left(-\frac{2}{3^2\pi}\cos 3t + \frac{1}{3}\sin 3t\right) + \cdots$$

$$= \frac{\pi}{4} - \frac{2}{\pi}\left(\cos t + \frac{1}{3^2}\cos 3t + \cdots + \frac{1}{(2k-1)^2}\cos(2k-1)t + \cdots\right)$$

$$+ \left(\sin t - \frac{1}{2}\sin 2t + \cdots + (-1)^{k+1}\frac{1}{k}\sin kt + \cdots\right)$$

$$[-\infty < t < +\infty,\ t \neq (2k-1)\pi,\ k \in \mathbf{Z}].$$

在上面的例子中,例1的矩形波是奇函数,它的展开式中只有正弦项,而例2的三角波是偶函数,它的展开式中只有常数项和余弦项. 一般地,有如下结论:

(1) 如果 $f(x)$ 是奇函数,则 $f(x)$ 的傅里叶系数为

$$a_0 = 0;\quad a_n = 0\ (n = 1, 2, \cdots);\quad b_n = \frac{2}{\pi}\int_0^\pi f(x)\sin nx\, dx\ (n = 1, 2\cdots).$$

于是,奇函数 $f(x)$ 的傅里叶级数是**正弦级数**(sine series) $\sum\limits_{n=1}^{\infty} b_n \sin nx$.

(2) 如果 $f(x)$ 是偶函数,那么 $f(x)$ 的傅里叶系数为

$$b_n = 0\ (n = 1, 2, \cdots);\ a_0 = \frac{2}{\pi}\int_0^\pi f(x)\,dx;\ a_n = \frac{2}{\pi}\int_0^\pi f(x)\cos nx\,dx\ (n = 1, 2, \cdots).$$

于是,偶函数 $f(x)$ 的傅里叶级数是**余弦级数**(cosine series) $\dfrac{a_0}{2} + \sum\limits_{n=1}^{\infty} a_n\cos nx$.

上述结论的正确性都可以通过定积分的计算来加以验证(证明从略).

例 4 如图 7-5 所示,锯齿波 $f(x)$ 的周期为 2π,它在区间 $[-\pi, \pi)$ 的表达式为

$$f(x) = x\ (-\pi \leqslant x < \pi),$$

释疑解难

傅里叶正弦级数

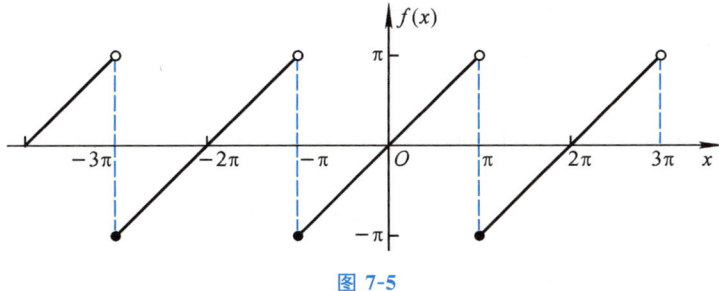

图 7-5

试将 $f(x)$ 展开为傅里叶级数.

解 因为 $f(x)$ 是奇函数,所以有 $a_0=0$；$a_n=0$ $(n=1,2,\cdots)$；

$$b_n=\frac{2}{\pi}\int_0^\pi f(x)\sin nx\,dx=\frac{2}{\pi}\int_0^\pi x\sin nx\,dx=\frac{2}{\pi}\left[-\frac{x\cos nx}{n}+\frac{\sin nx}{n^2}\right]_0^\pi$$

$$=-\frac{2}{n}\cos n\pi=(-1)^{n+1}\frac{2}{n} \quad (n=1,2,\cdots).$$

根据收敛定理,得 $f(x)$ 的傅里叶级数展开式为

$$f(x)=2\left[\sin x-\frac{1}{2}\sin 2x+\frac{1}{3}\sin 3x-\cdots+\frac{(-1)^{n+1}}{n}\sin nx+\cdots\right]$$

$$[-\infty<x<+\infty, x\neq(2k-1)\pi, k\in\mathbf{Z}].$$

例 5 无线电设备中,常用整流器把交流电转换为直流电,设已知电压 u 与时间 t 的关系

$$u(t)=|e\sin t| \quad (e>0),$$

试将 $u(t)$ 展开为傅里叶级数(图 7-6).

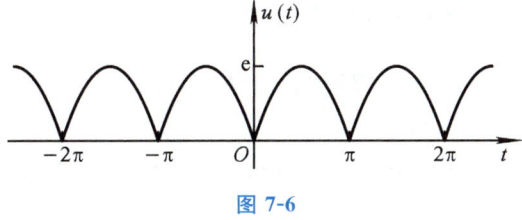

图 7-6

解 因为 $u(t)$ 是偶函数,所以有

$b_n=0$ $(n=1,2,\cdots)$. 当 $0\leqslant t\leqslant\pi$ 时,$|e\sin t|=e\sin t$,所以

$$a_0=\frac{2}{\pi}\int_0^\pi u(t)dt=\frac{2}{\pi}\int_0^\pi e\sin t\,dt=\frac{2e}{\pi}[-\cos t]_0^\pi=\frac{4e}{\pi},$$

$$a_n=\frac{2}{\pi}\int_0^\pi u(t)\cos nt\,dt=\frac{2}{\pi}\int_0^\pi e\sin t\cos nt\,dt=\frac{e}{\pi}\int_0^\pi[\sin(n+1)t-\sin(n-1)t]dt$$

$$=\frac{e}{\pi}\left[-\frac{\cos(n+1)t}{n+1}+\frac{\cos(n-1)t}{n-1}\right]_0^\pi=\frac{e}{\pi}\left[\frac{1-\cos(n+1)\pi}{n+1}+\frac{\cos(n-1)\pi-1}{n-1}\right]$$

$$= \begin{cases} 0, & n \text{ 为奇数,且 } n \neq 1, \\ -\dfrac{4\mathrm{e}}{(n^2-1)\pi}, & n \text{ 为偶数.} \end{cases}$$

上述计算方法不适用于 $n=1$ 的情形,所以 a_1 必须另行计算.

$$a_1 = \frac{2}{\pi}\int_0^{\pi} u(t)\cos t\,\mathrm{d}t = \frac{2\mathrm{e}}{\pi}\int_0^{\pi} \sin t\cos t\,\mathrm{d}t = \frac{2\mathrm{e}}{\pi}\left[\frac{\sin^2 t}{2}\right]_0^{\pi} = 0.$$

根据收敛定理,得 $u(t)$ 的傅里叶级数展开式为

$$u(t) = \frac{4\mathrm{e}}{\pi}\left(\frac{1}{2} - \frac{1}{3}\cos 2t - \frac{1}{15}\cos 4t - \cdots - \frac{1}{4n^2-1}\cos 2nt - \cdots\right) \quad (-\infty < t < +\infty).$$

习 题 7-5

1. 填空题:

(1) 若 $f(x)$ 在 $[-\pi, \pi]$ 上满足收敛定理的条件,则在连续点 x_0 处它的傅里叶级数与 $f(x_0)$ _____;

(2) 设周期函数 $f(x) = \dfrac{x}{2}(-\pi \leqslant x < \pi)$,则它的傅里叶系数:

$$a_0 = \underline{\qquad}, a_n = \underline{\qquad}, b_1 = \underline{\qquad}, b_n = \underline{\qquad}.$$

2. 把下列周期函数展开成傅里叶级数:

(1) $u(t) = \begin{cases} 0, & -\pi \leqslant t < 0, \\ 1, & 0 \leqslant t < \pi; \end{cases}$
(2) $f(x) = \begin{cases} x-1, & -\pi \leqslant x < 0, \\ x+1, & 0 \leqslant x < \pi. \end{cases}$

§7-6 周期为 $2l$ 的函数的傅里叶级数和定义在有限区间上的函数的傅里叶级数

一、周期为 $2l$ 的函数的傅里叶级数

上节讨论的周期函数都是以 2π 为周期的.但是在实际问题中所遇到的周期不一定是 2π.下面讨论周期为 $2l$ 的函数的傅里叶级数.

设以 $2l$ 为周期的函数 $f(x)$ 满足收敛定理的条件.为了将周期 $2l$ 转换为 2π,作变量代换 $x = \dfrac{lt}{\pi}$.可以看出,当 x 在区间 $[-l, l]$ 上取值时,t 在区间 $[-\pi, \pi]$ 上取值.设 $\varphi(t) = f(x) = f\left(\dfrac{lt}{\pi}\right)$,则 $\varphi(t)$ 是以 2π 为周期的函数,并且满足收敛定理的条件,将 $\varphi(t)$ 展开为傅里叶级数

$$\varphi(t) = \frac{a_0}{2} + \sum_{n=1}^{\infty}(a_n\cos nt + b_n\sin nt),$$

其中 $a_0 = \dfrac{1}{\pi}\displaystyle\int_{-\pi}^{\pi}\varphi(t)\mathrm{d}t$, $a_n = \dfrac{1}{\pi}\displaystyle\int_{-\pi}^{\pi}\varphi(t)\cos nt\,\mathrm{d}t \quad (n=1,2,\cdots)$,

$b_n = \dfrac{1}{\pi}\displaystyle\int_{-\pi}^{\pi}\varphi(t)\sin nt\,\mathrm{d}t \quad (n=1,2,\cdots)$.

在以上各式中,把变量 t 换成 x,并注意到 $f(x)=\varphi(t)$,于是 $f(x)$ 的傅里叶级数展开式为

$$f(x)=\frac{a_0}{2}+\sum_{n=1}^{\infty}\left(a_n\cos\frac{n\pi x}{l}+b_n\sin\frac{n\pi x}{l}\right),$$

其中

$$a_0=\frac{1}{l}\int_{-l}^{l}f(x)\mathrm{d}x,$$

$$a_n=\frac{1}{l}\int_{-l}^{l}f(x)\cos\frac{n\pi x}{l}\mathrm{d}x \quad (n=1,2,\cdots),$$

$$b_n=\frac{1}{l}\int_{-l}^{l}f(x)\sin\frac{n\pi x}{l}\mathrm{d}x \quad (n=1,2,\cdots).$$

(7-24)

类似地,若 $f(x)$ 是奇函数,则它的傅里叶级数是正弦级数

$$f(x)=\sum_{n=1}^{\infty}b_n\sin\frac{n\pi x}{l},$$

其中

$$b_n=\frac{2}{l}\int_{0}^{l}f(x)\sin\frac{n\pi x}{l}\mathrm{d}x \quad (n=1,2,\cdots).$$

若 $f(x)$ 是偶函数,则它的傅里叶级数是余弦级数

$$f(x)=\frac{a_0}{2}+\sum_{n=1}^{\infty}a_n\cos\frac{n\pi x}{l},$$

其中

$$a_0=\frac{2}{l}\int_{0}^{l}f(x)\mathrm{d}x, \quad a_n=\frac{2}{l}\int_{0}^{l}f(x)\cos\frac{n\pi x}{l}\mathrm{d}x \quad (n=1,2,\cdots).$$

注意:如果 x 是函数 $f(x)$ 的间断点,根据收敛定理,应以平均值 $\dfrac{f(x-0)+(x+0)}{2}$ 代替上述各式中左端的 $f(x)$.

例 1 $f(x)$ 是周期为 4 的函数,它在 $[-2,2)$ 的表示式为

$$f(x)=\begin{cases}0, & -2\leqslant x<0,\\ a, & 0\leqslant x<2,\end{cases}$$

常数 $a>0$(图 7-7).试将 $f(x)$ 展开为傅里叶级数.

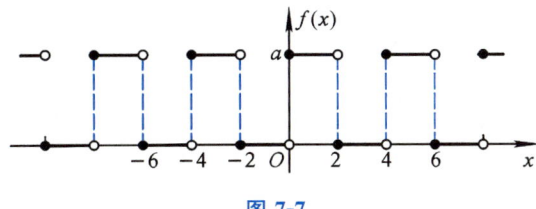

图 7-7

解 这里 $l=2$,由公式(7-24)得

$$a_0 = \frac{1}{2}\int_{-2}^{0} 0 \cdot dx + \frac{1}{2}\int_{0}^{2} a\, dx = a,$$

$$a_n = \frac{1}{2}\int_{0}^{2} a\cos\frac{n\pi x}{2}\, dx = \left[\frac{a}{n\pi}\sin\frac{n\pi x}{2}\right]_0^2 = 0 \ (n=1, 2, \cdots),$$

$$b_n = \frac{1}{2}\int_{0}^{2} a\sin\frac{n\pi x}{2}\, dx = \left[-\frac{a}{n\pi}\cos\frac{n\pi x}{2}\right]_0^2 = \frac{a}{n\pi}(1-\cos n\pi) = \frac{a}{n\pi}[1-(-1)^n]$$

$$= \begin{cases} 0, & n=2m, \\ \dfrac{2a}{n\pi}, & n=2m-1, \end{cases} m\in \mathbf{Z}^+.$$

根据收敛定理, $f(x)$ 的傅里叶级数为

$$f(x) = \frac{a}{2} + \frac{2a}{\pi}\left(\sin\frac{\pi x}{2} + \frac{1}{3}\sin\frac{3\pi x}{2} + \frac{1}{5}\sin\frac{5\pi x}{2} + \cdots\right)$$

$$(-\infty < x < +\infty, x \neq 2k, k\in \mathbf{Z}).$$

例 2 以 2 为周期的函数 $f(x)$ 在 $[-1, 1)$ 内的表达式为 $f(x) = \dfrac{x^2}{2}, -1 \leqslant x < 1$. 作出波形图, 并将 $f(x)$ 展开成傅里叶级数.

解 函数 $f(x)$ 的波形如图 7-8 所示.

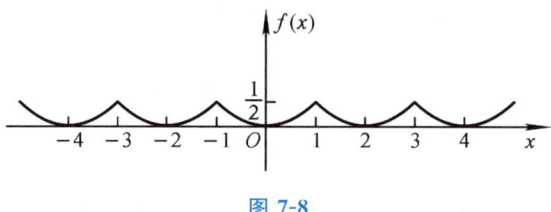

图 7-8

这里 $l=1$, 由于 $f(x)$ 是偶函数, 所以

$$b_n = 0 \ (n=1, 2, \cdots),$$

$$a_0 = \frac{2}{l}\int_{0}^{l} f(x)\, dx = 2\int_{0}^{1}\frac{x^2}{2}\, dx = \left[\frac{x^3}{3}\right]_0^1 = \frac{1}{3},$$

$$a_n = \frac{2}{l}\int_{0}^{l} f(x)\cos\frac{n\pi x}{l}\, dx = 2\int_{0}^{1}\frac{x^2}{2}\cos n\pi x\, dx$$

$$= \left[\frac{x^2\sin n\pi x}{n\pi} + \frac{2x\cos n\pi x}{n^2\pi^2} - \frac{2\sin n\pi x}{n^3\pi^3}\right]_0^1 = (-1)^n\frac{2}{n^2\pi^2} \ (n=1, 2, \cdots).$$

根据收敛定理, $f(x)$ 的傅里叶级数为

$$f(x) = \frac{1}{6} + \frac{2}{\pi^2}\left(-\cos\pi x + \frac{1}{2^2}\cos 2\pi x - \frac{1}{3^2}\cos 3\pi x + \cdots\right) \ (-\infty < x < +\infty).$$

二、定义在有限区间上的函数的傅里叶级数

前面我们讨论了将周期函数展开成傅里叶级数的问题. 周期函数的定义域一般为区间

$(-\infty, +\infty)$. 而在实际问题中，有时需要将定义在$[-l, l]$或$[0, l]$上的函数展开成傅里叶级数，这就涉及函数的周期性延拓问题.

1. 定义在$[-l, l]$上的函数展开成傅里叶级数

设函数 $y=f(x)$ 定义在区间 $[-l, l]$ 上，且满足收敛定理的条件. 要将它展开成傅里叶级数，只需将 $y=f(x)$ 看作是一个以 $2l$ 为周期的周期函数，即把 $f(x)$ 的定义域拓宽到区间 $(-\infty, +\infty)$. 通常把按这种方式拓宽函数的定义域的过程称为**周期性延拓**. 然后，再将经周期性延拓后的函数 $f(x)$ 展开成傅里叶级数，并限制 x 在 $[-l, l)$，就是定义在 $[-l, l)$ 的函数 $f(x)$ 的傅里叶级数展开式.

例 3 将函数 $f(x)=x+1(-1\leqslant x<1)$ 展开成傅里叶级数.

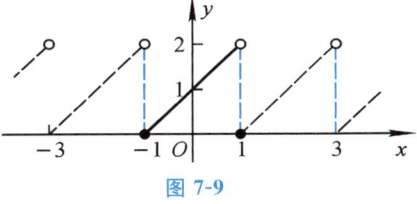

图 7-9

解 显然函数 $f(x)=x+1$ 在区间 $[-1, 1)$ 满足收敛定理的条件，将函数 $f(x)$ 视为在 $(-\infty, +\infty)$ 内以 $2(l=1)$ 为周期的周期函数（图 7-9），再展开. 则

$$a_0 = \int_{-1}^{1}(x+1)\mathrm{d}x = 2,$$

$$a_n = \int_{-1}^{1}(x+1)\cos n\pi x\,\mathrm{d}x = 0 \quad (n=1, 2, 3, \cdots),$$

$$b_n = \int_{-1}^{1}(x+1)\sin n\pi x\,\mathrm{d}x = -\frac{2}{n\pi}\cos n\pi = (-1)^{n+1}\frac{2}{n\pi} \quad (n=1, 2, 3, \cdots).$$

于是，得 $f(x)$ 的傅里叶级数展开式为

$$f(x) = 1 + \frac{2}{\pi}\left[\sin \pi x - \frac{1}{2}\sin 2\pi x + \frac{1}{3}\sin 3\pi x - \cdots + \frac{(-1)^{n+1}}{n}\sin n\pi x + \cdots\right]$$
$$(-1 < x < 1).$$

注意：在点 $x=\pm 1$ 处，$f(x)$ 的傅里叶级数收敛于 1.

2. 定义在$[0, l]$上的函数展开成傅里叶级数

在实际问题中，有时需要把定义在区间 $[0, l]$ 上的函数展开成正弦级数或余弦级数. 设函数 $f(x)$ 定义在 $[0, l]$ 上，且满足收敛定理的条件. 若要将 $f(x)$ 展开成正弦级数或余弦级数，只需首先在开区间 $(-l, 0)$ 内补充函数 $f(x)$ 的定义，得到定义在 $(-l, l)$ 内的奇（偶）函数：

$$F_1(x) = \begin{cases} f(x), & 0\leqslant x < l, \\ -f(-x), & -l < x < 0; \end{cases} \qquad F_2(x) = \begin{cases} f(x), & 0\leqslant x < l, \\ f(-x) & -l < x < 0. \end{cases}$$

然后延拓成 $(-\infty, +\infty)$ 内的周期奇函数[称为**奇延拓**(odd extension)]或周期偶函数[称为**偶延拓**(even extension)]，再展开成傅里叶级数.

例 4 将函数 $f(x)=x+1(0\leqslant x\leqslant 1)$ 分别展开成正弦级数和余弦级数.

解 先求正弦级数. 对 $f(x)$ 作奇延拓（图 7-10），则

$$b_n = 2\int_0^1 (x+1)\sin n\pi x\,\mathrm{d}x = \frac{2}{n\pi}(1-2\cos n\pi) = \frac{2}{n\pi}[1-2(-1)^n] \quad (n=1, 2, 3, \cdots).$$

于是，$f(x)$ 的正弦级数展开式为

$$f(x) = \frac{2}{\pi}\left(3\sin \pi x - \frac{1}{2}\sin 2\pi x + \frac{3}{3}\sin 3\pi x - \frac{1}{4}\sin 4\pi x + \cdots\right) \quad (0 < x < 1).$$

注意：当 $x=0$ 和 1 时，正弦级数收敛于 0.

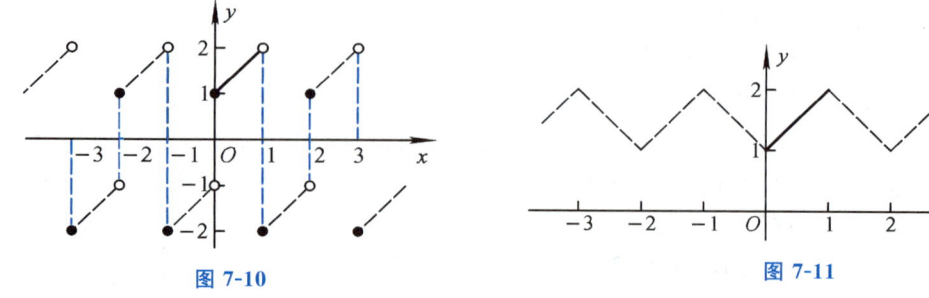

图 7-10　　　　　　　　　　图 7-11

再求余弦级数．对 $f(x)$ 作偶延拓（图 7-11），则

$$a_0 = 2\int_0^1 (x+1)\,\mathrm{d}x = 3,$$

$$a_n = 2\int_0^1 (x+1)\cos n\pi x\,\mathrm{d}x = \frac{2}{n^2\pi^2}(\cos n\pi - 1)$$

$$= \frac{2}{n^2\pi^2}[(-1)^n - 1] = \begin{cases} 0, & n=2k, \\ -\dfrac{4}{\pi^2 n^2}, & n=2k-1, \end{cases} k \in \mathbf{N}^*.$$

于是，得 $f(x)$ 的余弦级数展开式

$$f(x) = \frac{3}{2} - \frac{4}{\pi^2}\left(\cos \pi x + \frac{1}{3^2}\cos 3\pi x + \frac{1}{5^2}\cos 5\pi x + \cdots\right) \quad (0 \leqslant x \leqslant 1).$$

习　题　7-6

1. 填空题：

(1) 用周期为 2π 的函数 $f(x)$ 的傅里叶系数公式，求周期为 l 的函数 $g(t)$ 的傅里叶系数，应作代换 $t = \underline{\qquad}$；

(2) 周期为 l 的函数 $f(x)$ 的傅里叶系数 $a_0 = \underline{\qquad}$；

(3) 周期为 l 的函数 $f(x)$ 的傅里叶系数 $a_n = \underline{\qquad}$；

(4) 周期为 l 的函数 $f(x)$ 的傅里叶系数 $b_n = \underline{\qquad}$．

2. 把下列周期函数展开成傅里叶级数：

(1) $f(x) = \begin{cases} -1, & -2 \leqslant x < -1, \\ x, & -1 \leqslant x < 1, \\ 1, & 1 \leqslant x < 2; \end{cases}$　　(2) $f(x) = 1 - x^2,\ -\dfrac{1}{2} \leqslant x < \dfrac{1}{2}$．

§7-7　傅里叶级数的复数形式

在电子技术中，经常进行谐波分析．若利用傅里叶级数的三角形式（即前面讨论的傅里叶级数形式）求 n 次谐波的振幅 A_n，必须先求出系数 a_n，b_n，然后计算 $A_n = \sqrt{a_n^2 + b_n^2}$ 才能得出 A_n 的值．设想是否能直接求出 A_n 呢？如果把傅里叶级数的形式转变成复数形式就能办到．

设 $f(x)$ 是以 $2l$ 为周期的函数，且它满足收敛定理的条件，它的傅里叶级数展开式为

$$f(x) = \frac{a_0}{2} + \sum_{n=1}^{\infty}\left(a_n\cos\frac{n\pi x}{l} + b_n\sin\frac{n\pi x}{l}\right), \tag{7-25}$$

其中

$$a_0 = \frac{1}{l}\int_{-l}^{l} f(x)\mathrm{d}x,$$

$$a_n = \frac{1}{l}\int_{-l}^{l} f(x)\cos\frac{n\pi x}{l}\mathrm{d}x \quad (n=1, 2, \cdots),$$

$$b_n = \frac{1}{l}\int_{-l}^{l} f(x)\sin\frac{n\pi x}{l}\mathrm{d}x \quad (n=1, 2, \cdots).$$

由欧拉公式 $\mathrm{e}^{\mathrm{i}x} = \cos x + \mathrm{i}\sin x$,得

$$\cos\frac{n\pi x}{l} = \frac{1}{2}(\mathrm{e}^{\mathrm{i}\frac{n\pi x}{l}} + \mathrm{e}^{-\mathrm{i}\frac{n\pi x}{l}}), \quad \sin\frac{n\pi x}{l} = \frac{\mathrm{i}}{2}(-\mathrm{e}^{\mathrm{i}\frac{n\pi x}{l}} + \mathrm{e}^{-\mathrm{i}\frac{n\pi x}{l}}).$$

于是,式(7-25)化为

$$f(x) = \frac{a_0}{2} + \sum_{n=1}^{\infty}\left[a_n \cdot \frac{1}{2}(\mathrm{e}^{\mathrm{i}\frac{n\pi x}{l}} + \mathrm{e}^{-\mathrm{i}\frac{n\pi x}{l}}) + b_n \cdot \frac{\mathrm{i}}{2}(-\mathrm{e}^{\mathrm{i}\frac{n\pi x}{l}} + \mathrm{e}^{-\mathrm{i}\frac{n\pi x}{l}})\right]$$

$$= \frac{a_0}{2} + \sum_{n=1}^{\infty}\left[\frac{a_n - \mathrm{i}b_n}{2}\mathrm{e}^{\mathrm{i}\frac{n\pi x}{l}} + \frac{a_n + \mathrm{i}b_n}{2}\mathrm{e}^{-\mathrm{i}\frac{n\pi x}{l}}\right].$$

设 $c_0 = \frac{a_0}{2}$, $c_n = \frac{a_n - \mathrm{i}b_n}{2}$, $\bar{s}_n = \frac{a_n + \mathrm{i}b_n}{2}$ $(n=1, 2, \cdots)$,其中 $\bar{s}_n$ 是 c_n 的共轭复数,于是上式可写成

$$f(x) = c_0 + \sum_{n=1}^{\infty}(c_n\mathrm{e}^{\mathrm{i}\frac{n\pi x}{l}} + \bar{s}_n\mathrm{e}^{-\mathrm{i}\frac{n\pi x}{l}}), \tag{7-26}$$

其中

$$c_0 = \frac{a_0}{2} = \frac{1}{2l}\int_{-l}^{l} f(x)\mathrm{d}x,$$

$$c_n = \frac{a_n - \mathrm{i}b_n}{2} = \frac{1}{2}\left[\frac{1}{l}\int_{-l}^{l} f(x)\cos\frac{n\pi x}{l}\mathrm{d}x - \frac{\mathrm{i}}{l}\int_{-l}^{l} f(x)\sin\frac{n\pi x}{l}\mathrm{d}x\right]$$

$$= \frac{1}{2l}\int_{-l}^{l} f(x)\left(\cos\frac{n\pi x}{l} - \mathrm{i}\sin\frac{n\pi x}{l}\right)\mathrm{d}x = \frac{1}{2l}\int_{-l}^{l} f(x)\mathrm{e}^{-\mathrm{i}\frac{n\pi x}{l}}\mathrm{d}x \ (n=1, 2, \cdots).$$

若记

$$c_{-n} = \frac{1}{2l}\int_{-l}^{l} f(x)\mathrm{e}^{-\mathrm{i}\frac{(-n)\pi x}{l}}\mathrm{d}x \ (n=1, 2, \cdots),$$

显然,有 $\bar{s}_n = c_{-n}$.同时从积分式中还可看出,c_{-n} 相当于 c_n 中的 n 取 $-1, -2, \cdots$ 等负整数的情况.于是式(7-26)还可化为

$$f(x) = c_0 + \sum_{n=1}^{\infty}\left[c_n\mathrm{e}^{\mathrm{i}\frac{n\pi x}{l}} + c_{-n}\mathrm{e}^{\mathrm{i}\frac{(-n)\pi x}{l}}\right]$$

$$= c_0\mathrm{e}^{\mathrm{i}\frac{0\cdot\pi x}{l}} + \sum_{n=1}^{+\infty}c_n\mathrm{e}^{\mathrm{i}\frac{n\pi x}{l}} + \sum_{n=-1}^{-\infty}c_n\mathrm{e}^{\mathrm{i}\frac{n\pi x}{l}} = \sum_{n=-\infty}^{+\infty}c_n\mathrm{e}^{\mathrm{i}\frac{n\pi x}{l}},$$

即

$$f(x) = \sum_{n=-\infty}^{+\infty}c_n\mathrm{e}^{\mathrm{i}\frac{n\pi x}{l}}. \tag{7-27}$$

我们称式(7-27)为 $f(x)$ 的**傅里叶级数的复数形式**(Fouries series in complex form),其中

$$c_n = \frac{1}{2l}\int_{-l}^{l} f(x) e^{-i\frac{n\pi x}{l}} dx \quad (n=0, \pm 1, \pm 2, \cdots).$$

容易看出 c_n 的模 $|c_n|$ 就是 n 次谐波的振幅的一半,这是因为 $c_n = \dfrac{a_n - ib_n}{2}$.

故
$$|c_n| = \frac{1}{2}\sqrt{a_n^2 + b_n^2} = \frac{1}{2} A_n \quad (n=1, 2, \cdots).$$

只要求出傅里叶系数 c_n,c_n 的模的 2 倍就是 n 次谐波的振幅,这比采用三角级数计算更加直接和简便.

例 周期为 T 的矩形波在 $\left[-\dfrac{T}{2}, \dfrac{T}{2}\right)$ 上的表达式

$$f(x) = \begin{cases} a, & -\dfrac{T}{2} \leqslant x < 0, \\ b, & 0 \leqslant x < \dfrac{T}{2} \end{cases} \quad (a \neq b,\ a, b \text{ 为常数}).$$

试将 $f(x)$ 展开为傅里叶级数的复数形式,并求 n 次谐波的振幅.

解 由式(7-27)中系数 c_n 的公式得

$$c_n = \frac{1}{T}\int_{-\frac{T}{2}}^{\frac{T}{2}} f(x) e^{-i\frac{2n\pi x}{T}} dx = \frac{1}{T}\int_{-\frac{T}{2}}^{0} a e^{-i\frac{2n\pi x}{T}} dx + \frac{1}{T}\int_{0}^{\frac{T}{2}} b e^{-i\frac{2n\pi x}{T}} dx$$

$$= \left[-\frac{a}{2n\pi i} e^{-i\frac{2n\pi x}{T}}\right]_{-\frac{T}{2}}^{0} + \left[-\frac{b}{2n\pi i} e^{-i\frac{2n\pi x}{T}}\right]_{0}^{\frac{T}{2}} = \frac{i}{2n\pi}[a(1-e^{in\pi}) + b(e^{-in\pi}-1)]$$

$$= \frac{i}{2n\pi}[a(1-\cos n\pi) + b(\cos n\pi - 1)] = \frac{a-b}{2n\pi} i[1-(-1)^n]$$

$$= \begin{cases} \dfrac{a-b}{n\pi} i, & n = 2k-1, \\ 0, & n = 2k, \end{cases} \quad k \in \mathbf{Z}.$$

$$c_0 = \frac{1}{T}\int_{-\frac{T}{2}}^{\frac{T}{2}} f(x) dx = \frac{1}{T}\int_{-\frac{T}{2}}^{0} a\, dx + \frac{1}{T}\int_{0}^{\frac{T}{2}} b\, dx = \frac{a+b}{2}.$$

所以,$f(x)$ 的傅里叶级数的复数形式为

$$f(x) = \frac{a+b}{2} + i\frac{a-b}{\pi}\sum_{n=-\infty}^{+\infty} \frac{1}{2n-1} e^{i\frac{2(2n-1)\pi x}{T}} \quad \left(-\infty < x < +\infty,\ x \neq \frac{kT}{2},\ k \in \mathbf{Z}\right).$$

n 次谐波的振幅

$$A_n = 2|c_n| = 2\left|\frac{a-b}{2n\pi} i[1-(-1)^n]\right| = \begin{cases} \dfrac{2|a-b|}{n\pi}, & n = 2k-1, \\ 0, & n = 2k, \end{cases} \quad k \in \mathbf{N}^*.$$

习 题 7-7

将周期为 4 的单向窄脉冲信号展开成傅里叶级数的复数形式,其表达式 $f(t) = \begin{cases} 0, & -2 \leqslant t \leqslant -\dfrac{1}{2}, \\ e, & -\dfrac{1}{2} < t < \dfrac{1}{2}, \\ 0, & \dfrac{1}{2} \leqslant t < 2. \end{cases}$

复习题七

A 组

1. 判断题:

(1) 若 $\lim\limits_{n\to\infty} u_n = 0$,则级数 $\sum\limits_{n=1}^{\infty} u_n$ 收敛. ( )

(2) 若级数 $\sum\limits_{n=1}^{\infty} u_n$ 发散,则级数 $\sum\limits_{n=1}^{\infty} cu_n (c \neq 0$ 为常数$)$ 也发散. ( )

(3) 改变级数的有限多个项,级数的敛散性不变. ( )

(4) 若级数 $\sum\limits_{n=1}^{\infty} u_n$ 收敛,则 $\sum\limits_{n=1}^{\infty} (u_{2n-1} + u_{2n})$ 收敛. ( )

2. 用"收敛"或"发散"填空:

(1) 若级数 $\sum\limits_{n=1}^{\infty} u_n$ 收敛,则 $\sum\limits_{n=1}^{\infty} (u_n + 0.001)$ _____;

(2) 级数 $\sum\limits_{n=1}^{\infty} \dfrac{2}{n\sqrt{n+1}}$ _____;

(3) 当 $0 < a < 1$ 时,级数 $\sum\limits_{n=1}^{\infty} \dfrac{a^{n-1}}{1+a^n}$ _____;

(4) 级数 $\sum\limits_{n=1}^{\infty} \dfrac{(-1)^n}{\sqrt{n^3+1}}$ _____;

(5) 级数 $\sum\limits_{n=1}^{\infty} \dfrac{1}{\sqrt{n+1}+\sqrt{n}}$ _____.

3. 选择题:

(1) 下列级数中,收敛的是( ).

A. $\sum\limits_{n=1}^{\infty} \dfrac{(-1)^{n-1}}{\sqrt{n}}$ B. $\sum\limits_{n=1}^{\infty} \dfrac{(-1)^n n}{\sqrt{2n^2+3}}$ C. $\sum\limits_{n=1}^{\infty} \dfrac{5}{n+1}$ D. $\sum\limits_{n=1}^{\infty} \dfrac{n+1}{3n-2}$

(2) 下列级数中,绝对收敛的是( ).

A. $\sum\limits_{n=1}^{\infty} \dfrac{(-1)^n}{n}$ B. $\sum\limits_{n=1}^{\infty} \dfrac{3n+2}{n^2+1}$ C. $\sum\limits_{n=1}^{\infty} (-1)^{n-1} \left(\dfrac{2}{3}\right)^n$ D. $\sum\limits_{n=1}^{\infty} \dfrac{(-1)^{n-1}}{\ln(1+n)}$

(3) 幂级数 $\sum\limits_{n=1}^{\infty} \dfrac{x^n}{n}$ 的收敛区间是( ).

A. $[-1, 1]$ B. $[-1, 1)$ C. $(-1, 1]$ D. $(-1, 1)$

B 组

1. 用已知函数的展开式,将下列函数展开成 x 的幂级数:

(1) $f(x) = x^3 e^{-x}$; (2) $f(x) = \cos^2 2x$.

2. 用已知函数的展开式,将下列函数展开成 $x-2$ 的幂级数:

(1) $f(x) = \dfrac{1}{4-x}$; (2) $f(x) = \ln x$.

第七章习题与复习题

第八章

空间解析几何与向量代数

本章将介绍**空间解析几何**(space analytic geometry)和**向量代数**(vector algebra)的有关知识.

§8-1 空间直角坐标系

一、空间直角坐标系

为了确定空间任意一点的位置,需要建立空间直角坐标系.过空间一定点 O,作三条互相垂直的数轴,它们都以 O 为原点,且一般具有相同的长度单位.这三条坐标轴分别称为 **x 轴**(横轴)、**y 轴**(纵轴)、**z 轴**(竖轴),统称为**坐标轴**.通常把 x 轴和 y 轴配置在水平面上,z 轴则是垂直线;这样的配置要符合**右手定则**,即以右手握住 z 轴,当右手的四个手指从 x 轴正向以 $\frac{\pi}{2}$ 的角度转向 y 轴正向时,大拇指的指向就是 z 轴的正向(图 8-1).这样的三条坐标轴就组成一个**空间直角坐标系**(space rectangular coordinates system),点 O 称为**坐标原点**.

空间直角坐标系中任意两条坐标轴都可以确定一个平面,称为**坐标平面**(coordinate plane),由 x 轴和 y 轴所确定的平面称为 xOy 平面;由 y 轴和 z 轴所确定的平面称为 yOz 平面;由 x 轴和 z 轴所确定的平面称为 xOz 平面.三个坐标平面把整个空间分成八个部分,依次称为第 Ⅰ,Ⅱ,Ⅲ,Ⅳ,Ⅴ,Ⅵ,Ⅶ,Ⅷ **卦限**(图 8-2),坐标平面不属于任何卦限.

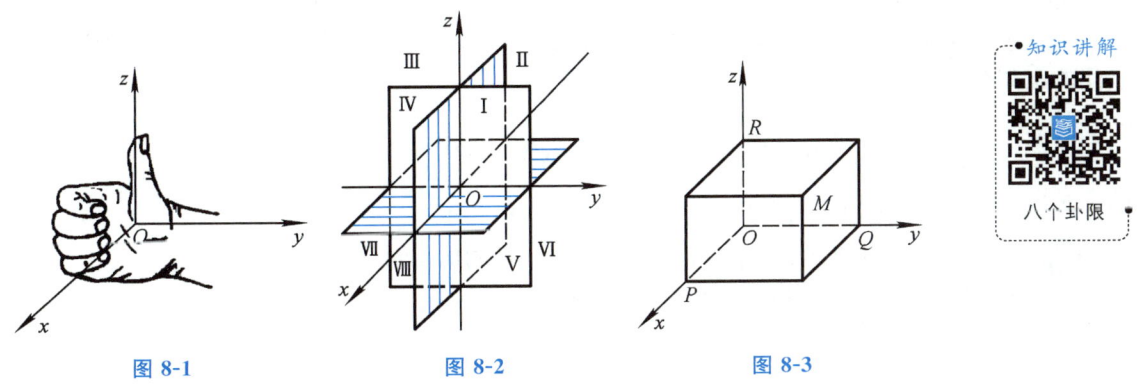

图 8-1   图 8-2   图 8-3

取定了空间直角坐标系后,就可以建立起空间的点与有序实数组 (x, y, z) 之间的对应关系.

设 M 为空间中的一点,过点 M 分别作一个垂直于 x 轴、y 轴和 z 轴的平面,它们与坐标轴的交点 P, Q, R 对应的三个实数依次为 x, y, z(图 8-3),于是点 M 唯一地确定了一个有序实数组(x,y,z). 反之,如果给定了一个有序实数组(x,y,z),我们依次在x轴、y轴、z轴上取与x,y,z相应的点P,Q,R,然后过P,Q,R分别作垂直于x轴、y轴和z轴的三个平面,这三个平面交于空间一点M. 因此,有序实数组(x,y,z)与空间的点M一一对应,并依次称x,y,z为点M的**横坐标**、**纵坐标**和**竖坐标**,故坐标为(x,y,z)的点M可记为$M(x,y,z)$.

显然,原点的坐标为$O(0,0,0)$;x轴、y轴和z轴上的点的坐标分别为$(x,0,0)$,$(0,y,0)$,$(0,0,z)$;xOy,yOz,xOz三个坐标面上的点的坐标分别为$(x,y,0)$,$(0,y,z)$,$(x,0,z)$.

二、空间两点间的距离

设$M_1(x_1,y_1,z_1)$,$M_2(x_2,y_2,z_2)$为空间两点,我们可用这两个点的坐标来表达它们之间的距离d. 假设线段$\overline{M_1M_2}$在xOy坐标面上的投影是$\overline{AB}$. 如图8-4所示,过点M_1在平面M_1M_2BA内作$M_1N \parallel AB$,得直角三角形M_1NM_2. 由勾股定理有

$$|M_1M_2|^2 = |M_1N|^2 + |NM_2|^2,$$

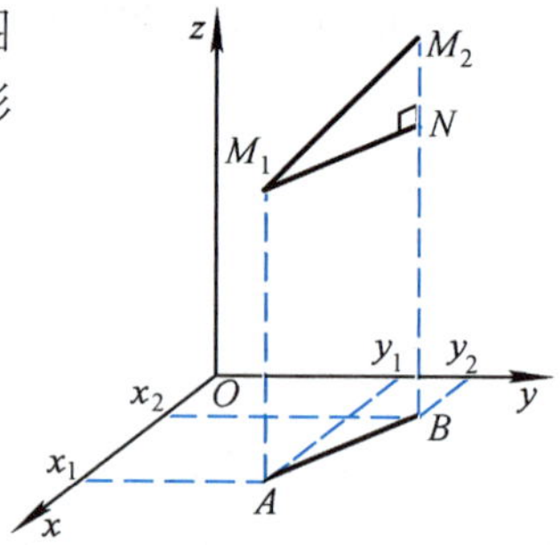

又由图示关系得

$$|M_1N|^2 = |AB|^2 = (x_2-x_1)^2 + (y_2-y_1)^2,$$

及

$$|NM_2|^2 = (z_2-z_1)^2,$$

即

$$|M_1M_2|^2 = (x_2-x_1)^2 + (y_2-y_1)^2 + (z_2-z_1)^2,$$

所以

$$d = \sqrt{(x_2-x_1)^2 + (y_2-y_1)^2 + (z_2-z_1)^2}. \tag{8-1}$$

图 8-4

式(8-1)即为**空间两点间的距离公式**(space distance formula between two points).

特别地,点$M(x,y,z)$到原点$O(0,0,0)$的距离

$$|OM| = \sqrt{x^2+y^2+z^2}.$$

例1 在z轴上求与两点$A(-1,2,3)$和$B(2,6,-2)$等距离的点.

解 由于所求的点P在z轴上,设该点的坐标为$(0,0,z)$,依题意有$|PA|=|PB|$,由两点间的距离公式得

$$\sqrt{(0+1)^2+(0-2)^2+(z-3)^2} = \sqrt{(0-2)^2+(0-6)^2+(z+2)^2}.$$

解方程,得$z=-3$. 所以,所求的点为$P(0,0,-3)$.

例2 求以点$M_0(x_0,y_0,z_0)$为球心,R为半径的球面的方程.

解 设$M(x,y,z)$为球面上任意一点. 依题意有

$$|MM_0| = R.$$

由空间两点间的距离公式得

$$\sqrt{(x-x_0)^2+(y-y_0)^2+(z-z_0)^2} = R,$$

或

$$(x-x_0)^2+(y-y_0)^2+(z-z_0)^2=R^2. \quad (8\text{-}2)$$

式(8-2)即为所求之**球面方程**(spherical equation),其图形如图 8-5 所示.

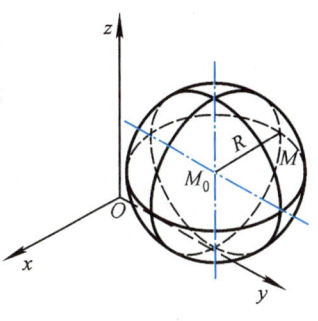

图 8-5

特别地,如果球心就是坐标原点,则球面方程为

$$x^2+y^2+z^2=R^2.$$

可见,球面方程是关于 x,y,z 的二次方程.

例 3 一动点与两定点 $A(2,-3,2)$ 及 $B(1,4,-2)$ 的距离相等,求这动点轨迹的方程.

解 设动点为 $M(x,y,z)$.依题意,此动点运动时应满足条件 $|MA|=|MB|$.由空间两点间的距离公式得

$$\sqrt{(x-2)^2+(y+3)^2+(z-2)^2}=\sqrt{(x-1)^2+(y-4)^2+(z+2)^2}.$$

将上式化简后,即可得所求方程为

$$x-7y+4z+2=0.$$

由几何学知识可知,此动点轨迹为线段 AB 的垂直平分面.所以,上面所得到的方程就是线段 AB 的垂直平分面的方程.

可以证明,平面都可以用三元一次方程来表示;反之,三元一次方程的图形都是平面.我们称三元一次方程

$$Ax+By+Cz+D=0 \quad (8\text{-}3)$$

为**平面的一般式方程**(general equation of a plane)(A,B,C 不全为 0).

在方程(8-3)中,如果某些常数为 0,则相应的平面在坐标系中就有特殊位置:

(1) 当 $D=0$ 时,方程(8-3)变为

$$Ax+By+Cz=0,$$

它表示过原点的平面.

(2) 当 $C=0$ 时,方程(8-3)变为

$$Ax+By+D=0,$$

它表示平行于 z 轴的平面.

类似地,方程

$$Ax+Cz+D=0 \text{ 和 } By+Cz+D=0$$

分别表示平行于 y 轴和 x 轴的平面.

(3) 当 $A=B=0$ 时,方程(8-3)变为

$$Cz+D=0,$$

它表示平行于 xOy 面的平面.

类似地,方程 $Ax+D=0$ 和 $By+D=0$ 分别表示平行于 yOz 平面和 xOz 平面的平面.

特别地,当 $D=0$ 时,$z=0,x=0$ 和 $y=0$ 分别为 xOy 平面、yOz 平面和 xOz 平面的方程.

例 4 指出下列平面的位置特点,并作出草图:

(1) $2x - y + z = 0$；　　(2) $x + z = 1$；　　(3) $2x - y = 0$；　　(4) $z - 2 = 0$.

解 (1) 方程 $D = 0$, 平面过坐标原点, 如图 8-6a 所示.

(2) 方程 $B = 0$, 平面平行于 y 轴, 如图 8-6b 所示.

(3) 方程 $C = D = 0$, 平面过 z 轴, 如图 8-6c 所示.

(4) 方程 $A = B = 0$, 平面平行于 xOy 面, 如图 8-6d 所示.

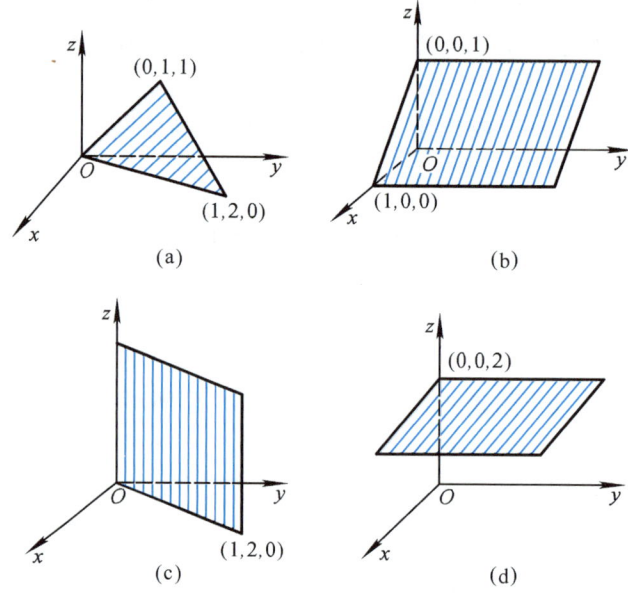

图 8-6

例 5 求与三个坐标轴分别交于 $(a, 0, 0)$, $(0, b, 0)$, $(0, 0, c)$ 三点的平面的方程, 其中 a, b, c 都不为 0.

解 设所求的平面方程为
$$Ax + By + Cz + D = 0.$$

因为 $(a, 0, 0)$, $(0, b, 0)$, $(0, 0, c)$ 三点在该平面上, 所以有
$$\begin{cases} Aa + D = 0, \\ Bb + D = 0, \\ Cc + D = 0. \end{cases}$$

解此方程组, 得 $A = -\dfrac{D}{a}$, $B = -\dfrac{D}{b}$, $C = -\dfrac{D}{c}$.

代入所设方程并除以 $D(D \neq 0)$, 即得所求的平面方程为

$$\frac{x}{a} + \frac{y}{b} + \frac{z}{c} = 1. \qquad (8\text{-}4)$$

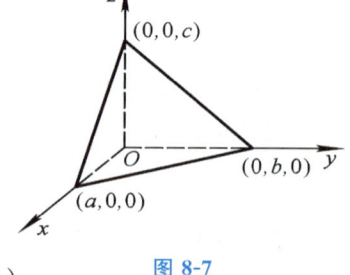

图 8-7

方程(8-4)称为平面的**截距式方程**(equation of intercept form), a, b, c 依次称为平面在 x, y, z 三轴上的**截距**(intercept)(图 8-7).

习 题 8-1

1. 设有两点 $A(5,4,0)$ 和 $B(-4,3,4)$,求满足条件 $2|PA|=|PB|$ 的动点 P 的轨迹方程.
2. 求点 $M(4,-3,5)$ 到原点与各坐标轴的距离.
3. 求 y 轴上的一点,使它与 $A(1,2,3)$,$B(0,1,-1)$ 两点距离相等.
4. 写出以点 $C(1,3,-2)$ 为球心,并过原点的球面方程.

§8-2 向量代数

我们在初等数学已经学过向量(vector)的概念,现将有关概念复习一下.

吉布斯

一、向量的概念

我们知道,力、位移、速度、加速度等都是既有大小又有方向的量,这类量我们称为**向量**.

在数学上,常用一条有方向的线段,即有向线段来表示向量. 有向线段的长度表示向量的大小,有向线段的方向表示向量的方向. 例如:以 A 为起点、B 为终点的有向线段所表示的向量,记为 $\overrightarrow{AB}$. 有时也用一个黑体字母表示向量,例如:向量 a,b 等(图 8-8).

向量的大小称为向量的**模**. 向量 $\overrightarrow{AB}$,a,b 的模分别记为 $|\overrightarrow{AB}|$,$|a|$,$|b|$. 模等于 1 的向量称为**单位向量**. 模等于 0 的向量称为**零向量**(null vector),记为 $\mathbf{0}$,零向量的方向可看作是任意的.

定义 1 如果两个向量 a 与 b 满足下面三个条件:(1) $|a|=|b|$;(2) a 与 b 平行,即在同一直线上或平行线上;(3) a 与 b 的指向相同,则称向量 a **与** b **相等**(图 8-8),记为 $a=b$.

由定义知,一个向量 a,在空间任意移动,只要它与初始位置平行和方向相同,则所得的向量与 a 相等. 因此,在空间直角坐标系中讨论向量时,一般把起点放在坐标原点 O.

二、向量与数量的乘积和向量的加法与减法

定义 2 设向量 a 和数量 $\lambda \in \mathbf{R}$,则它们的乘积 λa(或 $a\lambda$)是一个向量 b,它的模等于向量 a 的模(module)与数 $|\lambda|$ 的乘积,即

$$|b|=|\lambda||a|,并且 b // a.$$

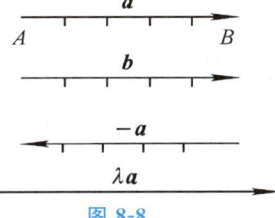

图 8-8

当 $\lambda > 0$,则 b 的方向与 a 的方向相同;当 $\lambda < 0$ 时,则 b 的方向与 a 的方向相反;当 $\lambda=0$ 时,b 为零向量. 特别地,$\lambda=-1$ 时,则 $b=(-1)a=-a$,它与 a 的模相等,方向相反,b 称为向量 a 的**负向量**(negative vector). 如果 $b=\lambda a$,则称 a,b 为**共线向量**(collinear vectors).

向量与数量的乘积有下面的运算律:

(1) 结合律:$\lambda(\mu a)=\mu(\lambda a)=(\lambda\mu)a$;

(2) 分配律:$(\lambda+\mu)a=\lambda a+\mu a$,$\lambda(a+b)=\lambda a+\lambda b$.

根据定义 2,我们有 $a // b \Leftrightarrow b=\lambda a$.

设 e_a 表示与非零向量 a 同方向的**单位向量**(unit vector),由于 $|a|>0$,因此 $|a|e_a$ 与 e_a 有相同的方向,又因 $|a|e_a$ 的模为

$$|a||e_a|=|a|\cdot 1=|a|,$$

即 $|a|e_a$ 与 a 的模相同,因此有
$$a = |a|e_a,$$
上式也可写成
$$\frac{a}{|a|} = e_a. \tag{8-5}$$

式(8-5)表示一个非零向量除以它的模所得的向量,是与原向量同方向的单位向量.

我们在物理学中学过两个力的合成的平行四边形法则,对于速度、位移也有类似结果.

如图 8-9 所示,设 $a = \overrightarrow{OA}$, $b = \overrightarrow{OB}$, 以 $\overrightarrow{OA}$, $\overrightarrow{OB}$ 为边作平行四边形 $OACB$, 对角线 $\overrightarrow{OC}$ 所表示的向量记为 c, 即 $c = \overrightarrow{OC}$. 我们称向量 c 为向量 a 与 b 的和,记为 $c = a + b$. 这种用平行四边形的对角线向量来规定两个向量和的方法,称为**向量加法的平行四边形法则**(parallelogram law of vector addition).

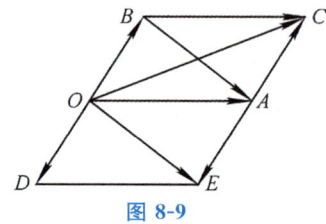

图 8-9

如果两个向量 $a = \overrightarrow{OA}$ 与 $b = \overrightarrow{OB}$ 在同一直线上,它们的和是这样规定的:当 $\overrightarrow{OA}$ 与 $\overrightarrow{OB}$ 指向相同时,和向量的方向与原来向量的方向相同,其模等于两向量的模的和,当 $\overrightarrow{OA}$ 与 $\overrightarrow{OB}$ 的指向相反时,和向量的方向与模较大的向量方向相同,而模等于两向量的模的差.

如图 8-9 所示 $\overrightarrow{BC} = \overrightarrow{OA} = a$, $\overrightarrow{OB} = \overrightarrow{AC} = b$, 易见
$$\overrightarrow{OC} = \overrightarrow{OA} + \overrightarrow{AC} = \overrightarrow{OB} + \overrightarrow{BC},$$
即
$$c = a + b = b + a,$$
也就是说,先作向量 $\overrightarrow{OA} = a$, 以 $\overrightarrow{OA}$ 的终点 A 为起点作 $\overrightarrow{AC} = b$, 连接 OC, 就得 $a + b = c = \overrightarrow{OC}$. 或先作向量 $\overrightarrow{OB} = b$, 以 $\overrightarrow{OB}$ 的终点 B 为起点,作 $\overrightarrow{BC} = a$, 连接 OC, 就得 $b + a = c = \overrightarrow{OC}$, 这就是**向量加法的三角形法则**.

向量 a 减向量 b, 可看作向量 a 加向量 $-b$. 如图 8-9 所示,先作向量 $\overrightarrow{OA} = a$, 以 OA 的终点 A 为起点,作 $\overrightarrow{AE} = -b$, 连接 OE, 则 $\overrightarrow{OE} = \overrightarrow{OA} + \overrightarrow{AE} = a - b$. 又因 $\overrightarrow{OE} = \overrightarrow{BA}$, 因此,也可以先作 $\overrightarrow{OA} = a$, 以 O 为终点,作 $\overrightarrow{BO} = -b$, 连接 BA, 则 $\overrightarrow{BA} = a - b$. 还可以先作 $\overrightarrow{OA} = a$, 以 O 为起点作 $\overrightarrow{OB} = b$, 则向量 b 的终点 B 到向量 a 的终点 A 的向量 $\overrightarrow{BA}$ 就是 $a - b$. 上述方法,称为**向量减法的三角形法则**(triangle law of vector subtraction).

释疑解难

向量的加法

三、向量在坐标轴的分向量与向量的坐标

设有两向量 a, b 交于点 S(图 8-10)(如果 a, b 不相交,可将其中一向量平行移动,使其相交),把其中一向量绕 S 点在两向量确定的平面上旋转,使它的正方向与另一向量的正方向重合,这样得到的旋转角 $\varphi(0 \leq \varphi < \pi)$, 称为**两向量 a, b 的夹角**,记为 $\langle a, b \rangle$ 或 $\langle b, a \rangle$, 即 $\langle a, b \rangle = \varphi$. 如果向量 a, b 平行,且指向相同,则规定它们的夹角 $\varphi = 0$; 如果 a, b 平行,且指向相反,则规定它们的夹角 $\varphi = \pi$.

定义 3 设已知一点 A 以及一轴 u, 过点 A 作轴 u 的垂直平面 α, 与轴 u 的交点 A', 称为**点**

A 在轴 u 上的投影(图 8-11)。设已知向量 $\overrightarrow{AB}$ 的始点 A 及终点 B 在轴 u 上的投影分别为点 A', B', 则轴 u 上的有向线段 $\overrightarrow{A'B'}$ 的值 $A'B'$ 称为**向量 $\overrightarrow{AB}$ 在轴 u 上的投影**, 它不是向量, 是标量, 记为 $\mathrm{Prj}_u \overrightarrow{AB} = A'B'$, 轴 u 称为**投影轴**(projection axis).

向量在轴上的投影

关于向量的投影, 我们有如下两个定理:

定理 1 向量 $\overrightarrow{AB}$ 在轴 u 上的投影等于向量的模乘以轴与向量夹角的余弦(图 8-12), 即

$$\mathrm{Prj}_u \overrightarrow{AB} = |\overrightarrow{AB}| \cos \varphi \quad (证略).$$

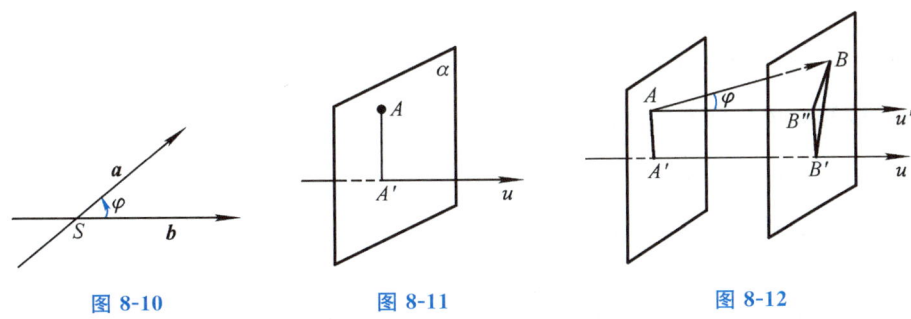

图 8-10　　　　图 8-11　　　　图 8-12

从定理 1 我们得到:当向量与投影轴成锐角时,向量的投影为正;成钝角时,向量的投影为负;成直角时,向量的投影为零;相等向量在同一轴上的投影相等.

如果点 A', B' 在轴 u 上的坐标分别为 u_1, u_2, 则有向线段 $\overrightarrow{A'B'}$ 的值

$$A'B' = u_2 - u_1, \quad 即 \quad \mathrm{Prj}_u \overrightarrow{AB} = u_2 - u_1,$$

又如果设 e 是与轴 u 正向一致的单位向量, 则由定义 2 得

$$\overrightarrow{A'B'} = (u_2 - u_1)e. \tag{8-6}$$

设 $\overrightarrow{OM}$ 是空间直角坐标系中的一向量, 起点 O 为坐标原点, 点 M 的坐标为 (x, y, z)(图 8-13), 则

$$OA = x, \ OB = y, \ OC = z.$$

由向量加法的平行四边形法则, 有

$$\overrightarrow{OM} = \overrightarrow{OP} + \overrightarrow{OC} = \overrightarrow{OA} + \overrightarrow{OB} + \overrightarrow{OC}. \tag{8-7}$$

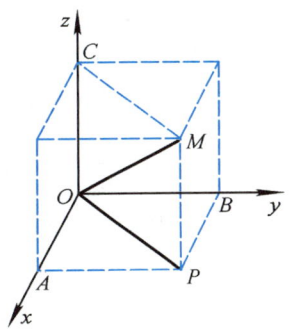

图 8-13

其中 $\overrightarrow{OA}$, $\overrightarrow{OB}$, $\overrightarrow{OC}$ 分别称为向量 $\overrightarrow{OM}$ 在 x 轴、y 轴、z 轴上的**分向量**(component). 若以 i, j, k 表示沿 x 轴、y 轴、z 轴正向的单位向量[称为**基本单位向量**(basic unit vector)], 则由定义 1 及式(8-6)得

$$\overrightarrow{OA} = x\boldsymbol{i}, \quad \overrightarrow{OB} = y\boldsymbol{j}, \quad \overrightarrow{OC} = z\boldsymbol{k}.$$

代入(8-7)式得

$$\overrightarrow{OM} = x\boldsymbol{i} + y\boldsymbol{j} + z\boldsymbol{k}, \tag{8-8}$$

其中 x, y, z 分别为向量 $\overrightarrow{OM}$ 在 x 轴, y 轴, z 轴上的**投影**(projection). 因此, 在向量 $\overrightarrow{OM}$ 起点在原点 O 的情况下, (x, y, z) 既是向量终点 M 的坐标, 也是向量 $\overrightarrow{OM}$ 的坐标, 为了区别点与向量, 我们用 { } 表示向量, 即

$$\overrightarrow{OM} = \{x, y, z\}.$$

向量的投影

一般地, 设 $\boldsymbol{a} = \overrightarrow{M_1 M_2}$ 是以 $M_1(x_1, y_1, z_1)$ 为起点, $M_2(x_2, y_2, z_2)$ 为终点的向量, a_x, a_y, a_z 为向量 $\boldsymbol{a}$ 在坐标轴上的投影, 可以证明

$$a_x \boldsymbol{i} = (x_2 - x_1)\boldsymbol{i}, \quad a_y \boldsymbol{j} = (y_2 - y_1)\boldsymbol{j}, \quad a_z \boldsymbol{k} = (z_2 - z_1)\boldsymbol{k}.$$

于是,

$$\overrightarrow{M_1 M_2} = a_x \boldsymbol{i} + a_y \boldsymbol{j} + a_z \boldsymbol{k} = (x_2 - x_1)\boldsymbol{i} + (y_2 - y_1)\boldsymbol{j} + (z_2 - z_1)\boldsymbol{k}. \tag{8-9}$$

式(8-9)称为**向量 $\boldsymbol{a}$ 按基本单位向量的分解式**, 记为

$$\boldsymbol{a} = \{a_x, a_y, a_z\} = \{x_2 - x_1, y_2 - y_1, z_2 - z_1\}.$$

特别地, 基本单位向量的分解式 $\boldsymbol{i} = \{1, 0, 0\}$, $\boldsymbol{j} = \{0, 1, 0\}$, $\boldsymbol{k} = \{0, 0, 1\}$.

易见, 式(8-8)是式(8-9)的特殊情形. 这样, 向量 $\boldsymbol{a}$ 可以唯一定出它在坐标轴上的投影 a_x, a_y, a_z, 另一方面从 a_x, a_y, a_z 可以唯一地确定一向量 $\boldsymbol{a}$. 向量 $\boldsymbol{a}$ 与有序组 (a_x, a_y, a_z) 一一对应, 并称 a_x, a_y, a_z 为**向量 $\boldsymbol{a}$ 的坐标**, 表达式 $\boldsymbol{a} = \{a_x, a_y, a_z\}$ 称为向量 $\boldsymbol{a}$ 的**坐标表达式**.

应当注意, 向量在坐标轴上的分向量与向量在坐标轴上的投影(即向量的坐标)有本质的区别, 向量 $\boldsymbol{a}$ 在坐标轴上投影是三个数值 a_x, a_y, a_z, 而它在坐标轴上的分向量是 $a_x \boldsymbol{i}$, $a_y \boldsymbol{j}$, $a_z \boldsymbol{k}$.

利用向量的坐标, 可得向量的加法及向量与数量乘积的运算法则:

设 $\boldsymbol{a} = \{a_x, a_y, a_z\}$, $\boldsymbol{b} = \{b_x, b_y, b_z\}$, 则

(1) $\boldsymbol{a} \pm \boldsymbol{b} = \{a_x \pm b_x, a_y \pm b_y, a_z \pm b_z\}$;

(2) $\lambda \boldsymbol{a} = \{\lambda a_x, \lambda a_y, \lambda a_z\}, \quad \lambda \in \mathbf{R}$.

定理 2 设向量 $\boldsymbol{a} = \{a_x, a_y, a_z\}$, $\boldsymbol{b} = \{b_x, b_y, b_z\}$, 且 b_x, b_y, b_z 不等于 0. 如果 $\boldsymbol{a} \parallel \boldsymbol{b}$, 则 $\dfrac{a_x}{b_x} = \dfrac{a_y}{b_y} = \dfrac{a_z}{b_z}$; 反之, 结论也成立.

证 由 $\boldsymbol{a} \parallel \boldsymbol{b}$, 得 $\boldsymbol{a} = \lambda \boldsymbol{b}$, 即 $\{a_x, a_y, a_z\} = \lambda\{b_x, b_y, b_z\}$, 由分配律得 $a_x = \lambda b_x$, $a_y = \lambda b_y$, $a_z = \lambda b_z$, 于是得 $\dfrac{a_x}{b_x} = \dfrac{a_y}{b_y} = \dfrac{a_z}{b_z}$.

反之, 令 $\dfrac{a_x}{b_x} = \dfrac{a_y}{b_y} = \dfrac{a_z}{b_z} = \lambda$, 则 $a_x = \lambda b_x$, $a_y = \lambda b_y$, $a_z = \lambda b_z$,

$$\{a_x, a_y, a_z\} = \{\lambda b_x, \lambda b_y, \lambda b_z\} = \lambda\{b_x, b_y, b_z\}.$$

即 $\boldsymbol{a} = \lambda \boldsymbol{b}$, 于是 $\boldsymbol{a} \parallel \boldsymbol{b}$.

例 1 设 $M_1(1, -1, 2)$, $M_2(0, 1, 3)$, $M_3(3, 0, -2)$ 为空间三点, 求:

(1) $3\overrightarrow{M_1 M_2} + 2\overrightarrow{M_2 M_3}$;   (2) $\overrightarrow{M_3 M_1} - 4\overrightarrow{M_2 M_3}$.

解 $\overrightarrow{M_1 M_2} = \{0 - 1, 1 + 1, 3 - 2\} = \{-1, 2, 1\}$,

$\overrightarrow{M_2 M_3} = \{3 - 0, 0 - 1, -2 - 3\} = \{3, -1, -5\}$,

$$\overrightarrow{M_3M_1} = \{1-3, -1-0, 2+2\} = \{-2, -1, 4\},$$

因此

(1) $3\overrightarrow{M_1M_2} + 2\overrightarrow{M_2M_3} = \{-3, 6, 3\} + \{6, -2, -10\} = \{3, 4, -7\}.$

(2) $\overrightarrow{M_3M_1} - 4\overrightarrow{M_2M_3} = \{-2, -1, 4\} - \{12, -4, -20\} = \{-14, 3, 24\}.$

如图 8-13 所示，向量是由它的模与方向来确定，如果已知非零向量 $\boldsymbol{a} = \{a_x, a_y, a_z\}$，则它的模与方向也可用坐标表示．

我们不妨把 $\boldsymbol{a}$ 的起点放在原点，如图 8-14 所示，$\boldsymbol{a}$ 的终点为 M，则 $\boldsymbol{a} = \overrightarrow{OM}$．由两点间距离公式，得

$$|\boldsymbol{a}| = |\overrightarrow{OM}| = \sqrt{a_x^2 + a_y^2 + a_z^2}.$$

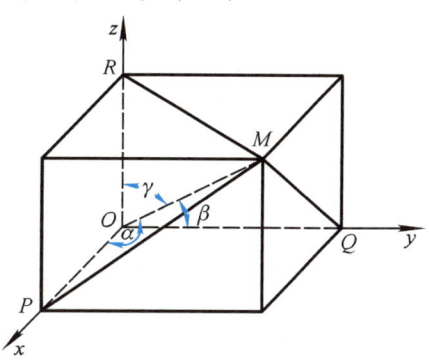

图 8-14

定义 4 设向量 $\boldsymbol{a} = \overrightarrow{OM}$ 与 x 轴、y 轴、z 轴正向的夹角分别为 α, β, γ（其中 $0 \leqslant \alpha \leqslant \pi, 0 \leqslant \beta \leqslant \pi, 0 \leqslant \gamma \leqslant \pi$），则称 α, β, γ 为向量 $\boldsymbol{a}$ 的**方向角**(direction angle)；$\cos\alpha$，$\cos\beta$，$\cos\gamma$ 为向量 $\boldsymbol{a}$ 的**方向余弦**(direction consine)．

因为 △MPO，△MQO，△MRO 都是直角三角形，所以

$$\begin{cases} \cos\alpha = \dfrac{a_x}{|\boldsymbol{a}|} = \dfrac{a_x}{\sqrt{a_x^2 + a_y^2 + a_z^2}}, \\ \cos\beta = \dfrac{a_y}{|\boldsymbol{a}|} = \dfrac{a_y}{\sqrt{a_x^2 + a_y^2 + a_z^2}}, \\ \cos\gamma = \dfrac{a_z}{|\boldsymbol{a}|} = \dfrac{a_z}{\sqrt{a_x^2 + a_y^2 + a_z^2}}, \\ \cos^2\alpha + \cos^2\beta + \cos^2\gamma = 1. \end{cases}$$

例 2 已知 $M_1(1, 2, -1)$，$M_2(0, 4, -3)$ 两点，求向量 $\overrightarrow{M_1M_2}$ 的模和方向余弦．

解 $\overrightarrow{M_1M_2} = \{0-1, 4-2, -3+1\} = \{-1, 2, -2\},$

$$|\overrightarrow{M_1M_2}| = \sqrt{(-1)^2 + 2^2 + (-2)^2} = 3.$$

于是

$$\cos\alpha = -\frac{1}{3}, \cos\beta = \frac{2}{3}, \cos\gamma = -\frac{2}{3}.$$

例 3 已知作用于某质点的三个力分别为 $\boldsymbol{F}_1 = 2\boldsymbol{i} - 3\boldsymbol{j}$，$\boldsymbol{F}_2 = \boldsymbol{i} + \boldsymbol{j} + \boldsymbol{k}$，$\boldsymbol{F}_3 = -\boldsymbol{i} - 2\boldsymbol{k}$，求合力 $\boldsymbol{F}$ 的大小和方向角．

解 $\boldsymbol{F} = \boldsymbol{F}_1 + \boldsymbol{F}_2 + \boldsymbol{F}_3 = \{2+1-1, -3+1+0, 0+1-2\} = \{2, -2, -1\},$

$|\boldsymbol{F}| = \sqrt{2^2 + (-2)^2 + (-1)^2} = 3,$ 所以 $\cos\alpha = \dfrac{2}{3}, \cos\beta = -\dfrac{2}{3}, \cos\gamma = -\dfrac{1}{3},$ 可得 $\alpha \approx 48°11', \beta \approx 131°49', \gamma \approx 109°28'.$

因此，合力的大小为 3 个单位，合力的三个方向角分别为 $\alpha \approx 48°11', \beta \approx 130°49', \gamma \approx 109°28'.$

习 题 8-2

1. 在空间直角坐标系中,已知点 $A(4,\sqrt{2},1)$ 和 $B(3,0,2)$.试求:(1) $\overrightarrow{AB}$ 的坐标;(2) $|\overrightarrow{AB}|$;(3) $\overrightarrow{AB}$ 与三坐标轴上基本单位向量 i,j,k 的夹角的余弦(即所谓方向余弦).

2. 已知向量 $a=\{3,-1,2\}$,$b=\{2,0,3\}$,$c=\{4,2,-1\}$,求:
   (1) $3a+2b-3c$;   (2) $ma+nb-c$.

3. 设向量 $a=3i-2j+4k$,起点为 $(1,3,-2)$,求向量终点的坐标.

§8-3 向量的数量积和向量积

一、两向量的数量积

1. 向量的数量积的定义和性质

设一物体在恒力 F 作用下沿直线从点 M_1 移动到点 M_2,若用 r 表示位移 $\overrightarrow{M_1M_2}$,则由物理学知,力 F 所做的**功**(work)为 $W=|F||r|\cos\theta$,其中 θ 为 F 与 r 的夹角(图 8-15).

像这样由两个向量的模及其夹角的余弦的积构成的算式,在其他问题中还会遇到,下面我们引进向量数量积的概念.

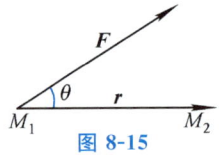

图 8-15

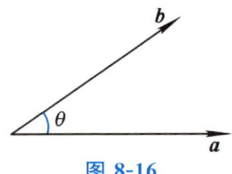

图 8-16

定义 1 设 a,b 为两向量(图 8-16),对 a,b 作这样的运算,其运算的结果是一个数量,它等于 $|a|\cdot|b|$ 及它们夹角 $\theta(0\leqslant\theta\leqslant\pi)$ 的余弦的乘积,称它为向量 a,b 的**数量积**(scalar product),也称为**内积**,记为 $a\cdot b$,即

$$a\cdot b=|a||b|\cos\theta. \tag{8-10}$$

从定义 1 可知,数量积满足交换律:

$$a\cdot b=b\cdot a.\text{(交换律)}$$

易证数量积还满足结合律和分配律:

$$a\cdot(\lambda b)=\lambda(a\cdot b),\text{(结合律)}$$
$$a\cdot(b+c)=a\cdot b+a\cdot c.\text{(分配律)}$$

根据定义,基本单位向量 i,j,k 满足以下关系:

$$i\cdot j=j\cdot k=k\cdot i=0,\quad i^2=j^2=k^2=1,$$

其中 i^2,j^2,k^2 分别是 $i\cdot i$,$j\cdot j$,$k\cdot k$ 的简写.

2. 数量积的坐标计算式

设 a,b 的坐标分别为 $\{a_x,a_y,a_z\}$,$\{b_x,b_y,b_z\}$,根据向量分解式,可以把数量积写成:

$$a\cdot b=(a_x i+a_y j+a_z k)\cdot(b_x i+b_y j+b_z k)$$
$$=a_x b_x i\cdot i+a_x b_y i\cdot j+a_x b_z i\cdot k+a_y b_x j\cdot i+a_y b_y j\cdot j+a_y b_z j\cdot k+$$

$$a_z b_x \boldsymbol{k} \cdot \boldsymbol{i} + a_z b_y \boldsymbol{k} \cdot \boldsymbol{j} + a_z b_z \boldsymbol{k} \cdot \boldsymbol{k}$$
$$= a_x b_x + a_y b_y + a_z b_z.$$

所以
$$\boldsymbol{a} \cdot \boldsymbol{b} = a_x b_x + a_y b_y + a_z b_z. \tag{8-11}$$

而 $|\boldsymbol{a}| = \sqrt{a_x^2 + a_y^2 + a_z^2}$，$|\boldsymbol{b}| = \sqrt{b_x^2 + b_y^2 + b_z^2}$，

于是当 $\boldsymbol{a}$，$\boldsymbol{b}$ 不是零向量时，由式(8-10)和式(8-11)得

$$\cos\theta = \frac{\boldsymbol{a} \cdot \boldsymbol{b}}{|\boldsymbol{a}||\boldsymbol{b}|} = \frac{a_x b_x + a_y b_y + a_z b_z}{\sqrt{a_x^2 + a_y^2 + a_z^2}\sqrt{b_x^2 + b_y^2 + b_z^2}}, \tag{8-12}$$

由此，得

$$\boldsymbol{a} \perp \boldsymbol{b} \Leftrightarrow \boldsymbol{a} \cdot \boldsymbol{b} = 0, \text{ 即 } a_x b_x + a_y b_y + a_z b_z = 0. \tag{8-13}$$

例 1 已知向量 $\boldsymbol{a} = \boldsymbol{i} + \boldsymbol{j} - 4\boldsymbol{k}$，$\boldsymbol{b} = \boldsymbol{i} - 2\boldsymbol{j} + 2\boldsymbol{k}$，求：

(1) 向量 $\boldsymbol{a}$ 与 $\boldsymbol{b}$ 的夹角 $\langle \boldsymbol{a}, \boldsymbol{b} \rangle$；　　(2) $\text{Prj}_{\boldsymbol{a}} \boldsymbol{b}$.

解 由式(8-11)和式(8-12)得

$$\boldsymbol{a} \cdot \boldsymbol{b} = \{1, 1, -4\} \cdot \{1, -2, 2\} = -9, \quad |\boldsymbol{a}| = 3\sqrt{2}, \quad |\boldsymbol{b}| = 3,$$

$$\cos\langle \boldsymbol{a}, \boldsymbol{b} \rangle = \frac{\boldsymbol{a} \cdot \boldsymbol{b}}{|\boldsymbol{a}||\boldsymbol{b}|} = \frac{-9}{3\sqrt{2} \cdot 3} = -\frac{\sqrt{2}}{2}, \quad \text{所以} \quad \langle \boldsymbol{a}, \boldsymbol{b} \rangle = \frac{3\pi}{4}.$$

由 §8-2 节定理 1 得 $\quad \text{Prj}_{\boldsymbol{a}} \boldsymbol{b} = |\boldsymbol{b}|\cos\langle \boldsymbol{a}, \boldsymbol{b} \rangle = 3 \cdot \left(-\frac{\sqrt{2}}{2}\right) = -\frac{3\sqrt{2}}{2}.$

例 2 求 m 的值，使 $2\boldsymbol{i} - 3\boldsymbol{j} + 5\boldsymbol{k}$ 与 $3\boldsymbol{i} + m\boldsymbol{j} - 2\boldsymbol{k}$ 互相垂直.

解 根据式(8-13)，有 $2 \times 3 - 3 \times m + 5 \times (-2) = 0$，所以

$$m = -\frac{4}{3}.$$

例 3 设力 $\boldsymbol{F} = 2\boldsymbol{i} + \boldsymbol{j} - 3\boldsymbol{k}$ 作用于一质点上，质点由点 $A(4, 1, -1)$ 沿直线移动到点 $B(2, 3, -2)$，求：

(1) 力 $\boldsymbol{F}$ 所做的功；

(2) 力 $\boldsymbol{F}$ 与位移 $\overrightarrow{AB}$ 的夹角[力的单位为牛顿(N)，位移的单位为米(m)].

解 $\overrightarrow{AB} = \{2-4, 3-1, -2+1\} = \{-2, 2, -1\}.$

(1) $W = \boldsymbol{F} \cdot \overrightarrow{AB} = \{2, 1, -3\} \cdot \{-2, 2, -1\} = 1(\text{J}).$

(2) $\cos\langle \boldsymbol{F}, \overrightarrow{AB} \rangle = \dfrac{\boldsymbol{F} \cdot \overrightarrow{AB}}{|\boldsymbol{F}||\overrightarrow{AB}|} = \dfrac{1}{\sqrt{14} \times 3} = \dfrac{\sqrt{14}}{42} \approx 0.0891$，$\langle \boldsymbol{F}, \overrightarrow{AB} \rangle \approx 84°53'.$

二、两向量的向量积

1. 向量积的定义及性质

设 O 为杠杆 L 的支点，有一个力 $\boldsymbol{F}$ 作用于这杠杆上点 P 处，$\boldsymbol{F}$ 与 $\overrightarrow{OP}$ 的夹角为 θ(图 8-17a). 由力学知识知道，力 $\boldsymbol{F}$ 对支点 O 的力矩是一个向量 $\boldsymbol{M}$，$\boldsymbol{M}$ 的模等于力的大小与力臂的乘积，即

$$|M| = |\overrightarrow{OP}||F|\sin\theta.$$

M 的方向垂直 $\overrightarrow{OP}$ 与 F 所在平面,其正方向按右手法则确定(图 8-17b):即当右手四指从 $\overrightarrow{OP}$ 以小于 π 的角度到 F 方向握拳时,大拇指伸直所指的方向就是 M 的方向.

由此,我们引出两个向量的向量积的定义.

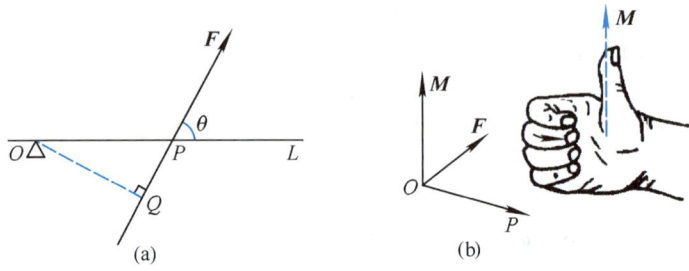

图 8-17

定义 2 设有两向量 a,b,若向量 c 满足:

(1) $|c| = |a||b|\sin\langle a,b\rangle$;

(2) c 垂直于由向量 a,b 所决定的平面,它的正方向由右手法则确定,则称向量 c 为 a 与 b 的**向量积**(vector product),也称为**外积**,记为 $a \times b$,即 $c = a \times b$.

于是,上述力 F 对杠杆 L 上支点 O 的力矩 M,可以表示为

$$M = \overrightarrow{OP} \times F.$$

由向量积的定义可知,$a \times b$ 的模等于以 a,b 为邻边的平行四边形面积(图 8-18).

向量积有下列运算规律:

$$a \times b = -b \times a;$$
$$(\lambda a) \times b = \lambda(a \times b) = a \times (\lambda b);$$
$$a \times (b + c) = a \times b + a \times c.$$

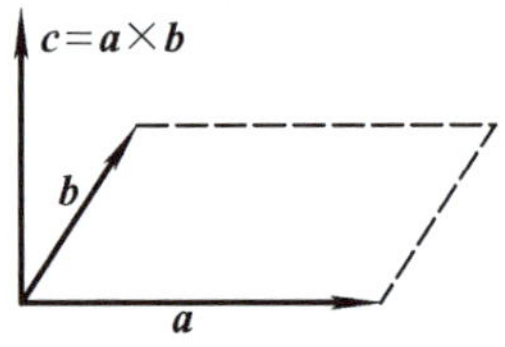

由向量积的定义可知:

(1) $i \times j = k$,$j \times k = i$,$k \times i = j$;

图 8-18

(2) 两个非零向量 a,b 相互平行的充分必要条件是 $a \times b = 0$.

事实上,若 $a // b$,则 $\langle a,b\rangle = 0$ 或 π,即有 $|a \times b| = |a||b|\sin\langle a,b\rangle = 0$,因此 $a \times b = 0$. 反之,当 a,b 为非零向量,且 $a \times b = 0$ 时,则 $|a||b|\sin\langle a,b\rangle = 0$,因为 $|a| \neq 0$,$|b| \neq 0$,所以 $\sin\langle a,b\rangle = 0$,从而判定 $\langle a,b\rangle = 0$ 或 π,即 $a // b$. 当 a,b 中至少有一个为零向量时,我们规定零向量与任何向量平行.

由此可知: $i \times i = 0$,$j \times j = 0$,$k \times k = 0$.

2. 向量积的坐标计算式

设 $a = a_x i + a_y j + a_z k$,$b = b_x i + b_y j + b_z k$,利用向量积的运算规律有:

$$\begin{aligned}a \times b &= (a_x i + a_y j + a_z k) \times (b_x i + b_y j + b_z k)\\ &= a_x b_x i \times i + a_x b_y i \times j + a_x b_z i \times k + a_y b_x j \times i + a_y b_y j \times j + a_y b_z j \times k +\\ &\quad a_z b_x k \times i + a_z b_y k \times j + a_z b_z k \times k\\ &= (a_y b_z - a_z b_y) i + (a_z b_x - a_x b_z) j + (a_x b_y - a_y b_x) k.\end{aligned}$$

为了便于记忆,我们借用行列式记号,将上式表示为

$$\boldsymbol{a} \times \boldsymbol{b} = \begin{vmatrix} \boldsymbol{i} & \boldsymbol{j} & \boldsymbol{k} \\ a_x & a_y & a_z \\ b_x & b_y & b_z \end{vmatrix}. \tag{8-14}$$

由于两个非零向量 $\boldsymbol{a}$, $\boldsymbol{b}$ 平行的充要条件是 $\boldsymbol{a} \times \boldsymbol{b} = \boldsymbol{0}$, 因此可将 $\boldsymbol{a}$, $\boldsymbol{b}$ 平行的充要条件表示为

$$a_y b_z - a_z b_y = 0, \quad a_z b_x - a_x b_z = 0, \quad a_x b_y - a_y b_x = 0.$$

当 b_x, b_y, b_z 全不为 0 时, 有

$$\frac{a_x}{b_x} = \frac{a_y}{b_y} = \frac{a_z}{b_z}. \tag{8-15}$$

当 b_x, b_y, b_z 中出现 0 时, 我们仍用式(8-15)表示, 但约定相应的分子为 0, 例如: $\frac{a_x}{0} = \frac{a_y}{b_y} = \frac{a_z}{b_z}$,

应理解为 $a_x = 0$, $\frac{a_y}{b_y} = \frac{a_z}{b_z}$. 利用式(8-15)可以很方便地判别两向量是否平行.

例 4 设 $\boldsymbol{a} = 2\boldsymbol{i} + \boldsymbol{j} - \boldsymbol{k}$, $\boldsymbol{b} = \boldsymbol{i} - \boldsymbol{j} + 2\boldsymbol{k}$, 求 $\boldsymbol{a} \times \boldsymbol{b}$.

解 由式(8-14)得

$$\boldsymbol{a} \times \boldsymbol{b} = \begin{vmatrix} \boldsymbol{i} & \boldsymbol{j} & \boldsymbol{k} \\ 2 & 1 & -1 \\ 1 & -1 & 2 \end{vmatrix} = \boldsymbol{i} - 5\boldsymbol{j} - 3\boldsymbol{k}.$$

例 5 求以 $A(2, -2, 1)$, $B(-2, 0, 1)$, $C(1, 2, 2)$ 为顶点的 $\triangle ABC$ 的面积.

解 用向量积的定义可知 $\triangle ABC$ 的面积

$$S = \frac{1}{2} |\overrightarrow{AB} \times \overrightarrow{AC}|.$$

因为
$$\overrightarrow{AB} = \{-4, 2, 0\}, \overrightarrow{AC} = \{-1, 4, 1\},$$

$$\overrightarrow{AB} \times \overrightarrow{AC} = \begin{vmatrix} \boldsymbol{i} & \boldsymbol{j} & \boldsymbol{k} \\ -4 & 2 & 0 \\ -1 & 4 & 1 \end{vmatrix} = 2\boldsymbol{i} + 4\boldsymbol{j} - 14\boldsymbol{k},$$

所以
$$S_{\triangle ABC} = \frac{1}{2} \times |\overrightarrow{AB} \times \overrightarrow{AC}| = \frac{1}{2} \sqrt{2^2 + 4^2 + (-14)^2} = 3\sqrt{6}.$$

例 6 求同时垂直于向量 $\boldsymbol{a} = \{2, 4, 3\}$ 和 $\boldsymbol{b} = \{1, 0, 1\}$ 的单位向量.

解 由向量积的定义可知, 若 $\boldsymbol{a} \times \boldsymbol{b} = \boldsymbol{c}$, 则 $\boldsymbol{c}$ 同时垂直于 $\boldsymbol{a}$ 和 $\boldsymbol{b}$, 且

$$\boldsymbol{c} = \boldsymbol{a} \times \boldsymbol{b} = \begin{vmatrix} \boldsymbol{i} & \boldsymbol{j} & \boldsymbol{k} \\ 2 & 4 & 3 \\ 1 & 0 & 1 \end{vmatrix} = 4\boldsymbol{i} + \boldsymbol{j} - 4\boldsymbol{k},$$

因此, 与 $\boldsymbol{c} = \boldsymbol{a} \times \boldsymbol{b}$ 平行的单位向量应有两个:

$$\boldsymbol{e}_c = \frac{\boldsymbol{c}}{|\boldsymbol{c}|} = \frac{\boldsymbol{a} \times \boldsymbol{b}}{|\boldsymbol{a} \times \boldsymbol{b}|} = \frac{4\boldsymbol{i} + \boldsymbol{j} - 4\boldsymbol{k}}{\sqrt{4^2 + 1^2 + (-4)^2}} = \frac{\sqrt{33}}{33}(4\boldsymbol{i} + \boldsymbol{j} - 4\boldsymbol{k})$$

和
$$-\boldsymbol{e}_c = \frac{\sqrt{33}}{33}(-4\boldsymbol{i} - \boldsymbol{j} + 4\boldsymbol{k}).$$

例 7 已知 $\boldsymbol{a} + \boldsymbol{b} + \boldsymbol{c} = \boldsymbol{0}$, 求证 $\boldsymbol{a} \times \boldsymbol{b} = \boldsymbol{b} \times \boldsymbol{c} = \boldsymbol{c} \times \boldsymbol{a}$.

证 因为 $a+b+c=0$,所以 $a=-(b+c)$. 从而
$$a \times b = -(b+c) \times b = -(b \times b + c \times b) = -c \times b = b \times c,$$
同理可证 $b \times c = c \times a$. 所以 $a \times b = b \times c = c \times a$.

习 题 8-3

1. 已知 $|a|=2$, $|b|=1$, $\langle a,b \rangle = \dfrac{\pi}{3}$, 求:(1) $a \cdot b$; (2) $a \cdot a$; (3) $(2a+3b) \cdot (3a-b)$.
2. 已知向量 $a=\{-1,1,-4\}$, $b=\{-1,-2,2\}$, 求:(1) $a \cdot b$; (2) a 与 b 的夹角; (3) $\text{Prj}_a b$.
3. 已知 $a=4i-2j-4k$, $b=6i-3j+2k$, 求:(1) $a \cdot b$; (2) $a \cdot a$; (3) $(3a-2b) \cdot (a+3b)$.
*4. 设 $a=2i-j+k$, $b=i+2j-k$, 求:(1) $a \times b$; (2) $(a+b) \times (a-b)$.
*5. 已知 $|a|=10$, $b=3i-j+\sqrt{15}k$, 又 $a \parallel b$, 求 a.

§8-4 平面和空间直线

在 §8-1 节中,我们已经学过平面的一般方程和平面的截距式方程,下面我们将讨论平面的点法式方程,以及空间直线的方程.

一、平面的点法式方程

如果一非零向量垂直于一平面,则称此向量为**该平面的法向量**(normal vector of the plane). 易见,平面内的任何向量均与该平面的法向量垂直.

我们知道,过空间一点可以作而且只能作一个平面垂直于已知直线,所以,当已知平面 α 上有一点 $M_0(x_0,x_0,z_0)$ 和它的一个法向量 $\boldsymbol{n}=\{A,B,C\}$ 时,平面的位置就完全确定了. 下面我们建立平面 α 的方程.

设 $M(x,y,z)$ 为平面 α 上任一点(图 8-19),则向量 $\overrightarrow{M_0M}$ 必与平面 α 的法向量 $\boldsymbol{n}$ 垂直,所以 $\overrightarrow{M_0M} \cdot \boldsymbol{n} = 0$.

而 $\overrightarrow{M_0M} = \{x-x_0, y-y_0, z-z_0\}$, $\boldsymbol{n}=\{A,B,C\}$. 因此有

$$A(x-x_0)+B(y-y_0)+C(z-z_0)=0. \qquad (8\text{-}16)$$

反过来,如果点 $M(x,y,z)$ 不在平面 α 上,则向量 $\overrightarrow{M_0M}$ 与法向量 $\boldsymbol{n}$ 不垂直,从而 $\overrightarrow{M_0M} \cdot \boldsymbol{n} \neq 0$,即不在平面 α 上的点不满足方程(8-16). 由此可得定理 1.

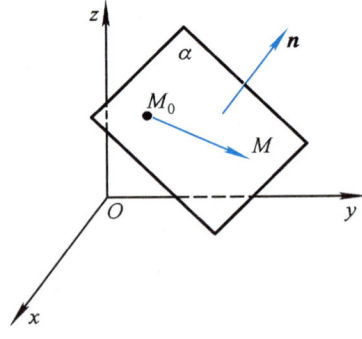

图 8-19

定理 1 设 $M_0(x_0,y_0,z_0)$ 是平面 α 上的一点, $\boldsymbol{n}=\{A,B,C\}$ 是平面的法向量,则平面 α 的方程为

$$A(x-x_0)+B(y-y_0)+C(z-z_0)=0 \qquad (8\text{-}17)$$

或

$$Ax+By+Cz-(Ax_0+By_0+Cz_0)=0. \qquad (8\text{-}18)$$

平面的法线向量

式(8-17)、式(8-18)称为**平面的点法式方程**(equation of point and normal form for a plane).

例 1 已知点 $P(3, -2, 1)$ 是平面 α 上的一点,$\boldsymbol{n} = \{1, 3, -1\}$ 是 α 的法线向量,求平面 α 的方程.

解 由式(8-18),知平面 α 的方程为
$$x + 3y - z - [1 \times 3 + 3 \times (-2) - 1 \times 1] = 0,$$
即
$$x + 3y - z + 4 = 0.$$

定理 2 设 $M_1(x_1, y_1, z_1)$,$M_2(x_2, y_2, z_2)$,$M_3(x_3, y_3, z_3)$ 是平面 α 上不在同一直线上的三点,则平面 α 的方程为

$$\begin{vmatrix} x - x_1 & y - y_1 & z - z_1 \\ x_2 - x_1 & y_2 - y_1 & z_2 - z_1 \\ x_3 - x_1 & y_3 - y_1 & z_3 - z_1 \end{vmatrix} = 0.$$

展开上面的行列式表示为
$$Ax + By + Cz + D = 0,$$

其中
$$A = \begin{vmatrix} y_2 - y_1 & z_2 - z_1 \\ y_3 - y_1 & z_3 - z_1 \end{vmatrix}, \qquad B = \begin{vmatrix} z_2 - z_1 & x_2 - x_1 \\ z_3 - z_1 & x_3 - x_1 \end{vmatrix},$$

$$C = \begin{vmatrix} x_2 - x_1 & y_2 - y_1 \\ x_3 - x_1 & y_3 - y_1 \end{vmatrix}, \qquad D = -\begin{vmatrix} x_1 & y_1 & z_1 \\ x_2 - x_1 & y_2 - y_1 & z_2 - z_1 \\ x_3 - x_1 & y_3 - y_1 & z_3 - z_1 \end{vmatrix}.$$

证 $\overrightarrow{M_1M_2} = \{x_2 - x_1, y_2 - y_1, z_2 - z_1\}$,$\overrightarrow{M_1M_3} = \{x_3 - x_1, y_3 - y_1, z_3 - z_1\}$,则平面 α 的法向量 $\boldsymbol{n}$ 为

$$\boldsymbol{n} = \overrightarrow{M_1M_2} \times \overrightarrow{M_1M_2} = \begin{vmatrix} \boldsymbol{i} & \boldsymbol{j} & \boldsymbol{k} \\ x_2 - x_1 & y_2 - y_1 & z_2 - z_1 \\ x_3 - x_1 & y_3 - y_1 & z_3 - z_1 \end{vmatrix}$$
$$= A\boldsymbol{i} + B\boldsymbol{j} + C\boldsymbol{k}.$$

设 $M(x, y, z)$ 为平面 α 上任一点,由定理 1 中式(8-17)得
$$A(x - x_1) + B(y - y_1) + C(z - z_1) = 0,$$
由行列式的性质,即
$$\begin{vmatrix} x - x_1 & y - y_1 & z - z_1 \\ x_2 - x_1 & y_2 - y_1 & z_2 - z_1 \\ x_3 - x_1 & y_3 - y_1 & z_3 - z_1 \end{vmatrix} = 0.$$

例 2 求过三点 $M_1(2, 0, 4)$,$M_2(-1, -1, -2)$ 和 $M_3(1, -2, 3)$ 的平面方程.

解一 设所求的平面为 α,由定理 2 知
$$A = \begin{vmatrix} -1-0 & -2-4 \\ -2-0 & 3-4 \end{vmatrix} = -11, \qquad B = \begin{vmatrix} -2-4 & -1-2 \\ 3-4 & 1-2 \end{vmatrix} = 3,$$

$$C = \begin{vmatrix} -1-2 & -1-0 \\ 1-2 & -2-0 \end{vmatrix} = 5, \qquad D = -\begin{vmatrix} 2 & 0 & 4 \\ -3 & -1 & -6 \\ -1 & -2 & -1 \end{vmatrix} = 2.$$

因此,所求平面的 α 的方程为

$$-11x + 3y + 5z + 2 = 0 \quad 或 \quad 11x - 3y - 5z - 2 = 0.$$

解二 $\overrightarrow{M_1M_2} = \{-3, -1, -6\}, \overrightarrow{M_1M_3} = \{-1, -2, -1\}.$

$$\boldsymbol{n} = \overrightarrow{M_1M_2} \times \overrightarrow{M_1M_3} = \begin{vmatrix} \boldsymbol{i} & \boldsymbol{j} & \boldsymbol{k} \\ -3 & -1 & -6 \\ -1 & -2 & -1 \end{vmatrix} = \begin{vmatrix} -1 & -6 \\ -2 & -1 \end{vmatrix}\boldsymbol{i} - \begin{vmatrix} -3 & -6 \\ -1 & -1 \end{vmatrix}\boldsymbol{j} + \begin{vmatrix} -3 & -1 \\ -1 & -2 \end{vmatrix}\boldsymbol{k}$$

$$= -11\boldsymbol{i} + 3\boldsymbol{j} + 5\boldsymbol{k}.$$

设 $M(x, y, z)$ 是平面 α 上任一点,则由式(8-18)得

$$-11x + 3y + 5z - (-11 \times 2 + 3 \times 0 + 5 \times 4) = 0, 即 -11x + 3y + 5z + 2 = 0.$$

解三 设所求平面 α 的方程为 $Ax + By + Cz + D = 0.$

将 M_1, M_2, M_3 的坐标代入得

$$\begin{cases} 2A & + 4C & + D = 0, \\ -A & - B - 2C & + D = 0, \\ A & - 2B + 3C & + D = 0. \end{cases}$$

解方程组得 $\qquad A = -\dfrac{11D}{2}, \quad B = \dfrac{3D}{2}, \quad C = \dfrac{5D}{2},$

所以平面 α 的方程为 $-\dfrac{11D}{2}x + \dfrac{3D}{2}y + \dfrac{5D}{2}z + D = 0$,即 $11x - 3y - 5z - 2 = 0.$

定理 3 设 $P_0(x_0, y_0, z_0)$ 是平面 $Ax + By + Cz + D = 0$ 外的一点,则点 P_0 到此平面的距离为

$$d = \frac{|Ax_0 + By_0 + Cz_0 + D|}{\sqrt{A^2 + B^2 + C^2}}. \tag{8-19}$$

例 3 求点 $P(1, 0, 5)$ 到平面 $2x - y + z = 3$ 的距离.

解 由式(8-19),得点 P 到此平面的距离为

$$d = \frac{|2 - 0 + 5 - 3|}{\sqrt{2^2 + (-1)^2 + 1}} = \frac{4}{\sqrt{6}} = \frac{2}{3}\sqrt{6}.$$

定理 4 设平面 π_1 和平面 π_2 的方程分别为

$$A_1x + B_1y + C_1z + D_1 = 0 \text{ 和 } A_2x + B_2y + C_2z + D_2 = 0,$$

平面 π_1 与 π_2 的夹角 θ(图 8-20)由下式确定

$$\cos\theta = \frac{A_1A_2 + B_1B_2 + C_1C_2}{\sqrt{A_1^2 + B_1^2 + C_1^2} \cdot \sqrt{A_2^2 + B_2^2 + C_2^2}}. \tag{8-20}$$

特别地,

π_1，π_2 相互垂直等价于 $A_1A_2+B_1B_2+C_1C_2=0$；

π_1，π_2 相互平行等价于 $\dfrac{A_1}{A_2}=\dfrac{B_1}{B_2}=\dfrac{C_1}{C_2}$.

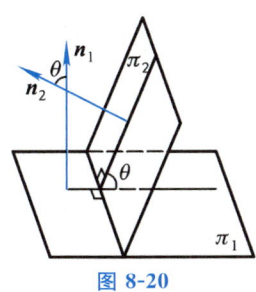

图 8-20

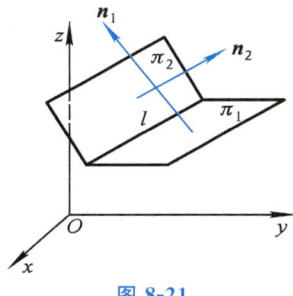

图 8-21

例 4 求两平面 $x+y+2z-5=0$，$2x-y+z+3=0$ 的夹角.

解 由式(8-20)得

$$\cos\theta=\frac{1\times 2+1\times(-1)+2\times 1}{\sqrt{1^2+1^2+2^2}\cdot\sqrt{2^2+(-1)^2+1^2}}=\frac{1}{2},$$

因此，所求的夹角 θ 为 $\dfrac{\pi}{3}$.

二、空间直线的方程

空间直线 l 可以看作是两个平面 π_1，π_2 的交线(图 8-21). 设平面 π_1 和 π_2 的方程分别为

$$A_1x+B_1y+C_1z+D_1=0 \quad \text{和} \quad A_2x+B_2y+C_2z+D_2=0,$$

则空间直线 l 上任一点的坐标应同时满足这两个平面的方程，即满足方程组

$$\begin{cases} A_1x+B_1y+C_1z+D_1=0, \\ A_2x+B_2y+C_2z+D_2=0. \end{cases} \tag{8-21}$$

反过来，如果点 P 不在直线 l 上，则它不可能同时满足平面 π_1 和 π_2，即它的坐标不满足方程组(8-21). 因此，直线 l 可用方程组(8-21)表示，方程组(8-21)称为**空间直线的一般方程**.

空间直线的方程除了式(8-21)的一般形式外，还有下面两种形式：

设 $P_0(x_0,y_0,z_0)$ 为直线 l 上的一定点，$P(x,y,z)$ 为直线 l 上的任一动点，任取一个与这直线平行的非零向量 $\boldsymbol{F}=\{m,n,p\}$，则向量 $\overrightarrow{P_0P}$ 与 $\boldsymbol{F}$ 一定是平行的，因此它们的坐标分别成比例：

$$x-x_0=mt, \quad y-y_0=nt, \quad z-z_0=pt,$$

其中，t 是随点 P 而变的比例系数. 将上式改写成方程组

$$\begin{cases} x=x_0+mt, \\ y=y_0+nt, \\ z=z_0+pt, \end{cases} \tag{8-22}$$

方程组(8-22)称为**直线 l 的参数方程**，$\boldsymbol{F}=\{m,n,p\}$ 称为**直线 l 的方向向量**(direction vector

of a line l). 消去参数 t, 方程组(8-22)可变形为

$$\frac{x-x_0}{m}=\frac{y-y_0}{n}=\frac{z-z_0}{p}. \tag{8-23}$$

式(8-23)称为直线 l 的**点向式方程**. 在式(8-22)中, 若 m, n, p 中有一个为 0, 例如: $m=0$, n, $p \neq 0$, 此时方程组理解为 $\begin{cases} x-x_0=0, \\ \dfrac{y-y_0}{n}=\dfrac{z-z_0}{p}. \end{cases}$

平面和空间直线

当 m, n, p 中有两个为 0 时, 例如: $m=n=0$, $p \neq 0$, 此时方程组应理解为 $\begin{cases} x-x_0=0, \\ y-y_0=0. \end{cases}$

定理 5 设空间直线 l 的一般方程为方程组(8-21), l 的方向向量 $\boldsymbol{F}=\{m, n, p\}$, 则

$$m=\begin{vmatrix} B_1 & C_1 \\ B_2 & C_2 \end{vmatrix}, \quad n=\begin{vmatrix} C_1 & A_1 \\ C_2 & A_2 \end{vmatrix}, \quad p=\begin{vmatrix} A_1 & B_1 \\ A_2 & B_2 \end{vmatrix}.$$

证 如图 8-21 所示, 平面 π_1 的法向量 $\boldsymbol{n}_1=\{A_1, B_1, C_1\}$ 垂直于直线 l, 平面 π_2 的法向量 $\boldsymbol{n}_2=\{A_2, B_2, C_2\}$ 垂直于直线 l, 于是得 l 的方向向量

$$\boldsymbol{F}=\boldsymbol{n}_1 \times \boldsymbol{n}_2=\begin{vmatrix} \boldsymbol{i} & \boldsymbol{j} & \boldsymbol{k} \\ A_1 & B_1 & C_1 \\ A_2 & B_2 & C_2 \end{vmatrix},$$

由向量积的运算法则, 知定理得证.

例 5 用点向式方程和参数方程表示直线 l:

$$\begin{cases} x-2y+z+2=0, \\ 3x+y-2z+4=0. \end{cases}$$

解 先找出直线 l 上的一点 $P_0(x_0, y_0, z_0)$, 例如: 取 $x_0=-1$, 代入所给的方程组得

$$\begin{cases} -2y+z=-1, \\ y-2z=-1. \end{cases}$$

解方程组, 得 $y_0=1$, $z_0=1$. 又由定理 5 知

$$m=\begin{vmatrix} -2 & 1 \\ 1 & -2 \end{vmatrix}=3, \quad n=\begin{vmatrix} 1 & 1 \\ -2 & 3 \end{vmatrix}=5, \quad p=\begin{vmatrix} 1 & -2 \\ 3 & 1 \end{vmatrix}=7,$$

因此直线 l 的点向式方程为 $\dfrac{x+1}{3}=\dfrac{y-1}{5}=\dfrac{z-1}{7}$,

直线 l 的参数方程为 $\begin{cases} x=-1+3t, \\ y=1+5t, \\ z=1+7t. \end{cases}$

定理 6 设直线 l_1 和 l_2 的方程分别为

$$\frac{x-x_1}{m_1}=\frac{y-y_1}{n_1}=\frac{z-z_1}{p_1} \text{ 和 } \frac{x-x_2}{m_2}=\frac{y-y_2}{n_2}=\frac{z-z_2}{p_2},$$

则 l_1 与 l_2 的夹角 φ 由下式确定

$$\cos\varphi = \frac{|m_1 m_2 + n_1 n_2 + p_1 p_2|}{\sqrt{m_1^2 + n_1^2 + p_1^2} \cdot \sqrt{m_2^2 + n_2^2 + p_2^2}}. \tag{8-24}$$

特别地,

l_1 与 l_2 相互垂直等价于 $m_1 m_2 + n_1 n_2 + p_1 p_2 = 0$;

l_1 与 l_2 相互平行等价于 $\dfrac{m_1}{m_2} = \dfrac{n_1}{n_2} = \dfrac{p_1}{p_2}$.

例 6 求两直线 $l_1: \dfrac{x-2}{-1} = \dfrac{y}{4} = \dfrac{z-3}{-1}$ 和 $l_2: \dfrac{x+2}{-2} = \dfrac{y+2}{2} = \dfrac{z}{1}$ 的夹角.

解 由式(8-24)得

$$\cos\varphi = \frac{|(-1)\times(-2) + 4\times 2 + (-1)\times 1|}{\sqrt{(-1)^2 + 4^2 + (-1)^2} \cdot \sqrt{(-2)^2 + 2^2 + 1^2}} = \frac{\sqrt{2}}{2},$$

因此 $\varphi = \dfrac{\pi}{4}$.

定理 7 设直线 l 的方程为

$$\frac{x-x_0}{m} = \frac{y-y_0}{n} = \frac{z-z_0}{p},$$

平面 π 的方程为

$$Ax + By + Cz + D = 0,$$

则直线 l 与平面 π 的夹角 α 由下式确定

$$\sin\alpha = \frac{|Am + Bn + Cp|}{\sqrt{A^2 + B^2 + C^2} \cdot \sqrt{m^2 + n^2 + p^2}}. \tag{8-25}$$

特别地,

直线 l 与平面 π 垂直等价于 $\dfrac{A}{m} = \dfrac{B}{n} = \dfrac{C}{p}$;

直线 l 与平面 π 平行等价于 $Am + Bn + Cp = 0$.

例 7 设直线 l 的方程为 $\dfrac{x-3}{2} = \dfrac{y+2}{-1} = \dfrac{z}{3}$,平面 π 的方程为 $3x + 3y - z + 8 = 0$,求直线 l 与平面 π 的夹角.

解 由式(8-25)得

$$\sin\alpha = \frac{|3\times 2 + 3\times(-1) + (-1)\times 3|}{\sqrt{3^2 + 3^2 + (-1)^2} \cdot \sqrt{2^2 + (-1)^2 + 3^2}} = 0,$$

因此 $\alpha = 0$,即直线 l 与平面 π 平行.

异面直线的距离

习 题 8-4

1. 求下列平面的方程:
(1) 已知平面过点 $(2, -1, -2)$,且法向量 $\boldsymbol{n} = \{1, -2, 3\}$;
(2) 已知平面过 $M_1(2, -1, 4)$, $M_2(-1, 3, 2)$, $M_3(0, 2, 3)$ 三点;
(3) 已知平面平行于 xOz 平面,且经过点 $(2, -5, 3)$;
(4) 已知平面通过 z 轴和点 $(-3, 1, -2)$.
2. 求点 $(1, 2, 1)$ 到平面 $x + 2y + 2z - 10 = 0$ 的距离.
3. 求两平面 $x - y + 2z - 10 = 0$, $2x + y + z + 2 = 0$ 的夹角 θ.

4. 求过点 $(5,-2,6)$ 且平行于直线 $\frac{x-3}{4}=y=\frac{z-1}{3}$ 的直线方程.

5. 求过两点 $M_1(1,0,-1)$ 和 $M_2(2,1,-2)$ 的直线方程.

6. 用点向式方程和参数方程表示直线：$\begin{cases} 3y+z=-2, \\ -x+y+z=-7. \end{cases}$

7. 已知直线 l_1 和 l_2 的点向式方程为

$$l_1: \frac{x-5}{1}=\frac{y+3}{-4}=\frac{z}{1} \quad \text{和} \quad l_2: \frac{x+2}{2}=\frac{y+3}{-2}=\frac{z+7}{-1},$$

求 l_1 与 l_2 的夹角 φ.

8. 求直线 $l: \frac{x-2}{-1}=\frac{y+1}{4}=\frac{z}{-1}$ 与平面 $\pi: -2x+2y+z-13=0$ 的夹角 φ.

§ 8-5 二次曲面和空间曲线

在实践中常常会遇到各种**曲面**(curved surface),例如:汽车车灯的镜面,圆柱体的外表面以及锥面等.还有一些空间曲线,下面我们讨论曲面和空间曲线方程的概念.

一、曲面的概念

1. 曲面方程(equation of curved surface)**的概念**

像在平面解析几何中把平面曲线当作动点的轨迹一样,在空间解析几何中,把曲面 S 当作动点 M 按照一定的规律(或条件)运动而产生的轨迹.由于动点 M 可以用坐标 (x,y,z) 来表示,所以 M 所满足的规律(或条件)通常可用含有三个变量 x,y,z 的方程 $F(x,y,z)=0$ 来表示.

定义 1 如果曲面 S 上任一点的坐标都满足 $F(x,y,z)=0$,而不在曲面 S 上的点的坐标都不满足方程 $F(x,y,z)=0$,则方程 $F(x,y,z)=0$ 称为**曲面 S 的方程**,曲面 S 称为方程 $F(x,y,z)=0$ 的**图形**(图 8-22).

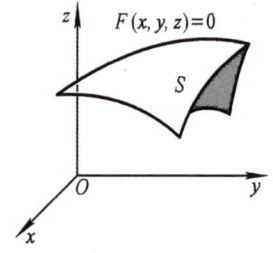

图 8-22

一般地,关于曲面的研究,大致有以下两种类型的问题:
(1) 将一已知曲面看成动点的轨迹,建立该曲面的方程;
(2) 已知曲面的方程,作出此方程所对应的图形.

对于第一类问题,可以先建立适当的空间直角坐标系,然后设曲面上动点坐标为 $M(x,y,z)$,再将已知条件改写成关于 x,y,z 的方程就可以了.对于第二类问题,如果所给的方程形式比较简单或熟悉,则可以直接画出已知方程的图形或是用语言来描述该方程的图形.此外,还常常采用"平面截割法"来对所给的问题进行分析和推断.所谓**平面截割法**,就是用一组互相平行的平面截割一个曲面,从所截出的一组曲线的形状来想象这个曲面的大致形状.

如果从曲面方程 $F(x,y,z)=0$ 中解出 z 来,则可得到形如 $z=f(x,y)$ 的曲面方程.

一般曲面方程与图形

2. 旋转曲面

例 1 作方程 $z=x^2+y^2$ 的图形.

解 根据"平面截割法",用平面 $z=c$ 去截曲面 $z=x^2+y^2$,其截痕为圆 $x^2+y^2=c$.当

$c=0$ 时,只有原点 $(0,0,0)$ 满足此方程;当 $c>0$ 时,其截痕为以 $(0,0,c)$ 为圆心,以 $\sqrt{c}$ 为半径的圆.若 c 越来越大,则截痕的圆也越来越大;当 $c<0$(即在 xOy 平面的下部)时,没有图形.如用 $x=a$ 或 $y=b$ 去截曲面 $z=x^2+y^2$,则截痕为抛物线.由此可知:曲面 $z=x^2+y^2$ 的图形是一个旋转抛物面(图 8-23).

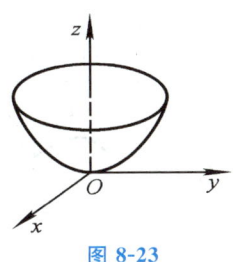

图 8-23

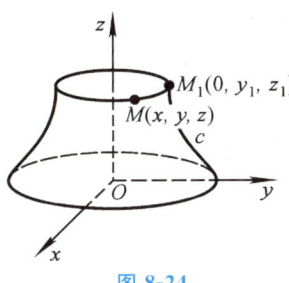

图 8-24

定义 2 一条平面曲线 c 绕着同一平面内的一条直线 l 旋转一周所形成的曲面称为**旋转曲面**(简称**旋转面**)(surface of revolution),曲线 c 称为旋转面的**母线**,直线 l 称为旋转面的**轴**.

设平面 $x=0$ 上的曲线 $c:f(y,z)=0$,绕 z 轴旋转一周,现在来建立这个旋转面(图 8-24)的方程.

旋转曲面

在旋转面上任取一点 $M(x,y,z)$,设 M 是由曲线 c 上的点 $M_1(0,y_1,z_1)$ 绕 z 轴旋转而得到的,容易看出,点 M 与点 M_1 具有相同的竖坐标,且点 M 与点 M_1 与轴等远(同在一个圆周上).即

$$\begin{cases} y_1 = \pm\sqrt{x^2+y^2}, \\ z_1 = z. \end{cases} \quad (8\text{-}26)$$

已知母线 c 在 yOz 面上的方程为 $f(y,z)=0$,点 M_1 在曲线 c 上,将式(8-26)代入母线方程,即得

$$f(\pm\sqrt{x^2+y^2}, z)=0.$$

由此可见,要求平面 $x=0$ 上的曲线 $f(y,z)=0$ 绕 z 轴旋转所成的旋转面的方程,只需在母线方程中把 y 换成 $\pm\sqrt{x^2+y^2}$ 即可.

同理,平面 $x=0$ 上的曲线 $f(y,z)=0$ 绕 y 轴旋转所成的旋转面的方程为

$$f(y, \pm\sqrt{x^2+z^2})=0.$$

例 1 所讨论的方程 $z=x^2+y^2$ 的图形,就是 xOz(或 yOz)平面上的曲线 $z=x^2$(或 $z=y^2$)绕 z 轴旋转而成的旋转面.

例 2 求 yOz 面上的直线 $z=ky$,分别绕 z 轴和 y 轴旋转而成的图形(**圆锥面**)的方程.

解 在方程 $z=ky$ 中,把 y 换成 $\pm\sqrt{x^2+y^2}$,便得以 z 轴为旋转轴的圆锥面(circular conical surface)(图 8-25a)的方程 $z=\pm k\sqrt{x^2+y^2}$,即 $z^2-k^2(x^2+y^2)=0$.

在方程 $z=ky$ 中,把 z 换成 $\pm\sqrt{x^2+z^2}$,便得以 y 轴为旋转轴的圆锥面(图 8-25b)的方程

$\pm\sqrt{x^2+z^2}=ky$, 即 $y^2-k_1^2(x^2+z^2)=0$,其中 $k_1=\dfrac{1}{k}$.

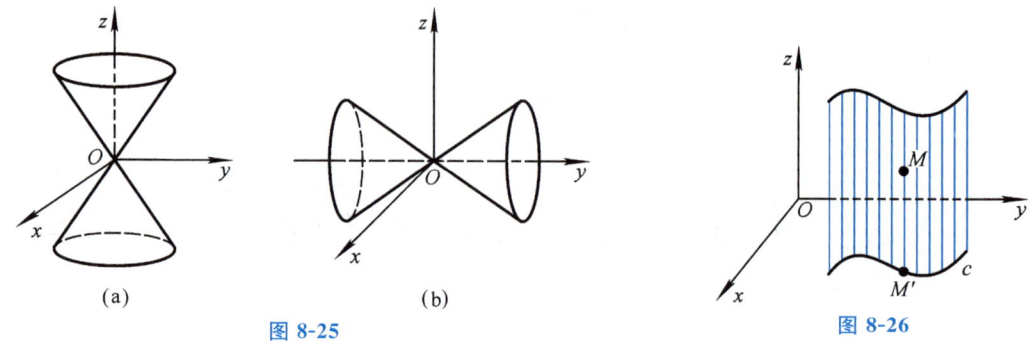

图 8-25　　　　　　　　　　图 8-26

3. 柱面

设有一动直线 l 沿一定曲线 c 移动,移动时始终保持与定直线 l' 平行,则由 l 形成的曲面称为**柱面**(cylinder surface),而动直线 l 称为该柱面的**母线**(generator),定曲线 c 称为该柱面的**准线**(directrix).

现在来建立母线平行于 z 轴的柱面方程.设柱面的准线 c 是 xOy 面上的曲线,其方程为

$$F(x,y)=0. \tag{8-27}$$

设 $M(x,y,z)$ 为柱面上任意一点,过 M 作柱面的母线 MM',则母线上全部点在 xOy 面上的投影都是准线 c 上的点 M'(图 8-26).所以柱面上点的竖坐标是任意的,而 x,y 坐标则满足准线方程(8-27),从而点 M 的坐标 x,y 也满足准线方程(8-27).

以 xOy 面上的曲线 $F(x,y)=0$ 为准线,母线平行于 z 轴的柱面方程,就是不含变量 z 的准线方程 $F(x,y)=0$.也就是说,在空间直角坐标系中,缺 z 的方程 $F(x,y)=0$,表示母线平行于 z 轴的柱面.

同理,在空间直角坐标系中,缺 y(或缺 x)的方程 $G(x,z)=0$[或 $H(y,z)=0$]表示母线平行于 y 轴(或 x 轴)的柱面.

现在写出几个母线平行于 z 轴的柱面方程:

圆柱面(circular cylinder)方程:$x^2+y^2=a^2$.

椭圆柱面(elliptic cylinder)(图 8-27)方程:$\dfrac{x^2}{a^2}+\dfrac{y^2}{b^2}=1$.

抛物柱面(parabolic cylinder)(图 8-28)方程:$y^2=2px\ (p>0)$.

双曲柱面(hyperbolic cylinder)(图 8-29)方程:$\dfrac{x^2}{a^2}-\dfrac{y^2}{b^2}=1$.

在空间解析几何中,如果曲面方程 $F(x,y,z)=0$ 的 x,y,z 都是一次的,则它对应的曲面就是一个平面;如果方程是二次的,则它所对应的曲面称为**二次曲面**(quadratic surface).

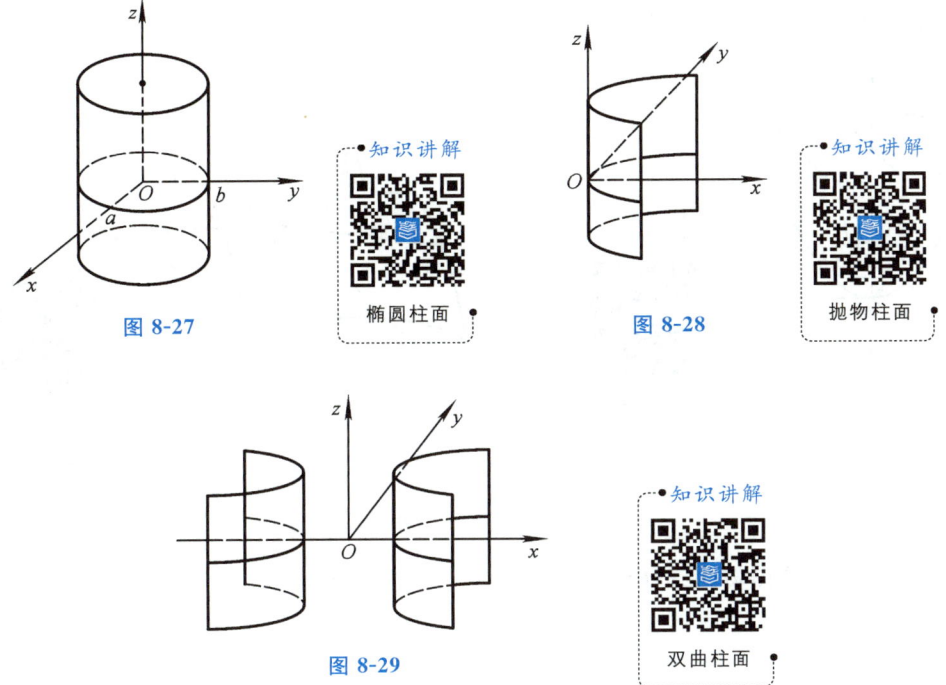

图 8-27　椭圆柱面

图 8-28　抛物柱面

图 8-29　双曲柱面

4. 其他几种常见的二次曲面

除了上面的旋转面和柱面外,还有其他一些常见的二次曲面,汇总如下:

(1) 方程

$$\frac{x^2}{a^2}+\frac{y^2}{b^2}+\frac{z^2}{c^2}=1$$

所表示的曲面称为**椭球面**(ellipsoid),图形如图 8-30 所示,其中

$$|x|\leqslant a,\quad |y|\leqslant b,\quad |z|\leqslant c.$$

当 a,b,c 中有两个相等时,称为**旋转椭球面**(ellipsoid of revolution),例如:方程

$$\frac{x^2}{a^2}+\frac{y^2}{a^2}+\frac{z^2}{c^2}=1$$

就是 xOz 平面上的椭圆 $\dfrac{x^2}{a^2}+\dfrac{z^2}{c^2}=1$ 绕 z 轴旋转成的曲面.

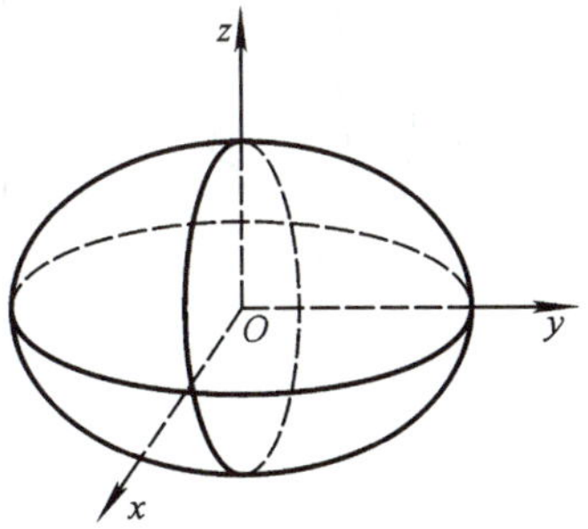

图 8-30

(2) 方程

$$\frac{x^2}{2p}+\frac{y^2}{2q}=z\quad(pq>0)$$

所表示的曲面称为**椭圆抛物面**(elliptic paraboloid),当 $p>0$,$q>0$ 时,图形如图 8-31 所示. 当 $p=q>0$ 时,方程变形为

$$x^2+y^2=2pz,$$

其图形可看成是由 xOz(或 yOz)平面上的抛物线 $x^2=2pz$(或 $y^2=2pz$)绕 z 轴旋转而成的,

称为**旋转抛物面**(paraboloid of revolution).

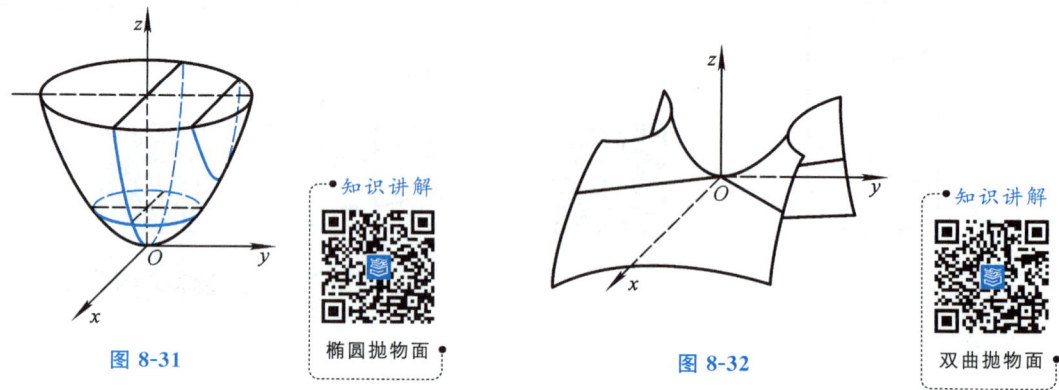

图 8-31   图 8-32

方程

$$-\frac{x^2}{2p}+\frac{y^2}{2q}=z \quad (pq>0)$$

所表示的曲面称为**双曲抛物面**或**鞍形曲面**(hyperbolic paraboloid). 当 $p>0,q>0$ 时,图形如图 8-32 所示.

(3) 方程

$$\frac{x^2}{a^2}+\frac{y^2}{b^2}-\frac{z^2}{c^2}=1$$

所表示的曲面称为**单叶双曲面**(hyperboloid of one sheet),其图形如图 8-33 所示.

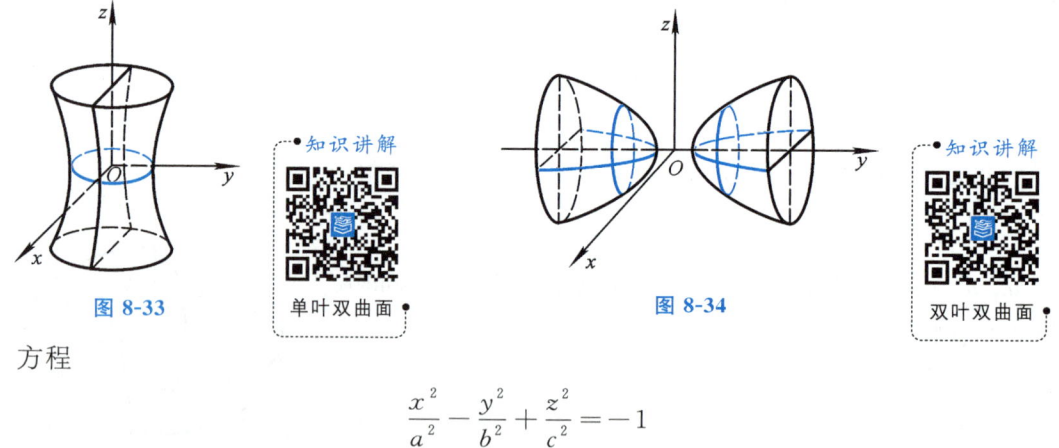

图 8-33   图 8-34

方程

$$\frac{x^2}{a^2}-\frac{y^2}{b^2}+\frac{z^2}{c^2}=-1$$

所表示的曲面称为**双叶双曲面**(hyperboloid of two sheets),图形如图 8-34 所示.

二、空间曲线

任何空间直线都可看作是两平面的交线,那么**空间曲线**(space curve)(直线为曲线的特例)可以看作两个曲面的交线,设两个相交曲面 S_1 和 S_2 的方程分别为

$$F(x,y,z)=0 \text{ 和 } G(x,y,z)=0,$$

它们的交线为 c(图 8-35),则曲线 c 由下面方程组所确定:

$$\begin{cases} F(x,y,z)=0, \\ G(x,y,z)=0. \end{cases} \quad (8-28)$$

式(8-28)称为**空间曲线 c 的一般方程**.

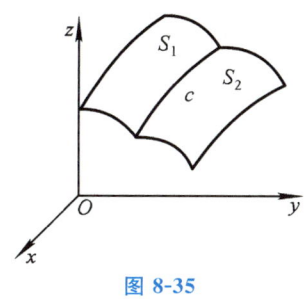

图 8-35

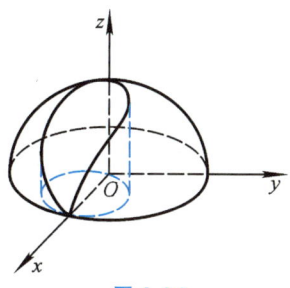

图 8-36

例3 方程组 $\begin{cases} z = \sqrt{a^2 - x^2 - y^2}, \\ \left(x - \dfrac{a}{2}\right)^2 + y^2 = \left(\dfrac{a}{2}\right)^2 \end{cases}$ 表示怎样的曲线?

解 方程组中第一个方程表示球心在原点 O、半径为 a 的上半球面,第二个方程表示母线平行于 z 轴的圆柱面,它的准线为 xOy 平面上以点 $\left(\dfrac{a}{2}, 0\right)$ 为圆心、半径为 $\dfrac{a}{2}$ 的圆. 方程组表示的曲线就是半球面与圆柱面的交线(图 8-36).

例4 求球面 $x^2 + y^2 + z^2 = 3$ 与旋转抛物面 $x^2 + y^2 = 2z$ 的交线在 xOy 面上的投影.

解 为了求所给两曲面的交线在 xOy 面上的投影,先求通过这条曲线且母线平行于 z 轴的柱面. 为此,在两曲面的方程中消去变量 z. 将两曲面方程相减得

$$z^2 + 2z - 3 = 0.\quad 解方程得\quad z = 1, z = -3(舍去).$$

再将 $z = 1$ 代入两曲面方程中的任一方程,得所求柱面方程为

$$x^2 + y^2 = 2.$$

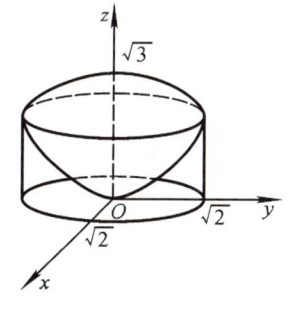

图 8-37

于是,所给球面与旋转抛物面的交线在 xOy 面上的投影曲线的方程为

$$\begin{cases} x^2 + y^2 = 2, \\ z = 0, \end{cases}$$

它是 xOy 面上的圆(图 8-37).

一般地,由空间曲线 c 的方程(8-28)消去 z 得过曲线 c 而母线平行于 z 轴的柱面的方程 $F(x, y) = 0$. 于是曲线 c 在 xOy 面上的投影曲线 c' 的方程为

$$\begin{cases} F(x, y) = 0, \\ z = 0. \end{cases}$$

空间曲线的投影

习 题 8-5

1. 建立旋转曲面的方程:

(1) xOz 面上的直线 $x = \dfrac{1}{3}z$ 分别绕 x 轴及 z 轴旋转而成的旋转面;

(2) yOz 面上的抛物线 $z^2 = 4y$ 绕 y 轴旋转而成的旋转面.

2. 指出下列方程所表示的曲面是哪一种曲面,并画出它们的草图:

(1) $x^2 + y^2 + z^2 = 1$; (2) $x^2 + y^2 - \dfrac{z^2}{4} = 1$; (3) $\left(x - \dfrac{a}{2}\right)^2 + y^2 = \left(\dfrac{a}{2}\right)^2 (a > 0)$.

3. 画出下列曲线的草图:

(1) $\begin{cases} x^2 + y^2 = 1, \\ x + z = 1; \end{cases}$ (2) $\begin{cases} y = \sqrt{a^2 - x^2}, \\ z = y. \end{cases}$

4. 建立通过曲面 $x^2 + y^2 + 4z^2 = 1$ 和 $x^2 = y^2 + z^2$ 的交线,而母线平行 z 轴的柱面方程.

复 习 题 八

A 组

1. 填空题:

(1) 点 $P_0(x_0, y_0, z_0)$ 关于 xOy 平面的对称点是_____,关于 y 轴的对称点是_____;

(2) 已知 $A(0, 1, 2), B(-1, 2, -2)$,则 A, B 两点的距离 $|AB| = $_____;

(3) 设向量 $\boldsymbol{a} = -2\boldsymbol{i} + 3\boldsymbol{j} - \boldsymbol{k}$,则 $-2\boldsymbol{a} = $_____;

(4) 已知向量 $\boldsymbol{a} = 2\boldsymbol{i} + 3\boldsymbol{j} - 2\boldsymbol{k}$,则它的模 $|\boldsymbol{a}| = $_____;

(5) 已知向量 $\boldsymbol{a} = \{1, -1, 2\}, \boldsymbol{b} = \{3, 2, -2\}$,则 $\boldsymbol{a} \cdot \boldsymbol{b} = $_____;

(6) 已知向量 $\boldsymbol{a} = \{1, -1, 2\}, \boldsymbol{b} = \{0, 1, 1\}$,则 $\boldsymbol{a}, \boldsymbol{b}$ 的夹角 $\theta = $_____;

(7) 若向量 $\boldsymbol{a}, \boldsymbol{b}$ 满足 $\boldsymbol{a} \cdot \boldsymbol{b} = 0$,则 $\boldsymbol{a}$ 与 $\boldsymbol{b}$ 的关系是_____;

(8) 若向量 $\boldsymbol{a}, \boldsymbol{b}$ 满足 $\boldsymbol{a} \times \boldsymbol{b} = \boldsymbol{0}$,则 $\boldsymbol{a}$ 与 $\boldsymbol{b}$ 的关系是_____;

(9) $3x + 2 = 0$ 是平行_____坐标平面的平面;

(10) 平面 $3x + 4y + 8z + 2 = 0$ 的法向量是_____;

(11) 直线 $\begin{cases} 3x - 2 = 0, \\ y + 2z = 0 \end{cases}$ 的方向向量是_____.

2. 判断题:

(1) 点 $(-1, 2, 3)$ 是点 $(1, -2, -3)$ 关于 x 轴的对称点. ( )

(2) 点 $(3, 2, -1)$ 到 xOy 平面的距离是 -1. ( )

(3) 向量 $\boldsymbol{a} = \{1, 2, -1\}$ 与向量 $\boldsymbol{b} = \{2, 4, -2\}$ 平行. ( )

(4) 向量 $\boldsymbol{a} = \{0, 1, 1\}$ 与向量 $\boldsymbol{b} = \{3, -2, 2\}$ 垂直. ( )

(5) 平面 $Ax + By + Cy = 0$ 必过坐标原点. ( )

(6) 方程 $3x + 2y + 1 = 0$ 表示空间中一条直线. ( )

(7) 过点 $(0, 0, 0)$ 且法向量为 $\boldsymbol{n} = \{1, -2, 3\}$ 的平面方程为 $x - 2y + 3y = 0$. ( )

(8) 向量 $\boldsymbol{a} = \{-1, -1, -1\}, \boldsymbol{b} = \{2, 1, -3\}$ 间的夹角为 $90°$. ( )

(9) 若向量 $\boldsymbol{a}, \boldsymbol{b}$ 相互平行,则 $\boldsymbol{a} \times \boldsymbol{b} = \boldsymbol{0}$. ( )

3. 选择题:

(1) 向量(   )是单位向量.

A. $\{1, 1, 1\}$ B. $\left\{\dfrac{1}{2}, \dfrac{1}{2}, \dfrac{1}{2}\right\}$ C. $\left\{\dfrac{\sqrt{2}}{2}, \dfrac{1}{2}, \dfrac{1}{2}\right\}$ D. $\{-1, 0, 1\}$

(2) 设 $\boldsymbol{i}, \boldsymbol{j}, \boldsymbol{k}$ 分别表示空间直角坐标系 x 轴、y 轴、z 轴的单位向量,则下面等式正确的是(   ).

A. $\boldsymbol{i} + \boldsymbol{j} = \boldsymbol{k} \cdot \boldsymbol{j}$ B. $\boldsymbol{i} \times \boldsymbol{j} = \boldsymbol{i} \cdot \boldsymbol{j}$ C. $\boldsymbol{i} \cdot \boldsymbol{i} = \boldsymbol{k} \cdot \boldsymbol{k}$ D. $\boldsymbol{i} \cdot \boldsymbol{j} = \boldsymbol{k}$

(3) 平面 $3x + 2y - y = 6$ 与 x 轴、y 轴、z 轴的截距分别是(   ).

A. 3、2、1 B. 2、3、-6 C. 6、2、-2 D. 2、-3、6

(4) 平面 $3x + 2y - 5 = 0$ 与 y 轴的关系是(   ).

A. 垂直 B. 平行 C. 相交 D. 包含 y 轴

(5) 直线 $\begin{cases} x+2y+z=1, \\ x+y+z=2 \end{cases}$ 的方向向量是( ).

A. $\begin{vmatrix} i & j & k \\ 1 & 2 & 1 \\ 1 & 1 & 1 \end{vmatrix}$ B. $\begin{vmatrix} i & j & k \\ 2 & 1 & 1 \\ 1 & 1 & 1 \end{vmatrix}$ C. $\begin{vmatrix} i & j & k \\ 1 & 1 & 1 \\ 1 & 2 & 1 \end{vmatrix}$ D. $\begin{vmatrix} i & j & k \\ 1 & 1 & 1 \\ 1 & 1 & 2 \end{vmatrix}$

B 组

1. 求以 $A(3,4,-1)$, $B(2,0,3)$, $C(-3,5,4)$ 为顶点的三角形的面积.
2. 设向量 $\boldsymbol{a}=\{3,5,-1\}$ 与 $\boldsymbol{b}=\{-1,-1,1\}$, 求与 $\boldsymbol{a}$, $\boldsymbol{b}$ 都垂直的单位向量.
3. 求点 $(1,-2,1)$ 到平面 $x+3y-4y-1=0$ 的距离.
4. 求过 $A(0,2,3)$, $B(2,-1,4)$, $C(-1,3,-2)$ 三点的平面方程.
5. 求两平面 $2x+3y+6z-12=0$ 与 $x-2y+z-6=0$ 的夹角.
6. 求过点 $(2,3,-8)$ 且平行于直线 $\dfrac{x-2}{3}=\dfrac{y}{-2}=\dfrac{z+8}{5}$ 的直线方程.

第八章习题
与复习题

第九章

多元函数微分学

本章讨论**多元函数**(function of several variables)和多元函数微分学,讨论中以二元函数为主,然后把讨论的结果推广到一般多元函数.

§ 9-1 多元函数的概念及其极限与连续

在生产操作实践与科学实验探索中,遇到的问题经常涉及多个影响因素. 当这些问题被抽象成数学问题,便转化为一个变量依赖于多个变量的问题,这就是多元函数问题.

一、多元函数概念

1. 邻域和区域

在讨论一元函数时,经常用到区间的概念,为了讨论多元函数,我们先介绍邻域和区域的概念.

设 $P_0(x_0, y_0)$ 是平面 xOy 上的一个点,δ 为某一正数,以 $P_0(x_0, y_0)$ 为中心,$\delta > 0$ 为半径的圆的内部,构成的平面点集

$$\{(x, y) \mid \sqrt{(x-x_0)^2 + (y-y_0)^2} < \delta\},$$

称为点 P_0 的 δ **邻域**(neighborhood),记为 $N(P_0, \delta)$.

由平面上一条曲线或多条曲线围成的一部分平面称为**区域**(region),这些曲线称为区域的**边界**(boundary),包括边界在内的区域称为**闭区域**(closed region),不包括边界在内的区域称为**开区域**(open region). 区域可以是有界的,也可以是无界的.

2. 多元函数的概念

先看几个例子:

例 1 圆柱体的体积 V 与它的半径 r,高 h 之间的关系为 $V = \pi r^2 h$,其中体积 V 是随 r, h 的变化而变化的,当 r, h 在一定范围 $(r > 0, h > 0)$ 内取定一对值时,V 的对应值就随之而定.

例 2 球心在原点,半径为 R 的上半球面的方程 $z = \sqrt{R^2 - x^2 - y^2}$,对于 xOy 平面内的圆面 $x^2 + y^2 \leqslant R^2$ 上的每一点 $M(x, y)$,通过方程 $z = \sqrt{R^2 - x^2 - y^2}$ 都有确定的 z 值与之对应.

邻域

二元函数的几何意义

上面两个例子的具体意义虽然各不相同,但它们具有共性:对于某一范围内的一对数,按照一定的对应规律,都有确定的数值与之对应.提取其共性就可得如下定义.

定义 1　设有三个变量 x,y 和 z.如果当变量 x,y 在一定范围内任意取定一对值时,变量 z 按照一定的规律,总有确定的值与之对应,则称变量 z 为变量 x,y 的**二元函数**,记为

$$z=f(x,y) \text{ 或 } z=z(x,y).$$

其中,变量 x 和 y 称为**自变量**,而变量 z 称为**因变量**.自变量 x 和 y 的变化范围称为函数的**定义域**(definite domain).

类似地,可以定义三元函数 $u=f(x,y,z)$,以及三元以上的函数.二元及二元以上的函数统称为**多元函数**.

求二元函数定义域的方法与一元函数类似:对于用解析式 $z=f(x,y)$ 表达的二元函数,使这个解析式有确定值的自变量 x,y 的变化范围就是这个函数的**定义域**.例如:$z=\arcsin(x^2+y^2)$ 的定义域为满足不等式 $x^2+y^2\leqslant 1$ 的点的全体,即平面点集 $\{(x,y)\mid x^2+y^2\leqslant 1\}$(图 9-1a).又如函数 $z=\ln(1-x^2)$,由于式中不含 y,故 y 可以取任意实数,于是它的定义域为满足不等式组 $\begin{cases}1-x^2>0,\\ -\infty<y<+\infty\end{cases}$ 的点 $P(x,y)$ 的集合,即平面点集 $\{(x,y)\mid |x|<1,|y|<+\infty\}$(图 9-1b).

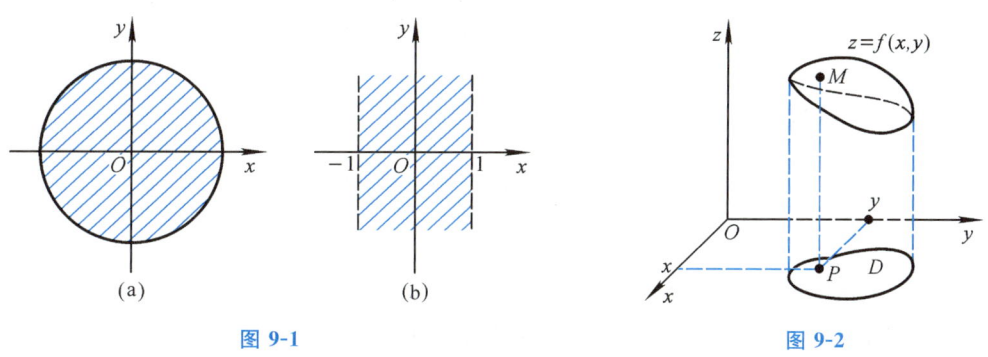

图 9-1　　　　　　　　　　　图 9-2

由于 xOy 平面上的点 $P(x,y)$ 可表示一对有序数组 (x,y),于是二元函数 $z=f(x,y)$ 可记为 $z=f(P)$.

一元函数 $y=f(x)$ 在平面直角坐标系中表示一条平面曲线,对于二元函数 $z=f(x,y)$,可以在空间直角坐标系中研究它的几何图形.

设函数 $z=f(x,y)$ 在 xOy 平面的区域 D 上有定义,在 D 内任取一点 $P(x,y)$,求出相应的函数值 z,便得到空间一点 $M(x,y,z)$,当点 $P(x,y)$ 在 D 内变动时,点 $M(x,y,z)$ 就在空间变动,一般说来,其轨迹就是空间的一张曲面(图 9-2),定义域 D 是曲面在 xOy 平面上的投影.

已知线性函数 $z=Ax+By+C$ 的图形是一个平面;函数 $z=\sqrt{R^2-x^2-y^2}$ 的图形是中心在原点,半径为 R 的上半球面.

二、二元函数的极限

讨论当自变量 $x\to x_0,y\to y_0$,即 $P(x,y)\to P_0(x_0,y_0)$ 时,函数 $f(x,y)$ 的极限.

定义 2 设函数 $z=f(x,y)$ 在点 $P_0(x_0,y_0)$ 的 δ 邻域内(点 P_0 可除外)有定义,点 $P(x,y)$ 是该邻域内异于 P_0 的任意一点. 如果当点 P 以任何方式趋近于点 P_0 时,函数 $f(x,y)$ 无限接近于一个确定的常数 A,则称 A 为函数 $z=f(x,y)$ 当 $x\to x_0$,$y\to y_0$ 时的极限,记为 $\lim\limits_{\substack{x\to x_0\\y\to y_0}}f(x,y)=A$ 或 $\lim\limits_{P\to P_0}f(P)=A$,也可记为 $f(x,y)\to A(x\to x_0,y\to y_0)$.

应当指出:

(1) 点 $P(x,y)$ 趋近于点 $P_0(x_0,y_0)$,是指它们之间的距离趋近于 0,即 $\rho=|PP_0|=\sqrt{(x-x_0)^2+(y-y_0)^2}\to 0$,于是也可把极限记为 $\lim\limits_{\rho\to 0}f(x,y)=A$;

(2) 二元函数的极限存在,是指 $P(x,y)$ 以任何方式趋近于 $P_0(x_0,y_0)$ 时,函数都无限接近于 A. 因此,如果 $P(x,y)$ 以某一特定方式(如沿着一条定直线或定曲线)趋近于 $P_0(x_0,y_0)$ 时,即使函数无限接近于某一确定值,也不能断言函数此时的极限存在. 如果当 $P(x,y)$ 以不同方式趋近于 $P_0(x_0,y_0)$ 时,函数无限接近于不同的值,则断言函数此时的极限不存在.

例 3 求 $f(x,y)=\dfrac{\sin(x^2+y^2)}{x^2+y^2}$ 当 $(x,y)\to(0,0)$ 时的极限.

解 函数 $f(x,y)$ 在点 $(0,0)$ 处没有定义,记 $v=x^2+y^2$,当 $x\to 0$,$y\to 0$ 时,有 $v\to 0$,于是

$$\lim_{\substack{x\to 0\\y\to 0}}f(x,y)=\lim_{v\to 0}\frac{\sin v}{v}=1.$$

例 4 考察函数

$$f(x,y)=\begin{cases}\dfrac{xy}{x^2+y^2}, & x,y \text{ 不同时为 } 0,\\ 0, & x=y=0\end{cases}$$

当 $(x,y)\to(0,0)$ 时的极限是否存在.

解 当点 $P(x,y)$ 沿 x 轴趋近于点 $(0,0)$ 时有 $\lim\limits_{x\to 0}f(x,0)=0$.

当点 $P(x,y)$ 沿 y 轴趋近于点 $(0,0)$ 时有 $\lim\limits_{y\to 0}f(0,y)=0$.

易见,当点 $P(x,y)$ 沿 x 轴或 y 轴趋近于原点时,函数 $f(x,y)$ 的极限存在并相等,但极限 $\lim\limits_{\substack{x\to 0\\y\to 0}}f(x,y)$ 并不存在. 因为当 $P(x,y)$ 沿着直线 $y=x$ 趋于点 $(0,0)$ 时,有

$$\lim_{\substack{x\to 0\\y\to 0}}\frac{xy}{x^2+y^2}=\lim_{x\to 0}\frac{x^2}{x^2+x^2}=\frac{1}{2},$$

因此,函数 $f(x,y)$ 当 $(x,y)\to(0,0)$ 时的极限不存在.

三、二元函数的连续性

与一元函数的连续性类似,给出二元函数在点 $P_0(x_0,y_0)$ 处连续的定义如下.

定义 3 设函数 $z=f(x,y)$ 在点 $P_0(x_0,y_0)$ 的某 δ 邻域内有定义,$P(x,y)$ 是该邻域内任一点,如果

$$\lim_{\substack{x\to x_0\\y\to y_0}}f(x,y)=f(x_0,y_0) \quad \text{或} \quad \lim_{P\to P_0}f(P)=f(P_0),$$

则称函数 $z=f(x,y)$ 在点 P_0 处**连续**. 如果 $f(x,y)$ 在区域 D 的每一点连续,那么就称它**在区域 D 内连续**(continuous in the domain D). 二元连续函数的图形是一个没有空隙和裂缝的曲面.

函数的不连续点称为**间断点**(discontinuous point). 当函数在点 P_0 处无定义;或虽有定义,但当 $P\to P_0$ 时,$f(P)$ 没有极限,或极限虽存在但不等于 $f(P_0)$;则点 P_0 就是函数的间断点. 例如:前面已讨论过的函数

$$f(x,y)=\begin{cases}\dfrac{xy}{x^2+y^2}, & x^2+y^2\neq 0,\\ 0, & x^2+y^2=0,\end{cases}$$

由于当 $x\to 0$,$y\to 0$ 时,$f(x,y)$ 的极限不存在,所以点 $(0,0)$ 就是函数的一个间断点. 二元函数的间断点可以是一些点,也可以是一条曲线. 例如:函数

$$z=\sin\dfrac{1}{x^2+y^2-1}$$

在圆周 $x^2+y^2=1$ 上没有定义,所以该圆周上的所有点都是函数 z 的间断点.

与一元函数类似,在有界闭区域上连续的多元函数的性质如下.

性质 1(最大值和最小值定理) 在有界闭区域上连续的函数必有最大值和最小值.

性质 2(介值定理) 在有界闭区域上连续的函数必取得介于函数最大值与最小值之间的任何值.

还应指出:一元函数中关于极限的运算法则,对多元函数仍适用,根据极限运算法则多元连续函数的和、差、积都连续;当分母不为 0 时,连续函数的商是连续函数;多元连续函数的复合函数也是连续函数;**一切多元初等函数在其定义区域内(没有空隙和裂缝的区域)都是连续的**. 这就为我们求多元函数的极限提供了便利.

例 5 求 $\lim\limits_{\substack{x\to 1\\ y\to 2}}\dfrac{x+y}{xy}$.

解 由于函数 $f(x,y)=\dfrac{x+y}{xy}$ 是多元初等函数,且在 $x=1$,$y=2$ 处是连续的,所以

$$\lim\limits_{\substack{x\to 1\\ y\to 2}}\dfrac{x+y}{xy}=f(1,2)=\dfrac{3}{2}.$$

习 题 9-1

1. 设函数 $f(x,y)=x^2-2xy+3y^2$,求:
   (1) $f(0,1)$;   (2) $f(tx,ty)$.

2. 确定下列函数的定义域 D,并画出草图:
   (1) $z=\sqrt{1-\dfrac{x^2}{a^2}-\dfrac{y^2}{b^2}}$;   (2) $f(x,y)=\dfrac{1}{\sqrt{x^2-2xy}}$;   (3) $z=\dfrac{\sqrt{4x-y^2}}{\ln(1-x^2-y^2)}$.

3. 求下列极限:
   (1) $\lim\limits_{\substack{x\to 1\\ y\to 0}}\dfrac{3xy+x^2y^2}{x+y}$;   (2) $\lim\limits_{\substack{x\to 0\\ y\to \frac{1}{2}}}\arcsin\sqrt{x^2+y^2}$;   (3) $\lim\limits_{\substack{x\to 0\\ y\to 0}}\dfrac{\sin[3(x^2+y^2)]}{x^2+y^2}$;   (4) $\lim\limits_{\substack{x\to 0\\ y\to 0}}\dfrac{2-\sqrt{xy+4}}{xy}$.

4. 下列函数在何处是间断的?

(1) $z = \dfrac{y^2 + 2x}{y^2 - 2x}$;   (2) $z = \dfrac{1}{\sin x \sin y}$.

§9-2 偏 导 数

一、偏导数的概念及其计算

对于一元函数,我们从研究函数的变化率得出了导数的概念. 对于多元函数同样需要研究它的变化率. 但多元函数的自变量不止一个,因变量与自变量的关系也比一元函数复杂. 首先研究函数关于其中一个自变量的变化率,以二元函数 $z = f(x, y)$ 为例,如果只有自变量 x 变化,而自变量 y 固定(看作常数),这时它就是一元函数. 有如下定义:

定义 设函数 $z = f(x, y)$ 在点 (x_0, y_0) 的某邻域内有定义,当 y 固定在 y_0 且 x 在 x_0 处有增量 Δx 时,相应地,函数有增量[称为**对 x 的偏增量**(partial increment with respect to x)]

$$\Delta_x z = f(x_0 + \Delta x, y_0) - f(x_0, y_0),$$

如果极限

$$\lim_{\Delta x \to 0} \frac{\Delta_x z}{\Delta x} = \lim_{\Delta x \to 0} \frac{f(x_0 + \Delta x, y_0) - f(x_0, y_0)}{\Delta x}$$

存在,则称此极限值为函数 $z = f(x, y)$ 在点 (x_0, y_0) 处对 x 的**偏导数**[partial derivative with respect to x at the point (x_0, y_0)],记为 $\left.\dfrac{\partial z}{\partial x}\right|_{\substack{x=x_0 \\ y=y_0}}$,$\left.\dfrac{\partial f}{\partial x}\right|_{\substack{x=x_0 \\ y=y_0}}$ 或 $f'_x(x_0, y_0)$,即

$$\left.\frac{\partial z}{\partial x}\right|_{\substack{x=x_0 \\ y=y_0}} = \lim_{\Delta x \to 0} \frac{f(x_0 + \Delta x, y_0) - f(x_0, y_0)}{\Delta x}.$$

类似地,函数 $z = f(x, y)$ 在点 (x_0, y_0) 处对 y 的偏导数定义为

$$\lim_{\Delta y \to 0} \frac{\Delta_y z}{\Delta y} = \lim_{\Delta y \to 0} \frac{f(x_0, y_0 + \Delta y) - f(x_0, y_0)}{\Delta y},$$

记为 $\left.\dfrac{\partial z}{\partial y}\right|_{\substack{x=x_0 \\ y=y_0}}$,$\left.\dfrac{\partial f}{\partial y}\right|_{\substack{x=x_0 \\ y=y_0}}$ 或 $f'_y(x_0, y_0)$.

如果函数 $z = f(x, y)$ 在区域 D 内每一点 (x, y) 处对 x 的偏导数都存在,则这个偏导数就是 x, y 的函数,称为函数 $z = f(x, y)$ 对自变量 x 的**偏导函数**(简称**偏导数**),记为

$$\frac{\partial z}{\partial x}, \frac{\partial f}{\partial x}, z_x \quad \text{或} \quad f'_x(x, y).$$

类似地,可以定义函数 $z = f(x, y)$ 对自变量 y 的偏导函数,记为

$$\frac{\partial z}{\partial y}, \frac{\partial f}{\partial y}, z_y \quad \text{或} \quad f'_y(x, y).$$

由偏导数的定义可知,求多元函数对一个自变量的偏导数时,只需将其他自变量看成常数,用一元函数求导法即可求得.

例 1 求 $z = \dfrac{1}{2}x^2 - 3xy + y^2 + 1$ 在点 $(0, 1)$ 处的偏导数.

解 $\dfrac{\partial z}{\partial x} = x - 3y, \quad \dfrac{\partial z}{\partial y} = -3x + 2y.$

将 $x = 0, y = 1$ 代入上式得
$$\dfrac{\partial z}{\partial x}\bigg|_{\substack{x=0\\y=1}} = -3, \quad \dfrac{\partial z}{\partial y}\bigg|_{\substack{x=0\\y=1}} = 2.$$

例 2 求 $z = \dfrac{x}{y} + \sin xy$ 的偏导数.

解 $\dfrac{\partial z}{\partial x} = \dfrac{1}{y} + y\cos xy, \quad \dfrac{\partial z}{\partial y} = -\dfrac{x}{y^2} + x\cos xy.$

例 3 求 $r = \sqrt{x^2 + y^2 + z^2}$ 的偏导数.

解 $\dfrac{\partial r}{\partial x} = \dfrac{2x}{2\sqrt{x^2 + y^2 + z^2}} = \dfrac{x}{r}$, 类似有 $\dfrac{\partial r}{\partial y} = \dfrac{y}{r}, \dfrac{\partial r}{\partial z} = \dfrac{z}{r}.$

例 4 设 $z = \dfrac{x^3 - y^3}{xy}$, 求证: $x\dfrac{\partial z}{\partial x} + y\dfrac{\partial z}{\partial y} = z.$

证 $z = \dfrac{x^3 - y^3}{xy} = \dfrac{x^2}{y} - \dfrac{y^2}{x}, \quad \dfrac{\partial z}{\partial x} = \dfrac{2x}{y} + \dfrac{y^2}{x^2}, \quad \dfrac{\partial z}{\partial y} = -\dfrac{x^2}{y^2} - \dfrac{2y}{x},$

$x\dfrac{\partial z}{\partial x} + y\dfrac{\partial z}{\partial y} = \dfrac{2x^2}{y} + \dfrac{y^2}{x} - \dfrac{x^2}{y} - \dfrac{2y^2}{x} = \dfrac{x^2}{y} - \dfrac{y^2}{x} = z.$

应当指出,在一元函数 $y = f(x)$ 中,导数 $\dfrac{\mathrm{d}y}{\mathrm{d}x}$ 可看作函数的微分 $\mathrm{d}y$ 与自变量的微分 $\mathrm{d}x$ 之商,但对二元函数 $z = f(x, y)$(多元函数)来说,$\dfrac{\partial z}{\partial x}, \dfrac{\partial z}{\partial y}$ 是一个整体记号,不能看作分子与分母之商.

二、二元函数 $z = f(x, y)$ 的偏导数的几何意义

在空间直角坐标系中,函数 $z = f(x, y)$ 表示一曲面,如果把 $f(x, y)$ 中的 y 固定,设 $y = y_0$,则 $\begin{cases} z = f(x, y), \\ y = y_0 \end{cases}$ 表示曲面 $z = f(x, y)$ 与平面 $y = y_0$ 相交的一曲线(图 9-3 中的 AMB). 由一元函数导数的几何意义知, $f_x'(x_0, y_0)$ 是交线 AMB 上点 $M(x_0, y_0, z_0)$ 处切线的斜率,即 $f_x'(x_0, y_0)$ 是这曲线上点 M 处的切线对 x 轴的斜率(图 9-3).

同理,偏导数 $f_y'(x_0, y_0)$ 的几何意义是曲面 $z = f(x, y)$ 与平面 $x = x_0$ 相交的曲线上点 M 处的切线对 y 轴的斜率.

如果一元函数在某点有导数,则它在该点必定连续. 但对多元函数来说,即使各偏导数在某点都存在,也不能保证函数在该点连续. 这是因为各偏导数存在只能保证点 P 沿平行于坐标轴的方向趋近于 P_0 时,函数值 $f(P)$ 趋近于 $f(P_0)$, 但不能保证点 P 按任何方式趋近于 P_0 时,函数值 $f(P)$ 都趋近于 $f(P_0)$. 例如:函数

$$f(x, y) = \begin{cases} \dfrac{xy}{x^2 + y^2}, & x, y \text{ 不同时为 } 0, \\ 0, & x = y = 0. \end{cases}$$

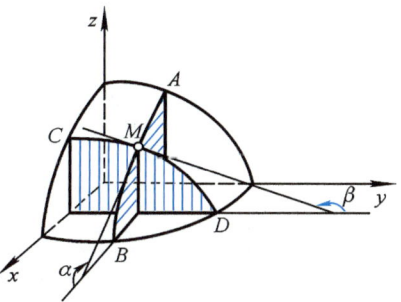

图 9-3

在点 $(0, 0)$ 对 x 的偏导数

$$f'_x(0, 0) = \lim_{\Delta x \to 0} \frac{f(0 + \Delta x, 0) - f(0, 0)}{\Delta x} = 0,$$

同样,有

$$f'_y(0, 0) = \lim_{\Delta y \to 0} \frac{f(0, 0 + \Delta y) - f(0, 0)}{\Delta y} = 0.$$

由 §9-1 例 4 可知,该函数在点 $(0, 0)$ 处不连续.

三、高阶偏导数

设函数 $z = f(x, y)$ 在区域 D 内有偏导数 $\frac{\partial z}{\partial x} = f'_x(x, y)$,$\frac{\partial z}{\partial y} = f'_y(x, y)$. 一般来说,在 D 内 $f'_x(x, y)$,$f'_y(x, y)$ 都是 x,y 的函数,如果这两个函数的偏导数都存在,则称它们是函数 $z = f(x, y)$ 的**二阶偏导数**. 依照对变量求导数的次序不同,有下列四个二阶偏导数:

$$\frac{\partial}{\partial x}\left(\frac{\partial z}{\partial x}\right) = \frac{\partial^2 z}{\partial x^2} = f''_{xx}(x, y), \qquad \frac{\partial}{\partial y}\left(\frac{\partial z}{\partial y}\right) = \frac{\partial^2 z}{\partial y^2} = f''_{yy}(x, y),$$

$$\frac{\partial}{\partial y}\left(\frac{\partial z}{\partial x}\right) = \frac{\partial^2 z}{\partial x \partial y} = f''_{xy}(x, y), \qquad \frac{\partial}{\partial x}\left(\frac{\partial z}{\partial y}\right) = \frac{\partial^2 z}{\partial y \partial x} = f''_{yx}(x, y).$$

其中,第三、第四个偏导数称为**混合偏导数**. 同理可得三阶、四阶……以及 n 阶偏导数. 二阶及二阶以上的偏导数统称为**高阶偏导数**(partial derivative of higher order).

例 5 设 $z = (x^2 + y^2)^{\frac{3}{2}} + 1$,求:$\frac{\partial^2 z}{\partial x^2}$,$\frac{\partial^2 z}{\partial y^2}$,$\frac{\partial^2 z}{\partial x \partial y}$ 及 $\frac{\partial^2 z}{\partial y \partial x}$.

解

$$\frac{\partial z}{\partial x} = \frac{3}{2}(x^2 + y^2)^{\frac{1}{2}} \cdot (2x) = 3x(x^2 + y^2)^{\frac{1}{2}},$$

$$\frac{\partial z}{\partial y} = \frac{3}{2}(x^2 + y^2)^{\frac{1}{2}} \cdot (2y) = 3y(x^2 + y^2)^{\frac{1}{2}},$$

$$\frac{\partial^2 z}{\partial x^2} = 3(x^2 + y^2)^{\frac{1}{2}} + 3x \cdot \frac{1}{2}(x^2 + y^2)^{-\frac{1}{2}}(2x)$$

$$= 3(x^2 + y^2)^{\frac{1}{2}} + 3x^2(x^2 + y^2)^{-\frac{1}{2}},$$

$$\frac{\partial^2 z}{\partial x \partial y} = 3x \cdot \frac{1}{2}(x^2 + y^2)^{-\frac{1}{2}}(2y) = 3xy(x^2 + y^2)^{-\frac{1}{2}},$$

$$\frac{\partial^2 y}{\partial y^2} = 3(x^2 + y^2)^{\frac{1}{2}} + 3y \cdot \frac{1}{2}(x^2 + y^2)^{-\frac{1}{2}}(2y)$$

$$= 3(x^2 + y^2)^{\frac{1}{2}} + 3y^2(x^2 + y^2)^{-\frac{1}{2}},$$

$$\frac{\partial^2 z}{\partial y \partial x} = \frac{3y}{2}(x^2 + y^2)^{-\frac{1}{2}}(2x) = 3xy(x^2 + y^2)^{-\frac{1}{2}}.$$

易见

$$\frac{\partial^2 z}{\partial x \partial y} = \frac{\partial^2 z}{\partial y \partial x}.$$

这不是偶然的结论,事实上有如下定理(证明从略):

定理 如果函数 $z = f(x, y)$ 的两个二阶混合偏导数 $\frac{\partial^2 z}{\partial x \partial y}$,$\frac{\partial^2 z}{\partial y \partial x}$ 在区域 D 内连续,则在

该区域内这两个混合偏导数相等.

换句话说,在连续的条件下二阶混合偏导数与求导次序无关.

例 6 设 $r = \sqrt{x^2 + y^2 + z^2}$,求证函数 $u = \dfrac{1}{r}$ 满足方程

$$\frac{\partial^2 u}{\partial x^2} + \frac{\partial^2 u}{\partial y^2} + \frac{\partial^2 u}{\partial z^2} = 0.$$

•释疑解难

混合偏导数相等的充分条件

证
$$\frac{\partial u}{\partial x} = \frac{-(\sqrt{x^2+y^2+z^2})'_x}{x^2+y^2+z^2} = -\frac{x}{(x^2+y^2+z^2)^{\frac{3}{2}}} = -\frac{x}{r^3},$$

$$\frac{\partial^2 u}{\partial x^2} = -\frac{(x^2+y^2+z^2)^{\frac{3}{2}} - \dfrac{3x}{2}(x^2+y^2+z^2)^{\frac{1}{2}}(2x)}{(x^2+y^2+z^2)^3}$$

$$= -\frac{(x^2+y^2+z^2) - 3x^2}{(\sqrt{x^2+y^2+z^2})^5} = -\frac{r^2 - 3x^2}{r^5} = -\frac{1}{r^3} + \frac{3x^2}{r^5}.$$

由函数 u 对于自变量的对称性,得

$$\frac{\partial^2 u}{\partial y^2} = -\frac{1}{r^3} + \frac{3y^2}{r^5}, \quad \frac{\partial^2 u}{\partial z^2} = -\frac{1}{r^3} + \frac{3z^2}{r^5},$$

因此

$$\frac{\partial^2 u}{\partial x^2} + \frac{\partial^2 u}{\partial y^2} + \frac{\partial^2 u}{\partial z^2} = -\frac{3}{r^3} + \frac{3(x^2+y^2+z^2)}{r^5} = 0.$$

习 题 9-2

1. 求下列函数的偏导数:

(1) $z = x^3 y - y^2 x + 2$; (2) $z = (x+y)\sin(x-y)$; (3) $s = \dfrac{u^2 + v^2}{uv} - 3$;

(4) $u = (1+xy)^z$; (5) $z = \ln\left(\sin\dfrac{y}{x}\right) + 5$; (6) $u = \arctan(x-y)^z$.

2. 设 $f(x, y) = \ln \dfrac{x^2 - y^2}{x^2 + y^2}$,求 $f'_x(2, 1)$ 及 $f'_y(2, 1)$.

3. 求下列各函数的二阶偏导数 $\dfrac{\partial^2 z}{\partial x^2}, \dfrac{\partial^2 z}{\partial y^2}, \dfrac{\partial^2 z}{\partial x \partial y}$:

(1) $z = ax^4 + bx^3 y + cx^2 y^2 + dxy^3 + ey^4$; (2) $z = x^y$.

§9-3 全 微 分

一、全微分的概念

在一元函数的微分学中,函数的微分是函数增量的**线性主部**. 用函数的微分来近似地代替函数的增量,其误差是一个较 Δx 高阶的无穷小. 对于多元函数,也有类似的情况.

设函数 $z = f(x, y)$ 在点 $P(x, y)$ 及其某 δ 邻域内有定义,并设 $M(x + \Delta x, y + \Delta y)$ 为这个邻域内的任意一点,则这两点的函数值之差 $f(x + \Delta x, y + \Delta y) - f(x, y)$,称为函数在点

P 处对应自变量增量 Δx, Δy 的**全增量**(total increment), 记为 Δz, 即

$$\Delta z = f(x+\Delta x, y+\Delta y) - f(x, y).$$

例如:若 z 表示边长分别是 x 与 y 的矩形面积,即 $z=xy$. 如果边长 x 与 y 分别取增量 Δx 与 Δy,则面积 z 相应地有全增量

$$\begin{aligned}\Delta z &= (x+\Delta x)(y+\Delta y) - xy \\ &= y\Delta x + x\Delta y + \Delta x\Delta y,\end{aligned}$$

这里全增量 Δz 的三项在图 9-4 中分别表示为三块阴影部分的面积.

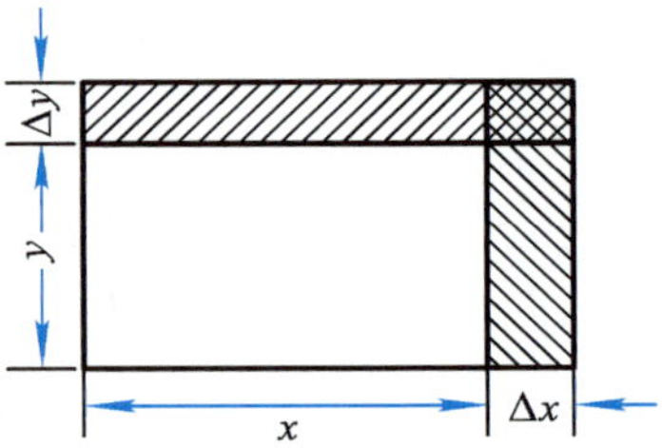

如果设 $y=A$, $x=B$, $\rho=\sqrt{(\Delta x)^2+(\Delta y)^2}$, 则当 $\rho \to 0$ 时, $\Delta x\Delta y$ 是 ρ 的高阶无穷小,即 $\Delta x\Delta y = o(\rho)$. 于是面积的全增量可以表示为

$$\Delta z = A\Delta x + B\Delta y + o(\rho).$$

图 9-4

一般说来,函数 $z=f(x, y)$ 的全增量 Δz 往往会是 Δx, Δy 的比较复杂的函数. 我们希望能像一元函数那样用自变量的增量 Δx, Δy 的线性函数来近似地代替函数增量 Δz,即

$$\Delta z = A\Delta x + B\Delta y + o(\rho). \tag{9-1}$$

其中 A, B 不依赖于 Δx, Δy, $\rho=\sqrt{(\Delta x)^2+(\Delta y)^2}$.

事实上,如果式(9-1)成立,则函数 $z=f(x, y)$ 在点 $P(x, y)$ 的偏导数 $f'_x(x, y)$, $f'_y(x, y)$ 必定存在,且

$$A = f'_x(x, y); \quad B = f'_y(x, y).$$

因为式(9-1)对于任意的 Δx, Δy 都成立,所以当 $\Delta y = 0$(此时 $\rho = |\Delta x|$)时,式(9-1)变为

$$f(x+\Delta x, y) - f(x, y) = A\Delta x + o(|\Delta x|),$$

两边除以 Δx, 再令 $\Delta x \to 0$ 取极限, 得

$$\lim_{\Delta x \to 0}\frac{f(x+\Delta x, y) - f(x, y)}{\Delta x} = A, \text{ 即 } A = f'_x(x, y). \text{ 同理}, B = f'_y(x, y).$$

定义 如果函数 $z=f(x, y)$ 在点 $P(x, y)$ 处的全增量可表示为

$$\Delta z = f'_x(x, y)\Delta x + f'_y(x, y)\Delta y + o(\rho), \tag{9-2}$$

其中 $\rho = \sqrt{(\Delta x)^2+(\Delta y)^2}$, 则称 $f'_x(x, y)\Delta x + f'_y(x, y)\Delta y$ 为函数 $f(x, y)$ 在点 $P(x, y)$ 处的**全微分**(total differential), 记为 dz, 即

$$dz = f'_x(x, y)\Delta x + f'_y(x, y)\Delta y,$$

此时,称函数 $f(x, y)$ 在点 $P(x, y)$ 处**可微分**[differentiate at the point $P(x, y)$].

如果函数在区域 D 的每一点都可微分,则称该函数**在 D 内可微分**.

若将 Δx, Δy 分别记为 dx, dy, 函数 $z=f(x, y)$ 在点 $P(x, y)$ 处的全微分可写成

$$dz = \frac{\partial z}{\partial x}dx + \frac{\partial z}{\partial y}dy. \tag{9-3}$$

对一元函数来说,函数在某点可导与可微分是等价的,但对多元函数来说,就不是这样了. 当函数 $z=f(x,y)$ 的各偏导数存在时,虽然形式上可以写成 $\frac{\partial z}{\partial x}\Delta x + \frac{\partial z}{\partial y}\Delta y$,但它与 Δz 之差并不一定是 ρ 的高阶无穷小,即它不一定存在全微分. 这就是说,各偏导数存在只是全微分存在的必要条件,不是它的充分条件. 例如: 函数

$$f(x,y) = \begin{cases} \dfrac{xy}{\sqrt{x^2+y^2}}, & x,y \text{ 不同时为 } 0, \\ 0, & x=y=0, \end{cases}$$

在点 $O(0,0)$ 处有 $f'_x(0,0)=0$, $f'_y(0,0)=0$,所以

$$\Delta z - [f'_x(0,0)\Delta x + f'_y(0,0)\Delta y] = \frac{\Delta x \Delta y}{\sqrt{(\Delta x)^2 + (\Delta y)^2}}.$$

如果考虑点 $M(\Delta x, \Delta y)$ 沿直线 $y=x$ 趋近于 $O(0,0)$,则

$$\frac{\frac{\Delta x \Delta y}{\sqrt{(\Delta x)^2+(\Delta y)^2}}}{\rho} = \frac{(\Delta x)^2}{(\Delta x)^2+(\Delta x)^2} = \frac{(\Delta x)^2}{2(\Delta x)^2} = \frac{1}{2},$$

显然它不随 ρ 趋近于 0 而趋近于 0,这表示 $\rho \to 0$ 时,$\Delta z - [f'_x(0,0)\Delta x + f'_y(0,0)\Delta y]$ 不是一个比 ρ 较高阶的无穷小,因而函数在点 $O(0,0)$ 处全微分不存在,即函数在点 $O(0,0)$ 处不可微. 但在一定条件下,偏导数与可微分是有联系的,如下面的定理.

定理 如果函数 $z=f(x,y)$ 的偏导数 $\frac{\partial z}{\partial x}$, $\frac{\partial z}{\partial y}$ 在点 $M(x,y)$ 处连续,则函数在该点的全微分存在(证明从略).

式(9-3)表示的二元函数的全微分及全微分存在定理可推广到二元以上的函数.

例如: 若 $u=f(x,y,z)$ 的全微分存在,则

$$du = \frac{\partial u}{\partial x}dx + \frac{\partial u}{\partial y}dy + \frac{\partial u}{\partial z}dz.$$

例 1 求函数 $z = x^2 y + xy^2$ 的全微分.

解 因为 $\frac{\partial z}{\partial x} = 2xy + y^2$, $\frac{\partial z}{\partial y} = x^2 + 2xy$,所以

$$dz = (2xy + y^2)dx + (x^2 + 2xy)dy.$$

例 2 计算函数 $z = (x+y)e^{xy}$ 在点 $(1,2)$ 处的全微分.

解 $\dfrac{\partial z}{\partial x} = e^{xy} + y(x+y)e^{xy} = (1+xy+y^2)e^{xy}$, $\left. \dfrac{\partial z}{\partial x} \right|_{\substack{x=1 \\ y=2}} = 7e^2$,

$\dfrac{\partial z}{\partial y} = e^{xy} + x(x+y)e^{xy} = (1+xy+x^2)e^{xy}$, $\left. \dfrac{\partial z}{\partial y} \right|_{\substack{x=1 \\ y=2}} = 4e^2$,

所以
$$dz = 7e^2 dx + 4e^2 dy.$$

例 3 求 $u = x^{yz}$ 的全微分.

解 $\dfrac{\partial u}{\partial x} = yz x^{yz-1}$，$\dfrac{\partial u}{\partial y} = z x^{yz} \ln x$，$\dfrac{\partial u}{\partial z} = y x^{yz} \ln x$，所以

$$du = x^{yz}\left(\dfrac{yz}{x}dx + z\ln x\, dy + y\ln x\, dz\right).$$

全微分概念与计算

*二、全微分在近似计算中的应用

在一元函数中，可以用函数的微分作为函数增量的近似值，在多元函数中也有类似的公式. 以二元函数 $z = f(x, y)$ 为例，设它的两个偏导数 $f'_x(x, y)$，$f'_y(x, y)$ 连续，并且 $|\Delta x|$，$|\Delta y|$ 都较小时，由全微分的定义，可得下面的近似公式：

$$\Delta z \approx dz = f'_x(x, y)\Delta x + f'_y(x, y)\Delta y, \tag{9-4}$$

$$f(x + \Delta x, y + \Delta y) \approx f(x, y) + f'_x(x, y)\Delta x + f'_y(x, y)\Delta y. \tag{9-5}$$

例 4 有一金属制成的圆柱体，受热后发生形变，它的半径由 20 cm 增大到 20.05 cm，高由 50 cm 增加到 50.09 cm，求此圆柱体体积变化的近似值.

解 设圆柱体的半径、高和体积分别为 r，h 和 V，它们的增量分别记为 Δr，Δh 和 ΔV，根据式（9-4）有

$$V = \pi r^2 h, \quad \Delta V \approx 2\pi r h \Delta r + \pi r^2 \Delta h,$$

其中，$r = 20$ cm，$h = 50$ cm，$\Delta r = 0.05$ cm，$\Delta h = 0.09$ cm. 代入得

$$\Delta V \approx 2 \times \pi \times 20 \times 50 \times 0.05 \text{ cm}^3 + \pi \times 20^2 \times 0.09 \text{ cm}^3 = 136\pi \text{ cm}^3.$$

例 5 计算 $1.02^{2.99}$ 的近似值.

解 设函数 $f(x, y) = x^y$，显然 $f(1.02, 2.99) = 1.02^{2.99}$. 取 $x = 1$，$y = 3$，$\Delta x = 0.02$，$\Delta y = -0.01$. 由于

$$f'_x(x, y) = y x^{y-1},\ f'_y(x, y) = x^y \ln x,\ f(1, 3) = 1,\ f'_x(1, 3) = 3,\ f'_y(1, 3) = 0,$$

所以，根据式（9-5）有

$$1.02^{2.99} \approx 1 + 3 \times 0.02 + 0 \times (-0.01) = 1.06.$$

例 6 利用单摆摆动测量重力加速度的公式为 $g = \dfrac{4\pi^2 l}{T^2}$. 现测得其单摆摆长 l 与振动周期 T 分别为：$l = (100 \pm 0.1)$ cm，$T = (2 \pm 0.004)$ s. 求由测定 l 与 T 的误差而引起 g 的绝对误差和相对误差.

解 若把测量 l 与 T 时所产生的误差当作 $|\Delta l|$ 与 $|\Delta T|$，则二元函数 $g = \dfrac{4\pi^2 l}{T^2}$ 所产生的误差就是函数全增量的绝对值 $|\Delta g|$，由于 $|\Delta l|$ 和 $|\Delta T|$ 都很小，因此可用 dg 来近似地代替 Δg. 于是

$$|\Delta g| \approx \left|\dfrac{\partial g}{\partial l}\Delta l + \dfrac{\partial g}{\partial T}\Delta T\right| \leqslant \left|\dfrac{\partial g}{\partial l}\right||\Delta l| + \left|\dfrac{\partial g}{\partial T}\right||\Delta T| = \dfrac{4\pi^2}{T^3}(T|\Delta l| + 2l|\Delta T|).$$

将 $l = 100$ cm，$T = 2$ s，$|\Delta l| \leqslant 0.1$ cm，$|\Delta T| \leqslant 0.004$ s 代入，得 g 的绝对误差 δ_g 约为

$$\delta_g \approx \dfrac{4\pi^2}{2^3}(2 \times 0.1 + 2 \times 100 \times 0.004) \text{ cm/s}^2 = 0.5\pi^2 \text{ cm/s}^2 \approx 4.93 \text{ cm/s}^2.$$

从而 g 的相对误差约为

$$\frac{\delta_g}{|g|} \approx \frac{0.5\pi^2}{\dfrac{4\pi^2 \times 100}{2^2}} = 0.5\%.$$

一般地,设二元函数 $z=f(x,y)$ 的自变量 x,y 的绝对误差界分别为 δ_x,δ_y,即 $|\Delta x| \leqslant \delta_x$,$|\Delta y| \leqslant \delta_y$,则 z 的绝对误差的绝对值为

$$|\Delta z| \approx |\mathrm{d}z| = |z_x \Delta x + z_y \Delta y| \leqslant |z_x||\Delta x| + |z_y||\Delta y|.$$

从而 z 的绝对误差界(简称绝对误差)约为

$$\delta_z = |z_x|\delta_x + |z_y|\delta_y.$$

z 的相对误差界(简称相对误差)约为

$$\frac{\delta_z}{|z|} = \left|\frac{z_x}{z}\right|\delta_x + \left|\frac{z_y}{z}\right|\delta_y.$$

习 题 9-3

1. 求下列各函数的全微分:

(1) $z = xy + \dfrac{x}{y}$;

(2) $z = \mathrm{e}^{\frac{y}{x}}$;

(3) $z = \dfrac{yx}{\sqrt{x^2+y^2}}$;

(4) $u = \arcsin(x^2 + y^2 + z^2)$;

(5) $z = \mathrm{e}^{x/y}$;

(6) $u = a^{xyz}$.

2. 求函数 $z = \ln\sqrt{1+x^2+y^2}$,当 $x=1$,$y=2$ 时的全微分.

3. 求函数 $z = \dfrac{x}{y}$,当 $x=1$,$y=2$,$\Delta x = -0.1$,$\Delta y = 0.2$ 时的全增量的近似值.

§9-4 多元复合函数的求导法则

设函数 $z=f(u,v)$,$u=\varphi(x,y)$,$v=\psi(x,y)$ 复合为 x,y 的函数

$$z = f[\varphi(x,y), \psi(x,y)].$$

类似于一元复合函数的求导公式,对于多元复合函数有如下定理(证明从略):

定理 如果函数 $u=\varphi(x,y)$,$v=\psi(x,y)$ 在点 (x,y) 处有偏导数,函数 $z=f(u,v)$ 在对应的点 (u,v) 处有连续偏导数,则复合函数 $z=f[\varphi(x,y),\psi(x,y)]$ 在点 (x,y) 处有对 x 和 y 的偏导数,且

$$\frac{\partial z}{\partial x} = \frac{\partial z}{\partial u} \cdot \frac{\partial u}{\partial x} + \frac{\partial z}{\partial v} \cdot \frac{\partial v}{\partial x}, \tag{9-6}$$

$$\frac{\partial z}{\partial y} = \frac{\partial z}{\partial u} \cdot \frac{\partial u}{\partial y} + \frac{\partial z}{\partial v} \cdot \frac{\partial v}{\partial y}. \tag{9-7}$$

例 1 设 $z = \mathrm{e}^u \sin v$,而 $u = xy$,$v = x+y$,求 $\dfrac{\partial z}{\partial x}$ 和 $\dfrac{\partial z}{\partial y}$.

解

$$\frac{\partial z}{\partial x} = \frac{\partial z}{\partial u} \cdot \frac{\partial u}{\partial x} + \frac{\partial z}{\partial v} \cdot \frac{\partial v}{\partial x} = \mathrm{e}^u \sin v \cdot y + \mathrm{e}^u \cos v \cdot 1$$

$$= e^{xy}[y\sin(x+y) + \cos(x+y)],$$

$$\frac{\partial z}{\partial y} = \frac{\partial z}{\partial u} \cdot \frac{\partial u}{\partial y} + \frac{\partial z}{\partial v} \cdot \frac{\partial v}{\partial y} = e^u \sin v \cdot x + e^u \cos v \cdot 1$$

$$= e^{xy}[x\sin(x+y) + \cos(x+y)].$$

式(9-6)、式(9-7)可以推广到中间变量或自变量不止两个的情形. 例如:

设 $z = f(u, v, w)$ 具有连续偏导数,且 $u = \varphi(x, y)$, $v = \psi(x, y)$, $w = \omega(x, y)$ 都具有偏导数,则复合函数

$$z = f[\varphi(x, y), \psi(x, y), \omega(x, y)]$$

有对自变量 x 和 y 的偏导数,且

$$\frac{\partial z}{\partial x} = \frac{\partial f}{\partial u}\frac{\partial u}{\partial x} + \frac{\partial f}{\partial v}\frac{\partial v}{\partial x} + \frac{\partial f}{\partial w}\frac{\partial w}{\partial x},$$

$$\frac{\partial z}{\partial y} = \frac{\partial f}{\partial u}\frac{\partial u}{\partial y} + \frac{\partial f}{\partial v}\frac{\partial v}{\partial y} + \frac{\partial f}{\partial w}\frac{\partial w}{\partial y}.$$

又如,只有一个中间变量的情形:

$$z = f(u, x, y), u = \varphi(x, y).$$

它们都满足所需的条件,则复合函数 $z = f[\varphi(x, y), x, y]$ 有对自变量 x 和 y 的偏导数,且

$$\frac{\partial z}{\partial x} = \frac{\partial f}{\partial u}\frac{\partial u}{\partial x} + \frac{\partial f}{\partial x},$$

$$\frac{\partial z}{\partial y} = \frac{\partial f}{\partial u}\frac{\partial u}{\partial y} + \frac{\partial f}{\partial y}.$$

应当指出,这里 $\frac{\partial z}{\partial x}$ 与 $\frac{\partial f}{\partial x}$ 是不同的, $\frac{\partial z}{\partial x}$ 是把 $z = f[\varphi(x, y), x, y]$ 中的 y 看作常量而对 x 的偏导数, $\frac{\partial f}{\partial x}$ 是把 $f(u, x, y)$ 中的 u, y 看作常量而对 x 的偏导数. $\frac{\partial z}{\partial y}$ 与 $\frac{\partial f}{\partial y}$ 也有类似区别.

更特别地,只有一个自变量的情形下:

设 $z = f(u, v, w)$ 且 $u = \varphi(t)$, $v = \psi(t)$, $w = \omega(t)$,则复合函数 $z = f[\varphi(t), \psi(t), \omega(t)]$ 是只有一个自变量 t 的函数,这个复合函数对 t 的导数 $\frac{dz}{dt}$ 称为**全导数**(total derivative). 若所设各函数都满足所需要的条件,则全导数存在,并且

$$\frac{dz}{dt} = \frac{\partial f}{\partial u}\frac{du}{dt} + \frac{\partial f}{\partial v}\frac{dv}{dt} + \frac{\partial f}{\partial w}\frac{dw}{dt}.$$

例 2 设 $u = f(x, y, z) = e^{2x^2+3y^2+z^2}$, $z = x\cos y^2$,求 $\frac{\partial u}{\partial x}$ 和 $\frac{\partial u}{\partial y}$.

解

$$\frac{\partial u}{\partial x} = \frac{\partial f}{\partial z}\frac{\partial z}{\partial x} + \frac{\partial f}{\partial x} = 2ze^{2x^2+3y^2+z^2}\cos y^2 + 4xe^{2x^2+3y^2+z^2}$$

$$= 2x(\cos^2 y^2 + 2)e^{2x^2+3y^2+x^2\cos^2 y^2},$$

$$\frac{\partial u}{\partial y} = \frac{\partial f}{\partial z}\frac{\partial z}{\partial y} + \frac{\partial f}{\partial y} = 2ze^{2x^2+3y^2+z^2}(-2xy\sin y^2) + 6ye^{2x^2+3y^2+z^2}$$

$$= 2y(3 - x^2\sin 2y^2)e^{2x^2+3y^2+x^2\cos^2 y^2}.$$

例 3 设 $z = uv + \tan t$，而 $u = e^t$，$v = \sin t$，求全导数 $\dfrac{dz}{dt}$.

解 $\dfrac{dz}{dt} = \dfrac{\partial z}{\partial u}\dfrac{du}{dt} + \dfrac{\partial z}{\partial v}\dfrac{dv}{dt} + \dfrac{\partial z}{\partial t} = ve^t + u\cos t + \sec^2 t = e^t(\sin t + \cos t) + \sec^2 t.$

例 4 设 $u = f(x^2 - y^2, e^{xy})$，且 f 具有一阶连续偏导数，求 $\dfrac{\partial u}{\partial x}$ 和 $\dfrac{\partial u}{\partial y}$.

多元复合
函数的
求导法则

解 设 $s = x^2 - y^2$，$t = e^{xy}$，则 $u = f(s, t)$. 于是

$$\dfrac{\partial u}{\partial x} = \dfrac{\partial f}{\partial s}\dfrac{\partial s}{\partial x} + \dfrac{\partial f}{\partial t}\dfrac{\partial t}{\partial x} = 2x\dfrac{\partial f}{\partial s} + ye^{xy}\dfrac{\partial f}{\partial t},$$

$$\dfrac{\partial u}{\partial y} = \dfrac{\partial f}{\partial s}\dfrac{\partial s}{\partial y} + \dfrac{\partial f}{\partial t}\dfrac{\partial t}{\partial y} = -2y\dfrac{\partial f}{\partial s} + xe^{xy}\dfrac{\partial f}{\partial t}.$$

与一元隐函数的概念类似，把由方程 $F(x, y, z) = 0$ 所确定的函数 $z = f(x, y)$ 称为**二元隐函数**，这个隐函数可直接由方程 $F(x, y, z) = 0$ 确定它的偏导数. 由于

$$F(x, y, f(x, y)) \equiv 0,$$

其左端看作 x, y 的一个复合函数，将等式两端分别求对 x 和对 y 的偏导数，即得

$$\dfrac{\partial F}{\partial x} + \dfrac{\partial F}{\partial z}\cdot\dfrac{\partial z}{\partial x} = 0, \quad \dfrac{\partial F}{\partial y} + \dfrac{\partial F}{\partial z}\cdot\dfrac{\partial z}{\partial y} = 0.$$

从而，当 $\dfrac{\partial F}{\partial z} \neq 0$ 时，得

$$\dfrac{\partial z}{\partial x} = -\dfrac{\dfrac{\partial F}{\partial x}}{\dfrac{\partial F}{\partial z}}, \quad \dfrac{\partial z}{\partial y} = -\dfrac{\dfrac{\partial F}{\partial y}}{\dfrac{\partial F}{\partial z}}.$$

这就是**二元隐函数求导公式**.

同理，由方程 $F(x, y) = 0$ 所确定的隐函数 $y = f(x)$ 的求导公式可写成

$$\dfrac{dy}{dx} = -\dfrac{\dfrac{\partial F}{\partial x}}{\dfrac{\partial F}{\partial y}} \quad \left(\dfrac{\partial F}{\partial y} \neq 0\right).$$

例 5 求由方程 $\dfrac{x^2}{a^2} + \dfrac{y^2}{b^2} + \dfrac{z^2}{c^2} = 1$ 所确定的隐函数 $z = f(x, y)$ 的偏导数.

解 令 $F(x, y, z) = \dfrac{x^2}{a^2} + \dfrac{y^2}{b^2} + \dfrac{z^2}{c^2} - 1$，则 $\dfrac{\partial F}{\partial x} = \dfrac{2x}{a^2}, \dfrac{\partial F}{\partial y} = \dfrac{2y}{b^2}, \dfrac{\partial F}{\partial z} = \dfrac{2z}{c^2}.$

当 $z \neq 0$ 时，由公式 $\dfrac{\partial z}{\partial x} = -\dfrac{F_x}{F_z}, \dfrac{\partial z}{\partial y} = -\dfrac{F_y}{F_z}$，得

$$\dfrac{\partial z}{\partial x} = -\dfrac{c^2 x}{a^2 z}, \quad \dfrac{\partial z}{\partial y} = -\dfrac{c^2 y}{b^2 z}.$$

习 题 9-4

1. 设 $z = u^2 v - uv^2$，而 $u = x\cos y$，$v = x\sin y$，求 $\dfrac{\partial z}{\partial x}, \dfrac{\partial z}{\partial y}$.

2. 设 $z = u^2 \ln v$，而 $u = \dfrac{x}{y}$，$v = x \sin y$，求 $\dfrac{\partial z}{\partial x}$，$\dfrac{\partial z}{\partial y}$.

3. 设 $z = e^{x-2y}$，而 $x = \sin t$，$y = t^3$，求 $\dfrac{dz}{dt}$.

4. 设 $z = \arcsin(x-y)$，而 $x = 3t^2$，$y = 4t^3$，求 $\dfrac{dz}{dt}$.

*5. 求下列各函数的一阶偏导数（其中，f 具有一阶连续偏导数）：
(1) $u = f(x^2 + y^2 - z^2)$；　　　　　(2) $u = f(x, xy, xyz)$.

6. 求由下列各方程所确定的隐函数 z 的偏导数：
(1) $\dfrac{x}{y} = \ln \dfrac{z}{y}$；　　　　　*(2) $z \sin x + z^2 + x \sin y + xyz = 0$.

§9-5　方向导数与梯度

一、方向导数

我们知道，二元函数 $z = z(x, y)$ 对 x，y 的偏导数 $\dfrac{\partial z}{\partial x}$，$\dfrac{\partial z}{\partial y}$ 表示函数沿着平行于坐标轴方向的变化率. 在实际应用中，还常常需要研究函数沿其他方向的变化率. 例如：设 $f(x, y, z)$ 表示物体内点 $P(x, y, z)$ 处的温度，那么该物体的热传导就依赖于沿各方向温度下降的速率. 又例如：要预报某地的风向和风力，就必须知道气压在该处沿某些方向的变化率. 本节引入多元函数方向导数的概念.

定义 1　设函数 $z = f(x, y)$ 在点 $P_0(x_0, y_0)$ 的某一邻域内有定义，l 是以 P_0 为端点的一条射线，$P(x_0 + \Delta x, y_0 + \Delta y)$ 是 l 上的一个动点，当点 P 沿着 l 趋向于点 P_0 时，如果函数增量

$$\Delta z = f(x_0 + \Delta x, y_0 + \Delta y) - f(x_0, y_0)$$

与 $\rho = \sqrt{(\Delta x)^2 + (\Delta y)^2}$ 之比，当 $\rho \to 0$ 时的极限存在，则称此极限值为函数 $z = f(x, y)$ 在点 $P_0(x_0, y_0)$ 沿着方向 l 的**方向导数**(directional derivative)，记为 $\dfrac{\partial z}{\partial l}$，即

$$\dfrac{\partial z}{\partial l} = \lim_{\rho \to 0} \dfrac{\Delta z}{\rho} = \lim_{\rho \to 0} \dfrac{f(x_0 + \Delta x, y_0 + \Delta y) - f(x_0, y_0)}{\rho}.$$

定理　若函数 $z = f(x, y)$ 在点 $P_0(x_0, y_0)$ 处可微分，则函数在该点沿任一方向 l 的方向导数存在，且

$$\dfrac{\partial z}{\partial l} = \dfrac{\partial z}{\partial x}\bigg|_{(x_0, y_0)} \cos \alpha + \dfrac{\partial z}{\partial y}\bigg|_{(x_0, y_0)} \cos \beta, \qquad (9\text{-}8)$$

其中，α，β 分别为 l 对 x 轴、y 轴的**方向角**(direction angle)(图 9-5). 证明从略.

例 1　设 $z = f(x, y) = \ln(x^2 + y^2)$，求在点 $A(1, -1)$ 处沿点 A 到点 $B(3, -3)$ 的方向导数.

解　$\dfrac{\partial z}{\partial x}\bigg|_{(1, -1)} = \dfrac{2x}{x^2 + y^2}\bigg|_{(1, -1)} = 1$，

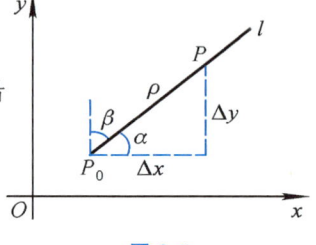

图 9-5

$$\left.\frac{\partial z}{\partial y}\right|_{(1,-1)} = \left.\frac{2y}{x^2+y^2}\right|_{(1,-1)} = -1,$$

$$\overrightarrow{AB} = \{2, -2\}, \quad |\overrightarrow{AB}| = \sqrt{2^2+(-2)^2} = 2\sqrt{2},$$

所以
$$\cos\alpha = \frac{2}{|\overrightarrow{AB}|} = \frac{\sqrt{2}}{2}, \quad \cos\beta = \frac{-2}{|\overrightarrow{AB}|} = -\frac{\sqrt{2}}{2},$$

由式(9-8)得
$$\frac{\partial z}{\partial l} = 1 \times \frac{\sqrt{2}}{2} + (-1) \times \left(-\frac{\sqrt{2}}{2}\right) = \sqrt{2}.$$

例 2 求函数 $z = x^2 + xy + y^2$ 在点 $P_0(-1, 1)$ 处沿 l（对应方向单位向量为 $\boldsymbol{a}_l = \cos\alpha\, \boldsymbol{i} + \sin\alpha\, \boldsymbol{j}$）的方向导数. 在什么方向上方向导数有最大值？最大值是什么？

解
$$\left.\frac{\partial z}{\partial x}\right|_{(-1,1)} = (2x+y)|_{(-1,1)} = -1, \quad \left.\frac{\partial z}{\partial y}\right|_{(-1,1)} = (x+2y)|_{(-1,1)} = 1,$$

所以
$$\frac{\partial z}{\partial l} = -\cos\alpha + \sin\alpha.$$

又因为
$$\frac{\partial z}{\partial l} = -\cos\alpha + \sin\alpha = \sqrt{2}\sin\left(\alpha - \frac{\pi}{4}\right),$$

故当 $\alpha = \frac{3\pi}{4}$ 时，$\frac{\partial z}{\partial l}$ 最大，即沿向量

$$\boldsymbol{a}_l = -\frac{\sqrt{2}}{2}\boldsymbol{i} + \frac{\sqrt{2}}{2}\boldsymbol{j}$$

方向时，方向导数有最大值，最大值为 $\sqrt{2}$.

类似地，可以定义三元函数 $u = f(x, y, z)$ 在点 $P_0(x_0, y_0, z_0)$ 处沿射线 l 的方向导数

$$\frac{\partial u}{\partial l} = \lim_{\rho \to 0}\frac{\Delta u}{\rho} = \lim_{\rho \to 0}\frac{f(x_0+\Delta x, y_0+\Delta y, z_0+\Delta z) - f(x_0, y_0, z_0)}{\rho},$$

其中 $\rho = \sqrt{(\Delta x)^2 + (\Delta y)^2 + (\Delta z)^2}$.

同样可以证明：如果函数 $u = f(x, y, z)$ 在点 $P_0(x_0, y_0, z_0)$ 处可微分，又 l 的方向角为 α, β, γ，则

$$\frac{\partial u}{\partial l} = \left.\frac{\partial u}{\partial x}\right|_{(x_0,y_0,z_0)}\cos\alpha + \left.\frac{\partial u}{\partial y}\right|_{(x_0,y_0,z_0)}\cos\beta + \left.\frac{\partial u}{\partial z}\right|_{(x_0,y_0,z_0)}\cos\gamma. \tag{9-9}$$

例 3 求函数 $u = 2x^2 + y^2 - z^2$ 在点 $P_0(1, 1, -1)$ 处沿 l（对应向量为 $\boldsymbol{a}_l = 2\boldsymbol{i} - 2\boldsymbol{j} + \boldsymbol{k}$）方向的导数.

解
$$\left.\frac{\partial u}{\partial x}\right|_{(1,1,-1)} = 4x|_{(1,1,-1)} = 4, \quad \left.\frac{\partial u}{\partial y}\right|_{(1,1,-1)} = 2y|_{(1,1,-1)} = 2,$$

$$\left.\frac{\partial u}{\partial z}\right|_{(1,1,-1)} = -2z|_{(1,1,-1)} = 2,$$

又 $|\boldsymbol{a}_l| = \sqrt{2^2+(-2)^2+1^2} = 3$，向量 $\boldsymbol{a}_l$ 的方向余弦为 $\cos\alpha = \frac{2}{3}$, $\cos\beta = -\frac{2}{3}$, $\cos\gamma = \frac{1}{3}$,

所以由式(9-9)得

$$\frac{\partial u}{\partial l} = 4 \times \frac{2}{3} + 2 \times \left(-\frac{2}{3}\right) + 2 \times \frac{1}{3} = 2.$$

二、梯度

以上讨论了方向导数,它描述了函数在一点处沿某一方向上的变化率. 考虑到过一点,可以作无穷多条射线,因此函数在一点有无穷多个方向导数. 在这些方向导数中,经常要求得使方向导数取得最大值的方向以及这个最大值,如例 2 在点 $(-1,1)$ 使方向导数 $\frac{\partial z}{\partial l}$ 取得最大值的方向为 $\left\{-\frac{\sqrt{2}}{2}, \frac{\sqrt{2}}{2}\right\}$,最大值为 $\sqrt{2}$. 考虑更加一般的情况,我们知道,二元函数 $z = f(x, y)$ 在点 $P_0(x_0, y_0)$ 处沿任一射线 l 的方向导数

$$\frac{\partial z}{\partial l} = \frac{\partial z}{\partial x}\bigg|_{(x_0, y_0)} \cos \alpha + \frac{\partial z}{\partial y}\bigg|_{(x_0, y_0)} \cos \beta,$$

其中 α, β 是 l 的方向角. 这个等式也可以写成

$$\frac{\partial z}{\partial l} = \left(\frac{\partial z}{\partial x}\bigg|_{(x_0, y_0)} \boldsymbol{i} + \frac{\partial z}{\partial y}\bigg|_{(x_0, y_0)} \boldsymbol{j}\right) \cdot (\cos \alpha \, \boldsymbol{i} + \cos \beta \, \boldsymbol{j}).$$

显然,向量 $\cos \alpha \, \boldsymbol{i} + \cos \beta \, \boldsymbol{j}$ 是 l 方向的单位向量,可记为 $\boldsymbol{e}_l$,即 $\boldsymbol{e}_l = \cos \alpha \, \boldsymbol{i} + \cos \beta \, \boldsymbol{j}$.

又设 $\boldsymbol{G} = \frac{\partial z}{\partial x}\bigg|_{(x_0, y_0)} \boldsymbol{i} + \frac{\partial z}{\partial y}\bigg|_{(x_0, y_0)} \boldsymbol{j}$,于是有

$$\frac{\partial z}{\partial l} = \boldsymbol{G} \cdot \boldsymbol{e}_l = |\boldsymbol{G}| \cdot \cos\langle \boldsymbol{G}, \boldsymbol{e}_l\rangle.$$

由此可知,当 $\langle \boldsymbol{G}, \boldsymbol{e}_l \rangle = 0$ 时,$\frac{\partial z}{\partial l}$ 最大,且值为 $|\boldsymbol{G}|$,即当 l 与 $\boldsymbol{G}$ 的方向一致时,方向导数 $\frac{\partial z}{\partial l}$ 有最大值,其值为 $|\boldsymbol{G}|$.

定义 2 设函数 $z = f(x, y)$ 在点 $P_0(x_0, y_0)$ 处可微分,向量 $\frac{\partial z}{\partial x}\boldsymbol{i} + \frac{\partial z}{\partial y}\boldsymbol{j}$ 称为函数在点 $P_0(x_0, y_0)$ 处的**梯度**(gradient),记为 **grad** z,即

$$\mathbf{grad}\, z = \frac{\partial z}{\partial x}\bigg|_{(x_0, y_0)} \boldsymbol{i} + \frac{\partial z}{\partial y}\bigg|_{(x_0, y_0)} \boldsymbol{j}. \tag{9-10}$$

类似地,可以定义函数 $u = f(x, y, z)$ 在点 $P_0(x_0, y_0, z_0)$ 处的梯度

$$\mathbf{grad}\, u = \frac{\partial u}{\partial x}\bigg|_{(x_0, y_0, z_0)} \boldsymbol{i} + \frac{\partial u}{\partial y}\bigg|_{(x_0, y_0, z_0)} \boldsymbol{j} + \frac{\partial u}{\partial z}\bigg|_{(x_0, y_0, z_0)} \boldsymbol{k}. \tag{9-11}$$

数学家小传

柯西

例 4 设 $z = 3x^2 - 2y^2$,求 z 在点 $P_0(1, -1)$ 处的梯度.

解 $\frac{\partial z}{\partial x}\bigg|_{(1,-1)} = 6x\bigg|_{(1,-1)} = 6, \frac{\partial z}{\partial y}\bigg|_{(1,-1)} = -4y\bigg|_{(1,-1)} = 4.$

由式(9-10)得

$$\mathbf{grad}\, z = 6\boldsymbol{i} + 4\boldsymbol{j}.$$

例 5 设点电荷 q 位于坐标原点,其周围电容率为 ε,$P(x,y,z)$ 为其周围一点,$\boldsymbol{r} = x\boldsymbol{i} + y\boldsymbol{j} + z\boldsymbol{k}$,$r = |\boldsymbol{r}| = \sqrt{x^2+y^2+z^2}$,求电势 $U = \dfrac{q}{4\pi\varepsilon r}$ 的梯度.

解
$$\frac{\partial U}{\partial x} = \frac{q}{4\pi\varepsilon}\cdot\frac{\partial}{\partial x}\left(\frac{1}{r}\right) = \frac{q}{4\pi\varepsilon}\cdot\left(-\frac{1}{r^2}\right)\cdot\frac{x}{r} = -\frac{qx}{4\pi\varepsilon r^3}.$$

同理得
$$\frac{\partial U}{\partial y} = -\frac{qy}{4\pi\varepsilon r^3},\qquad \frac{\partial U}{\partial z} = -\frac{qz}{4\pi\varepsilon r^3},$$

由式(9-11)得
$$\mathbf{grad}\, U = -\frac{q}{4\pi\varepsilon r^3}(x\boldsymbol{i} + y\boldsymbol{j} + z\boldsymbol{k}) = -\frac{q}{4\pi\varepsilon r^3}\boldsymbol{r}.$$

*习 题 9-5

1. 求函数 $z = 3x^2y - xy^3 + 8$ 在点 $A(1,2)$ 处沿从点 A 到点 $B(3,0)$ 方向上的方向导数.
2. 求函数 $u = xyz$ 在点 $A(5,1,2)$ 处沿从点 A 到点 $B(9,4,14)$ 方向上的方向导数.
3. 求函数 $u = f(x,y,z) = xy^2 + yz^3 + 3$ 在点 $P_0(2,-1,1)$ 处的梯度及其在点 P_0 处沿向量 $\boldsymbol{a}_l = \{1,2,2\}$ 的方向导数.
4. 求函数 $u = x^2 + 2y^2 + 3z^2 + xy + 3x - 2y - 6z$ 在点 $O(0,0,0)$ 及点 $A(2,2,1)$ 处的梯度及其大小.

§ 9-6　偏导数的应用

一、偏导数在几何上的应用

1. 空间曲线的切线与法平面

设空间曲线 C 的参数方程为
$$x = \varphi(t),\ y = \psi(t),\ z = \omega(t). \qquad (9\text{-}12)$$

若式(9-12)的三个函数对 t 都可导,则曲线 C 上对应于 $t = t_0$ 的一点 $M_0(x_0, y_0, z_0)$ 处的切线 M_0T(图 9-6)的**切线方程**(tangent equation)为

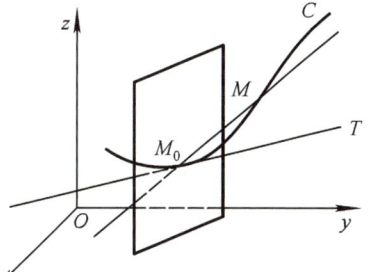

图 9-6

$$\frac{x-x_0}{\varphi'(t_0)} = \frac{y-y_0}{\psi'(t_0)} = \frac{z-z_0}{\omega'(t_0)}. \qquad (9\text{-}13)$$

这里假定 $\varphi'(t_0), \psi'(t_0), \omega'(t_0)$ 不能全为 0,如个别为 0,则按空间直线的对称式方程理解.

通过点 $M_0(x_0, y_0, z_0)$ 且与切线 M_0T 垂直的平面(图 9-6)称为曲线在点 M_0 处的**法平面**(normal plane),由式(9-13)可得**法平面方程**(equation of a normal plane)为

$$\varphi'(t_0)(x-x_0) + \psi'(t_0)(y-y_0) + \omega'(t_0)(z-z_0) = 0. \qquad (9\text{-}14)$$

例 1 求曲线 $x = \dfrac{t}{1+t}$, $y = \dfrac{1+t}{t}$, $z = t^2$ 在对应于 $t=1$ 的点处的切线及法平面方程.

解 $x' = \dfrac{1}{(1+t)^2}$, $y' = -\dfrac{1}{t^2}$, $z' = 2t$, 于是 $x'(1) = \dfrac{1}{4}$, $y'(1) = -1$, $z'(1) = 2$. 由式 (9-13) 得曲线过点 $\left(\dfrac{1}{2},\ 2,\ 1\right)$, 即对应于 $t=1$ 的**切线方程**为

$$\dfrac{x - \dfrac{1}{2}}{\dfrac{1}{4}} = \dfrac{y-2}{-1} = \dfrac{z-1}{2}, \quad 即 \quad \dfrac{x - \dfrac{1}{2}}{1} = \dfrac{y-2}{-4} = \dfrac{z-1}{8}.$$

由式 (9-14) 得法平面方程为

$$\left(x - \dfrac{1}{2}\right) - 4(y-2) + 8(z-1) = 0, 即 2x - 8y + 16z - 1 = 0.$$

设空间曲线 C 的方程 $\begin{cases} y = \varphi(x), \\ z = \psi(x). \end{cases}$ 取 x 为参数, 则曲线 C 的参数方程为

$$\begin{cases} x = x, \\ y = \varphi(x), \\ z = \psi(x). \end{cases}$$

若 $\varphi(x)$, $\psi(x)$ 在 $x = x_0$ 处可导, 则由式 (9-13) 得在曲线 C 上点 $P(x_0, y_0, z_0)$ 处的**切线方程**为

$$\dfrac{x - x_0}{1} = \dfrac{y - y_0}{\varphi'(x_0)} = \dfrac{z - z_0}{\psi'(x_0)}.$$

由式 (9-14) 得曲线 C 上点 $P(x_0, y_0, z_0)$ 处的**法平面方程**为

$$(x - x_0) + \varphi'(x_0)(y - y_0) + \psi'(x_0)(z - z_0) = 0.$$

2. 曲面的切平面与法线

设曲面 Σ 的方程为

$$F(x, y, z) = 0,$$

$P(x_0, y_0, z_0)$ 是曲面 Σ 上任一点, 设函数 $F(x, y, z)$ 的偏导数在该点连续且不同时为 0. 可以证明, 在曲面 Σ 上通过点 P 的任何曲线的切线都在同一平面 α 上, 这个平面 α 称为曲面 Σ 在点 P 处的**切平面** (tangent plane), 过点 $P(x_0, y_0, z_0)$ 且垂直于此切平面的直线称为曲面 Σ 在该点处的**法线** (normal line) (图 9-7), 下面我们给出该点的切平面与法线的方程.

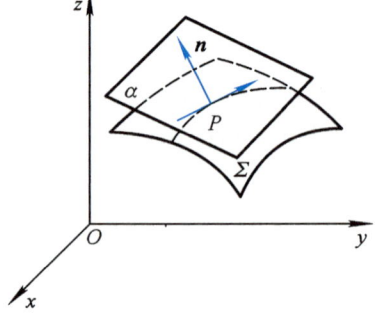

图 9-7

在曲面 Σ 上, 过点 $P(x_0, y_0, z_0)$ 处的**切平面方程**为

$$F'_x(x_0, y_0, z_0)(x - x_0) + F'_y(x_0, y_0, z_0)(y - y_0) + F'_z(x_0, y_0, z_0)(z - z_0) = 0. \tag{9-15}$$

过点 $P(x_0, y_0, z_0)$ 处的**法线方程**为

$$\frac{x-x_0}{F'_x(x_0,y_0,z_0)}=\frac{y-y_0}{F'_y(x_0,y_0,z_0)}=\frac{z-z_0}{F'_z(x_0,y_0,z_0)}.$$

特别地,若曲面方程 $z=f(x,y)$,令 $F(x,y,z)=f(x,y)-z$,由式(9-15),得此曲面在点 $P(x_0,y_0,z_0)$ 处的**切平面方程**为

$$z-z_0=f'_x(x_0,y_0)(x-x_0)+f'_y(x_0,y_0)(y-y_0).$$

而**法线方程**为

$$\frac{x-x_0}{f'_x(x_0,y_0)}=\frac{y-y_0}{f'_y(x_0,y_0)}=\frac{z-z_0}{-1}.$$

曲面的切平面与法线

例 2 求旋转椭球面 $3x^2+y^2+z^2=16$ 上的点 $(-1,-2,3)$ 处的切平面方程与法线方程.

解 令 $F(x,y,z)=3x^2+y^2+z^2-16$.

$F'_x(x,y,z)=6x$, $F'_y(x,y,z)=2y$, $F'_z(x,y,z)=2z$,

$F'_x(-1,-2,3)=-6$, $F'_y(-1,-2,3)=-4$, $F'_z(-1,-2,3)=6$.

所以,在旋转椭球面上点 $(-1,-2,3)$ 处的切平面方程为

$$-6(x+1)-4(y+2)+6(z-3)=0, \quad 即\ 3x+2y-3z+16=0.$$

法线方程为

$$\frac{x+1}{-6}=\frac{y+2}{-4}=\frac{z-3}{6}, \quad 即\ \frac{x+1}{3}=\frac{y+2}{2}=\frac{z-3}{-3}.$$

二、多元函数的极值

在实际问题中,往往会遇到求多元函数的最大值、最小值的问题,我们以二元函数为例,先给出极值的定义.

定义 设函数 $z=f(x,y)$ 在点 $P_0(x_0,y_0)$ 的某 δ 邻域内有定义,对于该邻域内异于点 $P_0(x_0,y_0)$ 的点 $P(x,y)$:如果总有 $f(x,y)<f(x_0,y_0)$,则称函数在点 (x_0,y_0) 处有**极大值** $f(x_0,y_0)$;如果总有 $f(x,y)>f(x_0,y_0)$,则称函数在点 (x_0,y_0) 处有**极小值** $f(x_0,y_0)$.极大值和极小值统称为**极值**.使函数取得极值的点称为**极值点**.

例如:函数 $z=\sqrt{a^2-x^2-y^2}$ $(a>0)$ 在点 $(0,0)$ 处有极大值 $z=a$,由图 9-8a 易见,点 $(0,0,a)$ 是半球 $z=\sqrt{a^2-x^2-y^2}$ 的最高点.

又如,函数 $z=x^2+y^2$ 在点 $(0,0)$ 处有极小值 $z=0$.因为在点 $(0,0)$ 的任一邻域内异于点 $(0,0)$ 的点的函数值都为正,而点 $(0,0)$ 处函数值为 0. 从几何上看是显然的,因为点 $(0,0)$ 是开口向上的旋转抛物面 $z=x^2+y^2$ 的顶点,如图 9-8b 所示.

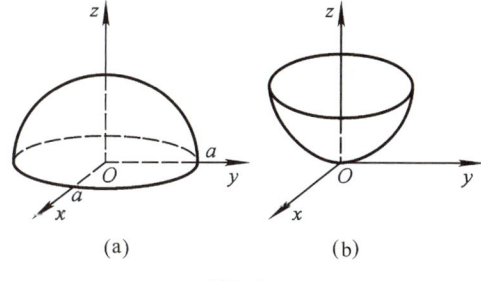

图 9-8

再如,函数 $z=xy$ 在点 $(0,0)$ 处,既无极大值,也无极小值.因为在点 $(0,0)$ 处的函数值为 0,而在点 $(0,0)$ 的任一邻域内,有使函数值为正的点,也有使函数值为负的点.

由极值定义可知,若函数 $f(x,y)$ 在点 (x_0,y_0) 取得极值时,则只随 x 变化的函数 $f(x,y_0)$,类同于一元函数,必有 $\left.\dfrac{\partial f(x,y_0)}{\partial x}\right|_{x=x_0}=0$.

同理,只随 y 变化的函数 $f(x_0, y)$,必有 $\left.\dfrac{\partial f(x_0, y)}{\partial y}\right|_{y=y_0} = 0$.

因此,关于二元函数的极值,有如下的定理:

定理 1(必要条件) 设函数 $z = f(x, y)$ 在点 (x_0, y_0) 可微分,且在点 (x_0, y_0) 处有极值,则
$$f'_y(x_0, y_0) = 0,\ f'_x(x_0, y_0) = 0 \quad (证明从略).$$

若点 (x_0, y_0) 能使函数 $z = f(x, y)$ 的偏导数 $f'_x(x, y)$,$f'_y(x, y)$ 同时为 0,则称点 (x_0, y_0) 为函数 $z = f(x, y)$ 的**驻点**. 由定理 1 知,可微函数的极值点必是驻点,但驻点不一定是极值点. 例如:点 $(0, 0)$ 是函数 $z = xy$ 的驻点,但函数在该点无极值,怎样才能判定一个驻点是否为极值点呢?

极值必要条件和充分条件

定理 2(充分条件) 设函数 $z = f(x, y)$ 在点 (x_0, y_0) 的某一邻域内有一阶及二阶连续偏导数,(x_0, y_0) 是它的驻点,令
$$f''_{xx}(x_0, y_0) = A,\quad f''_{xy}(x_0, y_0) = B,\quad f''_{yy}(x_0, y_0) = C.$$

则有:

(1) 当 $B^2 - AC < 0$ 时,函数 $z = f(x, y)$ 具有极值,当 $A < 0$ 时有极大值 $f(x_0, y_0)$;当 $A > 0$ 时,有极小值 $f(x_0, y_0)$;

(2) 当 $B^2 - AC > 0$ 时,函数 $z = f(x, y)$ 没有极值;

(3) 当 $B^2 - AC = 0$ 时,$f(x_0, y_0)$ 是否为极值,需另行判别.

(证明从略.)

由定理 1 和定理 2,总结得到求具有二阶连续偏导数的函数 $z = f(x, y)$ 的**极值的步骤**如下:

(1) 确定函数 $z = f(x, y)$ 的定义域 D;

(2) 求使 $f'_x(x, y) = 0$,$f'_y(x, y) = 0$ 同时成立的全部实数解,即得全部驻点;

(3) 对于每一个驻点 (x_0, y_0),求出二阶偏导数,即 A,B 和 C 的值;

(4) 定出 $B^2 - AC$ 的符号,并按定理 2 判定 $f(x_0, y_0)$ 是否是极值,若是,则为极大值还是极小值.

例 3 求函数 $f(x, y) = x^2 - 6x - y^3 + 12y - 1$ 的极值.

解 $D: -\infty < x < +\infty,\ -\infty < y < +\infty.$

由 $f'_x(x, y) = 2x - 6 = 0$,$f'_y(x, y) = -3y^2 + 12 = 0$,得驻点 $(3, 2)$,$(3, -2)$. 再由
$$f''_{xx}(x, y) = 2,\quad f''_{xy}(x, y) = 0,\quad f''_{yy}(x, y) = -6y,$$

得
$$B^2 - AC = 12y.$$

在点 $(3, 2)$ 处,$B^2 - AC = 24 > 0$,所以点 $(3, 2)$ 不是极值点.

在点 $(3, -2)$ 处,$B^2 - AC = -24 < 0$,且 $f''_{xx}(3, -2) = 2 > 0$.

所以,在点 $(3, -2)$ 处有极小值 $f(3, -2) = -26$.

三、多元函数的最值

我们知道,有界闭域上的连续函数在该区域上必有最大值和最小值. 设函数在区域内只有有限个驻点,且最大值、最小值在区域的内部取得,那么它一定是函数的极大值或极小值. 所以欲求

多元函数的最大值、最小值,可以先求函数在所有驻点处的值,以及函数在区域边界上的最大值和最小值,这些值中最大即为最大值,最小即为最小值.

当然在实际应用中,若知道函数的最大值(或最小值)一定在区域的内部取得,而函数在区域上只有一个驻点,那么可以肯定该驻点处的函数值,就是函数在区域上的最大值(或最小值).

例 4 有一宽为 24 cm 的长方形铁板,把它弯折起来做成一横截面为等腰梯形的水槽,怎样折才能使横截面的面积最大?

解 设水槽横截面梯形的腰为 x(单位:cm),倾角为 α(图 9-9),横截面梯形的下底长为 $24-2x$,上底(想象中的)为 $24-2x+2x\cos\alpha$,高为 $x\sin\alpha$,所以横截面面积

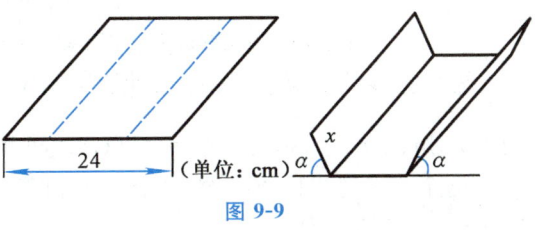

图 9-9

$$S = \frac{1}{2}(24-2x+2x\cos\alpha+24-2x)x\sin\alpha$$

$$= \frac{1}{2}(48-4x+2x\cos\alpha)x\sin\alpha$$

$$= 24x\sin\alpha - 2x^2\sin\alpha + x^2\cos\alpha\sin\alpha \quad \left(0<x<12, 0<\alpha\leqslant\frac{\pi}{2}\right).$$

令

$$\begin{cases} S'_x = 24\sin\alpha - 4x\sin\alpha + 2x\sin\alpha\cos\alpha = 0, \\ S'_\alpha = 24x\cos\alpha - 2x^2\cos\alpha + x^2\cos^2\alpha - x^2\sin^2\alpha = 0. \end{cases}$$

由于 $\alpha\neq 0, x\neq 0$,把方程组化简为

$$\begin{cases} 12-2x+x\cos\alpha = 0, & (9\text{-}16) \\ 24\cos\alpha - 2x\cos\alpha + x(\cos^2\alpha - \sin^2\alpha) = 0. & (9\text{-}17) \end{cases}$$

由式(9-16)得 $\cos\alpha = \dfrac{2x-12}{x}$. 代入式(9-17)并化简得

$$3x^2 - 24x = x(3x-24) = 0.$$

解方程,得 $x=8, x=0.$

因 $x=0$ 不符合要求,舍去;而当 $x=8$ 时,$\cos\alpha = \dfrac{1}{2}$,即 $\alpha = \dfrac{\pi}{3}$,于是得到函数定义域内唯一的驻点 $\left(8, \dfrac{\pi}{3}\right)$.

根据题意可知,横截面积的最大值一定存在,并且在区域 $D: 0<x<12, 0<\alpha\leqslant\dfrac{\pi}{2}$ 内取得,且在区域 D 内只有一个驻点,因此可以断定当 $x=8$ cm,$\alpha=60°$ 时,横截面积最大.

上面所讨论的极值,对于函数的自变量,除了限制在函数的定义域内以外,并无其他条件,这种极值称为**无条件极值**(unconditional extremum),如果自变量之间还要附加一定的条件[称为**约束条件**(constraint condition)],这种极值称为**条件极值**(conditional extremum).下面介绍求条件极值的拉格朗日乘数法.

拉格朗日乘数法 要找函数 $z = f(x,y)$ 在条件 $\varphi(x,y) = 0$ 下的可能极值点,可先构造函数

$$F(x,y)=f(x,y)+\lambda\varphi(x,y),$$

其中,λ 为某一常数[称为**拉格朗日乘数**(Lagrangian multiplier)]. 然后求其对 x 和 y 的一阶偏导数,并使之为 0. 由方程组

$$\begin{cases} f'_x(x,y)+\lambda\varphi_x(x,y)=0, \\ f'_y(x,y)+\lambda\varphi_y(x,y)=0, \\ \varphi(x,y)=0, \end{cases}$$

消去 λ,解出 x, y,则得函数 $z=f(x,y)$ 的可能极值点的坐标.

这个方法还可以推广到两个以上自变量,一个以上约束条件的情形. 例如:要求函数 $u=f(x,y,z)$ 在条件

$$g(x,y,z)=0, h(x,y,z)=0$$

下的极值,可先构造函数

$$F(x,y,z)=f(x,y,z)+\lambda_1 g(x,y,z)+\lambda_2 h(x,y,z),$$

其中,λ_1,λ_2 为常数. 求其一阶偏导数,并使之为 0. 然后再与 $g(x,y,z)=0$,$h(x,y,z)=0$ 联立求解,消去 λ_1,λ_2,解出 x, y, z,即得可能极值点的坐标 (x,y,z),最后判别是否为极值点.

例 5 求表面积为 a^2 而体积为最大的长方体的体积.

解 设长方体的长宽高分别为 x, y, z,则问题化为在条件

$$\varphi(x,y,z)=2(xy+yz+xz)-a^2=0$$

下,求函数 $V=xyz$ ($x>0$, $y>0$, $z>0$) 的最大值. 现构造函数

$$F(x,y,z)=xyz+\lambda[2(xy+yz+xz)-a^2],$$

求其对 x, y, z 的偏导数并使之为 0,解方程组

$$\begin{cases} yz+2\lambda(y+z)=0, \\ xz+2\lambda(x+z)=0, \\ xy+2\lambda(y+x)=0, \\ 2(xy+yz+xz)-a^2=0, \end{cases}$$

得

$$\frac{x}{y}=\frac{x+z}{y+z}, \qquad \frac{y}{z}=\frac{x+y}{x+z},$$

由以上两式解得 $x=y=z$. 代入约束条件,得 $x=y=z=\frac{\sqrt{6}}{6}a$.

由于问题本身有最大值,因此,这唯一的可能极值点就是最大值点,即是说,在表面积为 a^2 的长方体中,以棱长为 $\frac{\sqrt{6}}{6}a$ 的正方体体积最大,最大体积为 $\frac{\sqrt{6}}{36}a^3$.

例 6 要造一容积为 $4\ \text{m}^3$ 的无盖长方体水箱,这水箱的长、宽、高各为多少时,所用材料最省?

解 设水箱长为 x(单位:m),宽为 y(单位:m),高为 z(单位:m),则表面积为

$$A=xy+2xz+2yz.$$

因此,该问题就是求函数 $A = xy + 2xz + 2yz$ 在条件
$$xyz - 4 = 0$$
下的极值. 于是构造函数
$$F(x, y, z) = xy + 2xz + 2yz + \lambda(xyz - 4).$$
对其求偏导数并使之为 0,得
$$\begin{cases} y + 2z + \lambda yz = 0, \\ x + 2z + \lambda xz = 0, \\ 2x + 2y + \lambda xy = 0. \end{cases}$$
与条件 $xyz - 4 = 0$ 联立,解方程组得 $x = y = 2, z = 1$.

据题意,最小值必存在,所以当水箱的正方形底面边长为 2 m,高为 1 m 时,用料最省,用料为 12 m².

习 题 9-6

1. 求下列曲线的切线及法平面方程:

(1) 曲线 $x = t, y = t^2, z = t^3$ 在点 $(1, 1, 1)$ 处;

(2) 曲线 $x = t - \sin t, y = 1 - \cos t, z = 4\sin\dfrac{t}{2}$ 对应于 $t = \dfrac{\pi}{2}$ 处.

2. 求下列曲面的切平面及法线方程:

(1) 曲面 $x^2 + y^2 + z^2 = 14$ 在点 $(1, 2, 3)$ 处; (2) 曲面 $e^z - z + xy = 3$ 在点 $(2, 1, 0)$ 处.

3. 求下列函数的极值:

(1) $z = 3xy - x^3 - y^3$;　　(2) $z = x^2 + (y+1)^2$;　　(3) $z = 4(x - y) - x^2 - y^2$.

4. 求下列函数在所给条件下的极值:

(1) $z = \dfrac{1}{x} + \dfrac{1}{y}$,　若 $x + y = 2$;　　(2) $z = x + y$,　若 $x^2 + y^2 = 1$.

5. 求函数 $f(x, y) = x^3 - y^3 + 3x^2 + 3y^2 - 9x + 2$ 的极值.

6. 求函数 $f(x, y) = x^2 + (y - 1)^2$ 的极值.

复 习 题 九

A 组

1. 填空题:

(1) 函数 $z = \ln(1 - x^2 - y^2) + \sqrt{x + y}$ 的定义域是_____;

(2) 设函数 $f(x, y) = (x + y)^{x-y}$,求下列函数值:

(a) $f(0, 1) = $ _____,　　(b) $f(1, 1) = $ _____;

(3) 设函数 $f(x, y) = \begin{cases} \dfrac{x^2 y}{x^4 + y^2}, & \text{当 } x^4 + y^2 \neq 0, \\ 0, & \text{当 } x^4 + y^2 = 0, \end{cases}$

(a) 当点 $P(x, y)$ 沿 x 轴趋近于原点 $(0, 0)$ 时,$\lim\limits_{x \to 0} f(x, 0) = $ _____,

(b) 当点 $P(x, y)$ 沿 y 轴趋近于原点 $(0, 0)$ 时,$\lim\limits_{y \to 0} f(0, y) = $ _____;

(4) 求 $z = x + y - \sqrt{x^2 + y^2}$ 在点 $(3, 4)$ 处的偏导数：
(a) $f'_x(3, 4) = $ _____，　(b) $f'_y(3, 4) = $ _____；
(5) 求函数 $f(x, y) = x^2 + 3xy + 6y^2$ 的二阶偏导数：
(a) $f''_{xx}(x, y) = $ _____，　(b) $f''_{xy}(x, y) = $ _____，　(c) $f''_{yy}(x, y) = $ _____；
(6) 已知函数 $z = 3x^2 y$，则 $dz = $ _____；
(7) 已知曲面方程为 $z = x^2 + x + y$，过点 $(0, 0, 0)$ 的切平面方程为 _____；
(8) 设 $z = \dfrac{u}{v}$，其中 $u = e^x$，$v = x^2 + 3x$，则 $\dfrac{dz}{dx} = $ _____。

2. 判断题：

(1) 若函数 $z = f(x, y)$ 的两个偏导数 $\dfrac{\partial z}{\partial x}$，$\dfrac{\partial z}{\partial y}$ 在点 (x_0, y_0) 处存在，则函数 $z = f(x, y)$ 在点 (x_0, y_0) 处连续. 　　　　　　　　　　　　　　　　　　　　　　　　　　　　　　　　(　)

(2) 若函数 $z = f(x, y)$ 在 (x_0, y_0) 处的极限不存在，则 $z = f(x, y)$ 在点 (x_0, y_0) 处就不连续. 　　　　　　　　　　　　　　　　　　　　　　　　　　　　　　　　(　)

(3) 若函数 $z = f(x, y)$ 在点 (x_0, y_0) 处偏导数存在，则 $z = f(x, y)$ 在该点处的全微分必存在. (　)

(4) 若函数 $z = f(x, y)$ 在点 (x, y) 处微分存在，则 $\dfrac{\partial f}{\partial x}$，$\dfrac{\partial f}{\partial y}$ 连续. 　　　　　　　　　　(　)

3. 选择题：

(1) 若 $f(x, y) = \dfrac{x+y}{xy}$，则 $f(x+y, x-y) = ($ 　 $)$.

A. $\dfrac{2x}{y^2 - x^2}$ 　　　　B. $\dfrac{2x}{x^2 - y^2}$ 　　　　C. $\dfrac{x}{x^2 - y^2}$ 　　　　D. $\dfrac{2y}{x^2 - y^2}$

(2) 若函数 $z = \dfrac{1}{\sqrt{1 - x^2 - y^2}}$，则结论正确的是 (　).

A. 在 xOy 平面上连续　　　　　　　　B. 在 xOy 平面，只有 $(0, 1)$，$(1, 0)$ 为间断点
C. 在圆周 $x^2 + y^2 = 1$ 上间断　　　　D. 在 $x^2 + y^2 \leqslant 1$ 内连续

(3) 二元函数 $z = \ln(1 - x - y)$ 的定义域是 (　).
A. $0 < x + y < 1$　　B. $0 \leqslant x + y < 1$　　C. $x + y < 1$　　D. $x + y \leqslant 1$

(4) 若 $z = x^y$，则 $\dfrac{\partial z}{\partial y}\bigg|_{\substack{x = e \\ y = 1}} = ($ 　 $)$.

A. e　　　　B. $\dfrac{1}{e}$　　　　C. 1　　　　D. 0

(5) 若 $z = e^x \sin y$，则 $dz = ($ 　 $)$.
A. $e^x \sin y \, dx + e^x \cos y \, dy$　　B. $e^x \cos y \, dx \, dy$　　C. $e^x \sin y \, dx$　　D. $e^x \cos y \, dy$

(6) 若 $y - x e^y = 0$，则 $\dfrac{dy}{dx} = ($ 　 $)$.

A. $\dfrac{e^y}{x e^y - 1}$　　　　B. $\dfrac{e^y}{1 - x e^y}$　　　　C. $\dfrac{1 - x e^y}{e^y}$　　　　D. $\dfrac{x e^y - 1}{e^y}$

(7) 对于函数 $f(x, y)$，则结论正确的是 (　).
A. 若在点 (x, y) 处连续，则两个偏导数存在
B. 若在点 (x, y) 存在两个偏导数，则函数在 (x, y) 处连续
C. 若在点 (x, y) 处存在两个偏导数，则在 (x, y) 处函数不一定连续
D. 若在点 (x, y) 处偏导数不存在，则在 (x, y) 处必不连续

B　　组

1. 设 $z = f(x + y, xy)$ 是可微分两次的函数，求 $\dfrac{\partial^2 z}{\partial x^2}$，$\dfrac{\partial^2 z}{\partial y \partial x}$，$\dfrac{\partial^2 z}{\partial y^2}$.

2. 已知函数 $f(x, y) = e^x \sin(x+y)$,求 $f'_x\left(0, \dfrac{\pi}{4}\right)$,$f'_y\left(0, \dfrac{\pi}{4}\right)$.

3. 求函数 $z = \arctan \dfrac{x}{y}$ 的全微分.

*4. 设 $z = (2x+y)^{x+y}$,求 $\dfrac{\partial z}{\partial x}$,$\dfrac{\partial z}{\partial y}$.

*5. 求函数 $z = x^2 + y^2$ 在条件 $x + y = 3$ 下的极值.

第十章

多元函数积分学

在一元函数积分学中,定积分是某种确定形式的极限,若被积函数由一元函数推广到多元函数,积分区间推广到区域、曲线或曲面上,便得到多重积分、曲线积分和曲面积分.这就是多元函数积分学.

§ 10-1 二重积分的概念和性质

一、二重积分的概念

我们先介绍曲顶柱体及其体积的计算.

1. 曲顶柱体的体积

设有一几何体,它的底是 xOy 面上的有界区域 D(今后简称区域),它的侧面是以 D 的边界曲线为准线而母线平行于 z 轴的柱面,它的顶是曲面 $z = f(x, y)$,设 $f(x, y) \geqslant 0$ 且在 D 上连续(图 10-1),这种几何体称为**曲顶柱体**.

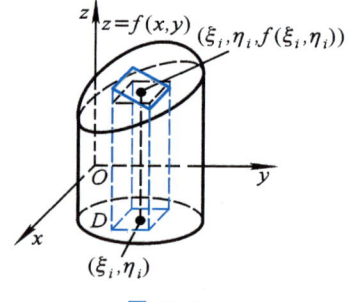

图 10-1

我们知道,平顶柱体的体积可用公式:体积=底面积×高来计算.但曲顶柱体的高度 $f(x, y)[(x, y) \in D]$ 是个变量,它的体积不能直接用上述公式计算.为了解决这个问题,我们用类似于定积分中求曲边梯形面积的方法.

用一组曲线网将区域 D 分成 n 个小区域:$\Delta\sigma_1$, $\Delta\sigma_2$, $\cdots$, $\Delta\sigma_n$,且用 $\Delta\sigma_i$ 表示第 i 个小区域 $\Delta\sigma_i$ 的面积,分别以这些小区域的边界为准线,作平行于 z 轴的柱面,这些柱面把原先的曲顶柱体分成 n 个小的曲顶柱体:ΔV_1, ΔV_2, $\cdots$, ΔV_n. 当这些小区域的直径($\Delta\sigma_i$ 的直径为 $\Delta\sigma_i$ 中两点间距离的最大者)很小时,由于 $f(x, y)$ 连续,对同一个小区域来说,$f(x, y)$ 变化很小,这时可近似将小曲顶柱体看作平顶柱体.因此,在区域 $\Delta\sigma_i$ 中任取一点 (ξ_i, η_i),用以 $\Delta\sigma_i$ 为底,$f(\xi_i, \eta_i)$ 为高的平顶小柱体的体积近似地代替小曲顶柱体的体积 ΔV_i,即 $\Delta V_i \approx f(\xi_i, \eta_i)\Delta\sigma_i (i = 1, 2, \cdots, n)$. 那么这 n 个平顶柱体之和就是整个曲顶柱体体积 V 的近似值:

$$V = \sum_{i=1}^{n} \Delta V_i \approx \sum_{i=1}^{n} f(\xi_i, \eta_i)\Delta\sigma_i.$$

记 n 个小区域的直径中的最大值为 λ,当 $\lambda \to 0$ 时,就得到曲顶柱体体积的大小

$$V = \lim_{\lambda \to 0} \sum_{i=1}^{n} f(\xi_i, \eta_i) \Delta \sigma_i.$$

2. 平面薄片构件的质量

设一平面薄片构件在 xOy 面上所占有的区域为 D,它在点 (x,y) 处的面密度为 $\mu(x,y)$,其中 $\mu(x,y) > 0$ 且在 D 上连续,求该薄片构件(简称薄片)的质量 m.

我们知道,如果薄片是均匀的,即面密度为常量,此时薄片的质量可用公式"质量=面密度×面积"来计算.

现在由于面密度 $\mu(x,y)$ 是变量,因此不能直接用上面的公式来计算.

按照求曲顶柱体体积的方法,由于 $\mu(x,y)$ 连续,把薄片分成若干直径很小的小块:$\Delta\sigma_1$,$\Delta\sigma_2$,$\cdots$,$\Delta\sigma_n$,且仍用 $\Delta\sigma_i$ 表示第 i 小块薄片 $\Delta\sigma_i$ 的面积.由于 $u(x,y)$ 连续,只要小块的直径很小时,这些小块就可以近似地看作均匀薄片.在 $\Delta\sigma_i$ 上任取一点 (ξ_i, η_i)(图 10-2),则小块薄片 $\Delta\sigma_i$ 的质量 Δm_i 近似为

$$\Delta m_i \approx \mu(\xi_i, \eta_i) \Delta \sigma_i \quad (i=1,2\cdots,n).$$

类似地,通过求和、取极限,得薄片的质量 m 的大小

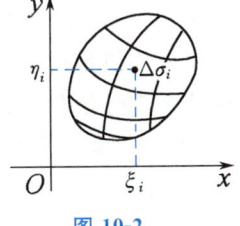

图 10-2

$$m = \lim_{\lambda \to 0} \sum_{i=1}^{n} \mu(\xi_i, \eta_i) \Delta \sigma_i.$$

上面的两个问题虽然实际意义不同,但所求的量都归结为同一形式的和的极限.于是可引出二重积分的定义:

定义 设 $f(x,y)$ 是闭区域 D 上的有界函数,把区域 D 分成 n 个小区域:$\Delta\sigma_1$,$\Delta\sigma_2$,$\cdots$,$\Delta\sigma_n$,其中 $\Delta\sigma_i$ 既表示第 i 个小区域,又表示它的面积.在每个小区域 $\Delta\sigma_i$ 中任取一点 (ξ_i, η_i),作乘积 $f(\xi_i, \eta_i)\Delta\sigma_i (i=1,2,\cdots,n)$,并求和 $\sum_{i=1}^{n} f(\xi_i, \eta_i)\Delta\sigma_i$,如果当各小区域的直径中的最大的直径 λ 趋于 0 时,此和的极限存在,则称此极限值为函数 $f(x,y)$ 在区域 D 上的**二重积分**(double integral)[称 $f(x,y)$ 在 D 上**可积**],记为 $\iint\limits_D f(x,y)\mathrm{d}\sigma$,即

$$\iint\limits_D f(x,y)\mathrm{d}\sigma = \lim_{\lambda \to 0} \sum_{i=1}^{n} f(\xi_i, \eta_i)\Delta\sigma_i,$$

其中,$f(x,y)$ 称为**被积函数**,$f(x,y)\mathrm{d}\sigma$ 称为**被积表达式**,$\mathrm{d}\sigma$ 称为**面积元素**,x 与 y 称为**积分变量**,D 称为**积分区域**,$\sum_{i=1}^{n} f(\xi_i, \eta_i)\Delta\sigma_i$ 称为**积分和**(integral sum).

由二重积分的定义,曲顶柱体的体积 V 是曲面方程 $f(x,y) \geq 0$ 在区域 D 上的二重积分,即

$$V = \iint\limits_D f(x,y)\mathrm{d}\sigma.$$

平面薄片构件的质量 m 是它的面密度 $\mu(x,y)$ 在该薄片所占区域 D 上的二重积分,即

$$m = \iint\limits_D \mu(x,y)\mathrm{d}\sigma.$$

由定义知,如果函数 $f(x,y)$ 在区域 D 上可积,则积分和的极限一定存在且与 D 的分法无关. 因此,在直角坐标系中,常用平行于 x 轴和 y 轴的两组直线分割 D,此时除靠边的一些小区域外,绝大部分小区域 $\Delta\sigma_i$ 都是以 Δx_i 和 Δy_i 为边长的小矩形,即 $\Delta\sigma_i = \Delta x_i \Delta y_i$. 因此,在直角坐标系中有时把面积元素 $d\sigma$ 记为 $dxdy$,此时有

$$\iint\limits_D f(x,y)d\sigma = \iint\limits_D f(x,y)dxdy.$$

二重积分可以表达各种不同的量,但不论它所表达的量的具体意义如何,它的值都可以用曲顶柱体的体积来加以解释:当 $f(x,y) \geqslant 0$ 时,二重积分 $\iint\limits_D f(x,y)d\sigma$ 在几何上表示以 D 为底、曲面 $z=f(x,y)$ 为顶的曲顶柱体的体积;当 $f(x,y) \leqslant 0$ 时,曲顶柱体位于 xOy 面的下方,二重积分的值是负的,绝对值等于曲顶柱体的体积. 当 $f(x,y)$ 在区域 D 的某些部分上是正的,而在其余部分是负的,我们把 xOy 面上方的柱体体积配上正号,xOy 面下方的柱体体积配上负号,于是二重积分的几何意义就是:以曲面 $z=f(x,y)$ 为顶、区域 D 为底的柱体各部分体积的代数和.

若函数 $z=f(x,y)$ 在区域 D 上连续,则以曲面 $z=f(x,y)$ 为顶,D 为底的柱体体积一定存在,即二重积分 $\iint\limits_D f(x,y)d\sigma$ 一定存在. 可以证明:如果函数 $f(x,y)$ 在有界区域 D 上连续,则函数 $f(x,y)$ 在 D 上一定可积.

二、二重积分的性质

将定积分与二重积分的定义相比较,二重积分与定积分具有类似的性质(证明从略).

性质 1 被积函数的常数因子,可以提到二重积分号外面,即

$$\iint\limits_D kf(x,y)d\sigma = k\iint\limits_D f(x,y)d\sigma \ (k \text{ 为常数}).$$

性质 2 函数的和(或差)的二重积分,等于各个函数的二重积分的和(或差),即

$$\iint\limits_D [f(x,y) \pm g(x,y)]d\sigma = \iint\limits_D f(x,y)d\sigma \pm \iint\limits_D g(x,y)d\sigma.$$

性质 3 如果闭区域 D 内有限条曲线将 D 分为有限个部分区域,则在 D 上的二重积分等于在各部分区域上的二重积分的和. 例如:D 分成两个区域 D_1 和 D_2,则

$$\iint\limits_D f(x,y)d\sigma = \iint\limits_{D_1} f(x,y)d\sigma + \iint\limits_{D_2} f(x,y)d\sigma.$$

性质 4 如果在 D 上,有 $f(x,y)=1$,σ 为 D 的面积,则

$$\sigma = \iint\limits_D 1 \cdot d\sigma = \iint\limits_D d\sigma.$$

性质 5 如果在 D 上,有 $f(x,y) \leqslant \varphi(x,y)$,则有不等式

$$\iint\limits_D f(x,y)d\sigma \leqslant \iint\limits_D \varphi(x,y)d\sigma.$$

性质 6 设 M,m 分别是 $f(x,y)$ 在闭区域 D 上的最大值和最小值,σ 是 D 的面积,则有对于二重积分估值的不等式

$$m\sigma \leqslant \iint\limits_{D} f(x,y)\mathrm{d}\sigma \leqslant M\sigma.$$

事实上,因为 $m \leqslant f(x,y) \leqslant M$,所以由性质 5 得

$$\iint\limits_{D} m\mathrm{d}\sigma \leqslant \iint\limits_{D} f(x,y)\mathrm{d}\sigma \leqslant \iint\limits_{D} M\mathrm{d}\sigma.$$

再应用性质 1 和性质 4,便得所要证明的不等式.

性质 7(二重积分的中值定理) 设函数 $f(x,y)$ 在闭区域 D 上连续,σ 是 D 的面积,则在 D 上至少存在一点 (ξ,η),使得

$$\iint\limits_{D} f(x,y)\mathrm{d}\sigma = f(\xi,\eta)\sigma.$$

中值定理(mean value theorem)的几何意义是:在区域 D 上以曲面 $f(x,y)$ 为顶的曲顶柱体的体积,等于区域 D 上以某点 (ξ,η) 的函数值 $f(\xi,\eta)$ 为高的平顶柱体的体积.

二重积分性质

例 1 根据二重积分性质,比较二重积分

$$\iint\limits_{D}(x+y)^2 \mathrm{d}\sigma \text{ 与 } \iint\limits_{D}(x+y)^3 \mathrm{d}\sigma$$

的大小,其中积分区域 D 是 x 轴、y 轴与直线 $x+y=1$ 所围成的.

解 积分区域 D 如图 10-3 所示,对于区域 D 上的任意一点 (x,y),有 $0 \leqslant x+y \leqslant 1$. 因此,在 D 上有 $(x+y)^2 \geqslant (x+y)^3$,根据性质 5 得

$$\iint\limits_{D}(x+y)^2 \mathrm{d}\sigma \geqslant \iint\limits_{D}(x+y)^3 \mathrm{d}\sigma.$$

例 2 利用二重积分的性质,估计积分

$$I = \iint\limits_{D}(x^2 + 4y^2 + 9)\mathrm{d}\sigma$$

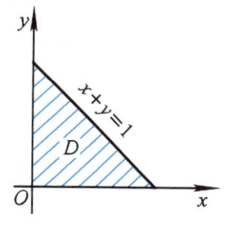

图 10-3

的值,其中 D 为圆形区域:$x^2 + y^2 \leqslant 4$.

解法 1 先求出 $f(x,y) = x^2 + 4y^2 + 9$ 在 D 上的最小值 m 和最大值 M. 由 $\dfrac{\partial f}{\partial x} = 2x$,$\dfrac{\partial f}{\partial y} = 8y$,令 $\dfrac{\partial f}{\partial x} = 0$,$\dfrac{\partial f}{\partial y} = 0$,得驻点 $(0,0)$,因此在 D 内只有唯一的驻点 $(0,0)$,它的函数值 $f(0,0) = 9$. 在 D 的边界 $x^2 + y^2 = 4$ 上,$f(x,y) = x^2 + y^2 + 3y^2 + 9 = 3y^2 + 13$.

因为 $0 \leqslant y^2 \leqslant 4$,故 $13 \leqslant f(x,y) \leqslant 25$,于是 $f(x,y)$ 在 D 上的最大值和最小值分别为

$$M = \max\{9, 13, 25\} = 25;\ m = \min\{9, 13, 25\} = 9,$$

即

$$9 \leqslant f(x,y) \leqslant 25.$$

根据性质 6 得

$$9\sigma \leqslant \iint\limits_{D}(x^2 + 4y^2 + 9)\mathrm{d}\sigma \leqslant 25\sigma,$$

其中，$\sigma = 4\pi$ 为圆 $x^2 + y^2 \leqslant 4$ 的面积，因此得 $36\pi \leqslant I \leqslant 100\pi$.

解法 2 利用性质 7(中值定理)，由于被积函数 $f(x, y) = x^2 + 4y^2 + 9$ 在闭区域 D：$x^2 + y^2 \leqslant 4$ 上连续，则在 D 上至少存在一点 (ξ, η)，使得

$$I = \iint\limits_{D} (x^2 + 4y^2 + 9) d\sigma = (\xi^2 + 4\eta^2 + 9)\sigma,$$

其中，$\sigma = 4\pi$ 为圆 $x^2 + y^2 \leqslant 4$ 的面积，且 $\xi^2 + \eta^2 \leqslant 4$. 因为

$$(\xi^2 + \eta^2) + 9 \leqslant \xi^2 + 4\eta^2 + 9 \leqslant 4(\xi^2 + \eta^2) + 9,$$

即得
$$9 \leqslant \xi^2 + 4\eta^2 + 9 \leqslant 25.$$

所以
$$9 \times 4\pi \leqslant I \leqslant 25 \times 4\pi, \qquad 即 36\pi \leqslant I \leqslant 100\pi.$$

习　题　10-1

1. 根据二重积分的性质比较积分 $\iint\limits_{D} (x+y)^2 d\sigma$ 与 $\iint\limits_{D} (x+y)^3 d\sigma$ 的大小，其中 D 是圆周 $(x-2)^2 + (y-1)^2 = 2$ 所围成的区域.

2. 利用积分区域、被积函数的对称性以及二重积分的几何意义，确定下列积分的值：

(1) $\iint\limits_{D} x^2 y d\sigma$，其中 D 是矩形区域：$0 \leqslant x \leqslant 1, -1 \leqslant y \leqslant 1$；

(2) $\iint\limits_{D} \sqrt{a^2 - x^2 - y^2} d\sigma$，其中 D 是圆形区域：$x^2 + y^2 = a^2$.

3. 利用二重积分的性质估计下列积分的值：

(1) $I = \iint\limits_{D} (x+y+1) d\sigma$，其中 D 是矩形区域：$0 \leqslant x \leqslant 1, 0 \leqslant y \leqslant 2$；

(2) $I = \iint\limits_{D} (9 - x^2 - y^2) d\sigma$，其中 D 是圆形区域：$x^2 + y^2 \leqslant 3$.

§ 10-2　二重积分的计算

像定积分计算一样，计算二重积分需要一个简便的计算方法，解决的途径就是将其化为定积分来计算.

一、在直角坐标系中计算二重积分

当 $f(x, y) \geqslant 0$ 时，二重积分 $\iint\limits_{D} f(x, y) d\sigma$ 在几何上表示以区域 D 为底、以曲面 $z = f(x, y)$ 为顶的曲顶柱体的体积. 现借助于几何概念，来寻求在直角坐标系中计算二重积分

$$\iint\limits_{D} f(x, y) d\sigma = \iint\limits_{D} f(x, y) dx dy \tag{10-1}$$

的方法.

设曲顶柱体的底为区域 D，它是由直线 $x = a, x = b$ 与曲线 $y = \varphi_1(x), y = \varphi_2(x)$ 所围成的(图 10-4)，即 $D: a \leqslant x \leqslant b, \varphi_1(x) \leqslant y \leqslant \varphi_2(x)$.

我们用"已知平行截面面积"求体积的方法，来求曲顶柱体的体积.

用平行于 yOz 面的平面 $x=x_0(a\leqslant x_0\leqslant b)$ 截柱体,所得截面是以区间 $[\varphi_1(x_0),\varphi_2(x_0)]$ 为底,曲线 $z=f(x_0,y)$ 为曲边的曲边梯形(图 10-5),其面积可表示为

$$A(x_0)=\int_{\varphi_1(x_0)}^{\varphi_2(x_0)}f(x_0,y)\mathrm{d}y.$$

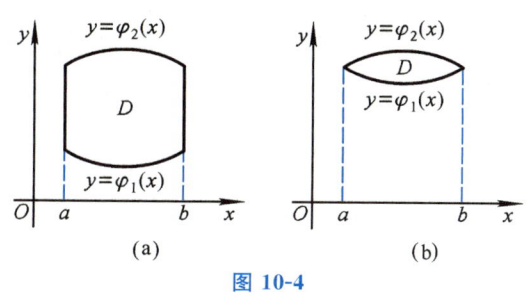
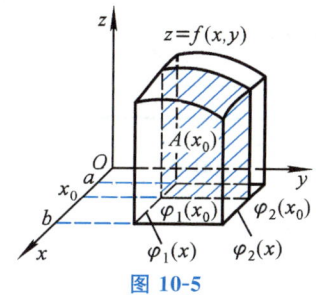

图 10-4 图 10-5

一般,过 $[a,b]$ 区间上任一点 x,且平行于 yOz 面的平面截曲顶柱体所得截面的面积为

$$A(x)=\int_{\varphi_1(x)}^{\varphi_2(x)}f(x,y)\mathrm{d}y.$$

于是,得曲顶柱体的体积

$$V=\int_a^b A(x)\mathrm{d}x=\int_a^b\left[\int_{\varphi_1(x)}^{\varphi_2(x)}f(x,y)\mathrm{d}y\right]\mathrm{d}x.$$

这个体积也就是所求二重积分的大小,即有公式

$$\iint_D f(x,y)\mathrm{d}x\mathrm{d}y=\int_a^b\left[\int_{\varphi_1(x)}^{\varphi_2(x)}f(x,y)\mathrm{d}y\right]\mathrm{d}x.$$

或记为

$$\iint_D f(x,y)\mathrm{d}x\mathrm{d}y=\int_a^b\mathrm{d}x\int_{\varphi_1(x)}^{\varphi_2(x)}f(x,y)\mathrm{d}y. \quad(10\text{-}2)$$

直角坐标系
下计算二重
积分(X 型域)

式(10-2)右端的计算是:先把 x 看作常量,对 y 从 $\varphi_1(x)$ 到 $\varphi_2(x)$ 积分,然后把所得结果再对 x 从 a 到 b 积分,式(10-2)右端的积分是二次积分,也称为**累次积分**(repeated integral).

类似地,如果曲顶柱体的底面区域为(图 10-6)

$$D:\psi_1(y)\leqslant x\leqslant\psi_2(y),\quad c\leqslant y\leqslant d,$$

其中 $\psi_1(y),\psi_2(y)$ 是区间 $[c,d]$ 上的连续函数,与式(10-1)推导类似,可得二重积分的又一计算公式

$$\iint_D f(x,y)\mathrm{d}\sigma=\int_c^d\left[\int_{\psi_1(y)}^{\psi_2(y)}f(x,y)\mathrm{d}x\right]\mathrm{d}y,$$

或记为

$$\iint_D f(x,y)\mathrm{d}\sigma=\int_c^d\mathrm{d}y\int_{\psi_1(y)}^{\psi_2(y)}f(x,y)\mathrm{d}x. \quad(10\text{-}3)$$

式(10-3)右边是先对 x,后对 y 的二次积分.

特别地,当积分区域为矩形域 $D:a\leqslant x\leqslant b,c\leqslant y\leqslant d$ 时,则有

$$\iint\limits_{D} f(x, y) \mathrm{d}\sigma = \int_{a}^{b} \mathrm{d}x \int_{c}^{d} f(x, y) \mathrm{d}y = \int_{c}^{d} \mathrm{d}y \int_{a}^{b} f(x, y) \mathrm{d}x. \tag{10-4}$$

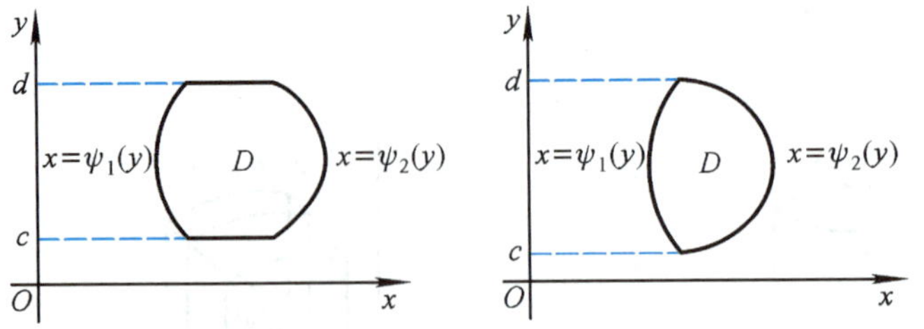

图 10-6

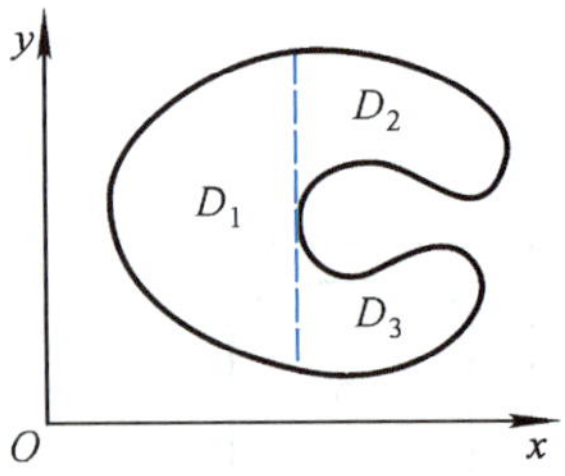

图 10-7

应用式(10-2)[或式(10-3)]时,积分区域 D 应满足条件:过区间 $[a, b]$ 上任一点 x(或 $[c, d]$ 上任一点 y),作平行于 y(或 x)轴的直线与 D 的边界的交点不得多于两点. 如果无论作平行于 y 轴还是 x 轴的直线,与 D 的边界都有多于两个交点的情形,则应把区域分成几个部分,如图 10-7 所示,把区域 D 分成三个小区域 D_1, D_2, D_3,由二重积分的性质 3 得

直角坐标系下计算二重积分(Y型域)

$$\iint\limits_{D} f(x, y) \mathrm{d}x \mathrm{d}y = \iint\limits_{D_1} f(x, y) \mathrm{d}x \mathrm{d}y + \iint\limits_{D_2} f(x, y) \mathrm{d}x \mathrm{d}y + \iint\limits_{D_3} f(x, y) \mathrm{d}x \mathrm{d}y.$$

应当指出,虽然式(10-2)和式(10-3)是在 $f(x, y) \geqslant 0$ 的条件下推出的,可以证明,只要 $f(x, y)$ 在有界闭区域 D 上连续,无论 $f(x, y)$ 在 D 上的正负情况如何,式(10-2)和式(10-3)仍然成立.

例 1 计算:$\iint\limits_{D}(3-x-y)\mathrm{d}x\mathrm{d}y$,其中 D 为矩形域:$0 \leqslant x \leqslant 1, 0 \leqslant y \leqslant 2$.

解 由式(10-4)得

$$\iint\limits_{D}(3-x-y)\mathrm{d}x\mathrm{d}y = \int_{0}^{1} \mathrm{d}x \int_{0}^{2}(3-x-y)\mathrm{d}y = \int_{0}^{1}\left[3y - xy - \frac{y^2}{2}\right]_{0}^{2} \mathrm{d}x$$

$$= \int_{0}^{1}(4-2x)\mathrm{d}x = [4x - x^2]_{0}^{1} = 3.$$

也可这样做:

$$\iint\limits_{D}(3-x-y)\mathrm{d}x\mathrm{d}y = \int_{0}^{2} \mathrm{d}y \int_{0}^{1}(3-x-y)\mathrm{d}x$$

$$= \int_{0}^{2}\left[3x - \frac{x^2}{2} - xy\right]_{0}^{1} \mathrm{d}y$$

$$= \int_{0}^{2}\left(\frac{5}{2} - y\right)\mathrm{d}y = \left[\frac{5}{2}y - \frac{y^2}{2}\right]_{0}^{2} = 3.$$

这个二重积分的值就是以区域 D 为底,以平面 $z = 3-x-y$ 为顶的四棱柱体的体积,如图 10-8 所示.

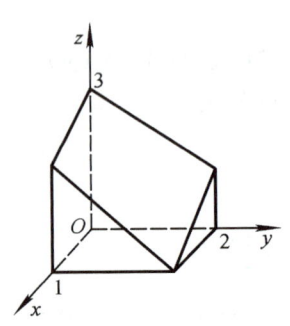

图 10-8

例 2 计算:$\iint\limits_{D} 2xy \mathrm{d}\sigma$,其中 D 是由直线 $y=1$, $x=2$ 及 $y=x$

所围成的区域.

解法 1 先画出区域 D(图 10-9),区域 D 上的横坐标 x 的变动范围是 $1 \leqslant x \leqslant 2$,在区间$[1,2]$上任取定一点 x,过 x 作 y 轴的平行线,它与区域 D 的边界 $y=1$ 和 $y=x$ 相交,区域 D 内以这个 x 的值为横坐标的点在以 $y=1$ 为起点,以 $y=x$ 为终点的线段上,这条线段上的纵坐标 y 满足 $1 \leqslant y \leqslant x$. 由式(10-2),得

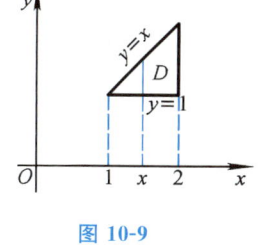

图 10-9

$$\iint_D 2xy\,\mathrm{d}\sigma = \int_1^2 \left[\int_1^x 2xy\,\mathrm{d}y\right]\mathrm{d}x = \int_1^2 \left[xy^2\right]_1^x \mathrm{d}x = \int_1^2 (x^3-x)\,\mathrm{d}x$$

$$= \left[\frac{x^4}{4} - \frac{x^2}{2}\right]_1^2 = 2\frac{1}{4}.$$

解法 2 如图 10-10 所示,区域 D 上的点的纵坐标 y 的变动范围是区间$[1,2]$.在区间$[1,2]$上任取定一点 y,过 y 作 x 轴的平行线,它与区域 D 的边界 $x=y$ 和 $x=2$ 相交,在 D 内以这个 y 值为纵坐标的点在以 $x=y$ 为起点,$x=2$ 为终点的线段上,这条线段上的横坐标 x 满足 $y \leqslant x \leqslant 2$. 由式(10-3),得

$$\iint_D 2xy\,\mathrm{d}\sigma = \int_1^2 \left[\int_y^2 2xy\,\mathrm{d}x\right]\mathrm{d}y = \int_1^2 y\left[x^2\right]_y^2 \mathrm{d}y$$

$$= \int_1^2 (4y-y^3)\,\mathrm{d}y = \left[2y^2 - \frac{y^4}{4}\right]_1^2 = 2\frac{1}{4}.$$

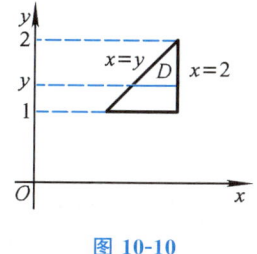 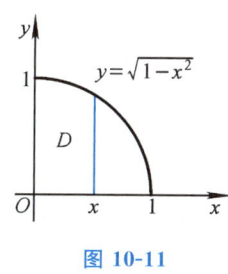 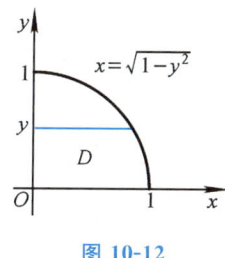

图 10-10　　　　　图 10-11　　　　　图 10-12

例 3 计算二重积分 $\iint_D xy\,\mathrm{d}x\,\mathrm{d}y$,其中 D 是由 x 轴、y 轴和圆 $x^2+y^2=1$ 所围成的在第一象限部分的区域.

解 区域 D 如图 10-11 所示,它可表示为 $D: 0 \leqslant x \leqslant 1, 0 \leqslant y \leqslant \sqrt{1-x^2}$. 于是,由式(10-2)得

$$\iint_D xy\,\mathrm{d}x\,\mathrm{d}y = \int_0^1 \mathrm{d}x \int_0^{\sqrt{1-x^2}} xy\,\mathrm{d}y = \int_0^1 \left[\frac{1}{2}xy^2\right]_0^{\sqrt{1-x^2}} \mathrm{d}x$$

$$= \int_0^1 \frac{1}{2}(x-x^3)\,\mathrm{d}x = \frac{1}{2}\left[\frac{x^2}{2} - \frac{x^4}{4}\right]_0^1 = \frac{1}{8}.$$

区域 D 也可以表示为(图 10-12):$0 \leqslant x \leqslant \sqrt{1-y^2}, 0 \leqslant y \leqslant 1$.因此,由式(10-3)得

$$\iint_D xy\,\mathrm{d}x\,\mathrm{d}y = \int_0^1 \mathrm{d}y \int_0^{\sqrt{1-y^2}} xy\,\mathrm{d}x = \frac{1}{8}.$$

例 4 计算：$\iint\limits_D \dfrac{x^2}{y^2}\,\mathrm dx\,\mathrm dy$，其中 D 是由直线 $y=2$，$y=x$ 和双曲线 $xy=1$ 所围成的区域.

解 如图 10-13 所示，$D:\dfrac{1}{y}\leqslant x\leqslant y,\ 1\leqslant y\leqslant 2$. 于是，先对 x 后对 y 积分得

$$\iint\limits_D \frac{x^2}{y^2}\,\mathrm dx\,\mathrm dy=\int_1^2 \mathrm dy\int_{\frac{1}{y}}^{y}\frac{x^2}{y^2}\,\mathrm dx=\int_1^2\left[\frac{x^3}{3y^2}\right]_{\frac{1}{y}}^{y}\mathrm dy$$

$$=\frac{1}{3}\int_1^2\left(y-\frac{1}{y^5}\right)\mathrm dy=\frac{1}{3}\left[\frac{y^2}{2}+\frac{1}{4y^4}\right]_1^2=\frac{27}{64}.$$

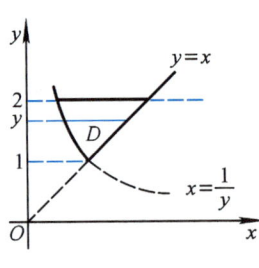

图 10-13

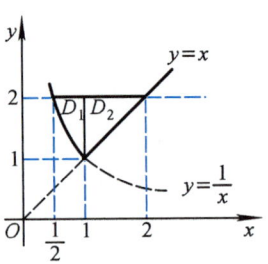

图 10-14

如果先对 y 后对 x 积分，则由于区域 D 的下部边界由两条曲线段组成，可用直线 $x=1$ 把 D 分成 D_1 与 D_2（图 10-14），它们可表示为

$$D_1:\frac{1}{2}\leqslant x\leqslant 1,\ \frac{1}{x}\leqslant y\leqslant 2;\quad D_2:1\leqslant x\leqslant 2,\ x\leqslant y\leqslant 2.$$

由此得

$$\iint\limits_D \frac{x^2}{y^2}\,\mathrm dx\,\mathrm dy=\iint\limits_{D_1}\frac{x^2}{y^2}\,\mathrm dx\,\mathrm dy+\iint\limits_{D_2}\frac{x^2}{y^2}\,\mathrm dx\,\mathrm dy=\int_{\frac{1}{2}}^{1}\mathrm dx\int_{\frac{1}{x}}^{2}\frac{x^2}{y^2}\,\mathrm dy+\int_1^2\mathrm dx\int_x^2\frac{x^2}{y^2}\,\mathrm dy$$

$$=\int_{\frac{1}{2}}^{1}\left[-\frac{x^2}{y}\right]_{\frac{1}{x}}^{2}\mathrm dx+\int_1^2\left[-\frac{x^2}{y}\right]_x^{2}\mathrm dx$$

$$=\int_{\frac{1}{2}}^{1}\left(x^3-\frac{x^2}{2}\right)\mathrm dx+\int_1^2\left(x-\frac{x^2}{2}\right)\mathrm dx$$

$$=\left[\frac{x^4}{4}-\frac{x^3}{6}\right]_{\frac{1}{2}}^{1}+\left[\frac{x^2}{2}-\frac{x^3}{6}\right]_1^2=\frac{27}{64}.$$

释疑解难

二重积分在直角坐标系下的计算

二、在极坐标系中计算二重积分

当二重积分 $\iint\limits_D f(x,y)\,\mathrm d\sigma$ 的积分区域 D 的边界曲线和被积函数用极坐标来表示较为简单时，则在极坐标系中计算二重积分比用直角坐标简单. 由极坐标与直角坐标的关系：

$$x=\rho\cos\theta,\quad y=\rho\sin\theta.$$

可得
$$\iint_D f(x,y)\mathrm{d}\sigma = \iint_D f(\rho\cos\theta, \rho\sin\theta)\mathrm{d}\sigma,$$
其中,$\mathrm{d}\sigma$ 为极坐标系中的面积元素.

设过极点的射线与区域 D 的交点不多于两点时,我们用一组同心圆(ρ=常数)和从极点出发的一族射线(θ=常数)构成的极坐标网(图 10-15),将区域 D 分成若干小区域.记极角分别为 θ 与 $\theta+\Delta\theta$ 的两条射线和半径分别为 ρ 与 $\rho+\Delta\rho$ 所围成的小区域为 $\Delta\sigma$(其面积仍记为 $\Delta\sigma$),由扇形面积公式,得

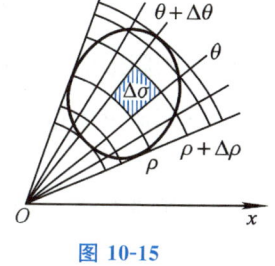

图 10-15

$$\Delta\sigma = \frac{1}{2}(\rho+\Delta\rho)^2\Delta\theta - \frac{1}{2}\rho^2\Delta\theta = \rho\Delta\rho\Delta\theta + \frac{1}{2}(\Delta\rho)^2\Delta\theta,$$

当 $\Delta\rho\to 0$,$\Delta\theta\to 0$ 时,上式第二项为第一项的高阶无穷小,从而可得 $\mathrm{d}\sigma=\rho\mathrm{d}\rho\mathrm{d}\theta$,并称 $\rho\mathrm{d}\rho\mathrm{d}\theta$ 为**极坐标系中的面积元素**(element of area in polar coordinates),于是得

$$\iint_D f(x,y)\mathrm{d}\sigma = \iint_D f(\rho\cos\theta, \rho\sin\theta)\rho\mathrm{d}\rho\mathrm{d}\theta. \tag{10-5}$$

计算二重积分 $\iint_D (\rho\cos\theta, \rho\sin\theta)\rho\mathrm{d}\rho\mathrm{d}\theta$,也要化成对 ρ 和对 θ 的二次积分来计算.下面根据区域 D 来确定二次积分上、下限.

1. 极点 O 不在区域 D 的内部(图 10-16a)

区域 D 可表示为
$$D: \rho_1(\theta) \leqslant \rho \leqslant \rho_2(\theta), \quad \alpha \leqslant \theta \leqslant \beta.$$
于是,计算公式为
$$\iint_D f(\rho\cos\theta, \rho\sin\theta)\rho\mathrm{d}\rho\mathrm{d}\theta = \int_\alpha^\beta \mathrm{d}\theta \int_{\rho_1(\theta)}^{\rho_2(\theta)} f(\rho\cos\theta, \rho\sin\theta)\rho\mathrm{d}\rho.$$

如果极点 O 在区域 D 的边界上(图 10-16b),则可以把它看作图 10-16a 中 $\rho_1(\theta)=0$,$\rho_2(\theta)=\rho(\theta)$ 时的特例.这时区域 D 可表示为
$$D: 0 \leqslant \rho \leqslant \rho(\theta), \alpha \leqslant \theta \leqslant \beta.$$

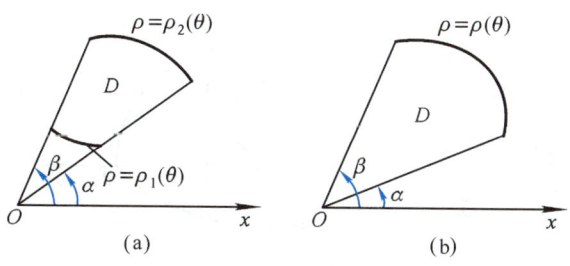

图 10-16

于是,式(10-5)化为

$$\iint\limits_{D} f(\rho\cos\theta, \rho\sin\theta)\rho\,d\rho\,d\theta = \int_{\alpha}^{\beta} d\theta \int_{0}^{\rho(\theta)} f(\rho\cos\theta, \rho\sin\theta)\rho\,d\rho.$$

例 5 设平面薄片所在的区域 D 是由两条直线 $y=x$，$x=0$ 及两个圆周即

$$x^2+(y-b)^2=b^2, \quad x^2+(y-a)^2=a^2 \quad (0<a<b)$$

所围成的阴影部分(图 10-17)，它的面积密度为 $\mu(x,y)=kxy$（k 为正常数），求薄片的质量.

解 所求质量为 $m = \iint\limits_{D} kxy\,d\sigma$. 由于直线 $y=x$，$x=0$ 的极坐标方程分别是 $\theta=\dfrac{\pi}{4}$，$\theta=\dfrac{\pi}{2}$，圆周 $x^2+(y-b)^2=b^2$，$x^2+(y-a)^2=a^2$ 的极坐标方程分别为 $\rho=2b\sin\theta$，$\rho=2a\sin\theta$，因此在极坐标系中，区域 D 可表示为

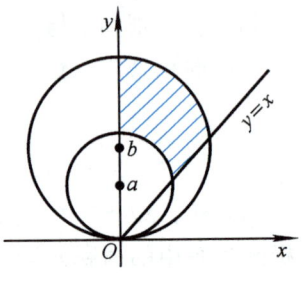

图 10-17

$$D: 2a\sin\theta \leqslant \rho \leqslant 2b\sin\theta, \quad \frac{\pi}{4} \leqslant \theta \leqslant \frac{\pi}{2}.$$

于是

$$m = k\iint\limits_{D} \rho\cos\theta \cdot \rho\sin\theta \, \rho\,d\rho\,d\theta = k\int_{\frac{\pi}{4}}^{\frac{\pi}{2}} d\theta \int_{2a\sin\theta}^{2b\sin\theta} \rho^3 \sin\theta\cos\theta\,d\rho$$

$$= k\int_{\frac{\pi}{4}}^{\frac{\pi}{2}} \left[\frac{\rho^4}{4}\sin\theta\cos\theta\right]_{2a\sin\theta}^{2b\sin\theta} d\theta$$

$$= 4k(b^4-a^4)\int_{\frac{\pi}{4}}^{\frac{\pi}{2}} \sin^5\theta\cos\theta\,d\theta = 4k(b^4-a^4)\left[\frac{\sin^6\theta}{6}\right]_{\frac{\pi}{4}}^{\frac{\pi}{2}} = \frac{7}{12}k(b^4-a^4).$$

2. 极点 O 在区域 D 的内部(图 10-18)

区域 D 可表示为：$D: 0 \leqslant \rho \leqslant \rho(\theta)$，$0 \leqslant \theta \leqslant 2\pi$. 于是式(10-5)化为

$$\iint\limits_{D} f(\rho\cos\theta, \rho\sin\theta)\rho\,d\rho\,d\theta = \int_{0}^{2\pi} d\theta \int_{0}^{\rho(\theta)} f(\rho\cos\theta, \rho\sin\theta)\rho\,d\rho.$$

例 6 求球面 $x^2+y^2+z^2=4a^2$ 与圆柱面 $(x-a)^2+y^2=a^2$ 所围成的几何体(在圆柱面内)的体积.

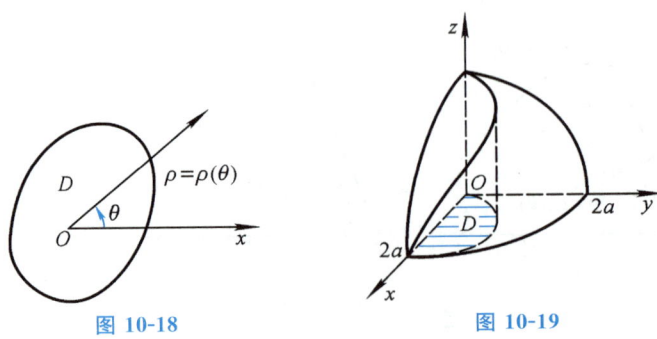

图 10-18　　　　　图 10-19

解 由于所求几何体具有对称性，故它的体积 V 等于第一卦限部分(图 10-19)的体积 V_1 的 4 倍. 而

$$V_1 = \iint\limits_D \sqrt{4a^2 - x^2 - y^2}\,d\sigma,$$

其中，积分区域 $D: 0 \leqslant \rho \leqslant 2a\cos\theta, 0 \leqslant \theta \leqslant \dfrac{\pi}{2}$. 于是

$$V_1 = \int_0^{\frac{\pi}{2}} d\theta \int_0^{2a\cos\theta} \sqrt{4a^2 - \rho^2}\,\rho\,d\rho = \int_0^{\frac{\pi}{2}} \left[-\frac{1}{3}(4a^2 - \rho^2)^{\frac{3}{2}} \right]_0^{2a\cos\theta} d\theta$$

$$= \frac{8}{3} a^3 \int_0^{\frac{\pi}{2}} (1 - \sin^3\theta)\,d\theta = \frac{8}{3}\left(\frac{\pi}{2} - \frac{2}{3}\right) a^3.$$

故所求的体积为
$$V = \frac{32}{3}\left(\frac{\pi}{2} - \frac{2}{3}\right) a^3.$$

例 7 求上半球面 $z = \sqrt{2 - x^2 - y^2}$ 与锥面 $z^2 = x^2 + y^2$ 所围的几何体的体积.

解 所围的几何体在 xOy 面上的投影是单位圆 $x^2 + y^2 = 1$，所求体积等于以圆域 D：$x^2 + y^2 \leqslant 1$ 为底，分别以上半球面和锥面为顶的两个曲顶柱体(图10-20)体积之差，即

$$V = \iint\limits_D \sqrt{2 - x^2 - y^2}\,d\sigma - \iint\limits_D \sqrt{x^2 + y^2}\,d\sigma,$$

在极坐标系中，积分区域可表示为 $D: 0 \leqslant \rho \leqslant 1, 0 \leqslant \theta \leqslant 2\pi$.

$$V = \int_0^{2\pi} d\theta \int_0^1 \sqrt{2 - \rho^2}\,\rho\,d\rho - \int_0^{2\pi} d\theta \int_0^1 \rho^2\,d\rho$$

$$= 2\pi \left[-\frac{1}{3}(2-\rho^2)^{\frac{3}{2}} \right]_0^1 - 2\pi \left[\frac{\rho^3}{3} \right]_0^1 = \frac{4}{3}(\sqrt{2} - 1)\pi.$$

二重积分在极坐标系下的计算

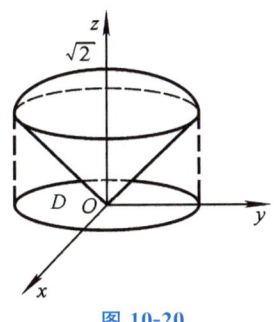

图 10-20

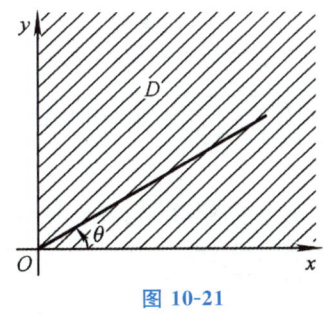

图 10-21

例 8 计算泊松积分：$I = \displaystyle\int_{-\infty}^{+\infty} e^{-x^2}\,dx$.

解 因为 e^{-x^2} 的原函数不是初等函数，所以不能直接用牛顿-莱布尼茨公式求泊松积分的值. 先设

$$H = \iint\limits_D e^{-x^2-y^2}\,dx\,dy,$$

其中，区域 D 是整个第一象限，如图 10-21 所示.

$$H = \iint_D e^{-x^2-y^2} dx\,dy = \int_0^{+\infty} dx \int_0^{+\infty} e^{-x^2-y^2} dy.$$

根据定积分的值与积分变量无关，即可由上式得出

$$H = \int_0^{+\infty} e^{-x^2} dx \int_0^{+\infty} e^{-y^2} dy = \left(\frac{I}{2}\right)^2 = \frac{I^2}{4}.$$

现在用极坐标计算 H. 由于区域 D 可表示为 $0 \leqslant r < +\infty, 0 \leqslant \theta \leqslant \frac{\pi}{2}$，所以

$$H = \int_0^{\frac{\pi}{2}} d\theta \int_0^{+\infty} e^{-r^2} r\,dr,$$

又因为 $\int_0^{+\infty} e^{-r^2} r\,dr = \left(-\frac{1}{2} e^{-r^2}\right)\Big|_0^{+\infty} = \frac{1}{2}$，所以 $H = \int_0^{\frac{\pi}{2}} \frac{1}{2} d\theta = \frac{\pi}{4}$，于是得到 $I^2 = \pi$. 因此

$$I = \int_{-\infty}^{+\infty} e^{-x^2} dx = \sqrt{\pi}.$$

习 题 10-2

1. 计算下列二重积分：

(1) $\iint_D x \sin y\,d\sigma$，其中 D 是矩形区域：$1 \leqslant x \leqslant 2, 0 \leqslant y \leqslant \frac{\pi}{2}$；

(2) $\iint_D x\sqrt{y}\,d\sigma$，其中 D 是由两条抛物线 $y = \sqrt{x}$，$y = x^2$ 所围成的区域；

(3) $\iint_D xy^2\,d\sigma$，其中 D 是由圆周 $x^2 + y^2 = 4$ 及 y 轴所围的右半区域；

(4) $\iint_D (x^2 + y^2 - x)\,d\sigma$，其中 D 是由直线 $y = 2, y = x$ 及 $y = 2x$ 所围成的区域.

2. 化二重积分 $I = \iint_D f(x, y)\,d\sigma$ 为二次积分（分别列出对两个变量先后次序不同的两个二次积分），其中积分区域 D 为：

(1) 由直线 $y = x$ 及抛物线 $y^2 = 4x$ 所围成的区域；

(2) 由 x 轴及半圆周 $x^2 + y^2 = R^2 (y > 0)$ 所围成的区域.

3. 更换下列各二次积分的积分次序：

(1) $\int_1^2 dx \int_x^{2x} f(x, y)\,dy$；(2) $\int_0^e dx \int_0^{\ln x} f(x, y)\,dy$.

*4. 利用极坐标计算二重积分 $\iint_D e^{x^2+y^2}\,d\sigma$，其中 D 是由圆周 $x^2 + y^2 = 4$ 所围成的区域.

§ 10-3 二重积分的应用

二重积分除了可以应用于计算曲顶柱体的体积外，还有其他方面的应用，下面进行简单介绍.

一、曲面的面积

设曲面 S 由方程 $z = f(x, y)$ 给出，D_{xy} 为曲面 S 在 xOy 面上的投影区域，函数 $z =$

$f(x,y)$ 在 D_{xy} 上具有连续偏导数 $f_x(x,y)$ 和 $f_y(x,y)$,则曲面 S 的面积 A 为

$$A = \iint_{D_{xy}} \sqrt{1+\left(\frac{\partial z}{\partial x}\right)^2+\left(\frac{\partial z}{\partial y}\right)^2}\,\mathrm{d}x\,\mathrm{d}y.$$

若曲面的方程为 $x = g(y,z)$[或 $y = h(z,x)$],D_{yz}(或 D_{zx})是曲面 $x = g(y,z)$[或 $y = h(z,x)$]在 yOz(或 zOx)面上的投影区域,此时曲面的面积为

$$A = \iint_{D_{yz}} \sqrt{1+\left(\frac{\partial x}{\partial y}\right)^2+\left(\frac{\partial x}{\partial z}\right)^2}\,\mathrm{d}y\,\mathrm{d}z$$

或

$$A = \iint_{D_{zx}} \sqrt{1+\left(\frac{\partial y}{\partial z}\right)^2+\left(\frac{\partial y}{\partial x}\right)^2}\,\mathrm{d}z\,\mathrm{d}x.$$

例 1 求半径为 R 的球的表面积.

解 取上半球面,其方程为 $z = \sqrt{R^2-x^2-y^2}$,则它在 xOy 面上的投影区域为 $D: x^2+y^2 \leqslant R^2$.

由

$$\frac{\partial z}{\partial x} = -\frac{x}{\sqrt{R^2-x^2-y^2}},\quad \frac{\partial z}{\partial y} = -\frac{y}{\sqrt{R^2-x^2-y^2}},$$

得

$$\sqrt{1+\left(\frac{\partial z}{\partial x}\right)^2+\left(\frac{\partial z}{\partial y}\right)^2} = \frac{R}{\sqrt{R^2-x^2-y^2}}.$$

因为所求的函数,在区域 D 的边界 $x^2+y^2 = R^2$ 上不连续,不能直接应用曲面面积公式. 我们先取区域 $D_1: x^2+y^2 \leqslant a^2 (0 < a < R)$ 为积分区域,计算出 D_1 上的球面面积 A_1,然后令 $a \to R$,取 A_1 的极限即得所求半球面的面积.

$$A_1 = \iint_{D_1} \frac{R}{\sqrt{R^2-x^2-y^2}}\,\mathrm{d}x\,\mathrm{d}y = \iint_{D_1} \frac{R}{\sqrt{R^2-\rho^2}}\rho\,\mathrm{d}\rho\,\mathrm{d}\theta = R\int_0^{2\pi}\mathrm{d}\theta\int_0^a \frac{\rho\,\mathrm{d}\rho}{\sqrt{R^2-\rho^2}}$$

$$= 2\pi R\int_0^a \frac{\rho\,\mathrm{d}\rho}{\sqrt{R^2-\rho^2}} = 2\pi R(R-\sqrt{R^2-a^2}),$$

所以,$A = \lim_{a\to R} A_1 = \lim_{a\to R} 2\pi R(R-\sqrt{R^2-a^2}) = 2\pi R^2$,于是整个球面的面积为 $4\pi R^2$.

二、平面薄片构件的质心

设 xOy 平面上有 n 个质点,其**质量**(mass)分别为 $m_1, m_2, \cdots, m_n$,它们位于点 (x_1, y_1),$(x_2, y_2), \cdots, (x_n, y_n)$ 处. 由力学知识,该质点系的**质心**(center of gravity)坐标为

$$\bar{x} = \frac{M_y}{m} = \frac{\sum_{i=1}^n m_i x_i}{\sum_{i=1}^n m_i},\quad \bar{y} = \frac{M_x}{m} = \frac{\sum_{i=1}^n m_i y_i}{\sum_{i=1}^n m_i},$$

其中,$m = \sum_{i=1}^n m_i$ 为该质点系的总质量.

如果有一平面薄片构件,它在 xOy 面上投影区域为 D,其面密度函数 $\mu=\mu(x,y)$ 在 D 上连续,可以证明薄片构件的质心坐标 $(\bar{x},\bar{y})$ 为

$$\bar{x}=\frac{M_y}{m}=\frac{\iint\limits_D x\mu(x,y)\mathrm{d}\sigma}{\iint\limits_D \mu(x,y)\mathrm{d}\sigma},\quad \bar{y}=\frac{M_x}{m}=\frac{\iint\limits_D y\mu(x,y)\mathrm{d}\sigma}{\iint\limits_D \mu(x,y)\mathrm{d}\sigma}, \tag{10-6}$$

其中,薄片构件的质量

$$m=\iint\limits_D \mu(x,y)\mathrm{d}\sigma. \tag{10-7}$$

若薄片构件是均匀的,即面密度函数 $\mu(x,y)=$ 常量,由式(10-6)得

$$\bar{x}=\frac{1}{A}\iint\limits_D x\,\mathrm{d}\sigma,\quad \bar{y}=\frac{1}{A}\iint\limits_D y\,\mathrm{d}\sigma,$$

其中,$A=\iint\limits_D \mathrm{d}\sigma$ 为区域 D 的面积.

例 2 设有边长为 $2a$(单位:cm)的正方形薄板,如果薄板材料的密度与到对角线交点的距离的平方成正比,且在它每个角上的密度为 $1\,\mathrm{g/cm^3}$,试求这块正方形薄板的质量.

解 设对角线的交点为坐标原点,坐标轴分别与正方形的一组邻边平行,则正方形区域 D 为 $-a\leqslant x\leqslant a,-a\leqslant y\leqslant a$.

又设密度函数 $\mu(x,y)=k(x^2+y^2)$,由 $\mu(a,a)=1$,得 $k=\dfrac{1}{2a^2}$,于是由式(10-7)得

$$m=\iint\limits_D \mu(x,y)\mathrm{d}x\,\mathrm{d}y=\frac{1}{2a^2}\iint\limits_D(x^2+y^2)\mathrm{d}x\,\mathrm{d}y=\frac{1}{2a^2}\left[\iint\limits_D x^2\mathrm{d}x\,\mathrm{d}y+\iint\limits_D y^2\mathrm{d}x\,\mathrm{d}y\right].$$

因为

$$\iint\limits_D x^2\mathrm{d}x\,\mathrm{d}y=\iint\limits_D y^2\mathrm{d}x\,\mathrm{d}y,$$

所以

$$m=\frac{1}{2a^2}\cdot 2\iint\limits_D x^2\mathrm{d}x\,\mathrm{d}y=\frac{1}{a^2}\int_{-a}^{a}x^2\mathrm{d}x\int_{-a}^{a}\mathrm{d}y=\frac{4}{3}a^2.$$

例 3 求半径为 a 的半圆形均匀薄片的质心.

解 取坐标系如图 10-22 所示,由于密度均匀,且区域 D 对称于 y 轴,所以质心坐标 $C(\bar{x},\bar{y})$ 必位于 y 轴上,于是有 $\bar{x}=0$. 半径为 a 的半圆面积 $A=\dfrac{1}{2}\pi a^2$.

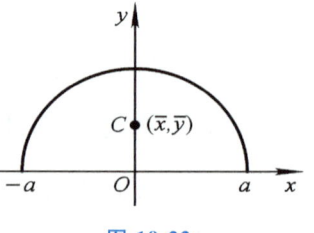

图 10-22

$$\bar{y}=\frac{1}{A}\iint\limits_D y\,\mathrm{d}\sigma=\frac{2}{\pi a^2}\iint\limits_D y\,\mathrm{d}\sigma$$
$$=\frac{2}{\pi a^2}\int_0^{\pi}\sin\theta\,\mathrm{d}\theta\int_0^{a}\rho^2\,\mathrm{d}\rho=\frac{4a}{3\pi}.$$

得质心坐标为 $\left(0,\dfrac{4a}{3\pi}\right)$.

三、平面薄片的转动惯量

设 xOy 面上有 n 个质点,其质量分别为 $m_1, m_2, \cdots, m_n$,它们位于点 $(x_1, y_1), (x_2, y_2), \cdots, (x_n, y_n)$ 处,该质点系对 x 轴、对 y 轴以及对于原点 O 的**转动惯量**(moment of inertia)分别为

$$I_x = \sum_{i=1}^n y_i^2 m_i, \quad I_y = \sum_{i=1}^n x_i^2 m_i, \quad I_O = \sum_{i=1}^n (x_i^2 + y_i^2) m_i.$$

如果有一薄片,它在 xOy 面上的投影区域为 D,假定面密度函数 $\mu = \mu(x, y)$ 在 D 上连续,可以证明该薄片对 x 轴、对 y 轴及对原点 O 的转动惯量分别为

$$I_x = \iint_D y^2 \mu(x, y) \mathrm{d}\sigma, \quad I_y = \iint_D x^2 \mu(x, y) \mathrm{d}\sigma, \quad I_O = \iint_D (x^2 + y^2) \mu(x, y) \mathrm{d}\sigma.$$

易见
$$I_O = I_x + I_y.$$

例 4 求圆心在坐标原点、半径为 a 的圆形均匀薄片对于坐标轴和原点的转动惯量.

解 设圆形均匀薄片的面密度为 μ,则

$$I_x = \iint_D y^2 \mu \mathrm{d}\sigma = \mu \int_0^{2\pi} \sin^2\theta \mathrm{d}\theta \int_0^a \rho^3 \mathrm{d}\rho = \frac{\mu a^4}{4} \int_0^{2\pi} \frac{1-\cos 2\theta}{2} \mathrm{d}\theta$$
$$= \frac{1}{4} \mu \pi a^4 = \frac{1}{4} m a^2,$$

$$I_y = \iint_D x^2 \mu \mathrm{d}\sigma = \mu \int_0^{2\pi} \cos^2\theta \mathrm{d}\theta \int_0^a \rho^3 \mathrm{d}\rho = \frac{1}{4} m a^2, \quad I_O = I_x + I_y = \frac{1}{2} m a^2.$$

其中,$m = \mu \pi a^2$ 为圆形均匀薄片的质量.

习 题 10-3

*1. 设一平面薄片是半径为 R 和 $r(0 < r < 1 < R$,单位均为 cm$)$的圆环,已知材料的密度与到圆心的距离成反比,且在到圆心距离为 1 cm 处等于 b(单位:cm),求该环形薄片的质量.

2. 求球面 $x^2 + y^2 + z^2 = a^2$ 含在圆柱面 $x^2 + y^2 = ax$ 内部部分的面积.

3. 求锥面 $z = \sqrt{x^2 + y^2}$ 被柱面 $z^2 = 2x$ 所割下部分曲面的面积.

*§ 10-4 三 重 积 分

*一、三重积分的概念

1. 非均匀空间物体的质量

在定积分和二重积分中,我们求过质量分布不均匀物体的质量.如果已知物体的密度是该物体上点 P 的连续函数 $f(P)$,那么物体的质量根据物体不同的几何形状,便有不同的积分概念:

(1) 物体是一根细的直线棒,则非均匀细棒质量为它的密度函数 $f(x)$(点 P 即为点 x)在直线棒所占有的区间 $[a, b]$ 上的定积分,即

$$m = \lim_{\lambda \to 0} \sum_{i=1}^{n} f(\xi_i) \Delta x_i = \int_a^b f(x) dx.$$

(2) 物体是一块平面薄片构件,则非均匀薄片构件的质量为它的密度函数 $f(x,y)$ [点 P 即为点 (x,y)] 在薄片构件所占有的区域 D 上(D 为 xy 平面上的闭区域)的二重积分,即

$$m = \lim_{\lambda \to 0} \sum_{i=1}^{n} f(\xi_i, \eta_i) \Delta \sigma_i = \iint_D f(x, y) d\sigma.$$

如果物体是一个空间几何体,它占有的空间区域为 Ω,它的密度函数为 $f(x,y,z)$,$(x,y,z) \in \Omega$,那么如何计算它的质量呢?

与处理直线棒、平面薄片构件形状的物体的质量类似,我们把几何体 Ω 任意分成 n 个小几何体 $\Delta V_i (i=1,2,\cdots,n)$,且以 ΔV_i 表示第 i 个小几何体的体积,Δm_i 表示第 i 个小几何体 ΔV_i 的质量,在小几何体 ΔV_i 上任取一点 $P_i(\xi_i, \eta_i, \zeta_i)$,显然 $\Delta m_i \approx f(\xi_i, \eta_i, \zeta_i) \Delta V_i (i=1, 2,\cdots,n)$,于是几何体 Ω 的总质量近似地等于和式 $\sum_{i=1}^{n} \Delta m_i \approx \sum_{i=1}^{n} f(\xi_i, \eta_i, \zeta_i) \Delta V_i$. 再令 λ 表示这 n 个小几何体的最大直径(ΔV_i 的直径为 ΔV_i 中两点间距离最大者),当 $\lambda \to 0$ 时,上面给出的和式就会趋向于这个几何体的总质量,即 $m = \lim_{\lambda \to 0} \sum_{i=1}^{n} f(\xi_i, \eta_i, \zeta_i) \Delta V_i$.

这种和式极限与定积分、二重积分的和式极限结构形式非常类似. 它不仅在质量计算中,而且在物理、力学、工程技术中也经常遇到. 由此引入**三重积分**(triple integral)定义.

2. 三重积分的定义

定义 设函数 $f(x,y,z)$ 在空间有界闭区域 Ω 上有定义,将区域 Ω 任意地分成 n 个小区域:$\Delta V_1, \Delta V_2, \cdots, \Delta V_n$,其中 ΔV_i 既表示第 i 个小区域,又表示它的体积,在 ΔV_i 上任取一点 (ξ_i, η_i, ζ_i),作和式 $\sum_{i=1}^{n} f(\xi_i, \eta_i, \zeta_i) \Delta V_i$. 如果当小区域的最大直径 λ 趋于 0 时,该和式的极限存在,则称此极限值为函数 $f(x,y,z)$ 在空间闭区域 Ω 上的**三重积分**,记为 $\iiint_\Omega f(x,y,z) dV$,即

$$\iiint_\Omega f(x,y,z) dV = \lim_{\lambda \to 0} \sum_{i=1}^{n} f(\xi_i, \eta_i, \zeta_i) \Delta V_i,$$

其中,$f(x,y,z)$ 称为**被积函数**,$f(x,y,z) dV$ 称为**被积表达式**,dV 称为**体积元**,Ω 称为**积分区域**,$\iiint$ 称为**三重积分号**,此时我们也称**函数** $f(x,y,z)$**在** Ω **上可积**.

若函数 $f(x,y,z)$ 在 Ω 上连续,则三重积分 $\iiint_\Omega f(x,y,z) dV$ 一定存在(证明从略),并且可以假设函数 $f(x,y,z)$ 在区域 D 上是可积的.

利用三重积分的概念可知:空间几何体 Ω 的质量 m 是该密度函数 $f(x,y,z)$ 在 Ω 上的三重积分,即

$$m = \iiint_\Omega f(x,y,z) dV.$$

如果 $f(x,y,z) = 1$,则

$$\iiint\limits_{\Omega} dV = 空间几何体\ \Omega\ 的体积\ V.$$

由于三重积分的定义与定积分、二重积分的定义十分相似,因此它也有与定积分、二重积分类似的性质.

*二、三重积分的累次积分法

1. 在直角坐标系中的累次积分法

在空间直角坐标系中,如果分别用平行于三个坐标面的平面族 $x=h$,$y=j$,$z=k$(h,j,k 为常数)去分割空间区域 Ω,则除了靠边界上可能出现不规则的小区域外,其余的小区域都是长方体.取一个代表性小区域,其相邻三棱分别为 dx,dy 和 dz,则 Ω 的体积元为

$$dV = dx\,dy\,dz.$$

三重积分也可以化为累次积分来计算.计算的关键还是定限.如果平行于坐标轴 Oz 且穿过 Ω 的直线与 Ω 边界曲面 Σ 的交点不超过两个,那么它的定限步骤如下:

(1) 将空间闭区域 Ω 投影到 xOy 平面,得到在 xOy 平面上的一个平面闭区域 D.

(2) 以平面区域 D 的边界为准线,作平行于 z 轴的柱面,该柱面与 Ω 的边界曲面 Σ 的交线将曲面 Σ 分成上、下两部分,设它们的方程分别为

$$\Sigma_1: z = z_1(x, y),\quad \Sigma_2: z = z_2(x, y),$$

其中,$z_1(x,y)$ 与 $z_2(x,y)$ 都是 D 上的连续函数.

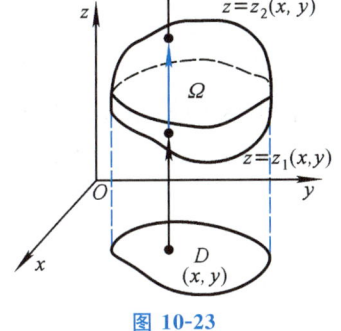

图 10-23

(3) 在 D 上任取一点 (x, y),过此点作平行于 z 轴的直线 l,这条直线从曲面 Σ_1 穿入 Ω 内,从曲面 Σ_2 穿出 Ω 外,穿入点与穿出点的竖坐标分别为 $z=z_1(x,y)$ 和 $z=z_2(x,y)$(图 10-23),显然这条直线在 Ω 内的任一点的竖坐标 z,均有 $z_1(x,y) \leqslant z \leqslant z_2(x,y)$,$(x,y) \in D$.则

$$\iiint\limits_{\Omega} f(x,y,z)dV = \iint\limits_{D}\left[\int_{z_1(x,y)}^{z_2(x,y)} f(x,y,z)dz\right]dx\,dy. \tag{10-8}$$

在对 z 积分时,我们把 x,y 看成常数,积出后再在 D 上计算二重积分.如果区域 D 可表示为

$$D: y_1(x) \leqslant y \leqslant y_2(x),\ a \leqslant x \leqslant b.$$

把这个二重积分化为二次积分,于是得到三重积分在直角坐标系下的计算公式:

$$\iiint\limits_{\Omega} f(x,y,z)dV = \int_a^b dx \int_{y_1(x)}^{y_2(x)} dy \int_{z_1(x,y)}^{z_2(x,y)} f(x,y,z)dz. \tag{10-9}$$

公式 (10-9) 把三重积分化为先对 z,然后对 y,最后对 x 的三次积分.

三重积分也可以先对 y 积分或先对 x 积分,这时需要先把空间区域 Ω 分别投影到 xOz 平面或 yOz 平面上得到投影区域 D,再作平行于 y 轴或 x 轴的动直线 l,在与边界曲面交点不多于两个的条件下,就可仿照上面的定限方法得到与式 (10-8) 和式 (10-9) 类似的公式.

例 1 计算三重积分 $\iiint\limits_{\Omega} xz\,dV$,其中 Ω 是由三个坐标面与平面 $x+y+z=1$ 所围成的空

间区域.

解 画出积分区域 Ω 及它在 xOy 平面上的投影区域 D(图 10-24). 根据定限示意图(图 10-24)得

$$\iiint_\Omega xz\,dV = \iint_D \left[\int_0^{1-x-y} xz\,dz\right]d\sigma = \iint_D \frac{1}{2}x(1-x-y)^2\,d\sigma$$

$$= \frac{1}{2}\int_0^1 x\,dx \int_0^{1-x}[-(1-x-y)^2]\,d(1-x-y)$$

$$= \frac{1}{2}\int_0^1 \left[-\frac{x}{3}(1-x-y)^3\right]_0^{1-x}dx = \frac{1}{6}\int_0^1 x(1-x)^3\,dx$$

$$= \frac{1}{6}\int_0^1 (1-1+x)(1-x)^3\,dx$$

$$= \frac{1}{6}\int_0^1 (1-x)^3\,dx - \frac{1}{6}\int_0^1 (1-x)^4\,dx$$

$$= \left[-\frac{1}{24}(1-x)^4 + \frac{1}{30}(1-x)^5\right]_0^1 = \frac{1}{120}.$$

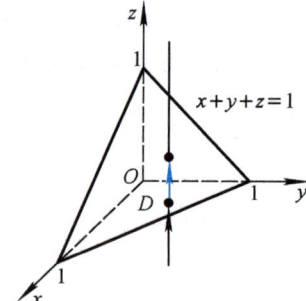

图 10-24

2. 在柱面坐标系中的计算法

设 $M(x,y,z)$ 是空间内一点,从点 M 作 xOy 坐标面的垂线,垂足为 P(图 10-25a). 设点 P 的极坐标为 (r,θ),点 M 的竖坐标为 z,那么有序数组 (r,θ,z) 称为点 M 的**柱面坐标**(cylindrical coordinates). 由图 10-25 所示,柱面坐标与直角坐标的关系为

$$x = r\cos\theta,\ y = r\sin\theta,\ z = z \tag{10-10}$$

$$(0 \leqslant r < +\infty,\ 0 \leqslant \theta \leqslant 2\pi,\ -\infty < z < +\infty).$$

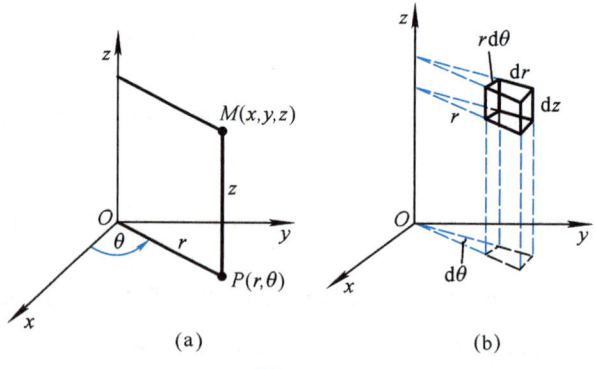

图 10-25

现在要把三重积分 $\iiint_\Omega f(x,y,z)\,dV$ 中的变量换为柱面坐标,为此用三组坐标面 $r=$ 常数, $\theta=$ 常数, $z=$ 常数,把区域 Ω 分成很多小区域,除了靠 Ω 的边界的一些不规则的小区域外,这种小区域都是柱体,考虑由 r,θ,z 各取得微小增量 $dr,d\theta,dz$ 所组成的柱体的体积(图 10-25b),这个体积等于高与底面积的乘积,底面积在不计高阶无穷小时为 $r\,dr\,d\theta$(即极坐标的面积元),于是得

$$dV = dz\,d\sigma = r\,dr\,d\theta\,dz.$$

上式称为**柱面坐标系中的体积元**,结合式(10-10),就有

$$\iiint_\Omega f(x,y,z)\mathrm{d}V = \iiint_\Omega f(r\cos\theta, r\sin\theta, z) r\mathrm{d}r\mathrm{d}\theta\mathrm{d}z.$$

在计算三重积分时,如果对变量 z 先积分,应将区域 Ω 投影到 xOy 坐标面,得平面闭域 D,与直角坐标系中的累次积分一样定出对 z 积分的上、下限,再将得到的区域 D 上的二重积分转换为极坐标系中的二次积分来计算,即为三重积分在柱面坐标系中的累次积分法. 因此,在柱面坐标系中计算三重积分的要点是:

(1) 画出积分区域 Ω 及它在 xOy 平面上的投影区域 D;

(2) 把三重积分的被积表达式转换成如下形式:

$$f(x,y,z)\mathrm{d}V = f(r\cos\theta, r\sin\theta, z) r\mathrm{d}r\mathrm{d}\theta\mathrm{d}z;$$

(3) 变量 z 的上、下限确定法同三重积分在空间直角坐标系中累次积分时对 z 的定限法,变量 r,θ 的上、下限确定法同二重积分在极坐标系中的定限法.

例 2 设几何体 Ω 由 $z=\sqrt{x^2+y^2}$ 及 $z=\sqrt{8-x^2-y^2}$ 两曲面所围成. 试在柱面坐标系中计算三重积分 $\iiint_\Omega z\mathrm{d}V$.

解 画出积分区域 Ω 以及它在 xOy 平面上的投影区域 D(图 10-26). 采用柱面坐标法积分,得

$$\iiint_\Omega z\mathrm{d}V = \iint_D \left[\int_{\sqrt{x^2+y^2}}^{\sqrt{8-x^2-y^2}} z\mathrm{d}z\right]\mathrm{d}\sigma = \int_0^{2\pi}\mathrm{d}\theta \int_0^2 r\mathrm{d}r \int_r^{\sqrt{8-r^2}} z\mathrm{d}z$$
$$= \int_0^{2\pi}\mathrm{d}\theta \int_0^2 r(4-r^2)\mathrm{d}r = 8\pi.$$

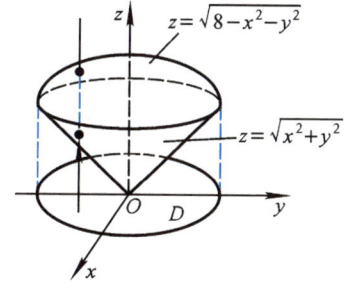

图 10-26

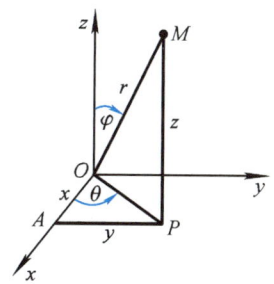

图 10-27

3. 球面坐标系中的计算法

设 $M(x,y,z)$ 为空间中的一点,则点 M 可用三个有次序的数 r,θ,φ 来确定,其中 r 是原点 O 到点 M 的距离,φ 为 OM 与 z 轴正向的夹角,设 OM 在 xOy 平面上的投影为 OP,从面对 z 轴正方向看,x 轴正向以逆时针方向转到 OP 的角为 θ(图 10-27),它们的取值范围是:$0 \leq r < +\infty$,$0 \leq \theta \leq 2\pi$,$0 \leq \varphi \leq \pi$. 我们称 (r,θ,φ) 为空间点的**球面坐标**(spherical coordinates). 事实上,点 M 也可以看成是以原点为球心、r 为半径的球面,与极角为 θ 的半平面,张角为 φ 的锥面的公共点,所以称 (r,θ,φ) 为点 M 的球面坐标.

设点 $M(x,y,z)$ 在 xOy 面上的投影为 P,点 P 在 x 轴上的投影为 A,如图 10-27 所示,

$$OA = x, \quad AP = y, \quad PM = z, \quad OP = r\sin\varphi, \quad z = r\cos\varphi,$$

因此，点 $M(x, y, z)$ 的直角坐标与球面坐标的关系为

$$x = r\sin\varphi\cos\theta, \quad y = r\sin\varphi\sin\theta, \quad z = r\cos\varphi. \tag{10-11}$$

为了把三重积分中的变量从直角坐标变为球面坐标，我们用一族同心的球面 $r=$ 常数，一族有公共边界（即 z 轴）的半平面 $\theta=$ 常数，以及一族有同一轴（即 z 轴）的圆锥面 $\varphi=$ 常数，去分割空间区域 Ω，将 Ω 分成许多小区域。考虑由 r, θ, φ 各取得的微小增量 $dr, d\theta, d\varphi$ 所得的小区域 dV，它是由半径为 r 和 $r+dr$ 的球面、极角为 θ 和 $\theta+d\theta$ 的半平面、张角为 φ 和 $\varphi+d\varphi$ 的圆锥面所围成的（图 10-28）。若把 dV 近似看作是一个长方体，则它的三条边长分别为

$$MA = dr, \quad MB = rd\varphi, \quad MC = r\sin\varphi d\theta.$$

于是

$$dV = r^2\sin\varphi dr d\theta d\varphi.$$

图 10-28

上式即为 **球面坐标系中的体积元**，结合式 (10-11)，就有

$$\iiint_\Omega f(x, y, z) dV = \iiint_\Omega f(r\sin\varphi\cos\theta, r\sin\varphi\sin\theta, r\cos\varphi) r^2\sin\varphi dr d\theta d\varphi. \tag{10-12}$$

式 (10-12) 右端也可化为对 r, θ, φ 的三次积分，以例 3 和例 4 为例。

例 3 将三重积分 $\iiint_\Omega f(x, y, z) dV$ 化为球面坐标系中的累次积分。其中，

$$\Omega : x^2 + y^2 + z^2 \leqslant R^2, z \geqslant 0.$$

解 因为 Ω 为球心在原点，半径为 R 的上半球，所以 Ω 内任一点的球面坐标 (r, θ, φ) 的变化范围为

$$0 \leqslant r \leqslant R, \quad 0 \leqslant \theta \leqslant 2\pi, \quad 0 \leqslant \varphi \leqslant \frac{\pi}{2}.$$

因此，

$$\iiint_\Omega f(x, y, z) dV = \int_0^{2\pi} d\theta \int_0^{\frac{\pi}{2}} d\varphi \int_0^R f(r\sin\varphi\cos\theta, r\sin\varphi\sin\theta, r\cos\varphi) r^2\sin\varphi dr.$$

知识讲解

利用球面坐标计算三重积分

例 4 求由球面 $x^2 + y^2 + z^2 = 2Rz$ 和顶角等于 2α、以 z 轴为轴的圆锥面所围成的几何体 Ω 的体积（图 10-29）。

解 在球面坐标系下，球面 $x^2 + y^2 + z^2 = 2Rz$ 的方程可以化为

$$r = 2R\cos\varphi,$$

顶角等于 2α、以 z 轴为轴的圆锥面的方程为 $\varphi = \alpha$。

于是，积分域 Ω 可以用不等式组表示为

$$\begin{cases} 0 \leqslant r \leqslant 2R\cos\varphi, \\ 0 \leqslant \varphi \leqslant \alpha, \\ 0 \leqslant \theta \leqslant 2\pi. \end{cases}$$

所以 Ω 的体积为

$$V = \iiint\limits_{\Omega} dV = \iiint\limits_{\Omega} r^2 \sin\varphi \, dr \, d\theta \, d\varphi = \int_0^{2\pi} d\theta \int_0^{\alpha} d\varphi \int_0^{2R\cos\varphi} r^2 \sin\varphi \, dr$$

$$= 2\pi \int_0^{\alpha} \left[\frac{1}{3} r^3 \sin\varphi\right]_0^{2R\cos\varphi} d\varphi = \frac{16}{3}\pi R^3 \int_0^{\alpha} \cos^3\varphi \sin\varphi \, d\varphi$$

$$= \frac{4}{3}\pi R^3 (1 - \cos^4\alpha).$$

图 10-29

*三、三重积分的应用

1. 空间物体的质心

设物体的空间区域为 Ω，在点 (x, y, z) 处的密度为 $\rho(x, y, z)$，假定这个函数在 Ω 上连续，与 §10-3 中关于平面薄片构件的质心一样，应用微元法得物体的质心坐标 $(\bar{x}, \bar{y}, \bar{z})$ 为

$$\bar{x} = \frac{1}{m} \iiint\limits_{\Omega} x\rho \, dV, \quad \bar{y} = \frac{1}{m} \iiint\limits_{\Omega} y\rho \, dV, \quad \bar{z} = \frac{1}{m} \iiint\limits_{\Omega} z\rho \, dV,$$

其中，$m = \iiint\limits_{\Omega} \rho \, dV$ 为物体的质量.

例 5 求均匀半球体的质心.

解 取半球体的对称轴为 z 轴，原点取在球心上，又设球半径为 R，则半球体所占空间区域 Ω 可用不等式

$$x^2 + y^2 + z^2 \leqslant R^2, \ z \geqslant 0$$

来表示. 显然质心在 z 轴上，故 $\bar{x} = \bar{y} = 0$.

$$\bar{z} = \frac{1}{m} \iiint\limits_{\Omega} z\rho \, dV = \frac{3}{2\pi R^3} \iiint\limits_{\Omega} z \, dV,$$

$$\iiint\limits_{\Omega} z \, dV = \iiint\limits_{\Omega} r\cos\varphi \cdot r^2 \sin\varphi \, dr \, d\varphi \, d\theta = \int_0^{2\pi} d\theta \int_0^{\frac{\pi}{2}} \cos\varphi \sin\varphi \, d\varphi \int_0^R r^3 \, dr$$

$$= 2\pi \cdot \left[\frac{\sin^2\varphi}{2}\right]_0^{\frac{\pi}{2}} \cdot \frac{R^4}{4} = \frac{\pi R^4}{4}.$$

因此，可得 $\bar{z} = \frac{3}{8}R$，质心为 $\left(0, 0, \frac{3}{8}R\right)$.

2. 空间物体的转动惯量

与平面薄片物体相类似，应用微元法可得空间物体对 x 轴、y 轴、z 轴和坐标原点的转动惯量分别为

$$I_x = \iiint\limits_{\Omega} (y^2 + z^2)\rho \, dV, \quad I_y = \iiint\limits_{\Omega} (z^2 + x^2)\rho \, dV,$$

$$I_z = \iiint\limits_{\Omega} (x^2 + y^2)\rho \, dV, \quad I_O = \iiint\limits_{\Omega} (x^2 + y^2 + z^2)\rho \, dV,$$

其中，$\rho = \rho(x, y, z)$ 为物体在 Ω 上的密度.

例 6 求均匀球体对于过球心的一条轴 l 的转动惯量.

解 取球心为坐标原点，z 轴与轴 l 重合，又设球的半径为 R，则球体所占空间区域 Ω 可用不等式

$$x^2 + y^2 + z^2 \leqslant R^2$$

来表示. 所求转动惯量即球体对于 z 轴的转动惯量 I_z.

$$\begin{aligned}
I_z &= \iiint_\Omega (x^2 + y^2)\rho \mathrm{d}V = \rho \iiint_\Omega (r^2 \sin^2\varphi \cos^2\theta + r^2 \sin^2\varphi \sin^2\theta) r^2 \sin\varphi \mathrm{d}r \mathrm{d}\varphi \mathrm{d}\theta \\
&= \rho \iiint_\Omega r^4 \sin^3\varphi \mathrm{d}r \mathrm{d}\varphi \mathrm{d}\theta = \rho \int_0^{2\pi} \mathrm{d}\theta \int_0^{\pi} \sin^3\varphi \mathrm{d}\varphi \int_0^R r^4 \mathrm{d}r \\
&= \rho \cdot 2\pi \cdot \frac{R^5}{5} \int_0^{\pi} \sin^3\varphi \mathrm{d}\varphi = \frac{2}{5}\pi R^5 \rho \cdot \frac{4}{3} = \frac{2}{5} R^2 m,
\end{aligned}$$

其中，$m = \frac{4}{3}\pi R^3 \rho$ 为球体的质量.

习 题 10-4

1. 在直角坐标系中计算下列三重积分：

(1) $\iiint_\Omega x^3 y^2 z \mathrm{d}V$，其中 Ω 为长方体：$0 \leqslant z \leqslant 3, 0 \leqslant y \leqslant 2, 0 \leqslant x \leqslant 1$；

(2) $\iiint_\Omega \cos(x+y+z) \mathrm{d}V$，其中 Ω 为由三个坐标面与平面 $x+y+z = \frac{\pi}{2}$ 所围成的几何体.

2. 利用三重积分，计算下列几何体 Ω 的体积：

(1) Ω 由三个坐标面与平面 $\frac{x}{2} + \frac{y}{3} + \frac{z}{4} = 1$ 所围成；

*(2) Ω 由旋转抛物面 $z = x^2 + y^2$ 与平面 $z = 2$ 所围成.

*§ 10-5 对弧长的曲线积分

*一、对弧长曲线积分的概念

1. 空间曲线形构件的质量

若空间曲线形构件 Γ 的线密度是常数 ρ_0，曲线长为 L，则空间曲线形构件的质量 $m = \rho_0 L$.

若空间曲线形构件 Γ 的线密度不是常数，而是曲线上点的位置的函数：$\rho = f(x, y, z)$，那么，如何计算该曲线形构件的质量呢？

我们把曲线形构件 Γ 任意分成 n 个小弧段构件 $\Delta l_i (i = 1, 2, \cdots, n)$，且以 Δl_i 表示第 i 个小弧段构件的长度，然后在每个小弧段构件 Δl_i 上任取一点 (ξ_i, η_i, ζ_i)，于是小弧段构件 Δl_i 的质量 $\Delta m_i \approx f(\xi_i, \eta_i, \zeta_i) \Delta l_i$，曲线形构件 Γ 的总质量 m 近似地等于

$$m = \sum_{i=1}^n \Delta m_i \approx \sum_{i=1}^n f(\xi_i, \eta_i, \zeta_i) \Delta l_i.$$

令 $\lambda = \max\limits_{1 \leqslant i \leqslant n}\{\Delta l_i\}$，当 $\lambda \to 0$ 时，和式的极限如果存在，则这个极限就是曲线形构件 Γ 的总质量，即

$$m = \lim_{\lambda \to 0} \sum_{i=1}^{n} f(\xi_i, \eta_i, \zeta_i) \Delta l_i.$$

2. 对弧长曲线积分的定义

抽去具体的物理意义，对弧长的曲线积分有如下定义．

定义 设函数 $f(x, y, z)$ 在空间曲线 Γ 上有定义，将曲线 Γ 任意分成 n 个小弧段，记为 $\Delta l_i (i = 1, 2, \cdots, n)$，且以 Δl_i 表示第 i 个小弧段的弧长，在 Δl_i 上任取一点 (ξ_i, η_i, ζ_i)，作和式

$$\sum_{i=1}^{n} f(\xi_i, \eta_i, \zeta_i) \Delta l_i.$$

记 $\lambda = \max\limits_{1 \leqslant i \leqslant n}\{\Delta l_i\}$，当 λ 趋于 0 时，如果上述和式的极限存在，则称此极限值为函数 $f(x, y, z)$ 在空间曲线 Γ 上**对弧长的曲线积分**（line integral along the arc length），或称**第一类曲线积分**，记为

$$\int_{\Gamma} f(x, y, z) \mathrm{d}l = \lim_{\lambda \to 0} \sum_{i=1}^{n} f(\xi_i, \eta_i, \zeta_i) \Delta l_i,$$

其中，$f(x, y, z)$ 称为**被积函数**，$f(x, y, z)\mathrm{d}l$ 称为**被积表达式**，$\mathrm{d}l$ 称为**弧长元素**，Γ 称为**积分路径**．如果 Γ 是封闭曲线，则曲线积分记为 $\oint_{\Gamma} f(x, y, z) \mathrm{d}l$．

如果函数 $f(x, y, z)$ 在曲线 Γ 上连续，则对弧长的曲线积分 $\int_{\Gamma} f(x, y, z) \mathrm{d}l$ 一定存在（证明从略），以后我们总假定函数的曲线积分存在．

由于对弧长的曲线积分的定义与定积分、重积分的定义相似，因此也有类似的性质，例如：设 Γ 由 Γ_1 与 Γ_2 组成，记为 $\Gamma = \Gamma_1 + \Gamma_2$，则

$$\int_{\Gamma} f(x, y, z) \mathrm{d}l = \int_{\Gamma_1} f(x, y, z) \mathrm{d}l + \int_{\Gamma_2} f(x, y, z) \mathrm{d}l.$$

由定义不难知道，弧长的曲线积分与积分路径 Γ 的方向无关．设 Γ 为空间曲线弧 $\widehat{AB}$，则

$$\int_{\widehat{AB}} f(x, y, z) \mathrm{d}l = \int_{\widehat{BA}} f(x, y, z) \mathrm{d}l.$$

*二、对弧长的曲线积分的计算

设空间曲线 Γ 的方程为参数式

$$x = \varphi(t), \quad y = \psi(t), \quad z = \omega(t) \quad (\alpha \leqslant t \leqslant \beta),$$

其中，$\varphi(t), \psi(t), \omega(t)$ 在 $[\alpha, \beta]$ 上具有一阶连续导数，且 $[\varphi'(t)]^2 + [\psi'(t)]^2 + [\omega'(t)]^2 \neq 0$．如果 $f(x, y, z)$ 在 Γ 上连续，则

$$\int_{\Gamma} f(x, y, z) \mathrm{d}l = \int_{\alpha}^{\beta} f[\varphi(t), \psi(t), \omega(t)] \sqrt{\varphi'^2(t) + \psi'^2(t) + \omega'^2(t)} \, \mathrm{d}t, \quad (10\text{-}13)$$

需要注意的是，由于 $\mathrm{d}l > 0$，故应保证 $\mathrm{d}t > 0$，因此式 (10-13) 右端对变量 t 的定积分中，下限不

超过上限.

如果积分路径为平面曲线 L,其参数方程为:$x=\varphi(t)$,$y=\psi(t)$ ($\alpha \leqslant t \leqslant \beta$),则

$$\int_L f(x,y) \mathrm{d}l = \int_\alpha^\beta f[\varphi(t),\psi(t)] \sqrt{[\varphi'(t)]^2 + [\psi'(t)]^2} \mathrm{d}t. \tag{10-14}$$

由式(10-14)对弧长的曲线积分化为定积分计算的要点是:

(1) 写出曲线 Γ(或曲线 L)的参数方程,将被积函数中的变量 x,y,z(或 x,y)换成其参数形式;

(2) 将弧长元素 $\mathrm{d}l = \sqrt{(\mathrm{d}x)^2 + (\mathrm{d}y)^2 + (\mathrm{d}z)^2}$ [或 $\mathrm{d}l = \sqrt{(\mathrm{d}x)^2 + (\mathrm{d}y)^2}$] 换成其相应的参数形式;

(3) 定积分的下限不超过上限.

例 1 试计算 $\oint_L (x+y) \mathrm{d}l$,其中 L 为 x 轴上直线段 AB 与上半圆弧 $\overset{\frown}{BCA}$ 组成的封闭曲线(图 10-30).

解 由曲线积分的性质得

$$\oint_L (x+y) \mathrm{d}l = \int_{AB} (x+y) \mathrm{d}l + \int_{\overset{\frown}{BCA}} (x+y) \mathrm{d}l.$$

由于直线段 AB 的参数方程为:$\begin{cases} x=x, \\ y=0 \end{cases}$ ($-a \leqslant x \leqslant a$),由式(10-14)得

$$\int_{AB} (x+y) \mathrm{d}l = \int_{-a}^a (x+0) \sqrt{1^2 + 0^2} \mathrm{d}x = \int_{-a}^a x \mathrm{d}x = 0.$$

又因半圆弧 $\overset{\frown}{BCA}$ 的参数方程为:$\begin{cases} x=a\cos t, \\ y=a\sin t \end{cases}$ ($0 \leqslant t \leqslant \pi$),所以由式(10-13)得

$$\int_{\overset{\frown}{BCA}} (x+y) \mathrm{d}l = \int_0^\pi a(\cos t + \sin t) \sqrt{(-a\sin t)^2 + (a\cos t)^2} \mathrm{d}t$$

$$= a^2 \int_0^\pi (\cos t + \sin t) \mathrm{d}t = a^2 [\sin t - \cos t]_0^\pi = 2a^2.$$

因此得

$$\oint_L (x+y) \mathrm{d}l = 2a^2.$$

例 2 试计算 $\int_\Gamma \dfrac{z^2}{x^2+y^2} \mathrm{d}l$,其中 Γ 为螺旋线:$x=a\cos t$,$y=a\sin t$,$z=bt$ 相应于 $0 \leqslant t \leqslant 2\pi$ 的一弧段 ($a>0$).

解 由式(10-13)得

$$\int_\Gamma \dfrac{z^2}{x^2+y^2} \mathrm{d}l = \int_0^{2\pi} \dfrac{b^2 t^2}{a^2\cos^2 t + a^2\sin^2 t} \cdot \sqrt{(-a\sin t)^2 + (a\cos t)^2 + b^2} \mathrm{d}t$$

$$= \dfrac{b^2 \sqrt{a^2+b^2}}{a^2} \int_0^{2\pi} t^2 \mathrm{d}t = \dfrac{b^2 \sqrt{a^2+b^2}}{3a^2} t^3 \bigg|_0^{2\pi}$$

$$= \dfrac{8\pi^3 b^2}{3a^2} \sqrt{a^2+b^2}.$$

习 题 10-5

1. 计算下列 xOy 平面上的曲线积分:

(1) $\oint_L (x^2+y^2)^n dl$,其中 L 为圆周 $x=a\cos t, y=a\sin t(a>0)$;

(2) $\oint_L (x+y)dl$,其中 L 为圆周 $x^2+y^2=ax(a>0)$.

2. 计算空间曲线 $\int_\Gamma xyz^2 dl$,其中 Γ 是点 $A(1,0,2)$ 与点 $B(2,3,1)$ 之间的直线段的曲线积分.

*§ 10-6 对坐标的曲线积分

*一、对坐标的曲线积分的概念

1. 变力沿曲线所做的功

设一质点在力 $F(x,y)=P(x,y)\boldsymbol{i}+Q(x,y)\boldsymbol{j}$ 的作用下,沿 xOy 平面上的光滑曲线 L 从点 A 移动到点 B,试求变力 $F(x,y)$ 所做的功(图 10-31).

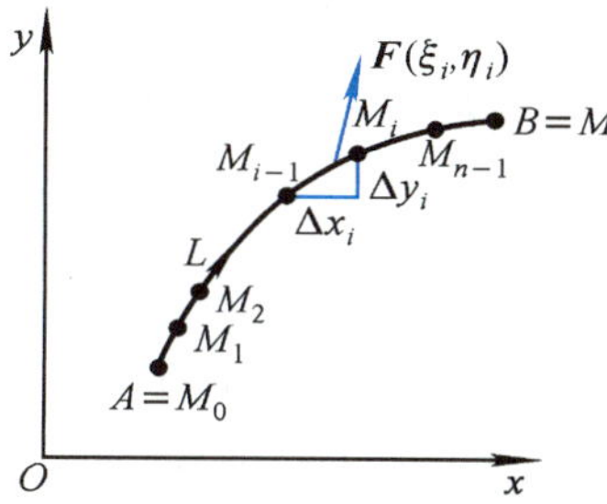

如果 F 为恒力,若质点从点 A 沿直线运动到点 B,则力 F 所做的功为 $W=\boldsymbol{F}\cdot\overrightarrow{AB}$. 现在因为 $F(x,y)$ 是变力,且质点沿有向曲线 L 移动,所以不能直接用上述公式计算,但是我们可以采用如下方法.

图 10-31

将有向曲线弧段 L 任分为 n 个有向小弧段,即用点:

$$A=M_0(x_0,y_0),M_1(x_1,y_1),M_2(x_2,y_2),\cdots,M_n(x_n,y_n)=B$$

把有向曲线 L 分成 n 个有向小曲线弧段.现取第 i 段有向小曲线弧段 $\widehat{M_{i-1}M_i}(i=1,2,\cdots,n)$ 来分析,由于 $\widehat{M_{i-1}M_i}$ 光滑而且很短,可用它的有向弦段 $\overrightarrow{M_{i-1}M_i}=(\Delta x_i)\boldsymbol{i}+(\Delta y_i)\boldsymbol{j}$ 来近似地代替它,其中 $\Delta x_i=x_i-x_{i-1}, \Delta y_i=y_i-y_{i-1}$,由于 $P(x,y)$,$Q(x,y)$ 在 L 上连续,可用在有向小曲线弧段 $\widehat{M_{i-1}M_i}$ 上任意一点 (ξ_i,η_i) 处受到的力 $\boldsymbol{F}(\xi_i,\eta_i)=P(\xi_i,\eta_i)\boldsymbol{i}+Q(\xi_i,\eta_i)\boldsymbol{j}$ 近似代替 $\widehat{M_{i-1}M_i}$ 上各点处受到的力,这样变力 $F(x,y)$ 沿有向小曲线弧段 $\widehat{M_{i-1}M_i}$ 所做的功 ΔW_i 就近似地等于恒力 $F(\xi_i,\eta_i)$ 沿有向弦段 $\overrightarrow{M_{i-1}M_i}$ 所做的功(图 10-31),即

$$\Delta W_i \approx \boldsymbol{F}(\xi_i,\eta_i)\cdot\overrightarrow{M_{i-1}M_i}=P(\xi_i,\eta_i)\Delta x_i+Q(\xi_i,\eta_i)\Delta y_i.$$

于是变力 $F(x,y)$ 在有向曲线弧 $\widehat{M_0M_n}$ 上所做功的近似值为

$$W=\sum_{i=1}^n \Delta W_i \approx \sum_{i=1}^n [P(\xi_i,\eta_i)\Delta x_i+Q(\xi_i,\eta_i)\Delta y_i].$$

记 $\lambda=\max_{1\leqslant i\leqslant n}\{\widehat{M_{i-1}M_i}$ 的弧长$\}$,当 $\lambda\to 0$ 时,上式右端的极限如果存在,则这个极限就是 W 的准确值,即

$$W=\lim_{\lambda\to 0}\sum_{i=1}^n [P(\xi_i,\eta_i)\Delta x_i+Q(\xi_i,\eta_i)\Delta y_i].$$

2. 对坐标的曲线积分的定义

上式的极限是两个和式的极限 $\lim\limits_{\lambda \to 0} \sum\limits_{i=1}^{n} P(\xi_i, \eta_i)\Delta x_i$ 与 $\lim\limits_{\lambda \to 0} \sum\limits_{i=1}^{n} Q(\xi_i, \eta_i)\Delta y_i$ 的和,由于这种和式的极限在研究其他问题时也会遇到,因此产生了另一种类型的曲线积分——对坐标的曲线积分.

定义 设 L 为 xOy 平面上由点 A 到点 B 的有向光滑曲线,且函数 $P(x, y)$[或 $Q(x, y)$]在 L 上有定义. 用 L 上的点:$M_0(x_0, y_0)$,$M_1(x_1, y_1)$,$\cdots$,$M_i(x_i, y_i)$,$\cdots$,$M_n(x_n, y_n)$,把 L 任意地分成 n 个有向小弧段:$\widehat{M_{i-1}M_i}(i = 1, 2, \cdots, n, M_0 = A, M_n = B)$,记 Δx_i(或 Δy_i)为有向小弧段 $\widehat{M_{i-1}M_i}$ 在 x 轴(或 y 轴)上的投影,即 $\Delta x_i = x_i - x_{i-1}$($\Delta y_i = y_i - y_{i-1}$). 在 $\widehat{M_{i-1}M_i}$ 上任取一点 (ξ_i, η_i),作和式 $\sum\limits_{i=1}^{n} P(\xi_i, \eta_i)\Delta x_i$ [或 $\sum\limits_{i=1}^{n} Q(\xi_i, \eta_i)\Delta y_i$],记 $\lambda = \max\limits_{1 \leqslant i \leqslant n}\{\widehat{M_{i-1}M_i}\text{的弧长}\}$,如果 $\lambda \to 0$ 时极限

$$\lim_{\lambda \to 0} \sum_{i=1}^{n} P(\xi_i, \eta_i)\Delta x_i \left[\text{或} \lim_{\lambda \to 0} \sum_{i=1}^{n} Q(\xi_i, \eta_i)\Delta y_i\right]$$

存在,则称此极限值为函数 $P(x, y)$[或 $Q(x, y)$]在有向曲线 L 上**对坐标 x(对坐标 y)的曲线积分**(integral with respect to cordinate x along to the curve L),记为

$$\int_L P(x, y)\mathrm{d}x = \lim_{\lambda \to 0}\sum_{i=1}^{n} P(\xi_i, \eta_i)\Delta x_i \quad \left(\text{或} \int_L Q(x, y)\mathrm{d}y = \lim_{\lambda \to 0}\sum_{i=1}^{n} Q(\xi_i, \eta_i)\Delta y_i\right).$$

对坐标的曲线积分也称为**第二类曲线积分**,常把上述两个曲线积分结合应用,即

$$\int_L P(x, y)\mathrm{d}x + \int_L Q(x, y)\mathrm{d}y,$$

简记为
$$\int_L P(x, y)\mathrm{d}x + Q(x, y)\mathrm{d}y.$$

通常称之为**组合曲线积分**(combinatorial curve integral).

根据定义,引例中质点沿有向曲线 L 移动时,变力 $\boldsymbol{F}$ 所做的功,即为

$$W = \int_L P(x, y)\mathrm{d}x + Q(x, y)\mathrm{d}y.$$

如果记 $\mathrm{d}\boldsymbol{l} = \mathrm{d}x\boldsymbol{i} + \mathrm{d}y\boldsymbol{j}$,则 W 可简洁地表示为向量形式

$$W = \int_L \boldsymbol{F} \cdot \mathrm{d}\boldsymbol{l}.$$

3. 对坐标的曲线积分的性质

(1) 设 L 是有向曲线弧,记 L^- 是与 L 方向相反的有向曲线弧,则

$$\int_{L^-} P(x, y)\mathrm{d}x = -\int_L P(x, y)\mathrm{d}x, \quad \int_{L^-} P(x, y)\mathrm{d}y = -\int_L P(x, y)\mathrm{d}y$$

或
$$\int_{L^-} P(x, y)\mathrm{d}x + Q(x, y)\mathrm{d}y = -\int_L P(x, y)\mathrm{d}x + Q(x, y)\mathrm{d}y.$$

(2) 如果把 L 分成 L_1 和 L_2,即若 $L = L_1 + L_2$,则

$$\int_L P(x,y)\mathrm{d}x = \int_{L_1} P(x,y)\mathrm{d}x + \int_{L_2} P(x,y)\mathrm{d}x$$

或

$$\int_L Q(x,y)\mathrm{d}y = \int_{L_1} Q(x,y)\mathrm{d}y + \int_{L_2} Q(x,y)\mathrm{d}y.$$

其他性质这里不再一一赘述.

*二、对坐标的曲线积分的计算法

1. 平面曲线上的对坐标的曲线积分的计算法

设有向曲线 L 的参数式方程为 $x=x(t)$，$y=y(t)$，且 $t=\alpha$ 对应于 L 的起点，$t=\beta$ 对应于 L 的终点(这里 α 不一定小于 β). 当 t 由 α 变到 β 时，点 $M(x,y)$ 描出有向曲线 L. 如果 $x(t)$，$y(t)$ 在以 α，β 为端点的闭区间上有一阶连续的导数，函数 $P(x,y)$，$Q(x,y)$ 在 L 上连续，则

$$\int_L P(x,y)\mathrm{d}x = \int_\alpha^\beta P[x(t),y(t)]x'(t)\mathrm{d}t, \tag{10-15}$$

$$\int_L Q(x,y)\mathrm{d}y = \int_\alpha^\beta Q[x(t),y(t)]y'(t)\mathrm{d}t. \tag{10-16}$$

证明从略.

式(10-15)和式(10-16)表明，对坐标的曲线积分可以化为定积分来计算，其要点是:

(1) 因为 $P(x,y)$，$Q(x,y)$ 定义在曲线 L 上，所以 x，y 应分别换为 $x(t)$，$y(t)$，而 $\mathrm{d}x$，$\mathrm{d}y$ 分别换为 $x'(t)\mathrm{d}t$，$y'(t)\mathrm{d}t$；

(2) 起点 A 对应的参数 $t=\alpha$ 是对 t 积分的下限，终点 B 对应的参数 $t=\beta$ 是对 t 积分的上限.

特别地，如果有向曲线 L 的方程为 $y=y(x)$，则可以将 x 看作参数，按上述要点，同样有

$$\int_L P(x,y)\mathrm{d}x + Q(x,y)\mathrm{d}y = \int_a^b \{P[x,y(x)] + Q[x,y(x)]y'(x)\}\mathrm{d}x,$$

其中，a 是曲线 L 的起点的横坐标，b 是曲线 L 的终点的横坐标，a 不一定小于 b.

类似地，如果 L 的方程为 $x=x(y)$，则

$$\int_L P(x,y)\mathrm{d}x + Q(x,y)\mathrm{d}y = \int_c^d \{P[x(y),y]x'(y) + Q[x(y),y]\}\mathrm{d}y,$$

其中，c 是曲线 L 的起点的纵坐标，d 是曲线 L 的终点的纵坐标，c 不一定小于 d.

例 1 试计算曲线积分: $\int_L (x^2+y)\mathrm{d}x$，其中 L 为沿抛物线 $y=x^2$ 从点 $O(0,0)$ 到点 $A(2,4)$，再沿直线由点 $A(2,4)$ 到点 $B(2,0)$(图 10-32).

解 由于曲线积分对路径具有可加性，因此

$$\int_L (x^2+y)\mathrm{d}x = \int_{L_1} (x^2+y)\mathrm{d}x + \int_{L_2} (x^2+y)\mathrm{d}x,$$

其中，L_1 为曲线弧 $\overset{\frown}{OA}$，L_2 为直线段 $\overline{AB}$. L_1 与 L_2 的方程分别为

$L_1: y=x^2$, $0 \leqslant x \leqslant 2$；

$L_2: \begin{cases} x=2, \\ y=y, \end{cases} 4 \geqslant y \geqslant 0.$

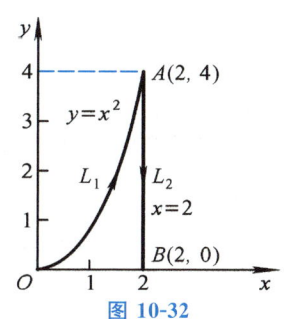

图 10-32

于是
$$\int_{L_1}(x^2+y)\mathrm{d}x=\int_0^2(x^2+x^2)\mathrm{d}x=\frac{16}{3},$$
$$\int_{L_2}(x^2+y)\mathrm{d}x=\int_4^0(4+y)\cdot 0\cdot \mathrm{d}x=0,$$

所以
$$\int_L(x^2+y)\mathrm{d}x=\frac{16}{3}.$$

例 2 计算曲线积分：$\int_L x\mathrm{d}y-y\mathrm{d}x$，积分路径分别为

(1) 在椭圆 $\dfrac{x^2}{a^2}+\dfrac{y^2}{b^2}$ 上，从点 $A(a,0)$ 经第一、第二、第三象限到点 $B(0,-b)$（图 10-33）；

(2) 在直线 $y=\dfrac{b}{a}x-b$ 上，从点 $A(a,0)$ 到点 $B(0,-b)$（图 10-33）.

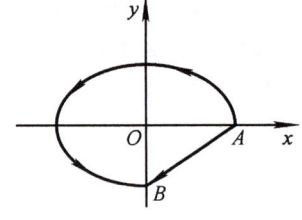

图 10-33

解 (1) 因为所给椭圆弧 $\overset{\frown}{AB}$ 的参数方程为
$$\begin{cases} x=a\cos t, \\ y=b\sin t \end{cases} \left(0\leqslant t\leqslant \frac{3\pi}{2}\right),$$

所以
$$\int_{\overset{\frown}{AB}} x\mathrm{d}y-y\mathrm{d}x=\int_0^{\frac{3}{2}\pi}[a\cos t\, b\cos t-b\sin t(-a\sin t)]\mathrm{d}t$$
$$=\int_0^{\frac{3}{2}\pi}ab\mathrm{d}t=\frac{3}{2}\pi ab.$$

(2) 因为线段 AB 的方程 $y=\dfrac{b}{a}x-b$，$a\geqslant x\geqslant 0$，$\mathrm{d}y=\dfrac{b}{a}\mathrm{d}x$，所以
$$\int_{AB} x\mathrm{d}y-y\mathrm{d}x=\int_a^0\left(x\,\frac{b}{a}-\frac{b}{a}x+b\right)\mathrm{d}x=-ab.$$

2. 空间曲线上的对坐标的曲线积分的定义和计算法

对坐标的曲线积分也可以推广到空间有向曲线 Γ 上去. 设点 $P(x,y,z)$，$Q(x,y,z)$，$R(x,y,z)$ 在 Γ 上有定义，则定义
$$\int_\Gamma P(x,y,z)\mathrm{d}x=\lim_{\lambda\to 0}\sum_{i=1}^n P(\xi_i,\eta_i,\zeta_i)\Delta x_i,$$
$$\int_\Gamma Q(x,y,z)\mathrm{d}y=\lim_{\lambda\to 0}\sum_{i=1}^n Q(\xi_i,\eta_i,\zeta_i)\Delta y_i,$$
$$\int_\Gamma R(x,y,z)\mathrm{d}z=\lim_{\lambda\to 0}\sum_{i=1}^n R(\xi_i,\eta_i,\zeta_i)\Delta z_i.$$

若记
$$\boldsymbol{F}(x,y,z)=P(x,y,z)\boldsymbol{i}+Q(x,y,z)\boldsymbol{j}+R(x,y,z)\boldsymbol{k},$$
$$\mathrm{d}\boldsymbol{l}=(\mathrm{d}x)\boldsymbol{i}+(\mathrm{d}y)\boldsymbol{j}+(\mathrm{d}z)\boldsymbol{k},$$

则空间的曲线积分的组合形式

$$\int_\Gamma P(x,y,z)\mathrm{d}x + Q(x,y,z)\mathrm{d}y + R(x,y,z)\mathrm{d}z$$

也可简洁地记为向量形式

$$\int_\Gamma \boldsymbol{F} \cdot \mathrm{d}\boldsymbol{l}.$$

$\boldsymbol{F} \cdot \mathrm{d}\boldsymbol{l}$ 的物理意义,是变力 $\boldsymbol{F}(x,y,z)$ 使质点沿有向曲线 Γ 移动 $\mathrm{d}\boldsymbol{l}$ 所做的功.

公式(10-15)、(10-16)也可以推广到空间曲线上. 如果空间有向曲线 Γ 的方程为

$$x = x(t), y = y(t), z = z(t).$$

参数 $t = \alpha$,$t = \beta$ 分别对应于曲线 Γ 的起点与终点,则与平面上第二类曲线积分化为定积分的计算类似

$$\int_\Gamma P(x,y,z)\mathrm{d}x + Q(x,y,z)\mathrm{d}y + R(x,y,z)\mathrm{d}z$$
$$= \int_\alpha^\beta \{P[x(t), y(t), z(t)]x'(t) + Q[x(t), y(t), z(t)]y'(t) + R[x(t), y(t), z(t)]z'(t)\}\mathrm{d}t.$$

例 3 计算曲线积分: $\int_\Gamma x\mathrm{d}x + y^2\mathrm{d}y + yz\mathrm{d}z$,$\Gamma$ 是从点 $A(0,1,5)$ 到点 $B(1,0,2)$ 的直线段.

解 $\overrightarrow{AB} = \{1, -1, -3\}$,直线 AB 的点向式方程为 $\dfrac{x}{1} = \dfrac{y-1}{-1} = \dfrac{z-5}{-3}$,所以直线段 AB 的参数方程为 $x = t, y = 1-t, z = 5-3t$ $(0 \leqslant t \leqslant 1)$,因此,

$$\int_\Gamma x\mathrm{d}x + y^2\mathrm{d}y + yz\mathrm{d}z = \int_0^1 [t + (1-t)^2(-1) + (1-t)(5-3t)(-3)]\mathrm{d}t$$
$$= \int_0^1 (-16 + 27t - 10t^2)\mathrm{d}t$$
$$= -5\frac{5}{6}.$$

例 4 一力场的大小与作用点到 z 轴的距离成反比,方向垂直地指向 z 轴,若距离均以 m 为单位,当质点沿着平面 $y = 1$ 内一个单位圆周[圆心为 $(0,1,0)$]上从点 $M(1,1,0)$ 经第 I 卦限移动到点 $N(0,1,1)$ 时,求场力所做的功(图 10-34).

解 设力场中任一点 $P(x,y,z)$ 处的力为 $\boldsymbol{F}(x,y,z)$. 由题意得

$$|\boldsymbol{F}| = \frac{k}{\sqrt{x^2+y^2}}.$$

设点 P 在 xOy 平面上的投影为点 P',则 $\overrightarrow{P'O}$ 与力 $\boldsymbol{F}(x,y,z)$ 的方向相同(图 10-34). 因为 $\overrightarrow{P'O} = -x\boldsymbol{i} - y\boldsymbol{j}$,所以 $\boldsymbol{F}^0 = \overrightarrow{P'O}^0 = \dfrac{-x\boldsymbol{i} - y\boldsymbol{j}}{\sqrt{x^2+y^2}}$. 于是

$$\boldsymbol{F} = |\boldsymbol{F}| \cdot \boldsymbol{F}^0 = k\frac{-x\boldsymbol{i} - y\boldsymbol{j}}{x^2+y^2}, \quad \mathrm{d}W = \boldsymbol{F} \cdot \mathrm{d}\boldsymbol{l} = \frac{-k(x\mathrm{d}x + y\mathrm{d}y)}{x^2+y^2},$$

$$W = \int_{\widehat{MN}} \boldsymbol{F} \cdot \mathrm{d}\boldsymbol{l} = \int_{\widehat{MN}} \frac{-k(x\,\mathrm{d}x + y\,\mathrm{d}y)}{x^2 + y^2}.$$

又有向曲线 $\widehat{MN}$ 的参数方程 $x = \cos t$，$y = 1$，$z = \sin t \left(0 \leqslant t \leqslant \dfrac{\pi}{2}\right)$，所以

$$W = -k \int_{\widehat{MN}} \frac{x\,\mathrm{d}x + y\,\mathrm{d}y}{x^2 + y^2} = -k \int_0^{\frac{\pi}{2}} \frac{\cos t(-\sin t) + 0}{1 + \cos^2 t}\,\mathrm{d}t$$

$$= -\frac{k}{2} \left[\ln(1 + \cos^2 t)\right]_0^{\pi/2} = \frac{k}{2} \ln 2.$$

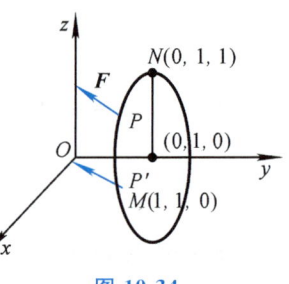

图 10-34

*三、两类曲线积分间的联系

对坐标的曲线积分也可转化为对弧长的曲线积分. 以平面曲线 L 为例，设 L 的正向是从点 A 到点 B，L 上任一点 (x, y) 处的切线向量 $\boldsymbol{t}$ 的指向与 L 正向相对应 (图 10-35). 记 $\langle \boldsymbol{t}, \boldsymbol{i} \rangle$，$\langle \boldsymbol{t}, \boldsymbol{j} \rangle$ 分别表示切线向量与 x 轴、y 轴正向的夹角. 于是如图 10-35 所示

释疑解难

对坐标的曲线积分的计算

$$\mathrm{d}x = \mathrm{d}l \cos\langle \boldsymbol{t}, \boldsymbol{i} \rangle, \mathrm{d}y = \mathrm{d}l \sin\langle \boldsymbol{t}, \boldsymbol{i} \rangle = \mathrm{d}l \cos\langle \boldsymbol{t}, \boldsymbol{j} \rangle,$$

则

$$\int_L P\,\mathrm{d}x + Q\,\mathrm{d}y = \int_L [P\cos\langle \boldsymbol{t}, \boldsymbol{i} \rangle + Q\cos\langle \boldsymbol{t}, \boldsymbol{j} \rangle]\,\mathrm{d}l.$$

这样就把对坐标的曲线积分化为对弧长的曲线积分了. 同样，空间第二类曲线积分也可以化为对弧长的曲线积分，即

$$\int_\Gamma P\,\mathrm{d}x + Q\,\mathrm{d}y + R\,\mathrm{d}z = \int_\Gamma [P\cos\langle \boldsymbol{t}, \boldsymbol{i} \rangle + Q\cos\langle \boldsymbol{t}, \boldsymbol{j} \rangle + R\cos\langle \boldsymbol{t}, \boldsymbol{k} \rangle]\,\mathrm{d}l.$$

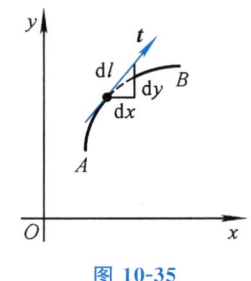

图 10-35

习 题 10-6

1. 计算：$\displaystyle\int_L 2xy\,\mathrm{d}x + x^2\,\mathrm{d}y$，其中 L 是从点 $(a, 0)$ 沿上半椭圆周：$\dfrac{x^2}{a^2} + \dfrac{y^2}{b^2} = 1$ 到点 $(-a, 0)$ 的一段弧.

2. 计算：$\displaystyle\int_L (x+y)\,\mathrm{d}x + (x-y)\,\mathrm{d}y$，其中 L 分别为下列三种情形：

(1) 抛物线 $y = x^2$ 上从点 $(0, 0)$ 到点 $(2, 4)$ 的弧段；

(2) 抛物线 $y^2 = 8x$ 上从点 $(0, 0)$ 到点 $(2, 4)$ 的弧段；

(3) 直线 $y = 2x$ 上从点 $(0, 0)$ 到点 $(2, 4)$ 的线段.

3. 计算：$\displaystyle\int_L x\,\mathrm{d}x + y\,\mathrm{d}y + (x+y-1)\,\mathrm{d}z$，其中 L 是从点 $(1, 1, 1)$ 到点 $(2, 3, 4)$ 的线段.

4. 计算：$\displaystyle\int_\Gamma y\,\mathrm{d}x + z\,\mathrm{d}y + x\,\mathrm{d}z$，其中 Γ 为曲线 $x = a\cos t$，$y = a\sin t$，$z = bt$ 上从 $t = 0$ 到 $t = 2\pi$ 的弧段.

*§ 10-7 格林公式及其应用

*一、格林(Green)公式

微积分基本定理——牛顿-莱布尼茨公式

$$\int_a^b f(x)\,dx = F(b) - F(a) \qquad [F'(x) = f(x)]$$

确定了函数 $f(x)$ 在闭区间 $[a,b]$ 上的定积分与它的原函数 $F(x)$ 在这个区间的端点上的值之间的关系. 在平面闭区域 D 上的二重积分与沿区域 D 的边界曲线 L 上的曲线积分之间也有类似的关系. **格林公式** (Green's formula) 就是阐明它们之间关系的一个重要公式.

首先规定区域 D 的边界曲线 L 的正向:当观察者沿 L 的某个方向行走时,如果区域 D 总在它的左边(图 10-36),则该方向即为 L 的**正向**(positive direction).

定理(格林定理) 设 D 是以分段光滑曲线 L 为边界的平面有界闭区域,函数 $P(x,y)$ 及 $Q(x,y)$ 在 D 上具有一阶连续的偏导数,则

$$\iint_D \left(\frac{\partial Q}{\partial x} - \frac{\partial P}{\partial y}\right) d\sigma = \oint_L P\,dx + Q\,dy, \tag{10-17}$$

其中,曲线积分是按沿 L 的正向计算的,式(10-17)称为**格林公式**.

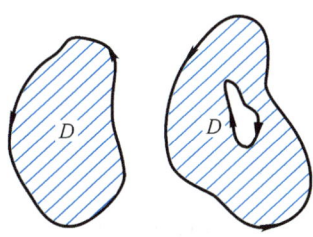

图 10-36

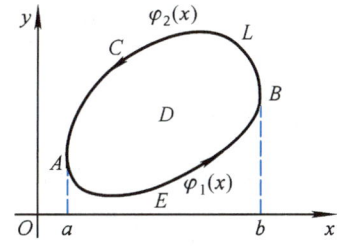

图 10-37

证明 假定穿过区域 D 内部且平行于坐标轴的直线与 D 的边界曲线的交点不超过两个,如图 10-13 所示的区域 $D: a \leqslant x \leqslant b, \varphi_1(x) \leqslant y \leqslant \varphi_2(x)$,于是根据二重积分的计算法有

$$\iint_D \frac{\partial P}{\partial y} d\sigma = \int_a^b \left[\int_{\varphi_1(x)}^{\varphi_2(x)} \frac{\partial P}{\partial y} dy\right] dx = \int_a^b \{P[x, \varphi_2(x)] - P[x, \varphi_1(x)]\} dx.$$

由曲线积分的计算法得

$$\oint_L P\,dx = \int_{\widehat{AEB}} P(x,y)\,dx + \int_{\widehat{BCA}} P(x,y)\,dx$$
$$= \int_a^b P[x,\varphi_1(x)]\,dx + \int_b^a P[x,\varphi_2(x)]\,dx$$
$$= \int_a^b \{P[x,\varphi_1(x)] - P[x,\varphi_2(x)]\}\,dx.$$

所以

$$-\iint_D \frac{\partial P}{\partial y} d\sigma = \oint_L P\,dx.$$

同理可证
$$\iint_D \frac{\partial Q}{\partial x} d\sigma = \oint_L Q dy.$$

两式相加得
$$\iint_D \left(\frac{\partial Q}{\partial x} - \frac{\partial P}{\partial y}\right) d\sigma = \oint_L P dx + Q dy.$$

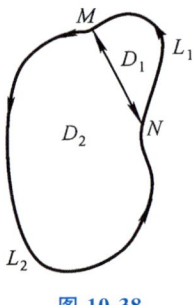

图 10-38

如果区域 D 不满足以上条件，则可以在 D 内引一条或几条辅助曲线，把 D 分成几个小区域，使得每个小区域都满足上述条件。例如：在图 10-38 中，用线段 MN 将 D 分成 D_1 与 D_2 两部分，对 D_1 与 D_2 分别应用格林公式得

$$\iint_{D_1} \left(\frac{\partial Q}{\partial x} - \frac{\partial P}{\partial y}\right) d\sigma = \oint_{L_1} P dx + Q dy, \quad \iint_{D_2} \left(\frac{\partial Q}{\partial x} - \frac{\partial P}{\partial y}\right) d\sigma = \oint_{L_2} P dx + Q dy.$$

两式相加，注意相加时沿辅助线 MN 经过两次而这两次的曲线积分方向相反，正负恰好抵消，所以

$$\iint_D \left(\frac{\partial Q}{\partial x} - \frac{\partial P}{\partial y}\right) d\sigma = \oint_L P dx + Q dy.$$

格林公式告诉我们，沿封闭曲线的正向的曲线积分，可以转化为由此封闭曲线围成的平面区域 D 上的二重积分。作为格林公式的一个简单应用，可以用曲线积分来计算平面图形的面积。

取 $P(x, y) = -y$，$Q(x, y) = x$，由格林公式得

$$2\iint_D dx dy = \oint_L (-y) dx + x dy.$$

上式左端是区域 D 的面积 A 的 2 倍，因此有 $A = \frac{1}{2} \oint_L x dy - y dx$。

例 1 求椭圆 $x = a\cos t$，$y = b\sin t$ 所围的面积 A。

解 $A = \frac{1}{2} \oint_L x dy - y dx = \frac{1}{2} \int_0^{2\pi} a\cos t d(b\sin t) - b\sin t d(a\cos t)$

$= \frac{1}{2} \int_0^{2\pi} ab(\cos^2 t + \sin^2 t) dt = \pi ab.$

例 2 计算：$\oint_L xy^2 dx + x^2 y dy$，其中 L 为平面内的任一闭曲线。

解 因为 $P(x, y) = xy^2$，$Q(x, y) = x^2 y$，$\frac{\partial P}{\partial y} = 2xy$，$\frac{\partial Q}{\partial x} = 2xy$，

所以，由格林公式得

$$\oint_L xy^2 dx + x^2 y dy = \iint_D (2xy - 2xy) d\sigma = 0.$$

例 3 计算曲线积分：$\int_{\widehat{AnO}} (e^x \sin y - my) dx + (e^x \cos y - m) dy$，其中 $\widehat{AnO}$ 为由点 $A(a, 0)$ 至点 $O(0, 0)$ 的上半圆周 $x^2 + y^2 = ax (a > 0)$。

解 如果添加有向线段 OA，则 $\widehat{AnO} + OA = L$ 是一条正向的封闭曲线，设由它围成的区域为 D（图 10-39）。

因为

$$P(x,y) = e^x \sin y - my, \quad Q(x,y) = e^x \cos y - m,$$

$$\frac{\partial Q}{\partial x} - \frac{\partial P}{\partial y} = e^x \cos y - e^x \cos y + m = m,$$

由格林公式得

$$\oint_L (e^x \sin y - my) dx + (e^x \cos y - m) dy$$
$$= \iint_D m \, d\sigma = m \cdot \frac{\pi}{2} \left(\frac{a}{2}\right)^2 = \frac{m\pi}{8} a^2.$$

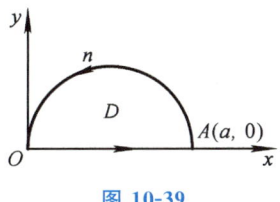

图 10-39

而

$$\int_{\widehat{AnO}} (e^x \sin y - my) dx + (e^x \cos y - m) dy$$
$$= \oint_L (e^x \sin y - my) dx + (e^x \cos y - m) dy - \int_{OA} (e^x \sin y - my) dx + (e^x \cos y - m) dy$$
$$= \frac{m\pi}{8} a^2 - \int_0^a 0 \, dx + 0 = \frac{m\pi}{8} a^2.$$

*二、平面上曲线积分与路径无关的条件

在许多物理问题中,常遇到保守力场,即场力对物体做的功与物体移动的路径无关,而仅与物体的起始位置及终点位置有关,从数学的角度就是曲线积分

$$\int_L \boldsymbol{F} \cdot d\boldsymbol{l} = \int_L P dx + Q dy$$

的值与路径 L 的形状无关,而仅与 L 的起点 A 及终点 B 的位置有关.

设 D 是一个开区域,函数 $P(x,y), Q(x,y)$ 在 D 内具有一阶连续偏导数,如果对 D 内任意指定的两点 A 与 B,以及 D 内从点 A 到点 B 的任意两条不相同的分段光滑曲线 L_1, L_2(图 10-40),等式

$$\int_{L_1} P dx + Q dy = \int_{L_2} P dx + Q dy$$

恒成立,则称**曲线积分** $\int_L P dx + Q dy$ **在 D 内与路径无关**. 将曲线积分记为

$$\int_A^B P dx + Q dy.$$

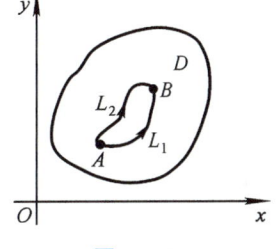

图 10-40

那么,在什么条件下曲线积分与路径无关呢? 此处先引入单连通域的概念.

如果区域 D 内的任意一条简单闭曲线所围成的区域完全属于 D,则称区域 D 为**单连通域** (simply connected region). 直观地说,单连通域就是没有空洞的区域. 如图 10-41 所示的区域是单连通域,如图 10-42 所示的两个区域都不是单连通域. 如图 10-42 所示右边的区域,仅在区域中挖去一个点,也不是单连通域.

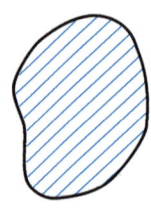 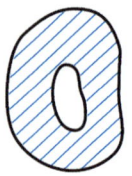 

图 10-41   图 10-42

定理 1 在区域 D 内，曲线积分 $\int_L P\mathrm{d}x + Q\mathrm{d}y$ 与路径无关的充要条件是：对 D 内任意一条闭曲线 C，有 $\oint_C P\mathrm{d}x + Q\mathrm{d}y = 0$.

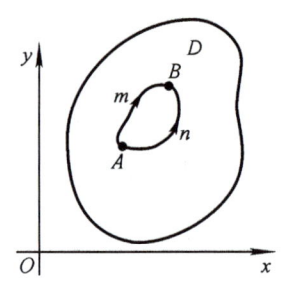

图 10-43

证明 先证必要性.

设 $\widehat{AnBmA}$ 是 D 内任意一条闭曲线（图 10-43）. 因为曲线积分 $\int_L P\mathrm{d}x + Q\mathrm{d}y$ 在 D 内与路径无关，所以

$$\int_{\widehat{AnB}} P\mathrm{d}x + Q\mathrm{d}y = \int_{\widehat{AmB}} P\mathrm{d}x + Q\mathrm{d}y,$$

因此

$$\int_{\widehat{AnBmA}} P\mathrm{d}x + Q\mathrm{d}y = \int_{\widehat{AnB}} P\mathrm{d}x + Q\mathrm{d}y + \int_{\widehat{BmA}} P\mathrm{d}x + Q\mathrm{d}y$$
$$= \int_{\widehat{AnB}} P\mathrm{d}x + Q\mathrm{d}y - \int_{\widehat{AmB}} P\mathrm{d}x + Q\mathrm{d}y = 0.$$

再证充分性.

设 A, B 是 D 内的任意两点，$\widehat{AnB}$ 与 $\widehat{AmB}$ 是 D 内的任意两条路径（图 10-43）. 因为对 D 内任意一条闭曲线 C，恒有 $\oint_C P\mathrm{d}x + Q\mathrm{d}y = 0$，所以由题设得

$$\int_{\widehat{AnBmA}} P\mathrm{d}x + Q\mathrm{d}y = 0,$$

因此

$$\int_{\widehat{AnB}} P\mathrm{d}x + Q\mathrm{d}y = \int_{\widehat{AmB}} P\mathrm{d}x + Q\mathrm{d}y.$$

这就说明了曲线积分 $\int_L P\mathrm{d}x + Q\mathrm{d}y$ 与路径无关.

定理 2 设函数 $P(x,y)$, $Q(x,y)$ 在单连通域 D 内有一阶连续偏导数，则曲线积分 $\int_L P\mathrm{d}x + Q\mathrm{d}y$ 与路径无关的充要条件是 $\dfrac{\partial Q}{\partial x} = \dfrac{\partial P}{\partial y}$，$(x,y) \in D$（证明从略）.

判断曲线积分是否与路径无关，运用定理 2 最方便，而用定理 1 就需要证明在 D 内任意一条闭曲线上曲线积分都为 0，这显然是困难的.

如果知道某曲线积分与路径无关，则在遇到该曲线积分沿某一条路径不易积分时，我们就可以改换一条容易积分的路径.

例 4 计算：$I = \int_L (x^2 y + 3x\mathrm{e}^x)\mathrm{d}x + \left(\dfrac{1}{3}x^3 - y\sin y\right)\mathrm{d}y$，其中 L 是摆线 $x = t - \sin t$，$y = 1 - \cos t$ 从点 $A(2\pi, 0)$ 到点 $O(0, 0)$ 的弧段.

解 $P(x,y) = x^2 y + 3x e^x$, $Q(x,y) = \dfrac{1}{3}x^3 - y\sin y$, $\dfrac{\partial Q}{\partial x} = x^2 = \dfrac{\partial P}{\partial y}$, 且它们在全平面上连续, 所以由定理 2 知, 曲线积分

$$\int_L (x^2 y + 3x e^x) dx + \left(\dfrac{1}{3}x^3 - y\sin y\right) dy$$

在整个 xOy 平面上与路径无关. 为了便于计算这个积分, 我们可以将它改为沿点 $A(2\pi, 0)$ 到点 $O(0, 0)$ 的直线段积分, 由于线段 AO 的方程为 $\begin{cases} x = x, \\ y = 0, \end{cases} 0 \leqslant x \leqslant 2\pi$, 所以

$$I = \int_{2\pi}^{0} (x^2 y + 3x e^x) dx + \left(\dfrac{1}{3}x^3 - y\sin y\right) dy$$
$$= \int_{2\pi}^{0} 3x e^x dx = 3[x e^x - e^x]_{2\pi}^{0} = 3[e^{2\pi}(1 - 2\pi) - 1].$$

在定理 2 中, 区域 D 是"单连通域"的条件是很重要的, 若区域 D 不是单连通域, 即使 P, Q 有连续的偏导数, 且在此区域内恒有 $\dfrac{\partial Q}{\partial x} = \dfrac{\partial P}{\partial y}$, 但曲线积分也不一定与路径无关.

例 5 计算: $I = \oint_L \dfrac{x dy - y dx}{x^2 + y^2}$.

(1) L 为以原点为圆心的任一圆周;
(2) L 为任一不包含原点在内的闭曲线.

解 (1) 因为

$$P(x, y) = -\dfrac{y}{x^2 + y^2}, \quad Q(x, y) = \dfrac{x}{x^2 + y^2},$$

$$\dfrac{\partial P}{\partial y} = \dfrac{y^2 - x^2}{(x^2 + y^2)^2}, \quad \dfrac{\partial Q}{\partial x} = \dfrac{y^2 - x^2}{(x^2 + y^2)^2},$$

所以在全平面去掉原点 $O(0, 0)$ 的任一区域内, 都有 $\dfrac{\partial Q}{\partial x} = \dfrac{\partial P}{\partial y}$.

但是, I 在以原点为圆心的任一圆周上都不等于 0, 这可由曲线积分计算法直接算出. 设圆周为: $x = R\cos t$, $y = R\sin t$, 则

$$\oint_L \dfrac{x dy - y dx}{x^2 + y^2} = \int_0^{2\pi} \dfrac{R^2(\cos^2 t + \sin^2 t)}{R^2} dt = 2\pi.$$

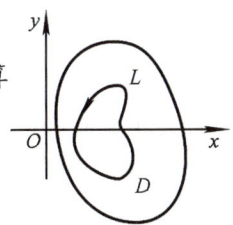

图 10-44

这是因为去掉原点 $O(0, 0)$ 的区域不是单连通域.

(2) 在任一不包含原点在内的闭曲线 L 上, 因为该曲线所围成的区域总可以含在某一个不包含原点的单连通域 D 内(图 10-44), 且 $\dfrac{\partial P}{\partial y} = \dfrac{\partial Q}{\partial x}$, 所以满足定理 2 的条件, 故 $\oint_L \dfrac{x dy - y dx}{x^2 + y^2} = 0.$

习 题 10-7

利用格林公式计算下列各题:

(1) $\oint_L (2xy - x^2)dx + (x + y^2)dy$,$L$ 为由抛物线 $y = x^2$ 和 $x = y^2$ 所围成区域的正向边界曲线;

(2) $\oint_L \left(\dfrac{y^3}{3} + 3y + x\right)dx + (e^y + xy^2 + 2x)dy$,其中 L 为正向椭圆周: $\dfrac{x^2}{a^2} + \dfrac{y^2}{b^2} = 1$;

(3) $\oint_L (x^2 - xy^3)dx + (y^2 - 2xy)dy$,$L$ 为四个顶点分别为 $(0, 0), (2, 0), (2, 2)$ 和 $(0, 2)$ 的正方形区域的正向边界曲线;

(4) 利用曲线积分,计算星形线 $x = a\cos^3 t, y = a\sin^3 t$ 所围成的图形的面积.

*§ 10-8 曲面积分

* 一、对面积的曲面积分

1. 曲面形构件的质量

若曲面形构件 Σ 的面密度是常数 μ_0,其面积为 S,则曲面形构件 Σ 的质量 $m = \mu_0 S$. 若曲面形构件 Σ 的面密度不是常数,而是曲面 Σ 上点 (x, y, z) 的函数 $\mu(x, y, z)$,则类似于求空间曲线形构件的质量的方法,可求得曲面形构件 Σ 的质量.

将曲面形构件 Σ 任分为 n 个小曲面形构件 $\Delta S_i (i = 1, 2, \cdots, n)$,$\Delta S_i$ 也表示它的面积,在 ΔS_i 上任取一点 (ξ_i, η_i, ζ_i),得

$$m \approx \sum_{i=1}^{n} \mu(\xi_i, \eta_i, \zeta_i)\Delta S_i.$$

记 λ 表示 ΔS_i 中最大的直径,则曲面形构件的质量 $m = \lim\limits_{\lambda \to 0} \sum\limits_{i=1}^{n} \mu(\xi_i, \eta_i, \zeta_i)\Delta S_i$.

2. 对面积的曲面积分的定义

定义 1 设函数 $f(x, y, z)$ 在曲面 Σ 上有定义,将 Σ 任意分成 n 块小曲面,记为 $\Delta S_i (i = 1, 2, \cdots, n)$,$\Delta S_i$ 也表示第 i 块小曲面的面积. 在每块小曲面 ΔS_i 上任取一点 (ξ_i, η_i, ζ_i),作和式

$$\sum_{i=1}^{n} f(\xi_i, \eta_i, \zeta_i)\Delta S_i.$$

如果当小曲面的最大直径 λ 趋于 0 时,该和式的极限存在,则称此极限值为函数 $f(x, y, z)$ 在曲面 Σ 上**对面积的曲面积分**[camber (curved surface) integrat with respect to area],也称为**第一类曲面积分**,记为 $\iint\limits_{\Sigma} f(x, y, z)dS$,即

$$\iint\limits_{\Sigma} f(x, y, z)dS = \lim_{\lambda \to 0} \sum_{i=1}^{n} f(\xi_i, \eta_i, \zeta_i)\Delta S_i.$$

其中,$f(x, y, z)$ 称为**被积函数**,$f(x, y, z)dS$ 称为**被积表达式**,dS 称为**曲面的面积元素**,Σ 称为**积分曲面**,如果曲面是封闭的,则曲面积分记为 $\oiint\limits_{\Sigma} f(x, y, z)dS$.

如果 $f(x, y, z)$ 在 Σ 上连续,则 $\iint\limits_{\Sigma} f(x, y, z)dS$ 一定存在(证明从略). 由第一类曲面积分

的定义知，曲面形构件的质量 $m = \iint\limits_{\Sigma} \mu(x, y, z) \mathrm{d}S$.

3. 对面积的曲面积分的性质和计算法

对面积的曲面积分有类似于对弧长的曲线积分的性质，此处不再赘述. 在一定的条件下，对面积的曲面积分可以化成二重积分来计算.

设曲面 Σ 的方程为 $z = z(x, y)$，它在 xOy 平面上的投影区域为 D_{xy}，函数 $z = z(x, y)$ 在 D_{xy} 上具有连续的一阶偏导数，函数 $f(x, y, z)$ 在曲面 Σ 上连续，则

$$\iint\limits_{\Sigma} f(x, y, z) \mathrm{d}S = \iint\limits_{D_{xy}} f[x, y, z(x, y)] \sqrt{1 + z_x'^2 + z_y'^2} \, \mathrm{d}\sigma \text{（证明从略）}. \quad (10\text{-}18)$$

式(10-18)就是把对面积的曲面积分化为二重积分的公式. 其中，$z = z(x, y)$ 是曲面 Σ 的方程，$\mathrm{d}S = \sqrt{1 + z_x'^2 + z_y'^2} \, \mathrm{d}\sigma$ 是曲面的**面积元素**(element of area). 在计算时，只需把变量 z 换成 $z(x, y)$，把 $\mathrm{d}S$ 换为 $\sqrt{1 + z_x'^2 + z_y'^2} \, \mathrm{d}\sigma$，并确定 Σ 在 xOy 平面上的投影区域 D_{xy} 即可.

例 1 计算曲面积分 $\oiint\limits_{\Sigma} xz \, \mathrm{d}S$，其中曲面 Σ 为球面 $x^2 + y^2 + z^2 = 1$.

解 设上半球面为 Σ_1，下半球面为 Σ_2，其方程分别为

$$z = \sqrt{1 - x^2 - y^2} \quad \text{与} \quad z = -\sqrt{1 - x^2 - y^2},$$

则根据对面积的曲面积分的性质，有

$$\oiint\limits_{\Sigma} xz \, \mathrm{d}S = \iint\limits_{\Sigma_1} xz \, \mathrm{d}S + \iint\limits_{\Sigma_2} xz \, \mathrm{d}S.$$

对右边的两个曲面积分应用式(10-18)，因为 Σ_1, Σ_2 在 xOy 平面上的投影区域都是 $D: x^2 + y^2 \leqslant 1$，所以

$$\iint\limits_{\Sigma_1} xz \, \mathrm{d}S = \iint\limits_{D} x \sqrt{1 - x^2 - y^2} \cdot \frac{1}{\sqrt{1 - x^2 - y^2}} \, \mathrm{d}\sigma = \iint\limits_{D} x \, \mathrm{d}\sigma,$$

$$\iint\limits_{\Sigma_2} xz \, \mathrm{d}S = \iint\limits_{D} x(-\sqrt{1 - x^2 - y^2}) \frac{1}{\sqrt{1 - x^2 - y^2}} \, \mathrm{d}\sigma = -\iint\limits_{D} x \, \mathrm{d}\sigma,$$

因此，

$$\oiint\limits_{\Sigma} xz \, \mathrm{d}S = 0.$$

*二、对坐标面的曲面积分

1. 有向曲面与曲面的侧

与对坐标的曲线积分一样，对坐标面的曲面积分也具有方向性. 首先规定曲面的方向，设 Σ 是光滑曲面，一般来说曲面 Σ 是双侧的. 例如：由方程 $z = z(x, y)$ 表示的曲面，有上侧与下侧之分；方程 $y = y(x, z)$ 表示的曲面，有左侧与右侧之分；方程 $x = x(y, z)$ 表示的曲面，有前侧与后侧之分；对于封闭曲面，有内侧与外侧之分.

曲面 Σ 的侧可以通过曲面上的法向量的指向来确定. 例如：设曲面 Σ 的方程为 $z = z(x,$

y),M_0 是 Σ 上任一点,如果我们指定点 M_0 的法向量 n 的指向朝上,就认为指定了曲面的上侧,凡是法线指向朝上的点都属于这一侧.若原先选定的法线方向改变,则其他点处的方向也一律改变,这样就确定了曲面 Σ 的另一侧(图 10-45).确定了侧的曲面,称为**有向曲面**.

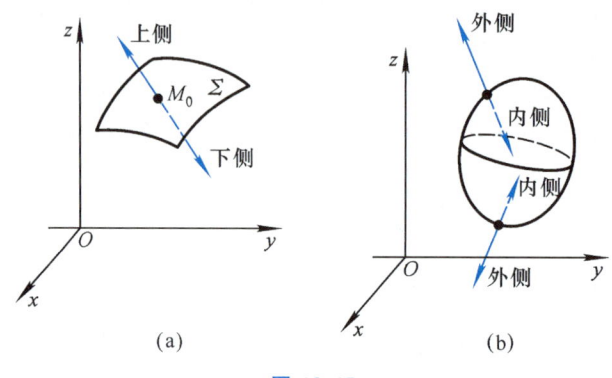

图 10-45

2. 流向曲面一侧的流量

设稳定流动(即在每一点的流速都不随时间而改变)的不可压缩的流体(即密度为常数,为简单起见,设密度为 1)的速度场为

$$v(x,y,z)=P(x,y,z)i+Q(x,y,z)j+R(x,y,z)k.$$

Σ 是速度场中的一张有向曲面,函数 $P(x,y,z)$,$Q(x,y,z)$,$R(z,y,z)$ 都在 Σ 上连续,现在要求在单位时间内流向 Σ 指定侧的流量 Φ.

如果流体通过平面上面积为 A 的一个区域时,流体在这区域上各点处的流速为常向量 v,又设 n 为该有向平面的单位法向量,那么在单位时间内流过该区域指向 n 的流量 Φ 是:一个底面积为 A、斜高为 $|v|$ 的斜柱体的体积 V(图 10-46),即

$$\Phi=V=A\mid v\mid\cos\theta=Av\cdot n.$$

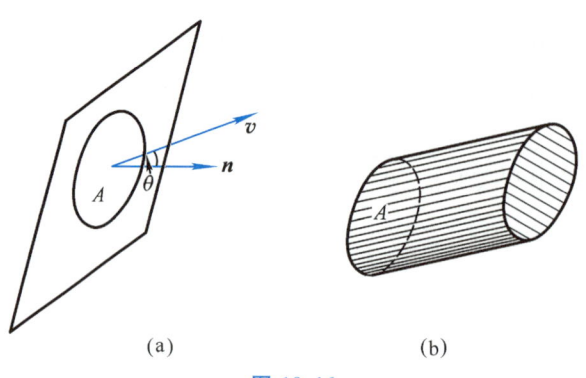

图 10-46

由于问题中遇到的不是没有规定方向的平面,而是一张有向曲面 Σ,且在 Σ 上各点处的流速可能不同,即 v 不是常向量,因此所求的流量不能直接用上述方法计算.但是,我们仍然可以用"局部求近似,和式取极限"的方法,来解决目前的问题.

把曲面 Σ 分成 n 张小曲面 $\Delta S_i(i=1,2,\cdots,n)$,同时以 ΔS_i 表示第 i 张小曲面的面积,当 ΔS_i 的直径 λ_i 很小时,它近似等于在其上任一点处的切平面中相应小块的面积,这小块切平面是 ΔS_i 在 xOy 平面上投影 $(\Delta S_i)_{xy}$ 的边界为准线、平行 z 轴的直线为母线的柱面截下的那一部

分. 设 ΔS_i 上任一点处的法向量与 z 轴的夹角 γ, 则 $(\Delta S_i)_{xy} \approx \Delta S_i \cos \gamma$.

在曲面 Σ 是光滑的和速度 v 是连续的前提下, 当 ΔS_i 的直径 λ_i 很小时, 我们可用在 ΔS_i 上任一点 (ξ_i, η_i, ζ_i) 处的流速 $v(\xi_i, \eta_i, \zeta_i) = P(\xi_i, \eta_i, \zeta_i)\boldsymbol{i} + Q(\xi_i, \eta_i, \zeta_i)\boldsymbol{j} + R(\xi_i, \eta_i, \zeta_i)\boldsymbol{k}$ 近似代替 ΔS_i 上其他各点处的流速, 以该点 (ξ_i, η_i, ζ_i) 处的曲面 Σ **单位法向量**(unit normal vector)

$$\boldsymbol{n}_i = \cos \alpha_i \boldsymbol{i} + \cos \beta_i \boldsymbol{j} + \cos \gamma_i \boldsymbol{k}$$

近似代替 ΔS_i 上其他各点处的单位法向量. 从而得到通过 ΔS_i 流向指定侧的流量的近似值(图 10-47)为

$$\Delta \Phi_i \approx [v(\xi_i, \eta_i, \zeta_i) \cdot \boldsymbol{n}_i] \Delta S_i \, (i = 1, 2, \cdots, n).$$

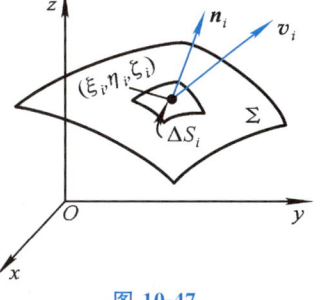

图 10-47

于是通过 Σ 流向指定侧的流量为

$$\Phi = \sum_{i=1}^{n} \Delta \Phi_i \approx \sum_{i=1}^{n} [v(\xi_i, \eta_i, \zeta_i) \cdot \boldsymbol{n}_i] \Delta S_i$$

$$= \sum_{i=1}^{n} [P(\xi_i, \eta_i, \zeta_i) \cos \alpha_i + Q(\xi_i, \eta_i, \zeta_i) \cos \beta_i + R(\xi_i, \eta_i, \zeta_i) \cos \gamma_i] \Delta S_i.$$

但 $(\Delta S_i)_{yz} \approx \Delta S_i \cos \alpha_i, \; (\Delta S_i)_{zx} \approx \Delta S_i \cos \beta_i, \; (\Delta S_i)_{xy} \approx \Delta S_i \cos \gamma_i$.

它们分别表示 ΔS_i 在三个坐标面上的投影(这些投影与曲面 Σ 的侧有关, 可正可负, 其绝对值是 ΔS_i 在三个坐标面上投影区域的面积), 即

$$\Phi = \sum_{i=1}^{n} \Delta \Phi_i \approx \sum_{i=1}^{n} [P(\xi_i, \eta_i, \zeta_i)(\Delta S_i)_{yz} + Q(\xi_i, \eta_i, \zeta_i)(\Delta S_i)_{zx} + R(\xi_i, \eta_i, \zeta_i)(\Delta S_i)_{xy}].$$

令 $\lambda = \max_{1 \leqslant i \leqslant n} \{\lambda_i\}$, 则当 $\lambda \to 0$ 时, 取上述和式的极限, 就得到流量 Φ 的准确值, 即

$$\Phi = \lim_{\lambda \to 0} \sum_{i=1}^{n} [P(\xi_i, \eta_i, \zeta_i)(\Delta S_i)_{yz} + Q(\xi_i, \eta_i, \zeta_i)(\Delta S_i)_{zx} + R(\xi_i, \eta_i, \zeta_i)(\Delta S_i)_{xy}].$$

这样的极限还会在其他实际问题中遇到, 由此引入对坐标面的曲面积分的概念.

3. 对坐标面的曲面积分的定义

定义 2 设 Σ 是有向的光滑曲面, 函数 $R(x, y, z)$ 在 Σ 上有定义. 把 Σ 任意分成 n 张有向小曲面 $\Delta S_i (i = 1, 2, \cdots, n)$, ΔS_i 同时又表示第 i 张小曲面的面积, ΔS_i 在 xOy 平面上的投影为 $(\Delta S_i)_{xy}$, 在 ΔS_i 上任取一点 (ξ_i, η_i, ζ_i), 如果极限

$$\lim_{\lambda \to 0} \sum_{i=1}^{n} R(\xi_i, \eta_i, \zeta_i)(\Delta S_i)_{xy}$$

存在, 则称此极限值为函数 $R(x, y, z)$ 在有向曲面 Σ 上对**坐标面 xOy 的曲面积分**[camber (curved surface) integral with respect to xOy-plane], 也称为**第二类曲面积分**. 记为

$$\iint_{\Sigma} R(x, y, z) \mathrm{d}S_{xy} = \lim_{\lambda \to 0} \sum_{i=1}^{n} R(\xi_i, \eta_i, \zeta_i)(\Delta S_i)_{xy},$$

其中, $R(x, y, z)$ 称为**被积函数**, Σ 称为**积分曲面**.

若 Σ 是封闭曲面, 则曲面积分记作 $\oiint_{\Sigma} R(x, y, z) \mathrm{d}S_{xy}$.

类似地，可定义函数 $P(x,y,z)$ 在有向曲面 Σ 上对坐标面 yOz 的曲面积分 $\iint\limits_{\Sigma} P(x,y,z)\mathrm{d}S_{yz}$，以及函数 $Q(x,y,z)$ 在有向曲面 Σ 上对坐标面 zOx 的曲面积分 $\iint\limits_{\Sigma} Q(x,y,z)\mathrm{d}S_{zx}$：

$$\iint\limits_{\Sigma} P(x,y,z)\mathrm{d}S_{yz} = \lim_{\lambda \to 0}\sum_{i=1}^{n} P(\xi_i,\eta_i,\zeta_i)(\Delta S_i)_{yz},$$

$$\iint\limits_{\Sigma} Q(x,y,z)\mathrm{d}S_{zx} = \lim_{\lambda \to 0}\sum_{i=1}^{n} Q(\xi_i,\eta_i,\zeta_i)(\Delta S_i)_{zx}.$$

应当指出，当 $P(x,y,z)$，$Q(z,y,z)$，$R(z,y,z)$ 在有向光滑曲面 Σ 上连续时，则上述对坐标面的曲面积分一定存在.

在实际应用场景中，更为常见的是将上述三个曲面积分进行合并，常记作

$$\iint\limits_{\Sigma} P\mathrm{d}S_{yz} + Q\mathrm{d}S_{zx} + R\mathrm{d}S_{xy},$$

即

$$\iint\limits_{\Sigma} P\mathrm{d}S_{yz} + \iint\limits_{\Sigma} Q\mathrm{d}S_{zx} + \iint\limits_{\Sigma} R\mathrm{d}S_{xy} = \iint\limits_{\Sigma} P\mathrm{d}S_{yz} + Q\mathrm{d}S_{zx} + R\mathrm{d}S_{xy}.$$

称它为**组合曲面积分**(combinatorial camber integral).

于是，前面引例所述流体在单位时间内流向 Σ 指定侧的流量就是速度函数 $\boldsymbol{v}(x,y,z)$ 在 Σ 上对坐标面的组合曲面积分，即

$$\Phi = \iint\limits_{\Sigma} \boldsymbol{v} \cdot \boldsymbol{n}\mathrm{d}S = \iint\limits_{\Sigma} P(x,y,z)\mathrm{d}S_{yz} + Q(x,y,z)\mathrm{d}S_{zx} + R(x,y,z)\mathrm{d}S_{xy}.$$

4. 对坐标面的曲面积分的性质

对坐标面的曲面积分具有与对坐标的曲线积分的类似性质. 例如：

(1) 如果把 Σ 分成 Σ_1 和 Σ_2，则

$$\iint\limits_{\Sigma} P\mathrm{d}S_{yz} + Q\mathrm{d}S_{zx} + R\mathrm{d}S_{xy} = \iint\limits_{\Sigma_1} P\mathrm{d}S_{yz} + Q\mathrm{d}S_{zx} + R\mathrm{d}S_{xy} + \iint\limits_{\Sigma_2} P\mathrm{d}S_{yz} + Q\mathrm{d}S_{zx} + R\mathrm{d}S_{xy}.$$

(2) 设 Σ^{-} 表示与有向曲面 Σ 取相反侧的有向曲面，则

$$\iint\limits_{\Sigma^{-}} P(x,y,z)\mathrm{d}S_{yz} = -\iint\limits_{\Sigma} P(x,y,z)\mathrm{d}S_{yz},$$

$$\iint\limits_{\Sigma^{-}} Q(x,y,z)\mathrm{d}S_{zx} = -\iint\limits_{\Sigma} Q(x,y,z)\mathrm{d}S_{zx},$$

$$\iint\limits_{\Sigma^{-}} R(x,y,z)\mathrm{d}S_{xy} = -\iint\limits_{\Sigma} R(x,y,z)\mathrm{d}S_{xy}.$$

证明从略.

5. 对坐标面的曲面积分的计算法

设曲面 Σ 由方程 $z=z(x,y)$ 给出,当 Σ 取上侧时,则曲面的法向量 $\boldsymbol{n}$ 与 z 轴正向的夹角不大于 $\frac{\pi}{2}$,曲面的面积元素 $\mathrm{d}S$ 在 xOy 平面上的投影区域为 $\mathrm{d}S_{xy}$. 由 $\mathrm{d}S_{xy}=\cos\langle\boldsymbol{n},\boldsymbol{k}\rangle\mathrm{d}S$ 知,$\mathrm{d}S_{xy}=\mathrm{d}x\mathrm{d}y>0$,于是我们可将对坐标面的曲面积分化成计算在 xOy 平面上区域 D_{xy} 的二重积分,即

$$\iint_{\Sigma}R(x,y,z)\mathrm{d}S_{xy}=\iint_{D_{xy}}R[x,y,z(x,y)]\mathrm{d}x\mathrm{d}y. \tag{10-19}$$

如果取 Σ 的下侧,Σ 的法向量 $\boldsymbol{n}$ 与 z 轴正向的夹角大于 $\frac{\pi}{2}$,由 $\mathrm{d}S_{xy}=\cos\langle\boldsymbol{n},\boldsymbol{k}\rangle\mathrm{d}S$ 知,$\mathrm{d}S_{xy}=-\mathrm{d}x\mathrm{d}y$,于是

$$\iint_{\Sigma}R(x,y,z)\mathrm{d}S_{xy}=-\iint_{D_{xy}}R[x,y,z(x,y)]\mathrm{d}x\mathrm{d}y. \tag{10-20}$$

类似地,如果 Σ 的方程为 $x=x(y,z)$,则

$$\iint_{\Sigma}P(x,y,z)\mathrm{d}S_{yz}=\pm\iint_{D_{yz}}P[x(y,z),y,z]\mathrm{d}y\mathrm{d}z.$$

上式右端正负号选定如下:当曲面 Σ 取前侧时,选用正号;取后侧时,选用负号. 其中,D_{yz} 是 Σ 在 yOz 平面上的投影区域.

如果 Σ 的方程为 $y=y(x,z)$,则

$$\iint_{\Sigma}Q(x,y,z)\mathrm{d}S_{zx}=\pm\iint_{D_{zx}}Q[x,y(x,z),z]\mathrm{d}z\mathrm{d}x.$$

上式右端正负号选定如下:当曲面 Σ 取右侧时,选用正号;取左侧时,选用负号. 其中,D_{zx} 是 Σ 在 zOx 平面上的投影区域.

例 2 计算: $\iint_{\Sigma}(3x+2y+z)\mathrm{d}S_{xy}$,其中 Σ 为平面 $x+y+z=1$ 在第 Ⅰ 卦限的下侧.

解 因为 Σ 的方程为 $z=1-x-y$,Σ 在 xOy 平面的投影区域 D_{xy} 如图 10-48 所示,所以由公式(10-20)得

$$\iint_{\Sigma}(3x+2y+z)\mathrm{d}S_{xy}=-\iint_{D_{xy}}[3x+2y+(1-x-y)]\mathrm{d}x\mathrm{d}y$$

$$=-\int_{0}^{1}\mathrm{d}x\int_{0}^{1-x}(1+2x+y)\mathrm{d}y=-\int_{0}^{1}\left(\frac{3}{2}-\frac{3}{2}x^{2}\right)\mathrm{d}x=-1.$$

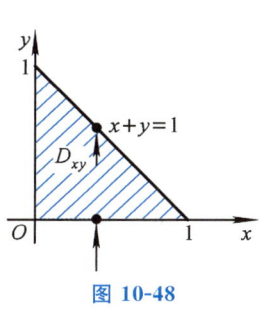

图 10-48

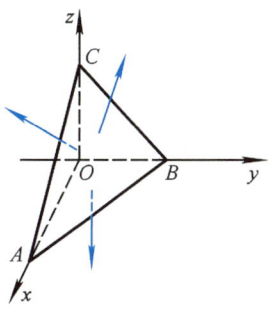

图 10-49

例 3 计算曲面积分：$I = \oiint\limits_{\Sigma} (x+2)\mathrm{d}S_{yz} + y\mathrm{d}S_{zx} + \mathrm{d}S_{xy}$. 其中 Σ 是三个坐标面与平面 $\dfrac{x}{2} + y + z = 1$ 所围成的四面体表面的外侧（图 10-49）.

解 由曲面积分的性质得

$$I = \oiint\limits_{\Sigma} (x+2)\mathrm{d}S_{yz} + y\mathrm{d}S_{zx} + \mathrm{d}S_{xy}$$

$$= \iint\limits_{OAB} (x+2)\mathrm{d}S_{yz} + y\mathrm{d}S_{zx} + \mathrm{d}S_{xy} + \iint\limits_{OBC} (x+2)\mathrm{d}S_{yz} + y\mathrm{d}S_{zx} + \mathrm{d}S_{xy}$$

$$+ \iint\limits_{OCA} (x+2)\mathrm{d}S_{yz} + y\mathrm{d}S_{zx} + \mathrm{d}S_{xy} + \iint\limits_{ABC} (x+2)\mathrm{d}S_{yz} + y\mathrm{d}S_{zx} + \mathrm{d}S_{xy}.$$

又

$$\iint\limits_{OAB} (x+2)\mathrm{d}S_{yz} + y\mathrm{d}S_{zx} + \mathrm{d}S_{xy} = 0 + 0 + \left(-\iint\limits_{\substack{0 \leqslant x \leqslant 2 \\ 0 \leqslant y \leqslant 1-\frac{x}{2}}} \mathrm{d}x\mathrm{d}y\right) = -1,$$

$$\iint\limits_{OBC} (x+2)\mathrm{d}S_{yz} + y\mathrm{d}S_{zx} + \mathrm{d}S_{xy} = -\iint\limits_{\substack{0 \leqslant y \leqslant 1 \\ 0 \leqslant z \leqslant 1-y}} (0+2)\mathrm{d}y\mathrm{d}z = -1,$$

$$\iint\limits_{OCA} (x+2)\mathrm{d}S_{yz} + y\mathrm{d}S_{zx} + \mathrm{d}S_{xy} = -\iint\limits_{\substack{0 \leqslant z \leqslant 1 \\ 0 \leqslant x \leqslant 2-2z}} 0\mathrm{d}z\mathrm{d}x = 0,$$

$$\iint\limits_{ABC} (x+2)\mathrm{d}S_{yz} + y\mathrm{d}S_{zx} + \mathrm{d}S_{xy} = \iint\limits_{ABC} (x+2)\mathrm{d}S_{yz} + \iint\limits_{ABC} y\mathrm{d}S_{zx} + \iint\limits_{ABC} \mathrm{d}S_{xy}$$

$$= \iint\limits_{\substack{0 \leqslant y \leqslant 1 \\ 0 \leqslant z \leqslant 1-y}} [(2-2y-2z)+2]\mathrm{d}y\mathrm{d}z + \iint\limits_{\substack{0 \leqslant z \leqslant 1 \\ 0 \leqslant x \leqslant 2-2z}} \left(1-\frac{x}{2}-z\right)\mathrm{d}z\mathrm{d}x + \iint\limits_{\substack{0 \leqslant x \leqslant 2 \\ 0 \leqslant y \leqslant 1-\frac{x}{2}}} \mathrm{d}x\mathrm{d}y$$

$$= \frac{4}{3} + \frac{1}{3} + 1 = \frac{8}{3},$$

所以

$$I = -1 - 1 + \frac{8}{3} = \frac{2}{3}.$$

*三、两类曲面积分之间的联系

在 §10-6 中介绍了两类曲线积分间的联系，下面我们要给出两类曲面积分之间的联系. 设有向曲面 Σ 的方程为 $z = z(x, y)$，Σ 在 xOy 平面上的投影为 D_{xy}，函数 $z = z(x, y)$ 在 D_{xy} 上具有一阶连续偏导数，$R(x, y, z)$ 在 Σ 上连续，如果 Σ 取上侧，则由式(10-19)得

$$\iint\limits_{\Sigma} R(x, y, z)\mathrm{d}S_{xy} = \iint\limits_{D_{xy}} R[x, y, z(x, y)]\mathrm{d}x\mathrm{d}y. \tag{10-21}$$

又曲面 Σ 上任一点 $(x, y, z(x, y))$ 的法向量为 $\{-z'_x, -z'_y, 1\}$，于是该点的法向量的方向余弦为

$$\cos \alpha = -\frac{z'_x}{\sqrt{1+z'^2_x+z'^2_y}}, \quad \cos \beta = \frac{-z'_y}{\sqrt{1+z'^2_x+z'^2_y}}, \quad \cos \gamma = \frac{1}{\sqrt{1+z'^2_x+z'^2_y}},$$

由式(10-18)得

$$\iint_{\Sigma} R(x, y, z)\cos\gamma\, dS = \iint_{D_{xy}} R[x, y, z(x, y)] \frac{1}{\sqrt{1 + z_x'^2 + z_y'^2}} \sqrt{1 + z_x'^2 + z_y'^2}\, dx\, dy$$

$$= \iint_{D_{xy}} R[x, y, z(x, y)]\, dx\, dy,$$

于是

$$\iint_{\Sigma} R(x, y, z)\cos\gamma\, dS = \iint_{D_{xy}} R[x, y, z(x, y)]\, dx\, dy. \tag{10-22}$$

如果 Σ 取下侧，则由式(10-19)得

$$\iint_{\Sigma} R(x, y, z)\cos\gamma\, dS = -\iint_{D_{xy}} R[x, y, z(x, y)]\, dx\, dy,$$

但此时 $\cos\gamma = \dfrac{-1}{\sqrt{1 + z_x'^2 + z_y'^2}}$，因此式(10-22)仍成立.

由式(10-21)和式(10-22)得

$$\iint_{\Sigma} R(x, y, z)\, dS_{xy} = \iint_{\Sigma} R(x, y, z)\cos\gamma\, dS.$$

类似地

$$\iint_{\Sigma} P(x, y, z)\, dS_{yz} = \iint_{\Sigma} P(x, y, z)\cos\alpha\, dS,$$

$$\iint_{\Sigma} Q(x, y, z)\, dS_{zx} = \iint_{\Sigma} Q(x, y, z)\cos\beta\, dS.$$

合并以上三式，得两类曲面积分之间的联系如下：

$$\iint_{\Sigma} P\, dS_{yz} + Q\, dS_{zx} + R\, dS_{xy} = \iint_{\Sigma} (P\cos\alpha + Q\cos\beta + R\cos\gamma)\, dS,$$

其中 $\cos\alpha, \cos\beta, \cos\gamma$ 是有向曲面 Σ 上点 (x, y, z) 处的法向量的方向余弦.

四、高斯(Gauss)公式

格林公式表达了平面区域上的二重积分与其边界曲线上的曲线积分之间的关系，而高斯公式则表达了空间闭区域上的三重积分与其边界曲面上的曲面积分之间的关系.

定理 设空间闭区域 Ω 是由分片光滑曲面 Σ 所围成. 函数 $P(x, y, z)$，$Q(x, y, z)$，$R(x, y, z)$ 在 Ω 上具有一阶连续偏导数，则

$$\iiint_{\Omega} \left(\frac{\partial P}{\partial x} + \frac{\partial Q}{\partial y} + \frac{\partial R}{\partial z}\right) dV = \oiint_{\Sigma} P\, dS_{yz} + Q\, dS_{zx} + R\, dS_{xy}, \tag{10-23}$$

这里封闭曲面 Σ 的方向取其外侧，式(10-23)称为**高斯公式**(证明从略).

利用高斯公式可方便地计算本节的例3，因为

$$P(x, y, z) = x + 2, \quad Q(x, y, z) = y, \quad R(x, y, z) = 1,$$

$$\frac{\partial P}{\partial x}=1, \quad \frac{\partial Q}{\partial y}=1, \quad \frac{\partial R}{\partial z}=0.$$

所以由高斯公式[式(10-23)]得

$$I = \oiint\limits_{\Sigma}(x+2)\mathrm{d}S_{yz} + y\mathrm{d}S_{zx} + \mathrm{d}S_{xy} = \iiint\limits_{\Omega} 2\mathrm{d}V = 2\times\frac{1}{6}\times 2\times 1\times 1 = \frac{2}{3}.$$

*习 题 10-8

1. 计算下列对面积的曲面积分：

(1) $\iint\limits_{\Sigma}\left(2x+\frac{4}{3}y+z\right)\mathrm{d}S$，其中 Σ 是平面 $\frac{x}{2}+\frac{y}{3}+\frac{z}{4}=1$ 在第 I 卦限部分；

(2) $\iint\limits_{\Sigma}(x+y+z)\mathrm{d}S$，其中 Σ 是下半球面 $z=-\sqrt{R^2-x^2-y^2}$；

(3) $\oiint\limits_{\Sigma}(x^2+y^2+z^2)\mathrm{d}S$，其中 Σ 是由锥面 $z=\sqrt{x^2+y^2}$ 与平面 $z=1$ 所围成的几何体的表面.

2. 计算下列对坐标面的曲面积分：

(1) $\iint\limits_{\Sigma}\frac{\mathrm{e}^z}{\sqrt{x^2+y^2}}\mathrm{d}S_{xy}$，其中 Σ 为锥面 $z=\sqrt{x^2+y^2}$ 被平面 $z=1,z=2$ 所截部分的内侧；

(2) $\iint\limits_{\Sigma}x^2y^2z\mathrm{d}S_{xy}$，其中 Σ 为球面 $x^2+y^2+z^2=R^2$ 下半球面的下侧；

(3) $\iint\limits_{\Sigma}yz\mathrm{d}S_{xy}+xz\mathrm{d}S_{yz}+xy\mathrm{d}S_{zx}$，其中 Σ 为圆柱面 $x^2+y^2=R^2$ 被三个坐标面及平面 $z=h(h>0)$ 所截的第 I 卦限部分的外侧；

(4) $\oiint\limits_{\Sigma}(x-y)\mathrm{d}S_{yz}+(y-z)\mathrm{d}S_{zx}+(z-x)\mathrm{d}S_{xy}$，其中 Σ 为球面 $x^2+y^2+z^2=R^2$ 的外侧.

3. 求抛物面壳 $z=\frac{1}{2}(x^2+y^2)(0\leqslant z\leqslant 1)$ 的质量，此壳的密度为 $\mu(x,y,z)=z$.

4. 计算速度向量 $\boldsymbol{v}=xy\boldsymbol{i}+yz\boldsymbol{j}+xz\boldsymbol{k}$ 穿过球面 $x^2+y^2+z^2=1$ 在第 I 卦限部分外侧的流量.

5. 利用高斯公式计算曲面积分 $\oiint\limits_{\Sigma}x^3\mathrm{d}S_{yz}+y^3\mathrm{d}S_{zx}+z^3\mathrm{d}S_{xy}$，其中 Σ 为球面 $x^2+y^2+z^2=a^2$ 的外侧.

复 习 题 十

A 组

1. 判断题：

(1) 若 $f(x,y)\geqslant 0$，$\iint\limits_{D}f(x,y)\mathrm{d}x\mathrm{d}y$ 的几何意义是以区域 D 为底、曲面 $z=f(x,y)$ 为曲顶的曲顶柱体的体积. ( )

(2) $\iint\limits_{D}f(x,y)\mathrm{d}x\mathrm{d}y$ 的几何意义是以区域 D 为底、曲面 $z=f(x,y)$ 为曲顶的曲顶柱体的体积. ( )

(3) 设区域 $D: 0\leqslant x\leqslant 1,-1\leqslant y\leqslant 1$，在 D 上因 $x\mathrm{e}^{xy}\geqslant 0$，所以 $\iint\limits_{D}x\mathrm{e}^{xy}\mathrm{d}x\mathrm{d}y\geqslant 0$. ( )

(4) 设区域 D 是由直线 $x+y=1,x-y=1,y=0$ 所围成的，则

$$\iint_D f(x,y)dxdy = \int_0^1 dx \int_{1-x}^{x-1} f(x,y)dy.$$ ( )

(5) $\int_1^e dx \int_0^{\ln x} f(x,y)dy = \int_0^1 dy \int_{e^y}^e f(x,y)dx.$ ( )

(6) 设曲线 L 所围成的区域为单连通区域,则 $\oint_L P(x,y)dx + Q(x,y)dy = 0.$ ( )

(7) 曲线积分 $\int_L 2xy dx + x^2 dy$ 与路径无关. ( )

2. 填空题:

(1) 设积分区域 D 是由 $|x| \leqslant 1, |y+1| \leqslant 1$ 围成的矩形区域,则 $\iint_D f(x,y)d\sigma = $ _____;

(2) 累次积分 $\int_0^1 dx \int_{-\sqrt{x}}^{\sqrt{x}} f(x,y)dy$ 改变积分次序后成为 _____;

(3) 设 L 为椭圆 $\dfrac{x^2}{9} + \dfrac{y^2}{4} = 1$ 的正向边界,$\oint_L 3x dx + \cos y dy = $ _____;

3. 选择题:

(1) 二重积分 $\int_0^2 dx \int_{\frac{x^2}{4}}^1 f(x,y)dy$ 交换积分次序后为( ).

A. $\int_0^2 dy \int_{\sqrt{4y}}^1 f(x,y)dx$
B. $\int_0^2 dy \int_0^{\sqrt{4y}} f(x,y)dx$

C. $\int_0^1 dy \int_0^{\sqrt{4y}} f(x,y)dx$
D. $\int_0^1 dy \int_{\sqrt{4y}}^2 f(x,y)dx$

(2) 设 L_1 是从 $(-1,0)$ 到 $(1,0)$ 的上半圆周,L_2 是 x 轴上从 $x=-1$ 到 $x=1$ 的直线段,则有( ).

A. $\int_{L_1}(x-y)(dx-dy) = \int_{L_2}(x-y)(dx-dy)$

B. $\int_{L_1}(x+y)(dx-dy) = \int_{L_2}(x+y)(dx-dy)$

C. $\int_{L_1}(x-y)(dx+dy) = \int_{L_2}(x-y)(dx+dy)$

D. $\int_{L_1}(x+y)(dy-dx) = \int_{L_2}(x+y)(dy-dx)$

(3) 若 D 是由 $y=x^2$ 和 $x=y^2$ 所围成的区域,则 $\oint_L \dfrac{1}{3}x^2 dy - \dfrac{1}{2}y^2 dx = ($),其中 L 为区域 D 的正向边界.

A. $\dfrac{3}{14}$
B. $\dfrac{1}{9}$
C. $\dfrac{1}{4}$
D. $\dfrac{41}{52}$

B 组

1. 计算: $\iint_D x dx dy$ 的值,其中区域 D 是由抛物线 $x = \sqrt{y}$ 及直线 $x=0$ 与 $3x-2y+2=0$ 所围成的.

2. 利用二重积分的性质,估计下列积分值:

(1) $I = \iint_D xy(x+2y)dx dy$,其中 $D = \{(x,y) \mid 0 \leqslant x \leqslant 1, 0 \leqslant y \leqslant 1\}$;

(2) $I = \iint_D \sin^2 x \sin^2 y dx dy$,其中 $D = \{(x,y) \mid 0 \leqslant x \leqslant \pi, 0 \leqslant y \leqslant \pi\}$.

*3. 计算二次积分 $\int_0^{2\pi} d\theta \int_0^a \rho^2 \sin\theta d\rho$ 的值.

4. 计算 $\iint_D x\sqrt{y} dx dy$,其中 D 是由两条抛物线 $y = \sqrt{x}, y = x^2$ 所围成的闭区域.

5. 选用适当的坐标系计算 $\iint\limits_{D}(x^2+y^2)\mathrm{d}x\mathrm{d}y$，其中 D 是由直线 $y=x$，$y=x+a$，$y=a$，$y=3$ $(a>0)$ 所围成的闭区域.

第十章习题与复习题

附录一

Mathematica 使用简介

最初,计算机是用来完成数值计算的,"计算机"这个名称也由此而来.后来,其功能逐步扩展,在各行各业的应用越来越广.计算机的功能不但在计算领域迈进了一大步,还可进行符号运算、绘制函数图像以及进行数学理论证明等.本书将要介绍的软件 Mathmatica 可以完成数学中的各种符号运算,从而使我们从烦琐的计算和难以捉摸的运算技巧中解放出来.

§1 Mathematica 简介与输入法

一、Mathematica 简介

Mathematica 是由美国 Wolfram 公司研发的一个著名的数学软件,它是一款强大的数学计算、处理和分析的工具,主要用于解决研究和工程计算领域中的问题,能够完成符号运算、数学图形绘制,甚至动画制作等多种操作.

1. Mathematica 软件功能简介

(1) 作函数的图像:用作图程序,当输入函数,计算机可直接作出该函数的图像.

(2) 数值计算:可简单地计算函数值、积分值等,可求微分方程的数值解等.

(3) 符号运算:可计算函数的极限、导数、不定积分,求微分方程的通解等.

2. Mathematica 的启动与基本操作

(1) 启动:系统安装好以后,在 Windows 操作系统中,用鼠标单击开始→程序→Mathematica 菜单即可进入系统;或用鼠标双击 Mathematica 组,再双击 Mathematica 图标,即可进入系统.

(2) 基本操作:进入系统后,出现 Mathematica 窗口,即可键入指令,如键入 $1+2$ 然后同时按下 Shift+Enter 组合键或用鼠标单击 Mathematica 图标,即可得到结果.

窗口显示中,In[1]表示第一次的输入,Out[1]表示对第一个结果的输出.若输入的语句或表达式不能在一行显示完,可以按 Enter 键后,在下一行继续输入,但一个命令或表达式在没写完需换行时,则要加反斜杠"\",在后面按 Enter 键后,在下一行继续输入.

二、数、运算符、函数、变量与表达式的表示与输入

1. 数的表示法

Mathematica 的数据分为两大类:一类就是我们平常写出的数,叫普通数;另一类是系统内

的内部常数,有固定的写法.

(1) 普通数的表示

① 整数:输入和输出的数都是精确值(图 A-1).

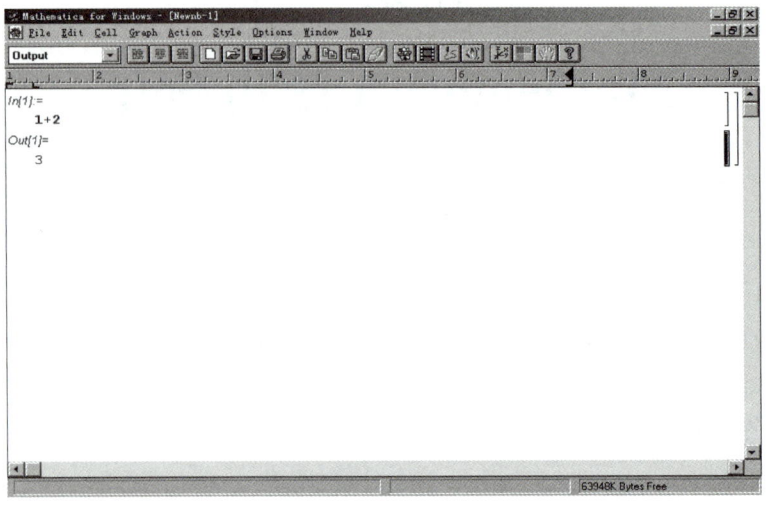

图 A-1

② 有理数:能表示为分数的数,称为有理数,输入两个整数的商,若结果不是整数,应得一个分数,如图 A-2 所示.

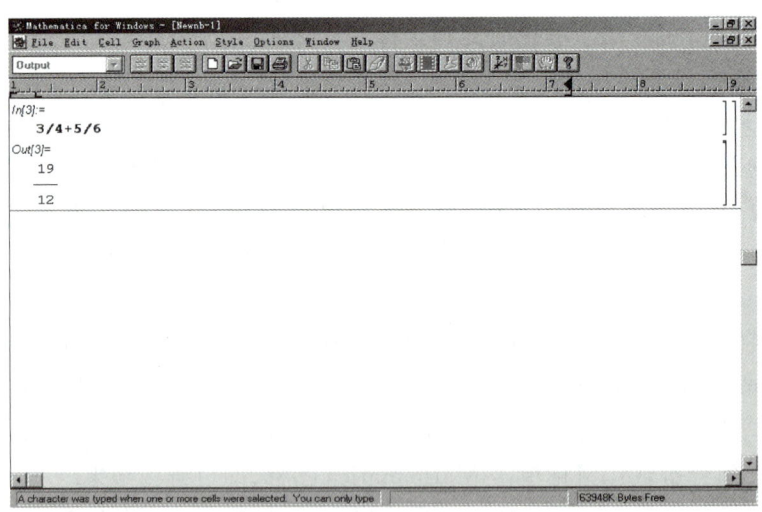

图 A-2

③ 实数:用浮点数表示实数的近似值,如图 A-3 所示.

(2) 数学常数

在系统内,一些数学常数可用特定的字符串表示,如:Pi 表示 π,E 表示自然对数的底 e,Degree 表示角度制单位的度,I 表示虚数单位 i,Infinity 表示 ∞.

要注意这些常数书写时必须以大写字母开头.

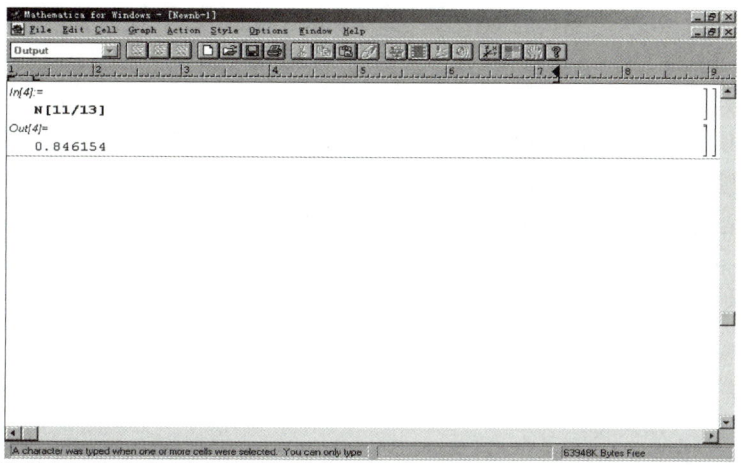

图 A-3

2. 运算符的表示法与输入

＋，－，*，／，^ 分别表示加、减、乘、除、乘方的运算,其中 * 也可用空格表示,如 2*3 等价于 2 3,另外开方可以表示成分数指数,如将 $\sqrt[4]{3}$ 输入为 3 ^(1/4),上述运算的优先顺序同数学运算完全一致.

3. 函数的表示法与输入

Mathematica 中的命令(或指令)从广义上讲都可视为函数,因此应注意函数名称的书写,以免出错.

常用函数如下:

(1) N 函数

格式为

N[表达式, k]

功能:求出表达式的近似值,其中 k 为可选项,代表有效数字的位数,如图 A-4 所示.

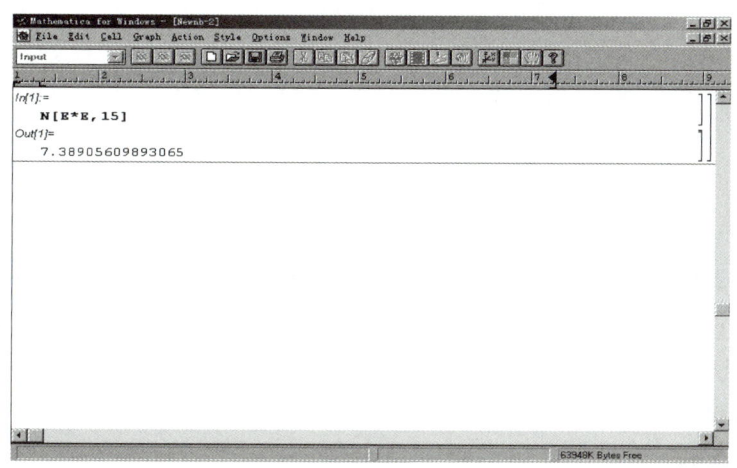

图 A-4

(2) 基本初等函数

Sqrt[x](求平方根),Exp[x](以 e 为底的幂),Log[a, N](以 a 为底 N 的对数),Log[x](Lnx);
Sin[x], Cos[x], Tan[x], Cot[x], Sec[x], Csc[x](三角函数);

ArcSin[x], ArcCos[x], ArcTan[x], ArcCot[x](反三角函数);
Sinh[x], Cosh[x], Tanh[x], Coth[x](双曲函数)等.

(3) 其他函数

!(阶乘);Abs[x](求 x 的绝对值);Mod[n,m](求 n 取模 m 的结果);GCD[n,m](求 m 和 n 的最大公因数);LCM[n,m](求 m 和 n 的最小公倍数)等.

使用 Mathematica 中的数学函数要注意以下几点:

(1) Mathematica 中的函数都以大写字母开头,如果用户输入的函数没有用大写字母开头,Mathematica 将不能识别,并提出警告;

(2) Mathematica 函数的自变量都应放在方括号内;

(3) 这些数学函数的自变量(为与软件保持一致,软件中的变量均中正体表示),如 x, y, z, 可以是数值,也可以是算术表达式;

(4) 计算三角函数时,要注意使用弧度制,如果要使用角度制,不妨把角度制先乘以 Degree 常数(Degree=π/180),转换为弧度制,例如:将 90°转换为弧度后,求其正弦值.

In[11]:Sin[90Pi/180]

Out[11]:1

4. 变量与表达式

(1) 变量

Mathematica 中变量是以小写字母(不能以数字开头)开头的字符(或字符串),但不能有空格和标点符号,例如:a, abcd, b12.

(2) 表达式

表达式是以变量、常量、运算符构成的代数式、表、图形等,如图 A-5 所示.

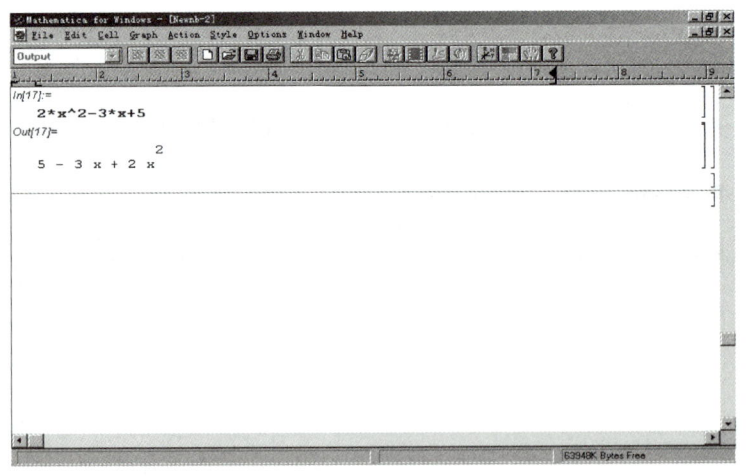

图 A-5

(3) 变量的赋值与替换

变量的赋值,格式为

变量名=表达式

例如:A=2*4

n=2*Sin[x]-5*Cos[x]

代数式中的变量也可以用另一个变量(或代数式)替换,如将上例变量 n 中的 x 用 $Pi-ArcSin[x]$ 替换,如图 A-6 所示.

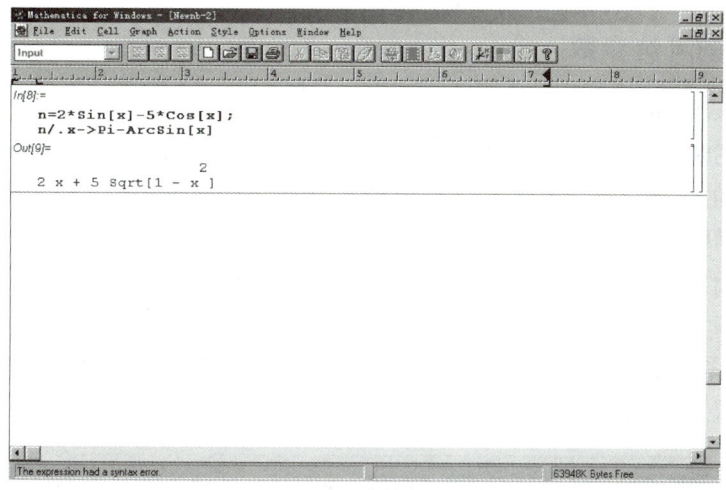

图 A-6

(4) 变量的清除

当一个变量 a 无用时,可用 $Clear[a]$ 加以清除,以免影响后面的计算.

§2 函数作图

一、作图函数与输入格式

1. 作图函数 Plot(绘图)

在 Mathematica 中用函数 Plot 可以很方便地作出一元函数的静态图像.

2. 输入格式

Plot[{f1, f2, …}, {x, xmin, xmax}, 可选参数]

其中,表{f1, f2, …}的 fi(i=1, 2, 3, …)是绘制图形的函数名,表{x, xmin, xmax}中 x 为函数 fi 的自变量,xmin 和 xmax 是自变量的取值区间的左端点和右端点.

例1 作 $y=x^2$ 在$[-2,2]$内的图像和作 $y=\log_2 x$ 在$[0.5,3]$内的图像,其输入和输出如图 A-7 所示.

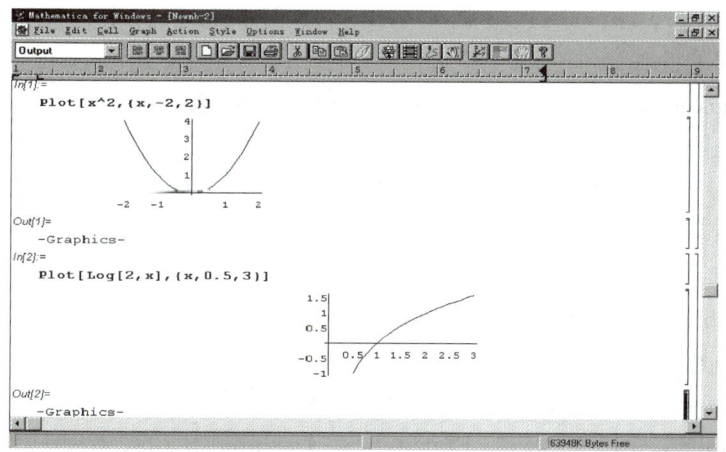

图 A-7

二、作图时的可选参数

1. 参数 AspectRatio(面貌比)

平时我们作图时,两个坐标轴的单位长度应该一致,即 1∶1. 但在 Mathematica 中,根据美学原理,系统默认的纵横之比为 1∶0.618,但若将参数 AspectRatio 的值设置为 Automatic(自动的)时,可使纵横比为 1∶1.

例 2 (1)作 $y=\sin x$ 和 $y=\cos x$ 在 $[0, 2\pi]$ 内的图像,且两坐标轴上的单位比为 1∶0.618;
(2)作 $y=\sin x$ 和 $y=\cos x$ 在 $[0, 2\pi]$ 内的图像,且两坐标轴上的单位比为 1∶1.

(1)问中使用系统默认的纵横比;(2)问中将参数 AspectRatio 的值设置为 Automatic,其输入和输出的不同效果,如图 A-8 所示.

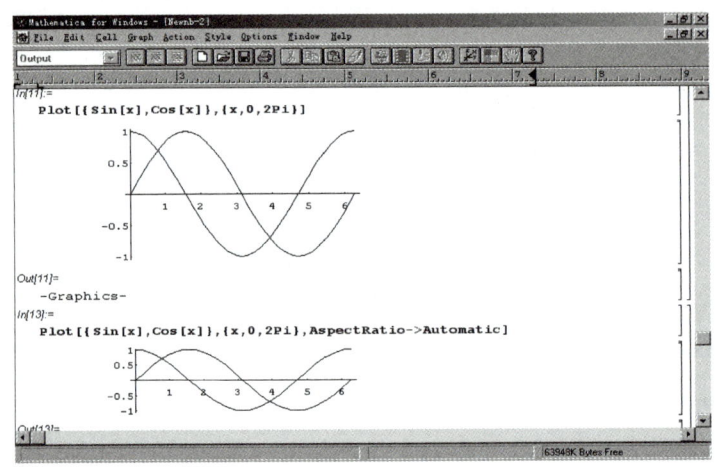

图 A-8

2. 参数 PlotStyle(画图风格)

PlotStyle 的值是一个表,它决定画线的虚实、宽度、色彩等.

(1) 取值 RGBColor[r, g, b]——决定画线的色彩. r, g, b 分别表示红、绿、蓝的强度,其值为 [0, 1] 之间的数.

例 3 作 $y=\sin x$ 在 $[0, 2\pi]$ 内的图像,线条用红色.

输入:Plot[Sin[x], {x, 0, 2Pi}, PlotStyle ->{RGBColor[1, 0, 0]}]

输入表示画出的曲线为红色.

(2) 取值 Thickness[t](厚度,浓度)——决定画线的宽度. t 是一个 [0, 1] 之间的数,且远远小于 1,因为整个图形的宽度为 1.

例 4 作 $y=\sin x$ 在 $[0, 2\pi]$ 内的图像,线条厚度 $t=0.01$.

输入:Plot[Sin[x], {x, 0, 2Pi}, PlotStyle -> Thickness[0.01]]

输出如图 A-9 所示.

(3) 取值 Dashing[{d1, d2, …}]——决定画线的虚实,其中表 {d1, d2, …} 确定线的虚实分段方式,di 的取值介于 [0, 1] 之间.

例 5 作 $y=\sin x$ 在 $[0, 2\pi]$ 内的图像,线条用虚线.

输入:Plot[Sin[x], {x, 0, 2Pi}, PlotStyle -> Dashing[{0.03, 0.09}]]

输出如图 A-10 所示.

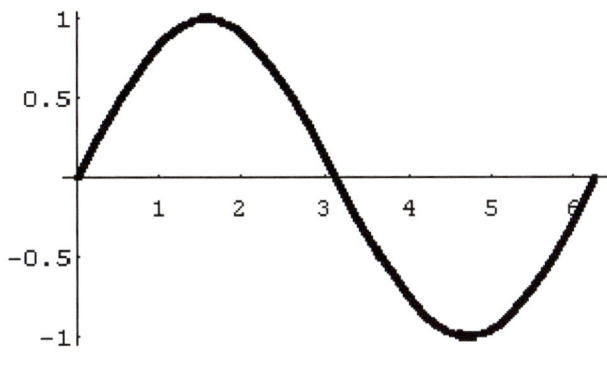

图 A-9

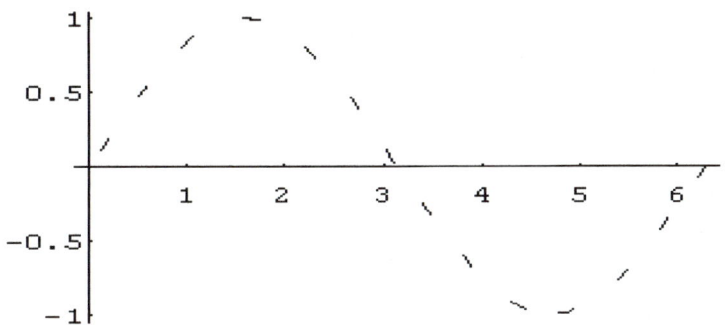

图 A-10

注意:使用参数 *PlotStyle* 时,若取两个以上参数值时,要使用两层大括号{{　}}.

例 6 作 $y=\sin x$ 和 $y=\cos x$ 在 $[0, 2\pi]$ 内的图像,且两坐标轴上的单位比为 $1:1$,线条用红色虚线.

输入:Plot[{Sin[x], Cos[x]}, {x, 0, 2Pi}, AspectRatio -> Automatic, PlotStyle -> {{RGBColor[1, 0, 0], Dashing[{0.02, 0.05}]}}]

输出如图 A-11 所示.

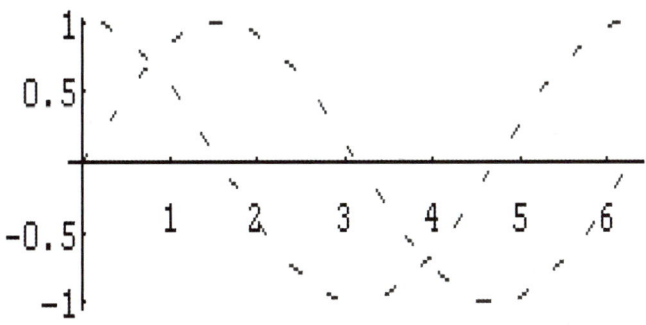

图 A-11

3. 参数 DisplayFunction(显示函数)

该参数决定图形的显示与否,当取值为 Identity 时,图形不显示出来;当取值为 $ DisplayFunction 时,恢复图形的显示. 如:

ln[7]:Plot[Sin[x], {x, 0, 2Pi}, DisplayFunction -> Identity]

Out[7]=

－Graphics－

4. 参数 PlotRange

该参数决定作图的范围,其格式为

PlotRange—>参数值

其中,参数值可取:

(1) Automatic——系统默认值. 当函数在作图区间存在无穷间断点和很狭窄的尖峰时,系统会将这一部分图形切掉.

(2) All——要求画出图形的全部. 当发现系统切掉很重要的尖峰时,可使用该参数重新绘制图形,但禁止在有无穷间断点时使用,会导致无穷循环的错误,甚至宕机.

(3) {y1, y2}——要求作出在纵坐标为{y1, y2}范围图形.

5. 参数 PlotPoints

该参数决定函数值的单位取点数,当选用该参数时,一般应选取一个比较大的值,以免作出的图形与实际情况偏差太大.

6. 参数 AxesOrigin(轴原点)

该参数决定是否画坐标轴以及坐标原点放在什么位置,系统默认为 Automatic,也可取 None,或指定参数值为{x, y},表示把原点放在{x, y}这个位置.

例 7 作 $y=x^2$ 在[−2, 2]内的图像,将原点放在(0, 1)处.

输入:Plot[x ^ 2, {x, −2, 2}, AxesOrigin ->{0, 1}]

输出如图 A-12 所示.

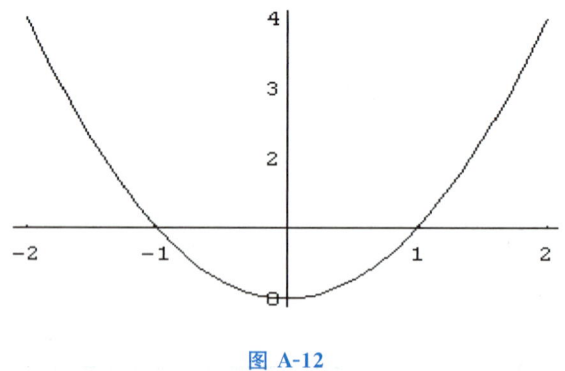

图 A-12

三、图形的组合显示函数 Show

Plot 的作用可以同时在同一坐标系的同一区间内作出不同函数的图像,但有时需要在同一坐标系的不同区间作出不同函数的图像,或者在同一坐标系作一个函数的图像而要求函数的各个部分具有不同的形态,这个时候就需要使用 Show 函数.

例 8 在同一坐标系中作出 $y=e^x$ 和 $y=\ln x$ 的图像,并说明它们的图像关于直线 $y=x$

对称.

输入:

a＝Plot[Exp[x],{x,－2,2},PlotStyle -> RGBColor[1,0,0],AspectRatio -> Automatic,Dis\PlayFunction -> Identity]b＝Plot[Log[x],{x,0.3,3},PlotStyle -> RGBColor[0,1,0],AspectRatio -> Automatic,Dis\PlayFunction -> Identity]

c＝Plot[x,{x,－2,2},DisplayFunction -> Identity,PlotStyle -> Dashing[{0.09,0.04}]]
Show[a,b,c,DisplayFunction -> $ DisplayFunction]

输出如图 A-13 所示.

注意:输入例 8 中代码时要换行按 Enter 键,不能按鼠标.

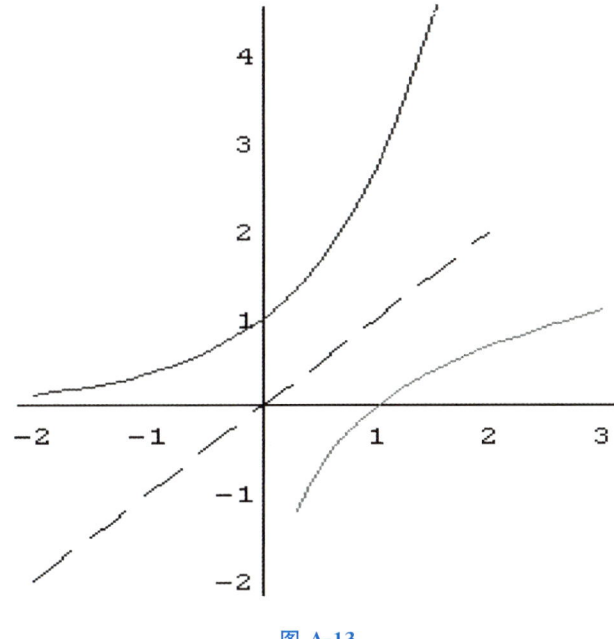

图 A-13

§3 求函数的极限

用 Limit 函数求函数的极限,基本格式为

Limit[$f(x)$, x -> a]

其中,a 既可以是常数,也可以是无穷大.

例 1 求 $\lim\limits_{x \to 0} \dfrac{\sin x}{x}$.

In[1]:Limit[Sin[x]/x, x -> 0]

Out[1]:1

例 2 求 $\lim\limits_{x \to a} \dfrac{\sin x - \sin a}{x - a}$.

In[2]:Limit[(Sin[x]－Sin[a])/(x－a), x -> a]

Out[2]:Cos[a]

例3 求 $\lim\limits_{x\to\infty}\left(1+\dfrac{1}{x}\right)^x$.

In[3]:Limit[(1+1/x)^x, x->Infinity]
Out[3]:e

例4 求 $\lim\limits_{x\to 1}(1-x)\tan\dfrac{\pi x}{2}$.

In[4]:Limit[(1-x)*Tan[(Pi*x)/2], x->1]
Out[4]:2/Pi

§4 求函数的导数与微分

一、求函数的导数的函数与输入格式

用 D 函数求函数的导数,基本格式为
$D[f(x),\{x,n\}]$
其中,n 为求导的阶数,若省略,则系统默认为一阶.

例1 求 $y=x^3+4x^2-5$ 的导数.

In[1]:D[x^3+4x^2-5, x]
Out[1]:8x+3x^2

例2 求 $y=\dfrac{\sin x}{x}$ 的二阶导数.

In[2]:D[sin[x]/x, {x,2}]
Out[2]:-2Cos[x]/x^2+2Sin[x]/x^3-Sin[x]/x

例3 求 $y=e^{\sin 2x}$ 的导数.

In[3]:D[Exp[Sin[2x]], x]
Out[3]:2Cos[2x]*Exp[Sin[2x]]

二、求函数的微分的函数与输入格式

用 Dt 函数求函数的微分,基本格式为
$Dt[f(x)]$

例4 求 $y=\sin 2x$ 的微分.

In[4]:Dt[Sin[2x]]
Out[4]:2Cos[2x]Dt[x]

例5 求 $y=\sin^2 x$ 的微分.

In[5]:Dt[Sin[x]^2]
Out[5]:2Cos[x]Dt[x]Sin[x]

§5 求函数的极值

一、求函数极小值的函数与输入格式

用 FindMinimum 函数求函数 $f(x)$ 的极小值,基本格式为

FindMinimum[$f(x)$, {x, x_0}]

其中,x_0 为初始值,表示求出的是 $f(x)$ 在 x_0 附近的极小值.因此,一般需借助于 Plot 函数先作出 $f(x)$ 的图像,由图像确定初始值,再利用 FindMinimum 函数求出函数在 x_0 附近的极小值.

例 1 求 $y = e^{-\frac{x}{2}} \sin x$ 的极小值.

In[1]:y = Sin[x] * Exp[− x/2]
　　　Plot[y, {x, −5, 6}]
　　　FindMinimum[y, {x, −3}]
Out[1]:{−2.473 5, {x -> −2.034 4}}

其中,−2.473 5 为极小值,−2.034 4 为极小点,输出如图 A-14 所示.

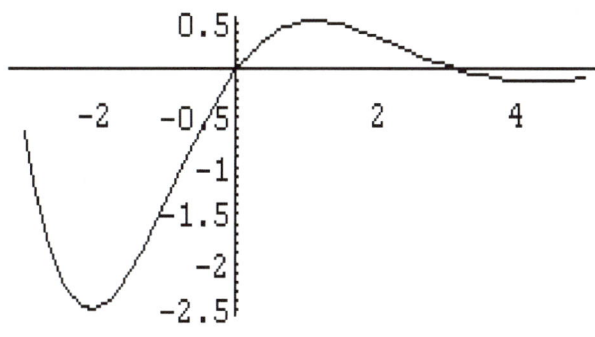

图 A-14

二、求函数极大值的函数与输入格式

因为函数 $f(x)$ 与 $-f(x)$ 的图像关于 x 轴是对称的,$f(x)$ 取得极大值时,$-f(x)$ 正好取得极小值,因此仍用 FindMinimum 函数求函数 $f(x)$ 的极大值,基本格式为

FindMinimum[$-f(x)$, {x, x_0}]

其中,x_0 为初始值,表示求出的是 $-f(x)$ 在 x_0 附近的极小值,设为 W,实际上间接地求出了 $f(x)$ 在 x_0 附近的极大值,为 $-W$.

例 2 求 $y = \dfrac{3x}{1+x^2}$ 的极值.

In[2]:y = 3 * x/(1 + x ^ 2)
　　　Plot[y, {x, −2, 2}]
　　　FindMinimum[y, {x, 0}]
Out[2]:{−1.5, {x -> −1}}

输出表示 y 在 $x = -1$ 处取得极小值 -1.5(图 A-15).

In[3]:FindMinimum[−y, {x, 0}]
Out[3]:{−1.5, {x -> 1}}

输出表示 y 在 $x = 1$ 处取得极大值 1.5(图 A-15).

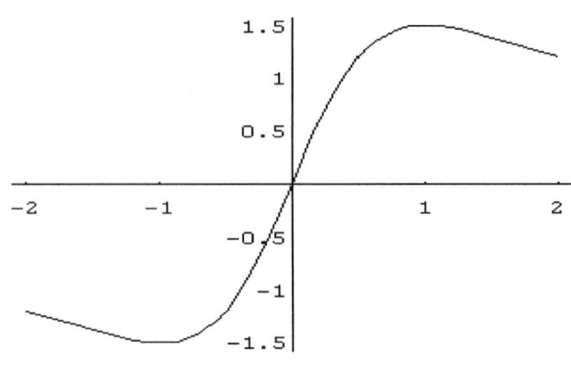

图 A-15

例 3　求 $y = x^3 + 2x^2 - 1$ 的极值.

In[4]:y＝x∧3＋2x∧2－1
　　　　Plot[y,{x,－3,3}]
　　　　FindMinimum[y,{x,－0.5}]
Out[4]:{－1,{x -> 7.95945　10^{-9}}}

输出表示 y 在 $x = 7.95945 \times 10^{-9}$ 处取得极小值 -1(图 A-16).

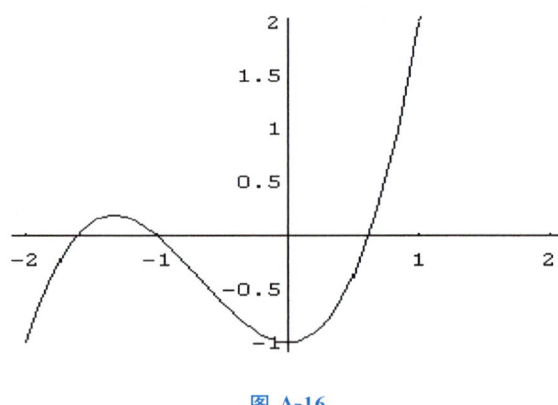

图 A-16

In[5]:FindMinimum[－y,{x,－2}]
Out[5]:{－0.185185,{x ->－1.33333}}

输出表示 y 在 $x = -1.33333$ 处取得极大值 0.185185(图 A-16).

§6　求不定积分、定积分与广义积分

一、求不定积分的函数与输入格式

用 Integrate 函数可进行函数的不定积分运算,基本格式为:

Integrate[$f(x), x$]

例 1　求 $\int (3x^2 + \cos x - e^x) dx$.

In[1]:Integrate[3x ^ 2+Cos[x]−Exp[x], x]

Out[1]:−Exp[x]+x ^ 3+Sin[x]

例 2 求 $\int \dfrac{1+\sin 2x}{\sin^2 x}\mathrm{d}x$.

In[2]:Integrate[(1+sin[2x])/Sin[x] ^ 2, x]

Out[2]:−Cos[x]+2Log[Sin[x]]

二、求定积分和广义积分的函数与输入格式

定积分的计算也可用 Integrate 函数,基本格式为

Integrate[$f(x)$, {x, a, b}]

其中,表{x, a, b}中,x 为积分变量,a, b 分别代表积分下限和积分上限,当 b 为∞时,即为广义积分.

例 3 求 $\int_0^1 x^2 \sin x \mathrm{d}x$.

In[3]:Integrate[x ^ 2 * Sin[x], {x, 0, 1}]

Out[3]:−2+Cos[1]+2Sin[1]

例 4 求 $\int_0^{+\infty} \mathrm{e}^{-x}\mathrm{d}x$.

In[4]:Integrate[E ^ (−x), {x, 0, +Infinity}]

Out[4]:1

如果要得积分值的近似值,可再使用 N 函数;对于某些已经被证明其原函数不能用初等函数表示的积分,也可直接用 NIntegrate 求其数值解.

例 5 求 $\int_0^1 x^2 \sin x \mathrm{d}x$ 的近似值.

In[5]:NIntegrate[x ^ 2 * Sin[x], {x, 0, 1}]

Out[5]:0.223244

例 6 求 $\int_0^1 \dfrac{\sin x}{x}\mathrm{d}x$ 的数值解.

In[6]:NIntegrate[Sin[x]/x, {x, 0, 1}]

Out[6]:0.946083

§7 解微分方程

一、求微分方程通解函数与输入格式

对于常微分方程,可用 DSolve 函数求解,输入格式为

DSolve[微分方程,未知函数名称,未知函数的自变量]

例 1 求微分方程 $y'=2x$ 的通解.

In[1]:DSolve[y′[x]==2x, y[x], x]

Out[1]:{y[x]→− x ^ 2+c[1]}

注:方程中等号应连输 2 个"=".

例 2 求微分方程 $y''-3y'+2y=3xe^{2x}$ 的通解.

In[2]:DSolve[y''[x]−3y'[x]+2y[x]==3xExp[2x],Y[x],x]

Out[2]:$\left\{y[x] \to -3E^{2x}+\dfrac{3xE^{2x}}{2}+E^{2x}C[2]\right\}$

注：二阶导数记号应连输 2 个" ′ ".

例 3 求 $y''+3y=2\sin x$ 的通解.

In[3]:DSolve[y''[x]+3y[x]==2sin[x],y[x],x]

Out[3]:{{y[x]→c[1]−xc[2]−2sin[x]}}

二、求微分方程特解函数与输入格式

求特解的函数仍为 DSolve,而输入格式改为
DSolve[{微分方程,初始条件},未知函数名称,未知函数的自变量]

例 4 解微分方程：$y'=2x+y$, $y|_{x=0}=0$.

In[4]:DSolve[{y'[x]==2x+y,y[0]==0},y[x],x]

Out[4]:{{y[x]→x²+xy}}

§8 线 性 代 数

一、矩阵的生成

矩阵可以看成是由行向量和列向量组成的,而行(列)向量又可以表的形式表示,例如:矩阵

$$\begin{bmatrix} 1 & 2 & 3 \\ 2 & 3 & 4 \\ 3 & 4 & 5 \end{bmatrix}$$

可以看成由行向量{1,2,3},{2,3,4},{3,4,5}组成的,即表{{1,2,3},{2,3,4},{3,4,5}}.

1. 生成矩阵

生成一个矩阵可用 Table 函数,其格式为
Table[$a[i,j]$,{i,1,m},{j,1,n}]

例 1 生成矩阵 $\begin{bmatrix} a_{11} & a_{12} & a_{13} \\ a_{21} & a_{22} & a_{23} \\ a_{31} & a_{32} & a_{33} \end{bmatrix}$.

In[1]:Table[a[i,j],{i,1,3},{j,1,3}]

Out[1]:{{a[1,1],a[1,2],a[1,3],a[2,1],a[2,2],a[2,3],a[3,1],a[3,2],a[3,3]}}

例 2 生成矩阵{{1,2,3},{2,4,6},{3,6,9},{4,8,12}}.

In[2]:Table[i∗j,{i,1,4},{j,1,3}]

Out[2]:{{1,2,3},{2,4,6},{3,6,9},{4,8,12}}

从上例可以看出,Table 既可以生成抽象的矩阵也可以生成一个具体的矩阵,但生成矩阵的输出都是一个表的形式,不太符合我们的使用习惯,因此可以用 MatrixForm 函数解决这个问题.

例 3 In[3]:a＝Table[i∗j,{i,1,4},{j,1,5}]
　　　　　MatrixForm[a]
　　　Out[3]:
　　　　　1　2　3　4　5
　　　　　2　4　6　8　10
　　　　　3　6　9　12　15
　　　　　4　8　12　16　20

例 4 In[4]:c＝{{2,3,－1},{3,0,2},{－1,4,3}}
　　　　　MatrixForm[c]
　　　Out[4]:
　　　　　 2　3　－1
　　　　　 3　0　　2
　　　　　－1　4　　3

2. 特殊矩阵

(1) 单位矩阵:用 IdentityMatrix[n],可以生成一个 n 阶单位矩阵.

(2) 对角矩阵:用 DiagonalMatrix[a_1,a_2,…a_n]可以生成一个 n 阶对角矩阵,该矩阵主对角线上元素为 a_1,a_2,…,a_n,其余元素全为 0.

例 5 IdentityMatrix[3]生成的是
　　　　　{{1,0,0},{0,1,0},{0,0,1}}

例 6 IdentityMatrix[－1,2,3,10]生成的是
　　　　　{{－1,0,0,0},{0,2,0,0},{0,0,3,0},{0,0,0,10}}

二、求矩阵的行列式的值

用 Det 函数求一个方阵 a 的行列式的值,输入格式为
Det[a]

例 7 In[7]:a＝{{1,2,3},{2,3,2},{3,1,1}}
　　　　　Det[a]
　　　Out[7]:－12

例 8 In[8]:b＝{{－2,0,0},{0,3,4},{1,5,6}}
　　　　　Det[b]
　　　Out[8]:4

三、矩阵的运算

1. 矩阵的加、减、乘的运算符分别是＋,－,.,若矩阵为 A,B,则它们的"加、减、乘"分别是"$A＋B$、$A－B$、$A.B$".

注意:乘的运算符"."是键盘上的小数点.

2. 矩阵的数乘,表示为 kA,其中,k 为一个数.

例 9 已知 $A = \begin{pmatrix} 12 & 13 & 11 \\ 8 & 7 & 10 \end{pmatrix}$, $B = \begin{pmatrix} 6 & 9 & 7 \\ 3 & 8 & 12 \end{pmatrix}$, $P = \begin{pmatrix} 1 & 0 \\ -1 & 2 \\ 3 & 1 \end{pmatrix}$, 求:(1) $A＋B$;

(2) $A-B$; (3) $3A$; (4) BP.

```
In[9]:a={{12,13,11},{8,7,10}}
      b={{6,9,7},{3,8,12}}
      c=a+b
      MatrixForm[c]
      d=a-b
      MatrixForm[d]
      e=3a
      MatrixForm[e]
      p={{1,0},{-1,2},{3,1}}
      f=B.P
      MatrixForm[f]
```

Out[9]:
18	22	18		6	4	4		36	39	33		18	25
11	15	22		5	-1	-2		24	21	30		31	28

四、逆矩阵的求法

用函数 Inverse 可求矩阵的逆矩阵.

其格式为

Inverse[a]

例 10 求矩阵 $\begin{bmatrix} 2 & 2 & 3 \\ 1 & -1 & 0 \\ -1 & 2 & 1 \end{bmatrix}$ 的逆矩阵,并说明它们的乘积为单位阵.

```
In[10]:a={{2,2,3},{1,-1,0},{-1,2,1}}
       MatrixForm[a]
       b=Inverse[a]
       MatrixForm[b]
       c=a.b
       MatrixForm[c]
```

Out[10]:
2	2	3		1	-4	-3		1	0	0
1	-1	0		1	-5	-3		0	1	0
-1	2	1		-1	6	4		0	0	1

五、解线性方程组

解线性方程组 $ax=b$ 的函数是 LinearSolve,其中 a 是方程组的系数矩阵,b 是常数列矩阵,其输入格式为

LinearSolve[a,b]

例 11 解线性方程组:$\begin{cases} 2x+4y-4z=-6, \\ 4x+8y-7z=-7, \\ 6x+13y-12z=-8. \end{cases}$

In[11]:1={{2, 4, −4}, {4, 8, −7}, {6, 13, −12}}
Out[12]:{{2, 4, −4}, {4, 8, −7}, {6, 13, −12}}
In[12]:LinearSolve[a, {−6, −7, −8}]
Out[12]:{−13, 10, 5}

还有一种办法可以求解矩阵方程,那就是使用逆矩阵,若把方程组 $ax=b$ 两边左乘 a 的逆矩阵,就会得到表达式 x=Inverse[a].b,这样也可以解出未知向量 x.

In[13]:a={{2, 4, −4}, {4, 8, −7}, {6, 13, −12}}
Inverse[a].{−6, −7, −8}
Out[13]:{−13, 10, 5}

§9 求傅里叶级数、拉氏变换

一、程序包

上述几节简介的 Mathematica 函数,都可以通过输入函数和适当的参数来直接使用,这些函数我们称之为系统的内部函数.还有一些系统扩展的功能不是系统的内部函数,这些功能是以文件的形式存储在磁盘上的,使用时必须用一定的方式来调用这些文件,这些文件我们称之为程序包,位于 C:\Wnmath22\packages 内,其名称为:文件名.m,本节求傅里叶级数和拉氏变换都要用程序包的函数.

二、求函数傅里叶级数展式的输入格式

求函数 $y=f(x)$ 的傅里叶级数展开式的输入格式为

《"Package\\calculuc\\Fouriert.m"
FourierTrigSeries[f(x), {x, a, b}, n]

这里 a,b 是傅里叶级数积分的下、上限,n 为展开式的项数.

例 1 将 $f(x)=x$ 在 $[-1,1]$ 上展成傅里叶级数.
In[1]:
《"Package\\calculuc\\Fouriert.m"
FourierTrigSeries[f(x), {x, −1, 1}, 5]
Out[1]:
$\frac{2}{\text{Pi}}\sin[\text{Pi}x] - \frac{1}{\text{Pi}}[2\text{Pi}x] + \frac{2}{3\text{Pi}}\sin[4\text{Pi}x] - \frac{1}{2\text{Pi}}\sin[4\text{Pi}x] + \frac{2}{5\text{Pi}}\sin[5\text{Pi}x]$

三、求拉氏变换的输入格式

求函数 $y=f(x)$ 的拉氏变换的输入格式为

《"Package\\calculus\\Laplacet.m"
Laplace Transform[f[t], t, s]

其中，s 为拉氏变换中的参数.

例 2 求 $f(x) = \sin x$ 的拉氏变换.

In[1]：

《"Package\\calculuc\\Laplacet.m"

LaplaceTransform[Sin[t], t, s]

Out[1]：

$$\frac{1}{1+s^2}$$

四、求拉氏逆变换的输入格式

求函数 $y = f(s)$ 的拉氏逆变换的输入格式：

《"Package\\calculuc\\Laplacet.m"

InverseLaplaceTransform[f[s], s, t]

例 2 求 $f(s) = \dfrac{1}{1+s^2}$ 的拉氏逆变换.

In[2]：

《"Package\\calculuc\\Laplacet.m"

InverseLaplaceTransform[1/(1+s^2), s, t]

Out[2]：

Sin[t]

附录二

简易积分表

(一) 含有 $a+bx$ 的积分

1. $\int \dfrac{\mathrm{d}x}{a+bx} = \dfrac{1}{b}\ln|a+bx| + C$

2. $\int (a+bx)^\alpha \mathrm{d}x = \dfrac{(a+bx)^{\alpha+1}}{b(\alpha+1)} + C \quad (\alpha \neq -1)$

3. $\int \dfrac{x\,\mathrm{d}x}{a+bx} = \dfrac{1}{b^2}[a+bx - a\ln|a+bx|] + C$

4. $\int \dfrac{x^2\,\mathrm{d}x}{a+bx} = \dfrac{1}{b^3}\left[\dfrac{1}{2}(a+bx)^2 - 2a(a+bx) + a^2\ln|a+bx|\right] + C$

5. $\int \dfrac{\mathrm{d}x}{x(a+bx)} = -\dfrac{1}{a}\ln\left|\dfrac{a+bx}{x}\right| + C$

6. $\int \dfrac{\mathrm{d}x}{x^2(a+bx)} = -\dfrac{1}{ax} + \dfrac{b}{a^2}\ln\left|\dfrac{a+bx}{x}\right| + C$

7. $\int \dfrac{x\,\mathrm{d}x}{(a+bx)^2} = \dfrac{1}{b^2}\left[\ln|a+bx| + \dfrac{a}{a+bx}\right] + C$

8. $\int \dfrac{x^2\,\mathrm{d}x}{(a+bx)^2} = \dfrac{1}{b^3}\left[a+bx - 2a\ln|a+bx| - \dfrac{a^2}{a+bx}\right] + C$

9. $\int \dfrac{\mathrm{d}x}{x(a+bx)^2} = \dfrac{1}{a(a+bx)} - \dfrac{1}{a^2}\ln\left|\dfrac{a+bx}{x}\right| + C$

10. $\int \dfrac{\mathrm{d}x}{x^2(a+bx)^2} = -\dfrac{a+2bx}{a^2 x(a+bx)} + \dfrac{2b}{a^3}\ln\left|\dfrac{a+bx}{x}\right| + C$

(二) 含有 $\sqrt{a+bx}$ 的积分

11. $\int \sqrt{a+bx}\,\mathrm{d}x = \dfrac{2}{3b}\sqrt{(a+bx)^3} + C$

12. $\int x\sqrt{a+bx}\,\mathrm{d}x = -\dfrac{2(2a-3bx)\sqrt{(a+bx)^3}}{15b^2} + C$

13. $\int x^2\sqrt{a+bx}\,\mathrm{d}x = \dfrac{2(8a^2 - 12abx + 15b^2 x^2)\sqrt{(a+bx)^3}}{105b^3} + C$

14. $\int \dfrac{x\,\mathrm{d}x}{\sqrt{a+bx}} = -\dfrac{2(2a-bx)}{3b^2}\sqrt{a+bx} + C$

15. $\int \dfrac{x^2\,\mathrm{d}x}{\sqrt{a+bx}} = \dfrac{2(8a^2 - 4abx + 3b^2 x^2)}{15b^3}\sqrt{a+bx} + C$

16. $\int \dfrac{\mathrm{d}x}{x\sqrt{a+bx}} = \begin{cases} \dfrac{1}{\sqrt{a}}\ln\left|\dfrac{\sqrt{a+bx}-\sqrt{a}}{\sqrt{a+bx}+\sqrt{a}}\right|+C & (a>0), \\ \dfrac{2}{\sqrt{-a}}\arctan\sqrt{\dfrac{a+bx}{-a}}+C & (a<0) \end{cases}$

17. $\int \dfrac{\mathrm{d}x}{x^2\sqrt{a+bx}} = -\dfrac{\sqrt{a+bx}}{ax} - \dfrac{b}{2a}\int \dfrac{\mathrm{d}x}{x\sqrt{a+bx}}$

18. $\int \dfrac{\sqrt{a+bx}}{x}\mathrm{d}x = 2\sqrt{a+bx} + a\int \dfrac{\mathrm{d}x}{x\sqrt{a+bx}}$

（三）含有 $a^2 \pm x^2$ 的积分

19. $\int \dfrac{\mathrm{d}x}{a^2+x^2} = \dfrac{1}{a}\arctan\dfrac{x}{a} + C$

20. $\int \dfrac{\mathrm{d}x}{(x^2+a^2)^n} = \dfrac{x}{2(n-1)a^2(x^2+a^2)^{n-1}} + \dfrac{2n-3}{2(n-1)a^2}\int \dfrac{\mathrm{d}x}{(x^2+a^2)^{n-1}} \quad (n \neq 1)$

21. $\int \dfrac{\mathrm{d}x}{a^2-x^2} = \dfrac{1}{2a}\ln\left|\dfrac{a+x}{a-x}\right| + C$

22. $\int \dfrac{\mathrm{d}x}{x^2-a^2} = \dfrac{1}{2a}\ln\left|\dfrac{x-a}{x+a}\right| + C$

（四）含有 $a \pm bx^2$ 的积分

23. $\int \dfrac{\mathrm{d}x}{a+bx^2} = \dfrac{1}{\sqrt{ab}}\arctan\sqrt{\dfrac{b}{a}}x + C \quad (a>0, b>0)$

24. $\int \dfrac{\mathrm{d}x}{a-bx^2} = \dfrac{1}{2\sqrt{ab}}\ln\left|\dfrac{\sqrt{a}+\sqrt{b}x}{\sqrt{a}-\sqrt{b}x}\right| + C \quad (a>0, b>0)$

25. $\int \dfrac{x\,\mathrm{d}x}{a+bx^2} = \dfrac{1}{2b}\ln|a+bx^2| + C$

26. $\int \dfrac{x^2\,\mathrm{d}x}{a+bx^2} = \dfrac{x}{b} - \dfrac{a}{b}\int \dfrac{\mathrm{d}x}{a+bx^2}$

27. $\int \dfrac{\mathrm{d}x}{x(a+bx^2)} = \dfrac{1}{2a}\ln\left|\dfrac{x^2}{a+bx^2}\right| + C$

28. $\int \dfrac{\mathrm{d}x}{x^2(a+bx^2)} = -\dfrac{1}{ax} - \dfrac{b}{a}\int \dfrac{\mathrm{d}x}{a+bx^2}$

29. $\int \dfrac{\mathrm{d}x}{(a+bx^2)^2} = \dfrac{x}{2a(a+bx^2)} + \dfrac{1}{2a}\int \dfrac{\mathrm{d}x}{a+bx^2}$

（五）含有 $\sqrt{x^2 \pm a^2}$ 的积分

30. $\int \sqrt{x^2 \pm a^2}\,\mathrm{d}x = \dfrac{x}{2}\sqrt{x^2 \pm a^2} \pm \dfrac{a^2}{2}\ln|x+\sqrt{x^2 \pm a^2}| + C$

31. $\int \sqrt{(x^2 \pm a^2)^3}\,\mathrm{d}x = \dfrac{x}{8}(2x^2 \pm 5a^2)\sqrt{x^2 \pm a^2} + \dfrac{3a^4}{8}\ln|x+\sqrt{x^2 \pm a^2}| + C$

32. $\int x\sqrt{x^2 \pm a^2}\,\mathrm{d}x = \dfrac{\sqrt{(x^2 \pm a^2)^3}}{3} + C$

33. $\int x^2\sqrt{x^2 \pm a^2}\,\mathrm{d}x = \dfrac{x}{8}(2x^2 \pm a^2)\sqrt{x^2 \pm a^2} - \dfrac{a^4}{8}\ln|x+\sqrt{x^2 \pm a^2}| + C$

34. $\int \dfrac{\mathrm{d}x}{\sqrt{x^2 \pm a^2}} = \ln|x+\sqrt{x^2 \pm a^2}| + C$

35. $\int \dfrac{\mathrm{d}x}{\sqrt{(x^2 \pm a^2)^3}} = \pm \dfrac{x}{a^2\sqrt{x^2 \pm a^2}} + C$

36. $\int \dfrac{x\,\mathrm{d}x}{\sqrt{x^2 \pm a^2}} = \sqrt{x^2 \pm a^2} + C$

37. $\int \dfrac{x^2\,\mathrm{d}x}{\sqrt{x^2 \pm a^2}} = \dfrac{x}{2}\sqrt{x^2 + a^2} \mp \dfrac{a^2}{2}\ln|x + \sqrt{x^2 \pm a^2}| + C$

38. $\int \dfrac{x^2\,\mathrm{d}x}{\sqrt{(x^2 \pm a^2)^3}} = -\dfrac{x}{\sqrt{x^2 \pm a^2}} + \ln|x + \sqrt{x^2 \pm a^2}| + C$

39. $\int \dfrac{\mathrm{d}x}{x\sqrt{x^2 + a^2}} = \dfrac{1}{a}\ln \dfrac{|x|}{a + \sqrt{x^2 + a^2}} + C$

40. $\int \dfrac{\mathrm{d}x}{x\sqrt{x^2 - a^2}} = \dfrac{1}{a}\arccos \dfrac{a}{x} + C$

41. $\int \dfrac{\mathrm{d}x}{x^2\sqrt{x^2 \pm a^2}} = \mp \dfrac{\sqrt{x^2 \pm a^2}}{a^2 x} + C$

42. $\int \dfrac{\sqrt{x^2 + a^2}\,\mathrm{d}x}{x} = \sqrt{x^2 + a^2} - a\ln \dfrac{a + \sqrt{x^2 + a^2}}{|x|} + C$

43. $\int \dfrac{\sqrt{x^2 - a^2}\,\mathrm{d}x}{x} = \sqrt{x^2 - a^2} - a\arccos \dfrac{a}{x} + C$

44. $\int \dfrac{\sqrt{x^2 \pm a^2}}{x^2}\,\mathrm{d}x = -\dfrac{\sqrt{x^2 \pm a^2}}{x} + \ln|x + \sqrt{x^2 \pm a^2}| + C$

（六）含有 $\sqrt{a^2 - x^2}$ 的积分

45. $\int \dfrac{\mathrm{d}x}{\sqrt{a^2 - x^2}} = \arcsin \dfrac{x}{a} + C$

46. $\int \dfrac{\mathrm{d}x}{\sqrt{(a^2 - x^2)^3}} = \dfrac{x}{a^2\sqrt{a^2 - x^2}} + C$

47. $\int \dfrac{x\,\mathrm{d}x}{\sqrt{a^2 - x^2}} = -\sqrt{a^2 - x^2} + C$

48. $\int \dfrac{x\,\mathrm{d}x}{\sqrt{(a^2 - x^2)^3}} = \dfrac{1}{\sqrt{a^2 - x^2}} + C$

49. $\int \dfrac{x^2\,\mathrm{d}x}{\sqrt{a^2 - x^2}} = -\dfrac{x}{2}\sqrt{a^2 - x^2} + \dfrac{a^2}{2}\arcsin \dfrac{x}{a} + C$

50. $\int \sqrt{a^2 - x^2}\,\mathrm{d}x = \dfrac{x}{2}\sqrt{a^2 - x^2} + \dfrac{a^2}{2}\arcsin \dfrac{x}{a} + C$

51. $\int \sqrt{(a^2 - x^2)^3}\,\mathrm{d}x = \dfrac{x}{8}(5a^2 - 2x^2)\sqrt{a^2 - x^2} + \dfrac{3a^4}{8}\arcsin \dfrac{x}{a} + C$

52. $\int x\sqrt{a^2 - x^2}\,\mathrm{d}x = -\dfrac{\sqrt{(a^2 - x^2)^3}}{3} + C$

53. $\int x^2\sqrt{a^2 - x^2}\,\mathrm{d}x = \dfrac{x}{8}(2x^2 - a^2)\sqrt{a^2 - x^2} + \dfrac{a^4}{8}\arcsin \dfrac{x}{a} + C$

54. $\int \dfrac{x^2\,\mathrm{d}x}{\sqrt{(a^2 - x^2)^3}} = \dfrac{x}{\sqrt{a^2 - x^2}} - \arcsin \dfrac{x}{a} + C$

55. $\int \dfrac{\mathrm{d}x}{x\sqrt{a^2 - x^2}} = \dfrac{1}{a}\ln \left| \dfrac{x}{a + \sqrt{a^2 - x^2}} \right| + C$

56. $\int \dfrac{\mathrm{d}x}{x^2\sqrt{a^2-x^2}} = -\dfrac{\sqrt{a^2-x^2}}{a^2 x} + C$

57. $\int \dfrac{\sqrt{a^2-x^2}}{x}\mathrm{d}x = \sqrt{a^2-x^2} - a\ln\left|\dfrac{a+\sqrt{a^2-x^2}}{x}\right| + C$

58. $\int \dfrac{\sqrt{a^2-x^2}}{x^2}\mathrm{d}x = -\dfrac{\sqrt{a^2-x^2}}{x} - \arcsin\dfrac{x}{a} + C$

（七）含有 $a+bx+cx^2$ 的积分

59. $\int \dfrac{\mathrm{d}x}{a+bx+cx^2} = \begin{cases} \dfrac{2}{\sqrt{4ac-b^2}}\arctan\dfrac{2cx+b}{\sqrt{4ac-b^2}} + C & (b^2 < 4ac), \\[2mm] \dfrac{1}{\sqrt{b^2-4ac}}\ln\left|\dfrac{2cx+b-\sqrt{b^2-4ac}}{2cx+b+\sqrt{b^2-4ac}}\right| + C & (b^2 > 4ac) \end{cases}$

（八）含有 $\sqrt{a+bx\pm cx^2}\ (c>0)$ 的积分

60. $\int \dfrac{\mathrm{d}x}{\sqrt{a+bx+cx^2}} = \dfrac{1}{\sqrt{c}}\ln\left|2cx+b+2\sqrt{c}\sqrt{a+bx+cx^2}\right| + C$

61. $\int \sqrt{a+bx+cx^2}\,\mathrm{d}x = \dfrac{2cx+b}{4c}\sqrt{a+bx+cx^2} - \dfrac{b^2-4ac}{8\sqrt{c^3}}\ln\left|2cx+b+2\sqrt{c}\sqrt{a+bx+cx^2}\right| + C$

62. $\int \dfrac{x\,\mathrm{d}x}{\sqrt{a+bx+cx^2}} = \dfrac{\sqrt{a+bx+cx^2}}{c} - \dfrac{b}{2\sqrt{c^3}}\ln\left|2cx+b+2\sqrt{c}\sqrt{a+bx+cx^2}\right| + C$

63. $\int \dfrac{\mathrm{d}x}{\sqrt{a+bx-cx^2}} = \dfrac{1}{\sqrt{c}}\arcsin\dfrac{2cx-b}{\sqrt{b^2+4ac}} + C$

64. $\int \sqrt{a+bx-cx^2}\,\mathrm{d}x = \dfrac{2cx-b}{4c}\sqrt{a+bx-cx^2} + \dfrac{b^2+4ac}{8\sqrt{c^3}}\arcsin\dfrac{2cx-b}{\sqrt{b^2+4ac}} + C$

65. $\int \dfrac{x\,\mathrm{d}x}{\sqrt{a+bx-cx^2}} = -\dfrac{\sqrt{a+bx-cx^2}}{c} + \dfrac{b}{2\sqrt{c^3}}\arcsin\dfrac{2cx-b}{\sqrt{b^2+4ac}} + C$

（九）含有 $\sqrt{\dfrac{a\pm x}{b\pm x}}$ 的积分和含有 $\sqrt{(x-a)(b-x)}$ 的积分

66. $\int \sqrt{\dfrac{a+x}{b+x}}\,\mathrm{d}x = \sqrt{(a+x)(b+x)} + (a-b)\ln\left|\sqrt{a+x}+\sqrt{b+x}\right| + C$

67. $\int \sqrt{\dfrac{a-x}{b+x}}\,\mathrm{d}x = \sqrt{(a-x)(b+x)} + (a+b)\arcsin\sqrt{\dfrac{x+b}{a+b}} + C$

68. $\int \sqrt{\dfrac{a+x}{b-x}}\,\mathrm{d}x = -\sqrt{(a+x)(b-x)} - (a+b)\arcsin\sqrt{\dfrac{b-x}{a+b}} + C$

69. $\int \dfrac{\mathrm{d}x}{\sqrt{(x-a)(b-x)}} = 2\arcsin\sqrt{\dfrac{x-a}{b-a}} + C$

（十）含有三角函数的积分

70. $\int \sin x\,\mathrm{d}x = -\cos x + C$

71. $\int \cos x\,\mathrm{d}x = \sin x + C$

72. $\int \tan x\,\mathrm{d}x = -\ln|\cos x| + C$

73. $\int \cot x\,\mathrm{d}x = \ln|\sin x| + C$

74. $\int \sec x \, dx = \ln|\sec x + \tan x| + C = \ln\left|\tan\left(\dfrac{\pi}{4} + \dfrac{x}{2}\right)\right| + C$

75. $\int \csc x \, dx = \ln|\csc x - \cot x| + C = \ln\left|\tan\dfrac{x}{2}\right| + C$

76. $\int \sec^2 x \, dx = \tan x + C$

77. $\int \csc^2 x \, dx = -\cot x + C$

78. $\int \sec x \tan x \, dx = \sec x + C$

79. $\int \csc x \cot x \, dx = -\csc x + C$

80. $\int \sin^2 x \, dx = \dfrac{x}{2} - \dfrac{1}{4}\sin 2x + C$

81. $\int \cos^2 x \, dx = \dfrac{x}{2} + \dfrac{1}{4}\sin 2x + C$

82. $\int \sin^n x \, dx = -\dfrac{\sin^{n-1} x \cos x}{n} + \dfrac{n-1}{n}\int \sin^{n-2} x \, dx$

83. $\int \cos^n x \, dx = \dfrac{\cos^{n-1} x \sin x}{n} + \dfrac{n-1}{n}\int \cos^{n-2} x \, dx$

84. $\int \dfrac{dx}{\sin^n x} = -\dfrac{1}{n-1}\dfrac{\cos x}{\sin^{n-1} x} + \dfrac{n-2}{n-1}\int \dfrac{dx}{\sin^{n-2} x}$

85. $\int \dfrac{dx}{\cos^n x} = \dfrac{1}{n-1}\dfrac{\sin x}{\cos^{n-1} x} + \dfrac{n-2}{n-1}\int \dfrac{dx}{\cos^{n-2} x}$

86. $\int \cos^m x \sin^n x \, dx = \dfrac{\cos^{m-1} x \sin^{n+1} x}{m+n} + \dfrac{m-1}{m+n}\int \cos^{m-2} x \sin^n x \, dx = -\dfrac{\sin^{n-1} x \cos^{m+1} x}{m+n} + \dfrac{n-1}{m+n}\int \cos^m x \cdot \sin^{n-2} x \, dx$

87. $\int \sin mx \cos nx \, dx = -\dfrac{\cos(m+n)x}{2(m+n)} - \dfrac{\cos(m-n)x}{2(m-n)} + C \quad (m \neq n)$

88. $\int \sin mx \sin nx \, dx = -\dfrac{\sin(m+n)x}{2(m+n)} + \dfrac{\sin(m-n)x}{2(m-n)} + C \quad (m \neq n)$

89. $\int \cos mx \cos nx \, dx = \dfrac{\sin(m+n)x}{2(m+n)} + \dfrac{\sin(m-n)x}{2(m-n)} + C \quad (m \neq n)$

90. $\int \dfrac{dx}{a + b\sin x} = \begin{cases} \dfrac{2}{\sqrt{a^2-b^2}}\arctan\dfrac{a\tan\dfrac{x}{2} + b}{\sqrt{a^2-b^2}} + C & (a^2 > b^2), \\ \dfrac{1}{\sqrt{b^2-a^2}}\ln\left|\dfrac{a\tan\dfrac{x}{2} + b - \sqrt{b^2-a^2}}{a\tan\dfrac{x}{2} + b + \sqrt{b^2-a^2}}\right| + C & (a^2 < b^2) \end{cases}$

91. $\int \dfrac{dx}{a + b\cos x} = \begin{cases} \dfrac{2}{\sqrt{a^2-b^2}}\arctan\left(\sqrt{\dfrac{a-b}{a+b}}\tan\dfrac{x}{2}\right) + C & (a^2 > b^2), \\ \dfrac{1}{\sqrt{b^2-a^2}}\ln\left|\dfrac{\tan\dfrac{x}{2} + \sqrt{\dfrac{b+a}{b-a}}}{\tan\dfrac{x}{2} - \sqrt{\dfrac{b+a}{b-a}}}\right| + C & (a^2 < b^2) \end{cases}$

92. $\int \dfrac{dx}{a^2 \cos^2 x + b^2 \sin^2 x} = \dfrac{1}{ab}\arctan\left(\dfrac{b\tan x}{a}\right) + C$

93. $\int \dfrac{dx}{a^2 \cos^2 x - b^2 \sin^2 x} = \dfrac{1}{2ab}\ln\left|\dfrac{b\tan x + a}{b\tan x - a}\right| + C$

94. $\int x\sin ax\,dx = \dfrac{1}{a^2}\sin ax - \dfrac{1}{a}x\cos ax + C$

95. $\int x^n\sin ax\,dx = -\dfrac{x^n}{a}\cos ax + \dfrac{n}{a}\int x^{n-1}\cos ax\,dx$

96. $\int x\cos ax\,dx = \dfrac{1}{a^2}\cos ax + \dfrac{1}{a}x\sin ax + C$

97. $\int x^n\cos ax\,dx = \dfrac{x^n}{a}\sin ax - \dfrac{n}{a}\int x^{n-1}\sin ax\,dx$

(十一) 含有反三角函数的积分

98. $\int \arcsin\dfrac{x}{a}\,dx = x\arcsin\dfrac{x}{a} + \sqrt{a^2-x^2} + C$

99. $\int x\arcsin\dfrac{x}{a}\,dx = \left(\dfrac{x^2}{2} - \dfrac{a^2}{4}\right)\arcsin\dfrac{x}{a} + \dfrac{x}{4}\sqrt{a^2-x^2} + C$

100. $\int x^2\arcsin\dfrac{x}{a}\,dx = \dfrac{x^3}{3}\arcsin\dfrac{x}{a} + \dfrac{1}{9}(x^2+2a^2)\sqrt{a^2-x^2} + C$

101. $\int \dfrac{\arcsin\dfrac{x}{a}}{x^2}\,dx = -\dfrac{1}{x}\arcsin\dfrac{x}{a} - \dfrac{1}{a}\ln\left|\dfrac{a+\sqrt{a^2-x^2}}{x}\right| + C$

102. $\int \arccos\dfrac{x}{a}\,dx = x\arccos\dfrac{x}{a} - \sqrt{a^2-x^2} + C$

103. $\int x\arccos\dfrac{x}{a}\,dx = \left(\dfrac{x^2}{2} - \dfrac{a^2}{4}\right)\arccos\dfrac{x}{a} - \dfrac{x}{4}\sqrt{a^2-x^2} + C$

104. $\int x^2\arccos\dfrac{x}{a}\,dx = \dfrac{x^3}{3}\arccos\dfrac{x}{a} - \dfrac{1}{9}(x^2+2a^2)\sqrt{a^2-x^2} + C$

105. $\int \dfrac{\arccos\dfrac{x}{a}}{x^2}\,dx = -\dfrac{1}{x}\arccos\dfrac{x}{a} + \dfrac{1}{a}\ln\left|\dfrac{a+\sqrt{a^2-x^2}}{x}\right| + C$

106. $\int \arctan\dfrac{x}{a}\,dx = x\arctan\dfrac{x}{a} - \dfrac{a}{2}\ln(a^2+x^2) + C$

107. $\int x\arctan\dfrac{x}{a}\,dx = \dfrac{1}{2}(x^2+a^2)\arctan\dfrac{x}{a} - \dfrac{ax}{2} + C$

108. $\int x^2\arctan\dfrac{x}{a}\,dx = \dfrac{x^3}{3}\arctan\dfrac{x}{a} - \dfrac{a^2 x}{6} + \dfrac{a^3}{6}\ln(a^2+x^2) + C$

109. $\int x^n\arctan\dfrac{x}{a}\,dx = \dfrac{x^{n+1}}{n+1}\arctan\dfrac{x}{a} - \dfrac{a}{n+1}\int\dfrac{x^{n+1}}{a^2+x^2}\,dx$

110. $\int \dfrac{\arctan\dfrac{x}{a}}{x^2}\,dx = -\dfrac{1}{x}\arctan\dfrac{x}{a} - \dfrac{1}{2a}\ln\dfrac{a^2+x^2}{x^2} + C$

(十二) 含有指数函数的积分

111. $\int a^x\,dx = \dfrac{a^x}{\ln a} + C$

112. $\int e^{ax}\,dx = \dfrac{e^{ax}}{a} + C$

113. $\int e^{ax}\sin bx\,dx = \dfrac{e^{ax}(a\sin bx - b\cos bx)}{a^2+b^2} + C$

114. $\int e^{ax}\cos bx\,dx = \dfrac{e^{ax}(b\sin bx + a\cos bx)}{a^2+b^2} + C$

115. $\int x e^{ax}\,dx = \dfrac{e^{ax}}{a^2}(ax-1) + C$

116. $\int x^n e^{ax} dx = \dfrac{x^n e^{ax}}{a} - \dfrac{n}{a} \int x^{n-1} e^{ax} dx$

117. $\int x^n a^{mx} dx = \dfrac{x a^{mx}}{m \ln a} - \dfrac{n}{m \ln a} \int x^{n-1} a^{mx} dx$

118. $\int e^{ax} \sin^n bx \, dx = \dfrac{e^{ax} \sin^{n-1} bx}{a^2 + b^2 n^2} (a \sin bx - nb \cos bx) + \dfrac{n(n-1)b^2}{a^2 + b^2 n^2} \int e^{ax} \sin^{n-2} bx \, dx$

119. $\int e^{ax} \cos^n bx \, dx = \dfrac{e^{ax} \cos^{n-1} bx}{a^2 + b^2 n^2} (a \cos bx + nb \sin bx) + \dfrac{n(n-1)b^2}{a^2 + b^2 n^2} \int e^{ax} \cos^{n-2} bx \, dx$

(十三) 含有对数函数的积分

120. $\int \ln x \, dx = x \ln x - x + C$

121. $\int \dfrac{dx}{x \ln x} = \ln |\ln x| + C$

122. $\int x^n \ln x \, dx = x^{n+1} \left[\dfrac{\ln x}{n+1} - \dfrac{1}{(n+1)^2} \right] + C$

123. $\int \ln^n x \, dx = x \ln^n x - n \int \ln^{n-1} x \, dx$

124. $\int x^m \ln^n x \, dx = \dfrac{x^{m+1}}{m+1} \ln^n x - \dfrac{n}{m+1} \int x^m \ln^{n-1} x \, dx$

(十四) 定积分

125. $\int_{-\pi}^{\pi} \cos nx \, dx = \int_{-\pi}^{\pi} \sin nx \, dx = 0$

126. $\int_{-\pi}^{\pi} \cos mx \sin nx \, dx = 0$

127. $\int_{-\pi}^{\pi} \cos mx \cos nx \, dx = \begin{cases} 0, & m \neq n, \\ \pi, & m = n \end{cases}$

128. $\int_{-\pi}^{\pi} \sin mx \sin nx \, dx = \begin{cases} 0, & m \neq n, \\ \pi, & m = n \end{cases}$

129. $\int_{0}^{\pi} \sin mx \sin nx \, dx = \int_{0}^{\pi} \cos mx \cos nx \, dx = \begin{cases} 0, & m \neq n, \\ \dfrac{\pi}{2}, & m = n \end{cases}$

130. $I_n = \int_{0}^{\frac{\pi}{2}} \sin^n x \, dx = \int_{0}^{\frac{\pi}{2}} \cos^n x \, dx$

$I_n = \dfrac{n-1}{n} I_{n-2}$

$= \begin{cases} I_n = \dfrac{n-1}{n} \cdot \dfrac{n-3}{n-2} \cdot \cdots \cdot \dfrac{4}{5} \cdot \dfrac{2}{3} & (n \text{ 为正奇数}), I_1 = 1, \\ I_n = \dfrac{n-1}{n} \cdot \dfrac{n-3}{n-2} \cdot \cdots \cdot \dfrac{3}{4} \cdot \dfrac{1}{2} \cdot \dfrac{\pi}{2} & (n \text{ 为正偶数}), I_0 = \dfrac{\pi}{2} \end{cases}$

附录三

初等数学常用公式

一、常用代数公式

1. 因式分解公式

(1) $a^2 - b^2 = (a+b)(a-b)$;

(2) $a^2 \pm 2ab + b^2 = (a \pm b)^2$;

(3) $a^3 \pm 3a^2b + 3ab^2 \pm b^3 = (a \pm b)^3$;

(4) $a^3 \pm b^3 = (a \pm b)(a^2 \mp ab + b^2)$.

2. 指数运算性质

(1) $a^{-n} = \dfrac{1}{a^n}$;

(2) $a^0 = 1 (a \neq 0)$;

(3) $a^{\frac{m}{n}} = \sqrt[n]{a^m}$;

(4) $a^n \cdot a^m = a^{n+m}$;

(5) $\dfrac{a^n}{a^m} = a^{n-m}$;

(6) $(a^n)^m = a^{nm}$;

(7) $(a \cdot b)^n = a^n \cdot b^n$;

(8) $\left(\dfrac{a}{b}\right)^n = \dfrac{a^n}{b^n}$.

3. 对数运算性质

(1) $\log_a a = 1$;

(2) $\log_a 1 = 0$;

(3) $\log_a (a^n) = n$;

(4) $\log_a (MN) = \log_a M + \log_a N$;

(5) $\log_a \left(\dfrac{M}{N}\right) = \log_a M - \log_a N$;

(6) $\log_a (M^n) = n \log_a M$;

(7) $\log_a N = \dfrac{\log_b N}{\log_b a}$;

(8) $a^{\log_a N} = N$.

4. 数列公式

(1) 等差数列的首项为 a_1，公差为 d，则

通项公式：$a_n = a_1 + (n-1)d$;

前 n 项和公式：$S_n = \dfrac{(a_1 + a_n)n}{2} = a_1 n + \dfrac{1}{2}n(n-1)d$.

(2) 等比数列的首项为 a_1，公比为 q，则

通项公式：$a_n = a_1 q^{n-1}$;

前 n 项和公式：$S_n = \dfrac{a_1(1-q^n)}{1-q} = \dfrac{a_1 - a_n q}{1-q}$.

(3) 常见数列前 n 项和公式

$$\sum_{i=1}^{n} i = 1 + 2 + 3 + \cdots + n = \frac{1}{2}n(n+1);$$

$$\sum_{i=1}^{n} i^2 = 1^2 + 2^2 + 3^2 + \cdots + n^2 = \frac{1}{6}n(n+1)(2n+1);$$

$$\sum_{i=1}^{n} i \cdot (i+1) = 1 \times 2 + 2 \times 3 + 3 \times 4 + \cdots + n(n+1) = \frac{1}{3}n(n+1)(n+2);$$

$$\sum_{i=1}^{n} \frac{1}{i(i+1)} = \frac{1}{1 \times 2} + \frac{1}{2 \times 3} + \frac{1}{3 \times 4} + \cdots + \frac{1}{n(n+1)} = 1 - \frac{1}{n+1} = \frac{n}{n+1}.$$

二、三角函数公式

1. 特殊角的三角函数值

α	0	$\frac{\pi}{6}$	$\frac{\pi}{4}$	$\frac{\pi}{3}$	$\frac{\pi}{2}$	π	$\frac{3\pi}{2}$
$\sin \alpha$	0	$\frac{1}{2}$	$\frac{\sqrt{2}}{2}$	$\frac{\sqrt{3}}{2}$	1	0	-1
$\cos \alpha$	1	$\frac{\sqrt{3}}{2}$	$\frac{\sqrt{2}}{2}$	$\frac{1}{2}$	0	-1	0

α	0	$\frac{\pi}{6}$	$\frac{\pi}{4}$	$\frac{\pi}{3}$	$\frac{\pi}{2}$
$\tan \alpha$	0	$\frac{\sqrt{3}}{3}$	1	$\sqrt{3}$	—
$\cot \alpha$	—	$\sqrt{3}$	1	$\frac{\sqrt{3}}{3}$	0

2. 同角三角函数的关系

(1) 倒数关系：

$\cot \alpha = \frac{1}{\tan \alpha}$; $\sec \alpha = \frac{1}{\cos \alpha}$; $\csc \alpha = \frac{1}{\sin \alpha}$.

(2) 商的关系：

$\tan \alpha = \frac{\sin \alpha}{\cos \alpha}$; $\cot \alpha = \frac{\cos \alpha}{\sin \alpha}$.

(3) 平方关系：

$\sin^2 \alpha + \cos^2 \alpha = 1$; $\sec^2 \alpha = 1 + \tan^2 \alpha$; $\csc^2 \alpha = 1 + \cot^2 \alpha$.

3. 倍角公式

$\sin 2\alpha = 2\sin \alpha \cos \alpha$;

$\cos 2\alpha = \cos^2 \alpha - \sin^2 \alpha = 2\cos^2 \alpha - 1 = 1 - 2\sin^2 \alpha$;

$$\tan 2\alpha = \frac{2\tan \alpha}{1-\tan^2 \alpha}.$$

4. 半角公式

$$\sin \frac{\alpha}{2} = \pm\sqrt{\frac{1-\cos \alpha}{2}};$$

$$\cos \frac{\alpha}{2} = \pm\sqrt{\frac{1+\cos \alpha}{2}};$$

$$\tan \frac{\alpha}{2} = \frac{1-\cos \alpha}{\sin \alpha} = \frac{\sin \alpha}{1+\cos \alpha}.$$

5. 两角和差公式

$$\sin(\alpha \pm \beta) = \sin \alpha \cos \beta \pm \cos \alpha \sin \beta;$$

$$\cos(\alpha \pm \beta) = \cos \alpha \cos \beta \mp \sin \alpha \sin \beta;$$

$$\tan(\alpha \pm \beta) = \frac{\tan \alpha \pm \tan \beta}{1 \mp \tan \alpha \tan \beta}.$$

6. 和差化积公式

$$\sin \alpha + \sin \beta = 2\sin \frac{\alpha+\beta}{2} \cos \frac{\alpha-\beta}{2};$$

$$\sin \alpha - \sin \beta = 2\cos \frac{\alpha+\beta}{2} \sin \frac{\alpha-\beta}{2};$$

$$\cos \alpha + \cos \beta = 2\cos \frac{\alpha+\beta}{2} \cos \frac{\alpha-\beta}{2};$$

$$\cos \alpha - \cos \beta = -2\sin \frac{\alpha+\beta}{2} \sin \frac{\alpha-\beta}{2}.$$

7. 积化和差公式

$$\sin \alpha \cos \beta = \frac{1}{2}[\sin(\alpha+\beta) + \sin(\alpha-\beta)];$$

$$\cos \alpha \sin \beta = \frac{1}{2}[\sin(\alpha+\beta) - \sin(\alpha-\beta)];$$

$$\cos \alpha \cos \beta = \frac{1}{2}[\cos(\alpha+\beta) + \cos(\alpha-\beta)];$$

$$\sin \alpha \sin \beta = -\frac{1}{2}[\cos(\alpha+\beta) - \cos(\alpha-\beta)].$$

三、面积与体积公式

1. 矩形(图 1a)的面积：$S = ab$.

2. 三角形(图 1a)的面积：$S = \frac{1}{2}ah = \frac{1}{2}ab\sin \theta$.

3. 平行四边形(图 1c)的面积：$S = ah$.

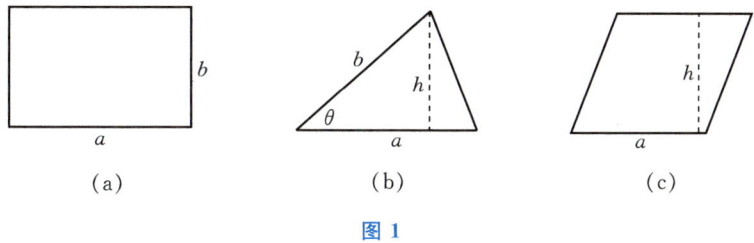

(a)   (b)   (c)

图 1

4. 梯形(图 2a)的面积：$S = \dfrac{(a+b)h}{2}$.

5. 圆(图 2b)的周长：$L = 2\pi r$，圆的面积：$S = \pi r^2$.

6. 扇形(图 2c)的弧长：$l = r\theta$，扇形的面积：$S = \dfrac{1}{2}rl = \dfrac{1}{2}r^2\theta$.

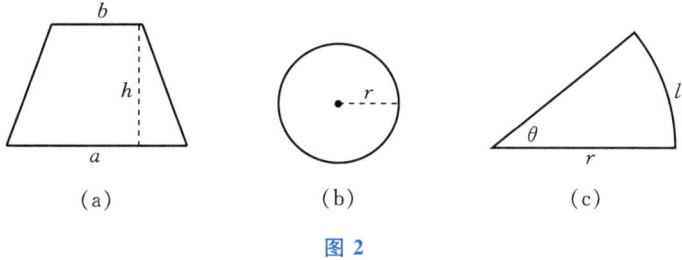

(a)   (b)   (c)

图 2

7. 圆柱(图 3a)的侧面积：$S = 2\pi rh$，圆柱的体积：$V = \pi r^2 h$.

8. 圆锥(图 3b)的侧面积：$S = \pi rl$，圆锥的体积：$V = \dfrac{1}{3}\pi r^2 h$.

9. 球(图 3c)的表面积：$S = 4\pi r^2$，球的体积：$V = \dfrac{4}{3}\pi r^3$.

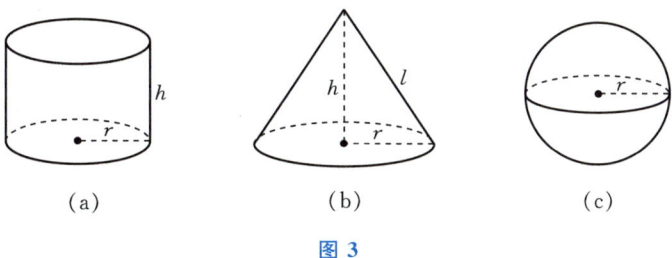

(a)   (b)   (c)

图 3

郑重声明

高等教育出版社依法对本书享有专有出版权。任何未经许可的复制、销售行为均违反《中华人民共和国著作权法》，其行为人将承担相应的民事责任和行政责任；构成犯罪的，将被依法追究刑事责任。为了维护市场秩序，保护读者的合法权益，避免读者误用盗版书造成不良后果，我社将配合行政执法部门和司法机关对违法犯罪的单位和个人进行严厉打击。社会各界人士如发现上述侵权行为，希望及时举报，我社将奖励举报有功人员。

反盗版举报电话　（010）58581999　58582371
反盗版举报邮箱　dd@hep.com.cn
通信地址　北京市西城区德外大街4号　高等教育出版社知识产权与法律事务部
邮政编码　100120